普通高等教育"十一五"国家级规划教材

现代设计方法及其应用

（第2版）

张连洪　主编

王凤岐　邵宏宇　赵兴玉　编

天津大学出版社
TIANJIN UNIVERSITY PRESS

内容简介

本书在《现代设计方法及其应用》(天津大学出版社 2008 年 8 月出版)基础上,针对高年级本科生和研究生教学的特点,对部分内容进行了删减与增补,以期在保证全书内容完整性的同时,尽量反映现代设计方法的研究进展与成果。

本书在对现代设计技术的概念、特点、技术体系以及多种现代设计方法进行概括介绍的基础上,重点介绍设计方法学、优化设计、机械可靠性设计、有限元法等应用广泛、实用性强的设计方法;并以专题的形式,介绍了制造装备设计的一些新理念、新方法。

本书可作为机械工程专业及相关专业高年级本科生和研究生教材,亦可作为机械工程领域的工程技术人员的参考用书。

图书在版编目(CIP)数据

现代设计方法及其应用/张连洪主编;王凤歧,邵宏宇,赵兴玉编. —2 版. —天津:天津大学出版社,2013. 9 (2020.7 重印)
普通高等教育“十一五”国家级规划教材
ISBN 978-7-5618-4696-4

Ⅰ. ①现… Ⅱ. ①张… ②王… ③邵… ④赵… Ⅲ. ①机械设计 - 高等学校 - 教材 Ⅳ. TH122

中国版本图书馆 CIP 数据核字(2013)第 115198 号

出版发行 天津大学出版社
地　　址 天津市卫津路 92 号天津大学内(邮编:300072)
电　　话 发行部:022-27403647
网　　址 publish. tju. edu. cn
印　　刷 天津泰宇印务有限公司
经　　销 全国各地新华书店
开　　本 185mm × 260mm
印　　张 21
字　　数 524 千
版　　次 2008 年 8 月第 1 版　2014 年 1 月第 2 版
印　　次 2020 年 7 月第 4 次
定　　价 50.00 元

再版前言

产品开发始于产品构思,设计则是将构思转化为具体化产品。优异的产品是精妙构思和精良设计的结果。产品构思是一个难以模型化的创造过程,奇妙的产品构思多源自天才的灵感。为保证产品的可实现性,产品构思要适应科学技术的发展。精妙的构思是优异产品产生的前提条件。精良的设计可实现产品性能、品质、成本综合最优,是优异产品产生的必要条件。设计师借助先进的设计理论、方法及技术,创作完成精良的产品设计。历史上曾经改变世界或正在改变世界的伟大产品(如蒸汽机、汽车、飞机、计算机、iPhone 等),无不是精妙构思与精良设计的成果。

鉴于设计及设计方法在产品开发中的重要作用,有必要将先进的现代设计方法系统地介绍给未来的设计师们,这就是编写本书的宗旨与任务。

本书第 2 版由张连洪主编。本版结合学科发展,增补了 3.9 现代优化算法和 3.10 多学科设计优化简介,以反映优化设计理论与方法的新进展;增加了第 6 章——制造装备设计专题,这部分是作者近年来对制造装备设计的思考及探索;此外,对第 1 版进行了勘误校正。各章编写人员为:第 1、2 章王凤岐,第 3 章张连洪,第 4 章王凤岐、邵宏宇,第 5 章邵宏宇、赵兴玉,第 6 章张连洪。

由于编者水平所限,书中会有不足之处,敬请各位同仁和广大读者批评指正。

张连洪

(zhanglh@ tju. edu. cn)

2013 年 7 月于天津大学

前 言

科技成果转化为有竞争力的产品,设计起着关键的作用。设计是产品生命周期的第一道工序,产品的功能、结构、质量、造型、成本以及可制造性、可维修性、报废后的处理以及人-机(产品)-环境关系等,都是在产品的设计阶段确定的,可以说产品的水平主要取决于设计水平。目前世界各国都十分重视设计方法的研究。

现代设计方法是随着当代科学技术的飞速发展和计算机技术的广泛应用而在设计领域发展起来的一门新兴的多元交叉学科。它是以满足市场产品的质量、性能、时间、成本、价格等综合效益最优为目的,以计算机辅助设计技术为主体,以知识为依托,以多种科学方法及技术为手段,研究、改进、创造产品活动过程所用到的技术群体的总称。现代设计方法的应用将为工业产品的设计乃至所有设计领域带来革命性的变化,这些已为发达国家的实践所证实。随着国际市场的形成和市场竞争的加剧,我国企业设计人员急需学习和掌握现代设计理论和方法。对于面向未来的科技人员后备军——机电类大学生,树立现代设计的思想,掌握现代设计的基本概念和基本方法,获得应用现代设计方法设计产品的初步能力显得尤为重要。我国高校机械工程专业大多开设该课程,中国机械工程学会正在实施的机械设计工程师资格认证,明确将现代设计方法作为机械设计工程师资格认证考试的科目之一,这进一步说明开设该课程的必要性和重要性。

现代设计方法发展很快,种类繁多,涉及面极广。本教材在讨论传统设计和现代设计的关系、特点以及对多种常用现代设计方法进行概括介绍的基础上,精选内容,重点介绍了设计方法学、优化设计、机械可靠性设计和有限元法等应用广泛、实用性强的设计方法。为使学生便于掌握课程的基本内容和工程应用,本教材力求理论联系实际,引用较多的典型实例进行分析,以加深学生对所述内容的理解和掌握。本书可作为机械工程专业本科生的教材,亦可供从事机电产品设计的工程技术人员和科技管理干部参考。

本书由天津大学王凤岐教授主编,各章编写人员为:第 1、2 章王凤岐;第 3 章张连洪、王凤岐;第 4 章王凤岐、邵宏宇;第 5 章邵宏宇、赵兴玉。李乃华老师为本书绘制了全部插图,邢德强、赵剑波、付玉琴等负责了部分文字录入和编校工作。

本书由黄田教授(天津大学)主审,参加审稿的还有郭伟教授(天津大学)、许红静博士(河北工业大学)、于鸿彬博士(天津工业大学)。在编写过程中,编者参阅了大量文献资料,吸纳了有关教材中的精华,在此特向有关作者致谢。鉴于现代设计方法内容涉及面广、发展迅速,加之编者水平有限,书中定会有不足之处,敬请读者批评指正。

编者

2008 年 5 月

目　　录

第1章 绪 论

1.1 设计的概念

1.1.1 设计的概念与内涵

设计是人类改造自然的基本活动之一。它与人类的生产活动及生活紧密相关。人类在改造自然的历史长河中,一直从事设计活动,通过成功的设计物品来满足文明社会的需要。人类生活在大自然和人类自身“设计”的世界中,从某种意义上讲,人类文明的历史,就是不断进行设计活动的历史。

什么是设计? 至今人们仍有着不同的理解和解释。设计一词有广义和狭义之分。从广义上说,设计是指为了达到某一特定目的,从构思到建立一个切实可行的实施方案,并且用明确的手段表示出来的一系列行为。《现代汉语词典》中将设计一词解释为“在正式做某项工作之前,根据一定的目的要求,预先制定方法、图样等”。设计的目的,既可以是精神性的也可以是物质性的。在漫长的历史进程中,出现了两种主要形式的设计活动:一个是单纯为了满足审美需求而出现的艺术设计;另一个是单纯为了满足功能需求而出现的工程设计。它们分别培养了艺术家和工程师。通常所说的设计一般指工业产品设计,是把设计理解为根据客观需求完成满足该需求的技术系统的图纸及技术文档的活动,这是设计的狭义概念。随着科学技术和生产力的不断发展,设计和设计科学也在不断向深度和广度发展,其内容、要求、理论和手段等都在不断更新,产品设计概念的内涵和外延也在扩大。从设计内容上看,设计包括了对设计对象、设计进程甚至设计思路的设计。产品设计考虑的范围不再仅仅是构成产品的物质条件和功能需求,而是综合了经济、社会、环境、人体工学、人的心理、文化层次等多种因素。从纵向上看,设计不再仅仅是完成技术系统的图纸及技术文档,而是贯穿了产品从孕育到消亡的整个生命周期,涵盖了需求获取、概念设计、技术设计、详细设计、工艺设计、营销设计及回收设计等设计活动,把实验、研究、设计、制造、安装、使用、维修作为一个整体进行规划;从横向上看,则是多学科交叉方面的规划和设计,设计师通过对人的生理、心理、生活习惯等一切关于人的自然属性和社会属性的认知,进行产品的功能、性能、形式、价格、使用环境的定位,结合材料、技术、结构、工艺、形态、色彩、表面处理、装饰、成本等因素,从社会的、经济的、技术的角度进行创意设计,在保证设计质量实现的前提下,使产品既是企业的产品、市场中的商品,又是用户的用品,达到顾客需求和企业效益的完美统一及功能实用和美学特征的统一。随着计算机辅助设计(CAD)和计算机辅助制造(CAM)技术的发展,图纸也不再是设计结果输出的必需载体,它已被设计和制造的产品数字化信息所代替,设计的结果可直接转变为加工的指令。围绕现代化工业产品的设计,国际工业设计学会(International Council of Societies of Industrial Design, ICSID)对设计定义如下:“设计是一种创造性活动,它的目的在于决定产品的包括性能、过程、服务及整个生命周期各个方面的品质，以获得一种使生产者和消费者都能满意的整体。”美国工程与技术认证委员会（Accreditation Board for Engineering and Technology，ABET）在教学大纲中对设计的定义是：“工程设计是为了满足目标要求而创造某种系统、部件或方法的过程。这是一个反复决策的过程，在这个过程中，需要应用基础科学、数学及工程科学来优化转换资源以实现特定目标。”尽管目前科技界对产品设计尚没有统一的定义，但对设计的基本内涵都有共同的认识，下面是对设计内涵的一些理解。

①设计是为满足一定需求，在设计原则的约束下利用设计方法和手段创造出产品的工程活动，需求是设计的动力源泉。

②设计是一种把人的愿望变成现实的创造性行为，设计的本质是创造性的，如果没有创新，就不叫设计。

③设计是把各种先进技术转化为生产力的一种手段，它反映当时生产力的水平，是先进生产力的代表。

④设计是一种以技术性、经济性、社会性、艺术性为目标，在给定条件下，谋求最优解的过程。

从上面这些对设计的描述中，可以综合来理解设计的含义。工业产品设计应该具有以下特征。

①需求特征。产品设计的目的是满足人类社会的需求，所以设计始于需求，没有需要就没有设计，需求是设计的驱动力。需求包括现实的需求和隐含的有待激发或引领的需求。

②创造性特征。时代的发展，科学技术的发展，使人们的需求、自然环境、社会环境都处于变化之中，从而要求设计者适应条件变化，不断更新老产品，创造新产品。

③程序特征。任何产品设计都有设计过程，任何产品设计都是在一定的时间、空间等约束下按一定程序进行的。它是指从明确设计任务到完成技术文件所进行的整个设计工作的流程。设计过程一般分为产品规划、原理方案设计、技术设计和施工设计四个主要阶段。按科学的设计程序进行工作，才能提高效率，保证设计质量。

④时代特征。设计活动受时代的物质条件、技术水平的限制，如设计方法、设计手段、材料、制造工艺等。所以，设计水平代表了当时社会的技术水平，各种产品设计都具有时代的烙印。

认识了产品设计的特征，才能全面地、深刻地理解设计活动的本质，进而研究与设计活动有关的各种问题，以提高设计的质量和效率。

1.1.2 产品设计的重要性及产品开发面临的挑战

工程设计是为满足人类社会日益增长的需要而进行的创造性劳动，它和生产、生活及其未来密切相关，所以人们对设计工作越来越重视，产品设计的重要性主要表现在以下方面。

①设计直接决定产品的功能和性能。产品的功能、造型、结构、质量、成本和可制造性、可维修性、报废后的处理以及人-机（产品）-环境关系等，原则上都是在产品的设计阶段确定的，可以说产品的水平主要取决于设计水平。而设计的失误、缺陷、考虑问题不细致不全面都会导致不良结果甚至灾害性结果。如果对产品使用不当或由于制造或装配中产生问题所造成的不良后果还是可以再补救或修复的，是局部性和偶然性问题；而设计本身就存在问题，这种“先天不足”的不良影响是根本性或全局性的，所造成的后果较难弥补。例如汽车发动机设计时的耗油量指标就较落后，造成使用时燃油浪费。要进行改善，除改变原设计或

更换发动机外，其他办法很难奏效。美国质量专家朱兰（Joseph M. Juran）博士认为，设计质量占整个产品质量的比率为60%；日本质量工程专家田口玄一博士认为，设计质量（包括产品设计和工艺设计）占整个产品质量的比率为70%。因此，设计是保证产品质量的前提和关键。

②设计对企业的生存和发展具有重大意义。产品生产是企业的中心任务，而产品的竞争力影响着企业的生存与发展。产品的竞争力主要取决于它的性能和质量，也取决于经济性。而这些因素都与设计密切相关。在激烈的市场竞争中，成功的创新产品将开拓出新的使用价值和市场需求，进而为企业在获取高额利润及提升经济效益方面创造出新的增长点。统计显示，从事生产制造或代理销售的企业的利润一般在5%左右，而不断进行产品创新的企业的利润则普遍达到20%以上。因此，产品创新是一个企业提升经济效益和赖以生存、发展、成功的基本要素，而产品创新的关键是设计创新。例如1980年石油危机，西方汽车大量积压，企业停工，而日本汽车却能较好地销售，原因在于日本设计的汽车耗油量小、价格便宜。

③设计直接关系人类的未来及社会发展。设计是把各种先进技术转化为生产力的一种手段，是先进生产力的代表，设计创新是推动产业发展和社会进步的强大动力。在人类社会发展的历史上，每次产业结构的重大变革和带来的社会进步都伴随着一个或几个标志性的创新产品。二百多年前，第一台蒸汽机的出现引起世界性的工业革命，使1770—1840年间英国的工业生产率提高了20倍。一百多年前的第二次工业革命诞生了发电机、内燃机、汽车、电话机等一批革命性的新产品；第二次世界大战之后，计算机、半导体集成电路、互联网等新产品将人类带入了崭新的信息时代。我国改革开放三十多年来，正因为大量的新产品引入市场，带动了产业技术水平迅速提高，产业结构不断升级，人民生活质量显著改善，社会物质文化生活日益丰富多彩，强有力地推动了国家的经济社会发展。很多发明和新技术的出现，也相应渗入机械领域，迅速地改变着机械的面貌，如激光技术、核动力、信息技术、计算机技术及机电一体化技术等引入机械工业，大大提高了机械工业的水平。因此机械设计应着眼于未来，适应技术的发展，同时也应努力促进技术发展。

全球市场的形成加剧了当前的市场竞争，我国机械制造业的产值约占国民经济生产总值的30%，它作为国民经济的一个重要支柱，既要生产高质量、高性能和低成本的产品来提高本行业的竞争能力，又要开发先进、高效和可靠的产品为其他行业提供生产和生活装备。为此，必须不断改善设计工作，提高机械产品设计质量和效率。

市场全球化和企业竞争的加剧，使产品开发面临以下挑战。

①产品适销期明显缩短，产品开发周期极大压缩。如中型数控机床的新型产品开发周期在20世纪80年代前期为15个月，在20世纪90年代前期为9个月，在2000年后则压缩为6个月甚至更短。以中型加工中心为例，新产品的销售旺期从20世纪80年代的5~8年降至20世纪90年代的3~5年，2000年后则为2年左右。

②产品品种数急剧增加。为适应用户需求，订单式的个性化产品得到发展。即使是大批量生产的产品，也可根据顾客多样化的功能要求和喜爱实现订单式的设计与制造。

③设计对象越来越复杂。对设计对象的性能要求越来越高，功能越来越多，结构也越来越复杂。设计对象由单机走向系统，设计所涉及的领域由单一领域走向多个领域。

④设计过程越来越复杂。承担设计的人员从个人走向团队，设计的过程由串行走向并行，地点由单一走向基于网络的异地设计。

⑤对设计产品的要求越来越高。设计优化目标由单目标走向多目标，客户不再满足于对产品功能、质量的要求，而且要求价格低、交货快、无污染、服务好。同时，环境和社会等因素对产品的要求更趋严格。

⑥设计风险加大。由于竞争的激烈，迫使设计人员必须在多种因素不确定的状况下迅速做出决策。

我国产品开发目前主要存在以下问题：

①产品仿制多，创新少，市场竞争能力不强，获利不高；

②设计耗时多，设计成功率低，反复试制使开发周期变长，产品更新换代慢，一般开发周期是国外同类产品的两倍；

③通用型产品多，面向用户的、功能多样化的、具有竞争优势的产品少；

④产品设计从技术上考虑多，产品的人性化设计、造型设计水平低；

⑤市场、客户价值分析少，对适销对路的产品开发反应慢、品种少；

⑥设计方法和手段不先进；

⑦产品的标准化、通用化程度不高，生产准备工作量大，产品投产上市速度慢。

为应对上述挑战和问题，唯有发展和应用现代设计方法及先进的生产制造技术，才是唯一途径。

1.2 传统设计与现代设计

1.2.1 设计发展的基本阶段

为了便于了解现代设计与传统设计的区别，首先简单回顾一下人类从事设计活动发展的几个基本阶段。从人类生产的进步过程来看，整个设计进程大致经历了以下四个阶段。

①直觉设计阶段。古代的设计是一种直觉设计。当时人们或许是从自然现象中直接得到启示，或是全凭人的直观感觉来设计制作工具。设计方案存在于手工艺人头脑之中，无法记录表达，产品也是比较简单的。直觉设计阶段在人类历史中经历了一个很长的时期，17世纪以前基本都属于这一阶段。

②经验设计阶段。随着生产的发展，单个手工艺人的经验或其头脑中自己的构思已难以满足要求，因而促使手工艺人联合起来互相协作，逐渐出现了图纸，并开始利用图纸进行设计。一部分经验丰富的人将自己的经验或构思用图纸表达出来，然后根据图纸组织生产。图纸的出现，既可使具有丰富经验的手工艺人通过图纸将其经验或构思记录下来，传于他人，便于用图纸对产品进行分析、改进和提高，推动设计工作向前发展，还可满足更多的人同时参加同一产品的生产活动，满足社会对产品的需求及生产率的要求。因此，利用图纸进行设计，使人类设计活动由直觉设计阶段进步到了经验设计阶段。

③半理论半经验设计阶段。20世纪以来，由于科学技术的发展与进步，对设计的基础理论研究和实验研究得到加强。随着理论研究的深入和实验数据及设计经验的积累，逐渐形成了一套半经验半理论的设计方法。这种方法以理论计算和长期设计实践而形成的经验、公式、图表、设计手册等作为设计的依据，通过经验公式、近似系数或类比等方法进行设计。依据这套方法进行机电产品设计，称为传统设计。所谓“传统”是指这套设计方法已沿用了很长时间，直到现在仍被广泛地采用着。传统设计又称常规设计。

④现代设计阶段。20 世纪 70 年代以来，由于科学和技术迅速发展，对客观世界的认识不断深入，设计工作所需的理论基础和手段有了很大进步，特别是电子计算机技术的发展及应用，对设计工作产生了革命性的突变，为设计工作提供了实现设计自动化和精确计算的条件。例如 CAD 技术能得出所需要的设计计算结果资料、生产图纸和数字化模型，一体化的 CAD/CAM 技术更可直接输出加工零件的数控代码程序，直接加工出所需要的零件，从而使人类设计工作步入现代设计阶段。此外，步入现代设计阶段的另一个特点就是，对产品的设计已不仅考虑产品本身，还要考虑对系统和环境的影响；不仅考虑技术领域，还要考虑经济、社会效益；不仅考虑当前，还需考虑长远发展。例如汽车设计，不仅要考虑汽车本身的有关技术问题，还需考虑使用者的安全、舒适、操作方便等，此外还需考虑汽车的燃料供应和污染、车辆存放、道路发展等问题。

1.2.2 现代设计的目标和特点

传统设计以经验、试凑、静态、定性分析、手工劳动为特征，导致设计周期长，设计质量差，设计费用高，产品缺乏竞争力。随着现代科学技术的发展，机械产品设计领域中相继出现了一系列新兴理论、方法和手段，这些新兴理论、方法和手段统称为现代设计技术。

1. 现代设计的目标

设计目标是设计对象即技术系统应具有的总体性能。按照现代设计理论与方法进行产品设计，应能达到以下设计目标。

①工效实用性。一般用系统总体的技术指标的形式提出，如产量、质量、精度等。

②系统可靠性。指系统在预定时间内和给定的工作条件下，能够可靠地工作的能力。

③运行稳定性。系统的输入量变化或受干扰时，输出量不发生超过限度的或非收敛性的变化，而过渡到新的稳定状态。

④人机安全性。采取一切措施，保证人身绝对安全，使机器故障造成的损失最小。

⑤环境无害性。机器对环境的噪声以及对环境的污染减小到无害的程度。

⑥操作宜人性。操作者工作时心情舒畅，不易疲劳。

⑦结构工艺性。系统的结构设计应满足便于制造、加工、装配、运输、安装、维修等工艺要求，特别是自动化的要求。

⑧技术经济性。一是评价一次投资变为系统或设备时，不同设计方案的经济性比较；二是评价保持系统或设备正常运行时，资源运用的合理性，如运行费用的经济性比较。

⑨造型艺术性。在保证功能的前提下，造型合乎艺术规律，使人产生美感和时代感，提高精神文明水平。

⑩设计规范性。设计成果遵从国家政策和法规，符合国家的技术规范和法令，贯彻“三化”。

2. 现代设计的特点

与传统设计相比较，现代设计主要有下列特点。

(1)系统性

现代设计采用逻辑的、系统的设计方法。目前有两种体系：一种是德国倡导的设计方法学，用从抽象到具体的发散的思维方法，以“功能—原理—结构”框架为模型的横向变异和纵向综合，用计算机构造多种方案，评价决策选出最优方案；另一种是美国倡导的创造性设计学，在知识、手段和方法不充分的条件下，运用创造技法，充分发挥想象，进行辩证思维，形成新的构思和设计。

传统设计是经验、类比的设计方法，用收敛性的思维方法过早地进入具体方案，对功能原理的分析既不充分又不系统，不强调创新，也很难得到最优方案。

(2)社会性

现代设计将产品设计扩展到整个产品生命周期，发展了“面向 X”(Design for X，DFX)技术，即在设计过程中同时考虑制造、维修、成本、包装发运、回收、质量等因素。在现代设计开发新产品的整个过程中，从产品的概念形成到报废处理的全寿命周期中的所有问题，都应以面向社会、面向市场为主导思想全面考虑解决。设计过程中的功能分析、原理方案确定、结构方案确定、造型方案确定，都要随时按市场经济规律进行尽可能定量的市场分析、经济分析、价值分析，以并行工程方法指导企业生产管理体制的改革和新产品设计工作，以相似性设计、模块化设计来更好地满足广泛变化的社会需求，以反求工程技术消化、应用国际先进技术，以摩擦学设计方法来提高机械效率，以三次设计方法有效地提高产品的性能价格比。

传统设计由技术主管指导设计，设计过程中多单纯注意技术性，设计试制后才进行经济分析、成本核算，很少考虑社会问题。

(3)创造性

现代设计强调激励创造冲动，突出创新意识，自觉运用创造技法、科学抽象的设计构思与扩展发散的设计思维，通过多种可行的创新方案比较与全面深入地评价决策，达到最优方案。

传统设计一般是封闭收敛的设计思维，容易陷入思维定式，过早地进入定型实体结构，强调经验类比和直接主观的评价决策。

(4)宜人性

现代设计强调产品内在质量的实用性以及外观形体的美观性、艺术性和时代性。在保证产品物质功能的前提下，尽量使用户产生新颖舒畅的精神感受。从人的生理和心理特征出发，通过功能分析、界面设计和系统综合，考虑满足人-机-环境间的协调关系，发挥系统潜力，提高效率。工业艺术造型设计和人机工程设计提高了产品的精神功能，不断满足宜人性要求。

传统设计往往强调产品的物质功能，忽视或不能全面考虑精神功能。凭经验或自发地考虑人-机-环境间的关系，强调训练用户来适应机器的要求。

(5)最优化

现代设计重视综合集成，在性能、技术、经济、制造工艺、使用、环境、可持续发展等各种约束条件下，各学科领域间通过计算机以高效率地综合集成最新科技成果，寻求最优方案和参数。利用优化设计、人工神经网络算法和遗传算法等求出各种工作条件下的最优解。

传统设计属于自然优化，在设计—评定—再设计的循环中，凭借设计人员的有限知识、经验和判断力选取较好的方案，因此受人员和效率的限制，难以对多变量系统在广泛影响因素下进行定量优化。

(6)动态化

现代设计在静态分析的基础上，考虑生产中实际存在的多种变化量(如产品的工作可靠性问题，考虑载荷谱、负载率等随机变量)的影响，进行动态特性的最优化。根据概率论和统计学方法，针对载荷、应力等因素的离散性，用各种运算方法进行可靠性设计。对一些复杂的工程分析问题可用有限元法、边界元法等数值解法得到满意的结果。

传统设计以静态分析和少变量为主。如机械学中将载荷、应力等因素作简化处理,这与实际工况有时相差较远。

(7)设计过程智能化

设计过程智能化指借助于人工智能和专家系统技术,由计算机完成一部分原来必须由设计者进行的创造性工作。现代设计认为各种生物在自己的某些领域里具有极高的水平。仿生学研究如何模仿生物的某些高水平的能力。生物中人的智能最高,能通过知识和信息的获取、推理和运用来解决极复杂的问题。在已被认识的人的思维规律的基础上,在智能工程理论的指导下,以计算机为主模仿人的智能活动,能够设计出高度智能化的产品和系统。

传统设计局部上自发地运用某些仿生规律,但这很难达到高度智能化的要求。

(8)设计手段的计算机化和数字化

计算机在设计中的应用已从早期的辅助分析、计算机绘图,发展到现在的优化设计、并行设计、三维建模、设计过程管理、设计制造一体化、仿真和虚拟制造等。特别是网络和数据库技术的应用,加速了设计进程,提高了设计质量,便于对设计进程进行管理,方便了有关部门及协作企业间的信息交换。

传统设计是靠人工计算及绘图进行的。由于使用工具简单,设计的精确性和效率都受限制,修改设计也不方便。

(9)设计和制造一体化

设计和制造一体化强调产品设计制造的统一数据模型和计算机集成制造。设计过程组织方式由传统的顺序方式逐渐过渡到并行设计方式,与产品设计有关的各种过程并行交叉地进行,可以减少各种修改工作量,有利于加速工作进程,提高设计质量。并行设计的团队工作精神和有关专家的协同工作,有利于得到整体最优解。设计手段的拟实化,三维造型技术、仿真及虚拟制造技术以及快速成型技术,使得人们在制造零件之前就可以看到它的形状甚至摸到它,可以大大改进设计的效果。现代设计利用高速计算机将各种不同目的的设计方法、各种不同的设计手段综合起来,以求得系统的整体最佳解。

1.2.3 现代设计技术体系结构

现代设计技术是以满足市场产品的质量、性能、时间、成本、价格综合效益最优为目的,以计算机辅助设计技术为主体,以知识为依托,以多种科学方法及技术为手段,研究、改进、创造产品活动过程所用到的技术群体的总称。

现代设计技术内容广泛,涉及的相关学科门类多。为了了解现代设计技术的全貌,下面对现代设计技术体系结构进行分析。

现代设计技术体系如图 1-1 所示。现代设计技术体系由基础技术、主体技术、支撑技术和应用技术四个层次组成。

1)基础技术　指传统的设计理论与方法,特别是运动学、静力学与动力学、材料力学、结构力学、热力学、电磁学、工程数学的基本原理与方法等。基础技术不仅为现代设计技术提供了坚实的理论基础,也是现代设计技术发展的源泉。现代设计技术是在传统设计技术的基础上,以新的形式和更丰富的内涵对传统设计技术进行发展与延伸。

2)主体技术　现代设计技术的诞生和发展与计算机技术的发展息息相关、相辅相成。计算机辅助设计技术以它对数值计算和对信息与知识的独特处理能力成为现代设计技术群

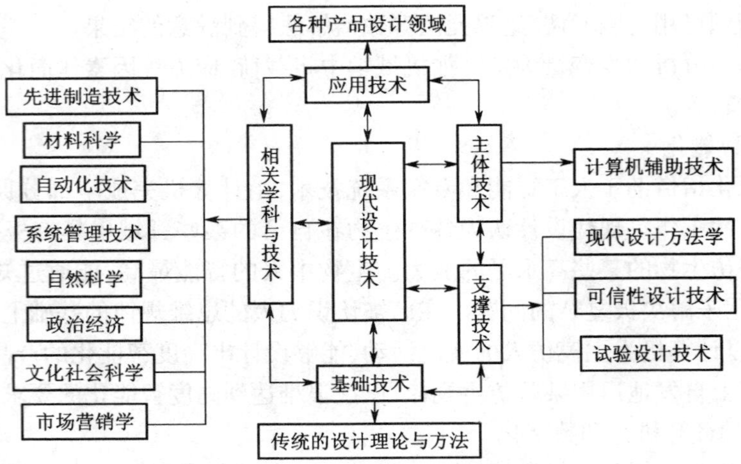

图 1-1　现代设计技术体系

体的主干。

3）支撑技术　现代设计方法学、可信性设计技术及试验设计技术所包含的内容视为现代设计技术群体的支撑技术。无论是设计对象的描述，设计信息的处理、加工、推理与映射及验证，都离不开设计方法学、产品的可信性设计技术及试验设计技术所提供的多种理论与方法及手段的支撑。

4）应用技术　应用技术是针对适用性的目的解决各类具体产品设计领域的技术，如机床、汽车、工程机械等设计的知识和技术。

现代设计已扩展到产品规划、制造、营销和回收等各个方面。因而，所涉及的相关学科和技术除了先进制造技术、材料科学、自动化技术、系统管理技术外，还涉及政治、经济、法律、人文科学、艺术科学等领域。

1.3　部分现代设计方法简介

现代设计方法是随着当代科学技术的飞速发展和计算机技术的广泛应用而在设计领域发展起来的一门新兴的多元交叉学科。它是以设计产品为目标的知识群体的总称，是为了适应市场剧烈竞争的需要，提高设计质量和缩短设计周期，于 20 世纪 60 年代在设计领域相继诞生与发展起来的以计算机技术为支撑的一系列新兴学科的集成。其种类繁多，内容广泛。目前它的内容主要包括优化设计、可靠性设计、设计方法学、计算机辅助设计、动态设计、有限元法、工业造型设计、人机工程、并行工程、价值工程、反求工程设计、模块化设计、相似性设计、虚拟设计、疲劳设计、三次设计、健壮性设计、绿化设计等。在运用它们进行工程设计时，一般都以计算机作为分析、计算、综合、决策的工具。本节对其中的部分现代设计方法进行简要介绍，有些内容将在后续章节详细介绍。

1. 计算机辅助设计

计算机辅助设计（Computer Aided Design，CAD）是指在设计活动中，利用计算机作为工具，帮助工程技术人员进行设计的一切适用技术的总和。

计算机辅助设计是人和计算机相结合、各尽所长的新型设计方法。在设计过程中，人可以进行创造性的思维活动，完成设计方案构思、工作原理拟定等，并将设计思想、设计方法经过综合、分析，转换成计算机可以处理的数学模型和解析这些模型的程序。在程序运行过程中，人可以评价设计结果，控制设计过程；计算机则可以发挥其分析计算和存储信息的能力，完成信息管理、绘图、模拟、优化和其他数值分析任务。一个好的计算机辅助设计系统既能充分发挥人的创造性作用，又能充分利用计算机的高速分析计算能力，找到人和计算机的最佳结合点。

在计算机辅助设计工作中，计算机的任务实质上是进行大量的信息加工、管理和交换。也就是在设计人员的初步构思、判断、决策的基础上，由计算机对数据库中大量设计资料进行检索，根据设计要求进行计算、分析及优化，将初步设计结果显示在图形显示器上，以人机交互方式反复加以修改，经设计人员确认后，形成设计结果，并可在自动绘图机及打印机上输出。在 CAD 作业过程中，逻辑判断、科学计算和创造性思维是反复交叉进行的。一个完整的 CAD 系统，应在设计过程中的各个阶段都能发挥作用。

计算机辅助设计系统由硬件和软件组成。CAD 系统的硬件配置与通用计算机系统有所不同，其主要差异在于 CAD 系统硬件配置中具有较强的人机交互设备及图形输入、输出装置，为 CAD 系统作业提供了一个良好的硬件环境。

CAD 系统除必要的硬件设备外，还必须配备相应的软件。没有软件的支持，硬件设备不能发挥作用。软件水平是决定 CAD 系统效率高低、使用是否方便的关键因素。CAD 系统软件主要包括操作系统、应用程序、数值分析程序库、图形软件和数据库管理系统。

与传统的机械设计相比，无论在提高效率、改善设计质量方面，还是在降低成本、减轻劳动强度方面，CAD 技术都有着巨大的优越性，主要表现在以下方面。

1)CAD 可以提高设计质量　在计算机系统内存储了各种有关专业的综合性的技术知识，为产品设计提供了科学基础。计算机与人交互作用，有利于发挥人机各自的特长，使产品设计更加合理。CAD 采用的优化设计方法有助于产品结构与参数的优化。另外，由于不同部门可利用同一数据库中的信息，保证了数据的一致性。

2)CAD 可以节省时间、提高效率　设计计算和图样绘制的自动化大大缩短了设计时间。CAD 和 CAM 的一体化可显著缩短从设计到制造的周期，与传统的设计方法相比，其设计效率可提高 3～5 倍。

3)CAD 可以有效地降低成本　计算机的高速运算和绘图机的自动工作大大节省了劳动力。同时，优化设计带来了原材料的节省。CAD 的经济效益有些可以估算，有些则难以估算。由于采用 CAD/CAM 技术，生产准备时间缩短，产品更新换代加快，大大增强了产品在市场上的竞争能力。

4)CAD 技术可以提高劳动生产率　在常规产品设计中，绘图工作量约占全部工作量的 60%，在 CAD 过程中这一部分的工作由计算机完成，产生的效益十分显著。

CAD 系统集成化是当前 CAD 技术发展的一个重要方面。集成化的形式之一是将 CAD 和 CAM 集成为一个 CAD/CAM 系统。在这种系统中，设计师可利用计算机，经过运动分析、动力分析、应力分析，确定零部件的合理结构形状，自动生成工程图样文件并存放在数据库中。再由 CAD/CAM 系统对数据库中的图形数据文件进行工艺设计及数控加工编程，并直接控制数控机床去加工制造。CAD/CAM 进一步集成是将 CAD、CAM、CAT(Computer Aided Testing，计算机辅助测试)集成为 CAE 计算机辅助工程系统，使设计、制造、测试工作一体化。

2. 工业造型设计

工业产品艺术造型设计是指用艺术手段按照美学法则对工业产品进行造型的工作，使产品在保证使用功能的前提下，具有美观的造型和宜人的操作界面。

创造具有实用功能的造型，不仅要求以其形象所具有的功能适应人们工作的需要，而且要求以其形象表现的式样、形态、风格、气氛给人以美的感觉和艺术的享受，起到美化生产和生活环境、满足人们审美要求的作用，因而成为具有精神和物质两种功能的造型。

工业造型设计的本源内涵重在物质功能和社会人的感情精神以及人和物相互作用的研究之上。工业造型设计不是单纯的美术设计，更不是纯粹的造型艺术、美的艺术，它是科学、技术、艺术、经济融合的产物。

工业造型设计有着以下三个显著的特征，即实用性、科学性和艺术性。

1）实用性　体现使用功能，适应目的性、先进性与可靠性，具有现代科学技术的功能美，充分应用人机工程学原理提高产品的宜人性，表现出产品服务于人的舒适美。

2）科学性　体现先进加工手段的工艺美，反映大工业自动化生产及科学性的严格和精确美，标志力学、材料学、机构学新成就的结构美，在不牺牲使用者和生产者利益的前提下，努力降低产品成本，创造最高的附加值。

3）艺术性　应用美学法则创造具有形体美、色彩美、材料美和符合时代审美观念的新颖产品，体现人、产品与环境的整体和谐美。

产品造型设计涉及的因素很多，如工程技术、美学、市场经济、心理学、生理学、社会学等。具体来说，它包括产品功能、结构、形态、色泽、质感、工艺、材料、人机等诸方面。但不能脱离所用材料、工艺语言与时代精神以及与民族文化象征的协调，更不能忽略造型与现有的技术条件、投资可能以及市场销售之间可能的协调。

在造型设计的三要素中，使用功能是产品造型的出发点和产品赖以生存的主要因素；艺术形象是产品造型的主要成果；物质技术条件是产品功能和外观质量的物质基础。

关于工业造型设计，特别是机电产品造型设计的内容，通常包括以下方面。

1）机电产品的人机工程设计或称宜人性设计　产品与人的生理、心理因素相适应，以求得人-机-环境的协调与最佳搭配，使人们在生活与工作中达到安全、舒适与高效的目的。

2）产品的形态设计　使产品的形态构成符合美学法则，通过正确的选材及采用相应的加工工艺，形成优良表面质量与质感肌理，获得能给人以美的感受的产品款式。

3）产品的色彩设计　综合产品的各种因素，制定一个合适的色彩配置方案，它是完美造型效果的另一基本要素。

4）产品标志、铭牌、字体等设计　以形象鲜明、突出、醒目为标志，给人以美好、强烈、深刻的印象。

3. 有限元法

有限元法是以计算机为工具的一种现代数值计算方法。目前，该方法不仅能用于工程中复杂的非线性问题（如结构力学、流体力学、热传导、电磁场等）的求解，而且还可用于工程设计中复杂结构的静态和动力学分析，并能精确地计算形状复杂的零件的应力分布和变形，成为复杂零件强度和刚度计算的有力分析工具。

有限元法的基本思想是把要分析的连续体假想地分割成有限个单元所组成的组合体，简称离散化。这些单元仅在公共节点处相互连接。离散化的组合体与真实弹性体的区别在于：组合体中单元与单元之间的连接除了节点之外再无任何关联。但是这种连接要满足变形协调条件，既不能出现裂缝，也不允许发生重叠。显然，单元之间只能通过节点来传递内力。通过节点来传递的内力称为节点力，作用在节点上的载荷称为节点载荷。当连续体受到外力作用发生变形时，组成它的各个单元也将发生变形，因而各个节点要产生不同程度的位移，这种位移称为节点位移。在有限元中，常以节点位移作为基本未知量，并对每个单元根据分块近似的思想，假设一个简单的函数近似地表示单元内位移的分布，再利用力学理论中的变分原理或其他方法，建立节点力与节点位移之间的力学特性关系，得到一组以节点位移为未知量的代数方程，从而求解节点的位移分量。然后利用插值函数确定单元集合体上的位移、应变、应力等场函数。显然，如果单元满足问题的收敛性要求，那么随着缩小单元的尺寸，增加求解区域内单元的数目，解的近似程度将不断改进，近似解最终将收敛于精确解。

用有限元法求解问题的计算步骤比较繁多，其中最主要的计算步骤如下。

1）连续体离散化　首先，应根据连续体的形状选择最能圆满地描述连续体形状的单元。常见的单元有：杆单元、梁单元、三角形单元、矩形单元、四边形单元、曲边四边形单元、四面体单元、六面体单元以及曲面六面体单元等。其次，进行单元划分，单元划分完毕后，要将全部单元和节点按一定顺序编号，每个单元所受的载荷均按规则移植到节点上，并在位移受约束的节点上根据实际情况设置约束条件。

2）单元分析　即建立各个单元的节点位移和节点力之间的关系式。

3）整体分析　即对各个单元组成的整体进行分析，其目的是建立一个线性方程组，来揭示节点外载荷与节点位移的关系，从而求解节点位移。

用有限元法不仅可以求结构体的位移和应力，还可以对结构体进行稳定性分析和动力分析，求出结构的自由振动频率、振型和动变形、动应力等。

近年来，有限元法的研究与应用得到蓬勃发展，已形成功能完善的商品化有限元法分析软件（如 ANSYS 和 Abaqus 等），这些软件不仅带有功能强大的前处理（自动生成单元网格、形成输入数据文件）和后处理（显示计算结果，绘制变形图、等直线图、振型图并可动态显示结构的动力响应等）程序，且由于有限元通用程序使用方便、计算精度高，其计算结果已成为各类机电产品设计和性能分析的可靠依据。

4. 虚拟设计

虚拟现实（Virtual Reality，VR）是近 20 年发展起来的一门新技术。它采用计算机技术和多媒体技术，营造一个逼真的具有视、听、触等多种感知的人工虚拟环境，使置身于该环境的人通过各种多媒体传感交互设备与这一虚构的环境进行实时交互作用，产生身临其境的感觉。这种虚拟环境既可以是对真实世界的模拟，也可以是虚构的世界。虚拟现实技术在机械制造领域有着广泛的应用，如虚拟设计、虚拟制造等。

如果把设计理解为在实物原型出现之前的产品开发过程，虚拟设计的基本思想则是用计算机来虚拟完成整个产品开发过程。设计者经过调查研究，在计算机上建立产品模型，并进行各种分析，改进产品设计方案。通过建立产品的数字模型，用数字化形式来代替传统的实物原型试验，在数字状态下进行产品的静态和动态性能分析，再对原设计进行集成改进。由于虚拟开发环境中的产品实际上只是数字模型，可对它随时进行观察、分析、修改、更新，在新产品开发中对其造型和结构构思以及可制造性、可装配性、易维护性、运行适应性、易销售性分析等都能同时相互配合地进行。虚拟设计可以使一个企业的各部门，甚至是全球化合作的几个企业中的工作者，同时在同一个产品模型上工作和获取信息，也可并行连续工作，以减少互相等待的时间，避免或减少传统产品设计过程中反复制作、修改原型以及反复对原型进行手工分析与试验等工作所投入的时间和费用，在设计过程中发现和解决问题，按照规划的时间、成本和质量要求将新产品推向市场，并继续对顾客的需求变化做出快速灵活的响应。

新产品的数字原型经反复修改确认后，即可开始虚拟制造。虚拟制造或称数字化制造的基本思想是在计算机上验证产品的制造过程。设计者在计算机上建立制造过程和设备模型，与产品的数字原型结合，对制造过程进行全面的仿真分析，优化产品的制造过程、工艺参数、设备性能、车间布局等。虚拟制造可以预测制造过程中可能出现的问题，提高产品的可制造性和可装配性，优化制造工艺过程及其设备的运行工况和整个制造过程的计划调度，使产品及其制造过程更加合理和经济。虚拟工艺过程和设备是各种单项工艺过程和设备运行的模拟与仿真。如虚拟加工中心可完整地实现设备的运动、工件的处理等过程的可视化。虚拟制造系统是运用商品化软件在模型库中选择各种设备和工具、工作单元、传送装置、立体仓库、自动小车和操作人员等模型，通过三维图形仿真及时发现生产中可能出现的问题，对制造系统的布局方案、批量控制、运行统计分析等进行评价比较。产品的数字化模型通过虚拟制造之后，还应把产品全寿命周期中的运行环境、运行状态、销售、服务，直到产品报废再生都通过虚拟技术在计算机中进行模拟解决，再应用快速成型技术制作实物原型，使新产品开发快速地一次成功。

5. 价值工程

价值工程是以功能分析为核心，寻求以最小成本实现必要功能，以获得最优价值的一种设计方法或管理科学。

第二次世界大战以后，美国开展了价值分析（Value Analysis, VA）和价值工程（Value Engineering, VE）的研究。美国人麦尔斯通过研究，发现了隐藏在产品背后的本质——功能。顾客需要的不是产品的本身，而是产品的功能。而且在同样功能下，顾客还要比较功能的优劣——性能。在激烈的竞争中，只有功能全、性能好、成本低的产品才具有优势。例如，当顾客购买一辆汽车时，考虑的不仅是它的售价和可以载物的一般功能，往往更关心它每千米的耗油量、速度、乘坐舒适性、安全性、噪声大小、零部件可靠性、维修性等。只有对功能、性能和成本进行综合分析后，才能合理判断出汽车的实用价值。也就是说，价值是产品功能与成本的综合反映。用数学式表示为

$$V=\frac{F}{C}$$

式中 V——价值（Value）；

F——功能评价值（Function）；

C——总成本（Cost）。

可见，价值工程包括三个基本要素，即价值、功能和成本。

功能可解释为功用、作用、效能、用途、目的等。对于一件产品来说，功能就是产品的用途、产品所担负的职能或所起的作用。功能所回答的是“产品的作用或用途是什么”。价值工程中，功能含义很广。对产品来说，它是指有何效用。功能本身必须表达它的有用性。没有用的东西就没有价值，更谈不到价值分析了。以产品来说，人们在市场上购买商品的目的是购买它的功能，而非产品本身的结构。例如人们买彩电，是因为彩电有“收看彩色电视节目”的功能，而不是买它的集成元件、显像管等元器件。功能是各种事物所共有的属性。价值工程始终都要求围绕用户要求的功能对事物进行本质的思考。

功能又包含基本功能和辅助功能、使用功能和美观功能、必要功能和不必要功能等。

价值工程中的“成本”是指实现功能所支付的全部费用。从产品来说，是以功能为对象而进行的成本核算。一个产品往往包含许多零部件的功能，而各功能又不尽相同，此时就需要把零部件的成本变成功能成本，这与一般财会工作中的成本计算有较大差别。财会计算成本是零部件数量乘以成本单价，得出一个零部件的成本，然后把各种零部件成本额相加，求得总成本。而价值工程中的功能成本是把每一零部件按不同功能的重要程度分组后计算的。价值分析中的成本的“大小”是根据所研究的功能对象确定的。

价值工程中的价值的含义有别于政治经济学中所说的价值（“凝结在商品中的一般的、无差别的人类劳动”），也有别于统计学中的用货币表示的价值，它更接近人们日常生活常用的“合算不合算”“值得不值得”的意思，是指事物的有益程度。价值工程中关于价值的概念是个科学的概念，它正确反映了功能和成本的关系，为分析与评价产品的价值提供了一个科学的标准。树立这样一种价值观念就能在企业的生产经营中正确处理质量和成本的关系，生产适销对路的产品，不断提高产品的价值，使企业和消费者都获得好处。

从上述可以看出：所谓价值就是某一功能与实现这一功能所需成本之间的比例。为了提高产品的实用价值，可以采用或增加产品的功能，或降低产品的成本，或既增加产品的功能又同时降低成本等各种各样的途径。总之，提高产品的价值就是用低成本实现产品的功能，而产品的设计问题就变为用最低成本向用户提供必要功能的问题了。

开展价值分析、价值工程的研究可以取得巨大的经济效益。例如在 20 世纪五六十年代，美国通用电气公司在价值分析研究上花了 80 万美元，却获得了两亿多美元的利润。

价值工程是以功能分析为核心，以开发创造性为基础，以科学分析为工具，寻求功能与成本的最佳比例。价值工程或其他方法都是手段，而价值优化是设计中自始至终应贯彻的指导思想和争取的目标。

提高产品的价值可以从以下三个方面着手：

①功能分析，即从用户需要出发，保证产品的必要功能，去除多余功能，调整过剩功能，增加必要的功能；

②性能分析，即研究一定功能下提高产品性能的措施；

③成本分析，即分析成本的构成，从各方面探求降低成本的途径。

价值分析、价值工程是提高产品性价比，提升企业的市场竞争力的有效技术手段。

6. 模块化设计

模块是一组同时具有相同功能和结合要素而具有不同性能或用途甚至不同结构特征但能互换的单元。产品模块化的思想是将某一产品（实体产品或概念产品）按一定的规则分解为不同的有利于产品设计、制造及装配的许多模块，然后按照模块来组织产品和生产。模块化设计是在对产品进行市场预测、功能分析的基础上，划分并设计出一系列通用的功能模块；根据用户的要求，对这些模块进行选择和组合，就可以构成不同功能或功能相同但性能不同、规格不同的产品。这种设计方法称为模块化设计。

模块化设计基于功能独立与功能（模块）组合的思想将一般产品设计任务转化为模块化产品方案。它包括两方面的内容：一是根据新的设计要求进行功能分析，合理创建出一组模块，即模块创建；二是根据设计要求将一组已存在的特定模块组合成模块化产品方案，即模块综合。

模块化设计的原则是力求以少数模块组合尽可能多的产品，并在满足要求的基础上使产品精度高、性能稳定、结构简单、成本低廉,且模块结构应尽量简单、规范,模块间的联系尽可能简单。因此,如何科学地、有节制地划分模块,是模块化设计中具有艺术性的一项工作,既要考虑到制造管理方便,具有较大的灵活性,避免组合时产生混乱,又要考虑到该模块系列将来的扩展和向专用、变型产品的辐射。划分的好坏直接影响到模块系列设计的成功与否。总的说来,划分前必须对系统进行仔细的、系统的功能分析和结构分析。

将模块化思想用于机床设计,与传统设计方法相比具有如下特点:

①同一种功能的单元是若干可互换的模块,而不是单一的部件,从而使得所组成的机床在结构、性能上更为协调合理;

②同一种功能的模块在较大范围内具有通用化特性,可在基型、变型甚至跨系列、跨类机床中使用;

③将功能单元尽量设计成较小型的标准模块,使其与相关的模块间的连接形式及结构要素一致或标准化,便于装配和互换。

从以上特点可以看出,采用模块化设计方法的机床设计有着以下重要的技术经济意义:

①缩短产品的设计和制造周期,从而显著缩短供货周期,有利于争取客户;

②有利于产品更新换代及新产品的开发,增加企业对市场的快速应变能力;

③有利于企业组织生产,降低生产成本,同时保障产品质量和可靠性;

④具有良好的可维修性。

虚拟设计技术与模块化设计技术的融合,产生了一个全新的设计理论和方法体系——虚拟模块化设计。引入虚拟设计,使模块化设计的全过程均在计算机上完成,从而彻底改变了传统模块化设计手工操作、工作量大、效率低的缺陷。同时,基于模块化设计的虚拟设计与虚拟制造系统的构造更为容易,由于模块化设计具有通用化、系列化、标准化的特性,使虚拟产品模型的构造及其数据管理更为规范,有益于虚拟设计系统开发与应用。

7. 反求工程设计

技术引进是促进民族经济高速增长的战略措施。要取得最佳技术和经济效益,必须对引进技术进行深入研究、消化和创新,开发出先进产品,形成自己的技术体系。

反求工程是针对消化吸收先进技术的一系列工作方法和应用技术的组合,包括设计反求、工艺反求、管理反求等各个方面。它以先进产品的实物、软件(图样、程序、技术文件等)或影像(图像、照片等)作为研究对象,应用现代设计的理论方法以及生产工程学、材料学和有关专业知识进行系统的分析研究,探索并掌握其关键技术,进而开发出同类产品。这样的产品开发模式称为反求工程(Reverse Engineering, RE)。

反求工程的实现存在多种途径和手段,涉及多种影响因素。其主要因素有:

①信息源的形式(实物、软件或影像);

②反求对象的形状、结构和精度要求;

③制造企业的软硬件条件及工程技术人员的自身素质。

反求工程的步骤一般分为反求对象分析、再设计和反求产品的制造三个阶段。对反求对象的分析是反求工程成败的关键,反求对象分析包括以下方面。

1)反求对象设计指导思想、功能原理方案分析　要分析一个产品,首先要从产品的设计指导思想分析入手。产品的设计指导思想决定了产品的设计方案,深入分析并掌握产品的设计指导思想是分析了解整个产品设计的前提。充分了解反求对象的功能,有助于对产品原理方案的分析、理解和掌握,从而有可能在进行反求设计时得到基于原产品而又高于原产品的原理方案,这是反求工程技术的精髓所在。

2)反求对象材料的分析　它包括材料的成分分析、材料的结构分析和材料的性能检测几部分。其中,常用的材料成分分析方法有钢种的火花鉴别法、钢种听音鉴别法、分光光度法、滴定分析法、原子光谱分析法、X 射线荧光光谱法、红外光谱分析法和电化学分析法等;而材料的结构分析主要是分析研究材料的组织结构、晶体缺陷及相互间的位相关系,分为宏观组织分析和微观组织分析;材料的性能检测主要是检测力学性能和磁、电、声、光、热等物理性能。

3)反求对象工艺、装配分析　反求设计和反求工艺是相互联系缺一不可的。在缺乏制造原型产品的先进设备与先进工艺方法和未掌握某些技术诀窍的情况下,对反求对象进行工艺分析是非常关键的一环。

4)反求对象精度的分析　产品的精度直接影响到产品的性能,对反求分析的产品进行精度分析,是反求分析的重要组成部分。反求对象精度的分析包括了反求对象形体尺寸的确定、精度的分配等内容。

5)反求对象造型的分析　产品造型设计是产品设计与艺术设计相结合的综合性技术。造型分析的主要目的是运用工业美学、产品造型原理、人机工程学原理等对反求对象的外形构型、色彩设计等进行分析,以提高产品的美感和舒适方便程度。

6)反求对象系列化、模块化分析　分析反求对象时,要做到思路开阔,要考虑到所引进的产品是否已经系列化,是否为系列型谱中的一个,在系列型谱中是否具有代表性,产品的模块化程度如何等具体问题,以便在设计制造时少走弯路,提高产品质量,降低成本,生产出多品种、多规格、通用化强的产品,提高产品的市场竞争力。

随着 CAD/CAM 技术的成熟和广泛应用,以 CAD/CAM 软硬件为基础的反求设计应用越来越广泛。其基本过程是:采用三坐标测量机对实物模型进行测量,以获取实物模型的特征参数。将实物模型的特征数据借助于计算机进行重构反求对象模型,对重建的对象模型进行必要的创新、改进和分析。有时应用快速成型设备快速地制备出创新的产品原型。最后,进行数控编程,完成反求产品加工制造。

8. 健壮性设计

健壮性是指产品抵抗由于制造和使用过程中环境因素或由于在规定寿命内材料或结构发生老化和变质而引起质量特性波动的能力。产品质量的波动会给用户和社会带来损失。因此在产品设计阶段设法降低其波动,提高产品质量特性的健壮性,无疑对提高产品的市场竞争能力有着重要意义。健壮性设计是通过控制可控因素的水平,使产品质量特性对噪声因素的敏感程度降低,从而使噪声因素对产品质量的影响作用减小或去除,提高产品质量对外界干扰的抵抗力,使所设计的产品无论在制造中产生偏差,或是在规定寿命内结构发生老化和变质,都能保持产品性能稳定,实现提高产品质量的目的。

日本学者田口玄一博士提出了田口(Taguchi)健壮设计法。该设计法将产品的设计过程分为系统设计、参数设计和容差设计三个阶段。由于该设计法是分三个阶段进行新产品、新工艺的设计,故也称三次设计法。三次设计法推动了健壮设计的发展。

①系统设计,亦称第一次设计。该设计是根据产品规划所要求的功能,对该产品的整个系统结构和功能进行设计,提出初始设计方案。系统设计主要依靠专业知识和技术来完成。系统设计的目的在于选择一个基本模型系统,确定产品的基本结构,使产品达到所要求的功能。包括材料、元件、零件的选择以及零部件的组装系统。

②参数设计，亦称第二次设计。它是在专业人员提出的初始设计方案的基础上，对各零部件参数进行优化组合，使系统的参数值实现最佳搭配，使得产品输出特性稳定性好，抗干扰能力强，成本低廉。

③容差设计，亦称第三次设计。它是在参数设计确定出的最佳设计方案的基础上，进一步分析导致产品输出特性波动的原因，找出关键零部件，确定合适的容差，并求得质量和成本二者的最佳平衡。

大量应用实例表明，采用三次设计法设计出的新产品（或新工艺）性能稳定、可靠，成本低，在质量和成本两方面取得最佳平衡，在市场上具有较强的竞争力。

9. 优化设计

优化设计亦称为最优化设计，它是以数学规划理论为基础，以电子计算机为辅助工具的一种设计方法。这种方法首先将设计问题按规范的格式建立数学模型，并选择合适的优化算法，选择或编制计算机程序，然后通过计算机获得最优设计方案。

对机械工程来说，优化设计方法使机械设计的改进和优选速度大大提高。例如，为提高机构性能的参数优化，为减轻重量或降低成本的机械结构优化，各种传动系统的参数优化和发动机机械系统的隔振与减振优化等。优化技术不仅用于产品成型后的再优化设计过程中，而且已经渗透到产品的开发设计过程中。同时，它与可靠性设计、模糊设计、有限元法等其他设计方法有机结合取得了新的效果。本书第 3 章将详细介绍优化建模、优化问题的解法及有关实例。

10. 可靠性设计

可靠性（Reliability）是衡量产品质量的重要指标之一。可靠性的定义通常是指产品在规定的条件下、规定的时间内完成规定的功能的能力。产品设计阶段对产品的可靠性起着决定性的作用。可靠性设计是指在产品设计过程中，在预测与预防产品所有可能发生的故障的基础上，通过采用相应的设计技术，使所设计的产品符合规定的可靠性要求。可靠性设计是传统设计方法的一种重要补充和完善。本书第 4 章将介绍可靠性设计的原理、可靠性建模、系统可靠性预测、系统可靠性分配及有关实例。

11. 绿色设计

工业革命以来，人类社会经过一百多年的快速发展，目前已经面临社会发展与环境和资源之间的深刻矛盾。在人类对自己长期以来采用较为粗放的、大规模工业发展模式及由此而引起的资源枯竭、环境恶化等问题的反思之后，如何选择一条适合可持续发展道路，实现人与自然的和谐相处，成为世界大多数国家的共识。而绿色设计就是基于这样的背景而提出的。

绿色设计（Green Design）也称为生态设计（Ecological Design）、环境设计（Design for Environment）等。虽然叫法不同，内涵却是一致的，其基本思想是：在设计阶段就将环境因素和预防污染的措施纳入产品设计之中，将环境性能作为产品的设计目标和出发点，力求使产品对环境的影响最小。对工业设计而言，绿色设计的核心是“3R（Reduce，Reuse，Recycle）”，它不仅要减少物质和能源的消耗，减少有害物质的排放，而且要使产品及零部件能够方便地分类回收并再生循环或重新利用。绿色设计反映了人们对于现代科技文化所引起的环境及生态破坏的反思，同时也体现了设计师道德和社会责任心的回归。

绿色设计的主要内容包括：绿色产品设计的材料选择与管理；产品的可拆卸性设计；产品的可回收性设计。

（1）绿色产品设计的材料选择与管理

一方面，不能把含有有害成分与无害成分的材料混放在一起；另一方面，对于达到寿命周期的产品，有用部分要充分回收利用，不可用部分要用一定的工艺方法进行处理，使其对环境的影响降到最低。

（2）产品的可拆卸性设计

设计师要使所设计的结构易于拆卸，维护方便，并在产品报废后能够重新回收利用。

（3）产品的可回收性设计

综合考虑材料的回收可能性、回收价值的大小、回收的处理方法等。

除此之外，还有绿色产品的成本分析、绿色产品设计数据库等。

作为一种设计思潮与方法论，绿色设计着眼于人与自然的生态平衡关系。在设计过程的每一个决策中都充分考虑到环境效益，尽量减少对环境的破坏，最大限度地利用材料资源，最大限度地节约能源。绿色设计不仅是一种技术层面的考虑，更关键的是一种观念上的变革，要求设计师放弃那种在外观上标新立异的习惯，将设计变革的中心真正放在功能的创新、材料与工艺的创新、产品的环境亲和性的创新上，以一种更为负责的态度与意识去创造最新的产品设计形态，用更科学、更合理的造型结构使产品真正做到物尽其材、材尽其用，并且在不牺牲产品性能的前提下，尽可能地延长使用周期。总之，绿色设计的方法体现着“环境亲和性”“价值创新性”“功能全征性”的基本特征。

1.4 学习现代设计方法的意义

设计是把各种先进技术转化为生产力的一种手段，是先进生产力的代表，设计创新是推动产业发展和社会进步的强大动力。工业产品设计是一种创造性活动，产品的功能、造型、结构、质量、成本以及可制造性、可维修性、报废后的处理以及人-机（产品）-环境关系等，原则上都是在产品的设计阶段确定的，可以说产品的水平主要取决于设计水平。

随着改革开放的进一步深化，我国工业产品将更多地打入国际市场。产品是否有竞争力，影响着企业的生存与发展，也影响着国家的生存与发展。产品的竞争力在很大程度上取决于产品的设计。在产品开发和提高产品设计水平的工作中，科学的设计方法、先进的设计技术起着重要的作用。因此加强对现代产品设计方法的研究和推广有着十分重要的意义。为了适应当代科学技术发展的要求和市场经济体制对设计人才的需要，必须加强设计人员的创新能力和设计素质的培养，开设现代设计方法课程的目的就在于此。以期通过对这门课程的学习与研究，提高从事设计工作人员的设计水平，增强设计创新能力。作为当今的工科大学生和研究生，学习和掌握现代设计方法及技术就更具有特别的意义。

应该指出，现代设计是传统设计活动的延伸和发展。现代设计方法也是在继承传统设计方法基础上不断吸收现代理论、方法和技术以及相邻学科最新成果后发展起来的。所以，学习现代设计方法的目的并不是要完全抛弃传统方法和经验，而是使广大读者在掌握传统方法与实践经验的基础上再掌握一些新的设计理论和技术手段。

学习现代设计方法这门课程的任务如下：

①了解现代设计的特点、技术体系以及现代设计的基本理念和思路；

②重点掌握一些应用广泛、实用性强的设计方法（包括产品系统化设计方法、优化设计、可靠性设计和有限元法等）的理论和应用过程；

③通过学习和实验，力求掌握一些常用现代设计计算机软件的操作和具体应用方法。

通过本课程的学习，可为从事机电产品开发工作打下一定的基础，在未来的产品设计实践中，能够正确应用现代设计理论与方法，乃至发展和创造出新的现代设计方法和手段，以推动人类设计事业的进步。

习　题

1.1　试述设计的含义。工业产品设计具有哪些特征？

1.2　试述目前产品开发面临的挑战及我国产品开发主要存在的问题。

1.3　人类设计活动的发展经历了哪几个阶段？试述各阶段的基本特征。

1.4　何为传统设计和现代设计？现代设计的主要特点表现在哪几个方面？

1.5　传统设计和现代设计之间的区别在哪里？说明这两种设计之间的正确关系。

1.6　简述现代设计的技术体系结构。

1.7　试述学习现代设计方法课程的意义与任务。

第 2 章　设计方法学

2.1 概述

方法是人类思维的宝贵财富，是探索科学真理的钥匙。认识事物、解决问题都需要正确的方法。培根说过：没有一个正确的方法，犹如在黑暗中摸索行走。巴甫洛夫也曾指出：好的方法将为人们展开更广阔的图景，使人们认识更深层次的规律，从而更有效地改造世界。设计方法学(Design Methodology)是一门新兴学科，是现代设计方法的重要组成部分。

工业产品设计是一种创造性活动，设计的结果直接影响产品性能质量、成本和企业经济效益。由于在产品开发和提高产品设计水平的工作中，科学的设计方法起着重要的作用，因此加强对产品设计方法学的研究有着十分重要的意义。

从 20 世纪 60 年代以来，创始于工业发达国家的设计方法学研究取得了长足进展。一些国家已形成了各自的研究体系和风格。比较有代表性的如：德国的学者和工程技术人员比较着重研究设计的进程、步骤和规律，进行系统化的逻辑分析，并将成熟的设计模式、解法等编成规范和资料供设计人员参考；英美学派偏重分析创造性开发和计算机在设计中的应用；日本学者则充分利用国内电子技术和计算机的优势，在创造工程学、质量工程、价值工程方面做了不少工作。自 1946 年开始，苏联进行了发明创造方法学——TRIZ (Theory of Invention Problem Solving，发明问题的解决理论)研究，以阿奇舒勒(G. S. Altshuler)为首的研究人员分析了世界近 250 万件高水平发明专利，并综合多学科领域的原理和法则后，建立了 TRIZ 理论体系。运用这一理论，可大大加快人们创造发明的进程，而且能得到高质量的创新产品。

各国研究的设计方法在内容上各有侧重，但共同的特点都是总结设计规律，启发创造性，采用现代的先进理论和方法使设计过程自动化、合理化，其目的是为了提高设计水平和质量，设计出更多功能全、性能好、成本低、外形美的产品，以满足社会的需求和适应日趋尖锐的市场竞争。

我国自 20 世纪 80 年代以来，不断吸收引进国外研究成果，开展了设计方法学的理论和应用研究，并取得了一系列成果。

各国在设计方法研究过程中共同推进和发展了“设计方法学”这门学科，从而使它成为现代设计方法的一个重要组成部分。设计方法学是以系统的观点来研究产品的设计程序、设计规律和设计中的思维与工作方法的一门综合性学科。它所研究的内容包括如下部分。

1)设计对象　设计对象是一个能实现一定技术过程的技术系统。能满足一定需要的技术过程不是唯一的，能实现某个具有一定技术过程的技术系统也不是唯一的。影响技术过程和技术系统的因素很多，全面系统地考虑、研究确定的最优技术系统即为设计对象。

2)设计过程及程序　设计方法学从系统观点出发来研究产品的设计过程，它将产品(即设计对象)视为由输入、转换、输出三要素组成的系统，重点讨论将功能要求转化为产品的这一设计过程,并分析设计过程的特点,总结设计过程的思维规律,寻求合理的设计程序。

3)设计思维　设计是一种创新,设计思维应是一种创造性思维。设计方法学通过研究设计中的思维规律,总结设计人员科学的创造性的思维方法和创造性技法。

4)设计评价　设计方案优劣评价的核心取决于设计评价指标体系。设计方法学研究和总结评价指标体系的建立以及应用价值工程和多目标优化技术进行各种定性、定量的综合评价方法。

5)设计信息管理　设计方法学研究设计信息库的建立和应用,探讨如何把分散在不同学科领域的大量设计信息集中起来,建立各种设计信息库,使之通过计算机等先进设备方便快速地调阅参考。

6)现代设计理论与方法的应用　为了改善设计质量,加快设计进度,设计方法学研究如何把不断涌现出的各种现代设计理论和方法应用到设计过程中去,以进一步提高设计质量和设计效率。

由上述可知,设计方法学是在深入研究设计本质的基础上,以系统论的观点研究设计的对象、设计的进程和具体设计方法的科学。其目的是总结设计的规律性,启发创造性,在给定条件下,实现高效、优质的设计,培养能设计出具有开发性、创造性产品的设计人才。

2.2　设计系统

2.2.1　设计系统的概念

系统工程是在控制论、信息论、运筹学及管理科学基础上发展起来的,用于解决工程问题,使之达到最优化设计、最优控制和最优管理的一门科学。传统的分析方法往往把事物分解为许多独立的互不相干的部分进行研究。由于是孤立、静止地分析问题,所得出的结论往往是片面的、有局限性的。而系统工程的方法是把事物当做一个整体的系统来研究,从系统出发,分析各组成部分之间有机的联系及系统与外界环境的关系,是一种比较全面的综合研究方法。现代设计中的许多问题,都可以用系统论思想和方法去分析、认识和把握。

系统化设计思想的核心是把工业设计对象以及有关的设计问题视为系统。根据这一观点,设计是一种信息处理系统,输入的是设计要求和约束条件信息,设计者运用产品设计的知识、规则、方法,通过计算机、试验设备等工具进行设计,最后输出的是产品方案、图纸、产品数字模型、技术文件等设计结果,如图 2-1 所示。随着输入信息和反馈信息的增加,通过设计者的合理处理,将使设计结果更趋完美。

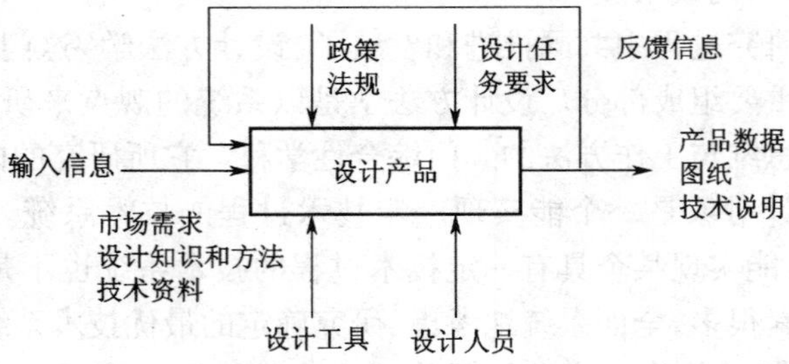

图 2-1　设计系统模型

从系统工程的观点分析，设计系统具有三维空间，是由时间维、逻辑维和方法维组成的三维系统，如图 2-2 所示。时间维反映按时间顺序的设计工作阶段；逻辑维是解决问题的逻辑步骤；方法维列出设计过程中的各种思维方法和工作方法。设计过程中的每一个行为都反映为这个三维空间中的一个点。人们可以通过这三个方面来深入分析和研究产品设计的规律。

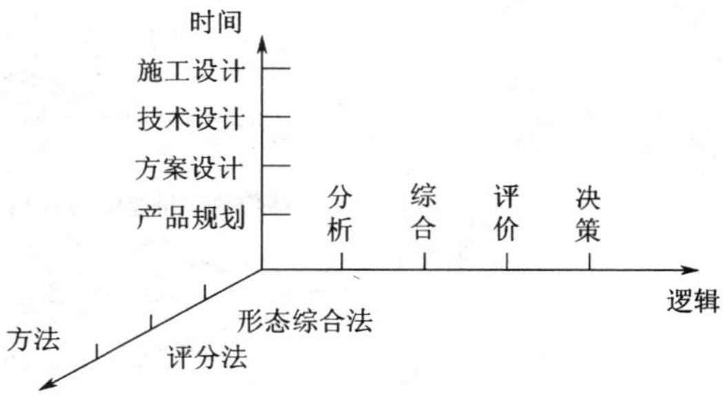

图 2-2　三维设计系统

2.2.2　产品设计的过程（时间维）

由产品的设计要求转化为产品的结构过程中，各种设计性能之间存在着错综复杂的关系。设计系统由输入转化为输出的过程，每一步都可能有许多设计自由度（解法），同时也存在着不断变化的限制条件。设计过程的实质就是通过转换寻求恰当的设计性能。由于设计性能关系间的这种复杂性，转换过程是一个分阶段、分层次，由全局到局部，逐层循环，逐步迭代逼近，逐渐完善，最后达到设计要求的过程。图 2-3 形象地表达了机械产品的设计过程。

图 2-3 中每个特征圆表示一个设计步骤，当箭头指到特征圆圆周上时，表示该箭头代表的性能达到了设计要求。

第一个特征圆为产品规划，明确设计要解决的问题，它是设计起点。

第二个特征圆为确定设计的技术要求。设计人员接受任务时，不可能明确所有要求，但至少应首先明确设计目的、功能及功能参数，尽力了解其他方面的要求。有些要求则可在设计过程中进一步明确、完善。

第三个特征圆是建立功能结构。设计是为了满足功能要求，因而应从功能要求出发进行设计。

第四至第七个特征圆则表示从原理方案设计直至详细设计阶段，最后以实物结构图的形式来表明设计终结。

一般情况下，设计过程就是沿着这些特征圆螺旋前进的过程。每到达下一个特征圆，指向特征圆圆周的箭头数量增多，长度加长，表示设计工作更完善一步。当到达最后一个特征圆，所有箭头都指向圆周边界，表示满足了所有设计要求，并已转换为机械系统的基本设计性能，设计工作也告一段落。

研究设计过程，拟定科学的具有普遍适用性的产品设计程序，是设计方法学领域的重要内容，也是设计工作科学化的基础。总结国内外理论研究和设计实践经验，产品设计进程一般可分为产品规划（决策）、原理方案设计、技术设计和施工设计四个阶段。

1）产品规划阶段　该阶段就是进行待开发产品的需求分析、市场预测、可行性分析，确定设计参数及制约的条件，最后提出详细的设计任务书（或设计要求表），作为设计、评价和决策的依据。

2）原理方案设计阶段　原理方案设计就是新产品的功能原理设计。在功能分析的基

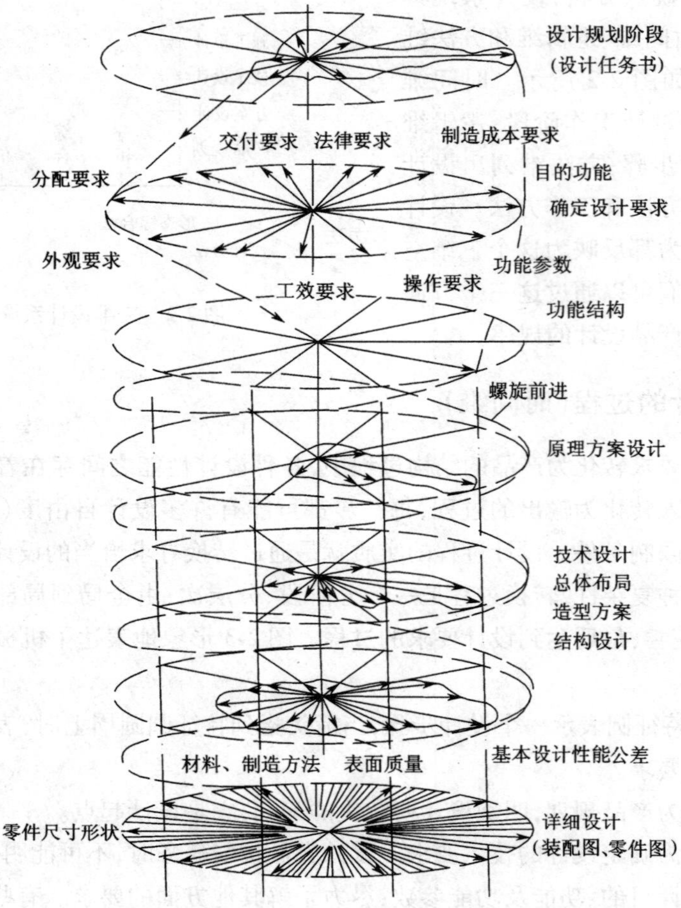

图 2-3　机械产品的设计过程

础上,通过创新构思、优化筛选,求取较理想的功能原理方案,列表给出原理参数,并作出新产品的功能原理方案图。方案设计阶段是产品设计中的一个重要阶段,是决定产品性能、成本、产品水平及竞争能力的重要因素。该阶段应有表达功能原理方案的简图或示意图。

3)技术设计阶段　该阶段是将已确定的产品的功能原理方案具体化为装置及零部件的合理结构。相对于方案设计阶段的创新设计,技术设计阶段有着更多反映设计规律的合理化设计要求。这个阶段工作内容较广。首先是总体设计,应按照人-机-环境-社会的合理要求,对产品各部分的位置、运动、控制等进行总体布置。然后分为同时进行的实用化设计和商品化设计两条设计路线,分别进行结构设计(材料、尺寸等)和造型设计(美感、宜人性等),得到若干个结构方案和造型方案。分别经过试验和评价,选出最优结构方案和最优造型方案。最后分别得出结构设计技术文件、总体装置草图、结构装配草图和造型设计技术文件、总体效果草图、外观构思模型等。必须指出,以上两条设计路线的每一步骤都必须相互交流相互补充,而不是完成了结构设计再进行造型设计,最后完成的图纸和文件所表示的是统一的新产品。技术设计阶段应提供新产品的总装配图、结构装配图和造型图。

4)施工设计阶段　施工设计是把技术设计的结果变成施工的技术文件。该阶段就是完成零件工作图、部件装配图、造型效果图、设计说明书、工艺文件、使用说明书等有关技术文件。

以上产品设计进程的四个阶段，应尽可能地实现 CAD/CAM 一体化，从而提高设计效率，加快设计进度，并对各阶段中的具体设计内容在各种现代设计理论指导下，用不同的现代设计方法来完成。

2.2.3 并行设计

随着科学技术的高速发展和市场竞争的日益加剧，在影响企业竞争的 TQCSE（时间、质量、成本、服务、环保）五要素中，新产品开发时间变得越来越重要，按上述一个步骤接一个步骤进行设计的顺序方法开发产品常常需要多次反复，造成时间和资金的巨大浪费。减少新产品开发周期逐渐成为 TQCSE 的“瓶颈”。并行工程（Concurrent Engineering，CE）又称并行设计，它是企业在激烈的市场竞争中为了求得生存和发展而采取的有效的现代设计方法。

并行工程哲理的形成来自许多人的好思想，如目标小组（Target Teams）、团队协同工作（Team Works）、产品-驱动设计（Product-Driving Design）、全面质量管理（Total Quality Control，TQC）、持续过程改进（Continuous Process Improvement，CPI）等。其中最重要的要属于美国防卫分析研究所（IDA）和美国国防部高级研究计划局（DARPA）所作的研究工作，他们从 1982 年开始研究在产品设计中改进并行度的方法，直至 1988 年发表了著名的 R338 报告。这份报告对并行工程的思想和方法进行了全面、系统的论述，确立了并行工程作为重要设计制造哲理的地位。

美国防卫分析研究所在 R338 报告中对并行工程的定义如下：并行工程是对产品及其相关过程（包括制造过程和支持过程）进行并行、一体化设计的一种系统化的工作模式。这种工作模式力图使开发者从一开始就考虑到产品整个生命周期（从概念形成到产品报废）中所有的因素，包括质量、成本、进度与用户需求。

上面关于并行工程定义中所说的支持过程包括对制造过程的支持（如原材料的获取、中间产品库存、工艺过程设计、生产计划等）和对使用过程的支持（如产品销售、使用维护、售后服务、产品报废后的处理等）。

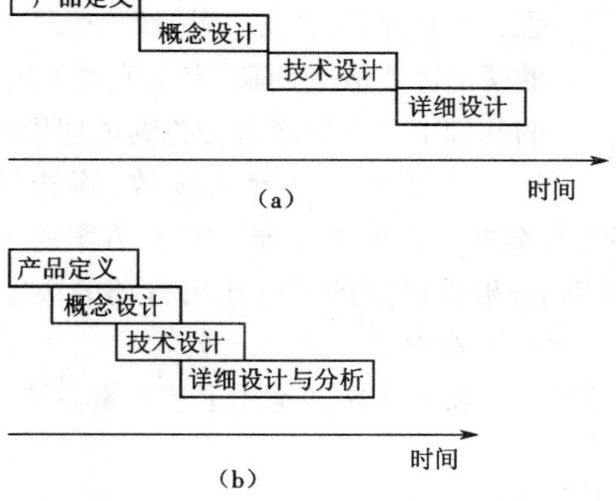

图 2-4　顺序设计方法与并行设计方法比较

(a)顺序设计模型；(b)并行设计模型

并行工程的核心是实现产品及其相关过程设计的集成。传统的顺序设计方法与并行设计方法的比较如图 2-4 所示。由图可见,传统的产品开发过程划分为一系列串联环节,但忽略了不相邻环节之间的交流和协调。每个阶段的设计技术人员只承担局部工作,影响了对产品整个过程的综合考虑。如果任意环节发生问题,都要向上追溯到某一环节而重新开始,从而导致设计周期延长。并行设计从一开始,就考虑到产品整个生命周期(从概念形成到产品报废)中所有的因素,避免或减少了到产品开发后期才发现设计中的问题。所谓并行设计不可能实现完全的并行,只能是一定程度的并行,但这足以使新产品开发的时间大大缩短。

并行工程的基本方法依赖于产品开发中各学科、各职能部门人员间的相互合作、相互信任和共享信息,通过彼此有效的通信和交流,尽早考虑产品全生命周期中各种因素,尽早发现和解决问题,以达到各项工作协调一致。

实施并行工程可以获得明显的经济效益。据统计,实施并行工程可以使新产品开发周期缩短 40% ~60%,早期生产中工程变更次数减少一半以上,产品报废及反复工作减少 75%,产品制造成本下降 30% ~40%。

2.2.4 解决问题的逻辑步骤(逻辑维)

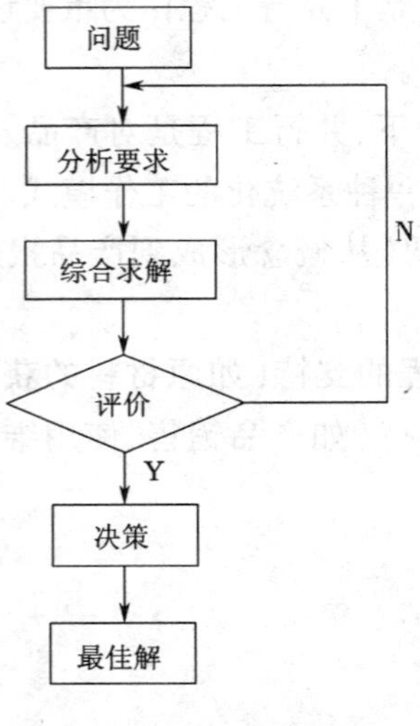

图 2-5 解决问题的步骤

上述设计的各个阶段需要解决一系列具体问题,设计师必须进行一系列思考活动,这些思考活动和他们采用的思考方法是设计时能否创造性地解决问题取得高质量设计结果的关键。解决问题的合理逻辑步骤是:分析—综合—评价—决策(图 2-5)。这四个步骤是不可改变的,且形成重复的循环活动。

1)分析　分析是解决问题的第一步。目的是明确任务的本质要求,它既是求解时激发创造力的动力,又是评价过程中审查方案的准则。

2)综合　综合是在一定约束条件下对问题探寻答案的创造性过程,即提出设计方案。在综合过程中需要发挥创造性思维,采取“抽象”“发散思维”“搜索”等各种方法寻求尽可能多的解法。要敢于创新,提出前人未用过的方案。只有在多方案的基础上才有更多机会找到最理想的方案(最优解)。

3)评价　评价是收敛、筛选的过程,按照一定的准则(评价准则),对提出的多个方案进行分析比较,同时针对方案的不足之处进行改进和优化。

4)决策　在评价的基础上,根据已定的目标作出行动的决定,即找出解决问题的最佳解法,并将解答结果传递到下一个阶段。

在工程设计过程的各阶段,要反复多次地运用上述逻辑方法,才有可能得到较理想的设计结果。

2.2.5 设计理论与方法的应用(方法维)

设计是为了满足社会需要而进行的一系列创造性思维活动,是把各种先进技术转化为生产力的一种手段。工业产品的品种、规格和质量是衡量一个国家工业技术水平的重要标志，而设计是实现产品的品种、规格和质量的关键，只有努力提高产品的设计水平，才能使产品具有竞争力。

设计方法随着社会、经济和材料的进步而不断发展，已由以静态分析、近似计算、经验类比、手工作业为特征的传统设计方法阶段步入现代设计方法阶段。当然，现代设计不仅指设计方法的更新，也包含了新兴设计理论、新技术的引入和产品创新。

表 2-1 综合表达了产品的设计阶段、设计步骤、设计中的逻辑思维及设计过程中应用的设计方法。

表 2-1　机械设计进程、逻辑步骤及方法

阶段	工作步骤	流程图	设计方法
产品规划	确定设计要求	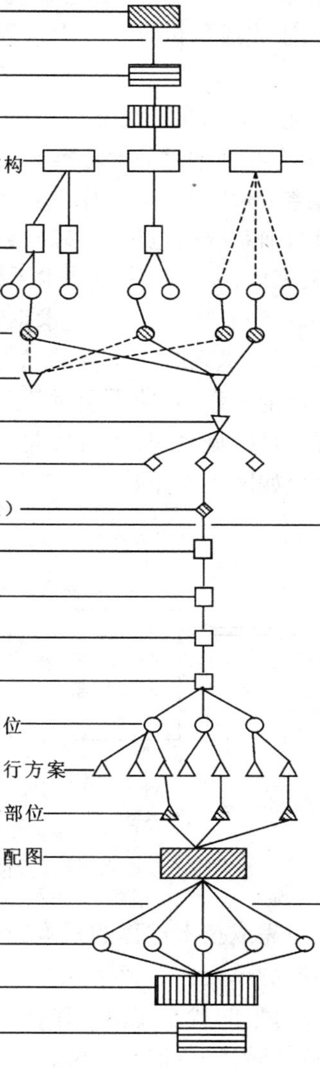	预测技术与方法
方案设计	分析任务要求 总功能 分功能、功能结构 物理作用原理 解题原理 选用解题原理 原理组合 选用原理组合 设计原理方案 选用方案（决策）		系统设计方法 创造性方法 TRIZ 方法 评价与决策方法
技术设计	初步设计总图 选材、定尺寸 评价 改进技术设计 选定改进设计部位 改进设计部位可行方案 优选出改进设计部位 确定总体设计装配图		构形法 价值分析 优化设计 可靠性设计 宜人性设计 产品造型设计 有限元分析 CAD
施工设计	零件优化 零部件工作图 编制技术文件		CAD 优化设计 CAPP

2.3 技术系统及其设计类型

2.3.1 技术系统

从系统论的观点出发，设计人员所设计的产品是以一定的技术手段来实现社会特定需求的人造系统，即技术系统。例如为了得到满足一定要求的一个轴类零件，可通过车削过程来实现。轴的坯料通过车削过程，使其形状、尺寸、表面性质等发生了一定变化，得到了合乎要求的轴，满足了客观需求。在这里，坯料是作业对象，车床是技术系统，所完成的加工过程是技术过程。设计是对作业对象完成某种技术过程，产品就是人造技术系统。

满足一定需求的技术过程不是唯一的，因而相对应的技术系统也不相同。例如上述轴类零件，还可以视条件采取轧制、锻造、磨削、激光成型等技术过程来完成，相对应的技术系统有冷轧机、精密锻床、磨床、激光成型机等。技术过程的确定对设计技术系统非常重要，是设计成功的关键。

作业对象一般可分物料、能量和信息三大类，如加工过程中的坯料、发电过程中的电量、控制过程中的电信号等。这些只有在技术过程中转换了状态，满足了需求，才是作业对象。

技术过程是在人-技术系统-环境这一系统中完成的。由于技术系统与其外界因素密切交织，所以设计产品时，必须明确系统的范围，即确定系统边界。划定技术系统与人这一边界，主要是确定哪些功能由人完成，哪些功能由技术系统完成。而划定技术系统与环境这一边界，主要是确定环境对技术系统有哪些干扰，技术系统对环境有哪些影响。这样划定了技术系统的两方面边界，就确定了技术系统应实现的功能。技术系统以一定的技术手段与操作者一起在技术过程中发挥预定的作用，使作业对象进行有目的的转换和变化，以满足社会特定的需求。技术系统既可以是机械系统，也可以是电气和其他系统。仪器、机器、成套设备等都是技术系统。技术系统如图 2-6 所示。

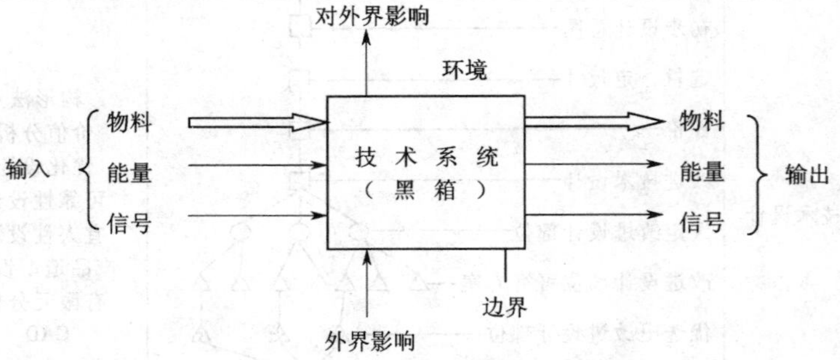

图 2-6　技术系统与环境

技术系统所具有的功能是完成技术过程的根本特性。从功能角度分析，技术系统一般应具有下列能完成不同分功能的单元：

①作业单元，可完成作业对象的状态转换工作；

②动力单元，可完成能量的转换、传递与分解；

③控制单元，可接收、处理和输出控制信息；

④检测单元，用来检测技术系统多种功能的完成情况并反馈给控制单元；

⑤结构单元,可实现系统各部分的连接与支承。

2.3.2 产品设计的类型与设计原则

尽管技术系统(工业产品)种类很多,但从设计的角度出发,产品设计一般分为三种类型。

1)开发性设计　针对新任务,应用可行的新技术,进行创新构思,提出新的功能原理方案,完成从产品规划到施工设计。这是一种完全创新的设计。例如赶超先进水平,或适应政策要求,或避开市场热点开发有新特色的有希望成为新的热点的"冷门"产品。最初的录像机、电视机的设计就属于开发性设计。

2)适应性设计　在工作原理基本保持不变的情况下,对现有系统功能及结构进行重新设计,提高系统的性能和质量。例如电子式照相机采用电子快门、自动曝光代替手动调整,使其小型化、智能化;汽车的电子式汽油喷射装置代替原来的机械控制汽油喷射装置等。或对产品作局部变更或增设部件,使产品能更广泛地适应使用要求。例如在普通自行车基础上更换传动系统,并改变部分结构以用于丘陵地区使用等。

3)变型设计　在工作原理和功能结构都不变的情况下,变更现有产品的结构配置和尺寸,使之满足不同的工作要求。例如不同压力、流量的齿轮泵系列设计以及22、24、26、28英寸规格的自行车设计等。

在工业实践中,开发性设计所占比重不大,但开发性产品具有冲击旧产品、迅速占领市场的良好效果,因此开发性设计一般效益高,风险也大。为满足市场多品种、多规格产品需要,适应性设计和变型设计同样受到人们的普遍重视。

产品开发应遵守以下设计原则。

1)创新原则　设计本身就是创造性思维活动,只有大胆创新才能有所发明、有所创造。但是,今天的科学技术已经高度发展,创新往往是在已有技术基础上的综合。有的新产品是根据别人研究试验结果而设计的,有的是博采众长,加以巧妙组合。因此,在继承的基础上创新是一条重要原则。

2)可靠原则　产品设计力求技术上先进,但更要保证使用中的可靠性,无故障运行的时间长短是评价产品质量的重要指标。所以,产品要进行可靠性设计。

3)效益原则　在可靠的前提下,力求做到经济合理,产品"价廉物美",有较大的竞争能力,创造较高的技术经济效益和社会效益。也就是说,在满足用户提出的功能要求前提下,有效地节约资源、降低成本。

4)审核原则　设计过程是一种对设计信息进行加工、处理、分析、判断、决策、修正的过程。为减少设计失误,实现高效、优质、经济的设计,必须对每一设计程序的信息随时进行审核,绝不允许有错误的信息流入下一道工序。实践证明,产品设计质量不好,其原因往往是审核不严造成的。因此,适时而严格的审核是确保设计质量的重要原则。

2.4 产品规划方法

2.4.1 产品的概念及新产品创新

从传统意义上讲,产品指生产企业以商品形式向市场提供的制成品。它是经过设计、加工制造，具有一定用途的单个有形产品或服务。产品是企业与客户的关系纽带。客户通过购买、使用产品满足其需求；生产者通过销售产品获得利润，促进自身发展。没有产品，也就不存在客户。随着经济的发展和科学技术的进步，客户消费水平得到很大提高，并表现出许多新特点。首先，消费者不仅仅看重产品质量、产品的使用价值，而且对于产品的包装、服务（如咨询、培训等售前服务，送货、保管、维修等售后服务）、广告、产品的社会效益等日益重视；此外，在某些领域，客户趋向专家型消费，即消费者在整个消费过程中的消费专业化倾向，消费者迫切希望购买、使用产品时得到相应的产品知识及使用培训；同时，随着市场的饱和及产品同质化，各企业产品很难仅靠产品质量在市场竞争中赢得客户。

面对这些新情况，传统的产品概念显然不能适应新的客户需求，市场上的商品已经不再是单个有形或无形的产品，而是一种多方位、立体化的产品体系，是功能实体、过程、服务乃至三者的集成，现代产品的概念具备以下新的特点。

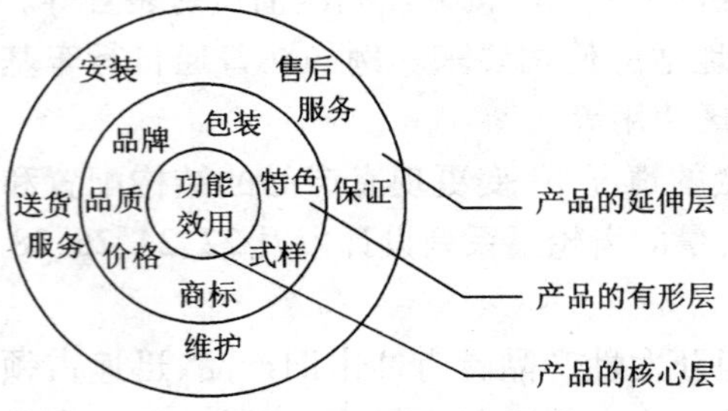

图 2-7　产品层次示意图

1）层次性　如图 2-7 所示，依照现有的产品层次理论，任何一种产品都可以按其功能、质量以及服务等特性划分为核心层、有形层和延伸层三个层次。

①产品的核心层代表消费者在使用产品的过程中和使用后可以获得的基本消费利益，即产品的功能和效用，是消费者需求的核心内容。消费者购买产品，不是购买产品本身，而是购买产品所具有的功能和效用。

②产品的有形层是产品组成中消费者可以直接观察和感觉到的，是产品的外形结构和内在质量，主要包括产品的质量、价格及设计等。

③产品的延伸层是指产品销售方式和伴随产品销售提供的各种服务等，如送货、安装、维护、保证、指导等，目的是给消费者的需求以更大的满足。

2）阶段性　产品的阶段性与面向客户的产品寿命周期或客户整体消费体系相联系，当产品处在整体客户消费体系不同阶段时，客户对产品的需求不同，从而使产品具备不同的表现形式和特点。如产品在购买阶段、使用阶段等客户需求的差异会导致产品某些属性的变化。

3）系统性　新的产品观念虽然具备层次性、阶段性，但不能片面地割裂它们之间的联系，应作为一个整体来看待。产品是功能实体、过程和服务的集成。在产品规划过程中，生产者必须综合考虑客户整体消费体系多种需求；在产品规划时，应当加强产品系统观念。

不同的主体，对新产品的含义理解不同。对制造商来说，从未生产过的产品就是新产品；对消费者来说，产品的各种构成要素（包括产品的功能、效用、式样、特色、品牌等）中任何一项发生了变化，都可以视为新产品。按照产品层次理论，也可以相应地将企业新产品划分为技术型新产品和市场型新产品。技术型新产品所对应的是产品核心层或有形层的变革，与原有产品比较，由于采用了新技术、新工艺和新材料等，功能和效用都有较大甚至是飞跃性的变化。而市场型新产品是指性能和质量并无显著变化，只因采用新的营销方式使用户得到新的满足的产品，它所对应的是产品延伸层的变革。

现代企业产品设计和创新是建立在产品整体概念基础上以市场为导向的系统工程。从单个项目来看，它表现为产品某项技术经济参数质和量的突破与提高，包括新产品开发和老产品改造；从整体考虑，它贯穿了产品构思、设计、试制、营销的全过程。产品设计和创新过程是一个提出新概念、设计新方案、生产和销售新产品的过程。产品创新的实质，就是利用某种技术（科学原理、技巧、方法、思维过程等）对人类的某种需要给以新的满足，或者以更高级的方式满足这种需要。

针对不同类型的新产品，对应着不同类型的产品创新，包括全新型产品创新和改进型产品创新。改进型产品创新是指企业基于市场需要对现有产品所作的功能扩展和技术改进，如由包装箱发展起来的集装箱。而全新型产品创新是相对改进型产品创新而言的，是指产品用途及其应用原理有着显著变化的产品创新。在此类产品创新过程中，技术含量较高，完成也比较困难，一般是科学技术有重大突破后转换成的产品，如杜邦公司推出的尼龙材料。

根据创新推动力来源的不同，产品创新也可分为供应推动型产品创新和需求拉动型产品创新。其中供应推动型产品创新是由有目的或偶然的技术突破或科研成果启动的创新，是一种为“寻求问题而研究问题”的创新。这里所说的“供应”指研究与开发过程或实验室的产出，即技术。由技术推动的产品创新就是供应推动型产品创新。如瓦特发明蒸汽机后，人类社会进入了蒸汽机时代。所谓需求拉动型产品创新是源于市场需求变化而产生的创新，它是最常见的、最有效果的创新，例如电视机的遥控器就是根据现实的需求启动的创新。

2.4.2 产品规划的定义

产品规划是连接企业制造资源系统与市场的桥梁，如图 2-8 所示。产品规划的任务是在掌握技术发展、市场需求和政策环境的基础上，系统寻找和选择有前途的产品作为开发对象，进而明确开发目标和要求，并制订企业产品开发的近期和远期计划。

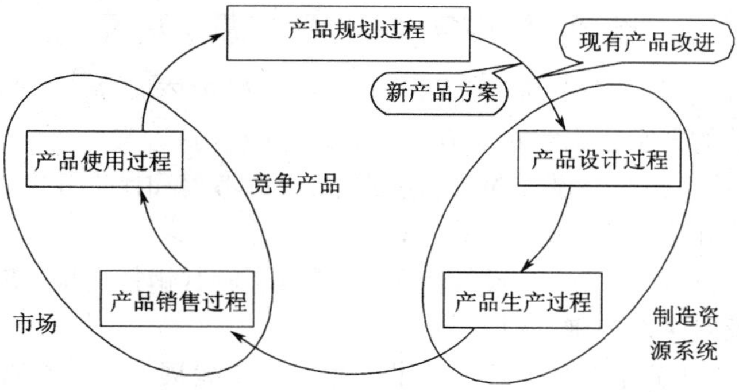

图 2-8　产品规划——连接制造资源系统与市场的桥梁

产品规划的决策对产品开发的成败具有决定性作用。在传统新产品开发的过程中，企业设计人员或专家组主导着产品规划过程，产品规划侧重于产品的功能设计，缺乏系统的前期客户需求分析，忽视产品投入市场后的营销等后期规划，结果是产品不能很好地满足市场要求。统计资料表明，目前在 100 项新产品构想中，最后只有 15 项通过表面审查，6 项进入样品原型设计，3 项通过市场试用，最后只有 2 项以商品化的形式进入市场。很多产品即使进入市场，由于在产品规划阶段缺乏产品进入市场后的长期规划，往往市场表现不佳。因此，产品规划应贯穿于产品寿命周期的全过程，产品规划应充分考虑产品的市场需求变化、竞争对手的态势等影响产品开发的企业外部因素。总之，对市场、“客户的呼声”、竞争对手技术与产品的发展、政策法规走向等企业外部因素的全面、准确把握，将决定产品开发的方向，并在很大程度上决定产品投入市场后的生命力与竞争力。

2.4.3 产品规划的阶段划分和步骤

从产品寿命周期观点出发，产品规划包括了三个主要阶段，即产品开发过程初期的产品确定、产品设计与制造中的规划跟踪以及产品的销售与使用中的产品监控和市场反馈。产品规划的阶段划分与产品寿命周期联系如图 2-9 所示。

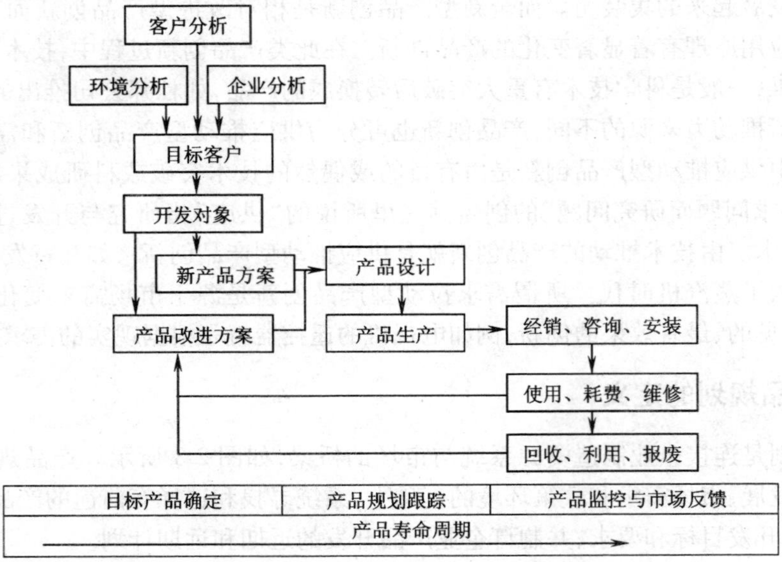

图 2-9　产品规划步骤与产品寿命周期的联系

①目标产品确定。以客户分析、环境分析、企业分析为依据，确定目标市场以及开发对象，进而明确新产品的方案或确定对现有产品的改进(重构)方案。

②产品规划跟踪。在产品设计和试制过程中，继续考察和评价开发对象，如设计要求的合理性、可能的修改和完善方案等。

③产品监控与市场反馈。产品投入市场后，继续了解其销售情况、使用情况、用户反映、市场表现等，以便及时采取措施加以控制。

产品规划的核心任务是在掌握客户需求变化与技术发展和市场状况的基础上，系统地寻找和选择有前途的产品作为开发对象，进而明确开发目标和要求，并制订企业产品开发的近期和远期计划。图 2-10 所示为确定新产品阶段的工作内容和步骤。

1)分析形势　利用市场学、预测学、技术经济学及信息工程等方法和手段，在调查研究的基础上，对产品开发的形势进行预测分析，主要包括市场分析、环境分析和企业分析。市场分析主要是对用户需求、市场现有同类产品及竞争对手的情况、市场占有率、产品性能与特点(包括样本、广告、技术资料)、技术优势与不足、产品市场走势以及市场原材料供应等方面进行分析；环境分析包括对国内外经济和政治形势分析，新技术、新材料、新工艺对产品影响的分析，环境净化及生态平衡和保护要求的提高带来的影响以及对新的技术标准、规范及各种限制条件影响的分析；企业分析主要是对企业的开发能力、生产能力、资源采集能力、销售能力以及资金筹措等方面进行分析。

2)确定产品领域　在分析形势的基础上，通过开发策略的决策以及对企业追求的目标、企业优势、企业价值和文化、周围环境的综合分析权衡，确定产品的领域。

3）选择开发对象　产品规划的核心是确定开发对象，并提出可行性研究报告。可行性研究是针对新产品的设想对其市场适应性、技术适宜性、经济合理性和开发可能性进行的综合分析研究和全面的科学论证。

4）定义产品　经可行性研究并经企业决策部门确定的产品，必须给出确切、全面的定义作为设计师进行产品设计的依据。首先要明确产品应有的功能和功能水平，但对作用原理、结构方案和制造工艺仅仅提出原则性的限制要求，避免束缚设计者的思路。此外，还要根据环境、资源、经济、时间等条件制定设计的约束空间。这一步骤的工作结果是提出产品开发建议书和产品开发任务书。

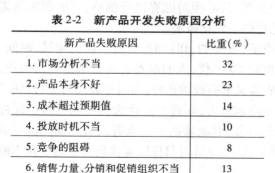

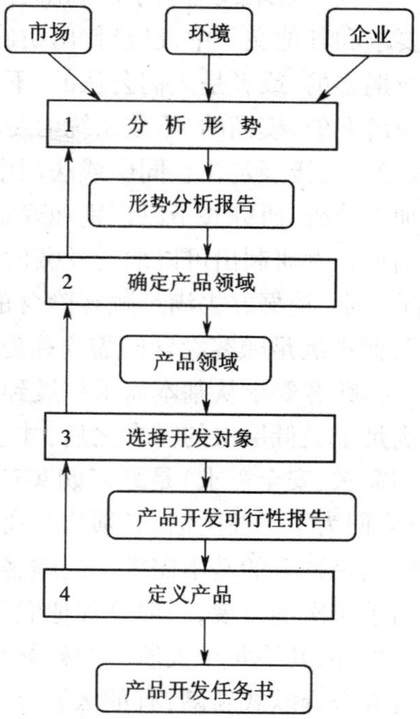

图 2-10　确定新产品步骤

2.4.4　产品规划中的顾客需求分析与获取

新产品的创新开发存在着极大的风险。首先，一种新产品的成功与否，要取决于市场的检验，只有得到消费者真正的接受，才能取得真正的成功。美国的一项研究发现，新产品上市后的失败率分别为：消费产品 40%，工业产品 20%。其次，产品创新的风险还表现在新产品的开发过程中就有很高的淘汰率，1983 年美国某工业研究机构对新产品开发的失败原因进行了分析，结果如表 2-2 所示。

表 2-2　新产品开发失败原因分析

新产品失败原因	比重(%)
1. 市场分析不当	32
2. 产品本身不好	23
3. 成本超过预期值	14
4. 投放时机不当	10
5. 竞争的阻碍	8
6. 销售力量、分销和促销组织不当	13

通过分析看到，在失败原因中，市场分析不当位居首位，占了 32%。因此，如何在产品规划阶段就能充分考虑顾客需求，如何判别本公司产品和竞争对手产品的差别并确立自己产品创新的目标，成为企业产品创新成功的关键。

当产品满足了顾客有意识或无意识的需求和期望值，并被认为是有用的、好用的和希望拥有的产品时，它就成功地填补了产品的机会缺口，也就必定会在市场上取得成功。而产品规划的目标正是通过了解这一系列因素来识别新的消费趋势，并找到与之相配的技术和购买动力，从而开发出新的产品和服务。

成功的产品一旦推向市场就会变成一种必需品。尽管对大多数消费者来说，当他们已经融入到某种生活趋势中时，他们还意识不到自己对某种产品的需要。如果企业在这种趋势刚刚流行的时候就能准确地把握机会，设计开发出适应这种趋势的新产品，该产品就会很快畅销。

1. 顾客要求的内涵

按照现代质量观，产品的高质量意味着全面满足顾客要求，既要满足顾客明示的要求，又要满足顾客隐含的要求，更要满足个性化要求。

①顾客要求包括明示的和隐含的两种。明示的要求或期望,是指在标准、规范、图样、技术要求和其他文件中,已经作出明确规定的要求。隐含的要求或期望,一方面是指用户和社会所期望的,或者是人们公认的、不言而喻的、不再需要进行明确说明的要求;另一方面是指用户潜在的、模糊的、不成系统的要求。在合同情况下或在法规规定的情况下,要求是明确规定的,直接规定在合同中或法规中;在非合同情况下,要求是隐含的,应该对隐含要求或期望加以分析、研究并予以识别和确定。例如,1926 年杜邦公司根据人们对丝袜的潜在要求,成功地开发研制出可以取代丝绸的尼龙,致使杜邦公司大获赢利。企业的产品竞争力就来自于识别、挖掘并去满足顾客隐含的需要。通常把满足顾客明示的需要称为“防守性的质量”,而把满足顾客隐含的需要称为“进攻性的质量”。

②顾客要求从基本需求扩展到差别化需求。一般来说,人们的需求总是由低向高发展,在满足了最低层次的需求之后,才会有较高层次的需求。基本需求(包括对产品的功能和效用需求、安全需求)是顾客购买产品的原动力。例如,人们为了御寒和遮体,需要购买服装;人们为了居住生活,必须购买商品房。服装和商品房必须具备各自所应有的基本功能,才能满足顾客的基本需求。当顾客的基本需求满足后,就向较高层次需求发展。顾客的消费需求层次的发展,一般是和他们的社会生活需求层次的发展相对应的,体现为个性化的需求。例如,几乎每个人所买的衬衫都是不同的,有的人注重面料质地,有的人讲究色彩款式,有的人选择款式新潮,有的人喜欢式样稳重。不同的顾客挑选某类产品时,出现的不同选择,正是顾客需求个性化的表现。这时顾客购买一件商品,并非仅仅是为了商品的功能和效用,而是希望通过购买商品来满足自我实现的需要,获得一系列心理的满足和愉悦感。因此,要想研制高质量的产品并成为一个成功的品牌,就必须对顾客进行细分,了解顾客的需求特征,并努力满足顾客的基本需求和形形色色的个性化需求。

③顾客需求的动态性。顾客需求又是动态的、发展的、相对的,它依不同的地域、时间、使用对象、社会环境变化而变化。例如在 20 世纪 50 年代,人们对衣着的要求是经久耐用,最好穿它一辈子不破;到了 20 世纪 70 年代,衣着又带有政治色彩,当时军装大为流行;到了 20 世纪 80 年代,人们开始注意衣着的款式、品牌和魅力,衣着个性化大为突出。对于同样年龄段的年轻人,由于其不同的经济收入、文化素养,对衣着的要求也有天壤之别。由于顾客需要的这种特点,企业提供的产品不能一成不变,而应针对目标顾客市场需要的变化不断推出新的产品。

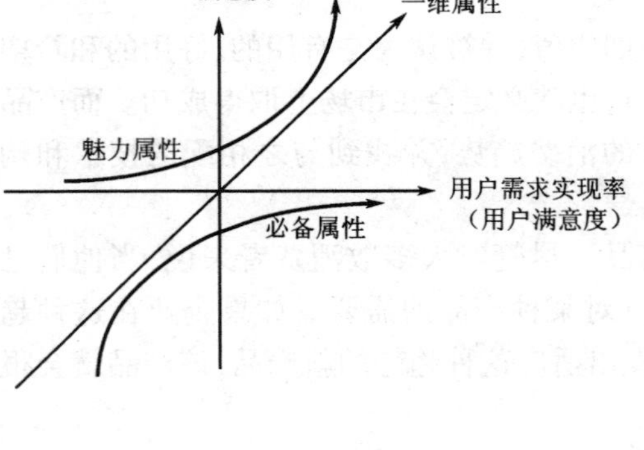

图 2-11　客户满意度的 Kano 图

2. 满足顾客要求的 Kano 模型

卡诺(Noriaki Kano)博士提出的模型,表示了实现不同的用户需求与客户满意度之间的关系。它可以帮助人们更好地理解如何全面满足顾客要求。Kano 模型根据顾客需求与满意度的关系,将顾客需求分为一维属性(期望型需求)、必备属性(基本型需求)和魅力属性(兴奋型需求)三类,如图 2-11 所示。图中各曲线是依据相对任何产品功能的客户满意度而得出的。

1)一维属性　与用户满意度线性相关的属性称做“一维属性”,也称期望型需求,这类属性性能的改进,将使用户的满意度线性增加。这类属性往往是用户能够了解而且能够清楚描述出来的。以电脑为例，对于某些用户而言，CPU主频的高低往往是一种一维的属性。“一维属性”是用户的期望型需求，在市场调查中顾客所谈论的通常是期望型需求。期望型需求在产品中实现得越多，用户就越满意；当没有满足这些需求时用户就不满意。这就迫使企业不断地调查和了解顾客需求，并通过合适的方法在产品中体现这些要求。以汽车为例，驾驶舒适和耗油经济就属于期望型需求。

2）必备属性　这一类属性与用户的满意度之间不是线性关系。“必备属性”是使用户满意所必须具备的。“必备属性”是用户的基本型需求，是用户认为在产品中应该满足的需求或功能。一般情况下用户是不会在调查中提到基本需求的，除非顾客近期刚好遇到产品失效事件。按价值工程的术语来说，这些基本需求就是产品应有的功能。如果产品没有满足这些基本需求用户就很不满意；相反，当产品完全满足基本需求时，用户也不会表现出特别满意。因为他们认为这是产品应有的基本功能。例如汽车发动机发动时正常运行就属于基本需求。一般用户不会注意到这种需求，因为他们认为这是理所当然的。然而，如果汽车不能发动或经常熄火，用户就会对其汽车非常不满，会使得用户满意度下降。

3）魅力属性　这一类属性与用户满意度显现指数有关，对应于用户的“兴奋型需求”。兴奋型需求是指令用户意想不到的产品特征。如果产品没有提供这类需求，用户不会不满意，因为他们通常没有想到这些需求；相反，当产品提供了这类需求时，用户对产品就非常满意。兴奋型需求通常是在观察用户如何使用你的产品时发现的。以电脑为例，对于某些用户而言，具有防水功能的键盘往往是一种魅力属性。这类属性容易取悦用户，在产品使用体验中提供好的因素。许多研究产品创新的专家认为，那些知道如何识别取悦用户的属性的公司注定会取得成功。

“兴奋型需求”通常能够创造新的市场，并在一定时期内给企业带来市场竞争力，但制造企业应该认识到，随着时间的推移，兴奋型需求会向期望型需求和基本型需求转变。因此，为了使企业在激烈的市场竞争中立于不败之地，应该不断地了解用户需求（包括潜在用户需求），并在产品设计中体现这些需求。

除了上述三种属性之外，还有一种次要属性或无关属性（Indifferent），即那些无论功能表现如何，对满意度都不会有影响的属性。

Kano模型表明了用户需求与用户满意度之间的关系。Kano模型给人们以启示，用户需求对所开发的产品的市场竞争力具有重要的作用，不同的用户需求以不同的方式影响用户满意度。产品开发时，必须针对不同类型的用户需求采取不同的措施。

3. 用户需求的获取

用户需求的获取是产品规划过程中极为关键的一步，包括确定用户需求、用户需求重要度以及用户对市场上同类产品在满足他们需求方面的看法。它是通过市场调查获得原始的用户信息，然后再对此进行整理、分析而得到的。获取用户需求通常采用以下步骤。

①合理地确定调查对象。一般来说，在开发新产品时应重点调查与开发产品类似的产品用户；在对现有产品进行更新换代时，应重点调查现有产品用户。在确定调查对象时，还应考虑调查对象的地理位置、分布、年龄结构、教育程度、家庭收入等因素，因为这些因素都有可能影响用户需求。

②选择合适的调查方法。市场调查的方法很多，必须根据调查对象、地点、人数等因素进行合理选择。在选择好调查方法后，还要根据调查方法的要求做好充分的调查准备工作，如调查人员的选择、调查组织的建立、调查程序的拟定、调查表格的设计等。

③进行市场调查。按照选择的调查方法及设计的调查表格进行市场调查，获取第一手的用户需求信息。

④整理、分析用户需求。对调查所取得的所有信息资料，要进行“去粗取精、去伪存真”和整理、分析工作，以求全面、真实地反映用户需求。

2.5 方案的系统化设计

系统化设计法是把设计对象看做一个完整的技术系统，然后用系统工程方法对系统各要素进行分析和综合，使系统内部协调一致，并使系统与环境相互协调，以获得整体最优设计。

功能分析设计法是系统化设计中探寻功能原理方案的主要方法。方案设计阶段的主要任务是根据计划任务书，在经调研进一步确定设计要求的基础上，通过创造性思维和试验研究，克服技术难关，经过分析、综合与技术经济评价，使构思和目标完善化，从而确定出产品的工作原理和总体设计方案。应用这种方法，进行原理方案的设计的步骤如图 2-12 所示。

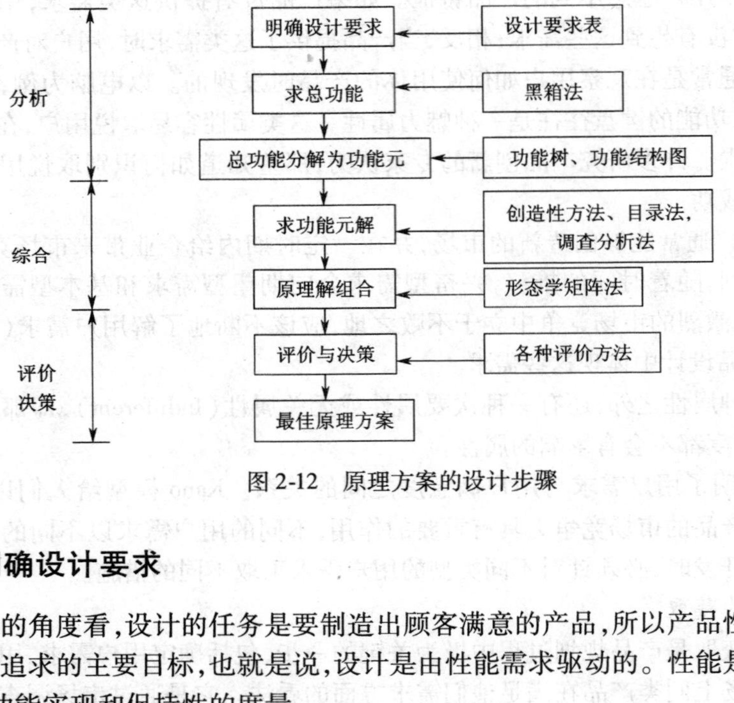

图 2-12　原理方案的设计步骤

2.5.1　明确设计要求

从竞争的角度看，设计的任务是要制造出顾客满意的产品，所以产品性能或满足性能需求成为设计追求的主要目标，也就是说，设计是由性能需求驱动的。性能是功能和质量的集成，质量是功能实现和保持性的度量。

用户对产品的要求是从性能出发的，性能需求是设计的起点和完成标志，性能驱动应当成为控制整个设计过程的基本特征。设计过程就是在“要达到什么（性能）”和“如何达到（即解决方案）”之间反复迭代的过程。性能驱动有时是功能需求驱动，有时是质量需求驱动，有时是功能需求和质量需求交替驱动。

产品方案设计的第一步是明确设计要求，使用的工具是设计要求表。在产品开发任务书的基础上，进一步收集来自市场、用户、政府法令政策等方面的要求和限制以及企业内部的要求和限制，抽象辨明对产品的技术性、经济性和社会性的具体要求及设计开发的具体期限，并以设计要求表的形式予以确认。在设计要求表中，设计要求可分为必达和期望两类。

必达要求对产品给出严格的约束，只有满足这些要求的方案才是可行方案。期望要求体现了对产品的追求目标，只有较好地满足这些要求的方案才是较优的方案。

设计要求表所包括的内容见表 2-3。表 2-4 是一个为设计开采露天煤矿的挖掘机整理出的设计要求表。

表 2-3　设计要求表内容

设计要求	主要内容
1. 功能要求	指系统的用途或能完成的任务，包括主要功能、辅助功能和人机功能的分配等
2. 使用性能要求	如精度、效率、生产能力、可靠性指标等
3. 工况适应性要求	指工况在预定范围内变化时，产品适应的程度和范围，包括作业对象特征和工作状况等的变化，如物料的形状、尺寸、理化性质、温度、负载速度等，提出为适应这些变化的设计要求
4. 宜人性要求	系统符合人机工程学要求，适应人的生理和心理特点，使操作简单、准确、方便、安全、可靠。为此需根据具体情况提出诸如显示与操作装置的选择及布局，防止偶发事故的装置等要求
5. 外观要求	包括外观质量和产品造型要求、产品形体结构、材料质感和色彩的总和
6. 环境适应性要求	指环境在预定的范围内变化时，产品适应的程度和范围，如温度、粉尘、电磁干扰、振动等在指定范围内变动时，产品应保持正常运行
7. 工艺性要求	为保证产品适应企业的生产条件，应对毛坯和零件加工、处理和装配工艺提出要求
8. 法规与标准化要求	对应遵守的法规（如安全保护、环境保护法等）和采用的标准以及系列化、通用化、模块化等提出要求
9. 经济性要求	对研究开发费用、生产成本以及使用经济性提出要求
10. 包装与运输要求	包括产品的保护、装潢以及起重、运输方面的要求
11. 供货计划要求	包括研制时间、交货时间等

表 2-4　挖掘机设计要求表

ABC 设计研究所		煤矿挖掘机	
修改	必达要求/期望要求	要求明细表	负责者
	必达	产品用于露天矿挖装煤炭，也能用于剥离含岩表土层	
	期望	基本参数：斗容量 2.5 m^3，机重 $(55\sim60)\times10^3$ kg，发动机功率 250～320 kW	
	必达	能量输入：柴油机	
	期望	电机与柴油机能互换	
	必达	运动：实现挖煤并装到卡车上，包括挖掘、提升、回转、卸料、行走各个动作；挖-装-卸循环周期为 27～30 min；整机工作稳定	
	期望	换装多种工作机构，如破碎装置	
	必达	挖掘力大于 250 kN，并承受冲击、振动、交变载荷	
	期望	铲斗的斗齿磨损小，寿命长	
	必达	物料硬度小于 4，最大块度小于 0.3 m×0.3 m×0.3 m	
	必达	作业尺度：最大挖掘半径 9.5～10.5 m，最大挖掘高度 9.5～10.5 m，爬坡能力不小于 40%，接地比压不大于 100 kPa	
	期望	在满足作业要求的条件下，体积小、紧凑、造型美观	
	必达	信号、仪表显示、测量、控制方便	
	必达	过载保护、安全运转、安全工作、安全环境	
	必达	人机工程方面：操作方便、省力，操作力小于 20 N，视野宽广	
	期望	司机室有空调装置，夏天能隔热降温，冬天能御寒采暖	
	必达	加工装配，保证质量。电、气、液元件尽量采用外购标准件	

续表

ABC 设计研究所		煤矿挖掘机	
修改	必达要求/期望要求	要求明细表	负责者
	必达	使用性能好，噪声、振动、磨损小，操作简单	
	期望	设有故障诊断显示和报警	
	必达	维修方便，易装易拆，有互换性，易损件寿命长	
	期望	铲斗上的斗齿寿命大于 6 个月	
	必达	安全运输，适合本厂起重运输条件，最大零件质量小于 3×10^3 kg，最大部件质量不大于 15×10^3 kg	
	必达	生产成本比同类同等级产品低 10%	
	必达	供货期短，14 个月出样机，设计周期（图纸）为 6 个月，生产周期为 8 个月	

2.5.2 功能分析

技术系统由构造体系和功能体系构成。建立构造体系是为了实现功能要求。对技术系统从功能体系入手进行分析，有利于满足客户需求并实现良好的实用性和可靠性，有利于设计人员摆脱现有结构的束缚，形成新的更好的方案。功能分析阶段的目标是通过分析，建立对象系统的功能结构，通过子功能之间的联系，实现系统的总功能。

1. 功能的含义

功能是对于某一产品的特定工作能力的抽象化描述。每一件产品均具有不同的功能，对于工业产品，使用者购买的主要是实用功能。当人们把机械、设备、仪器看做一个系统时，功能就是一个技术系统在以实现某种任务为目标时其输入、输出量之间的关系。输入和输出可以抽象为能量、物料和信息三要素。其中能量包括机械能、热能、电能、光能、化学能、核能、生物能等；物料可分为材料、毛坯、半成品、固体、气体、液体等；而信息往往表现为数据、控制脉冲及测量值等。能量、物料、信息三要素在系统中形成能量流、物料流和信息流。系统的输入量和输出量不同，说明在系统内部物理量发生了转换。实现预定的能量、物料和信息的转换就体现了技术系统的功能。

功能一般可按下述三个方面进行分类。

（1）按功能重要程度分类

按功能重要程度，功能可分为基本功能和辅助功能。

①基本功能是机械产品及其零部件要达到使用目的不可缺少的重要功能，也是该产品及其零部件得以存在的基础。如若手表不能准确地指示时间，则其基本功能就不存在，用户根本不会购买，作为手表也就失去了存在的价值。所以设计产品时必须抓住其基本功能，将费用主要花费在它上面。

②辅助功能是为了实现基本功能而存在的其他功能，属次要的附带功能。它对产品功能起着更加完善的作用。如手表除指示时间的基本功能外，可有指示日期的辅助功能。辅助功能是由设计人员附加上去的二次功能，可随方案不同而加以改变。有时在辅助功能中常包括不必要的功能，通过功能分析，改进设计方案可消除之。

（2）按满足用户要求性质分类

按满足用户要求性质，功能可分为使用功能和外观功能。

①使用功能指产品在实际使用中直接影响使用的功能，它通过产品的基本功能和辅助功能来实现，包括可靠性、安全性及可维修性等。

②外观功能指反映产品美学的功能，一般多靠人的器官感觉和思维去判断，如造型、色彩、包装等。

大多数产品则要求同时具备两种功能，但根据产品性质不同而有所侧重。例如对普通自行车，其基本功能是代替行走、方向控制、承重及具有制动、报警功能；辅助功能是停靠稳妥、搬运方便。自行车的使用功能是骑行要轻快，感觉要舒适，维修要方便；外观功能是造型大方，装饰新颖，色泽美观。

(3)按功能相互关系分类

按功能相互关系，功能可分为目的功能(上位功能)和手段功能(下位功能)。

目的功能是主功能、总功能；手段功能从属于目的功能，为实现目的功能起手段的作用，是分功能、子功能。如卧式车床，车削加工是目的功能，为实现这一总功能，车床还必须具备工件的装卸、工件的旋转、刀具的装卸和刀具的送进等手段功能，这些同属车削工件所必需的分功能。

2. 功能分析

确定总功能，将总功能分解为分功能，并用功能结构来表达分功能之间的相互关系，这一过程称为功能分析。功能分析过程是设计人员初步酝酿功能原理设计方案的过程。这个过程往往不是一次能够完成的，而是随着设计工作的深入而需要不断修改完善。

(1)总功能分析——抽象构思，建立黑箱模型

将设计的对象系统看成是一个不透明的、不知其内部结构的"黑箱"，只集中分析比较系统中三个基本要素(能量、物料和信息)的输入、输出关系，就能突出地表达系统的核心问题——系统的总功能。技术系统的总功能就是以实现某种任务为目标的输入、输出量之间的关系，实现了预定转换就体现了系统的总功能。

图2-13(a)为一般黑箱示意图，方框内部为待设计的技术系统，方框即为系统边界，通过系统的输入和输出，使系统和环境联系起来。图2-13(b)为自走式联合收割机的黑箱示意图，图中左边为输入量，右边为输出量，都有能量、物料和信息三种形式，图下方表示了外部环境(土壤、湿度、温度、风力等)对收割机工作性能的各种影响因素，图上方表示了收割机对外部环境的各种影响(噪声、废气、振动等)。

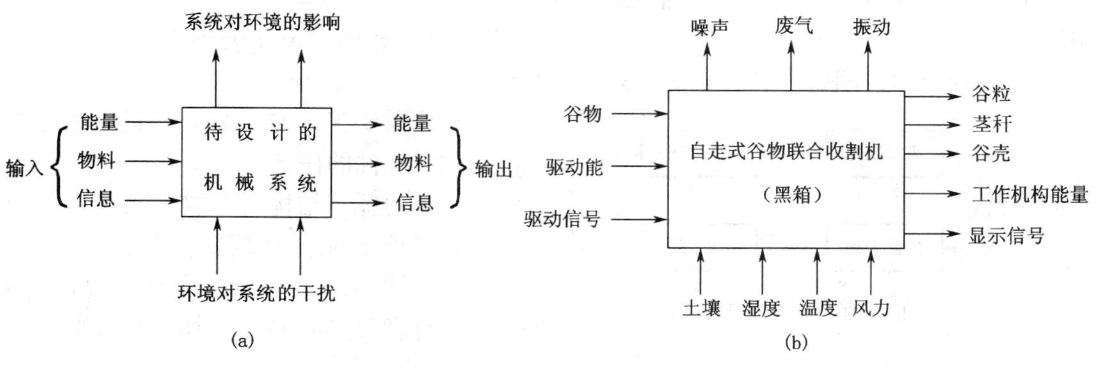

图2-13 黑箱模型

(a)一般黑箱示意图；(b)自走式联合收割机黑箱示意图

(2)功能分解——扩展构思，建立功能系统图

功能系统图是功能实现方式的展示，也是分析功能必要程度的依据。它从实现产品总

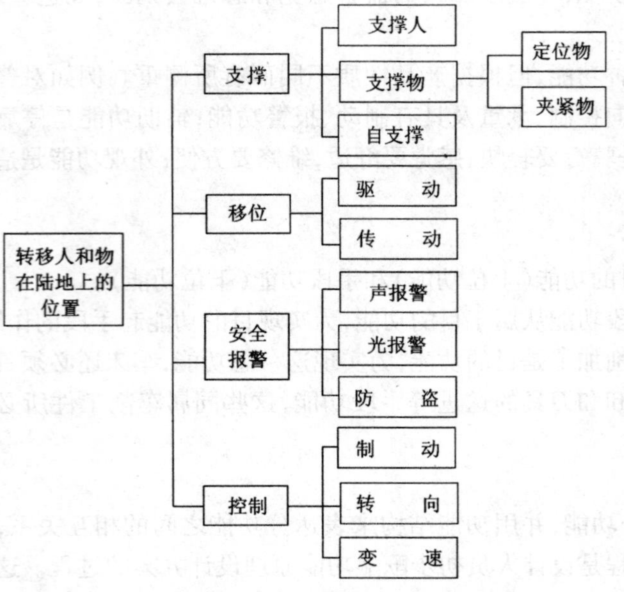

图 2-14 功能树示例

功能出发,通过寻找功能实现手段方法,逐步找出下位功能并以此类推地追究直至找出末端功能为止。将总功能分解为分功能,分功能继续分解,直至功能元。功能元是不能再分解的最小功能单位,是直接能从物理效应、逻辑关系等方面找到解法的基本功能。功能分解可用树状结构予以图示,称为功能树(或称树状功能图)。功能树起于总功能,分为一级功能、二级功能,直至能直接求解的功能元。

前级功能是后级功能的目的功能,后级功能是前级功能的手段功能。图 2-14 给出了一个用功能树方法对一个陆地运输工具进行功能分解的例子。

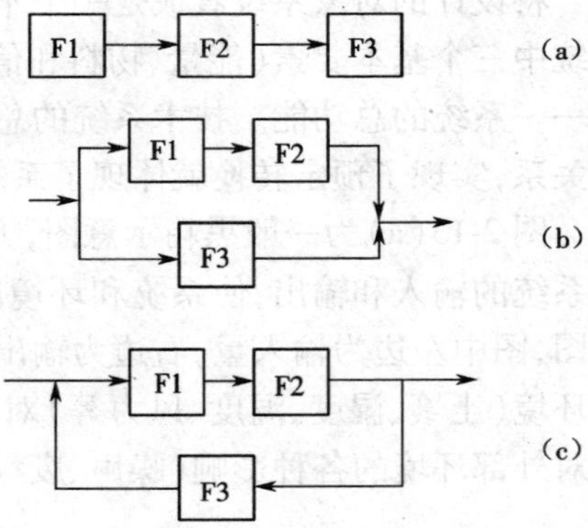

图 2-15 功能结构的基本形式

(a)串联;(b)并联;(c)回路

上述功能树方式不能充分表达各分功能之间的分界和有序性关系。功能结构图可用来表示各分功能之间的逻辑关系和时间关系,其中各功能之间用矢量连接,矢尾端所在功能块的输出正是矢头端所在功能块的输入,功能结构图表明了总功能要求的转换是如何逐步得以最终实现的,它反映了设计师实现产品总功能的基本思路和策略。建立功能结构图对于复杂产品的开发十分必要,图 2-15 表示功能结构的基本形式。

1)链式结构(串联) 各分功能按顺序相继作用。

2)并列结构(并联) 各分功能并列作用,例如车床需要工件与刀具共同运动来完成加工工件的任务。

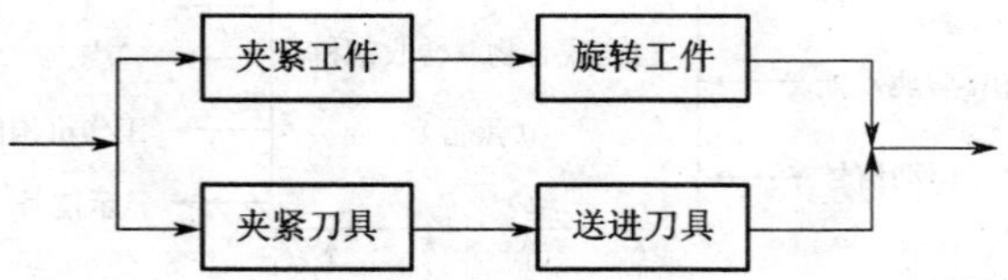

图 2-16 车床的部分功能

3)循环结构(回路) 各分功能成环状循环回路,体现反馈作用。

图 2-16 的功能结构图表示了车床工件和刀具共同完成加工任务的功能和过程。

2.5.3 功能原理设计

把总功能分解成一系列分功能(功能元)之后,即可确定各个功能元的原理方案。功能原理设计构思的重点在以下几方面:

①同一种功能,可用(选用或创造)不同的技术过程实现;

②选用不同的运动规律,对应不同的功能;

③同一种功能,可选用不同的工作原理实现;

④同一种工作原理,可选用、创造不同的机构及组合来实现;

⑤将以上求得的分功能(或功能元)的原理解按照功能结构组合成总功能原理解;

⑥在多个可行总功能原理解中确定出最佳原理方案。

功能原理设计的落脚点是为不同的功能、不同的工作原理、不同的运动规律匹配不同的机构,这就是通常所说的型、数综合(型综合解决在一定数目的构件和运动副条件下,可以组成多少种型式机构的问题;数综合解决在一定的机构自由度前提下,机构将由多少个构件和运动副组成的问题),而且通过上述的排列组合,会出现非常多的功能原理解,产生很多的技术方案,这就为优选方案提供了基础。

机构的型、数综合是一项难度大、富于创造性的工作,涉及如何选定工作原理、运动规律,如何选择或创造不同形式的机构来满足这些功能或运动规律要求,如何从功能、原理、机构造型的多解中优化筛选出好的方案。

方案设计阶段的每一个步骤都为设计师提供了产生的多解的机会,产生的多解为得到新解和最优解从而实现产品创新奠定了基础。

1. 功能元求解

功能元求解即寻求完成功能元的技术实体——功能载体。

求解的完整过程是从基础科学研究揭示的一般科学原理开始,经过应用研究探明具体的技术原理,然后寻求实现该技术原理的技术手段及主要结构。由于课题的难易程度不同,功能元求解不一定表现出上述全部的典型过程。为简单起见,把科学原理和技术原理一起称做工作原理。这样功能元求解的思路可以表述为:功能—工作原理—功能载体。

功能载体是实现工作原理的技术实体。图2-17是实现“传递扭矩”这一功能的概念设计过程。

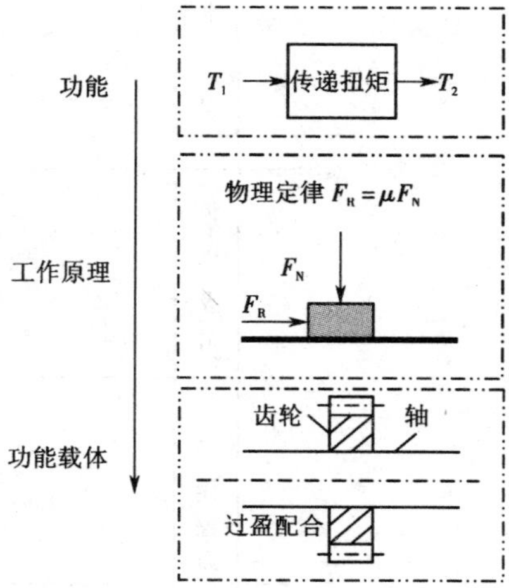

图 2-17 功能元求解过程

功能元求解是方案设计中重要的“发散”“搜索”阶段。功能元求解可通过以下途径实现:

①参考有关资料、专利或相似产品求解;

②利用各种创造性方法开阔思路,探寻解法;

③利用设计目录求解。

设计目录由德国学者 K. Roth 提出,设计目录的建立通常密切结合设计需要,把设计中所需的大量信息,按设计过程有系统、有规律地编排、分类和储存。系统地向设计者提供有关的设计信息和设计资料,是进行设计的一种有效工具,是设计信息的存储器、知识库。设计目录的具体内容可以针对设计中每个阶段的目标制定。在产品规划和制定设计任务阶段,其内容可以是产品设计规划书和要求表的内容及制定方法,或是已经标准化的任务要求特征标志;在功能原理设计及结构设计阶段,设计目录内容可以是各种功能元(或基本功能单元)的所有可能解(功能载体),或是相应设计阶段的设计内容和设计方法。此外,设计目录内容还可以是材料的物理特性和加工性能以及加工方法的有关信息等。设计目录以清晰的表格形式把设计过程中所需的大量解法进行科学的分类、排列、组合、储存,便于设计者查找和调用,给设计者以启发。例如,通过已建立的设计目录,针对某一具体任务,确定完成该任务所需功能;针对某一功能,寻找出其相应的功能载体;针对某一功能载体,绘制其机构简图……直至获取功能载体中各零件的结构形状、尺寸以及加工、制造方法等。解法目录针对具体任务建立,信息的描述可以是不同的表达形式,信息描述得愈具体、愈细致,解的变异就愈多。

表 2-5 为物料运送功能元的解法目录实例。表 2-6 是为机构选型建立的可实现运动形式变换的常用机构解法目录。

表 2-5　物料运送功能元的解法目录实例

机械力	推力	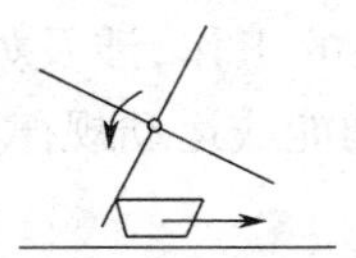	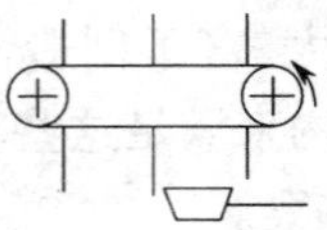	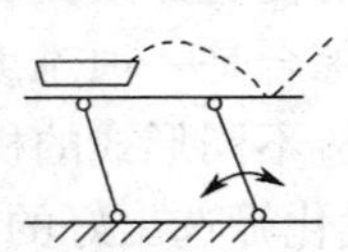
		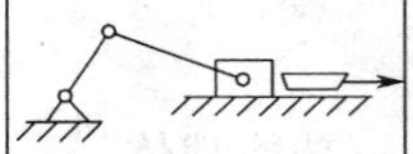		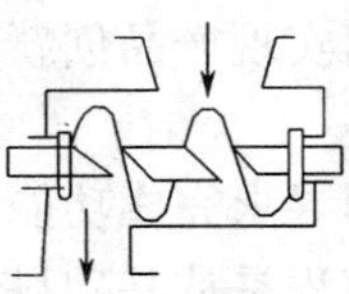
	重力	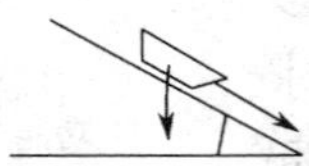	摩擦力	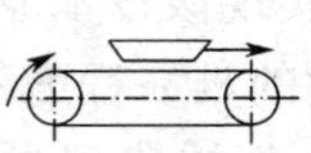
液气力	负压吸力			
	流体摩擦力	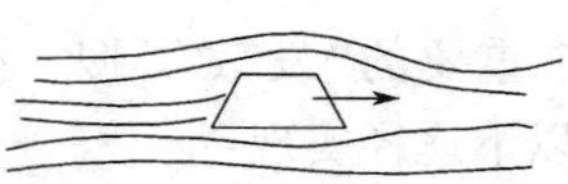		
电磁力	磁吸力	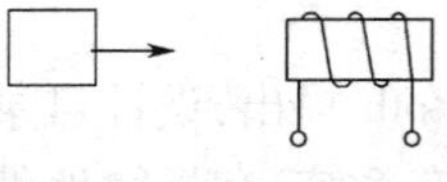		

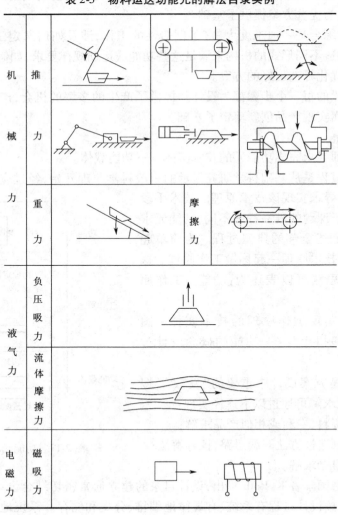

表 2-6　机构选型解法目录

运动变换形式	常用机构	应用实例与原理
等速转动→等速转动	1. 连杆机构	
	平行四边形机构	机车联动机构，联轴器
	双转块机构	联轴器
	2. 齿轮机构	减速器，变速器
	圆柱齿轮机构（轴线平行）	
	圆锥齿轮机构（轴线相交）	
	蜗轮蜗杆机构（轴线交错）	
	3. 行星齿轮机构	减速器，运动的合成与分解
	摆线针轮机构（轴线平行）	减速器
	谐波传动机构（轴线平行）	减速器
	4. 摩擦轮机构	无级变速
	5. 挠性件传动机构	减速，输送
	链传动	
	带传动	
	绳传动	
等速转动→变速转动	1. 连杆机构	
	双曲柄机构	惯性振动器
	转动导杆机构	刨床
	2. 非圆齿轮机构	自动机，压力机
等速转动→往复移动	1. 连杆机构	
	曲柄摇杆机构	破碎机
	曲柄摇块机构	液压摆缸，自动装卸
	曲柄滑杆机构	冲、压、锻等机械装置
	移动导杆机构	缝纫机针头机构配气机构
	摆动导杆机构	牛头刨机构
	2. 摆动从动件凸轮机构	执行机构
	3. 移动从动件凸轮机构	执行机构
	4. 气、液动机构	执行机构
	5. 不完全齿轮齿条机构	执行机构
等速转动→单向移动	1. 齿轮齿条机构	转向器
	2. 螺旋机构	压力机，千斤顶
	3. 链传动机构	输送机，升降机
	4. 带传动机构	输送机
等速转动→间歇运动	1. 棘轮机构	机床进台，单向离合器
	2. 槽轮机构	车床刀架转位，电影放映器
	3. 不完全齿轮机构	转位工作台
	4. 蜗杆式分度机构	转位工作台
	5. 凸轮式分度机构	转位工作台
	6. 气、液动机构	分度，定位

续表

运动变换形式	常用机构	应用实例与原理
实现特定的运动轨迹与位置	1. 连杆机构 四连杆机构 平行连杆机构 2. 凸轮式分度机构 3. 行星齿轮机构 4. 滑轮机构	 利用连杆曲线实现轨迹 直线导引，升降机 实现方形轨迹，直线移送 利用行星齿轮的轨迹 导引升降装置
实现加压缩紧	1. 连杆机构 2. 凸轮机构 3. 螺旋机构 4. 斜面机构 5. 棘轮机构 6. 气、液动机构	利用转动副的死点位置 快速夹持 利用反行程自锁性质 利用反行程自锁性质 超越离合装置 利用阀控制
实现运动的合成与分解	1. 差动连杆机构 2. 差动齿轮机构 3. 差动螺旋机构 4. 差动棘轮机构	数学运算 汽车用差速器 微调 高速三针绷缝机

2. 作用原理的组合

将各功能元的解合理组合，可以得到多个系统原理解。一般采用形态矩阵法进行组合，即将系统功能元及其解分别作为纵、横坐标，列出形态学矩阵，表 2-7 为应用形态矩阵由功能元解组合成总功能原理解的例子。

表 2-7　挖掘机的形态学矩阵

分　功　能	解　　法					
	1	2	3	4	5	6
a. 动力源	电动机	柴油机	汽油机	汽轮机	液力马达	气动马达
b. 移位传动	齿轮传动	蜗杆传动	带传动	链传动	液力耦合器	
c. 移位	轨道及车轮	轮　胎	履　带	气　垫		
d. 取物传动	拉　杆	绳传动	汽　缸	液压缸		
e. 取物	挖　斗	抓　斗	钳式斗			

从每个功能元取出一个解进行有机组合，即构成一个系统解，最多可以组合出 N 个方案，即

$$N = n_1 n_2 \cdots n_i$$

式中 n_i 为功能元 i 的解的数目。

一般来说，由形态学矩阵组成的方案数很大，难于直接进行优选。通常根据以下原则形成少数整体方案，供评价决策使用。

①相容性，即分功能必须相容，否则不予组合。

②优先选用分功能较佳的解。

③剔除不满足设计要求和约束条件的解或不满意的解。

在可行的原理方案中，对应于各种作用原理的结构不同，相应产品的质量、生产能力和

生产成本都有很大差异。选择原理方案还应综合考虑下述问题。

①原理方案的先进性及成熟程度。采用新技术、新工艺、新材料是提高产品质量的主要途径,新的技术系统往往是采用新技术、新工艺的结果。但设计中采用的新技术应该是成熟的,应该是被使用或是研究证明可靠的,而不应该盲目采用尚在研究之中的不成熟技术。因为这会增大产品开发的风险,可能造成开发进度的延误和开发经费的超支,甚至使开发计划失败。

②实现功能的可能性与可靠性。原理方案不但应保证实现功能的可能性,而且应能使功能的实现具有可靠性。应具有较低的故障率,较长的无故障工作时间,合理的工作寿命;功能的实现过程应对原材料有较好的适应性,同时应对环境的变化有较好的适应性。对操作者的技术水平要求尽可能降低。

③合理的运动设计。原理方案确定以后,就要进行运动设计。不但要考虑执行机构的运动轨迹和运动规律,而且要注意分析其动力学特征。例如机床设计中应使进给运动尽可能等速,以保证加工质量;筛分机械设计要使运动加速度适当,保证对不同颗粒物料的有效分离。运动设计还要尽可能减小动载荷。

④工作效率与设计要求相适应,要经济合理。

2.5.4 系统化设计实例——废水泵设计

下面以废水泵装置的原理方案设计为例,说明以上系统化设计方法的步骤。

1. 明确设计任务

(1)需求分析与调研

河道污染已成为严重的公害,因此有必要将工厂、家庭的污水引到集水池,再由废水泵送给净化装置。根据市场分析,需要下列工作范围的泵:

流量 10 ~70 L/s

压力升高 0.5 ~2.5 MPa

市场的需求约为 600 台/年

在用户访问中,人们指出旧产品有堵塞的可能,并要求新产品工作可靠性高、无噪声和避免气味扩散。

(2)确定开发任务书

根据市场分析得知销售前景最好的产品规格,由此确定开发任务书。

按标准数系列开发能覆盖全部使用范围的废水泵系列产品,销售前景最好的是具有如下规格的泵:

流量 40 L/s

压力升高 1.6 MPa

可期望销售 200 台/年

首先按上列参数开发和试制一台初型泵。制造初型泵不用专门的工艺装备,材料、加工和试验费应分别统计。

初型泵完成日期为××××年××月。

(3)明确任务要求

设计任务书不仅包括需要解决问题的梗概,还需要与废水处理专家、卫生专业人员、地下水道专业人员进行研究,明确有关边界条件。由于废水流量不规则、变化很大,应先将废

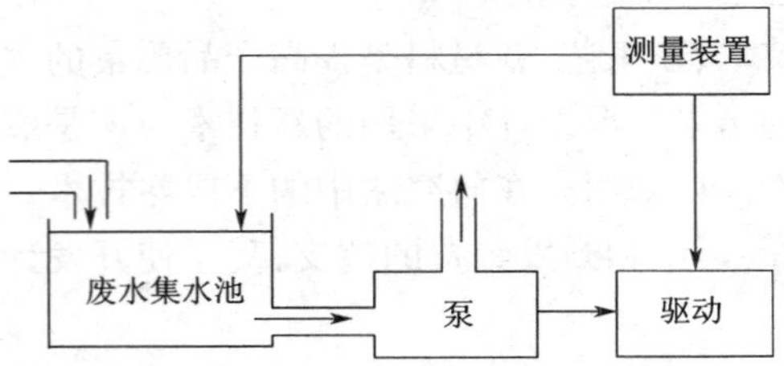

图 2-18　废水泵基本原理图

水引入集水池，当池中水达到允许的最高水位时，才需泵出水。因此要有泵自动停启的措施。此外还应考虑断电时的应急措施，以提高运转可靠性，并且要可靠地防止堵塞，保证噪声低，且适用于酸性废水。图 2-18 为废水泵基本原理图。

(4) 拟定设计要求表

(略)

2. 功能分析

泵送废水是个不规则的断续过程，为保证泵送过程自动进行，必须具有下列分功能。

①水位测量，在达到规定水位时发出信号。

②过程控制，根据信号控制能量转换装置的运行与停止。

③能量转换，将向系统输入的能量转换为可以直接作用于压差产生装置的能量。

④产生压差，使废水增加能量，引出集水池。

将物料流、能量流、信号流分别考虑，按逻辑关系绘制功能结构图，如图 2-19 所示。

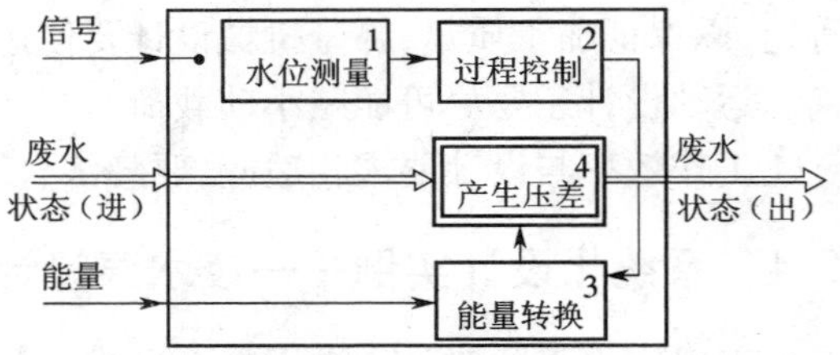

图 2-19　废水泵功能结构图

3. 确定主要分功能的解法原理

主要分功能"产生压差"的解决是确定整体方案的关键。日常设计虽不建立新的技术模型，但应从科学技术原理上进行认真分析。表 2-8 为"产生压差"的工作原理(选自一种泵目录)，可根据该表所列原理进行选择评定。

1) 排挤原理　容积式泵对异物尤其是纤维性异物很敏感，不适用。

2) 流体力学原理　离心泵在半开式或封闭式的泵轮中叶片进口处有沉积异物的危险，会导致不平衡，甚至堵塞整个通道。其中单通道泵是离心泵的一种变型，泵轮无叶片，只有一条呈螺旋形卷曲的通道，不易堵塞，但较昂贵。

3) 其他原理适用的主要有涡流泵与射流泵　涡流泵通常采用带径向叶片的半开式转轮，在一个大截面环形空间中旋转，以产生强大的涡流从而起泵送作用。只有一部分流体流经转子，异物很少能沉积于其上，且流通截面大，堵塞的危险极小。因此，虽然效率较低，但此装置功率小、作业率低，不是主要问题。与其他泵相比优点较多，宜于采用。在没有电源或经常停电的情况下，可采用以水为动力的射流泵(类似喷雾器工作原理)，但用水量和噪声很大，且使洁净的自来水与废水混合。

4. 其他分功能求解

"产生压差"之外的三项分功能可以直接由资料、手册进行检索或根据经验选择功能载体。利用成批生产的零部件，可以节省设计时间，降低制造成本，保证产品性能。

5. 组合分功能解，实现总功能

根据 3、4 两步得出的分功能解，列出形态学矩阵(表 2-9)，由此矩阵可得出 $4\times4\times5\times5=400$ 个原理方案，把矩阵中不合适的解法删去(矩阵中加斜线者)，仍有 $2\times2\times2\times3=24$ 种整体方案。进一步选择相容的分功能，并根据实际经验，确定了三个原理方案，在形态学矩阵中用三条不同的折线标记。

表 2-8 “产生压差”的解法原理

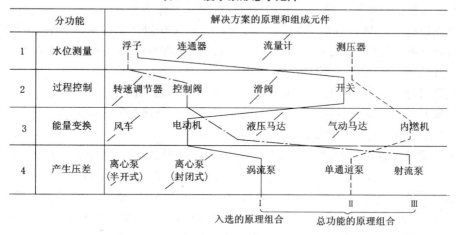

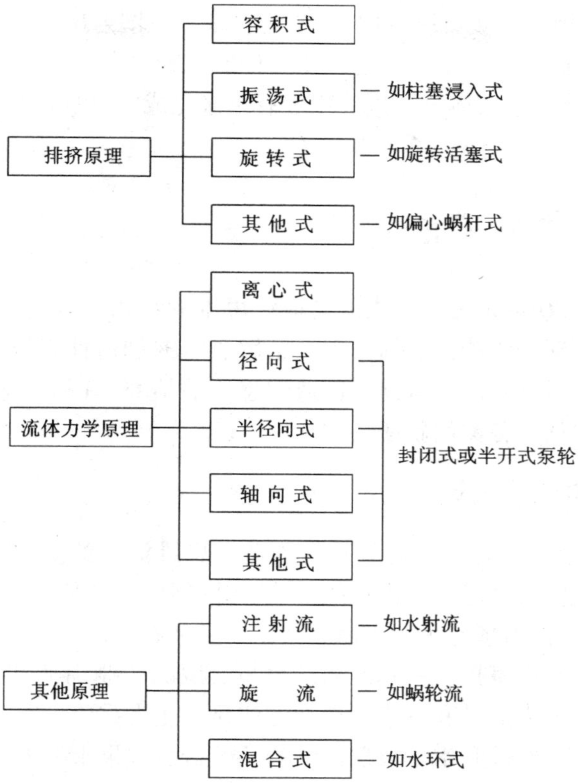

表 2-9 废水泵形态学矩阵

	分功能	解决方案的原理和组成元件				
1	水位测量	浮子	连通器	流量计	测压器	
2	过程控制	转速调节器	控制阀	滑阀	开关	
3	能量变换	风车	电动机	液压马达	气动马达	内燃机
4	产生压差	离心泵（半开式）	离心泵（封闭式）	涡流泵	单通道泵	射流泵

Ⅰ Ⅱ Ⅲ

入选的原理组合　总功能的原理组合

1）原理方案Ⅰ（实线） 借助浮子测量集水池中的水位，输出电信号，用开关控制电动机停启，驱动涡流泵产生压差，输送污水。

2）原理方案Ⅱ（虚线） 用测压器测水位，输出信号，用开关控制内燃机启停，驱动单通道泵产生压差，输送废水。

3）原理方案Ⅲ（点画线）　用浮子按水位推动控制阀的阀门以控制有一定液压能的水流（如自来水），利用喷嘴效应（负压）抽吸废水与自来水一同射出。

经过初步评价选择，确定方案Ⅰ为进一步设计的基础。

这个例子的主要分功能载体是通过选用现有泵来完成的，也可以根据需要，从工作原理出发，开发专用新产品。

2.6　创造性思维和方法

人类现代文明的一切成果无不是人的创造性思维的结果，创造性思维是人们从事创造发明的源泉，是创造原理和创造技法的基础。了解和掌握创造性思维的形成过程、特点、激发方式和创造性思维的常用方法，有助于创造性思维的培养，有利于学习、掌握创造原理和创造技法，有利于人们从事各类创新活动。

2.6.1　创新设计和优势设计

设计是为满足社会需求而进行的一系列创造性思维活动的实践过程，其核心是创新。随着现代科学技术的进步，全球统一市场的形成，国际间经济竞争日趋激烈对企业的市场竞争力提出了更高要求。而市场竞争的生命力在于产品创新。设计是产品研制中的第一道工序，设计工作的质量和水平直接关系到产品的质量、性能、研制周期和技术经济效益。在工业设计和产品设计中，大力倡导和推广创造性方法显得尤为重要。

从设计人员的能力、经验和水平以及设计产品的最后成果水平来评价，可以将设计分为四个等级。

1）正确设计　设计无重大原则性错误，但可能因设计人员缺乏经验等存在一些没有考虑周到的细节性的缺陷和不足。一般正确设计的成果不能直接作为产品投入大批量生产。

2）成熟设计　产品设计由长期从事设计工作并具有制造实践经验的设计人员完成。所完成的设计不仅原理正确，而且在制造和运行时也不存在明显缺陷。但成熟设计有可能从技术上看是落后的，产品可能缺乏竞争力。

3）创新设计　在产品功能、实现原理、结构等某一方面具有创新的设计。创新设计有很强的生命力，一个采用创新技术的产品，也许会成为有极强竞争力的产品。但是创新并不一定保证“正确”和“成熟”，更不能保证市场成功率高。

4）优势设计　这是一种面向市场争取竞争优势的设计。优势设计属于设计分级的最高层次，它必须以正确设计和成熟设计为基础，同时也必须以创新设计思想来创造竞争优势。

图2-20表示了四个等级设计的关系和在实践中的大致比例。

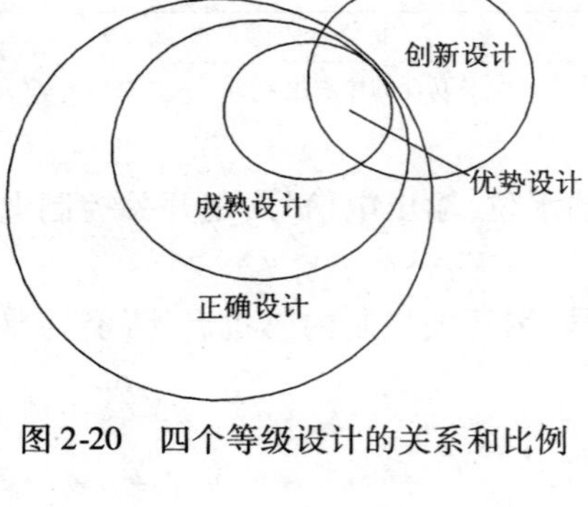

图2-20　四个等级设计的关系和比例

2.6.2　创造性机理

1. 创造的特征与一般过程

创造力是保证创造性活动得以实现的能力，是人的心理活动在较高水平上表现的综合能力，是各种知识、能力及个性心理特征的有机结合。

作为人类特有的活动方式，创造具有以下显著特征。

①人为目的性。任何形式的创造，包括创新性设计，其主体都是具有主观能动性的人，并且是一种有目的的活动。

②新颖独特性。创造不是单纯的重复和模仿，而是在自己、前人或他人已经获得的结果基础上的新扩展、新开拓。它所追求的是新奇、新颖、独特和非重复性的结果。

③社会价值性。创造必须体现为一定的价值。创造成果的价值可以是多方面的，包括学术价值、经济价值、审美价值等，并且是对社会进步有积极意义的。如果说科学创造的价值主要看其学术价值，那么对于技术发明和工程技术设计来说，则看其经济价值及是否具有实用性、有效性和可靠性。

④探索性。创造通常是在知识、手段、方法等不很充分的条件下进行的活动。

创造作为一种活动过程，一般要经过如下阶段。

①准备期。包括发现问题，明确创新目标，初步分析问题，搜集充分的资料。

②酝酿期。这个阶段通过思考与试验，对问题作出各种试探性解决。寻找满足设计目的要求的技术原理以及对各种可能的设计方案的构思，并加以变换、分解、组合。如果原有技术原理不能解决问题，还必须通过大量试验与理论分析探索新的原理，或将已有的科学理论开发成技术原理。这个阶段持续的时间相对较长。

③明朗期。经过长期的酝酿，使问题的解决一下子豁然开朗。创新性设计中顿悟的出现有时是受到偶然因素的启发产生的，有时则以灵感形式出现。

④验证期。即对新想法进行检验和证明，并完善创造性成果。

2. 工程技术人员创造力的构成

创造力是人的心理活动在最高水平上实现的综合能力，是保证创造活动得以实现的诸种能力和各种积极个性心理特征的有机结合。创造力既包括智力因素，也包括非智力因素。

创造力所涉及的智力因素有观察力、记忆力、想象力、表达力、思考力和自控能力等，这些能力相互连接、相互作用，构成智力的一般结构，如图2-21所示。

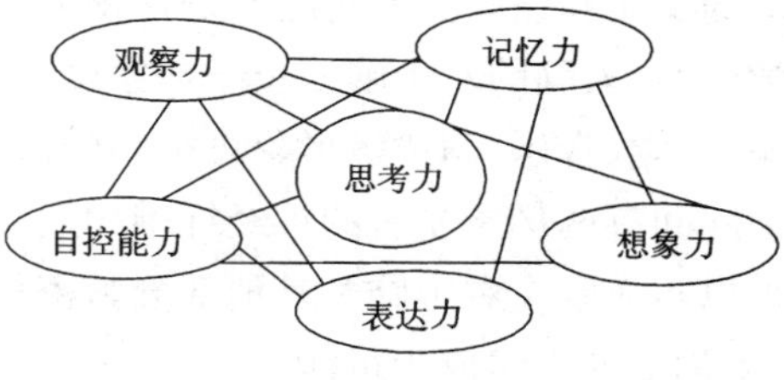

图2-21　智力结构图

不同的人在智力和智力结构方面不尽相同，其差异主要反映在智力因素的品质上。而高创造力总是和智力因素的优良品质相联系的。

①观察力是有目的地感知事物的能力，它是一个人获得知识信息的内在根据。

②记忆力是将知识、经验、信息储存于大脑中的基础。

③想象力和思考力是对知识、信息进行加工、变换的能力，它们是创造性活动的两大支柱，其中思考力居于整个智力结构的中心，对其他智力因素起着支配和统御作用。流畅、灵活、独立的思考力以及丰富、奇特的想象力是促使创造性成果出现的基本条件。创造性思考力和创造性想象力是和这些优良品质紧密联系在一起的，它们是创造力的核心。

④表达力是对头脑中已经产生的新知识、新信息的输出能力。

⑤自控能力是指创造者按照一定的目的和要求，对意识、心理、行为进行自约束、自组织、自协调、自控制的能力。它使意识集中或者专注于创造目标和对象；它把观察、记忆、想

象、思维和表达等组织成一个统一的、高效能的系统；它保证创造者排除外在干扰，充分调动自己的内部潜能，并根据变化的情况及时对行为加以反馈调节，从而使创造活动能稳定地趋于目标。

创造力还包括很多非智力因素，如理想与信念（它标志一个人的抱负水平）、需求与动机、兴趣和爱好、意志、性格等都同创造力有关。智力因素是创造力的基础性因素，而非智力因素则是创造力的导向、催化和动力因素，同时也是提供创造力潜变量的制约因素。

3. 创造性思维

（1）创造性思维的概念

创造性思维是创造力的核心。深刻认识和理解创造性思维的实质、类型和特点，不仅有助于掌握已经开发出来的现有的创造技法，而且能够推动和促进人们对新的创造方法的开拓。

思维和感觉都是人脑对客观事物的反映，也是人类智力活动的主要表现方式。感觉是人脑对客观事物的直接反映，是通过感觉器官对事物的个别属性、事物的整体和外部联系的反映。思维是对客观事物经过概括以后的间接反映，它所反映的是客观事物共同本质的特征和内在联系。这种反映是通过对感觉所提供的材料进行分析、综合、比较、抽象和概括等过程完成的。这些过程就是思维过程。思维有再现性、逻辑性和创造性。

创造性思维是指有创见的思维，即通过思维，不仅能揭示事物的本质，而且能够在此基础上提出新的、具有社会价值的产物，是智力高度发展的产物。

创造性思维不是单一的思维形式，而是以各种智力与非智力因素（如情感、意志、创造动机、理想、信念、个性等）为基础，在创造活动中表现出来的具有独创性的、产生新成果的高级、复杂的思维活动。创造性思维是整个创造活动中体现出来的思维方式，它是整个创造活动的实质和核心。但它绝不是神秘莫测和高不可攀的，其物质基础在于人的大脑。现代科学证明，人脑的左半脑擅长于抽象思维、分析、数学、语言、意识活动，右半脑擅长于幻想、想象、色觉、音乐、韵律等形象思维和辨认、情绪活动。但人脑的左、右两半脑并非截然分开，两半脑间有两亿条左右的神经纤维相连，形成网状结构的神经纤维组织，通过大脑的额前中枢得以与大脑左右半脑及其他部分紧密相连，用来接收与处理人脑各区域已经加工过的信息，使创造性思维成为可能。

创造性思维的实质表现为“选择”“突破”“重新建构”三者的统一。所谓选择就是寻求资料、调研、充分思索，让各方面的问题都充分表露，从中去粗取精，去伪存真。法国科学家H. 彭加勒认为：“所谓发明实际上就是鉴别，简单来说，也就是选择。”所以，选择是创造性思维得以展开的第一要素，也是创造性思维各个环节上的制约因素。选题、选材、选方案等均属于此。在创造性思维进程中，决不要盲目选择，而应有意识地选择。目标在于突破，在于创新。而问题的突破往往表现为从“逻辑的中断”到“思想上的飞跃”，孕育出新观点、新理论、新方案，使思想豁然开朗。选择、突破是重新构建的基础。因为创造性的新成果、新理论、新方案并不包括在现有的知识体系中。所以，创造性思维的关键是善于进行“重新建构”，有效而及时地抓住新的本质，筑起新的思维框架。

工程及产品设计离不开创造性的思维活动。无论从狭义的还是广义的设计角度讲，设计的内涵是创造，设计思维的内涵是创造性思维。

(2)创造性思维的形式

Ⅰ.形象思维与抽象思维

形象思维与抽象思维是依据在思考问题的过程中所运用的“思维元素”的表达形式的不同,即思维活动运用的材料形式不同而划分的。形象思维使用的“材料”或思维“细胞”通常不是抽象的概念,而是形象化的“意象”。意象是对同类事物形象的一般特征的反映。例如在设计一个零件或一台机器时,设计者在头脑中浮现出该零件或机器的形状、颜色等外部特征以及在头脑中将想象中的零件或机器进行分解、组装等的思维活动,就属于形象思维。

在文学、艺术创造活动中,形象思维起着主要的作用,在工程技术的创新活动中,形象思维也是基本的。工程师在构思新产品时,无论是对新产品的外形设计,还是对内部结构设计以及工作原理设计,形象思维都起着不可忽视的作用。运用形象思维,可以激发人们的想象力和联想力以及类比能力。

抽象思维亦称逻辑思维,它是以抽象的概念和推理为形式的思维方式,是认识过程中用反映事物共同属性和本质属性的概念作为基本思维形式,在概念的基础上进行判断、推理、反映现实的一种思维形式,使认识由感性认识到理性认识。概念是反映事物或现象的属性或本质的思维形式。掌握概念是进行抽象思维、从事科学创新活动的最基本手段。

在创造活动中,形象思维和抽象思维相互联系、相互渗透。例如法拉第观察到把铁屑撒在磁铁周围时,铁屑呈现规则的曲线。经过分析、综合、抽象、概括之后,把这种曲线称为“力线”,并确信它不仅具有几何形状,同时具有物理性质,当导线切割磁力线时,其感应电流大小取决于被切割的磁力线数的现象就是证明。法拉第又通过运用概念、判断、推理过程,以高度的想象力论证了电荷和磁极周围的空间充满了向各个方向发散出去的“力线”,从而进一步提出了“场”的概念。法拉第的“力线”和“场”的概念是他对电磁理论的最重要的贡献。这一贡献是抽象思维与形象思维对立统一的产物。

Ⅱ.逻辑思维与非逻辑思维

按照在思维过程中是否严格遵守逻辑规则,可以将思维分为逻辑思维和非逻辑思维两种形式。逻辑思维是严格遵循逻辑规则,按部就班、有条不紊地进行思维的一种思考方式。逻辑规则是人们在总结思维活动经验和规律的基础上概括出来的。逻辑思维是以抽象的概念作为思维元素,使用固定范畴,规则较为程式化,推理严密,结论确定。逻辑思维是迄今已被研究得最多的一种思维类型。其操作方法主要是分析和综合、归纳和演绎。

分析是把作为整体的认识对象分解为一定的部分、单元、环节、要素并分别加以认识和把握的过程和方法。它的优点是可以把复杂的问题简化,化整为零,便于将思考引向深入。不足是它“破坏”了对象的整体形象,容易发生认识上的片面性。综合是指在分析基础上把对象的各个部分、单元、环节、要素按照其固有联系结合起来的思维方法。在实际认识过程中,综合与分析是相辅相成、相互依存、相互转化和相互渗透的。它们是深入、全面、完整地表达问题的重要方法。

归纳是从个别或特殊的事物概括出共同本质或一般原理的思维操作方法,它是“由多到一”的推理方式。其缺点是归纳推理得出的结论往往带有或然性(除完全归纳外),并且如何从特殊前提“飞跃”到一般性结论,迄今还未发现普遍适用的逻辑桥梁。正是在这一点上,它为非逻辑思维方法留下了发挥作用的余地,也使得非逻辑思维成为必要。演绎推理则是从一般前提出发得到特殊结论的思维过程,即“由一到多”的思维过程和方法。演绎推理的优点是思维严密、精确,结论具有确定性。其局限性则体现为演绎推理的结论一般都预先蕴涵在它的前提之中,因而较少有新颖性。在实际的认识和研究过程中,归纳和演绎也是相辅相成、相互依存、相互渗透的,并在一定条件下相互转化。

非逻辑思维是同逻辑思维相对而言的另一类思维方式。其基本特征是非逻辑思维不严格遵循逻辑格式,表现为更具灵活性的自由思维,其成果或结论往往能突破常规,具有鲜明的新奇性,但一般或然性很大。正因为如此,非逻辑思维的基本功能在于启迪心智、扩展思路。非逻辑思维的基本形式是联想、想象、直觉和灵感。联想是指由一事物引发而想到另一事物的心理活动。掌握联想的特点和规律性,增强联想能力,对于工程技术人员具有重要意义。

想象是在联想的基础上加工原有意象而产生出新意象的思维活动。它同联想不同,联想是将头脑中已知的意象联系在一起,其中并不伴随对原有意象的加工、改造或变换。而想象的特征则在于改造原有意象。如果这种改造的新意象具有超乎他人或前人的新颖性,则这种想象即为创造性想象。创造性想象是创造力的主要构成成分。爱因斯坦认为:"想象力比知识更重要,因为知识是有限的,而想象力概括着世界上的一切,推动着进步,并且是知识进化的源泉。严格地说,想象力是科学研究中的实在因素。"

直觉是一种不受固定的逻辑规则约束而直接得出问题答案或领悟事物本质的思维形式。直觉实质上是一种快速推断,它是在经验相当丰富、推理判断技巧相当熟练而能"自动"进行时所出现的一种思维方式,人们常用禅宗用语"顿悟"一词称呼之,而把产生直觉的直觉能力称为"洞察力"。直觉的基本特征是其产生的突然性、过程的突变性和成果的突破性。在直觉产生的过程中,不仅意识起作用,而且潜意识也发生重要作用。所谓潜意识是指平常处于意识层次之下,不易被自觉意识所意识到,且不能靠意志的努力而加以自觉支配的一种意识,它是由因长期的经验积累而又不为通常所运用的"迷漫态"知识而构成的。潜意识发挥作用的机制是要靠外在事物、现象或问题的"激发"的。

直觉思维的结论并不总是可靠的,但它可以给人以深刻启迪。直觉判断在创造性活动中的方向选择与转换、重点确定、问题的关键和实质的辨识、资料挑选、课题或成果的价值判定等方面都具有重要作用,也是产生新构思、建立新模型的基本途径之一。在技术创新活动中,虽然在很多情况下多种方案的优选可以借助电子计算机和数学工具逻辑地进行,但工程技术人员的直觉判断仍十分必要。

灵感是当人们潜心于某一问题达到着迷的程度而又无从摆脱的情况下,由于某一机遇的作用,使得一个人的全部最积极的心理品质(其中包括某些无意识心理活动的作用)都得到调动的一种应激性心理状态。在这种心理状态下思维极为活跃,智力和创造力可达到前所未有的水平,许多平常没有出现的新颖、独特的思想和观念迅速闪现,从而使久思不得其解的问题一下子豁然开朗,大彻大悟。

灵感一般具有突然性、偶然性、短暂性等特点。它是一个人长期艰苦思考的产物。灵感是由潜意识进入意识产生的。潜意识不能控制,所以灵感也无法控制。但灵感可由以下方面促使其产生:意识的强烈集中,能对潜意识起定向作用;意识活动越放松,潜意识活动越活跃,在紧张思考后,应适当放松(休息、散步、睡眠、听音乐);意识和潜意识之间的悄然交流主要靠形象,所以用形象材料表达问题,有利于用共同语言沟通意识与潜意识。总之,灵感是一种非常重要的创造心理现象。它在创造活动中起着十分重要的作用,科学上的重大发现,技术上的新发明、新突破,很多都得益于灵感。如阿基米德在洗澡时对浮力原理的顿悟、凯库勒受梦中环状蛇形象的启迪而悟出苯环结构等,都是科学史上的典型事例。

Ⅲ.发散思维与收敛思维

发散思维又称辐射思维或求异思维。它是指思维者不受现有知识和传统观念的局限与束缚,沿着不同方向多角度、多层次地去思考、去探索问题的各种可能答案的一种思维方式。发散思维是创造性思维的一种主要形式。它在技术创新和产品开发中具有特别重要的意义。在技术原理的开发方面,运用发散思维可以多方面、多角度、多领域、多场合地对同一技术原理的应用途径进行设想。著名创造学家吉尔福特说:“正是在发散思维中,我们看到了创造性思维的最明显的标志。”

影响一个人发散思维能力高低的因素很多。首先,取决于一个人的知识广博程度。知识是思维的材料,知识面越宽,涉猎的领域越多样化,才能为发散思维提供更丰富的素材。其次,改善知识存储方式,活化知识。知识在头脑中的存储有一定方式,人们在记忆某些知识时总是离不开特定的情境,使人固守已往的经验,形成习惯性思维。活化知识是将知识从它的意境中“游离”出来重新组合,增强知识、经验的迁移能力。在技术创新中,一些非本专业的人有时反而能想出一些有价值的好点子,这是由于他们较少受专业思想束缚的缘故。

收敛思维亦称集中思维、求同思维或定向思维。它是以某一思考对象为中心,从不同角度、不同方面将思路指向该对象,以寻找解决问题的最佳答案的思维方式。在设想的实现阶段,这种思维形式常常占主导地位。和发散思维相比,集中思维的操作更多地依赖于逻辑方法,也更多地渗透着理性因素,因而其结论一般较为严谨。

集中思维和发散思维作为两种不同的思维方式,在一个完整的创造活动中是相互补充、相辅相成的。发散思维能力越强,提出的可能方案越多样化,才能为集中思维在进行判断中提供较为广阔的回旋余地,也才能真正体现集中思维的意义。反过来,如果只是毫无限制地发散而无集中思维,发散也就失去了意义,因为在严格的科学实验和工程技术设计等活动中,实验结果或设计方案最终只能是少数几个。因此,一个创新成果的出现,既需要以充分的信息为基础,设想多种方案,又需要对各种信息进行综合、归纳,从多种方案中找出较好的方案,即通过多次的发散、收敛、再发散、再收敛的循环,才能真正完成。

Ⅳ.直达思维与旁通思维

思维的目的是为了解决问题。解决问题既可以采用直接的方法,即始终不离开问题的情境和要求而进行思考,也可以通过对问题情境和条件的分析、辨识,将问题转换成另一等价问题,或以某一问题为中介间接地去解决问题。前一种思考问题的方式称为直达思维,后一种思考问题的方式称为旁通思维,又称侧向思维。司马光砸缸救人,在人小力薄的情况下,他无法将人从水中拉出(人离开水),而采用砸缸放水(水离开人)的办法,这是旁通思维解决问题的很好例子。

直达思维的优点是直接面对问题情境快速达到目标。它对于解决较为简单的问题特别有效,当这种努力遇到障碍或证明无效后,才改用旁通思维。

旁通思维是一种灵活的思维方式,它没有固定的格式,往往从问题的外围着眼。例如要解决某个问题,首先分析问题的各种条件和要求。要分析或找出造成事故的原因,首先分析其结果;要解决工程技术的结构问题,首先研究与之相类似的生物结构;要解决机械行业的某些技术产品问题,首先从光、电等领域寻找方法,如此等等。

首先分析问题的情境和要求是旁通思维的重要表现之一。有时,单是把问题搞清楚,就意味着解决了一半。旁通思维的另一种表现方式是“问题转换”,即将所要解决的问题变换一种角度,或对问题进行重新表述,从而找到解决原问题的思路和方法。如美国通用公司要求生产飞机的作业场地必须铺耐火的石棉板，采购员麦尔斯分析了石棉板的功能是防火，提出用一种物美价廉、市场上容易买到的防火纸代替石棉板，得到消防部门的同意而使成本大大降低。这种解决问题的思路不是针对石棉板而是抓住“防火功能”的本质，是旁通思维的模式。

旁通思维在创新性活动中是一种非常有用的思维方式，除上面提到的具体表现外，还有类比、模拟、移植、置换、转向(包括逆向)等。根据旁通思维的原理，人们已经开发出了不少有实际用途且能操作的创造技巧，如类比法、模拟法、仿生法、移植法、换元法、等价变换法等。

旁通思维和直达思维应相互为用、互为补充。尤其重要的是，只有通过旁通思维以后又返回到直达思维，才能真正解决所提出来的问题。

2.6.3 创造技法

开展和完成创造性活动不仅要依赖创造性思维，同时也要掌握并正确地应用创造方法和技巧。

创造技法是以创造学理论尤其是创造性思维规律为基础，通过对广泛的创造活动的实践经验进行概括、总结、提炼而得出的创造发明的一些原理技巧和方法。创造技法的基本出发点是打破传统思想习惯，克服思维定式和阻碍创造性设想产生的各种消极心理因素，充分发挥各种积极性，以提高创造力为宗旨，促使创造性成果的生成。

从第二次世界大战以后，各国关于创造活动规律的研究不断深入，现已总结出上百种创造技法，下面简要介绍几种。

1. 群体集智法

(1)智暴法

智暴法是一种集体创造性思考法。它是针对一个设计问题，召集5~10人共同讨论，要求与会者敞开思想、畅所欲言，充分发表意见，提出创造性见解，提出解决设计问题的方案。

智暴法的中心思想是激发每个人的直觉灵感和想象力，让大家在和睦、融洽的气氛中自由思考，不论什么想法都可以原原本本地讲出来，最后集中多人的智慧，在这众多的见解中综合出较好的设计方案。这种方法适合求解产品设计原理方案。

(2)635法

针对一个设计问题，召集6人与会，要求每个人在卡片上写出3个设想方案，5分钟为一单元，卡片互相交流。在第二个5分钟单元中，根据互相的启发，每个人再在卡片上写出3个设想方案。如此循环，半个小时可得108个方案。

属于群体集智法的还有CBS法、Ddphi法等。

2. 系统探求法

系统探求法围绕产品有针对性地、系统地提出各种问题，通过提问发现原产品设计、制造、营销等环节中的不足之处，找出需要和应该改进之点，从而开发出新产品。这种方法包括5W2H法、奥斯本设问法、特征列举法等。

(1)5W2H法

针对需要解决的问题，提出以下7个方面的疑问，从中启发创新构思。这7个方面的疑问用英文字母表示时，其首为W或H，故归纳为5W2H。

①Why：为什么要设计该产品，采用何种总体布局。

②What：该产品有何功能，有哪些方法可用于这种设计，是否需要创新。

③Who：该产品用户是谁，谁来设计。

④When：什么时候完成该设计，各设计阶段时间怎样划分。

⑤Where：该产品用于何处，在何地生产。

⑥How to do：怎样设计，结构、材料、形态如何。

⑦How much：生产多少。

(2)奥斯本设问法

为了扩展思路，奥斯本建议从不同角度进行发问。他把这些角度归纳成几个方面并列成一张目录表，此表可针对不同目的设置问题，如针对研制新产品，可从以下角度设置问题。

①转化：该产品能否稍作改动或不改动而有其他用途。

②引申：能否从该产品中引出其他产品，或用其他产品模仿该产品。

③变动：能否对该产品进行某些改变，如运动、结构、造型、工艺等。

④放大：该产品放大（加厚、变长……）后如何。

⑤缩小：该产品缩小（变薄、缩短……）后如何。

⑥颠倒：能否反正（上下、前后……）颠倒使用。

⑦替代：能否用其他产品替代该产品，或部分替代，如材料、动力、工艺。

⑧重组：零件能否互换。

⑨组合：现有的几个产品能否组合为一个产品，如何组合（整体、零部件、功能、材料、原理……）。

通过这9个方面的层层发问，可得到许多新的设计方案，从中优选就可开发出新产品。

3. 联想发明法

联想是由一个事物想到另一事物的心理过程。要增强联想能力，一方面要增加知识和经验。头脑中储存的知识和信息越多，越有利于产生联想。增加知识和经验，除了注意吸纳本专业的及其他专业的学科知识外，特别要重视参加社会实践、生产实践、总结实践经验。另一方面要掌握联想的规律。客观事物之间的联系是多种多样的，联想也可以分成若干类型。

①接近联想，即由一事物或现象联想到在空间或时间上与其接近的另一事物或现象。如由水坝联想到水力发电厂，由工厂联想到机器，由火车联想到车站等。

②类似联想，即由一事物或现象联想到与其有类似特点（如性质、外形、结构、功能等）的其他事物或现象。如由电池分正负极联想到磁体分南北极，由水波想到声波、光波，由水波可出现干涉现象想到光也有干涉现象。

③对比联想，即由一件事物联想到与其对立的另一事物。如由小想到大，由集中想到分散等。

④因果联想，即由一件事物或现象联想到与其有因果关系的另一件事物或现象。如由热想到火，由结构想到功能等。

⑤从属联想，即由一件事物想到与其有从属关系的事物。如由整体想到部分，由部分想到整体，由零件想到整机等。

以上几种联想一般比较容易做到。在创造性活动中，有价值的并且是困难的联想则在于进行“遥远联想”，即将某些看似无关的事物联想起来。“遥远联想”可以通过插进若干中间步骤而达到。例如把“机床”同“天空”联想起来，可通过机床—防锈—潮湿—天气—天空步骤达到。

4. 类比法

类比法是利用相似原理进行仿形移植、模拟比较、类比联想的一种创造技法。采用类比法能够扩展人脑固有的思维，使之建立更多的创造性设想。例如从人们的动作功能中可以得到启发，机械手就是模仿人的手臂弯曲和手的功能；挖掘机就是仿照人使用铁锹的动作而设计的；“协和”飞机的外形设计就是对鹰外形的仿生。

类比法目前主要采用以下四种方式。

①直接类比，即寻找与所研究的问题有类似之处的其他事物进行类比，从中获得启发，找到问题答案或产生新思路。直接类比的典型方式是功能模拟和仿生。例如布鲁纳为解决水下施工问题，将在地下施工的情况同蛀木虫在木材中前进的情形做了直接类比，提出了沉箱施工法。

②象征类比，即用能抽象反映问题的词（或简练词组）来类比问题，表达所探讨问题的关键，通过类比启发创造性设想的产生。如要设计一种开罐头的新工具，就可以选一个“开”字，先抛开罐头问题，从“开”这个词的概念出发，看看“开”有几种方法，如打开、撬开、剥开、撕开、拧开、揭开、破开等，然后寻求这些开法对设计开罐头有什么启发。

③拟人类比，指创新者把自身与问题的要素等同起来，设身处地地想象：“如果我是某个技术对象，我会有什么感觉？我采取什么行动？”用这种方法可以激发创造热情，促发新设想。

④幻想类比，即运用在现实中难以存在或根本不存在于幻想中的事物现象作类比，用来探求新观念、新解法。例如要设计能自动驾驶的汽车，人们受神话故事中念咒语启动地毯故事的启发，把地毯类比为汽车，而用声电转换装置类比咒语，实现了新型自动驾驶汽车的设计

千万种生物是在一定环境条件下长期进化形成的，研究生物的习性、结构、行为可以给技术工作者以很大启发。20 世纪 60 年代以来出现的仿生学便是这样一门新学科。技术工作者掌握一些生物学知识，学点仿生学可以开阔自己的设计思路，构思出更多巧妙而优化的新的技术产品和工艺方法。

5. 组合创新法

组合创新法是按照一定的技术需要，将两个或两个以上的技术因素通过巧妙的组合，去获得具有统一整体功能的新技术产物的过程。这里的“技术因素”是广义的，它既包括相对独立的技术原理、技术手段、工艺方法，也包括材料、形态、动力形式、控制方式等表征技术性能的条件因素。

组合方法的类型很多，常用的有以下几类。

①性能组合，即根据对原有产品或技术手段的不同性能在实际使用中的优缺点的分析，将若干产品的优良性能结合起来，形成一种全新的产品（或技术手段）。例如铁芯铜线电缆的制造就是性能组合的具体运用。铜线的优点是导电性能好、易焊接、耐腐蚀；缺点是成本高、强度低。铁线也能导电，且成本低、强度高，缺点是导电性能差、易生锈。物理学已经揭示，高频电流具有趋肤效应。组合电缆以铁线为芯，表面用铜，这样可以做到性能互补。

②原理组合，将两种或两种以上的技术原理有机地结合起来，组成一种新的复合技术或技术系统。例如怀特（F. White）把喷气推进原理同燃汽轮机技术相结合，发明了喷气式发动机。

③功能组合，将具有不同功能的技术手段或产品组合到一起使之形成一个技术性能更优或具有多功能的技术实体的方法。例如将收音机和录音机组合在一起制成的收录机兼具

两大功能，使其更方便、实用。

④结构重组，指改变原有技术系统中的各结构要素的相互连接方式，以获得新的性能或功能的组合方法。例如，螺旋桨飞机一般的结构是机前装螺旋桨、机尾装稳定翼。但美国卡里格卡图则根据空气浮力和气推动原理，将飞机螺旋桨放于机尾，而把稳定翼放在机头，重组后的新型飞机具有尖端悬浮系统和更合理的流线型机体等特点。

⑤模块组合，亦称组合设计或模块化设计。该法把产品看成若干模块（标准、通用零部件）的有机组合。只要按照一定的机器工作原理选择不同的模块或不同的方式加以组合，就可以获得多种有价值的设计方案。这种方法适用于产品的系列开发。

以上只是对众多创造技法中的几种作了简要介绍，各种创造技法在实践中是互相关联、互相补充的。创造性思维和工作方法为技术人员所掌握，通过进一步的应用和实践，在技术领域中定会有新的突破，工程设计也将有更多的创新发展。

2.7 TRIZ 理论

2.7.1 TRIZ 的定义及构成

TRIZ 是俄文中“发明问题的解决理论”的字头，英译为 Theory of Inventive Problem Solving，缩写为 TIPS。发明创造通常被视为是灵感爆发的结果。一项发明创造或创新的完成可能要经历漫长的探索，经历千百次的失败。1946 年，以苏联海军专利部阿奇舒勒为首的一批研究人员开始对数以百万计的专利文献加以研究。经过多年的搜集整理、归纳提炼，发现技术系统的开发创新是有规律可循的，并在此基础上建立了一整套体系化的、实用的解决发明创造问题的方法。国际著名的 TRIZ 专家 Savransky 博士给出了 TRIZ 的定义：“TRIZ 是基于知识的，面向人的解决发明问题的系统化方法学。”

TRIZ 的来源及主要内容见图 2-22。

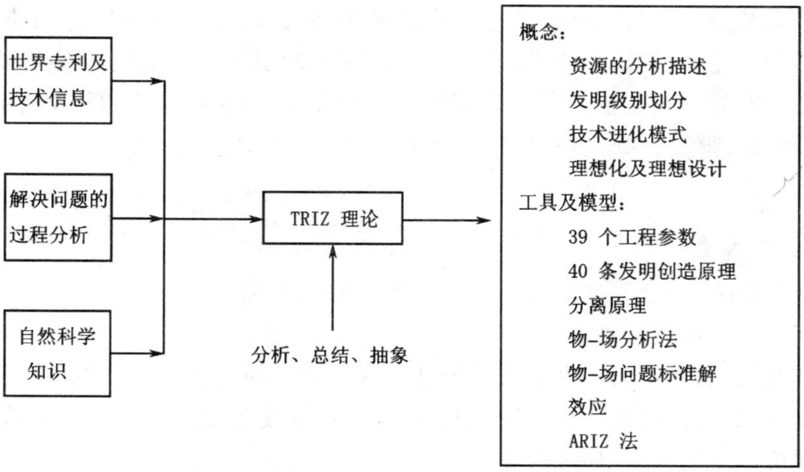

图 2-22　TRIZ 的来源及主要内容

TRIZ 的基本原理的形成基于以下观点。

①任何领域、范围的产品都遵循普遍的法则而进步，由此可以预测已有产品和制造过程的未来的发展方向。

②产品创新所面临的中心课题是不断解决已经过时的产品和市场需求之间的冲突。发明并创造性地解决问题,意味着彻底消除产品内包含的冲突,而不是用妥协的方式(Trade off)解决问题。

③用创造性方法解决产品内在冲突使用原理的数量是有限的,但这些原理具有普遍性。

④在探索技术问题解决对策时,经常用到只有特定领域的技术人员才掌握的科学原理和法则。这些科学原理和法则的有效运用需要建立其与具体技术所能实现机能之间的对应关系。例如,对于“处理固体表面”这样一个技术要求,“电晕放电”就是与之相对应的科学原理和法则。

苏联解体以前,TRIZ一直属于国家机密,不被西方国家所熟悉。苏联解体后大批TRIZ专家移居欧美,TRIZ理论开始得到广泛传播,并迅速成为产品设计界的研究热点,受到质量工程界、产品开发人员和管理人员的高度重视,与QFD和稳健设计并称为产品设计三大方法。目前,摩托罗拉、波音、克莱斯勒、福特、通用电气等跨国公司已经利用TRIZ理论进行产品创新研究,并取得了很好的效果。2003年韩国的三星电子在67个研究开发项目中使用了TRIZ理论,节约了1.5亿美元,产生了52项专利技术。有关研究表明,应用TRIZ理论与方法,可以增加80% ~100%的专利数量并提高专利质量,可以提高60% ~70%的新产品开发效率。目前,学术界对TRIZ理论的改进和与其他设计理论及方法的比较研究也逐步展开,东京大学的烟村洋太郎教授开始将TRIZ引入教学中进行提高学生创造力的尝试,开设了“机械创造学”等课程。我国有关TRIZ的研究咨询机构也相继成立,TRIZ的发展也进入了新的阶段。

2.7.2 TRIZ中的概念

1. 理想技术系统

TRIZ认为,对技术系统本身而言,重要的不在于系统本身,而在于如何更科学地实现功能。较好的技术系统应是在构造和使用维护中消耗资源较少,而能完成同样功能的系统。理想系统则是不需要建造材料,不耗费能量和空间,不需要维护,也不会损坏系统,即在物理上不存在却能完成所需要的功能。这一思想充分体现了简化的原则,是TRIZ所追求的理想目标。技术系统的理想化水平可用理想度D表示为

$$D=\frac{\sum F_u}{\sum F_n+\sum F_c}$$

式中:F_u是有用功能;F_n是有害功能;F_c是与功能相关的成本。

2. 缩小的问题与扩大的问题

在解决问题的初期,面对需要克服的缺陷可以有很多不同的思路。例如:改变系统,改变子系统和其中的某一部件,改变高一层次的系统,都可能使问题得到解决。思路不同,所思考的问题及对应的解决方案也有所不同。

TRIZ将所有的问题分为缩小的问题和扩大的问题两类。缩小的问题致力于使系统不变甚至简化,以消除系统的缺点,完成改进;扩大的问题则不对可选择的改变加以约束,因而可能为实现所需功能而开发一个新的系统,使解决方案复杂化,甚至使解决问题所需要的耗费与解决的效果相比得不偿失。TRIZ建议采用缩小的问题。这一思想也符合理想技术系统的要求。

3. 技术冲突和物理冲突

系统冲突是 TRIZ 的一个核心概念，表示隐藏在问题后面的固有矛盾。如果要改进系统的某一部分属性，其他的某些属性就会恶化，就像天平一样，一端翘起，另一端必然下降，这种问题称做系统冲突。典型的系统冲突有重量-强度、形状-速度、可靠性-复杂性冲突等。TRIZ 认为，发明是系统冲突的解决过程。

在 TRIZ 中，将冲突分为三类：管理冲突（Administrative Contradiction）、技术冲突（Technical Contradiction）、物理冲突（Physical Contradiction）。管理冲突是指为了避免某些现象或希望取得某些结果需要做一些事情，但不知如何去做，它不能表现出问题的解的可能方向，不属于 TRIZ 的研究内容，TRIZ 只研究技术冲突和物理冲突。

①技术冲突是指用已知的原理和方法去改进系统某部分（或参数）时，不可避免地出现系统的其他部分（或参数）变坏的现象。例如在建筑上，要想提高承重梁强度，必然增加其截面积，从而导致承重梁的重量增大。又比如，要想从卫星上发射信号，波的频带越宽，接收效果越好。但是，波的频带越宽，发射功率也要越大，因而需要卫星携带的设备也越多，这样必然会导致卫星成本和重量的增加。

②物理冲突是指系统同一部分（或参数）提出完全相反的要求。如在输电线路中，为减少电能损耗，可以增大导线截面积以降低电阻，但是为减少单位长度上导线质量，必须尽可能减小导线截面积，这样就对导线截面积提出了完全相反的要求，从而产生了物理冲突。

针对产品设计过程中的技术冲突和物理冲突，TRIZ 方法中提出了解决技术冲突的 40 条发明原理和解决物理冲突的分离原理。在确定冲突和解决冲突的过程中，用到 TRIZ 方法中的物质-场功能分析方法、科学和技术成果数据库以及 ARIZ 算法。

4. 创新发明的级别

阿奇舒勒等人在寻求创新性解决原理的过程中，经过对大量专利的分析研究，发现只有 4 万个专利具有创新性，其余都是对原有产品的直接改进。TRIZ 的一个重要成果是认为产品的发明创新是有级别的，即产品由低级向高级发展。由于这种发展，产品才一直占领市场又赢得新市场。阿奇舒勒等通过研究认为，问题的解或产品的创新性发明可以分为 5 个级别。

1 级（Level 1）：通常的设计问题，或对已有系统的简单改进。设计人员自身的经验即可解决，不需要创新。大约 32% 的解属于该范围。如用厚隔热层减少热量损失，用载重量更大的卡车改善运输的成本与效益比。

2 级（Level 2）：通过解决一个技术冲突对已有系统进行少量的改进。采用行业中已有的方法即可完成。解决该类问题的传统方法是折中法。大约有 45% 的解属于该范围。如在焊接装置上增加一灭火器。

3 级（Level 3）：对已有系统有根本性的改进。要采用本行业以外已有的方法解决，设计过程中要解决冲突。大约有 18% 的解属于该范围。如计算机鼠标、山地自行车、圆珠笔等。

4 级（Level 4）：采用全新的原理完成已有系统基本功能的新解。解主要是从科学的角度而不是从工程的角度发现。大约有 4% 的解属于该类。如内燃机、集成电路、个人计算机、充气轮胎、虚拟现实等。

5 级（Level 5）：罕见的科学原理导致一种新系统的发明。大约有 1% 的解属于该类。如飞机、计算机、形状记忆合金、蒸汽机等。

Altshuller 等对发明创新的分级表明，产品创新设计中所遇到的绝大多数问题或相似问题已被前人在其他领域解决了。一般而言，1 级发明不是创新发明；2 级发明只需用到 TRIZ

中的40个发明原理和物理冲突的分离原理;3级发明要用到物质-场功能分析模型和76个标准解;4级发明要用到ARIZ算法。设计人员按照正确的方法,从低级开始,依据自身的知识与经验,向高级方向努力,从本企业、本领域、其他领域已存在的知识与经验中获得大量的解,有意识地发现这些解,将节省产品设计时间,降低产品开发成本,增强产品的市场竞争力。

5. 技术系统进化理论

技术系统进化法则是TRIZ理论的基础,是阿奇舒勒和其助手在研究了上百万的发明专利后得到的。研究结果认为,技术系统和生物系统相似,所有的产品、所有的工艺过程、所有的技术系统都是在按照一定规律发展变化的。

通过对大量专利的分析,阿奇舒勒等发现产品的进化规律满足S曲线。但进化过程是靠设计者推动的,当前的产品如没有设计者引入新的技术,它将停留在当前的水平上,新技术的引入使其不断沿某些方向进化。TRIZ中的S曲线如图2-23所示,它将产品进化设计过程分为四个阶段,即婴儿期、成长期、成熟期和退出期。处于前两个阶段的产品,企业应加大投入,尽快使其进入成熟期,以便企业获得最大的效益;处于成熟期的产品,企业应对其替代技术进行研究,使产品取得新的替代技术,以应对未来的市场竞争;处于退出期的产品,使企业利润急剧下降,应尽快淘汰。S曲线可以为企业产品规划及创新提供具体的、科学的支持。

通过对大量专利的分析,阿奇舒勒等发现产品在进化过程中通过不同的技术路线向理想解方向进化(图2-24),并提出了8条产品进化定律。

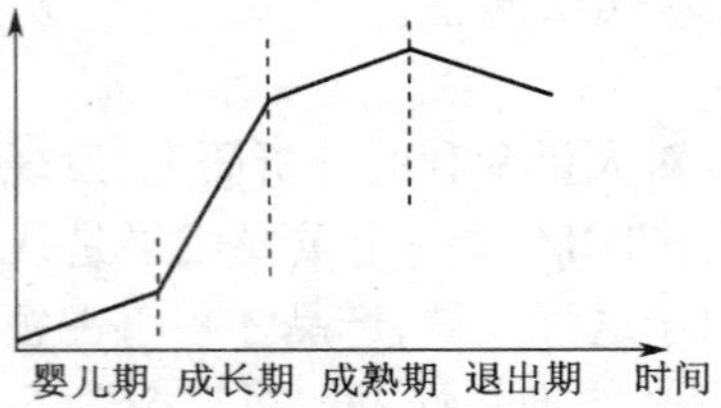

图2-23 产品的进化过程

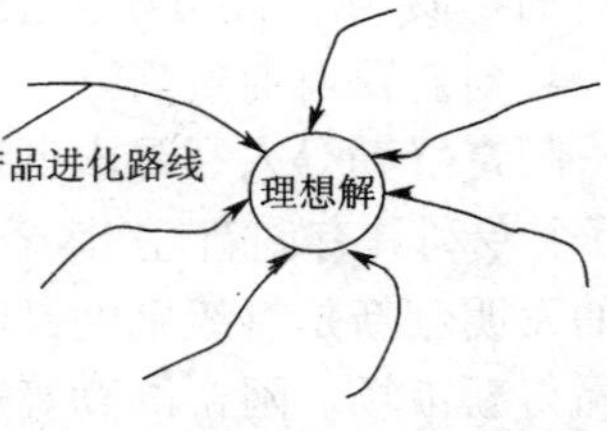

图2-24 产品不同的进化路线

定律1:组成系统的完整性定律。一个完整性系统必须由能源装置、执行机构、传动部件和控制装置四部分组成。

定律2:能量传递定律。技术系统的能量从能源装置到执行机构传递速率向逐渐提高的方向进化。选择能量传递形式是很多发明问题的核心。

定律3:交变运动和谐性定律。技术系统向着交变运动与零部件自然频率相和谐的方向进化。

定律4:增加理想化水平定律。技术系统向增加其理想化水平的方向进化。

定律5:零部件的不均衡发展定律。虽然系统作为一个整体在不断改进,但零部件的改进是单独进行的,是不同步的。

定律6:向超系统传递的定律。当一个系统自身发展到极限时,它向着变成一个超系统的子系统方向进化,通过这种进化,原系统升级到更高水平。

定律7:由宏观向微观的传递定律。产品所占空间向较小的方向进化。在电子学领域,由真空管向电子管再向大规模集成电路过渡,就是典型的例子。

定律8:增加物质-场的完整性定律。对于存在不完整物质-场的系统,向增加其完整性方向进化。物质-场中的场从机械或热向电子或电磁的方向进化。

TRIZ 一直处于发展与完善的过程中,TRIZ 专家们将阿奇舒勒的产品进化的 8 条定律发展成为若干技术系统进化的模式,这些模式更适合于技术系统及生产过程的创新。根据这些进化定律和模式,设计者可以容易确定系统今后的发展方向,较快地取得设计中的突破。例如,向更高水平系统进化模式是指系统由单系统向多系统的进化规律,如图 2-25 所示。

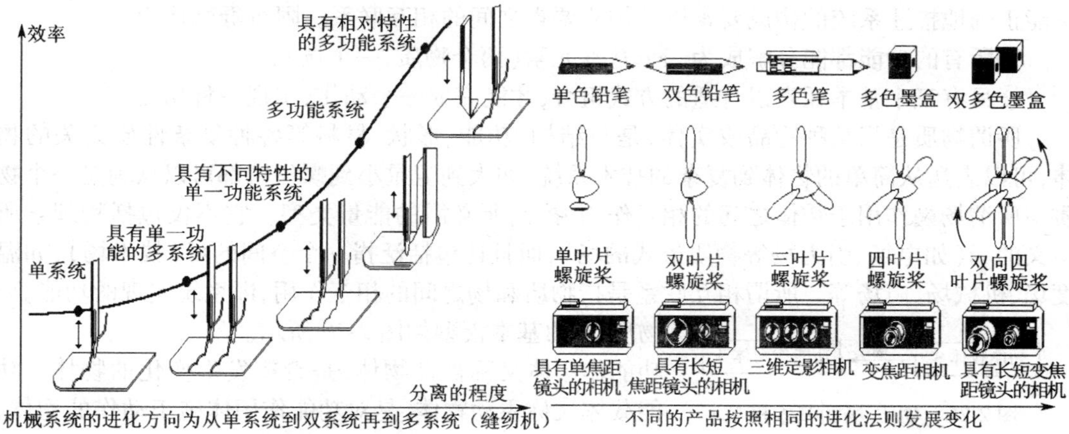

图 2-25　向更高水平系统进化法则图解

更高水平的系统可以由多个相同或接近的执行同一基本功能的系统组成,这可以增强系统的功能,有时甚至获得意想不到的功能特征。图 2-25 表示了系统进化的方向,当多系统仅由功能完全相同的物体组成时,只是使系统的功能更加强大,不会引起功能的变化;当多系统由功能不同的物体组成时,往往使系统同时具有很多功能特性。例如,让缝纫机同时具有剪裁和缝合的功能,带橡皮的铅笔等。依据这个进化原则,多系统首先由多个同一性质的系统组成,增强系统的单一功能,然后多个功能不同的系统结合在一起实现多个功能,最终希望由一个系统执行多个功能。例如,在矿井事故救援中,救援人员的防护服早期设计由两套系统组成,一套是冷却系统,一套是供氧装置。此后的设计是将两套系统合二为一,将冷却系统中的水换成液态氧,因液体汽化有制冷作用,液态氧汽化后就可供救援人员呼吸。新的设计大大减少救援装备的体积和重量,同时也有效地利用系统内的资源,降低了系统成本。

2.7.3　TRIZ 的主要方法和工具

1. 分析

分析是 TRIZ 的工具之一,包括产品的功能分析、理想解(Ideal Final Result,IFR)的确定、可用资源分析、冲突区域的确定等。分析是解决问题的一个重要阶段。

功能分析的目的是从完成功能的角度而不是从技术的角度分析系统、子系统和部件,该过程包括裁剪,即研究每一个功能是否必要,如果必要,系统的其他原件是否可以完成其功能。设计中的重要突破、成本和复杂程度的显著降低往往是功能分析及裁剪的结果。

假如在分析阶段问题的解已经找到,可以移到实现阶段。假如问题的解没有找到,而该问题的解需要最大限度地创新。这种创新可通过采用基于知识的三种工具——发明原理、进化模式和效应库实现。在很多的 TRIZ 应用实例中,这三种工具要同时采用。

2. 物质-场分析

物质-场(substance-field)分析法是由阿奇舒勒等人基于分析研究了近百万的发明专利的基础上在《创造是一门精密的科学》的专著中提出的。物质-场分析法是使用符号表达技术系统变换的建模技术,它以解决问题中的各种冲突为中心,通过建立系统内问题的模型正确地描述系统内的问题。物质-场分析法旨在用符号语言清楚地描述系统(子系统)的功能,它能正确地描述系统的构成要素以及构成要素之间的相互联系。阿奇舒勒认为:

①所有的功能都能分解成为三个基本元素(两个物质、一个场);

②只有三个基本元素以合适的方式组合,才能完成一个动作,实现一种功能。

所谓物质是指某种物品或实体,是与结构、功能、形状、材料等各种复杂性质无关的物体,可以表达从简单的物体到复杂的技术系统,如大到卫星小到螺丝钉都可以认为是一个物质。所谓场是作用于物体之间的相互作用、控制所必需的能量类型。它不仅包括物理学所定义的场(如电场、引力场等物质形式的场),而且还包括泛指一个空间的场(技术场),如温度场、机械场、声场等。所谓相互联系是指物质和场之间的相互作用,即系统实现的功能。

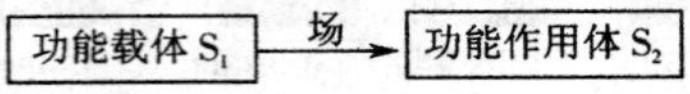

图 2-26 物质-场的基本模型

物质-场的基本模型如图 2-26 所示。

功能作用体又称被动物体,是希望发生变化的物体。功能载体又称主动物体,是对功能作用体施于动作的物体,它使功能作用体发生希望改变的作用。而场是能使这种作用发生的关键因素。由于场的作用才能使功能载体按照预定的形式改变功能作用体。

3. 发明问题的标准解法

由物质-场分析可知:技术系统的构成要素——功能载体 S_1、功能作用体 S_2、场 F,三者缺一不可,否则就会造成系统的不完整。当系统中某一物质所特定的机能没有实现时,系统都会产生问题,就会产生各种冲突(技术难题)。为了解决系统产生的问题,可以引入另外的物质或改进物质之间的相互作用,并伴随能量(场)的生成、变换、吸收等,物质-场模型也从一种形式变换为另一种形式。因此各种技术系统及其变换都可用物质-场的相互作用形式描述,将这些变化形式归纳总结就形成了发明问题的标准解法。发明问题的标准解法可以用来解决系统内的冲突,同时也可以根据用户的需求进行全新的产品设计。

发明问题的标准解法的应用形式有以下两种。

1)非物质-场体系(不完全物质-场体系) 组成物质-场体系的三个构成要素没有同时存在,缺其中一个系统就不能正常工作。

标准解法是确定系统物质-场模型所缺的元素,找到合适元素,构造完整的物质-场模型。

2)发展原有的物质-场体系 组成物质-场体系的三个要素虽然同时存在,但是相互之间并不发生联系或它们之间的联系并没有实现预定的功能或者这种联系是不希望得到的,系统都会出现问题。

标准解法是通过改变功能载体、功能作用体以及它们之间的相互作用,发展原有的物质-场体系,从而按照预定的形式实现系统的功能。

阿奇舒勒等提出了 76 种标准解,并分为以下 5 类:

①不改变或少量改变已有系统:13 种标准解;

②改变已有系统:23 种标准解;

③系统传递:6 种标准解;

④检查与测量:17 种标准解;

⑤简化与改善策略:17 种标准解。

4. 效应

在 TRIZ 理论中,效应是输入与输出之间的关系,是指应用本领域特别是其他领域的有关定律解决设计问题,如采用物理、数学、化学、生物、电子等领域中的原理解决工程设计中的创新问题。产品设计人员首先根据设计问题确定其功能,其次根据功能确定实现此功能的效应知识,最后应用相关效应完成概念设计的后续工作。作为 TRIZ 理论的应用知识之一,技术效应是阿奇舒勒等人对 TRIZ 理论的一大贡献。TRIZ 的倡导者研究并发现了许多在发明创造过程中所应用的效应知识,最终把它们整理成为几何效应、物理效应、化学效应等三大效应知识。这里的每一类效应知识都可能是许多创新设计的解决方案。

5. 冲突解决原理和方法

针对产品设计过程中的技术冲突和物理冲突,TRIZ 方法给出了解决技术冲突的 40 条发明原理和解决物理冲突的分离原理。此外,在确定冲突和解决冲突的过程中,还要用到物质-场分析、科学和技术成果数据库及发明问题解决算法。

冲突的分析和解决是产品创新方案设计的主要步骤。依据 TRIZ 方法可以彻底地消除产品中的物理冲突和技术冲突,产品性能因此得到提高,甚至可以得到原理、概念的突破,获得全新概念的产品。应用 TRIZ 分析和解决产品内矛盾和冲突的一般过程如图 2-27 所示。通过分析确定冲突的性质后,分别用发明问题解决算法和基于 40 条发明原理的技术冲突解决矩阵来解决两种不同性质的矛盾。

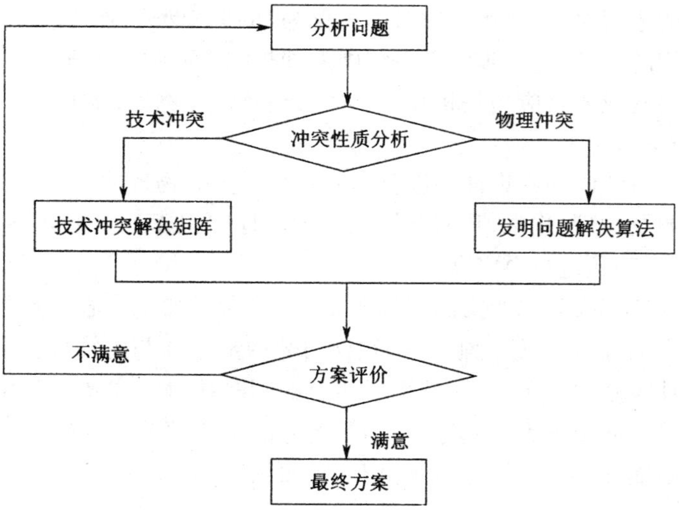

图 2-27　冲突分析和解决的一般过程

6. ARIZ(发明问题解决算法)

ARIZ (Algorithm for Inventive-problem Solving)即发明问题解决算法,是 TRIZ 理论中的一个主要分析问题、解决问题的方法,其目标是为了解决问题的物理冲突。该算法主要针对问题情境复杂、冲突及其相关部件不明确的技术系统。它是一个对初始问题进行一系列变形及再定义等非计算性的逻辑过程,实现对问题的逐步深入分析和转化,最终解决问题。该算法尤其强调问题冲突与理想解的标准化:一方面,技术系统向理想解的方向进化;另一方面,如果一个技术问题存在冲突需要克服,该问题就变成一个创新问题。

TRIZ 认为,一个创新问题解决的困难程度取决于对该问题的描述和问题的标准化程度。问题描述得越清楚，问题的标准化程度越高，问题就越容易解决。ARIZ 中，创新问题求解的过程是对问题不断地描述、不断地标准化的过程。在这一过程中，初始问题最根本的矛盾被逐渐清晰地显现出来。如果方案库里已有的数据能够用于该问题则是有标准解；如果已有的数据不能解决该问题则无标准解，需等待科学技术的进一步发展。ARIZ 算法的构成如图 2-28 所示。

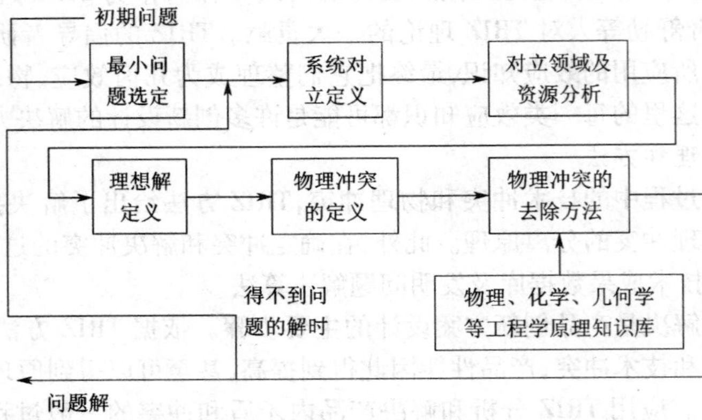

图 2-28　发明问题解决算法（ARIZ）的构成

首先将系统中存在的问题最小化，原则是尽可能不改变或少改变系统而实现必要机能；其次是定义系统的矛盾对立，并将矛盾对立简化为"问题模型"；然后将对立领域明确化，并分析系统中可使用的资源；进一步定义系统中的理想解。通常为了实现系统的理想解，系统对立领域的最重要构成要素应当是相互对立的物理特性。例如，冷的同时发热、导电的同时绝缘、透明的同时不透明等。

接下来是定义系统内的物理冲突以及消除物理冲突。物理冲突的消除需要最大限度地利用系统内的资源及物理、化学、几何学等工程学原理知识库。如果问题得不到解决，则要返回最初的地方，对问题进行再定义。

下面是用该算法解决问题的实例。如图 2-29（a）所示加工中心刀具的刀体部分的锥度采用 7∶24。为了保证加工精度及刚性，必须让刀体的锥体 β 与主轴锥孔以及刀体法兰端面 α 与主轴端面同时接触，但实际上很难实现两者的同时接触。或者是刀体法兰端面与主轴端面接触造成刀具径向位置无法确定；或者是刀体的锥体部分与主轴锥孔接触而刀体法兰端面与主轴端面不能接触，造成轴向刚性不足，如图 2-29（b）所示。解决该问题的过程如下。

①最小问题：对已有系统不做大的改变而实现刀体与主轴的径向和轴向的同时接触，从而提高刚性和精度。

②系统对立：不能同时实现刀体与主轴的径向和轴向的同时接触。

③问题模型：改变现有系统中的某个构成要素，在保证刀具准确定位的前提下实现刀体法兰端面和主轴端面的接触。

④对立领域和资源分析：对立领域为刀具的圆锥体和主轴锥孔的接触面，而容易改变的要素是刀体的圆锥部分。

⑤理想解：以主轴轴孔锥面为基准使刀具定位，同时实现刀体法兰端面和主轴端面的接触。

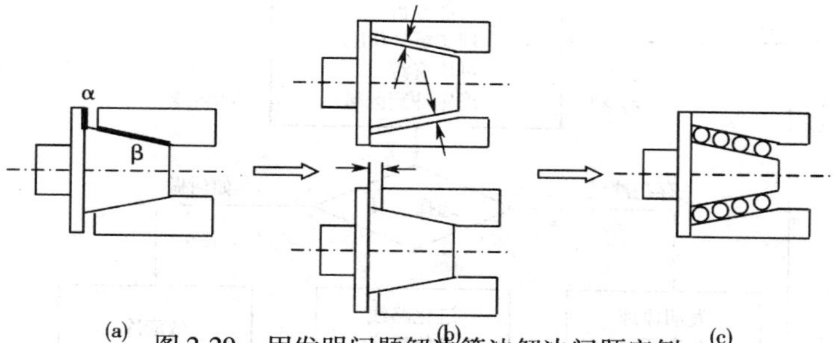

图 2-29　用发明问题解决算法解决问题实例

(a)提出选定问题;(b)冲突分析;(c)解决方案

⑥物理冲突:为了使刀具准确定位,必须实现刀体锥体和主轴锥孔的完全接触。而要实现刀体法兰端面和主轴端面的完全接触,刀体锥体和主轴锥孔必须非完全接触。

⑦物理冲突的去除:改变刀体圆锥面,使其与主轴锥孔不以整个圆锥面的形式接触,而以多数点的形式接触。

⑧问题的解决对策:用精密加工出来的具有适度刚性的小球构成刀体的圆锥面,从而实现刀体的圆锥面和法兰端面与主轴的锥孔面和端面同时实现接触,如图 2-29(c)所示(此例是美国的一项发明专利)。

ARIZ 中冲突的消除具有强大的效应知识库的支持。效应知识库包括物理的、化学的、几何的效应。作为一种规则,经过分析效应的应用后问题仍无解,则认为初始问题定义有误,需对问题进行更一般化的定义。

应用 ARIZ 取得成功的关键在于没有理解问题的本质前,要不断地对问题进行细化,一直到确定了物理冲突。

2.7.4　TRIZ 解决问题的流程

在解决一个工程问题时,可能使用 TRIZ 的一个工具或者多个工具。如图 2-30 所示是问题解决的流程图。该图不仅描述了各个工具之间的关系,也描述了产品创新中的思路。应用 TRIZ 的第一步是对给定的问题进行分析,包括功能分析、理想解、可用资源及冲突区域的确定。如果发现存在冲突则应用发明原理或者分离原理去解决;如果需要替代技术,选择技术进化模式与进化路线;如果问题明确但不知道如何解决,则应用效应去解决。之后是评价,确定是否满足要求。如果满足要求,则进行后序的设计工作;反之,要对问题进行再分析。

2.7.5　利用冲突及其解决原理实现产品创新

在产品创新过程中,冲突是最难解决的一类问题。设计过程出现冲突时,传统的设计方法是采用折中法来解决,但折中解往往不是创新解。设计人员不掌握同时满足冲突双方的解法是造成这种结果的关键。TRIZ 的核心是解决冲突。应用 TRIZ 可在消除冲突的过程中自然地产生新的概念。通过消除冲突来解决问题,最终实现创新。

1. 技术冲突的解决与创新原理

技术冲突是指一个作用同时导致有用及有害两种结果,也可指有用作用的引入或有害

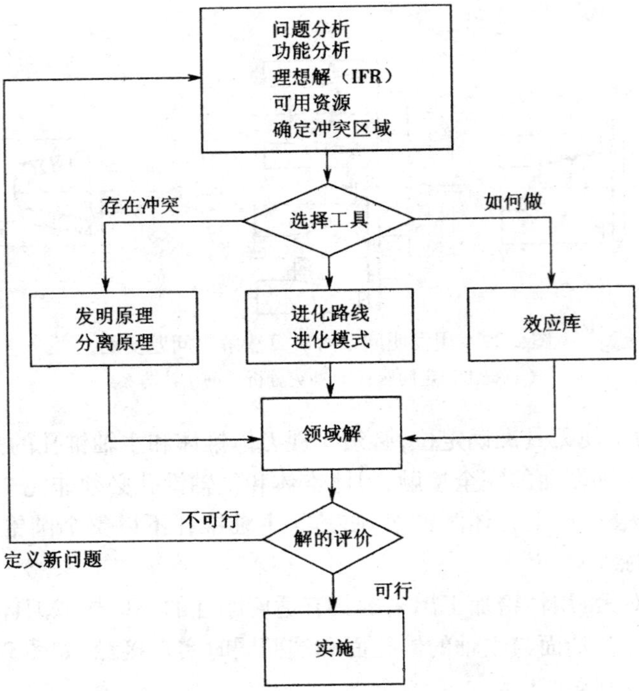

图 2-30　问题解决的流程图

效应的消除导致一个或几个子系统或系统变坏。技术冲突常表现为一个系统中两个子系统之间的冲突。技术冲突出现的几种情况如下：

①在一个子系统中引入一种有用功能，导致另一个子系统产生一种有害功能，或加强了已存在的一种有害功能；

②消除一种有害功能导致另一个子系统有用功能变坏；

③有用功能的加强或有害功能的减少，使另一个子系统或系统变得太复杂。

技术冲突解决矩阵是解决技术冲突的有效工具。阿奇舒勒等人通过对上百万件发明专利的分析研究，抽象出产生系统技术冲突的 39 项技术特性和解决技术冲突的 40 个创新原理。虽然技术系统创新问题涉及方方面面，但使系统产生问题的典型技术冲突大约只有 1 250 个，而且这些典型技术冲突均可用 40 个创新原理中的方法加以解决。下面分别对创新原理、技术特性和技术冲突解决矩阵进行介绍。

(1)40 个创新原理

40 个创新原理见表 2-10。

表 2-10　40 个创新原理

1. 分割	2. 抽出(分离)	3. 部分改变
4. 非对称	5. 组合	6. 多面性
7. 嵌套	8. 配重、平衡重	9. 事先反作用
10. 动作预置	11. 事先对策预防	12. 等位性
13. 逆问题	14. 椭圆性(曲面化)	15. 动态性
16. 过度的动作	17. 一维变多维	18. 振动
19. 周期性动作	20. 有用动作持续	21. 超高速作业
22. 变害为益	23. 反馈	24. 中介

25. 自助机能	26. 代用品	27. 用便宜、寿命短的物体代替高价耐久的物体
28. 机械系统的替代	29. 气动机构、液压机构	30. 可挠性(弹性)膜片或薄膜
31. 使用多孔性材料	32. 改变颜色	33. 同质性
34. 零部件的废弃或再生	35. 参数变化	36. 相变化
37. 热膨胀	38. 使用强力氧化剂	39. 惰性环境
40. 复合材料		

对 40 个创新原理介绍如下。

①分割原理。把一个物体分成独立的几部分,使物体分成容易组织及拆卸的部分,增加物体的分割度。例如将一个货物船等分成几段,根据需要可加长或缩短。

②抽出(分离)原理。从物体中抽出(分离)紊乱的部分或属性,从物体中抽出必要的部分或属性。

③部分改变原理。将物体均一的构成或环境及作用改为不均一,让物体的不同部分各具不同功能,让物体的各部分处于各自动作的最佳状态。

④非对称原理。改变左右对称的形状为非对称;已经是非对称的物体,增强其非对称性。例如汽车保险杠一侧的强度加强,以提高它与街道镶边石相撞时的阻力。

⑤组合原理。将同质的物体或相近作业的功能组合,将相同性质的作业在同一时间组合。例如前后排列的双重显微镜,当一个人独立地进行观察和记录时,另外一个人专门进行调整。

⑥多面性原理。使物体具有复合功能以代替多个物体的功能。例如公事皮包的手把同时作为胸腔扩充器。

⑦嵌套原理。把一个物体嵌入另一个物体,然后再嵌入另一个物体,一个物体穿过另一个物体的空腔。例如收音机伸缩式天线和套装式油罐等。

⑧配重、平衡重原理。通过对某一个物体的重量进行调节,提高与其他物体重量的平衡;通过空气动力学特性和流体动力学特性的相互作用调节物体的重量。

⑨事先反作用原理。事先预置反作用,对受拉伸作用的物体,事先设置反拉伸力。例如利用圆盘刀绕自身轴线旋转进行切割的加工过程,为了防止振动,给圆盘刀事先加上一个与加工过程中引起的力大小近似相等而方向相反的力。

⑩动作预置原理。预置必要的动作和机能,在适当的时机、方便的位置加入所需的动作和机能。

⑪事先对策预防原理。通过事先的预防对策,补足物体的低可靠性。例如为了提高飞机的安全性,应在飞机上设置降落伞;为便于塑料在土壤里分解,在塑料结构组织里加入可促使塑料分解的玉米分子。

⑫等位性原理。改变物体的动作或作业状况,使物体不需要经常地提升或下降。

⑬逆问题原理。用相反的动作代替要求指定的动作,让物体的可动部分不动,不动部分可动,使物体的位置颠倒。

⑭椭圆性(曲面化)原理。将直线、平面变成弯曲的形状,将立方体变成椭球体;使直的滚筒呈球状、螺旋状;改直线运动为回转运动,使用离心力。

⑮动态性原理。自动调节物体,使其在各动作阶段的性能最佳;将物体分割成既可变位又可相互配合的数个构成要素;使不动的物体可动或相互交换。

⑯过度的动作原理(部分的或饱和的动作原理)。所期望的效果难以 100% 实现时,在

可以实现的程度上加大动作幅度，使问题简化。

⑰一维变多维原理。将做一维直线运动的物体变成二维平面运动；将做平面运动的物体变成三维空间运动；将单层构造的物体变为多层构造的物体；将物体倾斜或侧向放置。

⑱振动原理。使物体振动；已振动的物体，提高其振动频率；使用共振；用压电振动代替机械振动；用超声波振动和电磁振动。

⑲周期性动作原理。将连续动作改为周期性动作；已经是周期性的动作，改变其频率；在脉冲中再加入周期。

⑳有用动作持续原理。持续物体的有用动作；停止空闲或中间性的动作。

㉑超高速作业原理。将危险或有害的作业在超高速下进行。

㉒变害为益原理。利用有害的因素得到有益的结果；将有害的要素相结合变为有益要素；增大要素的动作幅度直至有害性消失。

㉓反馈原理。引入反馈以改善过程或动作；如果反馈已存在，可改变反馈控制信号的大小或灵敏度。

㉔中介原理。使用中介实现所需动作；把一物体与另一容易去除物体暂时接合在一起。

㉕自助机能原理。让物体具有自补充自修复功能；灵活运用剩余的材料及能量。

㉖代用品原理。用简单、廉价的代用品代替复杂、高价、易损、难以使用的物体；按一定比例放大、缩小图像，用复印图、图像代替实物；用紫外线或远红外复制品代替实物。

㉗用便宜、寿命短的物体代替高价耐久的物体原理。用大量廉价不耐用的物体取代高价耐久的物体，实现同样的功能。

㉘机械系统的替代原理。用光学系统、听觉系统、嗅觉系统取代机械系统；使用与物体相互作用的电场、磁场、电磁场。场的取代分为：可变场与恒定场相取代，固定场与随时间变化的可动场相取代，随机场与恒定场相取代，把场与强磁粒子组合使用。

㉙气动机构、液压机构原理。将物体的固体部分用气体或流体代替，利用气压、油压、水压产生缓冲机能。

㉚可挠性（弹性）膜片或薄膜原理。使用可挠性的膜片或薄膜构造改变已有的构造；使用可挠性的膜片或薄膜，使物体与环境隔离。

㉛使用多孔性材料原理。使物体变为多孔性或加入具有多孔性的物体；已使用了多孔性材料的物体，事先在多孔里添加所需物质。

㉜改变颜色原理。改变物体或其周围的颜色；改变难以看清物体或过程的透明度；在难以看清物体或过程中使用添加剂。

㉝同质性原理。把主要物体及与其相互作用的其他物体用同一材料或特性相近的材料制成。

㉞零部件的废弃或再生原理。废弃或改造机能已完成或没有作用的零部件；迅速补充消耗或减少的部分。

㉟参数变化原理。改变物体的凝聚状态、密度分布、可挠性和湿度。

㊱相变化原理。利用物质相变化时产生的效果。

㊲热膨胀原理。使用热膨胀或热收缩的材料，组合使用不同热膨胀系数的材料。

㊳使用强力氧化剂原理。将空气与浓缩空气相互取代，将浓缩空气与氧气相互取代，将空气或氧气中物体用电离放电放射线处理，使用离子化氧气。

㊴惰性环境原理。通常的环境与惰性环境相互取代，使用真空环境。

㊵复合材料原理。均质材料与复合材料相互取代。

(2)39 个技术特性

TRIZ 理论提出用 39 个通用的工程参数(表 2-11)描述冲突。实际应用中,应先要把组成冲突的双方的内部性能用该 39 个工程参数中的某两个来表示,目的是把实际工程设计中的冲突转化为一般的或标准的技术冲突。

表 2-11　39 个技术特性

1. 运动物体质量	2. 静止物体质量	3. 运动物体尺寸
4. 静止物体尺寸	5. 运动物体面积	6. 静止物体面积
7. 运动物体体积	8. 静止物体体积	9. 速度
10. 力	11. 拉伸力、压力	12. 形状
13. 物体的稳定性	14. 强度	15. 运动物体的耐久性
16. 静止物体的耐久性	17. 温度	18. 亮度
19. 运动物体使用的能量	20. 静止物体使用的能量	21. 动力
22. 能量的浪费	23. 物质的浪费	24. 信息的浪费
25. 时间的浪费	26. 物质的量	27. 可靠性
28. 测定精度	29. 制造精度	30. 作用于物体的坏因素
31. 副作用	32. 制造性	33. 操作性
34. 修正性	35. 适应性	36. 装置的复杂程度
37. 控制的复杂程度	38. 自动化水平	39. 生产性

(3)技术冲突解决矩阵

阿奇舒勒等把所抽象的 39 项技术特性分别作为 x、y 轴制成了技术冲突解决矩阵(表 2-12 和附表 2)。表中 x 轴表示希望改善的技术特性,y 轴表示使系统恶化的技术特性。x、y 轴上各技术特性交点处的数字表示用来解决系统冲突对立所使用的创新原理的编号,其中规定每个交点处最多有 4 个原理。因为使用原理过多反而会使问题解决复杂化。所提供的创新原理既可单独使用,也可以组合使用。例如欲改善运动物体质量(表中 x 轴第 1 项)时,往往会使运动物体尺寸(表中 y 轴第 3 项)特性恶化。为了解决这一冲突,TRIZ 提供了 4 个创新原理加以解决,分别为 8、15、29、34 号。这 4 个创新原理是解决技术冲突的关键。应用这些创新原理可以解决系统内的技术冲突并形成新的概念,以获得原理性突破。

技术冲突解决矩阵所提供的创新原理往往并不能直接使问题得到解决,而是提示了最有可能解决问题的探索方向。解决问题时必须根据所提供的原理及所要解决问题的特定条件,找出解决问题的具体方法。按图 2-31 所示的过程,当针对具体问题确认了一个技术冲突后,要用该问题所处技术领域中的特定术语描述该冲突。之后,要将冲突的描述翻译成一般术语,由这些一般术语选择标准冲突技术特性。技术特性决定的是一般问题,并选择可用解决原理。一旦某一原理被选定后,必须根据特定的问题应用该原理产生一个特定的解。对于复杂的问题,一条原理是不够的,原理的作用是使原系统向着改进的方向发展。在改进的过程中,对问题的深入思考、经验都是重要的。

下面介绍一个应用技术冲突解决矩阵进行产品创新方案设计的事例。

图 2-32 是一种开口扳手的示意图。扳手在外力的作用下拧紧或松开一个六角螺钉或螺母。由于螺钉或螺母的受力集中到两条棱边,容易产生变形,使螺钉或螺母的拧紧或松开困难。由于已有多年生产及应用开口扳手的历史,在产品进化曲线上应该处于成熟期或退出期,但对于传统产品很少有人去考虑设计中的不足并改进其设计。按照 TRIZ 理论,处于成熟期或退出期的改进设计,必须发现并解决深层次的冲突,提出更合理的设计概念。目前的扳手可能损坏螺钉或螺母棱边,新的设计必须克服目前设计中的缺点。

表 2-12　技术冲突解决矩阵

恶化的技术特性 \ 希望改善的技术特性	运动物体质量	静止物体质量	运动物体尺寸	静止物体尺寸	运动物体面积	能量的浪费	作用于物体的坏因素	生产性
1 运动物体质量			15, 8, 29, 4		29, 17, 38, 34	6, 12, 34, 19	22, 21, 18, 27	35, 3, 24, 37
2 静止物体质量				10, 1, 29, 35		18, 19, 28, 15	2, 19, 22, 7	1, 28, 15, 35
3 运动物体尺寸	8, 15, 29, 34				15, 17, 4	7, 35, 9	1, 15, 17, 24	14, 4, 28, 29
4 静止物体尺寸		35, 28, 40, 29				6, 28	1, 18	30, 14, 7, 26
5 运动物体面积	2, 17, 29, 4		14, 15, 18, 4			15, 17, 30, 26	22, 23, 28, 1	10, 26, 34, 2
33 操作性	25, 2, 15, 13	61, 3, 1, 25	1, 17, 3, 12		1, 17, 13, 16	2, 19, 13	2, 25, 28, 39	15, 1, 28
39 生产性	35, 26, 24, 37	28, 27, 15, 3	18, 4, 28, 38	30, 7, 14, 26	10, 26, 34, 31	28, 10, 29, 5	22, 35, 13, 24	

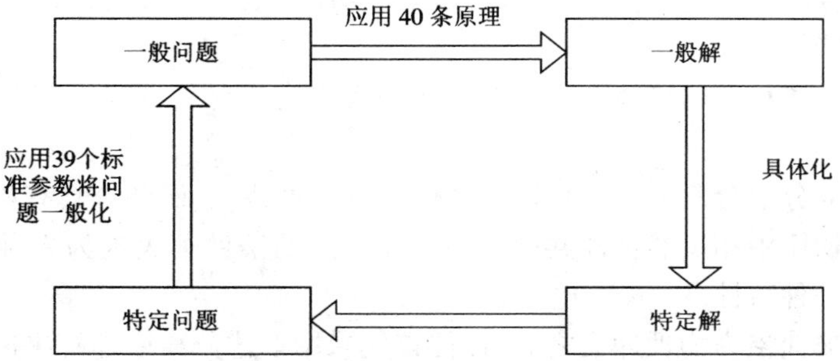

图 2-31　技术冲突解决过程

现应用冲突矩阵解决该问题。首先从 39 个标准工程参数中选择并确定技术冲突的一对特性参数。

1)质量提高的参数　减少对螺钉或螺母棱边的磨损,即减少物体产生的有害因素(NO. 31)。

2)带来负面影响的参数　新的改进可能使制造困难,即减少可制造性(NO. 32)。

由冲突矩阵确定可用发明原理为

NO. 4　　非对称

NO. 17　　维数变化

NO. 26　　代用品(复制)

NO. 34　　废弃与再生

对 NO. 17 及 NO. 4 两条原理的分析表明,扳手工作面的一些点要与螺钉或螺母的侧面接触,而不仅是与其棱边接触就可解决该冲突。美国专利 US Patent 5406868 正是基于这种原理设计的,如图 2-33 所示。

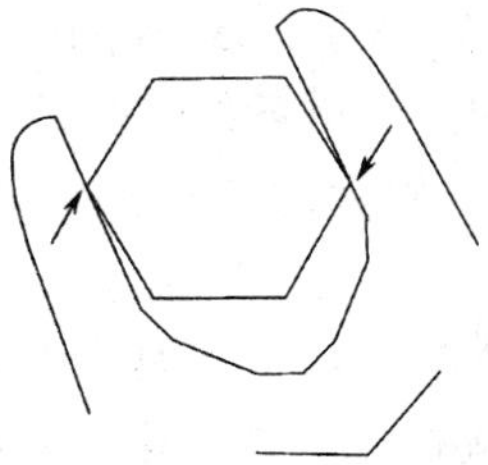

图 2-32　开口扳手

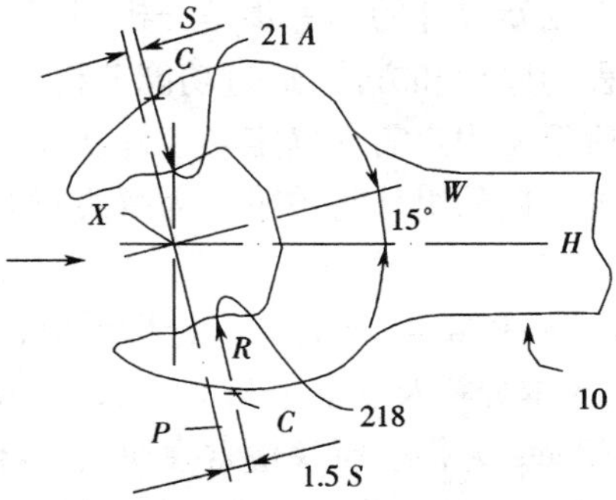

图 2-33　开口扳手美国专利
US Patent 5406868

2. 物理冲突的消除和分离原理

物理冲突是指为了实现某种功能,一个子系统或元件应具有一种特性,但同时出现了与该特性相反的特性。物理冲突出现的情况如下:

①一个子系统中有用功能加强的同时导致该子系统中有害功能的加强;

②一个子系统中有害功能降低的同时导致该子系统中有用功能的降低。

TRIZ 为解决物理冲突提供了四条分离原理。

①从时间上分离相反的特性。在一时间段内物体表现为一种特性,在另一时间段内物体表现为另一种特性。

②从空间上分离相反的特性。物体的一部分表现为一种特性,另一部分表现为另一种特性。

③从整体与部分上分离相反的特性。整体具有一种特性,而部分具有相反的特性。

④在同一种物质中相反的特性共存。物质在特定的条件下表现为一种特性,在另一种条件下表现为另一种特性。

当一个问题被抽象为物理冲突之后,往往首先采用上述分离原理解决冲突。

2.7.6 计算机辅助创新软件

基于TRIZ理论的计算机辅助创新CAI(Computer Aided Innovation)软件已陆续开发出来并成为CAI软件开发的一个热点。目前应用较广泛的主要有Innovation Machine公司的TechOptimizer,Ideation International公司的Innovation Workbench(IWB),亿维讯集团(IWINT, Inc.)的计算机辅助创新设计平台Pro/Innovator和创新能力拓展平台CBT/NOVA等,新的软件还在不断出现。这些软件将TRIZ中的概念、原理、工具与知识库紧密结合,应用这些软件能帮助研发人员在新产品概念设计阶段、工艺设计阶段以及现有产品的改进过程中,有效地利用多学科领域的知识,打破思维定式,拓宽思路,正确地发现现有技术中存在的问题,找到具有创新性的解决方案,在保证产品开发设计方向正确的同时实现创新。这些软件已成为全球研究机构、高等学校和企业解决工程技术难题、实现创新的有效工具。

下面仅以TechOptimizer软件为例,对计算机辅助创新方法进行说明。TechOptimizer软件的核心原理是发明创造方法学TRIZ,它共由七大功能模块组成。

①Product Analysis为产品分析模块,它提供了许多工具来协助使用者定义产品的功能模型。针对功能模型,此模块会提出许多增加产品价值的方法。

实现创新设计的第一步是分析现有产品(或概念产品)存在的问题。该模块首先利用价值工程的原理和方法,通过功能分析建立产品功能关系图,准确分析产品组件间的功能关系。然后根据用户需求确定各组件功能对产品总功能的重要程度,分析各组件实现功能的价值。价值低的组件将被确定为解决对象或加以改进或从产品中删除,其功能由其他组件所代替。

②Process Analysis为流程分析模块,是分析制造系统中的操作单元。此模块融合了价值分析、成本分析及功能分析等方法,让使用者能够有效地解决流程规划及重构等问题。

③Effects为科学原理检索模块,它存储了包含7 500个以上物理、化学和几何的效应及现象,每个原理都配有图文并茂的说明和成功利用该原理解决问题的发明专利。根据对产品功能分析,确定需改进的组件后,以功能为关键词检索效应知识库,可得到能实现所需功能的工程学原理及应用工程学原理解决问题的实例。通过分析这些实例,并运用类比方法,可生成创新设计方案。

④Feature Transfer为特征传递模块,使用者可以将其他产品的特色透过系统化的步骤整合到自己产品中,该模块亦可作为评估竞争科技的重要工具。

⑤Principles为创新原理模块,它提供了40个发明法则,目的是以双赢方式解决工程冲突。这些发明法则是通过分析250万篇以上的专利萃取出来的发明智慧。

⑥Prediction为系统改进与预测模块,该模块首先利用物质-场分析方法建立问题的物

质-场模型，然后依据模块提供的预测树，为问题的改进提供搜索方向。该模块还可以通过系统进化法则获知产品、技术和目前的演进位置，并进而预测下一代的产品、技术，为产品创新制定正确的市场经营策略提供依据。

⑦Internet Assistant 为网络助手模块，提供允许直接下载美国、日本及欧洲等专利，并依公司类别或技术类别作统计分析。此外，本模块亦可同时对数个搜索引擎进行网络资料查询，提供专利资料的下载、储存、分析与图形化显示。

TechOptimizer 软件中每个模块都内嵌了大量科学知识的应用实例，覆盖了几何学、机械学、热学、光学、电学、磁学、电磁学、物理学、化学、微粒子等多个科学领域。通过这些实例，用户能够更好地理解创新原理、科学原理、法则，以便能应用这些原理法则创造性地解决自己的实际问题。用户可能对有些领域的实例并不熟悉，但是正是这些实例很有可能从某一方面启发你的思路，激起你的灵感，从而将你带入一个全新的解决方案。

计算机辅助创新技术在新产品开发中所起的作用如图 2-34 所示。在进行市场预测、市场需求分析的基础上，首先借助于问题分析定义模块对产品中的问题进行分析、描述和定义，找出产品创新的关键问题所在，然后利用工程学原理知识库、创新原理模块和系统改进与预测模块对产品创新中存在的问题提出解决方案。如果解决方案不满足要求，则需重新生成方案或对问题重新进行定义，直至得出满意的方案为止。

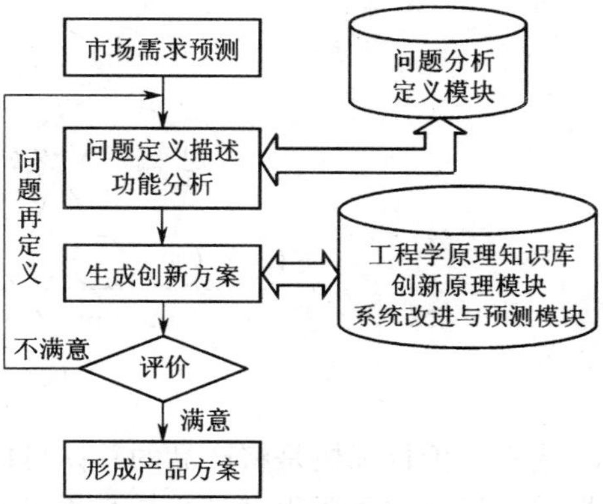

图 2-34　基于计算机辅助创新技术的产品开发

2.8　设计中的评价与决策

设计进程的每一个阶段都是相对独立的一个问题的解决过程，都存在多解，都需要评价和决策。评价过程是对各方案的价值进行比较和评定，而决策是根据目标选定最佳方案，作出行动的决定。

2.8.1　评价目标

评价的依据是评价目标（评价标准），评价目标制定得是否合理是保证评价的科学性的关键问题。评价目标一般包括如下内容。

1. 技术评价目标

评价方案在技术上的可行性和先进性包括工作性能指标、可靠性、使用维护性等。

2. 经济评价目标

评价方案的经济效益包括成本、利润、实施方案的措施费用以及投资回收期等。

3. 社会评价目标

评价方案实施后对社会带来的效益和影响，包括是否符合国家科技发展的政策和规划，是否有益于改善环境（环境污染、噪声等），是否有利于资源开发和新能源的利用等。

评价目标来源于设计所要达到的目的，它可以从设计任务书或要求的明细表中获取。

评价标准分为定性和定量两种指标，例如美观程度只能定性描述，属于定性指标；而成本、重量、产量等可以用数值表示,称为定量指标。在评价标准中,有时定量指标和定性指标是可以相互转化的。

工业产品设计要求有单项的,也有多项的,评价指标可以是单个的,也可以是多个的。

由于实际的评价评价目标通常不是一个,其重要程度亦不相同,因此需建立评价目标系统。所谓评价目标系统,就是依据系统论观点,把评价目标看成系统。评价目标系统常用评价目标树来表达。评价目标树就是依据系统可以分解的原则,把总评价目标分解为一级、二级……子目标,形成倒置的树状。图 2-35 为评价目标树的示意图。图中,Z 为总目标,Z_1、Z_2 为第一级子目标;Z_{11}、Z_{12} 为 Z_1 的子目标,也就是 Z 的第二级子目标;Z_{111}、Z_{112} 是 Z_{11} 的子目标,也是 Z 的第三级子目标。最后一级的子目标即为总目标的各具体评价目标(评价标准)。

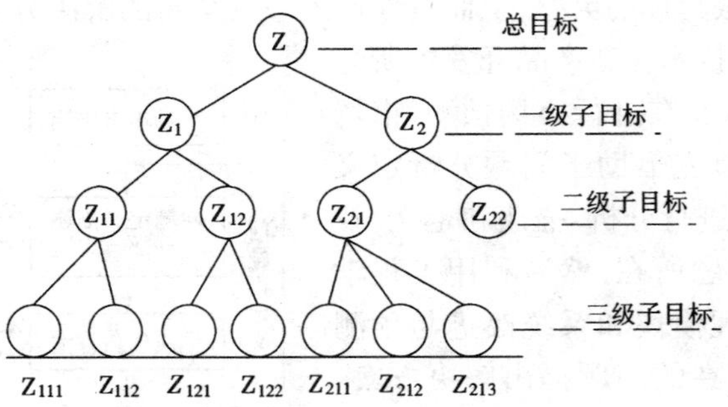

图 2-35 评价目标树

建立评价目标树是将产品的总体目标具体化,使之便于定性或定量评价。定量评价时应根据各目标的重要程度设置加权系数(重要性系数),如图 2-36 所示,图中目标名称(如 Z_{111})下面的数字,左边的(0.67)表示同属上一级目标 Z_{11} 的两个子目标 Z_{111} 和 Z_{112} 中 Z_{111} 的重要性系数。这样的同级子目标的重要性系数之和等于 1,如 Z_{111} 和 Z_{112} 的重要性系数 $0.67+0.33=1$。右边的数字表示该子目标在整个目标树中所具有的重要程度,它等于该目标以上各级子目标重要性系数的乘积,如 Z_{1112} 的重要性系数 $0.25=1\times0.5\times0.67\times0.75$。对目标系统进行评价时,使用最末一级子目标的重要性系数用 g_i 表示,并有

$$\sum_{i=1}^{n} g_i = 1, g_i > 0, i = 1, 2, \cdots, n$$

重要性系数的确定有经验法和计算法之分。经验法是根据工作经验和判断能力确定目标的重要程度,给出重要性系数。计算法是将目标两两相比,按重要程度打分。目标同等重要时各给 2 分;某一项比另一项重要分别给 3 分和 2 分;某一项比另一项重要得多,分别给 4 分和 0 分。然后按下式计算重要性系数

$$g_i = \frac{w_i}{\sum_{i=1}^{n} w_i} \tag{2-1}$$

式中 g_i——第 i 个评价目标的函数系数;

n——评价目标数;

w_i——第 i 个评价目标的总分。

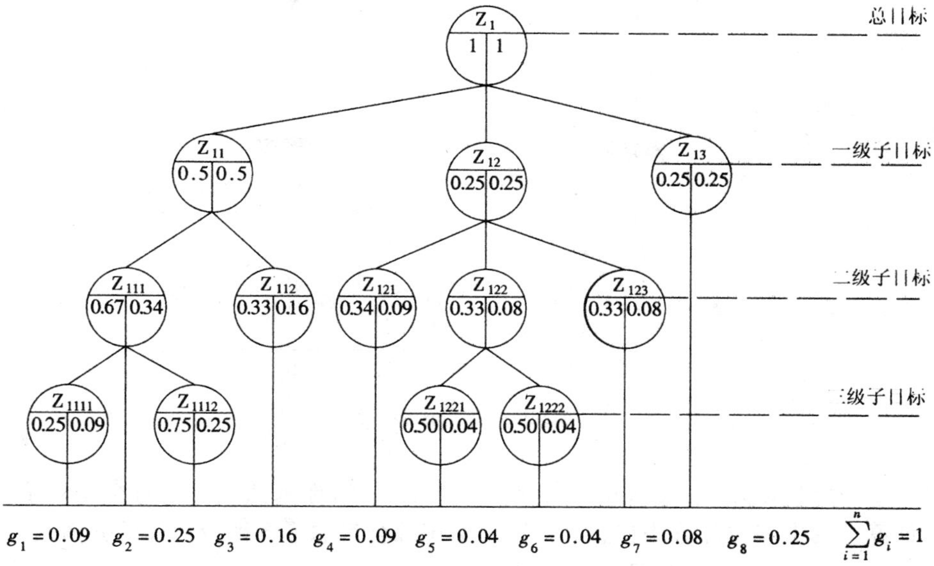

图 2-36　目标树与加权系数

2.8.2　方案评价方法

在设计方案评选中，最常用的方法包括评分法、技术经济法、模糊评价法和最优化方法。

(1)评分法

评分法是用分值作为衡量方案优劣的尺度。对方案进行定量评价时，如有多个评价目标，则先分别对各目标进行评分，再经处理求得方案的总分。

评分可用 10 分制或 5 分制对方案进行打分。如果方案为理想状态取最高分，不能用则取 0 分，评分标准见表 2-13。各评价目标的参数值与分值的关系可用评分系数估算。先根据评价目标的允许值、要求值和理想值分别给 0 分、8 分和 10 分(10 分制)或 0 分、4 分和 5 分(5 分制)，用三点定曲线的方法求出评分函数曲线，由该曲线再求各参数值对应的分值。如某产品成本 1.6 元为理想值(10 分)，2 元为要求值(8 分)，4 元为极限值(0 分)，可根据这三点求出产品的评分函数曲线如图 2-37 所示。若此产品的某种方案成本价为 2.5 元，由该产品的评分曲线求得其分值为 6 分。

表 2-13　评分标准

10 分制	0	1	2	3	4	5	6	7	8	9	10
	不能用	缺陷多	较差	勉强可用	可用	基本满意	良	好	很好	超目标	理想
5 分制	0		1		2		3		4		5
	不能用		勉强可用		可用		良好		很好		理想

为减少个人主观因素对评分的影响，一般都采用集体评分法，即由几个评分者以评价目标为序对各方案评分，取平均值或除去最大值、最小值后的平均值作为方案的分值。

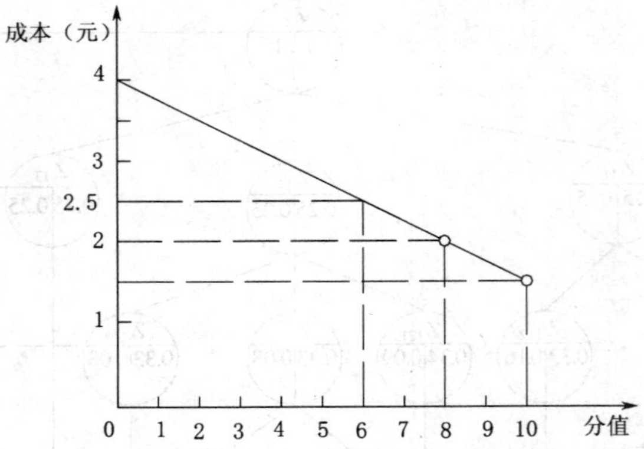

图 2-37　评分函数曲线

对于多评价目标方案，其总分可用分值相加法、分值连乘法或加权计分法（有效值法）等进行计算。其中加权计分法在总分计算中由于综合考虑了各评价目标的分值及其加权系数的影响，使总分计算更趋合理，应用也最广泛。

加权计分法（有效值法）的评分计分过程如下。

①确定评价目标。整个设计评价目标系统可视为一个集合，评价目标集合可表示为 $Z=\{z_1, z_2, \cdots, z_n\}$。

②确定各评价目标的加权系数。$g_i \leqslant 1$，$\sum_{i=1}^{n} g_i = 1$，$i=1,2,\cdots,n$，各评价目标的加权系数向量为 $\boldsymbol{G}=[g_1 \quad g_2 \quad \cdots \quad g_n]$。

③确定评分制式（采用 10 分制或 5 分制），列出评分标准。

④对各评价目标评分（可用平分曲线或集体评分法），最后用矩阵形式列出 m 个方案 n 个评价目标的评分值矩阵，即

$$\boldsymbol{W}=\begin{bmatrix} \boldsymbol{w}_1 \\ \boldsymbol{w}_2 \\ \vdots \\ \boldsymbol{w}_j \\ \vdots \\ \boldsymbol{w}_m \end{bmatrix}=\begin{bmatrix} w_{11} & w_{12} & \cdots & w_{1i} & \cdots & w_{1n} \\ w_{21} & w_{22} & \cdots & w_{2i} & \cdots & w_{2n} \\ \vdots & \vdots & & \vdots & & \vdots \\ w_{j1} & w_{j2} & \cdots & w_{ji} & \cdots & w_{jn} \\ \vdots & \vdots & & \vdots & & \vdots \\ w_{m1} & w_{m2} & \cdots & w_{mi} & \cdots & w_{mn} \end{bmatrix}$$

⑤求 m 个方案 n 个评价目标的加权分值（有效值）向量，即

$$\boldsymbol{R}=\boldsymbol{W}\boldsymbol{G}^{\mathrm{T}}=\begin{bmatrix} w_{11} & w_{12} & \cdots & w_{1i} & \cdots & w_{1n} \\ w_{21} & w_{22} & \cdots & w_{2i} & \cdots & w_{2n} \\ \vdots & \vdots & & \vdots & & \vdots \\ w_{j1} & w_{j2} & \cdots & w_{ji} & \cdots & w_{jn} \\ \vdots & \vdots & & \vdots & & \vdots \\ w_{m1} & w_{m2} & \cdots & w_{mi} & \cdots & w_{mn} \end{bmatrix}\begin{bmatrix} g_1 \\ g_2 \\ \vdots \\ g_i \\ \vdots \\ g_n \end{bmatrix}=\begin{bmatrix} R_1 \\ R_2 \\ \vdots \\ R_j \\ \vdots \\ R_m \end{bmatrix}$$

其中第 j 个加权方案的加权总分值（有效值）

$$R_j=\boldsymbol{w}_j\boldsymbol{G}^{\mathrm{T}}=w_{j1}g_1+w_{j2}g_2+\cdots+w_{jn}g_n$$

⑥比较各方案的加权总分值(有效值),评选最佳方案。R_j的数值越大,表示此方案的综合性能越好,故 R_j值大者为最佳方案。

例 2-1 用加权计分法(有效值法)对某种手表的三种设计方案进行评价。

解 根据设计要求建立评价目标树如图 2-38 所示。

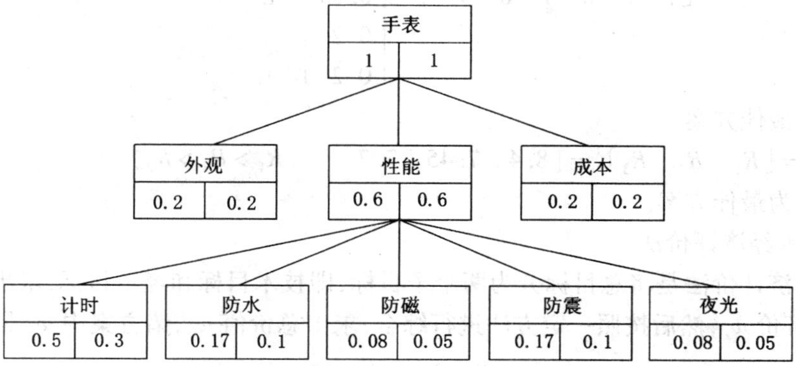

图 2-38 手表设计方案评价目标树

评分及计算总分如下:

①确定评价目标,建立评价目标矩阵为

$$Z = [z_1 \quad z_2 \quad z_3 \quad z_4 \quad z_5 \quad z_6 \quad z_7]$$

= [计时准确 防水 防磁 防震 夜光 外观美 成本低]

②确定各评价目标加权系数

$$G = [g_1 \quad g_2 \quad g_3 \quad g_4 \quad g_5 \quad g_6 \quad g_7] = [0.3 \quad 0.1 \quad 0.05 \quad 0.1 \quad 0.05 \quad 0.2 \quad 0.2]$$

③确定计分方法及标准(10 分制)

0	1	2	3	4	5	…	10
不能用	缺陷多	较差	勉强可用	可用	基本满意	…	理想

④根据各评价目标的评分结果(表 2-14)写出评价目标评分值矩阵

$$W = \begin{bmatrix} w_1 \\ w_2 \\ w_3 \end{bmatrix} = \begin{bmatrix} 9 & 8 & 8 & 9 & 0 & 9 & 9 \\ 8 & 7 & 8 & 8 & 7 & 7 & 7 \\ 7 & 7 & 8 & 7 & 0 & 9 & 10 \end{bmatrix}$$

表 2-14 某手表评分结果

评价目标 / 方案	计时准确	防水	防磁	防震	夜光	外观美	价格低
1	9	8	8	9	0	9	9
2	8	7	8	8	7	7	7
3	7	7	8	7	0	9	10

⑤求加权分值矩阵,计算各方案分值

$$R = WG^{T} = \begin{bmatrix} 9 & 8 & 8 & 9 & 0 & 9 & 9 \\ 8 & 7 & 8 & 8 & 7 & 7 & 7 \\ 7 & 7 & 8 & 7 & 0 & 9 & 10 \end{bmatrix} \begin{bmatrix} 0.3 \\ 0.1 \\ 0.05 \\ 0.1 \\ 0.05 \\ 0.2 \\ 0.2 \end{bmatrix} = \begin{bmatrix} 8.4 \\ 7.45 \\ 7.7 \end{bmatrix}$$

⑥评选最佳方案

$$R = [R_1 \quad R_2 \quad R_3]^{T} = [8.4 \quad 7.45 \quad 7.7]^{T} \quad (R_1 > R_3 > R_2)$$

所以方案 1 为最佳方案。

(2)技术经济评价法

技术经济评价法是将总目标分为两个子目标,即技术目标和经济目标,求出相应的技术价 w_t 和经济价 w_e,然后按照一定方法进行综合,求出总价值 w_0,诸方案中 w_0 最高者为最优方案。

技术评价是依据目标树计算确定各目标的重要性系数 g_i,然后按照下式求得技术价

$$w_t = \frac{\sum_{i=1}^{n} w_i g_i}{w_{max} \sum_{i=1}^{n} g_i} = \frac{\sum_{i=1}^{n} w_i g_i}{w_{max}} \tag{2-2}$$

式中 w_i——子目标 i 的评分值;

w_{max}——最高分值(10 分制的 10 分,5 分制的 5 分)。

一般可接受的技术价取 $w_i \geq 0.65$,最理想的技术价为 1。

经济评价是根据理想的制造成本和实际制造成本求得方案的经济价

$$w_e = \frac{H_1}{H} = \frac{0.7H_2}{H} \tag{2-3}$$

式中 H——实际制造成本;

H_1——理想制造成本;

H_2——设计任务书允许的制造成本。

一般取 $H_1 = 0.7\ H_2$。

经济价 w_e 越高,表明方案的经济性越好,一般取可接受的经济价为 $w_e \geq 0.7$,最理想的经济价为 1。

计算得到技术价和经济价之后,可根据以下方法求得技术经济总价值 w_0。

直线法

$$w_0 = \frac{1}{2}(w_t + w_e) \tag{2-4}$$

抛物线法

$$w_0 = \sqrt{w_t \cdot w_e} \tag{2-5}$$

w_0 值越大,说明方案的技术经济综合性能就越好,一般取可接受的 $w_0 \geq 0.65$。

如用横坐标表示技术价 w_t,纵坐标表示经济价 w_e,所构成的图称为优度图,如图 2-39 所示。图中每一个点都代表一个设计,其中 S^* 对应最优设计方案。0 与 S^* 连线上 $w_t = w_e$,

称“开发线”。总的来说，越接近 S^* 的方案越好，越接近 $0S^*$ 线的方案，其综合技术经济性能越好。图中阴影线区称许用区，只有在这一区域内的方案才是技术经济指标超过最低允许值的可行方案。

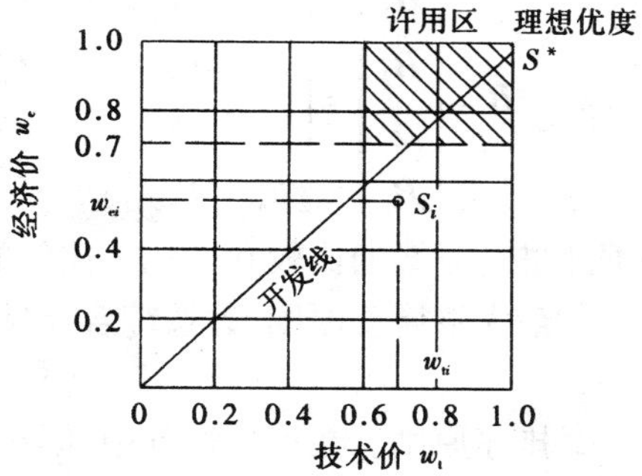

图 2-39　优度图

(3) 模糊评价法

在方案评价中，有一些评价目标如美观、安全性、舒适性等无法进行定量分析，只能用“好、差、受欢迎”等模糊概念来评价。模糊评价就是利用集合论和模糊数学将模糊信息数值化后再进行定量评价的方法。

模糊评价的标准不是分值的大小，而是方案对某些评价概念（优、良、差）的隶属度的高低。模糊评价目标不是以简单的肯定“1”或否定“0”衡量其符合的程度，而是用 0 和 1 之间的一个实数去度量，这个 0 到 1 之间的数称为此方案对评价目标的隶属度。

隶属度可以采用统计法和已知隶属函数求得。

如评价某种自行车的外观，通过用户调查，其中 30% 认为很好，55% 认为好，13% 认为不太好，2% 认为不好，则此自行车外观对四种评价概念的隶属度分别为 0.30，0.55，0.13，0.02。

由评价目标组成的集合称评价目标集，用 $\boldsymbol{Y}$ 表示；由评价概念组成的集合称为评价集，用 $\boldsymbol{X}$ 表示；由隶属度组成的集合称为模糊评价集，用 $\boldsymbol{R}$ 表示。

对于单目标的评价问题，如上述自行车外观评价，则有

$$\boldsymbol{X}=\{x_1,x_2,\cdots,x_m\}=\{\text{很好},\text{好},\text{不太好},\text{不好}\}$$

$$\boldsymbol{R}=\{r_1,r_2,\cdots,r_m\}=\left\{\frac{0.3}{x_1},\frac{0.55}{x_2},\frac{0.13}{x_3},\frac{0.02}{x_4}\right\}$$

简写为　$R=\{0.3,0.55,0.13,0.02\}$

对多目标评价的问题有

$$\boldsymbol{Y}=\{y_1,y_2,\cdots,y_n\}$$

$$\boldsymbol{X}=\{x_1,x_2,\cdots,x_m\}$$

取加权系数集 $\boldsymbol{A}=[a_1,a_2,a_3,\cdots,a_n]$，其中 $0<a<1$，$\sum\limits_{i=1}^{n}a_i=1$，可建立方案的 n 个评价目标的模糊评价矩阵

$$\boldsymbol{R}=\begin{bmatrix}\boldsymbol{R}_1\\\boldsymbol{R}_2\\\vdots\\\boldsymbol{R}_n\end{bmatrix}=\begin{bmatrix}r_{11}&r_{12}&\cdots&r_{1m}\\r_{21}&r_{22}&\cdots&r_{2m}\\\vdots&\vdots&&\vdots\\r_{n1}&r_{n2}&\cdots&r_{nm}\end{bmatrix}$$

和该方案的加权综合模糊评价集

$$\boldsymbol{B}=\boldsymbol{A}\boldsymbol{R}=[b_1,b_2,\cdots,b_m]$$

对于多个设计方案，可分别建立各自的综合模糊评价集 $\boldsymbol{B}_1,\boldsymbol{B}_2,\cdots,\boldsymbol{B}_n$，然后再构造综合模糊评价集

$$\boldsymbol{B}=\begin{bmatrix}\boldsymbol{B}_1\\ \boldsymbol{B}_2\\ \vdots\\ \boldsymbol{B}_n\end{bmatrix}=\begin{bmatrix}b_{11} & b_{12} & \cdots & b_{1m}\\ b_{21} & b_{22} & \cdots & b_{2m}\\ \vdots & \vdots & & \vdots\\ b_{n1} & b_{n2} & \cdots & b_{nm}\end{bmatrix}$$

并据此进行方案的比较和优选。比较的方法有以下两种。

①最大隶属度原则，即按综合模糊评价集中每个方案的最高隶属度确定方案的优劣顺序。

②排序原则。在评价矩阵中，同级（列）按隶属度高低排序。在不同级中，依各级隶属度之和的大小排序。

例 2-2 试用模糊评价法对家用洗衣机进行评价选优。三种被评的洗衣机为滚筒式洗衣机（T）、波轮式洗衣机（L）和搅拌式洗衣机（J）。

解 ①评价目标。通过调研确定家用洗衣机的评价目标并用经验法确定加权系数，表达评价目标树如图 2-40 所示。

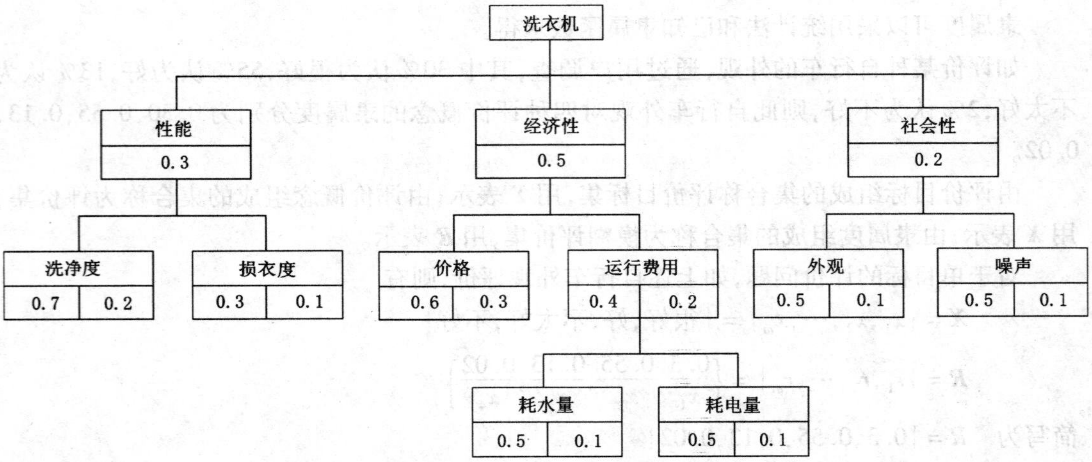

图 2-40 洗衣机评价目标树

②对三种洗衣机进行模糊评价，即

$$Y=\{y_1,y_2,y_3,y_4,y_5,y_6,y_7\}=\{\text{洗净度},\text{损衣度},\text{价格},\text{耗水量},\text{耗电量},\text{外观},\text{噪声}\}$$

$$X=\{x_1,x_2,x_3,x_4\}=\{\text{优},\text{良},\text{中},\text{差}\}$$

三种洗衣机的模糊评价矩阵分别为

$$\text{滚筒式洗衣机模糊评价矩阵}\ \boldsymbol{R}_{\mathrm{T}}=\begin{bmatrix}0.2 & 0.6 & 0.2 & 0\\ 0.7 & 0.3 & 0 & 0\\ 0 & 0 & 0.8 & 0.2\\ 0.8 & 0.2 & 0 & 0\\ 0 & 0 & 0.8 & 0.2\\ 0.1 & 0.8 & 0.1 & 0\\ 0.1 & 0.5 & 0.4 & 0\end{bmatrix}$$

$$波轮式洗衣机模糊评价矩阵\ \boldsymbol{R}_L=\begin{bmatrix}0.7 & 0.3 & 0 & 0\\ 0.2 & 0.6 & 0.2 & 0\\ 0.1 & 0.9 & 0 & 0\\ 0 & 0 & 0.8 & 0.2\\ 0.1 & 0.6 & 0.3 & 0\\ 0.5 & 0.4 & 0.1 & 0\\ 0.2 & 0.6 & 0.2 & 0\end{bmatrix}$$

$$搅拌式洗衣机模糊评价矩阵\ \boldsymbol{R}_J=\begin{bmatrix}0.5 & 0.4 & 0.1 & 0\\ 0.4 & 0.5 & 0.1 & 0\\ 0 & 0.5 & 0.5 & 0\\ 0 & 0.4 & 0.6 & 0\\ 0 & 0.6 & 0.4 & 0\\ 0.5 & 0.4 & 0.1 & 0\\ 0.2 & 0.6 & 0.2 & 0\end{bmatrix}$$

加权系数矩阵 $\boldsymbol{A}=[0.2\quad 0.1\quad 0.3\quad 0.1\quad 0.1\quad 0.1\quad 0.1]$

由 $\boldsymbol{B}=\boldsymbol{AR}$ 得三种洗衣机的加权模糊评价集，即

$$\boldsymbol{B}_T=\boldsymbol{AR}_T=[0.21\quad 0.3\quad 0.41\quad 0.08]$$

$$\boldsymbol{B}_L=\boldsymbol{AR}_L=[0.27\quad 0.55\quad 0.16\quad 0.02]$$

$$\boldsymbol{B}_J=\boldsymbol{AR}_J=[0.21\quad 0.48\quad 0.31\quad 0]$$

③决策。方案 L、J 总评为良，方案 T 总评为中，三者排序为 L、J、T，波轮式洗衣机综合模糊评价最佳。

2.8.3 设计中的决策

根据设计工作本身特点，要正确决策，一般应遵循以下基本原则。

1）系统原则　从系统观点来看，任何一个设计方案都是一个系统，可用各种性能指标来描述。方案本身又会与制造、检验、销售等其他系统发生关系。决策时不能只从方案本身或方案中某一性能指标出发，还应考虑以整个方案的总体目标为核心的有关系统的综合平衡，以达到总体最佳的决策。

2）可行性原则　使所作出的决策具有确定的可行性。成功的决策不仅要考虑需要，还要考虑可能，既要估计有利的因素和成功的机会，也要估计不利因素和失败的风险；既要考虑当前状态和需要，也要估计今后的变化和发展。

3）满意原则　由于设计的复杂性，设计要满足多方面的目标需求，这些需求之间可能存在冲突且有些需求的满足程度又无法准确评价。因而在设计中追求十全十美的方案是没有意义的。只能在众多方案中求得一个或几个相对满意的方案来。

4）反馈原则　设计过程中的决策是否正确应通过实践来检验，要根据实践过程中各因素的发展变化所反馈的信息及时作出调整并作出正确的决策。

5）多方案原则　设计过程中各设计方案逐步具体化，人们对它的认识也逐渐深刻。为了保证设计质量，特别是在方案设计阶段，决策可以是多方案的。几个选出的方案同时发展，直到确实能分出各方案的优劣后再作出新的决策。

习　题

2.1　设计方法学研究的内容包括哪些方面?

2.2　何为设计系统?试述设计的基本阶段和解决问题的合理逻辑步骤。

2.3　试述技术过程及其影响因素、技术系统及其结构。

2.4　什么是功能?试述功能分析法及其用途。

2.5　试述"黑箱法"及其用途。

2.6　试述运用系统化设计法进行原理方案设计的主要步骤。

2.7　试述创造力的知识构成及其影响因素、创造过程的基本阶段。

2.8　何为创造性思维?试述创造性思维的基本特点及形式。

2.9　试述常用的创造技法及其所适用的方面。

2.10　何为设计中的评价与决策?试说明两者的关系与区别。

2.11　试述评价的内容和评价标准,建立评价目标树的目的以及常用的评价方法。

2.12　试述设计决策的基本原则。

2.13　应用功能分析法分析缝纫机的功能并画出功能树图。

2.14　应用功能分析法分析自行车的功能并画出功能树图和功能结构图。

2.15　运用系统化设计法进行一技术系统的原理方案设计。

2.16　试述 TRIZ 理论的基本原理和方法。

2.17　举例说明物理冲突和技术冲突的概念。如何利用冲突解决方法进行产品创新?

2.18　简述技术系统的进化定律。如何利用技术系统的进化定律进行产品创新?

2.19　如何利用冲突矩阵进行产品创新?

2.20　简述发明创造的等级划分及其应用的知识领域。

第 3 章　优化设计

最优化的设计方案、最优化的结构、以最低的成本获取最好的性能，是设计师一直追求的目标。从数学的观点看，工程中的优化问题，就是求解极大值或极小值问题，亦即极值问题。所谓优化设计就是借助最优化数值计算方法和计算机技术求取工程问题的最优解。

优化设计是保证产品具有优良的性能，减轻自重或体积，降低造价的一种有效设计方法。它以计算机为工具，进行优化建模及解算，使设计师有更多的时间和精力从事创造性的设计，并有效地提高设计质量和效率。

优化设计一般包括以下两部分。

①建立数学模型，即将设计问题的物理模型转换为数学模型。建立数学模型包括选取适当的设计变量，建立优化问题的目标函数和约束条件。目标函数是设计问题所要求的最优指标与设计变量之间的函数关系式，约束条件反映的是设计变量取值范围和应满足的条件。

②采用适当的最优化方法求解数学模型。这可归结为在给定的条件（例如约束条件）下求目标函数的极值或最优值问题。

机械优化设计就是在给定的载荷或环境条件下，在机械产品的形态、几何尺寸关系或其他因素的限制（约束）范围内，以机械系统的性能和经济性等为优化目标，选取设计变量，建立目标函数和约束条件，并使目标函数获得最优值的一种现代设计方法。

3.1　优化问题的数学描述

3.1.1　设计变量

在设计过程中进行选择并最终必须确定的各项独立参数称为设计变量。在优化过程中它们是变量，但这些变量确定以后，设计对象也就完全确定。优化设计是研究如何合理地优选这些设计变量值的一种现代设计方法。在机械设计中常用的独立参数有结构的总体布置尺寸、元件的几何尺寸和材料的力学和物理特性等。在这些参数中，凡是可以根据设计要求事先给定的，则不是设计变量，而称为设计常量。只有那些需要在设计过程中优选的参数才可看成是优化设计的设计变量。

最简单的设计变量是元件尺寸，如杆元件的长度、横截面面积，抗弯元件的惯性矩，板元件的厚度等，这类设计变量的取值可在给定范围内连续变化。另一类设计变量（如齿轮模数）的取值是离散的，目前处理这类问题一般采用简化计算。即假定设计变量存在连续变化的区域，将不连续的变量当做连续变量来处理，将计算结果向不连续数系列（不一定是整数）圆整。但这种处理方法并不总是成功的，如设计变量只能取“是”或“非”情况。

设计变量的数目称为优化设计的维数，如果有 $n(n=1,2,\cdots)$ 个设计变量，则称为 n 维设计问题。

在一般情况下，若有 n 个设计变量，把第 i 个设计变量记为 x_i，则其全部设计变量可用 n 维向量的形式表示为

$$\boldsymbol{X}=\begin{pmatrix}x_1\\x_2\\\vdots\\x_i\\\vdots\\x_n\end{pmatrix}=[x_1\quad x_2\quad\cdots\quad x_i\quad\cdots\quad x_n]^{\mathrm{T}}\tag{3-1}$$

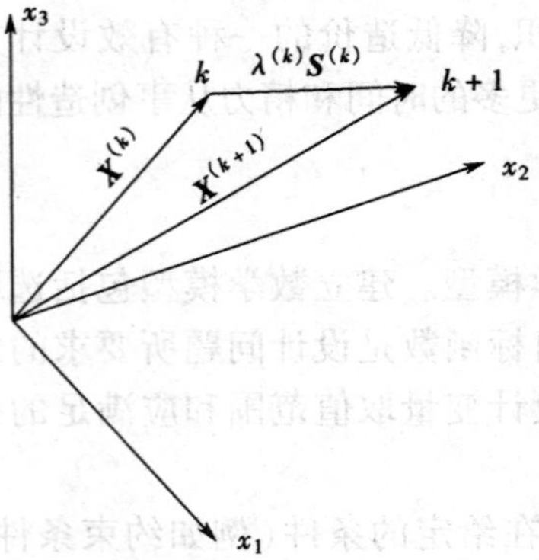

图 3-1　在三维设计空间中设计方案的搜索

这种以 n 个独立变量为坐标轴组成的 n 维向量空间是一个 n 维实空间，用 $\boldsymbol{R}^n$ 表示。对于 n 维向量空间，如果其中任意两向量又有内积运算，则称其为 n 维欧氏空间，用 $\boldsymbol{E}^n$ 表示。当向量 $\boldsymbol{X}$ 中的各个分量 x_i（$i=1,2,\cdots,n$）都是实变量时，这时 $\boldsymbol{X}$ 决定了 n 维欧氏空间 $\boldsymbol{E}^n$ 中的一个点，并用符号 $\boldsymbol{X}\in\boldsymbol{E}^n$（$\boldsymbol{X}$ 属于 $\boldsymbol{E}^n$）表示。在优化设计中由各设计变量的坐标轴所描述的这种空间称为设计空间。设计空间中的一个点就是一种设计方案。如图 3-1 所示，设计空间中的某点 k 是由各设计变量组成的向量 $\boldsymbol{X}^{(k)}$ 所决定，第 k 点则决定了一种设计方案。另一种设计方案（第 $k+1$ 点）则由另一组设计变量组成的向量 $\boldsymbol{X}^{(k+1)}$ 确定。

"数值迭代搜索"是优化设计中最重要的思想，它提供了适合计算机的程式化数值求解优化问题的一般性的算法，其本质是在相邻的设计点间不断做一系列定向的设计改变（或搜索）而找出相对最优点。由点 k 到点（$k+1$）间的搜索情况表示为

$$\boldsymbol{X}^{(k+1)}=\boldsymbol{X}^{(k)}+\boldsymbol{\lambda}^{(k)}\boldsymbol{S}^{(k)}\tag{3-2}$$

式中　$\boldsymbol{S}^{(k)}$——搜索方向；

　　　$\boldsymbol{\lambda}^{(k)}$——搜索步长。

设计变量的数量反映了优化问题的规模。设计变量的数量愈多，可供选择的方案愈多，设计愈灵活，难度亦愈大，求解亦愈复杂。一般含有 2～10 个设计变量的为小型设计问题；10～50 个设计变量的为中型设计问题；50 个设计变量以上的为大型设计问题。目前已能解决 200 个设计变量的大型最优化设计问题。

3.1.2　目标函数

设计者总是希望所设计的产品具有最好的使用性能（性能指标）、最小的质量或最紧凑的体积（结构指标）、最小的制造成本及最大的经济效益（经济指标）。在优化设计中，可将所追求的设计目标（最优指标）用设计变量的函数形式表达出来，这一过程称为建立目标函数。

目标函数一般表示为

$$F(\boldsymbol{X})=F(x_1,x_2,\cdots,x_n)\tag{3-3}$$

它代表设计的某项最重要的特征，例如上面提到的性能、质量或体积以及成本等。最常见的情况是以质量作为目标函数，因为质量是对价值最易于衡量的一种量度，虽然成本有更大的实际重要性，但通常需有足够的资料方能构成以成本作为优化目标的目标函数。

目标函数是设计变量的标量函数。最优化设计的过程就是优选设计变量使目标函数达到最优值（极值）的过程。

在最优化设计问题中，可以只有一个目标函数，称为单目标优化，如式(3-3)所示。当在同一设计中有多个目标函数时，称为多目标优化。在一般的机械最优化设计中，多目标函数的情况较多。目标函数愈多，设计的综合效果愈好，但问题的求解亦愈复杂。

多目标函数可以分别独立地列出，即

$$\left.\begin{aligned} F_1(\boldsymbol{X}) &= F_1(x_1, x_2, \cdots, x_n) \\ F_2(\boldsymbol{X}) &= F_2(x_1, x_2, \cdots, x_n) \\ &\vdots \\ F_q(\boldsymbol{X}) &= F_q(x_1, x_2, \cdots, x_n) \end{aligned}\right\} \tag{3-4}$$

处理多目标优化的方法之一是把几个设计目标加权综合到一起，建立一个综合的目标函数进行求解，即

$$F(\boldsymbol{X}) = \sum_{j=1}^{q} \omega_j F_j(\boldsymbol{X}) \tag{3-5}$$

式中　q——最优化设计所追求的目标数目；

ω_j——加权因子，$\omega_j \geqslant 0$ 且 $\sum_{j=1}^{q} \omega_j = 1, j = 1, 2, \cdots, q$。

加权因子的作用在于平衡各项指标，即平衡各个目标间的相对重要性以及它们在量纲和量级上的差异。加权因子是个非负系数，由设计者根据该项指标在最优化设计中所占的重要程度选定。

选择的各项指标的加权因子应能客观地反映该项最优化设计所追求的总目标，使总目标的综合效果达到最优。因此，如何正确选择这些加权因子是一个比较复杂的问题，至今在理论上尚未得到完善解决。关于加权因子的选择以及多目标函数的其他处理方法，将在以后章节介绍。

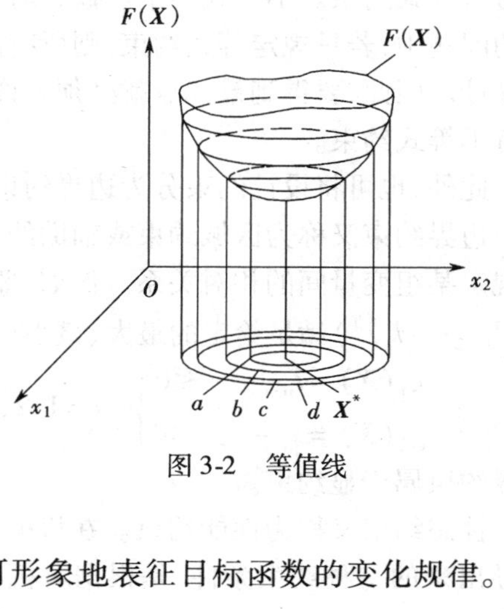

图 3-2　等值线

目标函数与设计变量之间的关系用几何图形表示有两种方法：曲线或曲面和等值线或等值面。后者更适合表达优化问题的数值迭代搜索求解过程。图 3-2 表示目标函数 $F(\boldsymbol{X})$ 与两个设计变量 x_1、x_2 所构成的关系曲面的等值线（亦称等高线），它是由许多具有相等目标函数值的设计点构成的平面曲线。当目标函数取不同值时，可得到一系列的等值线，它们构成目标函数的等值线族。在极值处目标函数的等值线聚成一点。当该极值点为极小值时，则离它愈远目标函数值愈大；当该极值点为极大值时，离它愈远目标函数值愈小。当目标函数的值变化范围一定时，等值线愈稀疏说明目标函数值的变化愈平缓。利用等值线的概念可形象地表征目标函数的变化规律。另

外，在许多最优化问题中，最优点周围的等值线往往是一族近似的同心椭圆族。这时，求最优点就是求目标函数的极值问题，可归结为求其等值线同心椭圆族的中心。对于三维优化设计问题，其等值函数是一个面，叫做等值面；对于 n 维优化设计问题，等值函数为等值超越曲面。

3.1.3 约束条件

在很多实际问题中，设计变量的取值范围是受限制的或必须满足一定的条件。在最优化设计中，这种对设计变量取值的限制条件称为约束条件。约束条件的形式，可能是对某个或某组设计变量的直接限制（例如，若应力 σ 为设计变量，则应力值 σ 应不大于其许用值 $[\sigma]$，构成直接限制），这时为显约束；也可能是对某个或某组设计变量的间接限制（若结构应力又是某些设计变量的函数时，则这些设计变量间接地受到许用应力的限制），这时为隐约束。

约束条件可以用数学等式或不等式来表示。

在机械最优化设计中不等式约束最为普遍。不等式约束的形式为

$$g_j(\boldsymbol{X}) \leqslant 0 \quad (j=1,2,\cdots,m) \tag{3-6}$$

或

$$g_j(\boldsymbol{X}) \geqslant 0 \quad (j=1,2,\cdots,m) \tag{3-7}$$

式中 m 为不等式约束的数目。不等式约束一般采用式(3-6)的形式，式(3-7)的不等式约束可以变换为式(3-6)的形式。等式约束对设计变量的约束严格，起着降低设计自由度的作用。等式约束可能是显约束，也可能是隐约束，其形式为

$$h_j(\boldsymbol{X}) = 0 \quad (j=m+1,m+2,\cdots,p) \tag{3-8}$$

式中 $p-m$ 为等式约束的数目。式(3-6)、式(3-8)约束了设计变量的允许变化范围。最优化设计就是在设计变量允许范围内，找出一组最优参数 $\boldsymbol{X}^* = [x_1^* \ x_2^* \cdots \ x_n^*]^{\mathrm{T}}$，使目标函数 $F(\boldsymbol{X})$ 达到最优值 $F(\boldsymbol{X}^*)$。

理论上，有一个等式约束就有从最优化过程中消去一个设计变量的机会，或降低一个设计自由度（或问题维数）的机会。但消去过程在代数上有时会很复杂或难于实现，并且有可能在消去变量的同时，隐含地消去了应该有的约束，导致不正确的优化结果，故设计中应谨慎对待等式约束。不等式约束的概念对结构的最优化设计特别重要。例如，在仅有应力限制的问题中，若只规定等式约束，则所有的方法都将得出满应力设计，而这未必就是最小质量设计。因此，要得到最优点就必须允许设计中的所有应力约束并不都以等式形式出现，即应有不等式约束。

此外，也可将设计约束分为边界约束和性态约束。

边界约束又称为区域约束或辅助约束，用以限制某个设计变量（结构参数）的变化范围或规定某组变量间的相对关系。例如，要求构件的尺寸 l_i（设计变量为 $\boldsymbol{X} = [x_1 \quad x_2 \quad \cdots]^{\mathrm{T}} = [l_1 \ l_2 \cdots \ l_k]^{\mathrm{T}}$）满足给定的最大、最小尺寸（$l_{i\max}$、$l_{i\min}$），于是其边界约束为

$$\left.\begin{aligned} g_1(\boldsymbol{X}) &= l_{i\min} - x_i \leqslant 0 \\ g_2(\boldsymbol{X}) &= x_i - l_{i\max} \leqslant 0 \end{aligned}\right\} \quad i=1,2,\cdots,k \tag{3-9}$$

边界约束属于显约束。

性态约束又称为性能约束。在机械最优化设计中，它是由结构的某种性能或设计要求推导出来的一种约束条件，是根据对机械的某项性能要求而构成的设计变量的函数方程。

例如在曲柄摇杆机构中曲柄存在的条件，在行星齿轮系统中对装配条件、连接条件的限制等均可构成性态约束方程。也可以对应力、位移、振动频率、磨损程度、屈曲强度等因素加以限制。若许用应力$[\sigma]$、许用挠度$[f]$均已给定，设计变量 $\boldsymbol{X}=[x_1x_2 \ \cdots \ x_k]^{\mathrm{T}}=[\sigma \ f \ \cdots]^{\mathrm{T}}$，则根据强度条件和刚度条件可给出性态约束

$$g_1(\boldsymbol{X})=1-\frac{[\sigma]}{x_1}\leqslant 0,\ g_2(\boldsymbol{X})=1-\frac{[f]}{x_2}\leqslant 0,\cdots$$

性态约束通常是隐约束，但也会遇到显约束的情况。

在设计空间中，每一个约束条件都是以几何面、线（在二变量设计空间中，如图 3-3(a) 所示）的形式出现，并称为约束面（或约束线）。该面（或线）是等式约束方程或是不等式约束的极限情况（即 $g_j(\boldsymbol{X})=0$）的几何图形。如果设计变量是连续的，则约束面（或线）通常也是连续的。图 3-3(b) 表示三变量设计空间中的一个约束面；图 3-3(c) 表示三变量设计空间中由多个约束方程构成的组合约束面。

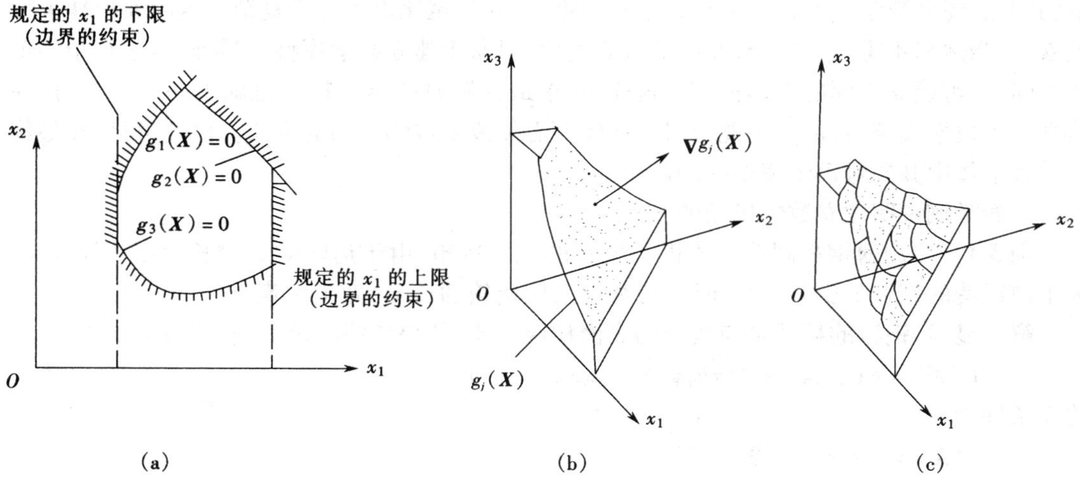

图 3-3　设计空间中的约束面或约束线

(a)约束线；(b)，(c)约束面

对于不等式约束来说，其极限情况 $g_j(\boldsymbol{X})=0$ 表示的几何面（线）将设计空间分为两部分：一部分中的所有点均满足约束条件式(3-6)和式(3-7)，这一部分的空间称为设计点的可行域，并以 $\boldsymbol{D}$ 表示，可行域中的点称为可行点；另一部分中的点为非可行点。优化过程中，一般将设计变量的取值约束在可行域内。

根据设计点与约束边界的关系，也可将约束条件分为起作用的约束和不起作用的约束。所谓起作用的约束是指对某设计点特别敏感的约束，约束条件的微小变化可能使可行点变为非可行点，或将非可行点变为可行点，这实际上就是设计点在约束边界上的情况。

3.1.4　优化设计的数学模型

在选取设计变量、建立目标函数和设定约束条件后，便可构造最优化设计的数学模型。如前所述，任何一个最优化问题均可归结为如下的描述：在满足给定的约束条件下，选取适当的设计变量 $\boldsymbol{X}$，使其目标函数 $F(\boldsymbol{X})$ 达到最优值（最大或最小，一般规范为最小），其数学表达式（数学模型）为

$$
\left.\begin{aligned}
&\min F(\boldsymbol{X})\\
&\boldsymbol{X}\in \boldsymbol{D}\subset \boldsymbol{R}^n\\
&\boldsymbol{D}:\quad g_j(\boldsymbol{X})\leqslant 0, j=1,2,\cdots,m; h_j(\boldsymbol{X})=0, j=m+1,m+2,\cdots,p
\end{aligned}\right\}\qquad(3\text{-}10)
$$

或

$$
\begin{aligned}
&\min F(\boldsymbol{X})\\
&\text{s. t.}\ \ g_j(\boldsymbol{X})\leqslant 0, j=1,2,\cdots,m; h_j(\boldsymbol{X})=0, j=m+1,m+2,\cdots,p
\end{aligned}
$$

在优化设计的数学模型中，若 $F(\boldsymbol{X})$、$h_j(\boldsymbol{X})$ 和 $g_j(\boldsymbol{X})$ 都是设计变量 $\boldsymbol{X}$ 的线性函数，则这种最优化问题属于数学规划方法中的线性规划问题；若它们不全是 $\boldsymbol{X}$ 的线性函数，则属于数学规划方法中的非线性规划问题。如果要求设计变量 $\boldsymbol{X}$ 只能取整数，则称为整数规划。当式(3-10)中的 $p=m=0$ 时，称为无约束优化问题，否则称为约束优化问题。机械最优化设计问题多属于约束非线性规划，即约束非线性优化问题。

建立数学模型是最优化过程中非常重要的一步，数学模型直接影响设计效果。对于复杂的问题，建立数学模型往往会遇到很多困难，有时甚至比求解更为复杂。这时要抓住关键因素，适当忽略不重要的成分，使问题合理简化，以易于建立数学模型。另外，对于复杂的最优化问题，可建立不同的数学模型。这样，在求最优解时的难易程度也就不一样。有时，在建立一个数学模型后，由于不能求得最优解而必须改变数学模型的形式。由此可见，在最优化设计工作中开展对数学模型的理论研究十分重要。

下面举例说明建立数学模型的过程。

例 3-1 要用薄钢板制造一体积为 5 m^3 的汽车货箱，由于运输的货物长度不小于 4 m，为了使耗费的钢板最少并减小质量，应如何选取货箱的长 x_1、宽 x_2 和高 x_3。

解 显然，钢板的耗费量与货箱的表面积成正比，如果货箱不带上盖，则目标函数为

$$F(\boldsymbol{X})=F(x_1,x_2,x_3)=x_1x_2+2(x_2x_3+x_1x_3)$$

约束条件为

$$
\begin{aligned}
&h(\boldsymbol{X})=x_1x_2x_3=5.0\\
&g_1(\boldsymbol{X})=4.0-x_1\leqslant 0\\
&g_2(\boldsymbol{X})=-x_2\leqslant 0\\
&g_3(\boldsymbol{X})=-x_3\leqslant 0
\end{aligned}
$$

所以数学模型为

$$
\begin{cases}
\min F(\boldsymbol{X})=\min\left[x_1x_2+2(x_2x_3+x_1x_3)\right]\\
\text{s. t.}\ \ h(\boldsymbol{X})=x_1x_2x_3=5.0\\
\qquad g_1(\boldsymbol{X})=4.0-x_1\leqslant 0\\
\qquad g_2(\boldsymbol{X})=-x_2\leqslant 0\\
\qquad g_3(\boldsymbol{X})=-x_3\leqslant 0
\end{cases}
$$

建立最优化设计的数学模型后，即可选择合适的最优化方法求解。各种优化方法见表3-1。

表 3-1　优化方法

优化方法分类	设计变量	等式约束	不等式约束	目标函数	说明
线性规划		均为线性函数			
非线性规划		有任一非线性函数			
二次规划		线性函数	线性函数	二次函数	
几何规划			广义多项式	广义多项式	
动态规划				复杂系统	多阶段决策
凸规划		构成凸集		凸函数	
随机规划	随机性质				
整数规划	整数				
0-1 规划	0-1 整数				
离散规划	离散值				

3.2　优化方法的数学基础

3.2.1　函数的方向导数和梯度

n 元函数 $F(\boldsymbol{X})$ 在点 $\boldsymbol{X}^{(k)}$ 处沿任意给定方向 $\boldsymbol{S}$ 的方向导数或变化率为

$$\begin{aligned}\frac{\mathrm{d}F(\boldsymbol{X}^{(k)})}{\mathrm{d}\boldsymbol{S}} &= \frac{\partial F(\boldsymbol{X}^{(k)})}{\partial x_1}\frac{\mathrm{d}x_1}{\mathrm{d}\boldsymbol{S}} + \frac{\partial F(\boldsymbol{X}^{(k)})}{\partial x_2}\frac{\mathrm{d}x_2}{\mathrm{d}\boldsymbol{S}} + \cdots + \frac{\partial F(\boldsymbol{X}^{(k)})}{\partial x_n}\frac{\mathrm{d}x_n}{\mathrm{d}\boldsymbol{S}} \\ &= \frac{\partial F(\boldsymbol{X}^{(k)})}{\partial x_1}\cos\alpha_1 + \frac{\partial F(\boldsymbol{X}^{(k)})}{\partial x_2}\cos\alpha_2 + \cdots + \frac{\partial F(\boldsymbol{X}^{(k)})}{\partial x_n}\cos\alpha_n \\ &= \begin{bmatrix}\frac{\partial F(\boldsymbol{X}^{(k)})}{\partial x_1} & \frac{\partial F(\boldsymbol{X}^{(k)})}{\partial x_2} & \cdots & \frac{\partial F(\boldsymbol{X}^{(k)})}{\partial x_n}\end{bmatrix}\begin{bmatrix}\cos\alpha_1 \\ \cos\alpha_2 \\ \vdots \\ \cos\alpha_n\end{bmatrix} = \boldsymbol{g}_k^{\mathrm{T}}\boldsymbol{h}\end{aligned}$$

其中

$$\boldsymbol{g}_k = \nabla F(\boldsymbol{X}^{(k)}) = \begin{bmatrix}\frac{\partial F(\boldsymbol{X}^{(k)})}{\partial x_1} & \frac{\partial F(\boldsymbol{X}^{(k)})}{\partial x_2} & \cdots & \frac{\partial F(\boldsymbol{X}^{(k)})}{\partial x_n}\end{bmatrix}^{\mathrm{T}} \tag{3-11}$$

为 $\boldsymbol{X}^{(k)}$ 点梯度；

$$\boldsymbol{h} = \begin{bmatrix}\frac{\mathrm{d}x_1}{\mathrm{d}\boldsymbol{S}} & \frac{\mathrm{d}x_2}{\mathrm{d}\boldsymbol{S}} & \cdots & \frac{\mathrm{d}x_n}{\mathrm{d}\boldsymbol{S}}\end{bmatrix}^{\mathrm{T}} = \begin{bmatrix}\cos\alpha_1 \\ \cos\alpha_2 \\ \vdots \\ \cos\alpha_n\end{bmatrix}$$

为 $\boldsymbol{S}$ 与各坐标轴夹角余弦（$\boldsymbol{S}$ 方向的单位向量）。

$$\|\boldsymbol{h}\| = \sqrt{\cos^2\alpha_1 + \cos^2\alpha_1 + \cdots + \cos^2\alpha_n} = 1$$

如果以 θ 表示两向量 $\boldsymbol{g}_k$ 和 $\boldsymbol{h}$ 的正方向之间的夹角，根据两个向量的数积（或点积）的规定，则有

$$\frac{dF(X^{(k)})}{dS}=g_k^T h=\|g_k\|\cdot\|h\|\cos\theta=\|g_k\|\cos\theta=\|\nabla F(X^{(k)})\|\cos\theta \tag{3-12}$$

由式(3-12)可以看出,函数 $F(X)$ 在 $X^{(k)}$ 点的方向导数(变化率)$\frac{dF(X^{(k)})}{dS}$ 的最大值为 $\|\nabla F(X^{(k)})\|$,最小值为 $-\|\nabla F(X^{(k)})\|$。也就是说,函数在 $X^{(k)}$ 点沿着梯度 $\nabla F(X^{(k)})$ 的正向或反向按给定步长改变设计变量时,目标函数值的改变最大。正梯度 $\nabla F(X^{(k)})$ 方向是上升最快的方向,反之负梯度 $-\nabla F(X^{(k)})$ 方向是下降最快的方向,即沿梯度方向函数值的变化率最大。当然,这里所说的上升或下降最快是相对 $X^{(k)}$ 点附近而言,因为在 $X^{(k)}$ 点梯度仅反映函数在 $X^{(k)}$ 点附近的性态。

由式(3-12)可知,当 $\theta=\pi/2$ 时,函数的变化率 $\frac{dF(X^{(k)})}{dS}=0$,即函数值无变化,这正是等值线或等值面的定义。而 $\theta=\pi/2$ 方向则是等值线或等值面在 $X^{(k)}$ 点处的切线方向,故与其相差 $\pi/2$ 的方向,必为该点的法线方向,这时 $\cos\theta=1$,使得函数的变化率最大,即等于梯度。因此,梯度的方向必为函数等值线或等值面的法线方向。

3.2.2 目标函数的泰勒(Taylor)表达式

在点 $X^{(k)}$ 附近,多元函数 $F(X)$ 可近似为泰勒二次多项式

$$F(X)\approx\Phi(X)=F(X^{(k)})+[\nabla F(X^{(k)})]^T[X-X^{(k)}]+\frac{1}{2}[X-X^{(k)}]^T\nabla^2F(X^{(k)})[X-X^{(k)}] \tag{3-13}$$

式中

$$\nabla F(X^{(k)})=\left[\frac{\partial F}{\partial x_1}\ \frac{\partial F}{\partial x_2}\ \cdots\ \frac{\partial F}{\partial x_n}\right]=g_k^T \tag{3-14}$$

$$\nabla^2F(X^{(k)})=\begin{bmatrix}\frac{\partial^2F(X^{(k)})}{\partial {x_1}^2} & \frac{\partial^2F(X^{(k)})}{\partial x_1x_2} & \cdots & \frac{\partial^2F(X^{(k)})}{\partial x_1\partial x_n}\\ \frac{\partial^2F(X^{(k)})}{\partial x_2x_1} & \frac{\partial^2F(X^{(k)})}{\partial {x_2}^2} & \cdots & \frac{\partial^2F(X^{(k)})}{\partial x_2x_n}\\ \vdots & \vdots & & \vdots\\ \frac{\partial^2F(X^{(k)})}{\partial x_nx_1} & \frac{\partial^2F(X^{(k)})}{\partial x_nx_2} & \cdots & \frac{\partial^2F(X^{(k)})}{\partial {x_n}^2}\end{bmatrix}=\left[\frac{\partial^2F}{\partial x_i\partial x_j}\right]=H_k \tag{3-15}$$

分别为 $X^{(k)}$ 点的梯度和黑塞(Hessian)矩阵。

3.2.3 目标函数的无约束极值条件

1. 必要条件

若目标函数 $F(X)=F(x_1,x_2,\cdots,x_n)$ 在 M 点的邻域连续,且恒有

$$F(X^{(M)})<F(X)\quad 或\quad F(X^{(M)})>F(X)$$

则 M 点为极值点(极大或极小)。若 $F(X)$ 的偏导数在 M 点连续,则必有

$$\frac{\partial F}{\partial x_i}=0,i=1,2,\cdots,n$$

亦即

$$\nabla F(X^{(M)})=0 \tag{3-16}$$

式(3-16)即为目标函数无约束极值存在的必要条件。

2. 充分条件

由泰勒二次展开式(3-13)知,对于极值点 $\boldsymbol{M}$,有

$$F(\boldsymbol{X})-F(\boldsymbol{X}^{(M)})=\frac{1}{2}[\boldsymbol{X}-\boldsymbol{X}^{(M)}]^{\mathrm{T}}\nabla^2F(\boldsymbol{X}^{(M)})[\boldsymbol{X}-\boldsymbol{X}^{(M)}]$$

根据极值点的性质,若在 $\boldsymbol{M}$ 点的邻域内恒有

$$F(\boldsymbol{X})-F(\boldsymbol{X}^{(M)})>0 \quad 或 \quad [\boldsymbol{X}-\boldsymbol{X}^{(M)}]^{\mathrm{T}}\nabla^2F(\boldsymbol{X}^{(M)})[\boldsymbol{X}-\boldsymbol{X}^{(M)}]>0 \tag{3-17}$$

则 $\boldsymbol{M}$ 点为极小值点;否则若

$$F(\boldsymbol{X})-F(\boldsymbol{X}^{(M)})<0 \quad 或 \quad [\boldsymbol{X}-\boldsymbol{X}^{(M)}]^{\mathrm{T}}\nabla^2F(\boldsymbol{X}^{(M)})[\boldsymbol{X}-\boldsymbol{X}^{(M)}]<0 \tag{3-18}$$

则 $\boldsymbol{M}$ 点为极大值点。

若式(3-17)成立,黑塞矩阵必为正定矩阵,亦即 $\boldsymbol{M}$ 点为极小值点的充分条件是黑塞矩阵正定。

若式(3-18)成立,黑塞矩阵必为负定矩阵,亦即 $\boldsymbol{M}$ 点为极大值点的充分条件是黑塞矩阵负定。

当黑塞矩阵既不是正定,也不是负定时,则 $\boldsymbol{M}$ 点为鞍点。

矩阵 $\boldsymbol{A}$ 为正定的条件是 $\boldsymbol{A}$ 的各阶主子式的值均大于0,即对于 $\boldsymbol{A}=[a_{ij}]$,应有

$$a_{11}>0;\ \begin{vmatrix}a_{11}&a_{12}\\a_{21}&a_{22}\end{vmatrix}>0;\ \begin{vmatrix}a_{11}&a_{12}&a_{13}\\a_{21}&a_{22}&a_{23}\\a_{31}&a_{32}&a_{33}\end{vmatrix}>0;\cdots;\ \begin{vmatrix}a_{11}&a_{12}&\cdots&a_{1n}\\a_{21}&a_{22}&\cdots&a_{2n}\\\vdots&\vdots&&\vdots\\a_{n1}&a_{n2}&\cdots&a_{nn}\end{vmatrix}>0 \tag{3-19}$$

对于负定的情况,以上各阶主子式的值,应负、正交替地变化符号,即

$$a_{11}<0;\ \begin{vmatrix}a_{11}&a_{12}\\a_{21}&a_{22}\end{vmatrix}>0;\ \begin{vmatrix}a_{11}&a_{12}&a_{13}\\a_{21}&a_{22}&a_{23}\\a_{31}&a_{32}&a_{33}\end{vmatrix}<0;\ \begin{vmatrix}a_{11}&a_{12}&a_{13}&a_{14}\\a_{21}&a_{22}&a_{23}&a_{24}\\a_{31}&a_{32}&a_{33}&a_{34}\\a_{41}&a_{42}&a_{43}&a_{44}\end{vmatrix}>0;\cdots;$$

$$(-1)^n\begin{vmatrix}a_{11}&a_{12}&\cdots&a_{1n}\\a_{21}&a_{22}&\cdots&a_{2n}\\\vdots&\vdots&&\vdots\\a_{n1}&a_{n2}&\cdots&a_{nn}\end{vmatrix}>0 \tag{3-20}$$

3.2.4 函数的凸性与凸函数、凹函数

函数的极值点一般是指与它附近局部区域中的各点相比较而言。有时,一个函数在整个可行域中有几个极值点。因此在最优化设计中局部区域的极值点并不一定就是整个可行域的最优点(函数具有最大值或最小值)。当极值点 $\boldsymbol{X}^*$ 能使 $F(\boldsymbol{X}^*)$ 在整个可行域中为最小值时,即在整个可行域中对任一 $\boldsymbol{X}$ 都有 $F(\boldsymbol{X})\geqslant F(\boldsymbol{X}^*)$ 时,则 $\boldsymbol{X}^*$ 就是最优点,称为全域最优点或整体最优点。若 $F(\boldsymbol{X}^{**})$ 为局部可行域中的极小值而不是整个可行域中的最小值时,则称 $\boldsymbol{X}^{**}$ 为局部最优点或相对最优点。最优化设计的目标是寻求全域最优点,为了判断某一极值点是否为全域最优点,有必要研究函数的凸性。

函数的凸性表现为单峰性。对于具有凸性特点的函数来说其极值点只有一个,因而该

点既是局部最优点，亦为全域最优点，即 $\boldsymbol{X}^{**}=\boldsymbol{X}^{*}$。

为了研究函数的凸性，现引入凸集的概念。

设 $\boldsymbol{D}$ 为 n 维欧氏空间中的一个集合，若其中任意两点 $\boldsymbol{X}^{(1)}$、$\boldsymbol{X}^{(2)}$ 之间的连线都属于 $\boldsymbol{D}$，则称这种集合 $\boldsymbol{D}$ 为 n 维欧氏空间的一个凸集。图 3-4(a)是二维空间的一个凸集，图 3-4(b)不是凸集。

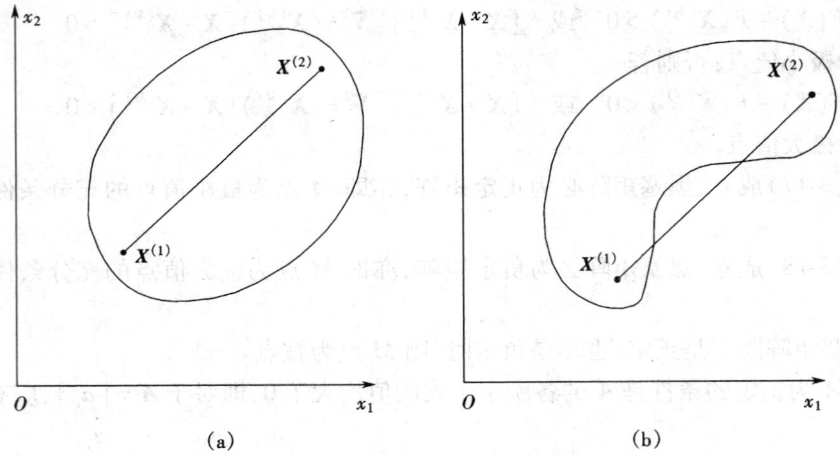

图 3-4　二维空间的集合

(a)二维空间的凸集；(b)非凸集

$\boldsymbol{X}^{(1)}$、$\boldsymbol{X}^{(2)}$ 两点之间的连线可用数学式表达为

$$\boldsymbol{X}=\alpha\boldsymbol{X}^{(1)}+(1-\alpha)\boldsymbol{X}^{(2)} \tag{3-21}$$

式中 α 为由 0 到 1($0\leqslant\alpha\leqslant1$)间的任意实数。

具有凸性(表现为单峰性)或只有唯一的局部最优值亦即全域最优值的函数，称为凸函数或单峰函数。其数学定义是：设 $F(\boldsymbol{X})$ 为定义在 n 维欧氏空间中的一个凸集 $\boldsymbol{D}$ 上的函数，如果对任何实数 α($0\leqslant\alpha\leqslant1$)以及对 $\boldsymbol{D}$ 中任意两点 $\boldsymbol{X}^{(1)}$、$\boldsymbol{X}^{(2)}$ 恒有

$$F[\alpha\boldsymbol{X}^{(1)}+(1-\alpha)\boldsymbol{X}^{(2)}]\leqslant\alpha F(\boldsymbol{X}^{(1)})+(1-\alpha)F(\boldsymbol{X}^{(2)}) \tag{3-22}$$

则函数 $F(\boldsymbol{X})$ 就是定义在凸集 $\boldsymbol{D}$ 上的一个凸函数。如果将上式中的等号去掉而写成严格的不等式

$$F[\alpha\boldsymbol{X}^{(1)}+(1-\alpha)\boldsymbol{X}^{(2)}]<\alpha F(\boldsymbol{X}^{(1)})+(1-\alpha)F(\boldsymbol{X}^{(2)}) \tag{3-23}$$

则称 $F(\boldsymbol{X})$ 为一严格凸函数。

凸函数的几何意义如图 3-5 所示。在凸函数曲线上取任意两点(对应于 x 轴上的坐标 $\boldsymbol{X}^{(1)}$、$\boldsymbol{X}^{(2)}$)连成一直线线段，则该线段上任一点(对应于 x 轴上的 $\boldsymbol{X}^{(k)}$ 点)的纵坐标 Y 值必大于或等于该点($\boldsymbol{X}^{(k)}$)处的原函数值 $F(\boldsymbol{X}^{(k)})$。

凸函数的一些简单性质如下：

①若 $F(\boldsymbol{X})$ 是定义在凸集 $\boldsymbol{D}$ 上的一个凸函数，且 α 是一个正数($\alpha>0$)，则 $\alpha F(\boldsymbol{X})$ 也必是定义在凸集 $\boldsymbol{D}$ 上的凸函数；

②定义在凸集 $\boldsymbol{D}$ 上的两个凸函数 $F_1(\boldsymbol{X})$、$F_2(\boldsymbol{X})$，其和 $F(\boldsymbol{X})=F_1(\boldsymbol{X})+F_2(\boldsymbol{X})$ 亦必为该凸集上的一个凸函数；

③若 $F_1(\boldsymbol{X})$、$F_2(\boldsymbol{X})$ 为定义在凸集 $\boldsymbol{D}$ 上的两个凸函数，α 和 β 为两个任意正数，则函数

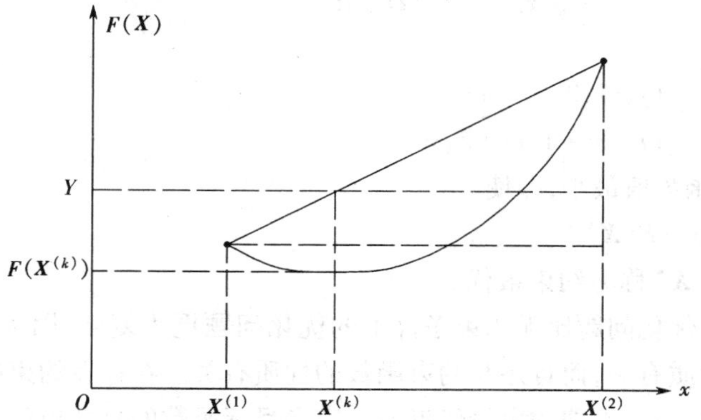

图 3-5　一元凸函数的几何意义

$F(\boldsymbol{X})=\alpha F_1(\boldsymbol{X})+\beta F_2(\boldsymbol{X})$仍为$\boldsymbol{D}$上的凸函数；

④假若定义在凸集$\boldsymbol{D}$上的一个凸函数$F(\boldsymbol{X})$有两个最小点$\boldsymbol{X}^{(1)}$、$\boldsymbol{X}^{(2)}$，则这两点处的函数值$F(\boldsymbol{X}^{(1)})$、$F(\boldsymbol{X}^{(2)})$必相等，否则具有较大值的点就不是$F(\boldsymbol{X})$的最小点；

⑤假若$\boldsymbol{X}^{(1)}$、$\boldsymbol{X}^{(2)}$是定义在凸集$\boldsymbol{D}$上的一个凸函数$F(\boldsymbol{X})$的两个最小点，则其连线上的一切点亦必为$F(\boldsymbol{X})$的最小点。

判断一个函数是否具有凸性，除可利用上述凸函数的一些简单性质外，一般地还可借助于函数的凸性条件。

若$F(\boldsymbol{X})$为定义在$\boldsymbol{D}_1$上且具有连续一阶导数的函数，而$\boldsymbol{D}$又是$\boldsymbol{D}_1$内部的一个凸集，则$F(\boldsymbol{X})$为$\boldsymbol{D}$上的凸函数的充分必要条件为对任意两点$\boldsymbol{X}^{(1)}$、$\boldsymbol{X}^{(2)}\in\boldsymbol{D}$，不等式

$$F(\boldsymbol{X}^{(2)})\geqslant F(\boldsymbol{X}^{(1)})+(\boldsymbol{X}^{(2)}-\boldsymbol{X}^{(1)})^{\mathrm{T}}\nabla F(\boldsymbol{X}^{(1)}) \tag{3-24}$$

恒成立。

若令$\boldsymbol{h}=\boldsymbol{X}^{(2)}-\boldsymbol{X}^{(1)}$，则上式可写成

$$F(\boldsymbol{X}^{(1)}+\boldsymbol{h})\geqslant F(\boldsymbol{X}^{(1)})+\boldsymbol{h}^{\mathrm{T}}\nabla F(\boldsymbol{X}^{(1)})$$

综上所述，如果事先能证明目标函数在$\boldsymbol{D}$上是凸函数，则所求得的该函数的极值点就是全域最优点。

由式(3-23)定义的或由图 3-5 曲线表示的严格凸函数，有时称为下凸，即函数有极小值。与此相反，当函数上凸，即函数有极大值时，通常称为凹函数。显然，如果$F(\boldsymbol{X})$为严格凸函数，则$-F(\boldsymbol{X})$定为严格凹函数。反之亦然。前面仅研究了凸函数的理论，因为任何一个凹函数都可很方便地转变成一个凸函数。而由式(3-22)所表示的凸函数的定义及由式(3-23)表示的严格凸函数定义，只要将该两式的不等号反向，就变成凹函数的相应定义式。凸性条件也是一样，经转换后也可以用来判断是否为凹函数。

3.2.5　目标函数的约束极值问题

目标函数的约束极值又称为条件极值。与前面讨论的无约束条件下函数的极值问题的区别在于它是带有约束条件的函数极值问题。在约束条件下所求得的函数极值点称为约束极值点。

对于带有约束条件的目标函数,其求最优解的过程可归结为寻求一组设计变量

$$X^* = [x_1^* \quad x_2^* \quad \cdots \quad x_n^*]^T, X \in D \subset R^n$$

在满足约束方程

$$g_j(X) \leqslant 0 \quad (j = 1, 2, \cdots, m)$$

$$h_j(X) = 0 \quad (j = m+1, m+2, \cdots, p)$$

的条件下,使目标函数值最小,即使

$$\min F(X) = F(X^*)$$

这样求得的最优点 X^* 称为约束最优点。

约束条件下的优化问题比无约束条件下的优化问题更为复杂,因为约束最优点不仅与目标函数本身的性质有关,而且还与约束函数的性质有关。在存在约束的条件下,为了满足约束条件的限制,其最优点即约束最优点不一定是目标函数的自然极值点,如图 3-6 所示。

图 3-6 和图 3-7 给出的是对于两设计变量的约束最优化问题可能遇到的几种典型情况。

图 3-6(a)表示的是有四个不等式约束的二维最优化问题。四个约束方程的边界值 $g_1(X)=0, g_2(X)=0, g_3(X)=0, g_4(X)=0$ 在设计空间形成可行域 D。目标函数为凸函数,由于其自然极值点 X^* 处在可行域内,故函数的自然极值点就是约束最优点。图 3-6(b)所示的目标函数和约束函数都是凸函数。约束边界 $g(X)=0$ 与目标函数的等值线在 X^* 点相切,而将目标函数的自然极值点隔离到可行域 D 之外,因此满足约束条件的目标函数值最小的点(即其约束最优点)不是其自然极值点,而是切点 X^*。

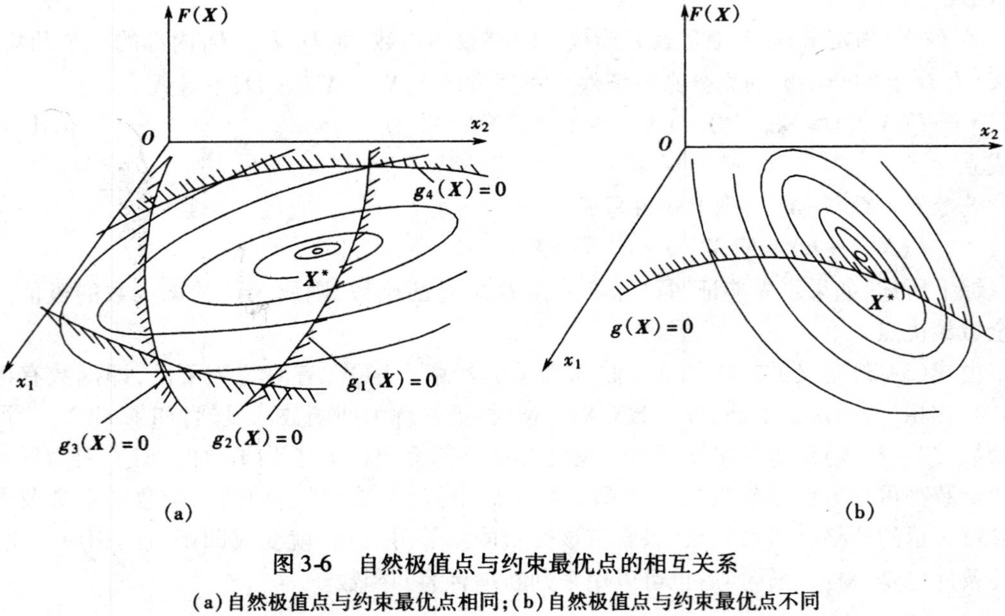

图 3-6　自然极值点与约束最优点的相互关系

(a)自然极值点与约束最优点相同;(b)自然极值点与约束最优点不同

图 3-7(a)是目标函数为非凸函数而约束函数为凸函数的情况;图 3-7(b)是目标函数为凸函数而约束函数为非凸函数的情况。在这两种情况下,在可行域内都可能出现两个或多个相对极小点,但其中只有一个 X^* 点是全域约束最小点,其余的都是局部最小点。由图 3-7 可以看出,由于目标函数或约束函数的非凸性,使约束极值点的数目增多了,从而也使

求优过程复杂化了。因此，对于约束最优化问题，除了需要解决“判断约束极值点存在条件”这一问题外，还应解决“判断所找到的极值点是全域最优点还是局部极值点”这一更为复杂的问题。对于后一个问题，虽然多年来有许多人进行了大量研究，但至今还没有一个统一有效的判别方法。下面给出约束极值点存在的条件，即 Kuhn-Tucker 最优胜条件。

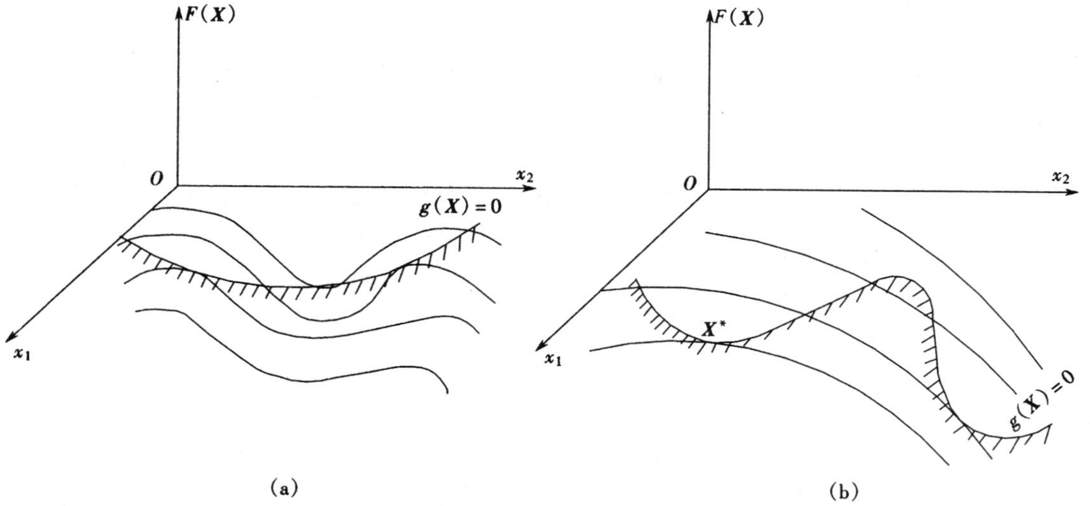

图 3-7　目标函数或约束函数的非凸性使约束极值点增多情况

(a)目标函数为非凸函数，约束函数为凸函数；(b)目标函数为凸函数，约束函数为非凸函数

Kuhn-Tucker 最优胜条件简称为 Kuhn-Tucker 条件或 K-T 条件，用于对约束极值点存在与否或真伪的检验。K-T 条件如下：

设 $\boldsymbol{X}^* = [x_1^* \quad x_2^* \quad \cdots \quad x_n^*]^T$ 为非线性规划问题

$$\begin{cases} \min F(\boldsymbol{X}), \boldsymbol{X} \in \boldsymbol{R}^n \\ \text{s.t.} \quad g_i(\boldsymbol{X}) \leqslant 0, i = 1,2,\cdots,m \\ \qquad h_j(\boldsymbol{X}) = 0, j = m+1, m+2, \cdots, p \end{cases}$$

的约束极值点，且在全部等式约束及不等式约束条件中，共有 q 个约束条件为起作用的约束，即 $g_i(\boldsymbol{X}^*) = 0, h_j(\boldsymbol{X}^*) = 0 (i \neq j, i+j = 1,2,\cdots,q < p)$。如果在 $\boldsymbol{X}^*$ 处都起作用的约束的梯度向量 $\nabla g_i(\boldsymbol{X}^*)$、$\nabla h_j(\boldsymbol{X}^*) (i+j = 1,2,\cdots,q < p)$ 线性无关，则存在向量 $\boldsymbol{\lambda}$ 使下述条件成立

$$\nabla F(\boldsymbol{X}^*) + \sum_{i+j=1}^{q} [\lambda_i \nabla g_i(\boldsymbol{X}^*) + \lambda_j \nabla h_j(\boldsymbol{X}^*)] = 0 \tag{3-25}$$

$$\boldsymbol{\lambda} = [\lambda_1 \quad \lambda_2 \quad \cdots \quad \lambda_q]^T$$

式中元素 λ_i 为非零、非负的乘子，λ_j 为非零的乘子，$\boldsymbol{\lambda}$ 称为拉格朗日乘子向量。

满足 K-T 条件的点称为 Kuhn-Tucker 点。在一般的非线性规划问题中，Kuhn-Tucker 点虽是约束极值点，但不一定是全域最优点，即 K-T 条件不是最优解的充分条件。但对于目标函数 $\boldsymbol{F(X)}$ 为凸函数、可行域 $\boldsymbol{D}$ 为凸集的凸规划问题来说，K-T 条件不仅是确定约束极值点的必要条件，同时也是全域最优解的充分条件。而且凸规划问题有唯一的 Kuhn-Tucker 点，但它所对应的拉格朗日乘子向量不一定是唯一的。

K-T 条件表明，若点 $\boldsymbol{X}^*$ 是函数 $F(\boldsymbol{X})$ 的约束极值点，要么 $\nabla F(\boldsymbol{X}^*)=0$，$\boldsymbol{X}^*$ 点位于可行域内；要么 $\boldsymbol{X}^*$ 点位于某些约束的边界上，而在点 $\boldsymbol{X}^*$ 处，目标函数的负梯度落在起作用的约束梯度所成的夹角锥体之内。也就是说，目标函数的负梯度等于起作用的约束梯度线性组合，如图 3-8 所示。

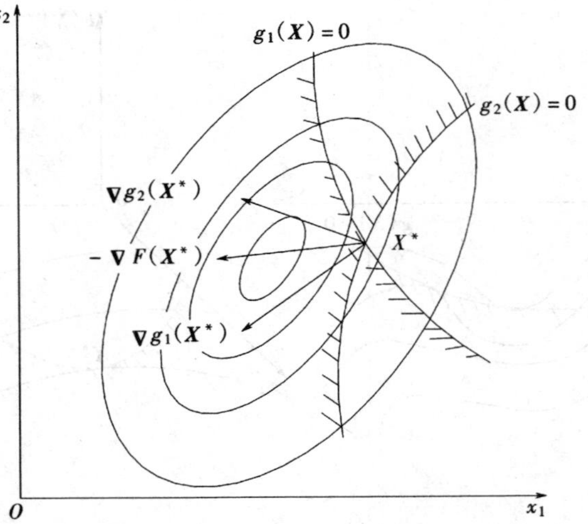

图 3-8　K-T 条件的几何意义

例 3-2　用 K-T 条件证明二维目标函数 $F(\boldsymbol{X})=(x_1-3)^2+x_2^2$ 在不等式约束

$$g_1(\boldsymbol{X})=x_1^2+x_2-4\leqslant 0$$
$$g_2(\boldsymbol{X})=-x_2\leqslant 0$$
$$g_3(\boldsymbol{X})=-x_1\leqslant 0$$

的约束条件下，点 $\boldsymbol{X}^*=[2\quad 0]^{\mathrm{T}}$ 为其约束极值点。

解　(1)由图 3-9(a)可知，在 $\boldsymbol{X}^*$ 点处起作用的约束函数有 $g_1(\boldsymbol{X})$ 和 $g_2(\boldsymbol{X})$。

(2)求有关函数在 $\boldsymbol{X}^*$ 点的梯度

$$\nabla F(\boldsymbol{X}^*)=\begin{bmatrix}2(x_1-3)\\2x_2\end{bmatrix}=\begin{bmatrix}-2\\0\end{bmatrix}$$

$$\nabla g_1(\boldsymbol{X}^*)=\begin{bmatrix}2x_1\\1\end{bmatrix}=\begin{bmatrix}4\\1\end{bmatrix}$$

$$\nabla g_2(\boldsymbol{X}^*)=\begin{bmatrix}0\\-1\end{bmatrix}$$

将以上三式代入式(3-25)检验，得

$$\nabla F(\boldsymbol{X}^*)+\lambda_1\nabla g_1(\boldsymbol{X}^*)+\lambda_2\nabla g_2(\boldsymbol{X}^*)$$
$$=\begin{bmatrix}-2\\0\end{bmatrix}+\lambda_1\begin{bmatrix}4\\1\end{bmatrix}+\lambda_2\begin{bmatrix}0\\-1\end{bmatrix}$$
$$=\begin{bmatrix}-2\\0\end{bmatrix}+0.5\begin{bmatrix}4\\1\end{bmatrix}+0.5\begin{bmatrix}0\\-1\end{bmatrix}=\begin{bmatrix}0\\0\end{bmatrix}=0$$

即当 $\lambda_1=\lambda_2=0.5$ 时上式成立，故满足 K-T 条件，即 $\boldsymbol{X}^*=[2\quad 0]^{\mathrm{T}}$ 点确为约束极值点。而且由于本题为凸规划，所以它也是全局最优点。

例 3-3 试分析约束最优化问题

$$\begin{cases} \min F(\boldsymbol{X}) = -x_1 \\ \text{s.t. } g_1(\boldsymbol{X}) = -(1-x_1)^3 + x_2 \leqslant 0 \\ \quad\; g_2(\boldsymbol{X}) = -x_1 \leqslant 0 \\ \quad\; g_3(\boldsymbol{X}) = -x_2 \leqslant 0 \end{cases}$$

的约束最优解及其 K-T 条件。

解 图 3-9(b)给出了可行域。由图不难看出 $\boldsymbol{X}^* = [1 \quad 0]^{\mathrm{T}}$ 是约束最优点,起作用的约束函数有 $g_1(\boldsymbol{X})$ 和 $g_3(\boldsymbol{X})$。但由于

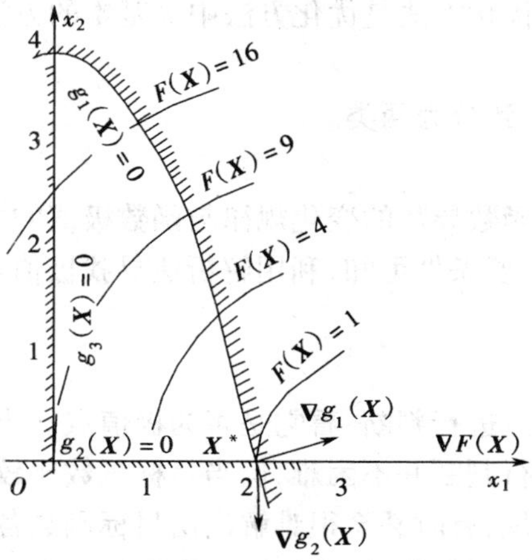

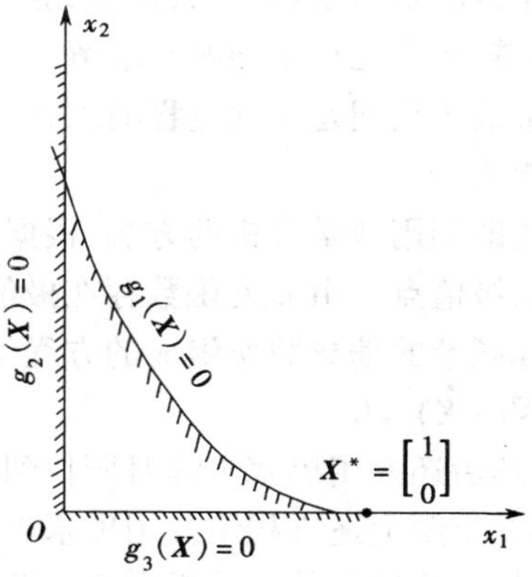

图 3-9 约束极值点与 K-T 条件

(a)例 3-2 可行域;(b)例 3-3 可行域

$$\nabla F(\boldsymbol{X}^*) = \begin{bmatrix} -1 \\ 0 \end{bmatrix}, \nabla g_1(\boldsymbol{X}^*) = \begin{bmatrix} 0 \\ 1 \end{bmatrix}, \nabla g_3(\boldsymbol{X}^*) = \begin{bmatrix} 0 \\ -1 \end{bmatrix}$$

显然不可能找到 $\boldsymbol{\lambda} = [\lambda_1 \quad \lambda_3]^{\mathrm{T}} > 0$ 使 K-T 条件

$$\nabla F(\boldsymbol{X}^*) + \lambda_1 \nabla g_1(\boldsymbol{X}^*) + \lambda_3 \nabla g_3(\boldsymbol{X}^*) = 0$$

成立。这一矛盾产生的原因是由于

$$\nabla g_1(\boldsymbol{X}^*) = -\nabla g_3(\boldsymbol{X}^*)$$

即二者线性相关,而在 Kuhn-Tucker 点起作用的约束梯度向量应是线性无关的。

前面已经提到,对于目标函数为凸函数、可行域 $\boldsymbol{D}$ 为凸集的凸规划来说,局部极值点与全域最优点相重合,符合 K-T 条件的点就是全域最优点。但对于非凸规划问题则不然,判别一个极值点是局部极值点还是全域最优点有时很困难。为简单起见,用图 3-10 的两个设计变量(x_1, x_2)的情况来说明以结构质量 $W(\boldsymbol{X})$ 为目标函数的局部极值点和全域最优点。如果通过计算使设计从初始点 $\boldsymbol{A}$ 搜索到了 $\boldsymbol{B}$,而对于 $\boldsymbol{B}$ 的分析检验表明:若不违背约束条件就不能再继续向减小质

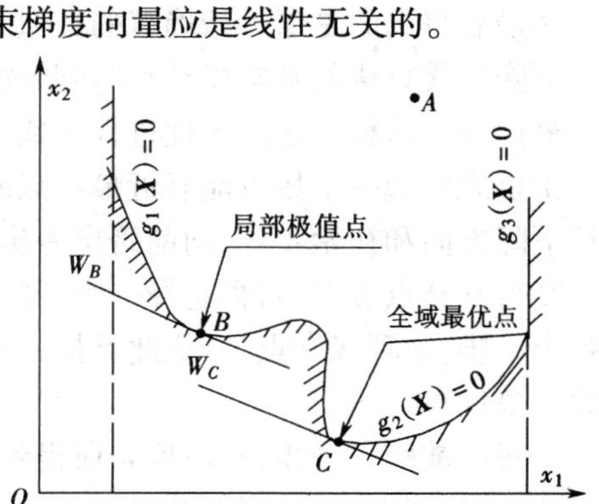

图 3-10 局部极值点与全域最优点

量的方向移动，如果这样就认为它是全域最优点就错了，因为真正的全域最优点是 C 点，B 只不过是局部极值点而已。在结构最优化设计实践中经常采用从几个不同的初始点进行搜索的方法，再检验它们是否收敛到同一个极值点。如果最后都收敛到同一个极值点，则它就是全域最优点；如果最后得到的是不同的极值点，则要比较这些点的函数值，从中找出最优点。图 3-10 从几何关系上还揭示出一个规律，即在以质量为目标函数的结构最优化设计中，最优点通常是等质量面 $W(\boldsymbol{X})$ 与约束面的切点。

3.2.6 优化设计的数值计算方法——下降迭代算法及其收敛性

虽然许多机械优化设计问题属于约束最优化问题，但从求解方法来说，约束优化方法和无约束优化方法是紧密相连的，而且无约束最优化方法是优化方法中最基本的方法，通常可将约束问题转化为无约束问题来求解。

无约束最优化问题求优过程的求解方法大致分为两类。

1. 解析法

解析法即利用数学分析的方法，根据目标函数导数的变化规律与函数极值的关系，求出目标函数的极值点。由 n 元函数存在极值的必要条件可知，利用解析法寻找极值点时，需要求解由目标函数的偏导数所组成的方程组

$$\nabla F(\boldsymbol{X})=0$$

找出驻点，然后还要用黑塞矩阵对所找到的驻点进行判断，看它是否为极值点。当目标函数比较简单时，求解上述方程组及用黑塞矩阵进行判断并不困难，但当目标函数比较复杂或为非凸函数时，应用这种数学分析方法求解很麻烦，有时甚至很难解出由目标函数各项偏导数所组成的方程组，更不用说用黑塞矩阵进行判断时的困难了。在这种情况下就不宜采用解析法，而用另一种方法，即数值迭代法。

2. 下降迭代算法

下降迭代算法是一种数值近似计算方法。它是根据目标函数的变化规律，以适当的步长沿着能使目标函数值下降的方向，逐步向目标函数值的最优点进行搜索，逐步逼近到目标函数的最优点。

最优化方法是与近代电子计算机的发展紧密相连的，下降迭代算法比解析法更能适应计算机的工作特点。这是因为下降迭代算法有以下特点：

①具有简单的逻辑结构，且只需进行重复的算术计算；

②最后得出的是逼近精确解的近似解。

下降迭代算法的基本思路是“步步逼近”、“步步下降”或“步步登高”，最后达到目标函数的最优点。这种方法的求优过程大致可归纳为以下步骤：

①首先初选一个尽可能靠近最小点的初始点 $\boldsymbol{X}^{(0)}$，从 $\boldsymbol{X}^{(0)}$ 点出发按照一定的原则寻找可行下降方向和初始步长，向前跨出一步达到 $\boldsymbol{X}^{(1)}$ 点；

②得到新点 $\boldsymbol{X}^{(1)}$ 后，再选择一个新的使函数值下降的方向及适当的步长，从 $\boldsymbol{X}^{(1)}$ 点出发再跨出一步，达到 $\boldsymbol{X}^{(2)}$ 点，并依此类推，一步一步地向前搜索并重复数值计算，最终达到目标函数的最优点；

③每向前跨完一步，都应检查所得到的新点能否满足预定的计算精度，即

$$|F(\boldsymbol{X}^{(k+1)})-F(\boldsymbol{X}^{(k)})|<\varepsilon_1$$

$$\|\boldsymbol{X}^{(k+1)}-\boldsymbol{X}^{(k)}\|<\varepsilon_2$$

如果上式成立，则认为 $\boldsymbol{X}^{(k+1)}$ 为局部最小点（有时还需要利用 K-T 条件进一步鉴别），否则应以 $\boldsymbol{X}^{(k+1)}$ 为新的初始点按上述方法继续搜索。

在中间过程中，每一步的迭代式为

$$\boldsymbol{X}^{(k+1)}=\boldsymbol{X}^{(k)}+\lambda^{(k)}\boldsymbol{S}^{(k)} \tag{3-26}$$

使 $F(\boldsymbol{X}^{(k+1)})<F(\boldsymbol{X}^{(k)})$，$k=1,2,\cdots$，即应使目标函数值一次比一次减小。

式中 $\boldsymbol{X}^{(k)}$——第 k 步迭代计算所得到的点，称为第 k 步迭代点；

$\lambda^{(k)}$——第 k 步迭代计算的步长；

$\boldsymbol{S}^{(k)}$——第 k 步迭代计算的搜索方向。

用迭代法逐步逼近最优点的搜索过程如图 3-11 所示。

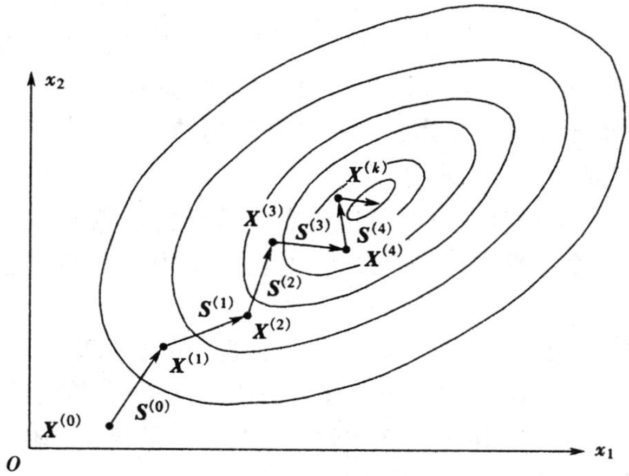

图 3-11 用迭代计算逐步逼近最优点搜索过程的示意图

迭代过程中搜索方向 $\boldsymbol{S}^{(k)}$ 的选择，首先保证沿此方向进行搜索时目标函数值是下降的（迭代算法的下降性），同时应尽可能地使其指向最优点，以尽量缩短搜索的路程和时间，提高求优过程的效率。负梯度 $-\nabla(\boldsymbol{X})$ 方向是最直观的下降方向，但它仅是局部下降最快的方向，不是最有效的方向。

如果根据一个迭代公式能够计算出逼近精确解的近似解，也就是说近似解序列 $\{\boldsymbol{X}^{(k)}\}$ 存在极限 $\lim\limits_{k\to\infty}\boldsymbol{X}^{(k)}=\boldsymbol{X}^*$，那么这种迭代公式是收敛的，否则是发散的。因此，所谓迭代算法的收敛性是指某种迭代程序产生的一系列的设计点 $\{\boldsymbol{X}^{(k)}\}$ 最终将收敛于最优点 $\boldsymbol{X}^*$ 而言。

从理论上说，任何一个收敛的迭代算法都能产生无穷点列的设计方案 $\{\boldsymbol{X}^{(k)}\}$，$k=1,2,\cdots$，而实际上只能进行有限次的迭代搜索，到适当时候迭代应当停止。计算终止时，应使近似最优点具有足够的精度。通常，判断是否应终止迭代的准则或判据有以下三种形式。

①当设计变量在相邻两点之间的移动距离已充分小时，可用相邻两点的向量差的模作为终止迭代的判据——点距准则，即

$$\|\boldsymbol{X}^{(k+1)}-\boldsymbol{X}^{(k)}\|\leqslant\varepsilon_1 \tag{3-27}$$

或

$$\frac{\|\boldsymbol{X}^{(k+1)}-\boldsymbol{X}^{(k)}\|}{\|\boldsymbol{X}^{(k)}\|}\leqslant\varepsilon_2 \tag{3-28}$$

②当相邻两点目标函数值之差已充分小时，即移动该步后目标函数值的下降量已充分

小时,可用两次迭代的目标函数值之差作为终止判据——值差准则,即

$$|F(\boldsymbol{X}^{(k+1)})-F(\boldsymbol{X}^{(k)})|\leqslant\varepsilon_3 \tag{3-29}$$

或

$$\frac{|F(\boldsymbol{X}^{(k+1)}-F(\boldsymbol{X}^{(k)})|}{|F(\boldsymbol{X}^{(k)})|}\leqslant\varepsilon_4 \tag{3-30}$$

③当迭代点逼近极值点时,目标函数在该点梯度的模将变得充分小,故目标函数在迭代点处的梯度的模达到充分小时亦可作为终止迭代的判据(要求目标函数一阶偏导数存在)——梯度准则,即

$$\|\nabla F(\boldsymbol{X}^{(k)})\|\leqslant\varepsilon_5 \tag{3-31}$$

一般情况下,如果以上三种形式的终止判据中的任何一种得到满足,则认为迭代点序列收敛于最优点。这样就求得近似的最优解,$\boldsymbol{X}^*=\boldsymbol{X}^{(k+1)}$,$F(\boldsymbol{X}^*)=F(\boldsymbol{X}^{(k+1)})$,迭代计算结束。式(3-27)至式(3-31)中,$\varepsilon_i(i=1,2,3,4,5)$分别表示不同准则下近似解的迭代精度或误差,可以根据设计要求预先给定。当相邻两次迭代的结果在小数点后的四位都相同时,便可认为后一个近似解已精确到四位小数了。

上述三项准则都在一定程度上反映了设计点收敛于极值点的特点,但对非凸性函数来说,并非局部极值点都是全域最优点。因此,要对具体工程设计问题进行具体分析,有时采取其他一些措施也是完全必要的。

对于在极值点附近函数值变化剧烈或缓慢的情况,单独使用第①或第②判据都易导致实际精度的降低,因此往往将前两种判据结合起来使用,即要求前两种判据同时成立。至于第③种判据(式(3-31)),则一般用于那些需要计算目标函数梯度的优化算法中。

此外,对于约束优化问题,理论上也可以将 K-T 条件作为收敛准则——K-T 条件准则,即近似最优点满足 K-T 条件时,即可认为收敛于最优点,但在实际使用中,这种方法有一定困难。

搜索方向、搜索步长和收敛准则构成了下降迭代算法的三个要素。

3.3 一维优化

如前面章节所述,工程优化问题一般都是有约束条件的,而求解约束优化问题的一种主要方法是,通过对约束条件处理,将约束优化问题转化为无约束优化问题求解。无约束优化过程主要包括三项内容:

①确定搜索方向 $\boldsymbol{S}^{(k)}$(可行的下降方向),则有迭代搜索式

$$\boldsymbol{X}^{(k+1)}=\boldsymbol{X}^{(k)}+\lambda^{(k)}\boldsymbol{S}^{(k)}$$

②确定沿搜索方向的迭代步长 $\lambda^{(k)}$,沿 $\boldsymbol{S}^{(k)}$ 以步长 λ 搜索时

$$F(\boldsymbol{X})=F(\boldsymbol{X}^{(k)}+\lambda\boldsymbol{S}^{(k)})=f(\lambda)$$

$F(\boldsymbol{X})$是搜索步长 λ 的函数,最优步长 $\lambda^{(k)}$应使 $F(\boldsymbol{X})$在 $\boldsymbol{S}^{(k)}$方向取最小值

$$\min f(\lambda)=\min F(\boldsymbol{X}^{(k)}+\lambda\boldsymbol{S}^{(k)})$$

其中 $\lambda\in\boldsymbol{R}^1$。

③收敛检查。

因此,无约束优化问题求解可归结为沿下降方向的一系列一维搜索寻优过程(即确定最优步长 $\lambda^{(k)}$)。可以说,一维优化是优化问题求解的最基本要素。

本节的内容就是解决如何确定迭代过程中的最优步长 $\lambda^{(k)}$，如图 3-12 所示。一维优化可表述为

$$\min f(x),x\in[a,b]\subset \boldsymbol{R}^1 \tag{3-32}$$

区间缩小的序列消去原理是一维优化的基本思想，即首先确定极值点存在的区间，然后通过数值迭代方法逐渐将极值点所在的区间缩小，直至满足精度要求。

一维优化方法大致分类如下：

- 一维优化方法
  - 数值迭代法
    - 间接法
      - 需要导数（三次插值法）
      - 不需要导数（二次插值法）
      - 牛顿法（切线法）
    - 直接法
      - 黄金分割法
      - 斐波那契（Fibonacci）法
      - 对分法
  - 分析法（微分法）

直接法是按某种规律取若干点，并计算函数值，通过函数值的直接比较，不断淘汰一些区间，在留下区间中再重复上述过程，向最优点逼近。

间接法中分不需要导数和需要导数两类，都是不断构造某一种多项式向原目标函数极值点逼近。

本节只介绍最常用的黄金分割法和二次插值法。

分析法通用性差，一般不采用。

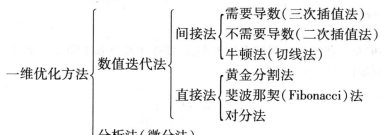

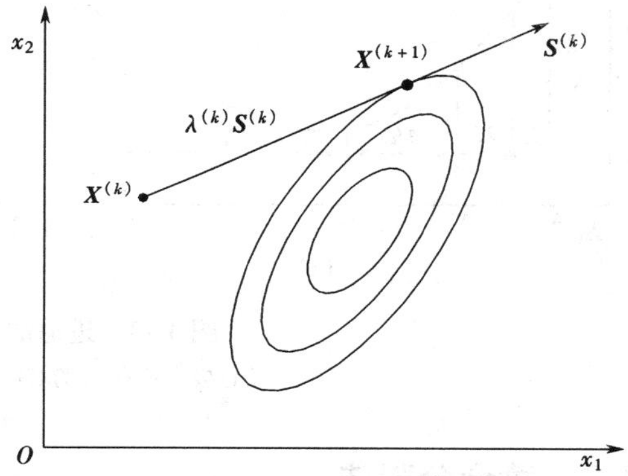

图 3-12　从 $X^{(k)}$ 出发沿 $S^{(k)}$ 方向进行一维搜索的几何表示

3.3.1　单峰区间

一维优化过程中，首先需确定极值点存在的区间，亦即单峰区间。

1. 单峰函数

关于函数凸性或单峰性的讨论见 3.2.4。一维优化的直接法中都假设目标函数为单峰的，若已知函数是多峰的，则可将函数的区间分成几个分区间，然后将每个分区间分别作为单峰函数处理。

2. 确定初始单峰区间的算法

具有极小点的函数 $f(x)$ 的单峰区间算法的依据是极小点的性质

$$f(x^*) < f(x) \tag{3-33}$$

即极值点 x^* 是“谷底”。

进退法是一种通过比较函数值大小来确定单峰区间的算法。对于给定的初始点 x_1 和步长 h，计算 $f(x_1)$ 和 $x_2=x_1+h$ 点函数值 $f(x_2)$。

若 $f(x_1)>f(x_2)$，说明极小点在 x_1 的右侧，将步长增加一倍，取 $x_3=x_2+2h$（图 3-13(a)）。

若 $f(x_1)<f(x_2)$，说明极小点在 x_1 的左侧，需改变搜索方向，即将步长符号改为负，得点 $x_3=x_1-h$（图 3-13(b)）。

若$f(x_3) < f(x_2)$,则将步长再加大一倍,有

$$x_4 = x_3 + 4h \text{ (图 3-13(a))}$$

或 $$x_4 = x_3 - 2h \text{ (图 3-13(b))}$$

即每跨一步的步长为前一次步长的 2 倍,直至函数值增加为止。对于图 3-13(a),有

$$f(x_3) > f(x_4) < f(x_5)$$

则单峰区间为$[x_3, x_5]$。对于图 3-13(b),有

$$f(x_5) > f(x_4) < f(x_3)$$

则单峰区间为$[x_5, x_3]$。

利用进退法,一般总可找到单峰区间中的 3 个点,即 2 个端点和中间某一个点。后面介绍的二次插值法要利用这 3 个点。

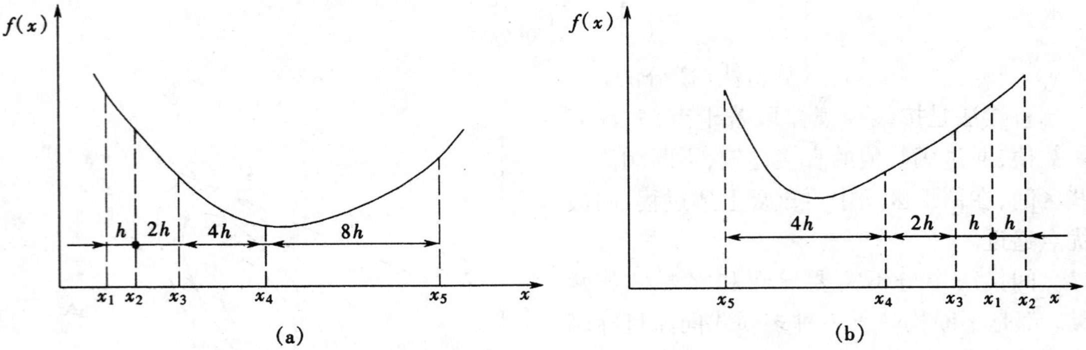

图 3-13 进退法确定初始单峰区间

(a)极小点在 x_1 的右侧;(b)极小点在 x_1 的左侧

3.3.2 黄金分割法

1. 算法原理

黄金分割法也称 0.618 法。它是通过计算和比较黄金分割点函数值,将初始区间逐次进行缩小,当区间缩小到给定精度要求时,即可求得一维极小点的近似解 x^*。

(1)区间缩小的序列消去原理

已知$f(x)$的单峰区间$[a,b]$,为了缩小区间,在$[a,b]$内按一定规则对称地取 2 个内部点 x_1、x_2,并计算$f(x_1)$和$f(x_2)$。比较二者大小,可能有 3 种情况。

①$f(x_1) < f(x_2)$,见图 3-14(a)。此时极小点必在区间$[a, x_2]$内,将区间$[x_2, b]$舍弃,产生新的单峰区间$[a, x_2]$。经过一次函数值比较,区间即缩小一次。在新区间内,保留点 x_1和$f(x_1)$,故下次只需再按一定规则在新区间内找另一个与 x_1对应的点 x_3,计算$f(x_3)$,与$f(x_1)$比较,如此反复。

②$f(x_1) > f(x_2)$,见图 3-14(b)。此时淘汰$[a, x_1]$区间,产生新的单峰区间$[x_1, b]$。

③$f(x_1) = f(x_2)$,见图 3-14(c)。此时可归入上面任一种情况来处理,例如淘汰$[a, x_1]$区间,产生新的单峰区间$[x_1, b]$,或淘汰$[x_2, b]$,产生新的单峰区间$[a, x_2]$。

(2)黄金分割法的取点规则

设区间$[a,b]$长度为 l,在$[a,b]$内按如下方式取两个点 x_1和 x_2

$$ax_2 = l' = \lambda l$$

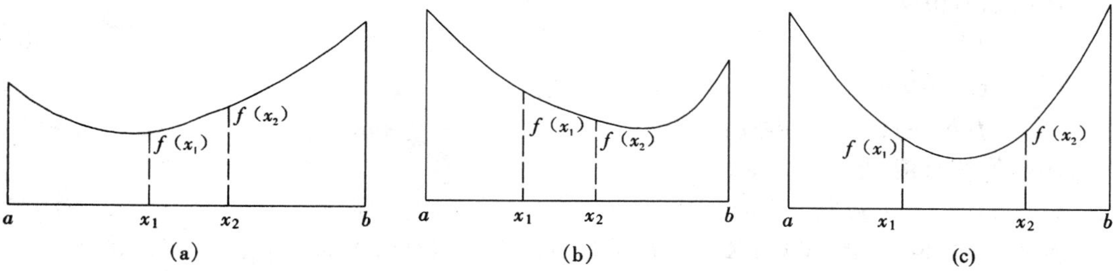

图 3-14　函数值比较的几种情况

(a)$f(x_1)<f(x_2)$；(b)$f(x_1)>f(x_2)$；(c)$f(x_1)=f(x_2)$

$$ax_1 = \lambda l' = (1-\lambda)l$$

则有

$$\lambda l = \frac{(1-\lambda)l}{\lambda} \Rightarrow \lambda^2 + \lambda - 1 = 0 \tag{3-34}$$

该方程的合理解为 $\lambda \approx 0.618$，称为黄金分割率（图 3-15）。

黄金分割法取点规则是以黄金分割率对称取点，即

$$\left.\begin{aligned} x_1 &= a + 0.382(b-a) \\ x_2 &= a + 0.618(b-a) \end{aligned}\right\} \tag{3-35}$$

称 x_1、x_2 为黄金分割点。

黄金分割法就是按黄金分割率对称取点，以序列消去原理缩小区间。每 1 轮迭代，都淘汰本次区间的 0.382 倍，或区间淘汰率为 0.382 。

黄金分割法的关键在于不断找出区间内的两个黄金分割点，保证极小点不会丢掉。从第 2 轮迭代开始，每次只需补充一个黄金分割点。黄金分割法具有均匀的收敛速度。

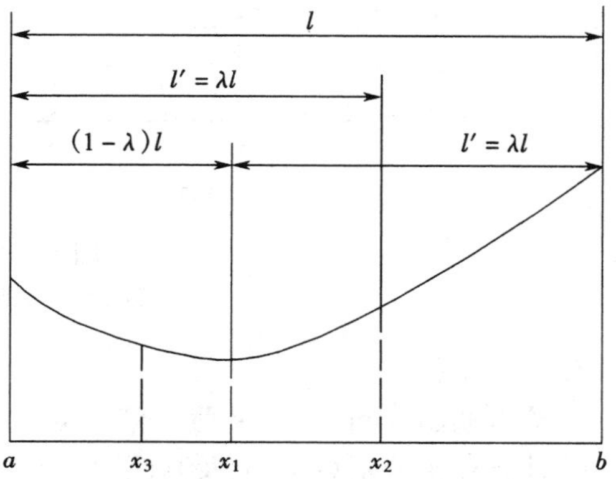

图 3-15　均匀缩短率的确定

为了使最终区间收缩到给定收敛精度内，区间的缩短次数 N 必须满足

$$0.618^N(b-a) \leqslant \varepsilon_1 \text{（绝对精度）} \tag{3-36}$$

或

$$\frac{0.618^N(b-a)}{(b-a)} \leqslant \varepsilon_2, \quad \text{即 } 0.618^N \leqslant \varepsilon_2 \text{（相对精度）} \tag{3-37}$$

则

$$N \geqslant \frac{\ln\left[\dfrac{\varepsilon_1}{b-a}\right]}{\ln 0.618} \quad \text{或} \quad N \geqslant \frac{\ln \varepsilon_2}{\ln 0.618} \tag{3-38}$$

2. 收敛准则

考虑实际问题的需要和函数性态不同，也可参照式(3-27)至式(3-30)制定如下准则：

区间绝对精度

$$|b-a| \leqslant \varepsilon_3 \tag{3-39}$$

区间相对精度

$$|(b-a)/b| \leqslant \varepsilon_4 \tag{3-40}$$

函数值绝对精度

$$|f(b)-f(a)| \leqslant \varepsilon_5 \tag{3-41}$$

函数值相对精度

$$|f(b)-f(a)|/|f(b)| \leqslant \varepsilon_6 \tag{3-42}$$

准则式(3-39)与式(3-36)等价。在实际应用中,多将式(3-39)、式(3-41)或式(3-40)、式(3-42)组合使用,以防止单一判据在函数变化过于剧烈或平缓时产生大的误差(图3-16)。

达到收敛精度后,可进一步对区间端点和中心点的函数值进行比较,从中选取较好者作为最优点。

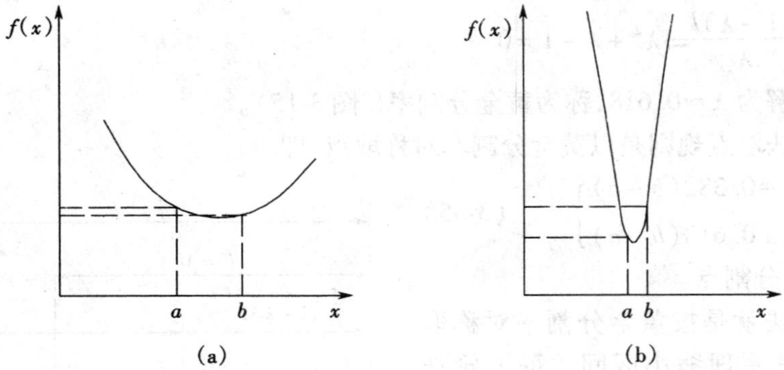

图3-16 $f(x)$性态

(a)函数变化过于平缓;(b)函数变化剧烈

3. 计算步骤

①给定初始区间$[a,b]$和收敛精度ε。

②计算黄金分割点x_1、x_2及其函数值$f(x_1)$、$f(x_2)$。

③比较$f(x_1)$、$f(x_2)$,若

$f(x_1)<f(x_2)$,淘汰区间$[x_2,b]$,$[a,x_2]\Rightarrow[a,b]$,$x_1\Rightarrow x_2$,补充黄金分割点x_1;

$f(x_1)>f(x_2)$,淘汰区间$[a,x_1]$,$[x_1,b]\Rightarrow[a,b]$,$x_2\Rightarrow x_1$,补充黄金分割点x_2;

$f(x_1)=f(x_2)$,归入上面任一种情况来处理。

④收敛检查。若满足收敛精度,比较区间端点和中心点的函数值,从中选取较好者作为最优点;否则,转步骤③。

4. 黄金分割法的特点

①不必要求$f(x)$可微,只要利用函数值大小的比较,即可很快找到极小点。

②第一次缩小区间要计算两个黄金分割点及其函数值,以后每次只要计算一个黄金分割点及其函数值。

例3-4 $\min f(x) = -\sin x\cos x$,已知初始区间$[a,b]=[40°,50°]$,区间缩小的相对精度$\varepsilon_2=0.13$。

①区间缩短次数(迭代次数):

$$N \geqslant \frac{\ln \varepsilon_2}{\ln 0.618} = 4.2$$

取 $N=5$。

②第 1 轮迭代。计算黄金分割点，并比较其函数值，缩短区间：

$$x_1^{(1)}=a+0.382(b-a)=40+0.382(50-40)=43.82°$$

$$x_2^{(1)}=a+0.618(b-a)=40+0.618(50-40)=46.18°$$

$$f(x_1^{(1)})=-\sin 43.82°\cos 43.82°=-0.499\ 576$$

$$f(x_2^{(1)})=-\sin 46.18°\cos 46.18°=-0.499\ 576$$

因 $f(x_1^{(1)})=f(x_2^{(1)})$，可淘汰 $[x_2^{(1)},b]$ 或 $[a,x_1^{(1)}]$，这里淘汰 $[a,x_1^{(1)}]$，新区间为 $[x_1^{(1)},b]=[a^{(1)},b^{(1)}]=[43.82°,50°]$。

③第 2 轮迭代。$x_2^{(1)}\Rightarrow x_1^{(2)}$，补充黄金分割点 $x_2^{(2)}$：

$$x_1^{(2)}=x_2^{(1)}=46.18°$$

$$x_2^{(2)}=a^{(1)}+0.618[b^{(1)}-a^{(1)}]=43.82+0.618(50-43.82)=47.64°$$

$$f(x_1^{(2)})=-0.499\ 576$$

$$f(x_2^{(2)})=-\sin 47.64°\cos 47.64°=-0.497\ 878$$

因 $f(x_1^{(2)})<f(x_2^{(2)})$，淘汰 $[x_2^{(2)},b^{(1)}]$，新区间为 $[a^{(1)},x_2^{(2)}]=[a^{(2)},b^{(2)}]=[43.82°,47.64°]$。

以后各轮迭代区间缩短情况如下：

第 3 轮　$[43.82°,47.64°]\Rightarrow[43.82°,46.18°]$

第 4 轮　$[43.82°,46.18°]\Rightarrow[44.72°,46.18°]$

第 5 轮　$[44.72°,46.18°]\Rightarrow[44.72°,45.62°]$

④精度校验：

$$\frac{45.62-44.72}{50-40}=0.09<\varepsilon_2=0.13$$

$$f(45.62°)=-0.499\ 983$$

$$f(44.72°)=-0.499\ 976$$

$$f\left(\frac{45.62°+44.72°}{2}\right)=f(45.12°)=-0.499\ 991$$

$$f(x_1^{(5)})=f(45,27\ 620)=-0.499\ 977$$

故

$$x^*=45.12°$$

$$\min f(x)=-0.499\ 991$$

3.3.3　二次插值法

1. 算法原理

二次插值法是多项式逼近法的一种，是利用目标函数在单峰区间 $[a,b]$ 的两个端点和其间一点（三个点），构成一个与目标函数相近的二次插值多项式，以该多项式的极小点作为区间缩小中比较函数值的另一点，从而将单峰区间逐步缩小，直至满足精度要求时，迭代终止。

（1）二次插值函数的构造及其极值点

对于单峰函数 $f(x)$，利用前述进退法确定单峰区间时，可求得在单峰区间 $[a,b]$ 内三个点 $x_1=a,x_2,x_3=b$ 及其函数值 $f_1=f(x_1),f_2=f(x_2),f_3=f(x_3)$。以此三个点为插值节点构造二次多项式 $p(x)$，如图 3-17 所示。

$$p(x)=a+bx+cx^2 \tag{3-43}$$

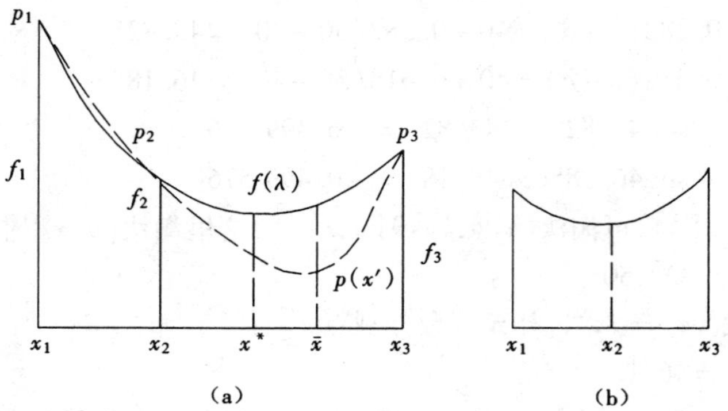

图 3-17　二次插值及区间缩短

(a)用三个点构造二次多项式;(b)区间缩小

上式中包含三个待定系数 a、b 和 c,将 x_1、x_2、x_3 及其函数值 f_1、f_2、f_3 代入上式,则有

$$\begin{cases} p(x_1)=a+bx_1+cx_1^2=f_1 \\ p(x_2)=a+bx_2+cx_2^2=f_2 \\ p(x_3)=a+bx_3+cx_3^2=f_3 \end{cases}$$

从上式解出待定系数

$$\begin{cases} a=\dfrac{(x_3-x_2)x_2x_3f_1+(x_1-x_3)x_1x_3f_2+(x_2-x_1)x_1x_2f_3}{(x_1-x_2)(x_2-x_3)(x_3-x_1)} \\ b=\dfrac{(x_2^2-x_3^2)f_1+(x_3^2-x_1^2)f_2+(x_1^2-x_2^2)f_3}{(x_1-x_2)(x_2-x_3)(x_3-x_1)} \\ c=\dfrac{(x_2-x_3)f_1+(x_3-x_1)f_2+(x_1-x_2)f_3}{(x_1-x_2)(x_2-x_3)(x_3-x_1)} \end{cases}$$

将三个系数值代入式(3-43),即得二次插值函数 $p(x)$。

为求 $p(x)$ 的极小点 $\bar{x}$,令其一阶导数为 0,即

$$p'(x)=b+2cx=0$$

得

$$\bar{x}=-\frac{b}{2c}$$

若 $\bar{x}$ 为极小点,应有 $c>0$($p(x)$ 为凹函数)。将 b、c 值代入上式,有

$$\bar{x}=\frac{1}{2}\,\frac{(x_2^2-x_3^2)f_1+(x_3^2-x_1^2)f_2+(x_1^2-x_2^2)f_3}{(x_2-x_3)f_1+(x_3-x_1)f_2+(x_1-x_2)f_3}$$

为简化,令

$$C_1=\frac{f_3-f_1}{x_3-x_1}$$

$$C_2=\frac{(f_2-f_1)/(x_2-x_1)-C_1}{x_2-x_3}$$

则有

$$\bar{x}=\frac{1}{2}\left(x_1+x_3-\frac{C_1}{C_2}\right) \tag{3-44}$$

(2)区间缩小

二次插值法的区间缩小同样基于序列消去原理。

2. 收敛准则

经过多次反复二次逼近,区间即可减小到足够小的程度。由于在极小点附近的很小邻域内原函数呈现很强的二次函数性态,故二次插值函数的极小点就很接近原函数的极小点。

收敛准则除式(3-39)至式(3-42)外,还可采用下面两种形式之一。

相邻两次的二次插值函数极小点之间距离小于给定精度,即

$$|\bar{x}^{(k)}-\bar{x}^{(k-1)}|\leqslant\varepsilon_1,k\geqslant2 \tag{3-45}$$

及

$$|p(\bar{x}^{(k)})-f(\bar{x}^{(k)})|\leqslant\varepsilon_2,k\geqslant2 \tag{3-46}$$

或

$$\left|\frac{\bar{x}^{(k)}-\bar{x}^{(k-1)}}{\bar{x}^{(k)}}\right|\leqslant\varepsilon_3,k\geqslant2 \tag{3-47}$$

及

$$\frac{2|p(\bar{x}^{(k)})-f(\bar{x}^{(k)})|}{|f(\bar{x}^{(k)})|+|f(\bar{x}^{(k-1)})|}\leqslant\varepsilon_4,k\geqslant2 \tag{3-48}$$

上述两种形式实际上是绝对精度和相对精度。

3. 二次插值法特点

①二次插值法在推导插值函数极小点时,尽管利用了其一阶导数 $p'(x)=0$,但在应用二次插值法时只要求 $f(x)$ 连续,不要求 $f(x)$ 一阶可微。

②$[a,b]$必须为单峰区间,实际计算中可按下式检验,即

$$x_1<x_2<x_3 \quad 及 \quad f_1>f_2<f_3$$

③它的收敛速度比黄金分割法快,但可靠性不如黄金分割法好。

④如 $p(x)$ 的相邻两个迭代点重合(由于舍入误差或 $p(x)$ 的性态造成),则产生死循环,此时需对 $\bar{x}^{(k)}$ 作摄动处理。

例 3-5 $\min f(x)=e^{x+1}-5(x+1)$,已知初始区间$[a,b]=[-0.5,1.5]$,收敛精度 $\varepsilon_1=0.13$。

①初始插值点取 $x_1=-0.5, f_1=f(x_1)=-0.851; x_2=0.5(a+b)=0.5, f_2=f(x_2)=-3.018; x_3=1.5, f_3=f(x_3)=-0.318$。

②计算 $\bar{x}^{(1)}$ 与 $f(\bar{x}^{(1)})$。作第一次迭代

$$C_1=\frac{f_3-f_1}{x_3-x_1}=0.266\ 5$$

$$C_2=\frac{(f_2-f_1)/(x_2-x_1)-C_1}{x_2-x_3}=2.433\ 5$$

$$\bar{x}^{(1)}=\frac{1}{2}\left(x_1+x_3-\frac{C_1}{C_2}\right)=0.445\ 24, f(\bar{x}^{(1)})=-2.983$$

③缩小区间作第二次迭代。因为

$$f_2=-3.018<f(\bar{x}^{(1)})=-2.983$$

故应舍弃区间$[a,\bar{x}^{(1)}]=[-0.5,0.455\ 24]$,新区间为$[0.455\ 24,1.5]$,新的三个点为

$$x_1=\bar{x}^{(1)}=0.445\ 24, f_1=-2.983; x_2=0.5, f_2=-3.018; x_3=1.5, f_3=-0.318。$$

则 $C_1=2.652, C_2=3.288$

$\bar{x}^{(2)}=0.569, f(\bar{x}^{(2)})=-3.043$

④检验收敛精度,即

$|\bar{x}^{(2)}-\bar{x}^{(1)}|=0.12367<\varepsilon_1=0.13$

故近似极小点 $x^*=\bar{x}^{(2)}=0.569$(此问题的精确解 $x=0.609$)。

3.4 多维无约束优化方法

多维无约束优化问题是指在没有任何限制条件下寻求目标函数的极小点。其表达式为

$$\begin{cases}\min F(\boldsymbol{X}) \\ \boldsymbol{X}\in \boldsymbol{R}^n\end{cases} \tag{3-49}$$

工程优化问题一般都是有约束的。研究无约束优化方法的意义在于:约束优化问题一般可通过对约束条件的处理转化为无约束优化问题求解。

无约束优化方法有多种,其主要不同点在于构造搜索方向上的差别。概括起来,可分为直接法(模式法)和间接法(导数法)两类。

用直接法寻找极小点时,不必求函数的导数,只要计算目标函数值。直接法也称非梯度法。这类方法较适用于解决变量个数较少($n<20$)的问题,一般情况下比间接法效率低。间接法除要计算目标函数值外,还要计算目标函数的梯度,有的还要计算其黑塞矩阵。如坐标轮换法、鲍威尔法、单纯形法等为直接法,最速下降法(梯度法)、牛顿法、共轭梯度法、阻尼牛顿法、变尺度法等为间接法。

优化算法的收敛性一般用收敛速度衡量。收敛速度定义为:当迭代点序列 $\{\boldsymbol{X}^{(k)}|_{k=1,2,\cdots}\}$ 收敛于最优解 $\boldsymbol{X}^*$,且由某一迭代步 k 开始,有

$$\|\boldsymbol{X}^{(k-1)}-\boldsymbol{X}^*\|<M\|\boldsymbol{X}^{(k)}-\boldsymbol{X}^*\|^{\alpha} \tag{3-50}$$

则称该优化算法具有 α 阶收敛速度。$\alpha\geqslant 1, M\geqslant 1$(是与 k 无关的常数)。

3.4.1 鲍威尔法

1. 共轭方向

(1)定义

$\boldsymbol{A}$ 为 $n\times n$ 阶正定矩阵,若两个 n 维矢量满足

$$\boldsymbol{S}_1^{\mathrm{T}}\boldsymbol{A}\boldsymbol{S}_2=\boldsymbol{0} \tag{3-51}$$

则称 $\boldsymbol{S}_1$ 和 $\boldsymbol{S}_2$ 对矩阵 $\boldsymbol{A}$ 共轭,共轭矢量方向为共轭方向。

对于 n 个 n 维矢量 $\boldsymbol{S}_i, i=1,2,\cdots,n$($\boldsymbol{S}_i$ 不为 $\boldsymbol{0}$),若满足

$$\left.\begin{aligned}\boldsymbol{S}_i^{\mathrm{T}}\boldsymbol{A}\boldsymbol{S}_j=0, i\neq j \\ \boldsymbol{S}_i^{\mathrm{T}}\boldsymbol{A}\boldsymbol{S}_j\neq 0, i=j\end{aligned}\right\} \tag{3-52}$$

则称 n 个 n 维矢量 $\boldsymbol{S}_i(i=1,2,\cdots,n)$ 关于矩阵 $\boldsymbol{A}$ 共轭(图 3-18)。

考察正定二次函数 $F(\boldsymbol{X})=a+\boldsymbol{b}^{\mathrm{T}}\boldsymbol{X}+\dfrac{1}{2}\boldsymbol{X}^{\mathrm{T}}\boldsymbol{A}\boldsymbol{X}$,其等值线为同心椭圆族(图 3-19)。从 $\boldsymbol{X}_1^{(0)}$ 出发沿 $\boldsymbol{S}_1$ 方向作一维搜索,得最优点 $\boldsymbol{X}_1$(与椭圆相切);从 $\boldsymbol{X}_2^{(0)}$ 出发沿 $\boldsymbol{S}_1$ 方向作一维搜索,得最优点 $\boldsymbol{X}_2$;连接 $\boldsymbol{X}_1$、$\boldsymbol{X}_2$ 得矢量 $\boldsymbol{S}_2$,$\boldsymbol{S}_2$ 过椭圆族中心,即目标函数极小值点 $\boldsymbol{X}^*$。由

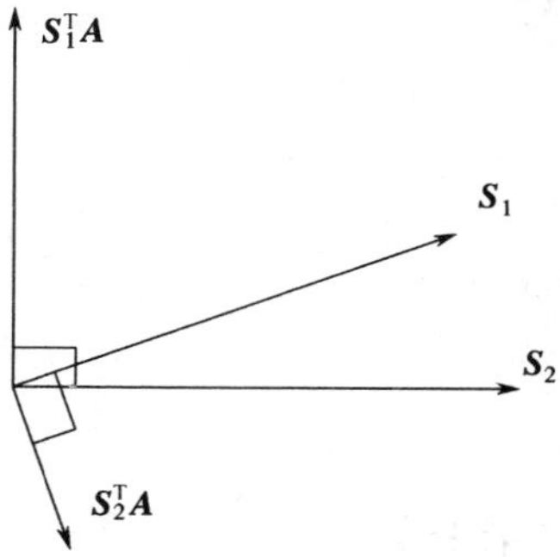

图 3-18 共轭方向

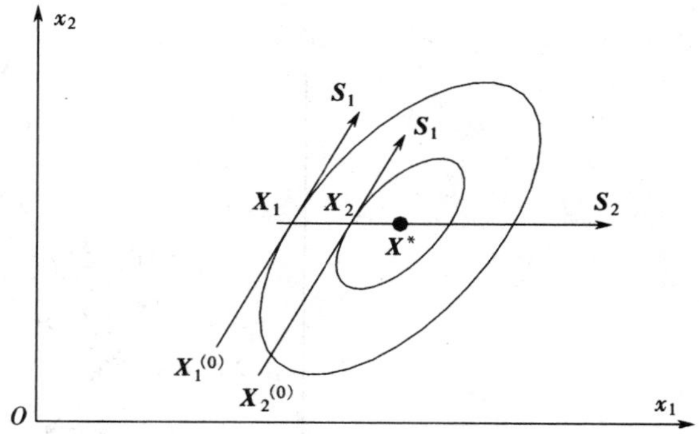

图 3-19 共轭方向与函数的极小值点

$$[\nabla F(X_1)]^T S_1 = 0 = [b + AX_1] S_1$$
$$[\nabla F(X_2)]^T S_1 = 0 = [b + AX_2] S_1$$

二式相减得

$$[X_2 - X_1]^T A S_1 = S_2^T A S_1 = 0$$

即 S_1、S_2 对矩阵 A 正交(对矩阵 A 共轭)。亦即利用两个平行方向上的极小值点可以构造该方向的共轭方向。且沿 S_1(任意方向)及其对矩阵 A 的共轭方向 S_2 可搜索到正定二元二次型极值点。

(2)共轭方向的性质(定理)

①若 $S_1, S_2, \cdots, S_n$ 为对 A 共轭的 n 个不为零的 n 维矢量,A 为 $n \times n$ 阶正定矩阵,则此 n 个 n 维矢量必线性无关。

②对于 n 元二次正定函数,从任意初始点 $X^{(0)}$ 出发,沿任意对 A 共轭的方向组 S_1, $S_2, \cdots, S_n$ 作一维优化搜索,则最多迭代 n 次即收敛。

③对 A 共轭的方向组不是唯一的。

上述三条性质定理是共轭方向法的重要理论依据。

2. 原始鲍威尔法(共轭方向法)

1964 年鲍威尔提出这种算法的基本思想是仅使用迭代点的目标函数值来构造共轭方向,然后从任一初始点开始,逐次沿共轭方向作一维搜索求极小值点。现以三元二次正定函数为例说明这种方法(图 3-20)。

第 1 轮:从初始点 $X_0^{(1)}$ 出发,沿坐标轴 e_1、e_2、e_3 作一维轮回搜索,得优化点 $X_3^{(1)}$,构造搜索方向 $S_1 = X_3^{(1)} - X_0^{(1)}$ 并沿该方向搜索,得极小值点 $X_4^{(1)} = X_0^{(2)}$。

第 2 轮:从初始点 $X_0^{(2)}$ 出发,沿 e_2、e_3、S_1 作一维轮回搜索,得优化点 $X_3^{(2)}$,构造 S_1 的共轭方向 $S_2 = X_3^{(2)} - X_0^{(2)}$ 并沿该方向搜索,得极小值点 $X_4^{(2)} = X_0^{(3)}$。

第 3 轮:从初始点 $X_0^{(3)}$ 出发,沿 e_3、S_1、S_2 作一维轮回搜索,得优化点 $X_3^{(3)}$,构造 S_2 的共轭方向 $S_3 = X_3^{(3)} - X_0^{(3)}$ 并沿该方向搜索,得极小值点 $X_4^{(3)} = X^{(4)}$。

第 4 轮:从初始点 $X_0^{(4)}$ 出发,沿 S_1、S_2、S_3 作一维轮回搜索,得优化点 $X_4^{(3)}$,构造 S_3 的共轭方向 $S_4 = X_3^{(4)} - X_0^{(4)}$,并沿该方向搜索,得极小值点 $X^{(4)} = X^*$。

对非二次正定函数,也可按照上述过程迭代,当迭代点已逼近 X^* 时,$F(X)$ 接近二次正定函数性态,可以期望较快地收敛于 X^*。

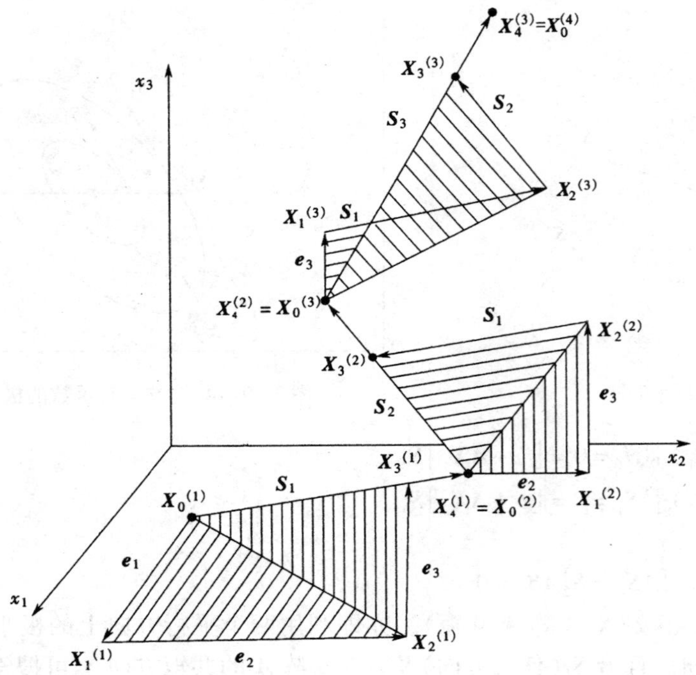

图 3-20　原始鲍威尔法(共轭方向法)

原始鲍威尔算法有一个严重缺陷:当某一轮方向组中的矢量系出现线性相关或近似线性相关时(如初始点为第一个搜索方向的最小值点时或当非常接近 X^* 时),会出现退化,致使以后的搜索过程在降维空间中进行,问题不收敛。鲍威尔本人发现了这个缺陷,并提出了改进鲍威尔法(鲍威尔法)。

3. 改进鲍威尔法

定理　设 A 为 $n\times n$ 阶正定矩阵,$S_1, S_2, \cdots, S_n$ 为 n 个 n 维矢量,它们按下式意义是规范的

$$[S_i]^{\mathrm{T}} A S_i = 1 \quad (i=1,2,\cdots,n) \tag{3-53}$$

设 Q 是以向量 $S_i(i=1,2,\cdots,n)$ 为列形成的矩阵,则当且仅当向量 $S_i(i=1,2,\cdots,n)$ 关于 A 为相互共轭时,行列式 $|Q|$ 的值达到最大值。

改进鲍威尔法的主要特点是,构造第 $k+1$ 轮搜索方向组时并不是一律地淘汰第 k 轮的第一个方向 $S_1^{(k)}$,而是以 $|Q^{(k+1)}|>|Q^{(k)}|$ 为条件淘汰某一方向 $S_m^{(k)}$,以 $S_{n+1}^{(k)}$ 补入方向组的最后;当 $|Q^{(k+1)}|\leqslant|Q^{(k)}|$ 时,第 $k+1$ 轮搜索方向组仍采用第 k 轮搜索方向组,这样可以避免出现线性相关的方向组,并能保证方向组的共轭度越来越高。

为了避免计算向量矩阵行列式 $|Q|$,鲍威尔提出了如下判别方法

$$\left.\begin{aligned} &F_3 \geqslant F_1 &\text{(a)}\\ &(F_1-2F_2+F_3)(F_1-F_2-\Delta)^2 \geqslant \frac{\Delta}{2}(F_1-F_3)^2 &\text{(b)}\end{aligned}\right\} \tag{3-54}$$

式中　$F_1=F(X_0^{(k)})$——第 k 轮搜索初始点函数值;

$F_2=F(X_n^{(k)})$——第 k 轮搜索最后一个方向搜索终点函数值;

$F_3=F(2X_n^{(k)}-X_0^{(k)})$——$X_0^{(k)}$ 对 $X_n^{(k)}$ 映射点 $X_{n+1}^{(k)}$ 的函数值;

$\Delta = \max\{F(X_m^{(k)}) - F(X_{m-1}^{(k)})\}$——第 k 轮搜索中单步搜索函数值下降最大量，其方向为 $S_m^{(k)}$。

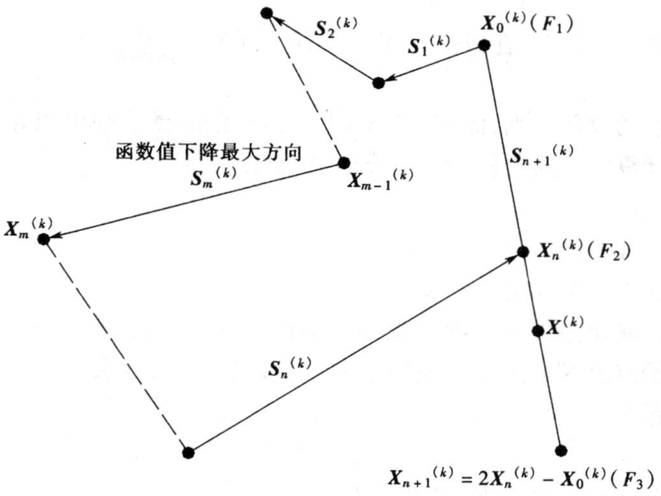

图 3-21　鲍威尔法第 $k+1$ 轮搜索方向组构成示意图

式(3-54)中，条件式(a)、(b)同时或两者之一成立时，第 $k+1$ 轮仍沿用第 k 轮的方向组，取 $X_n^{(k)}(F_2<F_3)$ 或映射点 $X_{n+1}^{(k)}(F_3<F_2)$ 作为 $k+1$ 轮的初始点；条件式(a)、(b)同时不成立时，淘汰 $S_m^{(k)}$，第 k 轮的新方向 $S_{n+1}^{(k)}$ 补入 $k+1$ 轮方向组的最后，组成 $k+1$ 轮搜索的方向组：$S_1^{(k)}, S_2^{(k)}, \cdots, S_{m-1}^{(k)}, S_{m+1}^{(k)}, \cdots, S_n^{(k)}, S_{n+1}^{(k)}$，其中 $S_{n+1}^{(k)} = X_n^{(k)} - X_0^{(k)}$，取第 k 轮沿方向 $S_{n+1}^{(k)}$ 搜索得到的极小值点 $X^{(k)}$ 作为 $k+1$ 轮搜索的初始点，如图 3-21 所示。当相邻两轮迭代的终点接近程度达到精度要求时，收敛为问题的极小值点。

改进鲍威尔法的搜索方向组不一定是共轭方向组，而是共轭程度高的方向组。这种改进方向组在随后各轮搜索中，共轭程度将越来越高（仅要求第 1 轮方向组线性独立），避免了原始鲍威尔法的方向组线性相关退化现象。

鲍威尔法具有超线性收敛速度（1 < 收敛速度阶数 < 2）。

3.4.2　最速下降法

1. 原理

由梯度的概念可知，正梯度方向是函数在测试点增加最快的方向；相应地，负梯度方向是下降最快的方向。最速下降法采用目标函数的负梯度方向作为搜索方向，求解目标函数的极小值点。最速下降法又称柯西法，也称梯度法或一阶梯度法。

设在某次迭代中已得到迭代点 $X^{(k)}$，从该点出发，沿负梯度方向

$$S^{(k)} = -\frac{\nabla F(X^{(k)})}{\|\nabla F(X^{(k)})\|} \tag{3-55}$$

式中

$$\nabla F(X)^{(k)} = \left[\frac{\partial F}{\partial x_i}\right]^{\mathrm{T}} (i=1,2,\cdots,n) \tag{3-56}$$

$$\|\nabla F(X^{(k)})\| = \sqrt{\sum_{i=1}^{n}\left(\frac{\partial F}{\partial x_i}\right)^2} \tag{3-57}$$

进行一维搜索,求出最优步长 $\lambda^{(k)}$,从而求得下一个迭代点 $X^{(k+1)}$,故梯度法迭代公式为

$$\left.\begin{aligned}&\min F(X^{(k)}+\lambda S^{(k)})\Rightarrow\lambda^{(k)}\\&X^{(k+1)}=X^{(k)}+\lambda^{(k)}S^{(k)}\end{aligned}\right\}\tag{3-58}$$

由极值点的必要条件知,在极值点 X^*,必有 $\nabla F(X^*)=0$,故可用

$$\|\nabla F(X^{(k)})\|<\varepsilon\tag{3-59}$$

作为近似极小值点的收敛准则,此时 $X^*=X^{(k)}$。这样的收敛准则可能导致把鞍点误判为极小值点。在实际计算中还需要做进一步分析来判明。

2. 算法

①任选初始点 $X^{(0)}$,给定收敛精度 ε。

②求迭代点 $X^{(k)}$ 的负梯度方向 $S^{(k)}$。

③收敛检查。满足条件式(3-59),则 $X^*=X^{(k)}$,计算结束;否则继续下一步。

④以 $X^{(k)}$ 为始点沿 $S^{(k)}$ 进行一维搜索,求最优步长 $\lambda^{(k)}$,并求得下一个迭代点 $X^{(k+1)}$,令 $k\Leftarrow k+1$,返回步骤②。

3. 讨论

①梯度法对初始点没有要求,可以任选。

②梯度法相邻两点的搜索方向正交。因

$$f(\lambda^{(k)})=F[X^{(k)}-\lambda\nabla F(X^{(k)})]=F(X^{(k+1)})$$

$$f'(\lambda^{(k)})=0=-\{\nabla F[X^{(k)}-\lambda\nabla F(X^{(k)})]\}^{\mathrm T}\nabla F(X^{(k)})$$

从而有

$$[\nabla F(X^{(k+1)})]^{\mathrm T}\nabla F(X^{(k)})=0\tag{3-60}$$

亦即梯度法迭代路径为绕道逼近极小值点(图 3-22),迭代开始,收敛速度较快,当迭代点接近极小值点时,步长变得很小,越走越慢,具有一阶收敛速度。负梯度方向仅是局部下降最快,不是最好的下降方向。最速下降法适合与共轭方向法或牛顿法结合(开始阶段使用最速下降法,接近极值点时使用共轭方向法或牛顿法)构成高效的混合算法。

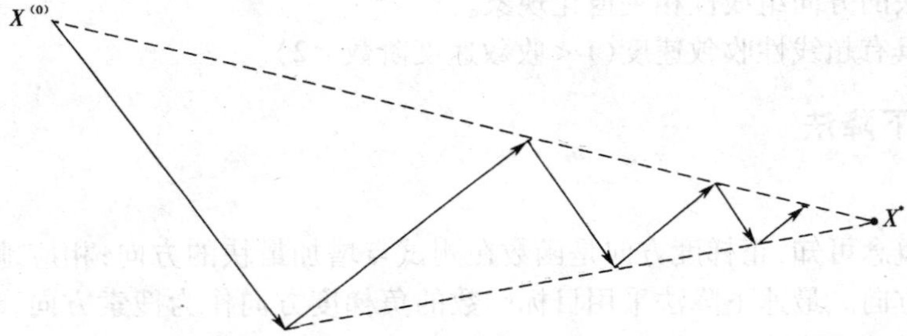

图 3-22 最速下降法的搜索路径

3.4.3 共轭梯度法

1. 原理

梯度法在迭代点远离极小值点的迭代开始阶段,收敛速度较快,当迭代点接近极小值点时,步长变得很小,收敛速度变慢;而共轭方向法具有二阶收敛性,在极小值点附近具有较快的收敛速度。因此,可以将梯度法和共轭方向法结合起来,每一轮搜索的第一步沿负梯度方向搜索,后续各步沿上一步的共轭方向搜索,每一轮搜索 n 步,此即为共轭梯度法,其搜索路

径如图 3-23 所示。

2. 搜索方向

(1)第一步的搜索方向——负梯度方向

第一步的搜索方向与最速下降法相同,为负梯度方向,即

$$S^{(0)} = -\nabla F(X^{(0)}) = -g_0 \tag{3-61}$$

沿负梯度方向,从 $X^{(0)}$ 出发找到 $X^{(1)}$。

(2)以后各步的搜索方向——共轭方向

第二步及以后各步的搜索方向为上一步搜索方向的共轭方向,该共轭方向由上一步搜索方向的一部分与当前搜索出发点 $X^{(k+1)}$ 的负梯度方向线性叠加而成。

$$S^{(k+1)} = -\nabla F(X^{(k+1)}) + \beta S^{(k)} = -g_{k+1} + \beta S^{(k)} \tag{3-62}$$

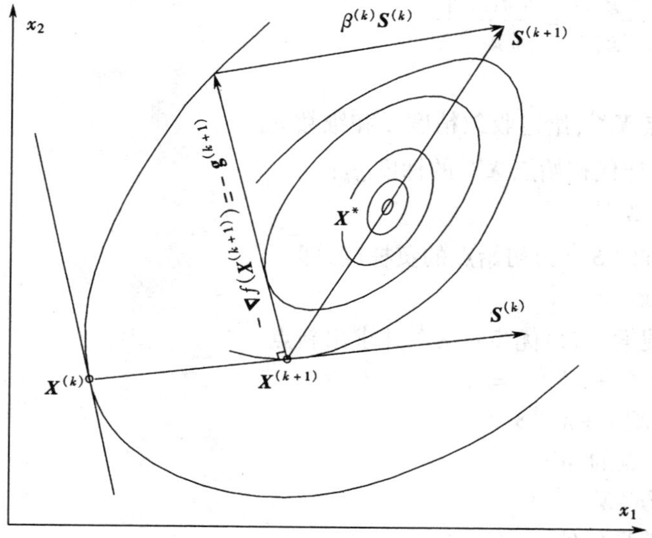

图 3-23 共轭梯度法的搜索线路

下面通过对正定二次函数 $F(X) = a + b^{\mathrm{T}}X + \frac{1}{2}X^{\mathrm{T}}AX$ 的讨论,导出式(3-62)表达的共轭方向。

构造 $S^{(k)}$ 的共轭方向 $S^{(k+1)}$,实际上就是确定式(3-62)中的 β。β 应使 n 维实空间中的两个非零向量 $S^{(k)}$ 和 $S^{(k+1)}$ 关于矩阵 A 共轭,亦即

$$[S^{(k+1)}]^{\mathrm{T}}AS^{(k)} = 0 \quad (k = 1, 2, \cdots, n) \tag{3-63}$$

而

$$g_k = \nabla F(X^{(k)}) = b + AX^{(k)}$$

$$g_{k+1} = \nabla F(X^{(k+1)}) = b + AX^{(k+1)}$$

二式相减

$$g_{k+1} - g_k = A[X^{(k+1)} - X^{(k)}]$$

将迭代公式 $X^{(k+1)} = X^{(k)} + \lambda^{(k)}S^{(k)}$ 代入上式,则

$$g_{k+1} - g_k = A\lambda^{(k)}S^{(k)} \quad (k = 1, 2, \cdots, n-1)$$

代入式(3-63),得

$$[\boldsymbol{S}^{(k+1)}]^{\mathrm{T}}\boldsymbol{A}\boldsymbol{S}^{(k)}=[\boldsymbol{S}^{(k+1)}]^{\mathrm{T}}(\boldsymbol{g}_{k+1}-\boldsymbol{g}_k)\frac{1}{\lambda^{(k)}}=0$$

亦即

$$[\boldsymbol{S}^{(k+1)}]^{\mathrm{T}}\boldsymbol{A}\boldsymbol{S}^{(k)}=[\boldsymbol{S}^{(k+1)}]^{\mathrm{T}}(\boldsymbol{g}_{k+1}-\boldsymbol{g}_k)=[-\boldsymbol{g}_{k+1}+\beta\boldsymbol{S}^{(k)}]^{\mathrm{T}}(\boldsymbol{g}_{k+1}-\boldsymbol{g}_k)=0 \tag{3-64}$$

因 $\boldsymbol{g}_{k+1},\boldsymbol{g}_k,\cdots,\boldsymbol{g}_0$ 为一正交系,故有

$$[\boldsymbol{g}_{k+1}]^{\mathrm{T}}\boldsymbol{g}_k=0$$

又

$$[\boldsymbol{g}_{k+1}]^{\mathrm{T}}\boldsymbol{S}^{(k)}=0 \tag{3-65}$$

式(3-64)可改写为

$$[\boldsymbol{g}_{k+1}]^{\mathrm{T}}\boldsymbol{g}_{k+1}-\beta[\boldsymbol{g}_k]^{\mathrm{T}}\boldsymbol{g}_k=0$$

得

$$\beta=\frac{[\boldsymbol{g}_{k+1}]^{\mathrm{T}}\boldsymbol{g}_{k+1}}{[\boldsymbol{g}_k]^{\mathrm{T}}\boldsymbol{g}_k}=\frac{\|\boldsymbol{g}_{k+1}\|^2}{\|\boldsymbol{g}_k\|^2} \tag{3-66}$$

3. 算法

①任选初始点 $\boldsymbol{X}^{(0)}$,给定收敛精度 ε 和维数 n。

②令 $k\Leftarrow 0$,求迭代初始点 $\boldsymbol{X}^{(k)}$ 的梯度 $\boldsymbol{g}_k$:

$$\boldsymbol{g}_k=\nabla F(\boldsymbol{X}^{(k)})$$

取第一次搜索的方向 $\boldsymbol{S}^{(0)}$ 为初始点的负梯度,即

$$\boldsymbol{S}^{(k)}=-\boldsymbol{g}_k$$

③进行一维搜索,求最优步长 $\lambda^{(k)}$ 并求出新点

$$\min \boldsymbol{F}(\boldsymbol{X}^{(k)}+\lambda\boldsymbol{S}^{(k)})\Rightarrow\lambda^{(k)}$$

$$\boldsymbol{X}^{(k+1)}=\boldsymbol{X}^{(k)}+\lambda^{(k)}\boldsymbol{S}^{(k)}$$

④计算 $\boldsymbol{X}^{(k+1)}$ 点的梯度

$$\boldsymbol{g}_{k+1}=\nabla F(\boldsymbol{X}^{(k+1)})$$

⑤收敛检查满足条件

$$\|\nabla F(\boldsymbol{X}^{(k+1)})\|<\varepsilon$$

则 $\boldsymbol{X}^*=\boldsymbol{X}^{(k)}$,计算结束;否则继续下一步。

⑥判断 $k+1$ 是否等于 n,若 $k+1=n$,则令 $\boldsymbol{X}^{(0)}\Leftarrow\boldsymbol{X}^{(k+1)}$,转步骤②;若 $k+1<n$,则继续下一步。

⑦计算

$$\beta=\frac{\|\boldsymbol{g}_{k+1}\|^2}{\|\boldsymbol{g}_k\|^2}$$

⑧确定下一步的搜索方向

$$\boldsymbol{S}^{(k+1)}=-\boldsymbol{g}_{k+1}+\beta\boldsymbol{S}^{(k)}$$

令 $k\Leftarrow k+1$,返回步骤③。

4. 讨论

共轭梯度法具有超线性收敛速度(1<收敛速度阶数<2),计算效率高于梯度法低于下面要介绍的牛顿法,但对初始点没有特殊要求,不需计算二阶偏导数矩阵及其逆矩阵,计算量与梯度法相当,小于牛顿法,适用于各种规模的问题。

3.4.4 牛顿法

1. 原始牛顿法

(1)原理

在点 $\boldsymbol{X}^{(k)}$ 的邻域内,用泰勒二次多项式近似代替原目标函数 $F(\boldsymbol{X})$,以该二次多项式的极小点作为 $F(\boldsymbol{X})$ 的下一个迭代点 $\boldsymbol{X}^{(k+1)}$,并逐渐逼近 $F(\boldsymbol{X})$ 的极小值点 $\boldsymbol{X}^*$。

牛顿法的搜索求优过程示意图如图 3-24 所示。图中 $f(x)$ 为一维函数,$\varphi(x)$ 为 $f(x)$ 在搜索初始点的二次泰勒多项式,$\varphi(x)$ 与 $f(x)$ 在搜索初始点处相切。

设 $F(\boldsymbol{X})$ 连续,且存在一、二阶偏导数。将 $F(\boldsymbol{X})$ 在点 $\boldsymbol{X}^{(k)}$ 展开为二次泰勒多项式

$$F(\boldsymbol{X}) \approx \boldsymbol{\Phi}(\boldsymbol{X}) = F_k + \boldsymbol{g}_k^{\mathrm{T}}\Delta\boldsymbol{X} + \frac{1}{2}\Delta\boldsymbol{X}^{\mathrm{T}}\boldsymbol{H}_k\Delta\boldsymbol{X} \tag{3-67}$$

式中

$$F_k = F(\boldsymbol{X}^{(k)})$$

$$\boldsymbol{g}_k = \nabla F(\boldsymbol{X}^{(k)})$$

$$\Delta\boldsymbol{X} = \boldsymbol{X} - \boldsymbol{X}^{(k)}$$

$$\boldsymbol{H}_k = \boldsymbol{H}(\boldsymbol{X}^{(k)}) = \left[\frac{\partial^2 F}{\partial x_i \partial x_j}\right] \qquad (i,j=1,2,\cdots,n)$$

$\boldsymbol{\Phi}(\boldsymbol{X})$ 存在极值的必要条件为

$$\nabla\boldsymbol{\Phi} = \boldsymbol{g}_k + \boldsymbol{H}_k\Delta\boldsymbol{X} = \boldsymbol{0} \tag{3-68}$$

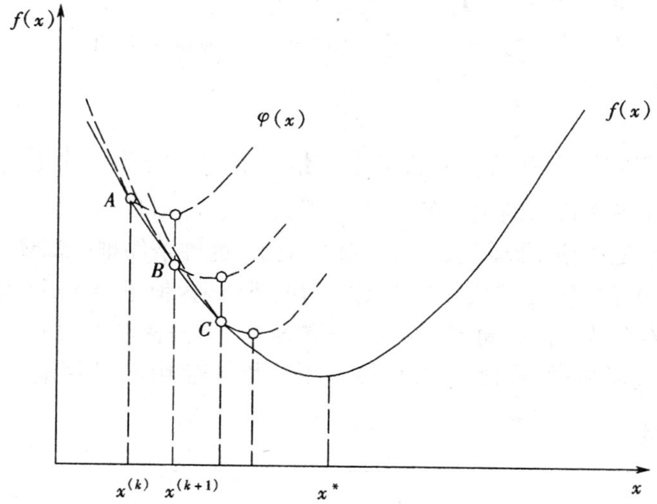

图 3-24 牛顿法的搜索求优过程

由式(3-68)可构造迭代公式

$$\boldsymbol{X}^{(k+1)} = \boldsymbol{X}^{(k)} - \boldsymbol{H}_k^{-1}\boldsymbol{g}_k \tag{3-69}$$

则原始牛顿法的搜索方向——牛顿方向为

$$\boldsymbol{S}^{(k)} = -\boldsymbol{H}_k^{-1}\boldsymbol{g}_k \tag{3-70}$$

搜索步长为固定值,$\lambda = 1$。

(2)原始牛顿法的特点

对于二次正定函数,牛顿法可以从任一点出发,一次迭代即可求出极小值点。对于非二次函数,在其极小值点附近,函数非常接近二次正定函数,可以很快地收敛于极小值点。

原始牛顿法的缺点:搜索步长恒定,且过大,可能出现目标函数值上升情况 $F(\boldsymbol{X}^{(k+1)}) > F(\boldsymbol{X}^{(k)})$,不是严格的下降算法。其原因在于,$\boldsymbol{X}^{(k+1)}$ 是泰勒近似二次多项式在牛顿方向上的极小值点,而非 $F(\boldsymbol{X})$ 在牛顿方向上的极小值点。

2. 阻尼牛顿法

为了克服牛顿法缺点,提出了修正牛顿法——阻尼牛顿法。修正方法是将恒定搜索步长改进为在牛顿方向上作一维搜索求最优步长。迭代式(3-69)修正为

$$\boldsymbol{X}^{(k+1)} = \boldsymbol{X}^{(k)} + \lambda^{(k)} \boldsymbol{S}^{(k)} \tag{3-71}$$

最优步长由一维搜索优化确定,即

$$\min F(\boldsymbol{X}^{(k)} + \lambda \boldsymbol{S}^{(k)}) \Rightarrow \lambda^{(k)} \tag{3-72}$$

3. 收敛准则

考虑牛顿法迭代中需要计算梯度,故可采用梯度准则作为收敛准则,即

$$\| \boldsymbol{g}_k \| = \| \nabla F(\boldsymbol{X}^{(k)}) \| < \varepsilon$$

4. 算法

①选择合适的初始点 $\boldsymbol{X}^{(0)}$,给定收敛精度 ε。

②求迭代点 $\boldsymbol{X}^{(k)}$ 的梯度 $\nabla F(\boldsymbol{X}^{(k)})$ 及其模 $\| \nabla F(\boldsymbol{X}^{(k)}) \|$。

③收敛检查。若满足梯度模准则条件式,则 $\boldsymbol{X}^* = \boldsymbol{X}^{(k)}$,计算结束;否则继续下一步。

④求迭代点 $\boldsymbol{X}^{(k)}$ 的黑塞矩阵 $\boldsymbol{H}_k$ 及其逆矩阵 $\boldsymbol{H}_k^{-1}$。

⑤构造 $\boldsymbol{X}^{(k)}$ 点得牛顿搜索方向并进行一维搜索,求最优步长 $\lambda^{(k)}$。

⑥求得下一个迭代点 $\boldsymbol{X}^{(k+1)}$;令 $k \Leftarrow k+1$,返回步骤②。

5. 讨论

①当 $F(\boldsymbol{X})$ 的黑塞矩阵 $\boldsymbol{H}_k$ 在迭代点处正定情况下($F(\boldsymbol{X})$ 为二次正定函数,或 $F(\boldsymbol{X})$ 虽为非二次函数,但在各迭代点的黑塞矩阵都能保证正定),则具有二阶收敛速度,是所有算法中收敛最快的,且是严格下降算法。在实际情况下,这种条件难以保证。

②对于阻尼牛顿法,$\boldsymbol{H}_k$ 在迭代点处不定的情况下,函数值不会上升,但不一定下降。

③黑塞矩阵 $\boldsymbol{H}_k$ 在迭代点处奇异情况下,不能求逆,无法构造牛顿方向,牛顿法失效。

④要求 $F(\boldsymbol{X})$ 二阶可微,需计算梯度、黑塞矩阵及其逆矩阵,计算量大。

3.4.5 变尺度法

1. 原理

梯度法的最大优点是初始点可任选,且开始几次迭代,目标函数值下降很快,其主要缺点是迭代点接近极小点时,即使对二次正定函数收敛也非常慢。牛顿法的最大优点是对二次正定函数迭代一次即收敛。人们自然会想到,吸取这两种方法的优点,克服其缺点的更好算法——变尺度法。

梯度法迭代公式

$$\boldsymbol{X}^{(k+1)} = \boldsymbol{X}^{(k)} - \lambda^{(k)} \nabla F(\boldsymbol{X}^{(k)})$$

牛顿法迭代公式

$$\boldsymbol{X}^{(k+1)} = \boldsymbol{X}^{(k)} - \lambda^{(k)} \boldsymbol{H}_k^{-1} \boldsymbol{g}_k$$

二者可统一为

$$\boldsymbol{X}^{(k+1)}=\boldsymbol{X}^{(k)}-\lambda^{(k)}\boldsymbol{A}_k\boldsymbol{g}_k \tag{3-73}$$

即变尺度法迭代公式。式中，$\boldsymbol{A}_k$ 为 $n\times n$ 阶对称矩阵。对于梯度法，$\boldsymbol{A}_k=\boldsymbol{E}$（单位矩阵）；对于牛顿法，$\boldsymbol{A}_k=\boldsymbol{H}_k^{-1}$。

变尺度法也称拟牛顿法，其基本思想是采用某种方法，人为地以递推方法构造一个 n 阶矩阵 $\boldsymbol{A}_k=\boldsymbol{A}(\boldsymbol{X}^{(k)})$，称为构造矩阵，以近似代替牛顿法中的黑塞矩阵的逆矩阵 $\boldsymbol{H}_k^{-1}$。通过在迭代过程中不断修正 $\boldsymbol{A}_k$，使它在有限次迭代中能不断逼近 $\boldsymbol{H}_k^{-1}$。当迭代点逼近最优点时，$\boldsymbol{A}_k$ 趋近于 $\boldsymbol{H}_k^{-1}$，此时既发挥了牛顿法收敛快的优点，又避免了求黑塞矩阵及其逆矩阵的繁杂计算。

变尺度法的搜索方向为

$$\boldsymbol{S}^{(k)}=-\boldsymbol{A}_k\boldsymbol{g}_k \tag{3-74}$$

为保证迭代过程中函数值始终下降，即 $F(\boldsymbol{X}^{(k+1)})<F(\boldsymbol{X}^{(k)})$，要求 $\boldsymbol{S}^{(k)}$ 与 $-\boldsymbol{g}_k$ 夹角为锐角，即

$$[\boldsymbol{S}^{(k)}]^{\mathrm{T}}[-\boldsymbol{g}_k]>0$$

则

$$[-\boldsymbol{A}_k\boldsymbol{g}_k]^{\mathrm{T}}[-\boldsymbol{g}_k]>0$$

即

$$[\boldsymbol{g}_k]^{\mathrm{T}}\boldsymbol{A}_k\boldsymbol{g}_k>0$$

亦即 $\boldsymbol{A}_k$ 为正定矩阵。

下面导出构造矩阵 $\boldsymbol{A}_k$ 应满足的另一个条件——拟牛顿条件。考察目标函数梯度与黑塞矩阵间的关系。由目标函数在 $\boldsymbol{X}^{(k)}$ 点的泰勒二次展开式

$$F(\boldsymbol{X})\approx F_k+\boldsymbol{g}_k^{\mathrm{T}}\Delta\boldsymbol{X}+\frac{1}{2}\Delta\boldsymbol{X}^{\mathrm{T}}\boldsymbol{H}_k\Delta\boldsymbol{X}$$

可得

$$\boldsymbol{g}=\nabla F(\boldsymbol{X})=\boldsymbol{g}_k+\boldsymbol{H}_k\Delta\boldsymbol{X}$$

$$\boldsymbol{g}_{k+1}=\nabla F(\boldsymbol{X}^{(k+1)})=\boldsymbol{g}_k+\boldsymbol{H}_k\Delta\boldsymbol{X}^{(k)}$$

即

$$\Delta\boldsymbol{g}_k=\boldsymbol{g}_{k+1}-\boldsymbol{g}_k=\boldsymbol{H}_k\Delta\boldsymbol{X}^{(k)}$$

亦即

$$\Delta\boldsymbol{X}^{(k)}=\boldsymbol{H}_k^{-1}\Delta\boldsymbol{g}_k \tag{3-75}$$

上式表明了 $\Delta\boldsymbol{X}^{(k)}$、$\boldsymbol{H}_k^{-1}$ 和 $\Delta\boldsymbol{g}_k$ 三者间的关系。根据拟牛顿法关于构造矩阵的递推思想，即通过当前的迭代结果计算下次的构造矩阵 $\boldsymbol{A}_{k+1}$，且使 $\boldsymbol{A}_k$ 逼近 $\boldsymbol{H}_k^{-1}$，$\boldsymbol{A}_k$ 应满足

$$\Delta\boldsymbol{X}^{(k)}=\boldsymbol{A}_{k+1}\Delta\boldsymbol{g}_k \tag{3-76}$$

上式即为拟牛顿条件（或变尺度条件）。

由满足拟牛顿条件和正定条件的构造矩阵 $\boldsymbol{A}_k$ 和梯度 $\boldsymbol{g}_k$ 构成的搜索方向 $\boldsymbol{S}^{(k)}=-\boldsymbol{A}_k\boldsymbol{g}_k$ 是共轭方向，而且对非二次函数来说，比其他方法产生的共轭方向的共轭性更好（证明略）。

变尺度法的迭代形式与牛顿法类似，而且搜索方向不断向牛顿方向逼近，所以也称拟牛顿法。这种算法仅用到梯度，不必计算黑塞矩阵及其逆矩阵，又能使搜索方向逐渐逼近牛顿方向，因而具有较快收敛速度。

由于 $\boldsymbol{A}_k$ 是不断变化的，它使搜索方向不断向牛顿方向逼近，故可把 $\boldsymbol{A}_k$ 看做是变化的尺度矩阵，这就是变尺度法名称的由来。梯度法和牛顿法也属于变尺度法的范畴。

构造矩阵递推公式的一般形式为

$$\boldsymbol{A}_{k+1}=\boldsymbol{A}_k+\Delta\boldsymbol{A}_k \tag{3-77}$$

一般取

$$\boldsymbol{A}_0=\boldsymbol{E}(\text{单位矩阵}) \tag{3-78}$$

构造 $\Delta\boldsymbol{A}_k$ 的方法不同,可演变出不同的变尺度法。

2. DFP 变尺度法与 BFGS 变尺度法

由 W. C. Davidon 提出并经 R. Fletcher 和 M. J. D. Powell 修改的 $\Delta\boldsymbol{A}_k$ 的构造法,即所谓的 DFP 变尺度法。表示为

$$\Delta\boldsymbol{A}_k=\frac{\Delta\boldsymbol{X}^{(k)}[\Delta\boldsymbol{X}^{(k)}]^{\mathrm{T}}}{[\Delta\boldsymbol{X}^{(k)}]^{\mathrm{T}}\Delta\boldsymbol{g}_k}-\frac{\boldsymbol{A}_k\Delta\boldsymbol{g}_k[\Delta\boldsymbol{g}_k]^{\mathrm{T}}\boldsymbol{A}_k}{[\Delta\boldsymbol{g}_k]^{\mathrm{T}}\boldsymbol{A}_k\Delta\boldsymbol{g}_k} \tag{3-79}$$

DFP 变尺度法在梯度容易求得的情况下非常有效。对于 $n>100$ 的多维问题,由于收敛快,效果好,被认为是无约束优化问题的最有效的方法之一。缺点是 $\boldsymbol{A}_k$ 计算较复杂,由于计算舍入误差,致使该法存在数值稳定性不够理想的情况。基于此,20 世纪 70 年代初由 C. G. Broyden、R. Fletcher、D. Goldfarb 和 D. F. Shanno 提出了另一种方法——BFGS 变尺度法。该法较 DFP 变尺度法有较好的数值稳定性,是目前最成功的一种变尺度法。

BFGS 变尺度法与 DFP 变尺度法的区别在于 $\Delta\boldsymbol{A}_k$ 计算公式不同。BFGS 变尺度法的 $\Delta\boldsymbol{A}_k$ 计算公式为

$$\Delta\boldsymbol{A}_k=\frac{1}{[\Delta\boldsymbol{X}^{(k)}]^{\mathrm{T}}\Delta\boldsymbol{g}_k}\left\{\Delta\boldsymbol{X}^{(k)}[\Delta\boldsymbol{X}^{(k)}]^{\mathrm{T}}+\frac{\Delta\boldsymbol{X}^{(k)}[\Delta\boldsymbol{X}^{(k)}]^{\mathrm{T}}[\Delta\boldsymbol{g}_k]^{\mathrm{T}}\boldsymbol{A}_k\Delta\boldsymbol{g}_k}{[\Delta\boldsymbol{X}^{(k)}]^{\mathrm{T}}\Delta\boldsymbol{g}_k}\right\} \tag{3-80}$$

3. 变尺度法的计算步骤

①任选初始点 $\boldsymbol{X}^{(0)}$,给定收敛精度 ε 和维数 n,计算迭代始点 $\boldsymbol{X}^{(0)}$ 的梯度 $\boldsymbol{g}_0$。

②令 $k\Leftarrow 0$,$\boldsymbol{A}_k=\boldsymbol{A}_0=\boldsymbol{E}$(单位矩阵)。

③收敛检查。满足条件 $\|\boldsymbol{g}_k\|<\varepsilon$,则 $\boldsymbol{X}^*=\boldsymbol{X}^{(k)}$,计算结束;否则继续下一步。

④构造搜索的方向 $\boldsymbol{S}^{(k)}=-\boldsymbol{A}_k\boldsymbol{g}_k$,进行一维搜索,求最优步长 $\lambda^{(k)}$ 并求出新点

$$\min F(\boldsymbol{X}^{(k)}+\lambda\boldsymbol{S}^{(k)})\Rightarrow\lambda^{(k)}$$

$$\boldsymbol{X}^{(k+1)}=\boldsymbol{X}^{(k)}+\lambda^{(k)}\boldsymbol{S}^{(k)}$$

⑤计算 $\boldsymbol{X}^{(k+1)}$ 点的梯度

$$\boldsymbol{g}_{k+1}=\nabla F(\boldsymbol{X}^{(k+1)})$$

⑥按变尺度公式计算 $\Delta\boldsymbol{A}_k$ 及 $\boldsymbol{A}_{k+1}$。

⑦置 $k\Leftarrow k+1$。若 $k<n$,则转步骤④;否则转步骤②。

3.5 多维约束优化方法

机械优化设计问题绝大多数属于多维有约束优化(非线性规划和线性规划)。其数学模型可表示为

$$\left.\begin{aligned}&\min F(\boldsymbol{X})\\&\boldsymbol{X}\in\boldsymbol{D}\subset\boldsymbol{R}^n\\&\boldsymbol{D}:g_j(\boldsymbol{X})\leqslant 0,j=1,2,\cdots,m;h_j(\boldsymbol{X})=0,j=m+1,m+2,\cdots,p\end{aligned}\right\} \tag{3-81}$$

或

$$\left.\begin{aligned}&\min F(\boldsymbol{X})\\&\text{s. t. } g_j(\boldsymbol{X})\leqslant 0,j=1,2,\cdots,m;h_j(\boldsymbol{X})=0,j=m+1,m+2,\cdots,p\end{aligned}\right\}$$

即在由约束条件限定的可行域 $\boldsymbol{D}$ 内寻求 $F(\boldsymbol{X})$ 的最优点——约束最优点。约束最优点不一定是目标函数的自然最优点，如图 3-25(a)所示。目标函数是凸函数，约束条件限定的可行域是在一个凸集的条件下，约束最优点就是全局最优点；否则将由于搜索初始点的不同，而使搜索收敛于不同的局部最优点上，如图 3-25(b)所示。为了得到全局最优解，在搜索过程中，最好能改变初始点，如果从不同的初始点出发，搜索均收敛于同一个最优点，则该点就极可能成为全局最优解。

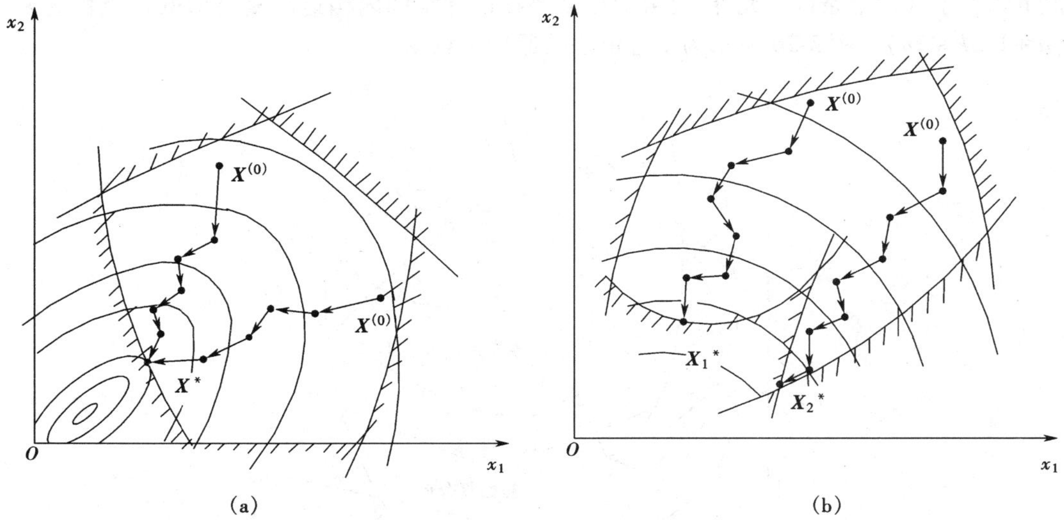

图 3-25　可行域形状对约束最优解的影响

(a)可行域为凸集；(b)可行域为非凸集

求解约束优化问题的基本思路仍是数值搜索。对于多维有约束线性优化问题(线性规划)，主要的求解方法是单纯形法。多维有约束非线性优化问题的求解方法较多，其分类如表 3-2 所示。

在多维有约束非线性优化问题的求解方法中，直接法不需要利用目标函数和约束函数的梯度，可直接利用迭代点和目标函数值的信息来构造搜索方向。间接法一般要利用目标函数和约束函数的梯度。很多约束优化方法是通过对约束条件的处理，将约束优化问题转变成无约束优化问题，利用无约束优化方法来求解，可见无约束优化方法也是约束优化方法的基础。

表 3-2　多维有约束非线性优化(非线性规划)方法

直接法(不等式约束)	间接法(不等式约束、等式约束)
(1)网格法 (2)分层降维枚举法 (3)复合形法 (4)随机试验法 (5)随机方向法 (6)可变容差法	(1)罚函数法 ①内点罚函数法 ②外点罚函数法 ③混合罚函数法 (2)精确罚函数法 (3)广义乘子法 (4)广义简约梯度法 (5)约束变尺度法 (6)可行方向法

3.5.1 复合形法

1. 原理

复合形法是求解约束优化问题的一种重要的直接解法。它源自无约束优化问题的单纯形法,是单纯形法在约束优化问题中的发展。它与单纯形法的不同点在于,初始复合形的各顶点要满足约束条件(为可行点),在随后的复合形顶点的选择与替换中,要同时满足函数值下降要求和约束条件。此外,复合形法需要在设计空间内构造的复合形的顶点数为 k 个 $(n+1 \leqslant k \leqslant 2n)$。图 3-26 所示为复合形法的原理示意图。

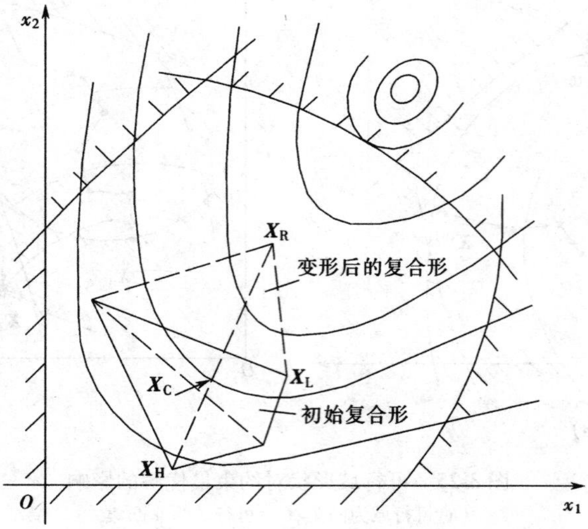

图 3-26 复合形法原理示意图

2. 算法

(1)形成初始复合形

①在设计变量少、约束函数简单的情况下,可由设计者决定 k 个可行点,构成初始复合形。

②当设计变量较多或约束函数复杂时,由设计者决定 k 个可行点常常很困难。这时可采用以下方法生成初始复合形。

选定一个可行点作为初始顶点 $\boldsymbol{X}_1^{(0)}$(控制初始复合形的位置),其余的 $k-1$ 个可行点用随机法产生。各顶点按下式计算:

$$\boldsymbol{X}_i^{(0)} = \boldsymbol{a} + q_i(\boldsymbol{b} - \boldsymbol{a}) \quad (i = 2, 3, \cdots, k) \tag{3-82}$$

式中 $\boldsymbol{X}_i$——复合形的第 k 个顶点;

$\boldsymbol{a}$、$\boldsymbol{b}$——设计变量的上、下限向量;

q_i——(0,1)区间内的伪随机数。

用式(3-82)计算得到的 $k-1$ 个随机点不一定都在可行域内,因此要设法将非可行点移到可行域内。通常采用的方法是先求出可行域内 q 个顶点 $\boldsymbol{X}_1^{(0)}, \boldsymbol{X}_2^{(0)}, \cdots, \boldsymbol{X}_q^{(0)}$ 的中心点 $\boldsymbol{X}_C$,即

$$\boldsymbol{X}_C = \frac{1}{q}\sum_{i=1}^{q} \boldsymbol{X}_i \tag{3-83}$$

然后将非可行点 $X_{q+1}^{(0)}, X_{q+2}^{(0)}, \cdots, X_k^{(0)}$ 向中心点 X_C 移动，得新点

$$\begin{aligned} X_{q+1}^{(0)} &= X_{q+1}^{(0)} + \beta(X_{q+1}^{(0)} - X_C) \\ &\vdots \\ X_k^{(0)} &= X_k^{(0)} + \beta(X_k^{(0)} - X_C) \end{aligned} \tag{3-84}$$

一般取 $\beta = 0.5$。若某一点仍为不可行点，则利用上式使其继续向中心点移动。只要中心点为可行点，$k-1$ 个点经过上述处理后，最终全部成为可行点，并构成初始复合形。

③由计算机自动生成初始复合形的全部顶点。方法是首先随机产生一个可行点，然后按②产生其余的 $k-1$ 个可行点。这种方法对设计者来说最为简单，但因初始复合形在可行域内的位置不能控制，可能会给以后的计算带来困难。

(2)复合形法的搜索方法和计算步骤

①计算各顶点函数值，$F_i = F(X_i)$；比较函数值的大小，确定最好点 X_L、最差点 X_H、次差点 X_G，即

$$\left.\begin{aligned} &F_L = F(X_L) = \min F(X_i) \quad (i = 1, 2, \cdots, k) \\ &F_H = F(X_H) = \max F(X_i) \quad (i = 1, 2, \cdots, k) \\ &F_G = F(X_G) = \max F(X_i) \quad (i = 1, 2, \cdots, k; i \neq \mathrm{H}) \\ &F_H > F_G > F_L \end{aligned}\right\} \tag{3-85}$$

②计算 X_H 点之外各点的“重心”X_C，即

$$X_C = \frac{1}{k-1}\left(\sum_{i=1}^{k} X_i - X_H\right) \tag{3-86}$$

③如果 X_C 在可行域内，则沿 $X_H X_C$ 方向上作 X_H 点相对于 X_C 点的反射点 X_R

$$X_R = X_C + \alpha(X_C - X_H)$$

式中　α——反射系数，一般取 $\alpha = 1.3$。

判别反射点 X_R 是否为可行点，如在可行域外，则将 α 减半，重新计算反射点，直至满足全部约束。

④如果中心点 X_C 不在可行域内，可行域则可能为非凸集(图 3-27)。为了将 X_C 移至可行域内，以 X_C 和 X_L 为界，重新利用伪随机数产生 k 个新的顶点，构成新的复合形(算法和计算步骤见形成初始复合形)。此时，变量的上、下限修改如下。

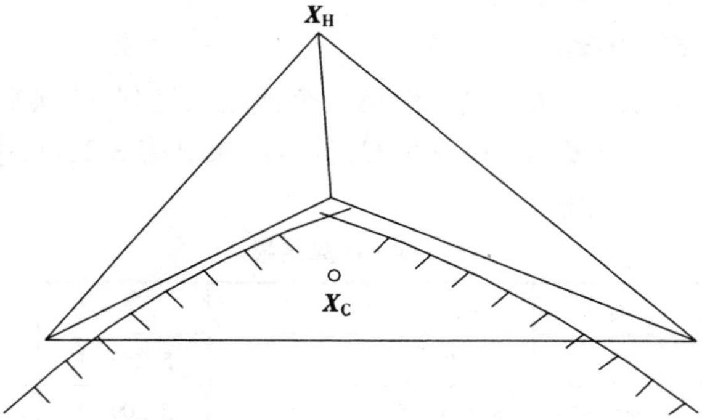

图 3-27　中心点 X_C 不在可行域内

若 $x_{Li} < x_{Ci} (i = 1, 2, \cdots, n)$，则

$$\left.\begin{aligned} a_i &= x_{Li} \\ b_i &= x_{Ci} \end{aligned}\right\} \quad (i=1,2,\cdots,n) \tag{3-87}$$

否则相反。重复①、②，直至 $\boldsymbol{X}_C$ 及 $\boldsymbol{X}_H$ 点相对于 $\boldsymbol{X}_C$ 点的反射点 $\boldsymbol{X}_R$ 都进入可行域为止。

⑤计算 $F(\boldsymbol{X}_R)$，如果 $F(\boldsymbol{X}_R)<F(\boldsymbol{X}_H)$，则用 $\boldsymbol{X}_R$ 代替 $\boldsymbol{X}_H$ 构成新复合形，转入①开始下一轮搜索；否则继续⑥。

⑥如果 $F(\boldsymbol{X}_R)>F(\boldsymbol{X}_H)$，则将 α 减半，重新计算 $\boldsymbol{X}_R$，直至 $F(\boldsymbol{X}_R)<F(\boldsymbol{X}_H)$。若 $F(\boldsymbol{X}_R)<F(\boldsymbol{X}_H)$ 且 $\boldsymbol{X}_R$ 为可行点，转⑤；若经过若干次 α 减半的计算，使 α 值小于给定的很小的正数 $\zeta(\zeta=10^{-5})$ 时，仍不能找到正确的反射点，将最差点 $\boldsymbol{X}_H$ 换为次差点 $\boldsymbol{X}_G$ 并转入②。当复合形收缩到很小时

$$\max_{1\leqslant i\leqslant k}\|\boldsymbol{X}_i-\boldsymbol{X}_C\|<\varepsilon_1 \tag{3-88}$$

或各顶点目标函数值满足

$$\left\{\frac{1}{k}\sum_{i=1}^{k}[F(\boldsymbol{X}_i)-F(\boldsymbol{X}_C)]^2\right\}^{\frac{1}{2}}<\varepsilon_2 \tag{3-89}$$

时，停止迭代，$\boldsymbol{X}^*=\boldsymbol{X}_L$ 即为最优解。

以上①～⑥是只含反射的基本复合形法及其迭代计算步骤。反射是复合形法的一种主要寻优搜索算法。除反射算法外，在复合形寻优搜索中还可采用将反射点扩张、压缩，复合形向最好点收缩，将 $\boldsymbol{X}_H$ 在 $\boldsymbol{X}_H$、$\boldsymbol{X}_L$、$\boldsymbol{X}_C$ 决定的平面内绕最好点 $\boldsymbol{X}_L$ 旋转某一角度并向 $\boldsymbol{X}_L$ 靠拢等算法。算法的细节可参考有关书籍。

3. 讨论

①复合形法无须计算目标函数的一、二阶导数，也无须进行一维搜索优化，因此对目标函数和约束函数无特殊要求，对约束优化问题的适应性较强，算法较简单，但随着问题维数和约束条件的增多，计算效率显著降低。当 $n\leqslant5$ 时，可取复合形的顶点数 $k=2n$；当 $n>5$ 时，可适当减少顶点数，但不能少于 $n+1$ 个。

②复合形法一般仅适用于不等式约束。

例 3-6 求解约束优化问题：

$$\min F(\boldsymbol{X})=(x_1-5)^2+4(x_2-6)^2$$
$$\text{s.t.}\quad g_1(\boldsymbol{X})=64-x_1^2-x_2^2\leqslant0$$
$$g_2(\boldsymbol{X})=x_2-x_1-10\leqslant0$$
$$g_3(\boldsymbol{X})=x_1-10\leqslant0$$

初始点取 $[8\quad 14]^T$（给定的初始复合形第一个顶点），迭代 67 次后的近似最优解为 $\boldsymbol{X}^*=[5.219\ 75\quad 6.062\ 53]^T$，$F(\boldsymbol{X}^*)=0.063\ 93$，计算结果见表 3-3，问题图解如图 3-28 所示。

表 3-3 计算结果

k	x_1	x_2	$F(X)$	k	x_1	x_2	$F(X)$
0	8	14	100	40	5.255 61	6.060 49	0.079 97
10	4.435 21	6.901 64	3.570 084	50	5.209 52	6.073 03	0.065 23
20	5.353 14	6.682 38	1.987 28	60	5.219 75	6.062 53	0.064 02
30	6.586 04	6.060 63	0.358 13	67	5.219 75	6.062 53	0.063 93

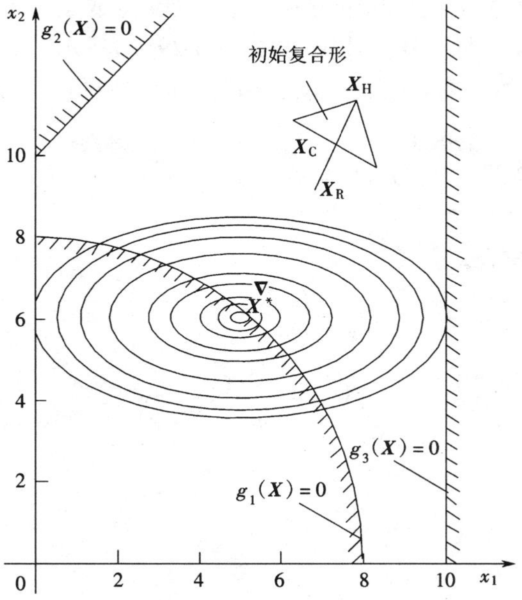

图 3-28　例 3-6 优化问题图解

3.5.2　可行方向法

可行方向法是利用梯度求解有约束非线性优化问题的一种有代表性的间接搜索方法，是求解大型约束优化问题的主要方法之一，其收敛速度快，效果较好，适用于大中型约束优化问题。

1. 原理

可行方向法是求解不等式约束优化问题

$$\min F(\boldsymbol{X})$$

$$\text{s.t. } g_j(\boldsymbol{X}) \leqslant 0, j=1,2,\cdots,m$$

的一种间接算法。这种算法的基本思路是，从可行域内的一个可行点出发，选择一个合适的搜索方向 $\boldsymbol{S}^{(k)}$ 和步长 $\lambda^{(k)}$，使产生的下一个相对较优的迭代点

$$\boldsymbol{X}^{(k+1)} = \boldsymbol{X}^{(k)} + \lambda^{(k)}\boldsymbol{S}^{(k)}$$

既不超出可行域，又使目标函数值有所下降。也就是说使新的迭代点同时满足

$$g_j(\boldsymbol{X}^{(k+1)}) \leqslant 0, j=1,2,\cdots,m \tag{3-90}$$

$$F(\boldsymbol{X}^{(k+1)}) < F(\boldsymbol{X}^{(k)}) \tag{3-91}$$

满足以上两式的方向分别称可行方向和下降方向，同时满足上述条件的方向称为可行下降方向。

可见，从任意初始点出发，只要始终沿着可行下降方向进行约束一维搜索（不超出可行域），就能保证迭代点既不超出可行域又使目标函数的值逐渐下降，也能保证迭代点逐步逼近约束优化问题的最优点。

当点 $\boldsymbol{X}^{(k)}$ 位于可行域内时，从该点出发的任意方向 $\boldsymbol{S}^{(k)}$ 上都必然存在满足可行条件式(3-90)的可行点。因此所有方向都是可行方向，如图 3-29(a)所示。

当点 $\boldsymbol{X}^{(k)}$ 位于某一起作用约束边界上时，可行方向与约束函数的梯度相交成钝角，如图

3-29(b)所示。同理,当点位于几个起作用约束边界的交点或交线上时,可行方向中必须与该点的每一个起作用约束的梯度相交成钝角,如图3-29(c)所示。

此外,函数在点 $X^{(k)}$ 的下降方向必与该点梯度方向成钝角。于是可行下降方向 $S^{(k)}$ 必须满足

$$\left.\begin{aligned}&[\nabla g_j(X^{(k)})]^{\mathrm{T}}S^{(k)}<0 \quad (j\in I)\\&[\nabla F(X^{(k)})]^{\mathrm{T}}S^{(k)}<0\end{aligned}\right\} \tag{3-92}$$

式中,I 为起作用约束的集合。

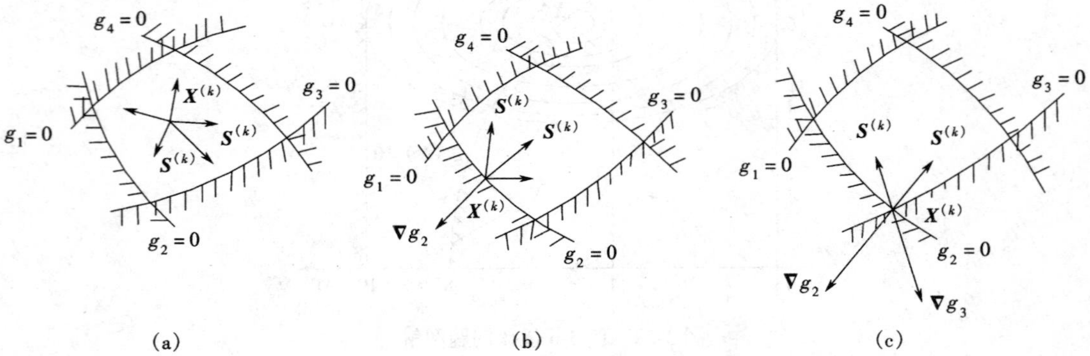

图3-29 可行方向

(a)所有方向都是可行方向;(b)可行方向与约束函数 g_2 梯度成钝角;

(c)可行方向与每一个起作用约束 g_2、g_3 的梯度相交成钝角

在一个点的所有可行下降方向中,使目标函数取得最大下降量的方向称为最佳可行下降方向。迭代计算应以最佳可行下降方向为搜索方向,最优搜索步长应使目标函数满足约束条件。

2. 算法

(1)可行域内的最佳可行下降方向

当点 $X^{(k)}$ 处于可行域内时,目标函数的负梯度就是最佳可行下降方向,即

$$S^{(k)}=-\nabla F(X^{(k)}) \tag{3-93}$$

(2)可行域边界上的最佳可行下降方向

当点 $X^{(k)}$ 处于几个起作用约束的交点或交线上时,最佳可行下降方向可采用随机法或线性规划法获得。

1)随机法　随机法产生搜索方向的方法是在 $X^{(k)}$ 点利用随机数的概率特性产生 N 个随机方向 $S^{(j)}(j=1,2,\cdots,N)$,然后按式(3-92)检验假定有 Q 个可行下降方向,则最佳可行下降方向为

$$[\nabla F(X^{(k)})]^{\mathrm{T}}S^{(k)}=\min\{[\nabla F(X^{(k)})]^{\mathrm{T}}S^{(j)}\} \quad (j=1,2,\cdots,Q) \tag{3-94}$$

2)线性规划法　根据可行下降方向的条件式(3-93)和式(3-94),最佳可行下降方向的求解可归结为求向量 $S=[s_1,s_2,\cdots,s_n]^{\mathrm{T}}$,使

$$\begin{aligned}&\min\ \Phi(S)=[\nabla F(X^{(k)})]^{\mathrm{T}}S\\&\text{s.t.}\ [\nabla g_j(X^{(k)})]^{\mathrm{T}}S^{(k)}<0 \quad (j\in I)\\&\qquad -1\leqslant s_i\leqslant 1 \quad (i=1,2,\cdots,n)\end{aligned} \tag{3-95}$$

由于 $\nabla F(X^{(k)})$ 和 $\nabla g_j(X^{(k)})$ 均为常数向量,因此上式是一个线性规划问题。

获得最佳可行下降方向后，沿该方向采用黄金分割法或插值法进行约束一维搜索，求得最佳步长，由此构成的迭代算法就是可行方向法。

3. 计算步骤

①给定初始点 $\boldsymbol{X}^{(0)}$、收敛精度 ε 和约束容限 $\delta>0$，放宽约束限制，置 $k \Leftarrow 0$。

②确定点 $\boldsymbol{X}^{(k)}$ 的起作用约束集合

$$I=j \mid g_j(\boldsymbol{X}^{(k)})=\delta, j=1,2,\cdots,m$$

③终止判断。当 I 为空集，点 $\boldsymbol{X}^{(k)}$ 在可行域内时，若 $\|\nabla F(\boldsymbol{X}^{(k)})\|<\varepsilon$，令 $\boldsymbol{X}^*=\boldsymbol{X}^{(k)}$，$F(\boldsymbol{X}^*)=F(\boldsymbol{X}^{(k)})$，终止计算；否则令 $\boldsymbol{S}^{(k)}=-\nabla F(\boldsymbol{X}^{(k)})$，转步骤⑤；当 I 为非空集，转步骤⑤。

④求解线性规划问题式(3-95)，求解方法参见 3.5.4。

⑤沿最佳可行下降方向 $\boldsymbol{S}^{(k)}$ 作约束一维搜索，得最佳步长，进而得 $\boldsymbol{X}^{(k+1)}$。

⑥收敛判断。若 $\boldsymbol{X}^{(k+1)}$ 满足 K-T 条件，令 $\boldsymbol{X}^*=\boldsymbol{X}^{(k+1)}$，$F(\boldsymbol{X}^*)=F(\boldsymbol{X}^{(k+1)})$，终止计算；否则，置 $k \Leftarrow k+1$，转步骤②。

3.5.3 罚函数法

1. 原理

对于约束优化问题

$$\left.\begin{aligned}&\min F(\boldsymbol{X})\\&\boldsymbol{X}\in\boldsymbol{D}\subset\boldsymbol{R}^n\\&\boldsymbol{D}: g_j(\boldsymbol{X})\leqslant 0,\quad j=1,2,\cdots,m;\\&\quad h_j(\boldsymbol{X})=0,\quad j=m+1,m+2,\cdots,p\end{aligned}\right\}\tag{3-96}$$

借鉴拉格朗日函数的思想，把该约束优化问题转化为一个等价的序列无约束极小化问题，即

$$\left.\begin{aligned}&P(\boldsymbol{X},r^{(k)},M^{(k)})=F(\boldsymbol{X})+r^{(k)}\sum_{j=1}^{m}G[g_j(\boldsymbol{X})]+M^{(k)}\sum_{j=m+1}^{p}E[h_j(\boldsymbol{X})]\\&\min P(\boldsymbol{X},r^{(k)},M^{(k)})\\&\boldsymbol{X}\in\boldsymbol{R}^n\end{aligned}\right\}\tag{3-97}$$

式中 $P(\boldsymbol{X},r^{(k)},M^{(k)})$——罚函数；

$G[g_j(\boldsymbol{X})]$，$E[h_j(\boldsymbol{X})]$——$g_j(\boldsymbol{X})$、$h_j(\boldsymbol{X})$ 的泛函；

$r^{(k)}$、$M^{(k)}$——罚因子，分别为随迭代次数 k 递减和递增的序列；

$r^{(k)}\sum_{j=1}^{m}G[g_j(\boldsymbol{X})]$，$M^{(k)}\sum_{j=m+1}^{p}E[h_j(\boldsymbol{X})]$——惩罚项，需满足下式要求

$$\left.\begin{aligned}&r^{(k)}\sum_{j=1}^{m}G[g_j(\boldsymbol{X})]\geqslant 0\\&M^{(k)}\sum_{j=m+1}^{p}E[h_j(\boldsymbol{X})]\geqslant 0\end{aligned}\right\}\tag{3-98}$$

则有

$$P(\boldsymbol{X},r^{(k)},M^{(k)})\geqslant F(\boldsymbol{X})\tag{3-99}$$

$P(\boldsymbol{X},r^{(k)},M^{(k)})$ 的无约束优化解为序列 $\{\boldsymbol{X}^{*(k)}\}$。随着 k 增大，$P(\boldsymbol{X},r^{(k)},M^{(k)})$ 应不断向 $F(\boldsymbol{X})$ 逼近，其极限状态为：在极值点附近，二者重合；此时极值点 $\boldsymbol{X}^*$ 既是罚函数的无约

束最优点，也是目标函数的约束最优点，而序列$\{X^{*(k)}\}$的极限也应为X^*。

为使 $\min P(X,r^{(k)},M^{(k)})$收敛于约束问题的最优解，惩罚项必须具有以下性质：

$$\left.\begin{aligned}&\lim_{k\to\infty} r^{(k)}\sum_{j=1}^{m} G[g_j(X)]=0\\&\lim_{k\to\infty} M^{(k)}\sum_{j=m+1}^{p} E[h_j(X)]=0\end{aligned}\right\}\tag{3-100}$$

罚函数法的一般求解过程是：定义泛函$G[g_j(X)]$和$E[h_j(X)]$，选择不同的$r^{(k)}$和$M^{(k)}$的递推序列$\{r^{(k)}\}$和$\{M^{(k)}\}$，每调整一次罚因子值，即对$P(X,r^{(k)},M^{(k)})$作一次无约束优化，可得一个无约束最优解，随着罚因子的不断调整，可得无约束最优解的序列$\{X^{*(k)}\}$，不断逼近有约束的最优解，当满足收敛准则后，则最后一个无约束问题的最优解就是约束优化问题的最优解。故它是一种序列求优过程。罚函数法常称为序列无约束极小化方法（Sequential Unconstrained Minimization Technique），简称 SUMT 法。

根据约束形式和定义的泛函及罚因子的递推方法的不同，罚函数法又可分为内点法、外点法和混合罚函数法三种。罚函数法是1968年由美国学者 A. V. 菲亚可和 G. P. 麦哥米克提出的，是求解多维约束优化问题的一种有效方法。

2. 内点法

内点法是求解不等式约束优化问题的有效方法，但不能处理等式约束。其特点是将构造的罚函数定义在可行域内，并在可行域内求罚函数的极值点。这要求求解罚函数无约束优化问题的搜索点总是在可行域内（实际上要求初始点在可行域内）。

（1）泛函与罚函数构造

对于约束优化问题

$$\left.\begin{aligned}&\min F(X)\\&X\in D\subset R^n\\&D: g_j(X)\leqslant 0,\quad j=1,2,\cdots,m\end{aligned}\right\}\tag{3-101}$$

其内点法罚函数的一般式为

$$P(X,r^{(k)})=F(X)-r^{(k)}\sum_{j=1}^{m}\frac{1}{g_j(X)}\tag{3-102}$$

或

$$P(X,r^{(k)})=F(X)+r^{(k)}\sum_{j=1}^{m}\left|\ln\frac{1}{-g_j(X)}\right|\tag{3-103}$$

式中$r^{(k)}$为内点法罚因子，是递减的正数序列，$\lim_{k\to\infty} r^{(k)}=0$。可取$r^{(k)}=cr^{(k-1)}$，$0<c<1$，常取$r^{(k)}=1,0.1,0.01,\cdots$

约束优化问题式（3-101）等价于序列无约束极小化问题

$$\min P(X,r^{(k)})$$
$$X\in R^n$$

内点法的泛函为

$$G[g(X)]=-\sum_{j=1}^{m}\frac{1}{g_j(X)}\tag{3-104}$$

或

$$G[g(X)]=\sum_{j=1}^{m}\left|\ln\frac{1}{-g_j(X)}\right|\tag{3-105}$$

内点法对泛函 $G[g(\boldsymbol{X})]$ 的要求如下：

①$G[g(\boldsymbol{X})]$ 是可行域 $\boldsymbol{D}$ 上的连续函数（采用需要梯度的优化方法时，需可导）；

②当 $\boldsymbol{X}$ 在可行域 $\boldsymbol{D}$ 内远离约束边界时，$G[g(\boldsymbol{X})]$ 具有相当小的正值，$\boldsymbol{X}$ 靠近约束边界时，$G[g(\boldsymbol{X})]$ 具有很大的正值（趋向无穷大）。

泛函构造式(3-104)和式(3-105)满足上述要求。泛函 $G[g(\boldsymbol{X})]$ 的作用是，当 $\boldsymbol{X}$ 在可行域内远离约束边界时，泛函是相当小的正值，惩罚项也是相当小的正值，这时惩罚项的惩罚作用很小，对罚函数影响很小；当 $\boldsymbol{X}$ 由可行域内靠近任一约束边界时，泛函具有很大的正值，越靠近边界，其正值越大，惩罚项的正值也越大，即罚函数的正值也越大，也就是"惩罚"作用越大。这样，泛函 $G[g(\boldsymbol{X})]$ 就好似以约束函数沿可行域边界构造了一道"围墙"，保证在迭代过程中的搜索点不会超出可行域。故 $G[g(\boldsymbol{X})]$ 也称为"围墙"函数或"障碍"函数。

罚因子 $r^{(k)}$ 的作用：由于内点法只能在可行域内迭代，而最优解很可能在可行域内靠近边界处或就在边界上，此时尽管泛函的值很大，但罚因子是不断递减的正值，经多次迭代，$\boldsymbol{X}^{*(k)}$ 向 $\boldsymbol{X}^*$ 靠近时，惩罚项已是很小的正值，因而仍能满足式(3-100)的要求。

上述结论也可从下例中各项数值的变化得出。

例 3-7 求解约束优化问题：

$$\min f(x)=\frac{x}{2} \tag{3-106}$$

$$x\in\boldsymbol{D}\subset\boldsymbol{R}^1$$

$$\boldsymbol{D}:g(x)=1-x\leqslant 0$$

解 采用内点法求解，先构造泛函及罚函数

$$G[g(x)]=-\frac{1}{g(x)}=-\frac{1}{1-x}$$

$$P(x,r^{(k)})=f(x)+r^{(k)}G[g(x)]=\frac{x}{2}-\frac{r^{(k)}}{1-x}$$

为了便于说明迭代过程，下面用解析法求极值

$$\frac{\mathrm{d}P}{\mathrm{d}x}=\frac{1}{2}-r^{(k)}\frac{1}{(1-x)^2}=0$$

$$x^{*(k)}=1+\sqrt{2r^{(k)}}$$

$$f(x^{*(k)})=\frac{1}{2}+\frac{1}{2}\sqrt{2r^{(k)}}$$

$$P(x^{*(k)},r^{(k)})=\frac{1}{2}+\sqrt{2r^{(k)}}$$

取初始罚因子 $r^{(0)}=0.25$，罚因子的递减率 $c=0.1$。

计算结果如表 3-4 和图 3-30 所示，从中可得出与前面讨论相同的结论。

表 3-4 迭代过程中近似极值点及其相关函数值($x^*=1,f(x^*)=0.5$)

k	$r^{(k)}$	$x^{*(k)}$	$f(x^{*(k)})$	$P(x^{*(k)},r^{(k)})$	$P(x,r^{(k)})$	$G[g(x^{*(k)})]$	$r^{(k)}G[g(x^{*(k)})]$
0	0.25	1.707	0.853 5	1.207 1	$\frac{x}{2}-\frac{0.25}{1-x}$	1.414 4	0.353 6

续表

k	$r^{(k)}$	$x^{*(k)}$	$f(x^{*(k)})$	$P(x^{*(k)},r^{(k)})$	$P(x,r^{(k)})$	$G[g(x^{*(k)})]$	$r^{(k)}G[g(x^{*(k)})]$
1	0.025	1.224	0.611 8	0.723 6	$\frac{x}{2}-\frac{0.025}{1-x}$	4.472 3	0.111 8
2	0.002 5	1.070 7	0.535 4	0.570 8	$\frac{x}{2}-\frac{0.0025}{1-x}$	14.144	0.035 36
3	0.000 25	1.022 4	0.511 2	0.522 4	$\frac{x}{2}-\frac{0.00025}{1-x}$	44.643	0.011 2
4	0.000 025	1.007 1	0.503 5	0.507 0	$\frac{x}{2}-\frac{0.000025}{1-x}$	140.845	0.003 5
5	0.000 002 5	1.002 2	0.501 1	0.502 2	$\frac{x}{2}-\frac{0.0000025}{1-x}$	454.545	0.001 1

(2)计算步骤

①在可行域内任选一严格初始内点 $\boldsymbol{X}^{(0)}$，最好不要靠近约束边界；选一适当大的初始罚因子 $r^{(0)}$ 和罚因子递减率 $0<c<1$，求罚函数 $P(\boldsymbol{X},r^{(0)})$ 的无约束极值点 $\boldsymbol{X}^{*(0)}$。

②递减罚因子 $r^{(1)}=cr^{(0)}$，以 $\boldsymbol{X}^{*(0)}$ 为初始点，求罚函数 $P(\boldsymbol{X},r^{(1)})$ 的无约束极值点 $\boldsymbol{X}^{*(1)}$。

③按 $r^{(k)}=cr^{(k-1)}$，$k=1,2,\cdots$，逐次递减罚因子，并依次取上一次迭代的极值点 $\boldsymbol{X}^{*(k-1)}$ 作为本次迭代的初始点，重复上述步骤，直至满足收敛精度，即得最优解 $\boldsymbol{X}^*$ 和最优值 $F(\boldsymbol{X}^*)$。

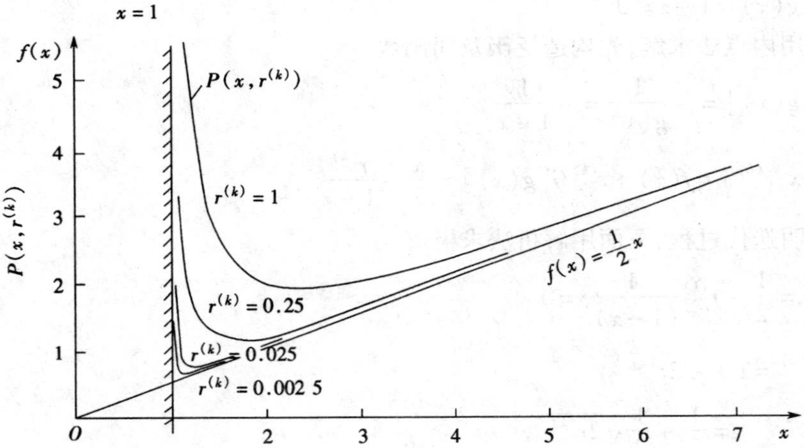

(a)

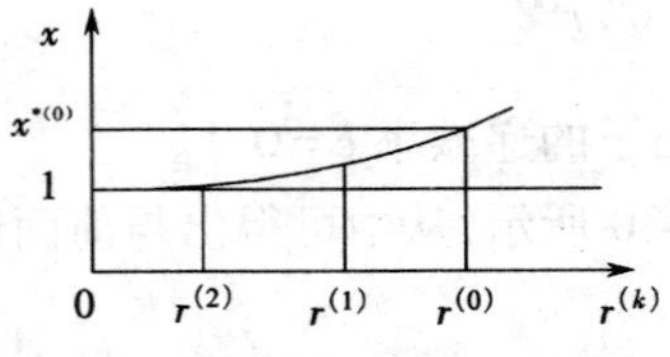

(b)

图 3-30　内点法的迭代过程

(a)函数极值的趋近过程；(b)随 $r^{(k)}$ 递减，趋近极值点的过程

(3)收敛判据

当前后两次迭代的极小值点相差很小时,即认为收敛。内点法收敛判据如下:

①两次迭代极小值点间距离满足精度要求

$$\| \boldsymbol{X}^{*(k)} - \boldsymbol{X}^{*(k-1)} \| \leqslant \varepsilon_1 \quad 或 \quad \frac{\| \boldsymbol{X}^{*(k)} - \boldsymbol{X}^{*(k-1)} \|}{\| \boldsymbol{X}^{*(k)} \|} \leqslant \varepsilon_2 \tag{3-107}$$

②两次迭代极小值点函数值之差满足精度要求

$$| P(\boldsymbol{X}^{*(k)}) - P(\boldsymbol{X}^{*(k-1)}) | \leqslant \varepsilon_3 \quad 或 \quad \frac{| P(\boldsymbol{X}^{*(k)}) - P(\boldsymbol{X}^{*(k-1)}) |}{| P(\boldsymbol{X}^{*(k)}) |} \leqslant \varepsilon_4 \tag{3-108}$$

为防止单个判据的局限性,一般组合使用,如同时满足①和②。

(4)内点法讨论

①初始点必须为严格内点,最好远离约束边界(靠近约束边界的罚函数梯度较大,极小点搜索较困难)。对于约束条件数目较少且较简单的情况,可以手工选取初始点,当约束条件数目较多且复杂时,可采用伪随机数法生成初始点。

②不适用于等式约束,如等式约束不要求严格满足时,可通过适当放宽处理为不等式约束

$$h_j(\boldsymbol{X}) - \delta \leqslant 0$$

③初始罚因子对收敛性影响大,但难以选择,一般用试算法调整。一般情况下,较大罚因子对应的罚函数较为光滑而平坦,求无约束极小值点较容易;但为求得原问题的最优解,罚因子递减次数要增多,收敛较慢;较小罚因子对应的罚函数较陡峭,若此时初始点离最优解还较远,则求无约束极小值点可能很困难,甚至失败,故初始罚因子不宜选得过小。选择合适的初始罚因子的困难在于不同问题初始罚因子是过大还是过小无相对衡量标准。一般先选一个初始罚因子进行计算,根据运算结果再决定如何调整。

④罚因子递减率大小对收敛性影响不大,一般取 $c = 0.02 \sim 0.1$。

⑤进行罚函数的无约束优化的一维搜索时,应保证不超出可行域。每作一次一维搜索,都要检查是否破坏约束,如不破坏,可继续进行;否则,缩短寻优区间,直至满足约束。

⑥内点法在一定条件下具有以下规律性。

a. $\{P(\boldsymbol{X}^{*(k)}, r^{(k)})\}$ 为严格单调下降数列,且其极限为 $F(\boldsymbol{X}^*)$,即

$$P(\boldsymbol{X}^{*(0)}, r^{(0)}) > P(\boldsymbol{X}^{*(1)}, r^{(1)}) > \cdots$$

且

$$\lim_{k \to \infty} P(\boldsymbol{X}^{*(k)}, r^{(k)}) = \min_{\boldsymbol{X} \in \boldsymbol{D}} F(\boldsymbol{X})$$

b. $\{F(\boldsymbol{X}^{*(k)})\}$ 为单调非增数列,$F(\boldsymbol{X}^{*(0)}) \geqslant F(\boldsymbol{X}^{*(1)}) \geqslant \cdots$,且

$$\lim_{k \to \infty} F(\boldsymbol{X}^{*(k)}) = \min_{\boldsymbol{X} \in \boldsymbol{D}} F(\boldsymbol{X})$$

c. $\{G[g(\boldsymbol{X}^{*(k)})]\}$ 为单调非降数列,$G[g(\boldsymbol{X}^{*(k)})] \leqslant G[g(\boldsymbol{X}^{*(k+1)})] \leqslant \cdots$,且

$$\lim_{k \to \infty} r^{(k)} G[g(\boldsymbol{X})] = 0$$

⑦可以得到优化方案序列 $\{\boldsymbol{X}^{*(k)}, F(\boldsymbol{X}^{*(k)})\}$,便于多方案比较、筛选。

3. 外点法

与内点法不同,外点法的罚函数定义在整个设计空间,求解罚函数无约束优化问题的搜索点既可从可行域外也可从可行域内逼近目标函数约束最优点,这样就可放宽对初始点的要求,减小初始点选取的难度。外点法罚函数的构造主要考虑使搜索点从可行域外逼近函数的最优点。

(1)泛函与罚函数构造

对于约束优化问题

$$\left.\begin{aligned}&\min F(\boldsymbol{X})\\&\boldsymbol{X}\in\boldsymbol{D}\subset\boldsymbol{R}^n\\&\boldsymbol{D}:g_j(\boldsymbol{X})\leqslant 0,j=1,2,\cdots,m;h_j(\boldsymbol{X})=0,j=m+1,m+2,\cdots,p\end{aligned}\right\}\tag{3-109}$$

外点法罚函数的一般式为

$$P(\boldsymbol{X},M^{(k)})=F(\boldsymbol{X})+M^{(k)}\sum_{j=1}^{m}\{\max[g_j(\boldsymbol{X}),0]\}^2+M^{(k)}\sum_{j=m+1}^{p}[h_j(\boldsymbol{X})]^2\tag{3-110}$$

式中 $M^{(k)}$ 为外点法罚因子，是递增的正数序列，$\lim\limits_{k\to\infty}M^{(k)}=+\infty$，取 $M^{(k)}=c'M^{(k-1)}$，$c>1$。

约束优化问题式(3-109)等价于序列无约束极小化问题

$$\left.\begin{aligned}&\min P(\boldsymbol{X},M^{(k)})\\&\boldsymbol{X}\in\boldsymbol{R}^n\end{aligned}\right\}\tag{3-111}$$

对于上式中的不等式约束，外点法的泛函为

$$G[g(\boldsymbol{X})]=\sum_{j=1}^{m}\{\max[g_j(\boldsymbol{X}),0]\}^2\tag{3-112}$$

对于等式约束，外点法的泛函为

$$E[h(\boldsymbol{X})]=\sum_{j=m+1}^{p}[h_j(\boldsymbol{X})]^2\tag{3-113}$$

外点法对泛函 $G[g(\boldsymbol{X})]$ 及 $E[h(\boldsymbol{X})]$ 的要求如下。

①$G[g(\boldsymbol{X})]$ 及 $E[h(\boldsymbol{X})]$ 是 $\boldsymbol{R}^n$ 上的连续函数(采用需要梯度的优化方法时，需可导)。

②当 $\boldsymbol{X}$ 在可行域 $\boldsymbol{D}$ 外远离约束边界时，泛函有相当大的正值，离边界越远，其正值越大；$\boldsymbol{X}$ 由可行域外靠近约束边界时，泛函有较小的正值，在边界上和可行域内的值为0。这样，可使迭代所得优化点序列只能向可行域靠拢，并穿过可行域收敛于 $\boldsymbol{X}^*$。

泛函构造式(3-112)和式(3-113)满足上述要求。由上述对泛函 $G[g(\boldsymbol{X})]$ 及 $E[h(\boldsymbol{X})]$ 的要求可知，当 $\boldsymbol{X}$ 在可行域内时，惩罚项值为0；若不在可行域内，则惩罚项为一正值，且 $M^{(k)}$ 越大或约束被破坏得越严重，惩罚项的正值越大，“惩罚”的作用也越大。这就保证罚函数 $P(\boldsymbol{X},M^{(k)})$ 在可行域内与 $F(\boldsymbol{X})$ 等价，在可行域外，远离约束边界处，$P(\boldsymbol{X},M^{(k)})$ 有很大的正值。$P(\boldsymbol{X},M^{(k)})$ 的几何图形像盆地，盆地的底部是可行域内的 $F(\boldsymbol{X})$，四周是由惩罚项在可行域外(紧靠可行域)构成的“围墙”。这样，当 k 值很大时，“围墙”非常陡，则 $P(\boldsymbol{X},M^{(k)})$ 与 $F(\boldsymbol{X})$ 具有相同的最小值点，即

$$P(\boldsymbol{X},M^{(k)})=\begin{cases}F(\boldsymbol{X})+M^{(k)}\sum\limits_{j=1}^{m}\{\max[g_j(\boldsymbol{X}),0]\}^2+M^{(k)}\sum\limits_{j=m+1}^{p}[h_j(\boldsymbol{X})]^2 & (\boldsymbol{X}\notin\boldsymbol{D})\\F(\boldsymbol{X}) & (\boldsymbol{X}\in\boldsymbol{D})\end{cases}\tag{3-114}$$

上述结论也可从下例中各项数值的变化得出。

例 3-8 求解约束优化问题：

$$\begin{aligned}&\min f(x)=x^2\\&x\in\boldsymbol{D}\subset\boldsymbol{R}^1\\&\boldsymbol{D}:g(x)=1-x\leqslant 0\end{aligned}$$

解 采用外点法求解如下。构造泛函及罚函数

$$G[g_j(x)] = \sum_{j=1}^{m} \{\max[g_j(x),0]\}^2 = \begin{cases}(1-x)^2 & (x \notin \boldsymbol{D}) \\ 0 & (x \in \boldsymbol{D})\end{cases}$$

$$P(x,M^{(k)}) = f(x) + M^{(k)} G[g(x)] = \begin{cases}x^2 + M^{(k)}(1-x)^2 & (x \notin \boldsymbol{D}) \\ x^2 & (x \in \boldsymbol{D})\end{cases}$$

为了便于说明迭代过程,下面用解析法求极值。从可行域外求解

$$\frac{\mathrm{d}P}{\mathrm{d}x} = 2x - 2M^{(k)}(1-x) = 0$$

$$x^{*(k)} = \frac{M^{(k)}}{1+M^{(k)}}$$

取初始罚因子 $M^{(0)}=1$,罚因子的递增率 $c'=2$。

计算结果如表 3-5 和图 3-31。从中可得出与前面讨论相同的结论。

表 3-5 迭代过程中近似极值点及其相关函数值($x^*=1, f(x^*)=1$)

k	$M^{(k)}$	$x^{*(k)}$	$f(x^{*(k)})$	$P(x^{*(k)},M^{(k)})$	$P(x,M^{(k)})$	$G[g(x^{*(k)})]$	$M^{(k)}G[g(x^{*(k)})]$
0	1	0.5	0.25	0.5	$2x^2-2x+1$	0.25	0.25
1	2	0.667	0.445	0.667	$3x^2-4x+2$	0.110 9	0.221 8
2	4	0.64	0.64	0.8	$5x^2-8x+4$	0.04	0.16
⋮	⋮	⋮	⋮	⋮	⋮	⋮	⋮
7	128	0.992 2	0.984 5	0.992 2	$129x^2-258x+128$	0.000 06	0.007 8
⋮	⋮	⋮	⋮	⋮	⋮	⋮	⋮
∞	∞	1	1	1		0	0

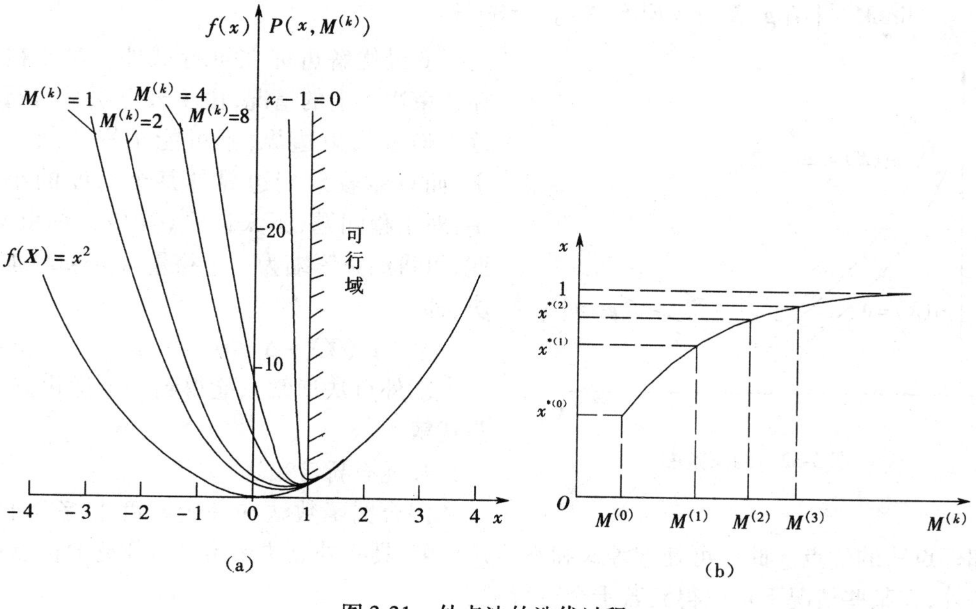

图 3-31 外点法的迭代过程

(a)函数极值的趋近过程;(b)随罚因子 $M^{(k)}$ 的递增趋近极值点的过程

(2)计算步骤

①任选初始点 $X^{(0)}$(内点、外点均可),选定适当的初始罚因子 $M^{(0)}$ 和递增率 c',求罚函数 $P(X,M^{(0)})$ 的无约束极值点 $X^{*(0)}$。

②取 $M^{(1)}=c'M^{(0)}$,以 $X^{*(0)}$ 为初始点,求罚函数 $P(X,r^{(1)})$ 的无约束极值点 $X^{*(1)}$。

③取 $M^{(k)}=c'M^{(k-1)}$,$k=1,2,\cdots$,逐次递增罚因子,并依次取上一次迭代的极值点 $X^{*(k-1)}$ 作为本次迭代的初始点,重复上述步骤,直至满足收敛精度(收敛判据与内点法相同),即得最优解 X^* 和最优值 $F(X^*)$。

(3)外点法讨论

①与内点法不同,外点法初始点可任选。这方便了求解,但应注意要使初始点处函数有定义。

②对不等式约束和等式约束均适用。

③外点法的初始罚因子宜选较小值,罚函数较平滑,极值点易求;罚因子递增率大小对收敛性影响不大。一般先选一个较小的初始罚因子进行计算,根据运算结果再决定如何调整。

④外点法可由可行域外开始搜索,不存在内点法中的一维搜索超界问题。

⑤外点法在一定条件下具有以下规律性。

a. $\{P(X^{*(k)},M^{(k)})\}$ 为严格单调增加数列,且其极限为 $F(X^*)$,即

$$P(X^{*(0)},M^{(0)})<P(X^{*(1)},M^{(1)})<\cdots$$

且 $$\lim_{k\to\infty}P(X^{*(k)},M^{(k)})=\min_{X\in D}F(X)$$

b. $\{F(X^{*(k)})\}$ 为单调非降数列,$F(X^{*(0)})\leqslant F(X^{*(1)})\leqslant\cdots$,且

$$\lim_{k\to\infty}F(X^{*(k)})=\min_{X\in D}F(X)$$

c. 泛函 $G[g(X^{*(k)})]+E[h(X^{*(k)})]$ 为单调非增数列,且

$$\lim_{k\to\infty}M^{(k)}\{G[g(X)]+E[h(X)]\}=0$$

⑥最优解可能在可行域外。对于精确解在约束边界上的情况,由于外点法从可行域外逐步逼近约束边界,不可能正好收敛于边界上,而只能收敛到边界外某个精度的小区域中,对工程问题,不太保险(如应力约束)。对此,可将约束紧缩为一个裕量(图3-32)加以解决,即

$$g_j(X)+\Delta_j\leqslant 0 \tag{3-115}$$

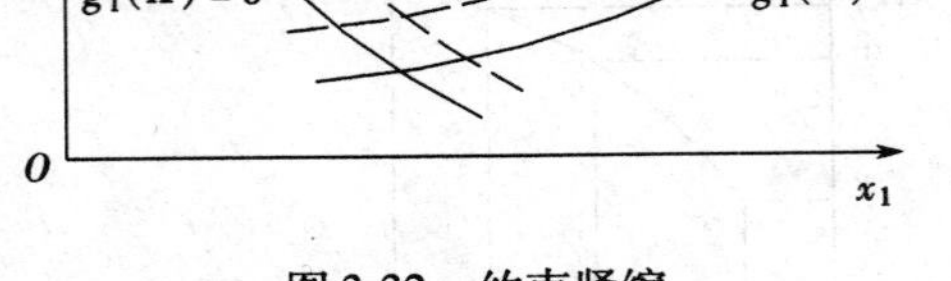

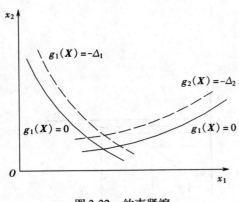

图3-32 约束紧缩

⑦外点法通常只能得到一个优化方案,即最优解。

4. 混合罚函数法

混合罚函数法在一定程度上综合了内点法和外点法的优点。此法可处理等式和不等式约束,具有外点法初始点可任选的优点;除最优解外,在某些情况下可以得到若干个可行解。

混合法罚函数构造要点:选定初始点后,对于已满足的不等式约束用内点法构造惩罚项,对于等式和未被满足的不等式约束按外点法构造惩罚项。

对于约束优化问题式(3-81),混合罚函数法罚函数的一般式为

$$P(\boldsymbol{X},r^{(k)})=F(\boldsymbol{X})+r^{(k)}b(\boldsymbol{X})+M^{(k)}[l(\boldsymbol{X})+e(\boldsymbol{X})] \tag{3-116}$$

式中

$$b(\boldsymbol{X})=-\sum_{j\in \boldsymbol{I}_1}\frac{1}{g_j(\boldsymbol{X})} \tag{3-117}$$

为已被当前初始点满足的不等式约束的内点法泛函;

$$l(\boldsymbol{X})=\sum_{j\in \boldsymbol{I}_2}\{\max[g_j(\boldsymbol{X}),0]\}^2 \tag{3-118}$$

为未被当前初始点满足的不等式约束的外点法泛函;

$$e(\boldsymbol{X})=\sum_{j=m+1}^{p}[h_j(\boldsymbol{X})]^2 \tag{3-119}$$

为等式约束外点法泛函。

下标集合 $\boldsymbol{I}_1$、$\boldsymbol{I}_2$ 定义为

$$\left.\begin{aligned}\boldsymbol{I}_1&=\{j\mid g(\boldsymbol{X})<0;j=1,2,\cdots,m\}\\ \boldsymbol{I}_2&=\{j\mid g(\boldsymbol{X})\geqslant 0;j=1,2,\cdots,m\}\end{aligned}\right\} \tag{3-120}$$

根据菲亚可的建议

$$M^{(k)}=\frac{1}{\sqrt{r^{(k)}}} \tag{3-121}$$

其中 $r^{(k)}$ 为内点法罚因子,则约束优化问题式(3-96)等价于序列无约束极小化问题

$$\left.\begin{aligned}&\min\ P(\boldsymbol{X},M^{(k)})\\ &\boldsymbol{X}\in \boldsymbol{R}^n\end{aligned}\right\} \tag{3-122}$$

3.5.4 线性规划——单纯形法

目标函数和约束函数都是线性函数的最优化问题,称为线性规划或线性优化问题。线性规划是数学规划中的一个比较成熟的分支。在生产计划、工程预算和经济管理领域内应用十分广泛。同时,线性规划算法也可作为求解非线性有约束优化问题的子问题的工具,如可行方向法中可行方向的搜寻就是采用线性规划方法。

1. 线性规划的标准形式与解

线性规划的数学模型同样由设计变量、目标函数和约束条件组成,不过其中的约束条件除变量非负性限制外都采用等式约束。线性规划问题的一般形式为

$$\left.\begin{aligned}&\min\ F(\boldsymbol{X})=c_1x_1+c_2x_2+\cdots+c_nx_n\\ &\text{s.t.}\ \ a_{11}x_1+a_{12}x_2+\cdots+a_{1n}x_n=b_1\\ &\qquad a_{21}x_1+a_{22}x_2+\cdots+a_{2n}x_n=b_2\\ &\qquad \vdots\\ &\qquad a_{m1}x_1+a_{m2}x_2+\cdots+a_{mn}x_n=b_m\\ &\qquad x_1,x_2,\cdots,x_n\geqslant 0\end{aligned}\right\} \tag{3-123}$$

其矩阵形式为

$$\left.\begin{aligned}&\min\ F(\boldsymbol{X})=\boldsymbol{C}^{\mathrm{T}}\boldsymbol{X}\\ &\text{s.t.}\ \ \boldsymbol{AX}=\boldsymbol{B}\\ &\qquad \boldsymbol{X}\geqslant \boldsymbol{0}\end{aligned}\right\} \tag{3-124}$$

式中　$AX=B$——约束方程；

B——常数向量；

A——系数矩阵。

$$B=[b_1 \quad b_2 \quad \cdots \quad b_m]^{\mathrm{T}}, C=[c_1 \quad c_2 \quad \cdots \quad c_n]^{\mathrm{T}}, A=\begin{bmatrix} a_{11} & a_{12} & \cdots & a_{1n} \\ a_{21} & a_{22} & \cdots & a_{2n} \\ \vdots & \vdots & & \vdots \\ a_{m1} & a_{m2} & \cdots & a_{mn} \end{bmatrix}$$

一般情况下，应有 $m<n$。因为当 $m=n$ 时约束方程只有一个唯一的解，不存在可供选择的其他解，不存在优化问题。当 $m<n$ 时，约束方程有无穷多组解，线性规划就是要从这无穷多组解中寻找一个使目标函数极小化的最优解。

在线性规划的数学模型中，约束条件主要是等式约束，不等式约束仅限于变量的非负约束。对于其他形式的不等式约束，可以通过引入松弛变量的方法将其转化为等式约束。

例如，对于约束条件

$$2x_1+x_2-2\leqslant 0$$

$$x_1\geqslant 0, x_2\geqslant 0$$

可通过引入松弛变量 $x_3\geqslant 0$，变换为

$$2x_1+x_2+x_3=2$$

$$x_1\geqslant 0, x_2\geqslant 0, x_3\geqslant 0$$

如果原来问题中的某些变量并不要求非负，则可将其变换为两个非负变量之差

$$x_k=x_k'-x_k''$$

$$x_k'\geqslant 0, x_k''\geqslant 0$$

经过上述处理后，线性规划问题总能变换为式（3-123）或式（3-124）所示的线性规划的标准形式。

例 3-9　某车间生产甲、乙两种产品。生产甲种产品每件需要材料 9 kg、3 个工时、4 kW 电能，可获利 60 元。生产乙种产品每件需用材料 4 kg、10 个工时、5 kW 电能，可获利 120 元。若每天能供应材料 360 kg，有 300 个工时，能供 200 kW 电能，则每天生产甲、乙两种产品各多少件才能够获得最大的利润。

解　设每天生产的甲、乙两种产品分别为 x_1、x_2 件，则此问题的数学模型如下：

$$\max F(X)=F(x_1,x_2)=60x_1+120x_2 \quad \text{（最大利润）}$$

$$\begin{aligned} \text{s. t. } & 9x_1+4x_2\leqslant 360 \quad \text{（材料约束）} \\ & 3x_1+10x_2\leqslant 300 \quad \text{（工时约束）} \\ & 4x_1+5x_2\leqslant 200 \quad \text{（电力约束）} \\ & x_1\geqslant 0, x_2\geqslant 0 \quad \text{（非负约束）} \end{aligned}$$

引入松弛变量 x_3、x_4、x_5，将其转换为标准形式

$$\min F(X)=-60x_1-120x_2$$

$$\begin{aligned} \text{s. t. } & 9x_1+4x_2+x_3+0x_4+0x_5=360 \\ & 3x_1+10x_2+0x_3+x_4+0x_5=300 \\ & 4x_1+5x_2+0x_3+0x_4+x_5=200 \\ & x_1\geqslant 0, x_2\geqslant 0, x_3\geqslant 0, x_4\geqslant 0, x_5\geqslant 0 \end{aligned}$$

该问题的解如图 3-33 所示。

在约束方程中，若令 $n-m$ 个变量为0，就可求得另外 m 个不全为0的解。于是这 m 个不全为0的解和 $n-m$ 个为0的解共同组成一个解向量，称为线性规划问题的基本解。其中 m 个不全为0的变量称为基本变量，其余 $n-m$ 个为0的变量称为非基本变量。

若构成基本解的基本变量均为非负值，则称这样的基本解为基本可行解。可见，基本可行解是同时满足约束方程和变量非负约束的基本解。因此，线性规划问题的求解可归结为从所有基本可行解中找出使目标函数取极小值的最优解。

任取系数矩阵的 m 列，可由约束方程构造一个基本解。据此，可知一个线性规划问题的基本解的个数为

$$C_n^m = \frac{n!}{m!\ (n-m)!} \tag{3-125}$$

由图3-33可以看出，线性规划的约束边界为一组直线或平面，由这些直线和平面构成的可行域是一个封闭的凸多边形或凸多面体。这个凸多边形或凸多面体的每一个顶点对应该线性规划问题的一个基本可行解。因此线性规划问题的最优解必定在这些顶点上取得。实际上，线性规划解法就是一种关于基本可行解的迭代算法，或者说是一种可行域顶点转换的算法。

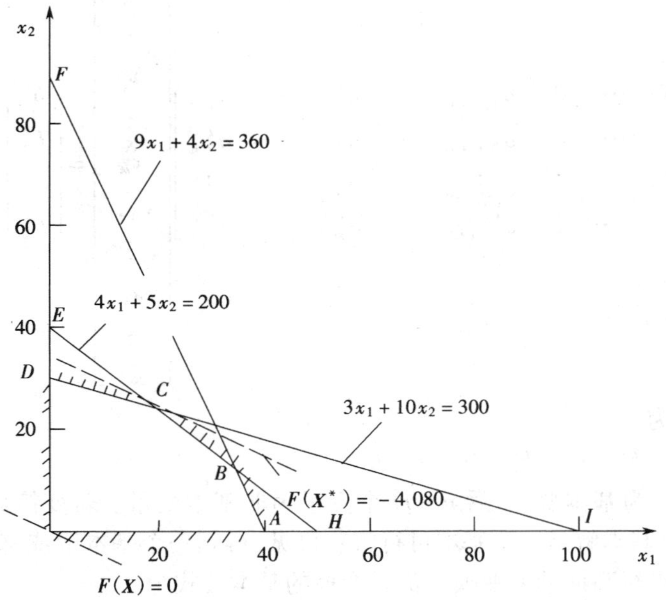

图3-33　二维线性规划问题的图解法

2. 基本可行解及其转换

既然线性规划问题的最优解必定在约束条件所围成的凸多边形或凸多面体的顶点上取得，而每一个顶点都是线性规划问题的一个基本可行解，则线性规划问题的求解可归结为找出使目标函数值下降的基本可行解的过程。这样，求解线性规划问题需要解决以下两个问题：

①基本可行解的求解；

②新的基本可行解应使目标函数有较大的下降。

(1)基本解及其转换

1)基本解的产生　根据基本解的定义,对由系数矩阵和常数向量组成的如下增广矩阵

$$\begin{bmatrix} a_{11} & a_{12} & \cdots & a_{1n} & b_1 \\ a_{21} & a_{22} & \cdots & a_{2n} & b_2 \\ \vdots & \vdots & & \vdots & \vdots \\ a_{m1} & a_{m2} & \cdots & a_{mn} & b_m \end{bmatrix} \tag{3-126}$$

进行一系列初等变换,将其中系数矩阵的 m 列依次变为基向量时,满足约束方程的一个基本解便产生了。

若经 m 次主元变换后,将增广矩阵的前 m 列变为如下单位子矩阵

$$\begin{bmatrix} 1 & 0 & \cdots & 0 & a'_{1,m+1} & \cdots & a'_{1,k} & \cdots & a'_{1,n} & b'_1 \\ 0 & 1 & \cdots & 0 & a'_{2,m+1} & \cdots & a'_{2,k} & \cdots & a'_{2,n} & b'_2 \\ \vdots & \vdots & & \vdots & \vdots & & \vdots & & \vdots & \vdots \\ 0 & 0 & \cdots & 1 & a'_{m,m+1} & \cdots & a'_{m,k} & \cdots & a'_{m,n} & b'_m \end{bmatrix} \tag{3-127}$$

约束方程变换为如下的正则方程

$$\begin{bmatrix} 1 & 0 & \cdots & 0 & a'_{1,m+1} & \cdots & a'_{1,k} & \cdots & a'_{1,n} \\ 0 & 1 & \cdots & 0 & a'_{2,m+1} & \cdots & a'_{2,k} & \cdots & a'_{2,n} \\ \vdots & \vdots & & \vdots & \vdots & & \vdots & & \vdots \\ 0 & 0 & \cdots & 1 & a'_{m,m+1} & \cdots & a'_{m,k} & \cdots & a'_{m,n} \end{bmatrix} \begin{bmatrix} x_1 \\ x_2 \\ \vdots \\ x_s \\ \vdots \\ x_m \\ x_{m+1} \\ \vdots \\ x_k \\ \vdots \\ x_n \end{bmatrix} = \begin{bmatrix} b'_1 \\ b'_2 \\ \vdots \\ b'_m \end{bmatrix} \tag{3-128}$$

则对应的基本解为

$$\boldsymbol{X} = [\, b'_1 \quad b'_2 \quad \cdots \quad b'_m \quad 0 \quad \cdots \quad 0 \,]^{\mathrm{T}} \tag{3-129}$$

其中,前 m 个变量为基本变量,后 $n-m$ 个变量为非基本变量。若变换后的常数项均为非负,即 $b'_i \geqslant 0$,则此基本解是一个基本可行解。可见,得到一个基本解或基本可行解的方法,都是对增广矩阵进行高斯消元变换。消元变换的基本公式为

$$\left.\begin{aligned} a'_{lj} &= \frac{a_{lj}}{a_{lk}} \quad (i=j) \\ a'_{ij} &= a_{ij} - a_{ik}\frac{a_{lj}}{a_{lk}} \quad (i \neq j) \\ b'_l &= \frac{b_l}{a_{lk}} \quad (i=j) \\ b'_i &= b_i - a_{ik}\frac{b_i}{a_{lk}} \quad (i \neq j) \end{aligned}\right\} (i=1,2,\cdots,m; j=1,2,\cdots,n) \tag{3-130}$$

上式为对转轴变量 x_k 以 a_{lk} 为转轴元素的转轴变换或消元变换。

2)解的转换　在式(3-128)的增广矩阵中,将某一非基本变量 x_{m+s} 对应的任意一个系数

作为转轴变换的转轴元素，进行另一次消元变换，又可得到一个新的增广矩阵和相应的基本解。

这种变换实际上是一种非基本变量和基本变量的转换，也是从一组基本解向另一组基本解的转换。但是这样的变换并不能保证变换后的常数向量为非负。也就是说，如果原来的解是一个基本可行解，不能保证变换后的解也是一个基本可行解。

(2)基本可行解的转换——θ 规则(选择转轴行)

要使变换后所得的基本解为可行解，还要研究这样的方法，即如何使某个选定的变量 $x_k(k=m+1,m+2,\cdots,n)$ 进入基本变量，来替换另一个现在还在基本变量中的 $x_s(s=1,2,\cdots,m)$，形成新的基本可行解。

当已经得到一组可行解，即 $b'_l\geqslant 0,l=1,2,\cdots,m$，若要求把 x_k 选进基本变量的下一组基本解是可行解的话，则在系数矩阵第 k 列所有系数中不能取任何负值的 a'_{lk} 作为转轴元素，否则将使转轴变换后 b'_l 的对应元素 b''_l 为负值，结果对应的 x_k 必将是负的，它就不是可行解的一个元素。

因此，第一个要求是，若 $b'_l\geqslant 0$，则必须 $a'_{lk}>0$ 才可选做转轴元素进行转轴运算，用 x_k 代替 x_s。这个过程是反复进行转轴运算，直到 x_s 从某个正值变成 0，而 x_k 则从 0 变成某个正值 θ 为止。

根据正则方程组式(3-128)，欲使 x_k 由非基本变量变成基本变量，其值将由 0 变成某一正值 θ，这将引起原来各基本变量取值的变化

$$\left.\begin{aligned}
&x_k=\theta\\
&x_1=b'_1-a'_{1k}x_k=b'_1-a'_{1k}\theta\\
&x_2=b'_2-a'_{2k}x_k=b'_2-a'_{2k}\theta\\
&\vdots\\
&x_l=b'_l-a'_{lk}x_k=b'_l-a'_{lk}\theta\\
&\vdots\\
&x_m=b'_m-a'_{mk}x_k=b'_m-a'_{mk}\theta
\end{aligned}\right\}\tag{3-131}$$

如果式(3-131)是可行解，且 $x_k=\theta$ 又是其中的一个基本变量，则在 $x_1,x_2,\cdots,x_s,\cdots,x_m$ 中必然有一个(假定它是 $x_s,s<m$)是 0，其余皆为正。当然这个变量 x_s 就应从基本变量中排除出去。这就是说，只有取式(3-131)中各差值的最小者为 0 时，才能保证使其余各差值皆为正。所以，由

$$\min_l(b'_l-a'_{lk}\theta)=0$$

可知，只有保证

$$\min_l\left[\frac{b'_l}{a'_{lk}}\right]=\theta=x_k$$

才能使 x_k 进入可行解的基本变量，将 x_s 置换出去。同时，由于 b'_l 非负，对 a'_{lk} 又有 $a'_{lk}>0$ 的要求。此时，上式中的 a'_{lk} 就是进行转轴运算时应取的转轴元素。这就是所谓的选择转轴行的 θ 规则。若想使 x_k 取代 x_s 成为可行解中的基本变量，所选的转轴行 l 或转轴元素 a'_{lk} 要满足条件

$$\left.\begin{aligned}
&a'_{lk}>0\\
&\theta=\min_l\left[\frac{b'_l}{a'_{lk}}\right]=x_k
\end{aligned}\right\}\tag{3-132}$$

在例 3-9 中，

$$9x_1+4x_2+x_3+0x_4+0x_5=360$$
$$3x_1+10x_2+0x_3+x_4+0x_5=300$$
$$4x_1+5x_2+0x_3+0x_4+x_5=200$$

可得一组可行解

$$x_1=x_2=0,x_3=360,x_4=300,x_5=200$$

x_1、x_2为非基本变量，x_3、x_4、x_5为基本变量。考虑将 x_1 变换为基本变量，由于$\frac{b_1}{a_{11}}=\frac{360}{9}=40$，$\frac{b_2}{a_{21}}=\frac{300}{3}=100$，$\frac{b_3}{a_{31}}=\frac{200}{4}=50$，最小者为$\frac{b_1}{a_{11}}=40$，故取调出行（第 1 行）为转轴行，取调出行与调入列（第 1 列）相交处的元素 a_{11} 为转轴元素，作转轴变换，使 x_1 取代 x_3 成为基本变量，从而得到一组新的基本可行解。

（3）初始基本可行解的建立

初始基本可行解可通过三种方法获得：

①通过对增广矩阵进行消元变换得到，这是一种较烦琐的方法；

②当约束条件全部为不等式约束，且常数向量均大于零时，引入松弛变量，并选取松弛变量作为基本变量，就可得到一个基本可行解（例 3-9）；

③如果除变量非负约束条件外，其他约束均为等式约束而无法引入松弛变量时，可引入人工变量，并构造以人工变量之和为辅助目标函数的辅助线性规划问题，即

$$\left.\begin{aligned}\min\ &\Phi(\boldsymbol{X})=x_{n+1}+x_{n+2}+\cdots+x_{n+m}\\ \text{s.t.}\ &a_{11}x_1+a_{12}x_2+\cdots+a_{1n}x_n=b_1\\ &a_{21}x_1+a_{22}x_2+\cdots+a_{2n}x_n=b_2\\ &\vdots\\ &a_{m1}x_1+a_{m2}x_2+\cdots+a_{mn}x_n=b_m\\ &x_1,x_2,\cdots,x_n\geqslant 0\end{aligned}\right\}\tag{3-133}$$

式中，$x_{n+i}(i=1,2,\cdots,m)$为引入的人工变量。

如果不等式约束条件右端项 b_i 是负值，它所对应的松弛变量就不能作为基本可行解的基本变量，所以上述方法并不是总能成功的。这时需引入人工变量，经过变换再将它从基本变量中替换出去，具体作法举例说明如下。

例 3-10 对线性规划问题

$$\begin{aligned}\min\ &F(\boldsymbol{X})=-(2x_1+2x_2+4x_3)\\ \text{s.t.}\ &20x_1+25x_2+30x_3\leqslant 9\ 000\\ &2x_1+5x_2+9x_3-x_4=350\\ &x_1-0.2x_4\leqslant 70\\ &x_2-0.6x_4\leqslant 210\\ &x_3-0.4x_4\leqslant 140\end{aligned}$$

引入松弛变量 x_5、x_6、x_7、x_8，将问题变换为标准形式

$$\begin{aligned}\min\ &F(\boldsymbol{X})=-(2x_1+2x_2+4x_3)\\ \text{s.t.}\ &20x_1+25x_2+30x_3+x_5=9\ 000\\ &2x_1+5x_2+9x_3-x_4=350\\ &x_1-0.2x_4+x_6=70\end{aligned}$$

$$x_2 - 0.6x_4 + x_7 = 210$$
$$x_3 - 0.4x_4 + x_8 = 140$$

由于 $2x_1 + 5x_2 + 9x_3 - x_4 = 350$ 中 x_4 的系数为 -1，而常数项为 $350 > 0$，所以 x_4 不能进入基本可行解的基本变量中。为此需引入一个非负的人工变量 x_9，将约束条件变为

$$20x_1 + 25x_2 + 30x_3 + x_5 = 9\ 000$$
$$2x_1 + 5x_2 + 9x_3 - x_4 + x_9 = 350$$
$$x_1 - 0.2x_4 + x_6 = 70$$
$$x_2 - 0.6x_4 + x_7 = 210$$
$$x_3 - 0.4x_4 + x_8 = 140$$

由此引起一个问题，就是要保证最后能把 x_9 从最优解中排除出去。为了做到这一点，可以给 x_9 一个很大的系数 c_9，对于极小值问题它应取正值（对于极大值问题取负值）。而只要 $F(\boldsymbol{X})$ 还没有达到极值，运算过程还可以继续进行下去。在给 x_9 一个很大的系数 c_9 后，目标函数中将增加一项为 c_9x_9。因此，只要 x_9 还不为零，目标函数就没有达到极小（大）值。这样，该线性规划问题变为（取 $c_9 = 1\ 000$）

$$\min F(\boldsymbol{X}) = -(2x_1 + 2x_2 + 4x_3) + 1\ 000x_9$$
$$\text{s.t.}\ 20x_1 + 25x_2 + 30x_3 + x_5 = 9\ 000$$
$$2x_1 + 5x_2 + 9x_3 - x_4 + x_9 = 350$$
$$x_1 - 0.2x_4 + x_6 = 70$$
$$x_2 - 0.6x_4 + x_7 = 210$$
$$x_3 - 0.4x_4 + x_8 = 140$$

初始基本可行解为：$x_1 = x_2 = x_3 = x_4 = 0, x_5 = 9\ 000, x_6 = 70, x_7 = 210, x_8 = 140, x_9 = 350$。

对此辅助规划问题进行消元变换，当辅助目标函数值等于 0 时，所得辅助线性规划问题的前 n 个变量的值便构成了线性规划问题的一个初始基本可行解。

3. 最优解的搜索——最速变化规则（选择转轴列）

通过 θ 规则可以实现从一个基本可行解到另一个基本可行解的变换。为了通过基本可行解的变换尽快找到最优解，基本可行解变换应向着目标函数值有较大下降的方向进行，这可通过最速变化规则来实现。

对于由前 m 个变量为基本变量组成的基本可行解

$$\boldsymbol{X} = \begin{bmatrix} x_1 \\ x_2 \\ \vdots \\ x_m \\ x_{m+1} \\ \vdots \\ x_n \end{bmatrix} = \begin{bmatrix} b_1' \\ b_2' \\ \vdots \\ b_m' \\ 0 \\ \vdots \\ 0 \end{bmatrix} \tag{3-134}$$

目标函数可以写成

$$F(\boldsymbol{X}) = \sum_{l=1}^{m} c_l b_l' = c_1 b_1' + c_2 b_2' + \cdots + c_m b_m' + 0 + \cdots + 0 \tag{3-135}$$

将上式对应的基本可行解变换，得到另一组基本可行解，它的基本变量中包含有 $x_k = \theta(k > m)$，即

$$
X' = \begin{bmatrix} x_1 \\ x_2 \\ \vdots \\ x_s \\ \vdots \\ x_m \\ x_{m+1} \\ \vdots \\ x_k \\ \vdots \\ x_n \end{bmatrix} = \begin{bmatrix} b'_1 - a'_{1k}\theta \\ b'_2 - a'_{2k}\theta \\ \vdots \\ b'_s - a'_{sk}\theta \\ \vdots \\ b'_m - a'_{mk}\theta \\ b'_{m+1} - a'_{m+1,k}\theta \\ \vdots \\ \theta \\ \vdots \\ b'_n - a'_{nk}\theta \end{bmatrix} \tag{3-136}
$$

其中的 $x_s = b'_s - a'_{sk}\theta = 0(s \leqslant m)$，$\boldsymbol{X}'$所对应的目标函数值为

$$
\begin{aligned}
F(\boldsymbol{X}') &= c_1(b'_1 - a'_{1k}\theta) + c_2(b'_2 - a'_{2k}\theta) + \cdots + c_m(b'_m - a'_{mk}\theta) + 0 + \cdots + c_k\theta + 0 + \cdots + 0 \\
&= \sum_{l=1}^{m} c_l b'_l - \sum_{\substack{l=1 \\ l \neq s}}^{m} c_l a'_{lk}\theta + c_k\theta
\end{aligned} \tag{3-137}
$$

令

$$
F(\boldsymbol{a}_k) = \sum_{\substack{l=1 \\ l \neq s}}^{m} c_l a'_{lk} \tag{3-138}
$$

则

$$
F(\boldsymbol{X}') = F(\boldsymbol{X}) + [c_k - F(\boldsymbol{a}_k)]\theta = F(\boldsymbol{X}) + r\theta \tag{3-139}
$$

式中

$$
r = c_k - F(\boldsymbol{a}_k) \tag{3-140}
$$

为相对价值系数。

显然，对极小化问题，应有 $F(\boldsymbol{X}') < F(\boldsymbol{X})$，即 r 应是负值。只要 r 仍是负值，则目标函数 $F(\boldsymbol{X})$ 还没有达到极小值，还有下降的趋势，就还可以进行转轴运算，生成另一组可行解。一旦 r 为正，即可停止转轴运算，对应的可行解就是最优解。

也可能有几组 $r = c_j - F(\boldsymbol{a}_j)$ 都为负值。对极小化问题应取

$$
\min_j [c_j - F(\boldsymbol{a}_j)] = r_k = c_k - F(\boldsymbol{a}_k) \tag{3-141}
$$

式中 $F(\boldsymbol{a}_j) = \sum\limits_{\substack{l=1 \\ l \neq s}}^{m} c_l a'_{lj}$，这样可以使目标函数获得最大下降。根据式(3-141)的正负性，判断是否取得最优解的方法称为最速变化规则。

在求解极小值点过程中，先利用约束条件方程组解出可行解，再用最速变化规则对其检验，从中找出最优解。计算时，也可以直接把目标函数和约束条件同时列为转轴运算方程组。采用边计算可行解边校验目标函数值的变化情况的办法来求最优解。这时，对于极小化问题，只要

$$
F(\boldsymbol{X}) = c_1 x_1 + c_2 x_2 + \cdots + c_n x_n \tag{3-142}
$$

中的系数 c_k 有一个或几个是负值，就说明目标函数值还可以减小，就应把对应于 $\min\limits_j c_j = c_k$

的变量 x_k 选进可行解的基本变量中去。

θ 规则和最速变化规则构成单纯形方法的基础。

当目标函数表示成只是非基本变量的函数时，对应于基本变量的系数 $c_l=0(l=1,2,\cdots,m)$，则 $F(\boldsymbol{a}_j)=\sum\limits_{\substack{l=1\\l\neq s}}^{m}c_l a'_{lj}=0$，最速变化规则可表示为

$$\min_j c_j=c_k \tag{3-143}$$

对于极大值问题，最速变化规则应取 max。

4. 单纯形法（单纯形表法）

由表 3-6 可以看出，单纯形表包含了线性规划问题求解过程中的全部信息，因此基本可行解的产生和转换都可归结为单纯形表的变换。

表 3-6 单纯形表

基本变量↓	变量→	x_1	x_2	x_3	…	x_m	x_{m+1}	…	x_n	$b_i\downarrow$	$\theta_i=b_i/a_{ik}\downarrow$
	系数 c_j→ $c_i\downarrow\searrow a_{ij}$	c_1	c_2	c_3	…	c_m	c_{m+1}	…	c_n	c_0	
x_1	c_1	a_{11}	a_{12}	a_{13}	…	a_{1m}	$a_{1,m+1}$	…	a_{1n}	b_1	θ_1
x_2	c_2	a_{21}	a_{22}	a_{23}	…	a_{2m}	$a_{2,m+1}$	…	a_{2n}	b_2	θ_2
x_3	c_3	a_{31}	a_{32}	a_{33}	…	a_{3m}	$a_{3,m+1}$	…	a_{3n}	b_3	θ_3
⋮	⋮	⋮	⋮	⋮		⋮	⋮		⋮	⋮	⋮
x_m	c_m	a_{m1}	a_{m2}	a_{m3}	…	a_{mm}	$a_{m,m+1}$	…	a_{mn}	b_m	θ_m
$F(\boldsymbol{a}_j)=\sum\limits_{i=1}^{m}c_i a_{ij}$		$F(\boldsymbol{a}_1)$	$F(\boldsymbol{a}_2)$	$F(\boldsymbol{a}_3)$	…	$F(\boldsymbol{a}_m)$	$F(\boldsymbol{a}_{m+1})$	…	$F(\boldsymbol{a}_n)$	$F(\boldsymbol{X})$	
$r_j=c_j-F(\boldsymbol{a}_j)$		r_1	r_2	r_3	…	r_m	r_{m+1}	…	r_n		

（1）单纯形表的使用规则

①表中粗线框内的各项都是应填写和计算的量。

②一张表对应线性规划问题的一个基本解。这个基本解由等于最后一列 b_i 的基本变量 $x_i=b_i$（表中假定 $x_i,i=1,2,\cdots,m$ 为基本变量）和等于零的非本基变量 $x_i=0$ 组成。右下角的 $F(\boldsymbol{X})$ 就是该基本解的目标函数值，当最后一列 b_i 均为非负时，此表对应的基本解就是线性规划问题的一个基本可行解。

③在基本解或基本可行解的变换中，主元列 k 应选最小的相对价值系数 r_k 所在的列，主元行应选 k 列中所有非负系数 a_{ik} 对应的 $\theta_i=b_i/a_{ik}$ 值最小的行（r_k 确定列，θ_i 确定行）。

④单纯形表的变换分两步进行：首先把主元行除以 a_{ik}，使主元变成 1，然后作 $m-1$ 次行变换，把主要列中的其他系数变为零。

⑤表中的 c_i 是目标函数中各个变量的系数。不在目标函数中出现的变量的系数均应取为零。c_0 是目标函数的常数项的值。

⑥各列的相对价值系数 r_j 的计算按式(3-140)进行，即 r_j 等于该列顶端的 c_j 减去同列中各系数 a_{ij} 与左侧 c_j 乘积之和。右下角的函数值 $F(\boldsymbol{X})$ 等于最后一列上端的 c_0 加上各行的 b_i 与左端的 c_i 乘积之和，即

$$F(\boldsymbol{X})=c_0+\sum_{i=1}^{m}c_i b_i \tag{3-144}$$

⑦当所有相对价值系数的值均大于或等于零时，此表对应的解就是所求线性规划问题的最优解。

⑧当约束方程均为等式约束时，将人工变量作为基本变量，并取对应的 c_i 为 1 进行消元变换，直到 $\boldsymbol{\Phi}(\boldsymbol{X})$ 变为零时，该表所对应的解就是原线性规划问题的一个初始基本可行解。

(2)单纯形法的计算步骤

①找出一个初始基本可行解。

②计算相对价值系数 r_j。

③进行最优胜判断。若 $r_j \geqslant 0(j=1,2,\cdots,n)$，得到的解是所求最优解，计算到此结束，否则继续下一步。

④按最速变换规则和 θ 规则选取变换主元。

⑤消元变换，得到新的基本可行解，转步骤②。

3.6　机械最优化设计中的其他相关问题

在实际的机械优化设计中，每一个具体问题都有其特殊性或个性，需要专门对待，但也有它们的一般性或共性。本节将介绍机械优化设计中的共性问题。

建立正确的数学模型，是解决最优化设计问题的关键。正确的数学模型应能准确地表达设计问题。为此，要正确地选择设计变量、目标函数和约束条件，并把它们组合在一起，成为一组能准确地反映优化设计问题实质的数学表达式，同时所建立的数学模型要容易计算和处理。准确性和易用性构成了优化设计建模的两个基本要求。

3.6.1　设计变量的选择

设计变量是影响设计质量或结果的可变参数。如果将所有能影响设计质量的参数都列为设计变量，将使问题复杂化，而且也没有必要。因此，应对影响设计指标的所有参数进行分析、比较，从中选择对设计质量确有显著影响且能直接控制的独立参数作为设计变量，其他参数则作常量处理。例如，关于材料的力学性能，因可供选择的材料有限，而其力学性能常常要用试验方法才能确定，无法直接控制，所以按常量予以赋值更为合理。又如，对于应力、应变、压力、挠度、功率、温度等具有一定函数关系式的因变量，当它们在数学上易于消去时，一般不定为设计变量；不能消去时，则可以作为设计变量列出相应的状态方程（等式约束函数），并把设计变量分为决策变量和状态变量。在一个优化设计问题中，设计变量太多，将使问题变得十分复杂，而设计变量太少，则设计的自由度少，不能求得最优化的结果。因此，应根据具体设计问题综合考虑这两个方面，有选择地选取设计变量。

3.6.2　目标函数的建立

目标函数是以设计变量来表示设计所要追求的某种性能指标的解析表达式。通常，设计所要追求的性能指标较多，显然应以其中最重要的指标作为设计追求的目标，建立目标函数。例如，对于一般的机械设计，可以按质量或体积最小的要求建立目标函数；对于精密仪器，则应按其精度最高或误差最小的要求建立目标函数。对于机构设计，当对所设计的机构的运动规律有明确要求时，则可针对机构的运动学参数建立目标函数；当对机构的动态特性提出专门要求时，则应针对机构的动力学参数建立目标函数；而对于要求再现轨迹的机构设计，则应根据机构的轨迹误差最小的要求建立目标函数。

当设计所要追求的目标不止一个时，可以取其中最主要的作为目标函数，其余的作为设计约束；也可以有多个目标函数，采用多目标函数的最优化方法求解。原则上应尽量控制目标函数的数目，使同时追求的目标少一些。

3.6.3 约束条件的确定

设计约束是对设计变量取值的限制条件。在3.1.3中已经讨论了显约束与隐约束、边界约束与性态约束、等式约束与不等式约束等。

当一个约束条件不仅与设计变量有关，而且还与另外一种参数有关时，则称它为参数约束。例如，在桥式起重机桥架的优化设计中，由于载荷沿桥架移动，故桥架的工作应力是载荷位置 l 的函数，这时其约束条件

$$g(\boldsymbol{X})=\sigma(l)-[\sigma]\leqslant 0 \tag{3-145}$$

与参数 l 有关。又例如，在研究机械动力学的最优化问题中，由于动态响应是时间的函数，故按动态响应所建立的约束条件是以时间为参数的参数约束。必须保证在参数变化范围内参数的约束条件均成立。

有时根据需要，可以补充约束条件，引入附加约束。例如在片式摩擦离合器的优化设计中，若把摩擦片厚度定为设计变量，则它会只在温度约束条件中出现，而不包含于目标函数中。这时应根据摩擦片厚度的允许取值范围补充约束条件，以免摩擦片过厚。若想得到最理想的厚度，尚需在求得原目标函数最优值后，进行以优选摩擦片厚度为目的的再次寻优，这时应使原目标函数取最优值，使之转化为约束条件。

总之，要根据对设计问题的周密分析，合理地确定约束条件。要从设计要求出发，将那些必要的而且能用设计变量表示为约束函数的限制，确定为约束条件。不必要的限制，不仅是多余的，而且使设计可行域缩小，限制了设计的自由度而影响最优化结果。

3.6.4 数学模型的尺度变换

所谓尺度变换，就是指改变各个坐标的比例，它是一种改善数学模型性态的技巧，包括设计变量的尺度变换和约束条件的尺度变换。实践表明，设计变量的无量纲化、目标函数性态的改善和约束条件的规格化，都会加快收敛速度、提高计算的稳定性和数值变化的灵敏性，且为使用通用程序带来方便。

1. 设计变量的尺度变换

当设计变量的量纲不同且量级也相差很大时，可通过尺度变换使设计变量无量纲化和量级规格化。这时，尺度变换后的设计变量为

$$x_i'=k_ix_i\quad(i=1,2,\cdots,n) \tag{3-146}$$

推荐取

$$k_i=\frac{1}{x_i^{(0)}}\quad(i=1,2,\cdots,n) \tag{3-147}$$

式中 $x_i^{(0)}\,(i=1,2,\cdots,n)$ 为设计变量的初始值。这样，当初始点 $x_i^{(0)}\,(i=1,2,\cdots,n)$ 选得靠近最优点 $x_i^*\,(i=1,2,\cdots,n)$ 时，则 $x'_i\,(i=1,2,\cdots,n)$ 值将均在1附近变化。

理论上，可以通过设计变量的尺度变换，来改进目标函数等值面的性质（例如，在二维问题中使其尽量接近同心圆族），以加快寻优速度，但在实际工程设计中困难很多，并未采用。

2. 约束条件的尺度变换

当在同一问题中的各个约束条件间约束函数值的数量级相差很大时，如

$$g_1(\boldsymbol{X}) = 0.1 - x_i \leqslant 0$$
$$g_1(\boldsymbol{X}) = x_i - 10\ 000 \leqslant 0$$

将使两者对设计变量数值变化的灵敏度相差太大，导致两者在罚函数中的作用也相差甚远。灵敏度高的约束条件在极小化过程中将首先得到满足，而灵敏度低的却几乎得不到考虑。为了避免这种不正常的情况，应使各个约束条件规格化，使它们具有相近的量级。为此，可将各约束条件式除以各自的一个常数，使各约束函数值均位于 0 ~ 1 之间。例如，上面两个约束条件规格化后的表达式

$$g_1(\boldsymbol{X}) = 1 - \frac{x_i}{0.1} \leqslant 0$$

$$g_1(\boldsymbol{X}) = \frac{x_i}{10\ 000} - 1 \leqslant 0$$

对于机械设计中的强度、刚度等性态约束

$$\sigma \leqslant [\sigma], f \leqslant [f]$$

可用如下形式的约束条件表示为

$$g_1(\boldsymbol{X}) = \frac{\sigma}{[\sigma]} - 1 \leqslant 0$$

$$g_1(\boldsymbol{X}) = \frac{f}{[f]} - 1 \leqslant 0$$

使约束函数在 0 ~ 1 之间取值的这种约束规格化，减小了各约束条件在设计变量变化时的灵敏度的差异，有利于问题的求解。

3.6.5 优化方法的选择

当数学模型建立之后，应选择合适的优化方法进行计算求解。目前，优化设计技术已比较成熟，有许多优化算法可以选择，表 3-7 归纳了工程设计中常用的各种优化方法及其特点。

表 3-7 常用优化方法及其特点

优化方法名称			特点
一维搜索法		黄金分割法	简单、有效、成熟的一维直接搜索方法，应用广泛
		多项式逼近法	收敛速度较黄金分割法快，初始点的选择影响收敛效果
无约束非线性规划算法	间接法	梯度法（最速下降法）	需计算一阶偏导数，对初始点的要求低，初始迭代效果较好，在极值点附近收敛很慢，一般与其他算法配合，在迭代开始时使用
		牛顿法（二阶梯度法）	具有二阶收敛性，在极值点附近收敛速度快，但要用到一阶、二阶导数的信息，并且要用到黑塞矩阵，计算量大，所需存储空间大，对初始点的要求高
		DFP 变尺度法	共轭方向法的一种，具有二阶收敛性，收敛速度快，可靠性较高，需计算一阶偏导数，对初始点的要求不高，可求解 $n>100$ 优化问题，是有效的无约束优化方法，但所需的存储空间较大
	直接法	Powell 法（方向加速法）	共轭方向法的一种，具有直接法的共同优点，即不必对目标函数求导，具有二阶收敛性，收敛速度快，适合于中小型问题（$n<30$）的求解，但程序较复杂
		单纯形法	适合于中小型问题（$n<20$）的求解，不必对目标函数求导，方法简单，使用方便

续表

优化方法名称			特点
有约束非线性规划算法	直接法	网格法	计算量大,只适合于求解小型问题($n<5$),对目标函数要求不高,易于求得近似局部最优解,也可用于求解离散变量问题
		随机方向法	对目标函数的要求不高,收敛速度较快,可用于中小型问题的求解,但只能求得局部最优解
		复合形法	具有单纯形法的特点,适合于求解 $n<20$ 的规划问题,但不能求解有等式约束的问题
	间接法	拉格朗日乘子法	适于求解等式约束的非线性规划问题,求解时要解非线性方程组,经改进可以求解不等式约束问题,效率也较高
		罚函数法	将有约束问题转化为无约束问题,对大中型问题的求解均较合适,计算效果较好
		可变容差法	可求解有约束的规划问题,其所适用问题的规模与其采用的基本算法有关

通常在选择优化方法时,首先应明确数学模型的特点。例如问题的规模(即维数、目标函数及约束函数的数目)、目标函数及约束函数的性质(非线性程度、连续性及计算时的复杂程度)以及计算精度等。这些特点是选择优化方法的主要依据。

选择最优化方法时,还要考虑它本身及其计算程序的特点。例如,该方法是否已有现成的程序可用;编制程序所要花费的代价;程序的通用性或普遍性,即能否用它来解多种类型的问题;解题规模;使用该程序的简便性及计算机执行该程序需要花费的时间和费用,程序的机动性,优化方法的收敛速度、计算精度、稳定性及可靠性等。

考虑到编写程序所要花费的代价较高,因此一般都应选用现有程序中可用的优化方法。如果不是为了研究最优化方法本身,或者不是为了取得某些规律和经验,则采用现有的程序或经过适当修改后就可用程序,会大大节省时间。

无约束优化方法最容易程序化。在约束优化方法中,内点罚函数法的计算程序是较简单,但它需要有一个初始可行点。其他罚函数法的计算程序较内点法复杂。

有些方法可以拆分成一些彼此独立的部分,分别写出各部分程序,然后组合到一起。程序的通用性或普遍性是指该程序(或其中的子程序)能够用于求解其他问题的程度,这与编写方法有很大关系。在编写各种优化方法的程序时,都应尽可能地引进那些已有的卓有成效的子程序,或尽量使所编程序的某些部分(例如子程序)在别的场合也能使用。面向对象的程序开发技术,值得在优化设计编程尤其是通用部分算法编程中应用。

程序的使用简便性取决于优化方法所要求的初始数据的多少及将其输入计算机的工作量、在计算过程中是否需要进行调整以及为解释最后的输出结果所要花费的时间等。这些固然与程序本身有关,也与所选择的最优化方法有关。例如内点罚函数法需要给出一个可行的初始点、罚因子的初始值及收敛准则,可行方向法要求有可行的初始点、约束面容差和其他一些参数等。如果可行初始点极难给出,则应选用不需要这种可行初始点的优化方法。

在比较各种最优化方法时,计算机执行这些程序需要花费的时间和费用也应受到重视,计算效率或收敛速度应是一项主要考虑的因素,这些统称为程序的有效性。

所谓程序的机动性,是指它可以用多种办法来求解或改进一个特定设计问题的能力。从程序的机动性考虑,与不利用梯度的无约束最优化方法相结合的罚函数法是最好的。因为在这类方法中,能较容易地修改目标函数或约束条件(加进或减去一些约束),甚至把问题中的各个部分的地位进行交换。而那些直接方法或者与用到梯度的无约束最优化方法结合起来的罚函数方法,则很难作出这样一些变更。

在上述优化算法程序的各种评价标准中,最主要的还是程序的有效性和可靠性。对于新编程序,在投入使用前通常需用具有广泛代表性的试验算例来检验。试验算例不仅应有性质好的问题,也应有病态的问题;不仅应有中小规模的问题,也应有大规模的问题。通过检验后程序才可投入使用。

近年来,国际上的约束非线性最优化的算法及其相应程序发展很快。国外一些大的程序库如英国原子能研究中心和牛津大学等的程序库,都包含了相当数量的优化程序。考虑到用户的需要,对熟练的用户和没有经验的用户可提供不同的程序。近年来我国也开始引进了一些通用最优化程序,如美国 R. L. Fox 所编的 CMIN16 罚函数内点法通用程序和美国 Mathworks 公司的 MATLAB 程序,同时也发展了我国自己的最优化通用程序。这些通用程序的开发和推广,可以免去很多编制程序的工作和费用。

将现代先进的计算机软件技术(如字符公式运算、图形化界面、建模前处理和结果后处理等)与优化算法结合,开发适合工程人员使用的通用优化软件系统很有必要,并将会产生良好的效果。

3.6.6 计算结果的分析与处理

计算后必须对计算机输出的计算结果进行分析、比较,检查其合理性,以便得到一个符合工程实际的最优设计方案。

对于计算结果给出的设计变量值需要核查它们的可行性与合理性。

目标函数的最优值是对计算结果进行分析的重要依据,将它与原始方案的目标函数值比较,便可看出优化设计的效果。利用目标函数值的几组中间输出数据作曲线或列表,可查看其最优化过程进行得是否正常。利用计算机画出等值线,或显示出设计变量与目标函数的关系曲面,则可对优化过程一目了然。

对于大多数实际工程设计问题,最优解往往位于一个或几个不等式约束条件的约束边界上,这时最优解所在的约束边界的约束函数值应等于或接近于0。

如果所有的约束函数值全不接近于0,则应仔细检查原因,考虑数学模型或最优化过程是否有误。为此,可改变初始点或重选优化方法进行计算。

有时还需对计算结果进行必要的处理。例如,在实际工程设计中的设计变量并非都是连续型的,往往是在一个问题中既有连续型的(例如在圆柱齿轮设计中的齿宽),又有整数型的(例如齿数),也有离散型的(例如齿轮模数)。对于设计变量全为整数型的最优化设计问题,当然可用整数规划方法求解;而对于具有上述混合型设计变量的最优化设计问题,有时则可先将全部设计变量都假定为连续型的,在取得最优解后,再进行必要的处理,将求得的原为整数型和离散型的设计变量的非整数值和非离散值调整到离它最近的整数值和离散值(只允许向可行域内调整)。这种方法虽然对一般问题有用,但有时对某些问题也会引出不正确的结论,如图 3-34 所示。由图上等值线可知,连续问题的最小值点为 $\boldsymbol{X}^*$,而离散问题的最小值点则为 $\boldsymbol{X}_{\mathrm{M}}$。因此,简单地按上述办法取最接近 $\boldsymbol{X}^*$ 的离散点(在图 3-34 中以 + 号表示)就不能得到最小点 $\boldsymbol{X}_{\mathrm{M}}$。这时,可用其他相关方法,求解具有整数型和离散型设计变量的最优化设计问题(见 3.6.7 节)。

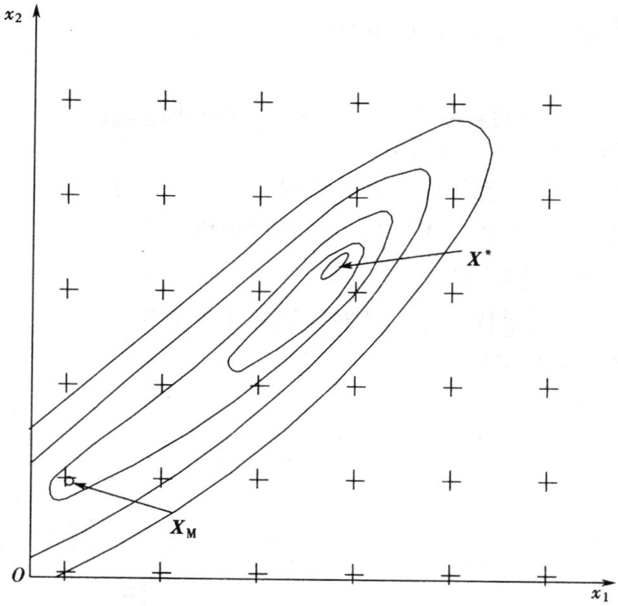

图 3-34　最靠近连续问题最小值点 X^* 的离散点不是离散问题最小值点 X_M 的情况

3.6.7　具有整数型和离散型设计变量的最优化设计问题

在实际工程设计问题中，有时会遇到既有整数型设计变量，又有离散型设计变量，还有连续型设计变量的这种混合情况，这时可采用下述方法求解。

1. 凑整解法

如前所述，将离散变量先假定为连续变量，在取得最优解后，再进行必要的处理，将求得的非离散值调整到离其最近的可行的离散值，并计算该值邻近各离散点的函数值，找出其中可行的最小值点。

2. 网格法

网格法是一种最简单的直接求优法，是一种穷举法。它既可用于连续设计变量的约束优化问题，又可用于具有整数型设计变量、离散型设计变量以及这两种变量与连续型设计变量都存在的混合型问题的求优。

除凑整解法和网格法外，处理离散型设计变量的优化设计问题还可采用随机试验法、离散复合形法和离散罚函数法等。

3.6.8　灵敏度分析

约束函数经常带有名义上是常数的一项，但它实际上会由于种种因素而变动。设计问题有些常数和实际系统的运行性能有关，从而不可能在运行开始之前对它作出确切的预测。人们总是希望能估计这些不定因素对最优方案的影响。研究起作用约束的某些变化对最优解（包括设计变量及目标函数）的影响，或确定最优值随约束函数中常数项的某些变动而变动的变化率，称为最优化设计结果的灵敏度分析。下面给出一个灵敏度分析的例子。

图 3-35 表示某项工程的投资（目标函数 $F(\boldsymbol{X})$）和给定的某种性能要求（起作用约束 $g(\boldsymbol{X})$）与最优解的关系。当起作用的约束为

$$g(\boldsymbol{X})=0$$

时，得最优点 $\boldsymbol{X}^*$。若改用材料使起作用约束发生变化，即

$$g(\boldsymbol{X})-\delta_1=0 \text{ 或 } g(\boldsymbol{X})+\delta_2=0$$

式中，δ_1、δ_2 分别为材质变化对起作用约束的影响，$\Delta g_1=-\delta_1$，$\Delta g_2=\delta_2$。

当 $g(\boldsymbol{X})-\delta_1=0$ 时，得最优点 $\boldsymbol{X}_1^*$，这时需要增加投资为

$$\Delta F_1=F(\boldsymbol{X}_1^*)-F(\boldsymbol{X}^*)$$

当 $g(\boldsymbol{X})+\delta_2=0$ 时，得最优点 $\boldsymbol{X}_2^*$，这时可以减少投资为

$$\Delta F_2=F(\boldsymbol{X}^*)-F(\boldsymbol{X}_2^*)$$

则最优化设计的灵敏度为

$$\lambda_i=\frac{\Delta F_i}{\Delta g_i} \tag{3-148}$$

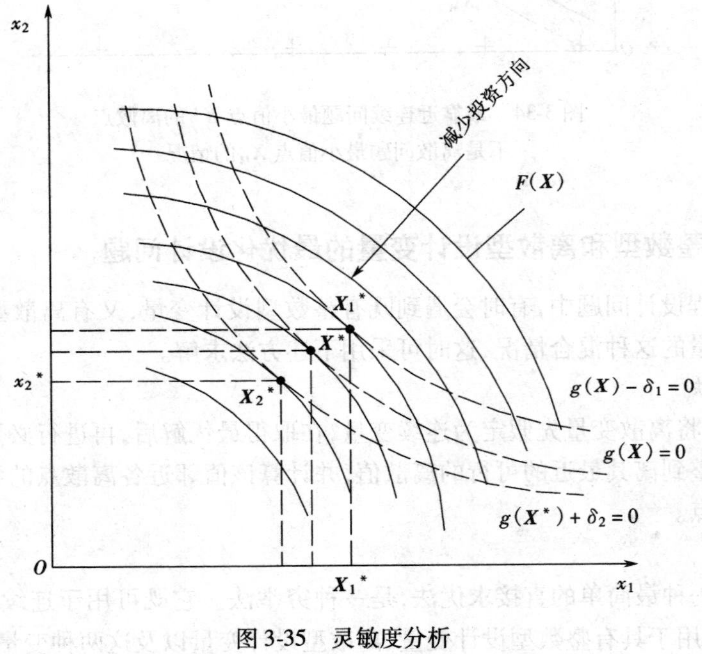

图 3-35 灵敏度分析

由上述例子及式(3-148)可见，为了不至于因材料的改变而增加过量的投资，应希望其设计结果的灵敏度愈低愈好。

实际上对任何设计来说，总是希望尽可能地缩小实际情况与理论计算之间的差距，总是希望避免因起作用的约束的某些变动而引起对设计结果的较大影响以至于使这项设计不能使用，这就要求灵敏度愈低愈好。

对实际工程设计来说，灵敏度分析有其经济意义。因为它能定量地显示出该项设计能有多大的裕量和安全系数，也能估计出对设计的某些修改所取得的效果，从而使设计节省不必要的投资，获得更好的经济效益。

灵敏度反映了最优化设计方案的鲁棒性，是鲁棒性设计的主要内容之一。

3.6.9 多目标函数的最优化方法

3.3 至3.5 节介绍的优化方法仅适用于含有一个目标函数的“单目标函数优化问题”。在许多实际工程设计问题中，常常期望同时有几项设计指标都达到最优值，即所谓的多目标函数优化问题。

例如，用一块厚为 S，密度为 ρ 的材料制作长方形油箱，要求油箱容积尽可能大，油箱制造材料尽可能少。

又如，对汽车齿轮变速箱的设计，可提出如下要求：

①各传动轴间的中心距之和尽可能小；

②各传动轴的长度尽可能小，以增加轴系刚度和减小变速箱长度；

③齿轮的圆周速度尽可能低；

④齿轮的模数尽可能小。

再如，汽车摩擦离合器设计中，为保证离合器具有良好的工作性能，对设计提出如下要求：

①传递转矩的能力尽可能大；

②离合器从动部分的转动惯量尽可能小，以减轻换挡时齿轮间的冲击并便于换挡；

③为保证由于摩擦发热而产生的工作温度不致过高，而使摩擦功尽可能小；

④离合器重量应尽可能小；

⑤离合器的寿命尽可能长。

多目标函数优化问题的数学模型为

$$\left.\begin{aligned}&\min F_i(\boldsymbol{X}) \quad (i=1,2,\cdots,q)\\&\boldsymbol{X}\in\boldsymbol{D}\subset\boldsymbol{R}^n\\&\boldsymbol{D}: g_j(\boldsymbol{X})\leqslant 0, j=1,2,\cdots,m; h_j(\boldsymbol{X})=0, j=m+1,m+2,\cdots,p\end{aligned}\right\}\tag{3-149}$$

在上述多目标函数的最优化问题中，各个目标函数 $F_1(\boldsymbol{X}),F_2(\boldsymbol{X}),\cdots,F_q(\boldsymbol{X})$ 的优化往往是互相矛盾的，不能期望使它们的极小值点重叠在一点，即不能同时达到最优解；甚至有时还会产生完全对立的情况，即对一个目标函数是优点，对另一目标函数却是劣点。这就需要在各个目标的最优解之间进行协调，相互间作出适当“让步”，以便取得整体最优方案或好的非劣解，而不能像单目标函数的最优化那样，通过简单比较函数值大小的方法去寻优。多目标函数的最优化问题要比单目标函数的最优化问题复杂，求解难度也较大。特别应当指出的是多目标函数的最优化方法虽有不少，但有些方法的效果并不理想，需要进一步研究和完善。下面介绍几种多目标函数的最优化方法。

1. 主要目标法

主要目标法的思想是抓住主要目标，兼顾其他要求。求解时从多目标中选择一个目标作为主要目标，而其他目标只需满足一定要求即可。为此，可将这些目标转化成约束条件。也就是用约束条件的形式来保证其他目标不致太差。这样处理后，就成为单目标优化问题。

对于式(3-149)的多目标优化问题，求解时可在 q 个目标函数 $F_1(\boldsymbol{X}),F_2(\boldsymbol{X}),\cdots,F_q(\boldsymbol{X})$ 中选择一个 $F_k(\boldsymbol{X})$ 作为主要目标，则问题变为

$$\left.\begin{aligned}&\min F_k(\boldsymbol{X})\\&\text{s.t. } g_j(\boldsymbol{X})\leqslant 0, j=1,2,\cdots,m; h_j(\boldsymbol{X})=0, j=m+1,m+2,\cdots,p\\&\qquad F_{i\min}\leqslant F_i(\boldsymbol{X})\leqslant F_{i\max}, i=1,2,\cdots,q, i\neq k\end{aligned}\right\}\tag{3-150}$$

式中 $F_{i\min}$、$F_{i\max}$ 为第 i 个目标函数的上、下限。

2. 统一目标法

统一目标法又称综合目标法。它是将原多目标优化问题，通过一定方法转化为统一目标函数或综合目标函数作为该多目标优化问题的评价函数，然后用前述的单目标函数优化方法求解。其转化方法如下。

(1)线性加权和法

线性加权和法又称线性加权组合法，是处理多目标优化问题常用的一种较简便的方法。所谓线性加权和法即将多目标函数组成一个综合目标函数。

线性加权和法的综合目标函数(评价函数)为

$$U(\boldsymbol{X}) = \sum_{i=1}^{q} \omega_i F_i(\boldsymbol{X}) \tag{3-151}$$

其中 ω_i 为加权系数，$\sum_{i=1}^{q} \omega_i = 1$，且 $\omega_i \geqslant 0 (i = 1, 2, \cdots, q)$，用以反映各个分目标函数在相对重要程度方面的差异及在量级和量纲上的差异。通过线性加权处理，多目标优化问题转换为单目标优化问题

$$\left.\begin{aligned} &\min U(\boldsymbol{X}) = \sum_{i=1}^{q} \omega_i F_i(\boldsymbol{X}) \\ &\boldsymbol{X} \in D \end{aligned}\right\} \tag{3-152}$$

线性加权和法的关键在于如何找到合理的加权系数，以反映各个单目标在整个多目标问题中的重要程度，使原多目标优化问题较合理地转化为单目标优化问题，且此单目标优化问题的解又是原多目标优化问题的好的非劣解。权系数的选取反映了对各分目标的不同估价、折中，故应根据具体情况作具体处理，有时要凭经验、估计或统计计算并经试算得出。

下面介绍一种确定权系数的方法。按照此法，多目标优化问题的评价函数的极小化如式(3-152)，其中

$$\omega_i = \frac{1}{f_i^*} \quad (i = 1, 2, \cdots, q) \tag{3-153}$$

$$f_i^* = \min_{X \in D} F_i(\boldsymbol{X}) \quad (i = 1, 2, \cdots, q) \tag{3-154}$$

即将各单目标最优化值的倒数取作权系数。从式(3-153)、式(3-154)可见，由此构造的评价函数反映了各个单目标函数值偏离各自最优值的程度。在确定权系数时，只需预先求出各个单目标最优值，而无须其他信息，使用方便。此法适用于需同时考虑所有目标或各目标在整个问题中有同等重要程度的场合。采用该方法确定的加权系数不必满足 $\sum_{i=1}^{q} \omega_i = 1$。

上述构造加权系数的方法的本质也可理解为对各个分目标函数作统一的量纲处理。这时在列出综合目标函数时，不会受各分目标值相对大小的影响，能充分反映出各分目标在整个问题中有同等重要含义。若各个分目标重要程度不相等，则可在上述统一量纲的基础上再另外赋以相应的权系数值。这样权系数的相对大小才能充分反映出各分目标在权问题中的相对重要程度。

(2)理想点法与平方和加权法

先对各个目标函数分别求出最优值 F_i^{Δ} 和相应的最优点 $\boldsymbol{X}_i^{\Delta}$。一般所有目标难于同时都达到最优解，即找不到一个最优解 $\boldsymbol{X}^*$ 使各个目标都能达到各自的最优值。因此，对于向量

目标函数 $F(X)=[F_1(X)\quad F_2(X)\quad\cdots\quad F_q(X)]^T$，向量 $F^\Delta=[F_1^\Delta\quad F_2^\Delta\quad\cdots\quad F_q^\Delta]^T$ 这个理想点一般是达不到的。但是，若能使各个目标尽可能接近各自的理想值，就必须求出较好的非劣解。根据这个思想，将多目标优化问题转化为求单目标函数（评价函数）的极值问题。构造出理想点的评价函数为

$$U(X)=\sum_{i=1}^{q}\left[\frac{F_i(X)-F_i^\Delta}{F_i^\Delta}\right]^2 \tag{3-155}$$

求此评价函数的最优解，即是求原多目标优化问题的最终解。

若在理想点法的基础上引入加权系数 ω_i，构造的评价函数

$$U(X)=\sum_{i=1}^{q}\omega_i\left[\frac{F_i(X)-F_i^\Delta}{F_i^\Delta}\right]^2 \tag{3-156}$$

即为平方和加权法。这个评价函数既考虑到各个目标尽可能接近各自的理想值，又反映了各个目标在整个多目标优化问题中的重要程度。加权系数的确定可参照前面线性加权和法中权系数的确定方法。

评价函数的最优解

$$\left.\begin{array}{l}\min\ U(X)\\ X\in D\end{array}\right\} \tag{3-157}$$

就是原多目标优化问题的解。

(3)分目标乘除法

多目标优化问题中有一类属于多目标混合优化问题，其优化模型为

$$\left.\begin{array}{l}\min\ F'(X)\\ \max\ F''(X)\\ X\in D\end{array}\right\} \tag{3-158}$$

式中

$$F'(X)=[F_1(X)\quad F_2(X)\quad\cdots\quad F_r(X)]^T$$

$$F''(X)=[F_{r+1}(X)\quad F_{r+2}(X)\quad\cdots\quad F_q(X)]^T$$

求解上述优化模型的方法可用分目标乘除法。该法的主要特点是，将模型中的各分目标函数进行相乘和相除处理后，在可行域上进行求解，即求解问题

$$\left.\begin{array}{l}\min\ U(X)=\dfrac{F'(X)}{F''(X)}=\dfrac{F_1(X)F_2(X)\cdots F_r(X)}{F_{r+1}(X)F_{r+2}(X)\cdots F_q(X)}\\ X\in D\end{array}\right\} \tag{3-159}$$

由上述数值极小化问题所得的优化解，显然是使位于分子的各目标函数取尽可能的小，而位于分母的各目标函数取尽可能大的值的解。为了使式(3-159)有意义，在使用上面所述的通过乘除分目标函数求解时，一般要求各目标函数在可行域 D 上均取正值。

3. 分层序列法及宽容分层序列法

分层序列法及宽容分层序列法是将多目标优化问题转化为一系列单目标优化问题的求解方法。

分层序列法的基本思想是将多目标优化问题式(3-149)中的 q 个目标函数分清主次，按其重要程度逐一排除，然后依次对各个目标函数求最优解，不过后一个目标函数应在前面各目标函数最优解的集合域内寻优。

假设按重要程度由高到低排序为 $F_1(X),F_2(X),\cdots,F_q(X)$。首先对第一个目标函数

$F_1(\boldsymbol{X})$求解，得最优值

$$\left.\begin{array}{l}\min F_1(\boldsymbol{X})=F_1^*\\ \boldsymbol{X}\in\boldsymbol{D}\end{array}\right\} \tag{3-160}$$

在第一个目标函数的最优解集合域内，求第二个目标函数 $F_2(\boldsymbol{X})$ 的最优值，也就是将第一个目标函数转化为辅助约束，即求

$$\left.\begin{array}{l}\min F_2(\boldsymbol{X})=F_2^*\\ \boldsymbol{X}\in\boldsymbol{D}_1\{\boldsymbol{X}|F_1(\boldsymbol{X})=F_1^*\}\end{array}\right\} \tag{3-161}$$

的最优值 F_2^*。

然后，再在第一、第二个目标函数的最优解集合域内求第三个目标函数 $F_3(\boldsymbol{X})$ 的最优值，此时第一、第二个目标函数转化为辅助约束，即求

$$\left.\begin{array}{l}\min F_3(\boldsymbol{X})=F_3^*\\ \boldsymbol{X}\in\boldsymbol{D}_2\{\boldsymbol{X}|F_i(\boldsymbol{X})=F_i^*\quad(i=1,2)\}\end{array}\right\} \tag{3-162}$$

的最优值 F_3^*。

依此类推，最后求第 q 个目标函数 $F_q(\boldsymbol{X})$ 的最优值，即

$$\left.\begin{array}{l}\min F_q(\boldsymbol{X})=F_q^*\\ \boldsymbol{X}\in\boldsymbol{D}_{q-1}\{\boldsymbol{X}|F_i(\boldsymbol{X})=F_i^*\quad(i=1,2,\cdots,q-1)\}\end{array}\right\} \tag{3-163}$$

的最优值为 F_q^*，对应的最优点 $\boldsymbol{X}^*$ 就是多目标优化问题的最优解。

在求解过程中采用分层序列法可能出现中断现象，使求解过程无法继续进行下去。当求解到第 k 个目标函数的最优解唯一时，则再往后第 $k+1,k+2,\cdots$个目标函数的解就完全没有意义了。这时可供选用的设计方案只是这一个，而它仅仅是由第 1 个至第 k 个目标函数通过分层序列求得的，没有把第 $k+1$ 个以后的目标函数考虑进去。尤其是当求得的第 1 个目标函数的最优解唯一时，则更失去了多目标优化的意义。为此引入“宽容分层序列法”。

宽容分层序列法就是对各目标函数的最优值放宽要求，可以事先对各目标函数的最优值取给定的宽容量，即 $\delta_i>0(i=1,2,\cdots,q-1)$，这样在求出一个目标函数的最优值时，对前一目标函数不严格限制在最优解内，而是在前一目标函数最优值附近的某一范围进行优化，因而避免了计算过程的中断。各层优化问题如下：

$$\left.\begin{array}{l}\min F_1(\boldsymbol{X})=F_1^*\\ \boldsymbol{X}\in\boldsymbol{D}\end{array}\right\} \tag{3-164}$$

$$\left.\begin{array}{l}\min F_2(\boldsymbol{X})=F_2^*\\ \boldsymbol{X}\in\boldsymbol{D}_1\{\boldsymbol{X}|F_1(\boldsymbol{X})\leqslant F_1^*+\delta_1\}\end{array}\right\} \tag{3-165}$$

$$\left.\begin{array}{l}\min F_3(\boldsymbol{X})=F_3^*\\ \boldsymbol{X}\in\boldsymbol{D}_2\{\boldsymbol{X}|F_i(\boldsymbol{X})\leqslant F_i^*+\delta_i\quad(i=1,2)\}\end{array}\right\} \tag{3-166}$$

$$\vdots$$

$$\left.\begin{array}{l}\min F_q(\boldsymbol{X})=F_q^*\\ \boldsymbol{X}\in\boldsymbol{D}_{q-1}\{\boldsymbol{X}|F_i(\boldsymbol{X})\leqslant F_i^*+\delta_i\quad(i=1,2,\cdots,q-1)\}\end{array}\right\} \tag{3-167}$$

两目标优化问题用宽容分层序列法求最优解的情况如图 3-36 所示。不作宽容时，$\bar{x}$ 为最优解，它就是第一个目标函数 $f_1(x)$ 的严格最优解。若给定宽容值 δ_1，则宽容的最优解为

$x^{(1)}$,$x^{(1)}$即非$f_1(x)$的最优解,也非$f_2(x)$的最优解,而是使$f_1(x)$和$f_2(x)$取满意值的好的非劣解。

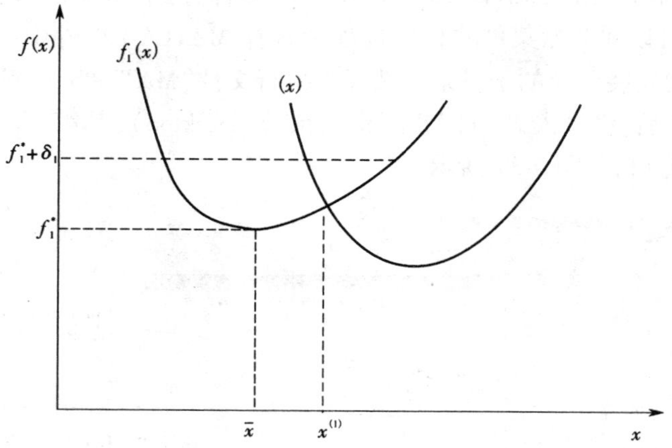

图 3-36　宽容分层序列法求最优解

3.7　优化设计工具软件

3.7.1　MATLAB 概述

MATLAB 是 MATrix LABoratory(“矩阵实验室”)的缩写,是由美国 Mathworks 公司开发的集数值计算、符号计算和图形可视化三大基本功能于一体,功能强大、操作简单,是国际公认的优秀数学应用软件之一。

概括地讲,整个 MATLAB 系统由两部分组成,即 MATLAB 内核及辅助工具箱,两者的调用构成了 MATLAB 的强大功能。MATLAB 语言是以数组为基本数据单位,包括控制流语句、函数、数据结构、输入输出及面向对象等的高级语言,它具有以下特点。

①运算符和库函数丰富,语言简洁,编程效率高。MATLAB 除了提供和 C 语言一样的运算符号外,还提供矩阵和向量运算符。利用其运算符号和库函数可使其程序相当简短,两三行语句就可实现几十行甚至几百行 C 语言或 FORTRAN 语言的程序功能。

②既具有结构化的控制语句(如 for 循环、while 循环、break 语句、if 语句和 switch 语句),又有面向对象的编程特性。

③图形功能强大。它既包括对二维和三维数据可视化、图像处理、动画制作等高层次的绘图命令,也包括可以修改图形及编制完整图形界面的低层次的绘图命令。

④功能强大的工具箱。工具箱可分为两类:功能性工具箱和学科性工具箱。功能性工具箱主要用来扩充其符号计算功能、图示建模仿真功能、文字处理功能以及与硬件实时交互的功能。而学科性工具箱是专业性比较强的工具箱,如优化工具箱、统计工具箱、控制工具箱、小波工具箱、图像处理工具箱、通信工具箱等。

⑤易于扩充。除内部函数外,所有 MATLAB 的核心文件和工具箱文件都是可读可改的源文件,用户可修改源文件和加入自己的文件,它们可以与库函数一样被调用。

下面简单介绍 MATLAB 及其在优化设计中的应用。

3.7.2 MATLAB 的启动和桌面平台

与常规的应用软件相同,MATLAB 的启动也有多种方式,常用的方法就是双击桌面的 MATLAB 图标,也可以在开始菜单的程序选项中选择 MATLAB 组件中的快捷方式,当然也可以在 MATLAB 的安装路径的子目录中选择可执行文件"MATLAB. exe"。

启动 MATLAB 后,将进入 MATLAB 的桌面系统(Desktop),其第一行为菜单栏,第二行为工具栏,下面为窗口,如图 3-37 所示。

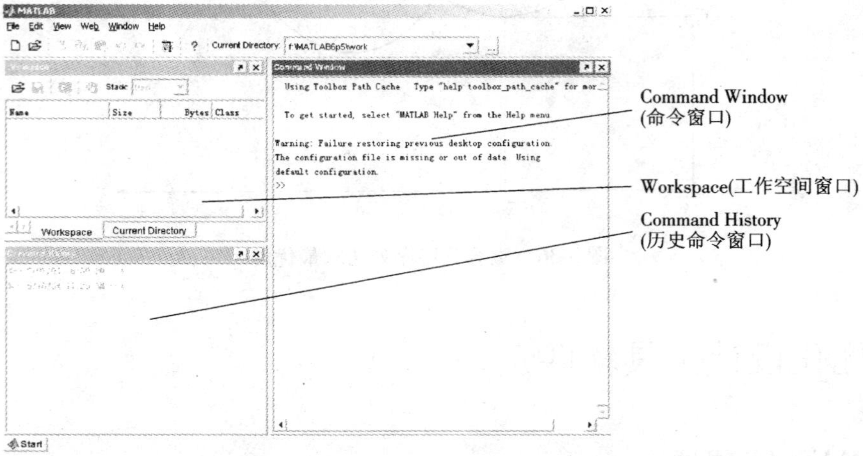

图 3-37 MATLAB 的桌面系统图

1. 窗口

(1)命令窗口(Command Window)

命令窗口是对 MATLAB 进行操作的主要载体,默认的情况下,启动 MATLAB 时就会打开命令窗口。一般来说,MATLAB 的所有函数和命令都可以在命令窗口中执行。在 MATLAB 命令窗口中,命令的实现不仅可以由菜单操作来实现,也可以由命令行操作来执行。

命令行操作一行写入一个或多个命令,命令之间用逗号或分号隔开,如果命令尾带分号将不显示该命令的执行结果;命令还可有续行,此时需要使用续行符"......",否则 MATLAB 将只计算一行的值,而不理会该行是否已输入完毕;最后用回车提交命令。

命令窗口常用键有:↑键为显示前个命令;↓键为显示后个命令;Esc 键为取消输入;Ctrl + X 为剪切;Ctrl + C 为复制。

(2)历史命令窗口(Command History)

历史命令窗口的作用是保留命令窗口中所有命令的历史记录,并标明使用时间,以方便使用者的查询。而且双击某一行命令,即在命令窗口中执行该命令。

(3)当前目录窗口(Current Directory)

在当前目录窗口中可显示或改变当前目录,还可以显示当前目录下的文件,包括文件名、文件类型、最后修改时间以及该文件的说明信息等,并提供搜索功能。

(4)工作空间窗口(Workspace)

工作空间管理窗口是 MATLAB 的重要组成部分。在工作空间管理窗口中将显示所有目前保存在内存中的 MATLAB 变量的变量名、数据结构、字节数以及类型,而不同的变量类型分别对应不同的变量名图标。

除了上述窗口外,MATLAB 常用窗口还有编辑器窗口、图形窗口等。

2. 菜单和工具栏

MATLAB 菜单和工具栏类似于 Word 等其他常用软件,以下列出一些常用菜单。

(1) File 菜单

New 命令用于新建 M-file、Figure 文件等。

Open 命令用于打开 M-file、Figure 文件等。

Save Workspace as... 命令用于保存 Workspace 中的数据为 MAT 类型文件。

(2) Edit 菜单

Undo、Redo、Cut、Copy、Paste 等命令意义同一般 Windows 软件。

Clear Command Window 命令用于清除 Command Window 窗口中的数据。

Clear Command History 命令用于清除 Command History 窗口中的数据。

Clear Workspace 命令用于清除 Workspace 窗口中的数据。

(3) View 菜单

Command Window 命令用来显示/关闭 Command Window 窗口。

Command History 命令用来显示/关闭 Command History 窗口。

Workspace 命令用来显示/关闭 Workspace 窗口。

3.7.3 源文件(M 文件)

如果要计算的问题比较复杂,最好先建立一个 M 文件。所谓 M 文件,就是用 MATLAB 语言编写的,可以在 MATLAB 环境中运行的程序,把原本要在 MATLAB 环境下直接输入的语句放在一个以“.m”为后缀的文件中,通过运行这个文件来完成原先拟定的功能,这些后缀(扩展名)为“.m”的文件就是 M 文件。建立了 M 文件后,对于程序的修改、调试、运行、保存和今后的访问都将十分方便。

M 文件通常分为 M 函数文件与 M 文本文件(或称命令文件)两种类型。M 文本文件没有参数传递功能,当需要修改程序中的变量值时,必须修改 M 文件。而利用 M 函数文件可以进行参数传递,所以 M 函数文件用得更广泛。

M 函数文件以 function 开头,其基本格式为

function[输出表] = 函数名(输入表)

例如 function f = average(x)

其中:f 是函数的返回值,若输出表中只有一项,则方括号可省略;x 是输入参数;average 是函数名称。

M 文本文件(非函数文件)是无函数头的 M 文件,它由若干命令和注释构成,类似于批处理文件。

如:

```
% Filename is a sine.m
x = 0:0.1:2 * pi;y = sin(x);
plot(x,y)
%可包含汉字注释
```

建立 M 文件必须在 M 编辑窗口中进行,打开 M 编辑窗口的方法是:单击命令窗口中的 File/New/M-file,屏幕显示 MATLAB 的编辑窗口,它是输入、编辑、修改、调试 M 文件的地

方。需要强调指出的是,建立文件、修改文件、调试文件只能在编辑窗口中进行,而运行文件只能在命令窗口中进行。

3.7.4 MATLAB 优化工具箱

1. MATLAB 优化工具箱的功能

MATLAB 所带的优化工具箱(Optimization Toolbox)被放在 toolbox 目录下的 optim 子目录中,优化工具箱中含有一系列的优化算法函数,可以用于解决以下工程实际问题:

①求解无约束条件非线性极小值;

②求解约束条件非线性极小值,包括目标逼近问题、极大-极小问题以及半无限极小值问题;

③求解二次规划和线性规划问题;

④非线性最小二乘逼近和曲线拟合;

⑤非线性系统的方程求解;

⑥约束条件下的线性最小二乘优化;

⑦求解复杂结构的大规模优化问题。

优化工具箱中的所有函数都对应于一个 MATLAB 的 M 文件,这些 M 文件通过使用 MATLAB 的基本语句实现了具体的优化算法。可以在 MATLAB 命令窗口键入命令 type(空格)函数名,来查看相应函数的代码。

2. MATLAB 优化工具箱的应用

应用 MATLAB 优化工具箱解决实际工程应用问题可概括为以下三个步骤:

①根据所提出的最优化问题,建立最优化问题数学模型,确定设计变量,列出约束条件和目标函数;

②对所建立的数学模型进行具体分析和研究,选择合适的最优化求解方法;

③根据最优化方法的算法,选择 MATLAB 优化函数和编写求解程序,用计算机求出最优解。

3.7.5 典型优化函数

1. 线性规划问题求解

线性规划是最优化理论发展最成熟、应用最广泛的一个分支。线性规划问题可简写为

$$\min \ \mathbf{f}^{T}\mathbf{x}$$

$$\text{s.t.}: \mathbf{A} * \mathbf{x} \leqslant \mathbf{b} \text{(线性不等式约束)}$$

$$\mathbf{Aeq} * \mathbf{x} = \mathbf{beq} \text{(线性等式约束)}$$

$$\mathbf{lb} \leqslant \mathbf{x} \leqslant \mathbf{ub} \text{(有界约束)}$$

其中,**x**、**b**、**beq**、**lb**、**ub** 均是向量,**A** 和 **Aeq** 是矩阵。

在 MATLAB 的优化工具箱中用于求解上述线性规划问题的函数是 linprog,其主要格式为

```
x = linprog(f,A,b,Aeq,beq)
x = linprog(f,A,b,Aeq,beq,lb,ub)
x = linprog(f,A,b,Aeq,beq,lb,ub,x0)
x = linprog(f,A,b,Aeq,beq,lb,ub,x0,options)
```

```
[x,fval] = linprog(...)
[x,fval,exitflag] = linprog(...)
[x,fval,exitflag,output] = linprog(...)
[x,fval,exitflag,output,lambda] = linprog(...)
[x,fval,exitflag,output,lambda] = linprog(f、A、b、Aeq、beq、lb、ub,x0,options)
```

其中,linprog 为函数名,中括号及小括号中所含的参数都是输出或输入变量,这些参数的主要用法及说明如下。

①f、A 和 b 是不可缺省的输入变量;x 是不可缺省的输出变量,它是问题的解。

②当 x 无下界时,在 lb 处放置[ ]。当 x 无上界时,在 ub 处放置[ ]。如果 x 的某个分量无下界,则置 lb(i) = inf,如果无上界,则置 ub(i) = inf。如果无线性不等式约束,则在 Aeq 和 beq 处都放置[ ]。

③x0 是变量的初始值向量。

④options 是用来控制算法的选项参数向量。关于 options 的具体使用方法,可查阅有关详细说明。

⑤输出变量 fval 是目标函数在解 x 处的值。

⑥输出变量 exitflag 的值描述了程序的运行情况。如果 exitflag 的值大于 0,则程序收敛于解 x;如果 exitflag 的值等于 0,则函数的计算达到了最大次数;如果 exitflag 的值小于 0,则问题无可行解,或程序运行失败。

⑦输出变量 output 用于输出程序运行的某些信息。

⑧输出变量 lambda 为在解 x 处的值 Lagrange 乘子。

例 3-11 求解线性规划问题

$$\min f(x_1,x_2) = -60x_1 - 120x_2$$
$$\text{s. t. } g_1(x_1,x_2) = 9x_1 + 4x_2 \leqslant 360$$
$$g_2(x_1,x_2) = 3x_1 + 10x_2 \leqslant 300$$
$$g_3(x_1,x_2) = 4x_1 + 5x_2 \leqslant 200$$
$$g_4(x_1,x_2) = x_1 \geqslant 0$$
$$g_5(x_1,x_2) = x_2 \geqslant 0$$

MATLAB 求解代码如下:

```
f = [-60, -120];
A = [9,4;3,10;4,5];
b = [360,300,200];
lb = [0,0];
[x,fval] = linprog(f,A,b,[ ],[ ],lb)
```

程序运行后得到:

```
x =
     20     24
fval =
     -4080
```

2. 一维优化和多维无约束非线性规划问题

用于求解单变量约束非线性规划的 MATLAB 函数为 fminbnd、fminsearch 和 fminunc;用于求解多变量无约束非线性规划的 MATLAB 函数为 fminsearch 和 fminunc。

1)fminbnd 函数　利用 fminbnd 函数可求解区间$[x_1,x_2]$内单变量函数的最小值,常用的调用格式为

x = fminbnd(fun,x1,x2)

x = fminbnd(fun,x1,x2,options)

[x,fval] = fminbnd(...)

[x,fval,exitflag] = fminbnd(...)

[x,fval,exitflag,output] = fminbnd(...)

具体说明如下:

①[x,fval] = fminbnd(fun,x1,x2),返回$[x_1,x_2]$区间上最小解 x 及解 x 处的目标函数值;

②[x,fval] = fminbnd(fun,x1,x2,options),采用 options 参数指定的优化参数进行最小化,若没有设置 options 选项,可令 options = [ ],同时返回最小解 x 及解 x 处的目标函数值;

③x = fminbnd(...),仅返回解 x 的数值,不返回目标函数值。

2)fminunc 函数　利用 fminunc 函数可求解单变量及多变量函数的最小值,常用的调用格式为

x = fminunc(fun,x0)

x = fminunc(fun,x0,options)

[x,fval] = fminunc(...)

[x,fval,exitflag] = fminunc(...)

[x,fval,exitflag,output] = fminunc(...)

[x,fval,exitflag,output,grad] = fminunc(...)

[x,fval,exitflag,output,grad,hessian] = fminunc(...)

具体说明如下:

①[x,fval] = fminsearch(fun,x0),给定初值 x0,返回目标函数的极小值 x 和目标函数值;

②[x,fval] = fminsearch(fun,x0,options),给定初值 x0,用 options 参数指定的参数进行最小化,若没有设置 options 选项,可令 options = [ ],同时返回目标函数的极小值 x 和目标函数值;

③x = fminsearch(...),仅返回解 x 的数值,不返回目标函数值。

3)fminsearch 函数　利用 fminsearch 函数可求解单变量及多变量函数的最小值,常用的调用格式为

x = fminsearch(fun,x0)

x = fminsearch(fun,x0,options)

[x,fval] = fminsearch(...)

[x,fval,exitflag] = fminsearch(...)

[x,fval,exitflag,output] = fminsearch(...)

具体说明如下:

①[x,fval] = fminsearch(fun,x0),初值为 x_0,返回目标函数的极小值 x 和目标函数值;

②[x,fval] = fminsearch(fun,x0,options),初值为 x_0,用 options 参数指定的优化参数进行最小化,如果没有设置 options 选项,则令 options = [ ],同时返回目标函数的极小值 x 和目标函数值;

③x = fminsearch(...),仅返回解 x 的数值,不返回目标函数值。

4)参数说明　具体说明如下:

①fun 为目标函数,若对应的函数采用 M 文件表示,即 fun = 'myfun',则 myfun.m 必须采用下面的形式,即

```
function f = myfun(x)
f = ...
```

②options 为优化参数选项,可以通过 optimset 函数设置或改变这些参数。

5)注意事项　具体说明如下:

①三个函数均可能只输出局部最优解;

②三个函数均只对变量为实数的问题进行优化;

③fminbnd 函数和 fminunc 函数要求目标函数必须连续;

④若变量为复数,对于 fminunc 函数和 fminsearch 函数来说,需将相应的复数分为实部和虚部两部分分别进行优化计算。

例 3-12　某工厂有一张边长为 5 m 的正方形的铁板,欲制成一个方形无盖水槽,问在该铁板的 4 个角处剪去多大的相等的正方形才能使水槽的容积最大?

解　设剪去的正方形的边长为 x,则水槽的容积为

$$f(x) = (5-2x)^2 x$$

分析可知,剪去的正方形的边长不超过 2.5 m,即 x 位于区间(0,2.5)内。现要求确定该区间上的一个 x,使 $f(x)$ 达最大。按照 MATLAB 的要求,将目标函数最小化,即得到如下函数模型。

①求 $-f(x) = -(5-2x)^2 x$ 的最小值。

MATLAB 求解程序清单一

```
>> [x,fval] = fminbnd('-(5-2*x)^2*x',0,2.5)
```

结果输出为

```
x =
     0.8333
fval =
    -9.2593
```

②MATLAB 求解程序清单二

首先,在 M-file editor 中编写如下 M 文件。

```
function f = myfun(x)
f = -(5-2*x)^2*x
```

以文件名 myfun3_1 保存在 MATLAB 目录下的 work 文件夹中,然后在 MATLAB 命令窗口中调用 fminbnd 函数。

```
>> [x,fval] = fminbnd('myfun3_1',0,2.5)
```

结果同样输出为

```
x =
```

```
    0.8333
fval =
    -9.2593
```

可见，剪掉正方形的边长为0.833 3 m时，水槽的容积最大，且最大容积为9.259 3 m^3。

例3-13 求 $e^{-x}+x^2$ 最小值，搜索区间为(0,1)。

解 MATLAB求解程序清单为

```
x1 = 0;
x2 = 1;
[x,fval] = fminbnd('exp(-x)+x^2',x1,x2)
```

结果输出为

```
x =
    0.3517
fval =
    0.8272
```

同样，也可在M-file editor中编写M文件来定义函数。

3. 约束非线性规划问题

约束非线性规划问题的数学模型为

min = f(**x**)

s.t. **A** * **x**≤**b**(线性不等式约束)

Aep * **x** = **beq**(线性等式约束)

c(**x**)≤0(非线性不等式约束)

ceq(**x**) = 0(非线性等式约束)

lb≤**x**≤**ub**(有界约束)

在MATLAB的优化工具箱中的函数是fmincon，常用调用格式如下。

```
x = fmincon(fun,x0,A,b)
x = fmincon(fun,x0,A,b,Aeq,beq)
x = fmincon(fun,x0,A,b,Aeq,beq,lb,ub)
x = fmincon(fun,x0,A,b,Aeq,beq,lb,ub,nonlcon)
x = fmincon(fun,x0,A,b,Aeq,beq,lb,ub,nonlcon,options)
[x,fval] = fmincon(...)
[x,fval,exitflag] = fmincon(...)
[x,fval,exitflag,output] = fmincon(...)
[x,fval,exitflag,output,lambda] = fmincon(...)
[x,fval,exitflag,output,lambda,grad] = fmincon(...)
[x,fval,exitflag,output,lambda,grad,hessian] = fmincon(...)
```

其中，fmincon为函数名，参数的主要用法有的与线性规划大部分相同，具体说明如下。

①[x,fval] = fmincon(fun,x0,A,b)，给定初值 x_0，返回目标函数的极小值 x 和目标函数值。

②[x,fval] = fmincon(fun,x0,A,b,Aeq,beq)，给定初值 x_0，求解目标函数的极小值 x，约束条件为 Aep * x = beq 和 A * x≤b；若没有不等式约束存在，则令 A = [ ]，b = [ ]，同时

返回 x 和目标函数值。

③[x,fval] = fmincon(fun,x0,A,b,Aeq,beq,lb,ub)，给定初值 x_0，求解目标函数的极小值 x，约束条件为 Aep * x = beq 和 A * x≤b，定义变量 x 的下界 lb 和上界 ub。若没有不等式约束存在，则令 A = [ ]，b = [ ]，同时返回 x 和目标函数值。

④[x,fval] = fmincon(fun,x0,A,b,Aeq,beq,lb,ub,nonlcon)，在上面的基础上，nonlcon 参数中提供非线性不等式 c(x) 或等式 ceq(x) 约束，要求 c(x) ≤0 且 ceq(x) =0。当非线性不等式 c(x) 或等式 ceq(x) 约束不同时存在时，可令 c = [ ] 或 ceq = [ ]，若无边界存在时，令 lb = [ ] 和 ub = [ ]，同时返回 x 和目标函数值。

若 nonlcon 对应的不等式 c(x) 或等式 ceq(x) 约束采用 M 文件表示，即 nonlcon = mycon，则 M 文件 mycon. m 就有下面的形式：

```
function[c,ceq] = mycon(x)
c = .......        (x 处的非线性不等式)
ceq = ......       (x 处的非线性等式)
```

⑤[x,fval] = fmincon(fun,x0,A,b,Aeq,beq,lb,ub,nonlcon,options)。在上面的基础上，用 options 参数设定的参数进行最小化。

⑥x = fmincon(...)，仅返回 x 的值，不返回目标函数值。

⑦[x,fval,exitflag,output,lambda,grad,hessian] = fmincon(...)，输出变量 exitflag 值描述了程序的运行情况；output 返回优化算法信息的一个数据结构；lambda 为在解 x 处的值 Lagrange 乘子；hessian 为目标函数在解 x 处的 Hessian 矩阵，输出变量 grad 为目标函数在解 x 处的梯度。

例 3-14 求解非线性规划问题

$$\min f(x) = e^{x_1}(4x_1^2 + 2x_2^2 + 4x_1x_2 + 2x_1 + 1)$$

$$\text{s. t.}\quad x_1 + x_2 = 0$$

$$x_1 - x_2 \leqslant 1$$

$$1.5 + x_1x_2 - x_1 - x_2 \leqslant 1$$

$$-x_1x_2 - 10 \leqslant 0$$

解 建立目标函数的 M 文件 nline. m

```
function y = nline(x)
y = exp(x(1)) * (4 * x(1)^2 + 2 * x(2)^2 + 4 * x(1) * x(2) + 2 * x(2) + 1);
```

建立非线性约束条件的 M 文件 nyueshu. m

```
function [c,ceq] = nyueshu(x)
c = [1.5 + x(1) * x(2) - x(1) - x(2); - x(1) * x(2) - 10];
cep = [];
```

在命令窗口中键入

```
>> x0 = [ -2,2];A = [1, -1];b = 1;Aeq = [1,1];beq = 0;lb = [];ub = [];
>> options = optimset('LargeScale','off');
>> [x,fval] = fmincon('nline',x0,A,b,Aeq,beq,lb,ub,'nyueshu',options)
```

得到输出结果为

```
x =
   -3.1623    3.1623
```

fval =

    1.1566

3.8 优化设计实例

本节通过实例介绍机械最优化设计的建模及求解。

3.8.1 传递转矩并承受弯矩的等截面轴的最优化设计

例 3-15 优化图 3-38 所示的传递转矩的等截面轴,使其质量最小。

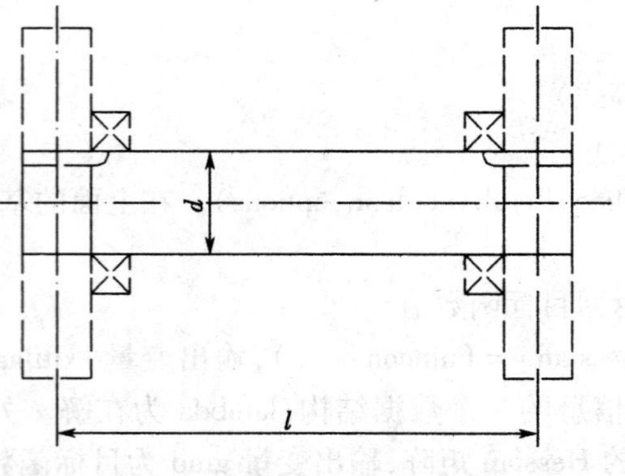

图 3-38 传递转矩并承受弯矩的等截面轴

(1)设计变量

如图 3-38 所示,轴的直径 d 和传动元件间距 l 为需要决定的设计参数,故设计变量为

$$X=\begin{bmatrix} d \\ l \end{bmatrix}=\begin{bmatrix} x_1 \\ x_2 \end{bmatrix}$$

(2)目标函数

以轴的质量 W 作为目标函数。若轴所选用的材料密度为 ρ,则目标函数为

$$W=F(X)=\rho\frac{\pi d^2}{4}l=\rho\frac{\pi x_1^2}{4}\cdot x_2$$

(3)约束条件

根据扭转强度,要求扭转应力

$$\tau=\frac{M_T}{W_T}\leqslant[\tau]$$

式中 M_T——轴所传递的最大转矩;

W_T——抗扭截面系数(对实心轴,$W_T=\frac{\pi d^3}{16}=\frac{\pi x_1^3}{16}$);

$[\tau]$——许用扭转应力。

因此,扭转强度所决定的约束条件为

$$g_1(X)=\frac{16M_T}{\pi d^3}-[\tau]=\frac{16M_T}{\pi x_1^3}-[\tau]\leqslant 0$$

根据扭转刚度条件,要求扭转变形

$$\varphi=\frac{M_T l}{GJ_p}\leqslant[\varphi]$$

$$\theta=\frac{M_T}{GJ_p}\leqslant[\theta]$$

式中 φ——扭转角;

θ——单位长度的扭转角;

G——材料的剪切弹性模数;

J_p——极惯性矩(对于实心轴,$J_p=\frac{\pi d^4}{32}$);

$[\varphi]$、$[\theta]$——φ 及 θ 的许用值。

因此，扭转刚度所决定的约束条件为

$$g_2(\boldsymbol{X})=\frac{32M_{\mathrm{T}}l}{\pi Gd^4}-[\varphi]=\frac{32M_{\mathrm{T}}x_2}{\pi Gx_1^4}-[\varphi]\leqslant 0$$

由结构尺寸要求决定的约束条件为

$$d_{\min}\leqslant d\leqslant d_{\max}$$

$$l_{\min}\leqslant l\leqslant l_{\max}$$

相当于

$$g_3(\boldsymbol{X})=d_{\min}-d=d_{\min}-x_1\leqslant 0$$

$$g_4(\boldsymbol{X})=d-d_{\max}=x_1-d_{\max}\leqslant 0$$

$$g_5(\boldsymbol{X})=l_{\min}-l=l_{\min}-x_2\leqslant 0$$

$$g_6(\boldsymbol{X})=l-l_{\max}=x_2-l_{\max}\leqslant 0$$

(4)优化模型

$$\min\ F(\boldsymbol{X})=\rho\frac{\pi x_1^2}{4}x_2$$

$$\text{s.t.}\quad g_j(\boldsymbol{X})\leqslant 0, j=1,2,\cdots,6$$

若所设计的是一根中间带有凸轮的转轴，即在轴的中间还要承受一个集中载荷时，则除了需要根据转矩和弯矩的联合作用给出强度的约束条件及扭转刚度的约束条件外，尚需增加一个弯曲刚度的约束条件。对于较重要的和转速较高可能引起疲劳损坏的轴，还必须采用转轴疲劳强度校核的安全系数法，增加一项疲劳强度安全系数不低于许用值的约束条件。所有这些条件都可根据材料力学的已知公式给出。

3.8.2 保证动力稳定性的变截面高转速轴的最优化设计

例 3-16 图 3-39 给出的是带有一个质量为 Q 的轮子的变截面高转速轴，若各段长度已知，求满足动力稳定条件下并使轴的质量为最小时的直径 d_1、d_2。

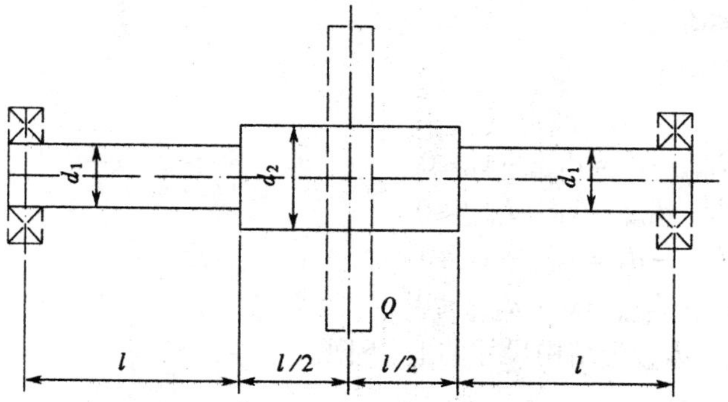

图 3-39 变截面高转速要求满足动力稳定性条件的轴简图

(1)设计变量

$$\boldsymbol{X}=\begin{bmatrix}d_1\\d_2\end{bmatrix}=\begin{bmatrix}x_1\\x_2\end{bmatrix}$$

(2)目标函数

以轴的质量 W 作为目标函数,若轴所选用的材料的密度为 ρ,则目标函数为

$$W=F(\boldsymbol{X})=\rho\frac{\pi l}{4}(2d_1^2+d_2^2)=\rho\frac{\pi l}{4}(2x_1^2+x_2^2)$$

(3)约束条件

当轴的旋转角速度 ω 达到其临界转速时的角速度 ω_c(横向振动(弯曲振动)的固有频率 ω_n)时,轴便处于共振状态。在多数情况下,需要进行动力稳定性计算的轴的质量 W 总小于轮子的质量 Q,为了简化计算,在确定 ω_n 时可忽略 W,从而简化为单自由度的振动问题。因此,轴的横向振动的固有频率为

$$\omega_n=\sqrt{\frac{g}{\Delta}}$$

式中 g——重力加速度;

Δ——轴的中间截面处的静挠度。

按图 3-39 给出的条件,根据材料力学可求得

$$\Delta=10.67\frac{Ql^3}{\pi E}\left(\frac{1}{d_1^4}+\frac{2.38}{d_2^4}\right)=10.67\frac{Ql^3}{\pi E}\left(\frac{1}{x_1^4}+\frac{2.38}{x_2^4}\right)$$

式中 E——材料的弹性模量。

为保证轴在工作时的动力稳定性,应使

$$\omega\leqslant\omega_c=\omega_n$$

或

$$\omega_n=\omega K$$

式中 K——大于 1 的安全系数。

将 Δ 和 ω_n 的表达式代入上式,经整理后得动力稳定性所要求的等式约束条件为

$$h_1(\boldsymbol{X})=\frac{\pi Eg}{10.67Ql^3\omega^2K^2}-\left(\frac{1}{d_1^4}+\frac{2.38}{d_2^4}\right)=\frac{\pi Eg}{10.67Ql^3\omega^2K^2}-\left(\frac{1}{x_1^4}+\frac{2.38}{x_2^4}\right)=0$$

由结构尺寸要求决定的约束条件为

$$d_{1\min}\leqslant d_1\leqslant d_{1\max}$$
$$d_{2\min}\leqslant d_2\leqslant d_{2\max}$$

相当于

$$g_1(\boldsymbol{X})=d_{1\min}-d_1=d_{1\min}-x_1\leqslant 0$$
$$g_2(\boldsymbol{X})=d_1-d_{1\max}=x_1-d_{1\max}\leqslant 0$$
$$g_3(\boldsymbol{X})=d_{2\min}-d_2=d_{2\min}-x_2\leqslant 0$$
$$g_4(\boldsymbol{X})=d_2-d_{2\max}=x_2-d_{2\max}\leqslant 0$$

式中 $d_{1\min}$、$d_{1\max}$、$d_{2\min}$、$d_{2\max}$ 为结构尺寸的上、下限。

(4)优化模型

对于装有一个重轮的变截面高转速直轴,当以轴的质量为目标函数,并保证动力稳定性为条件时,其优化设计的数学模型为

$$\min\ F(\boldsymbol{X})=\rho\frac{\pi l}{4}(2x_1^2+x_2^2)$$

$$\text{s.t.}\ h_1(\boldsymbol{X})=\frac{\pi Eg}{10.67Ql^3\omega^2K^2}-\left(\frac{1}{x_1^4}+\frac{2.38}{x_2^4}\right)=0$$

$g_j(\boldsymbol{X}) \leqslant 0, j = 1,2,3,4$

对于一个同时具有等式约束和不等式约束的最优化设计问题，可采用混合罚函数法或增广拉格朗日乘子法求解。

3.8.3 二级圆柱齿轮减速器的优化设计

例 3-17 设计一个二级斜齿圆柱齿轮减速器如图 3-40 所示，要求在满足强度、刚度和寿命等条件下，使体积最小。已知：高速轴输入功率为 p_1 (kW)，高速轴转速为 n_1 (r/min)，总传动比为 i，齿轮的齿宽系数为 ψ_0；大齿轮材质为 45 号钢正火，HB = 187 ~ 207；小齿轮材质为 45 号钢调质，HB = 228 ~ 255；总工作时间不少于 10 年。

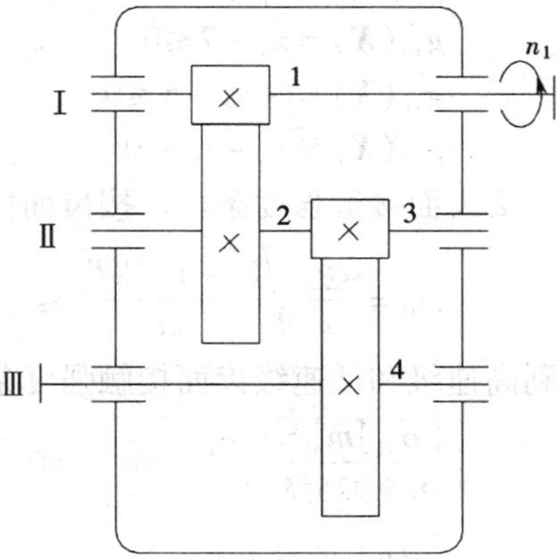

图 3-40 减速器优化设计例图

将齿轮减速器的体积作为优化的目标，即要求结构最紧凑、质量最轻，也就是使减速器的输入、输出轴的中心距 α 最小，因此以中心距 α 为目标函数。

(1) 设计变量

中心距 α 与以下独立参数有关：m_{n1}、m_{n2}、z_1、z_3、i_1（而 $i_2 = i/i_1$）、β，故取设计变量为

$$\boldsymbol{X} = [m_{n1} \quad m_{n2} \quad z_1 \quad z_3 \quad i_1 \quad \beta]^T = [x_1 \quad x_2 \quad x_3 \quad x_4 \quad x_5 \quad x_6]^T$$

式中 m_{n1}、m_{n2}——高速级与低速级的齿轮法面模数，mm；

i_1、i_2——高速级与低速级传动比；

z_1、z_3——高速级与低速级的小齿轮齿数；

β——齿轮的螺旋角。

(2) 目标函数

$$F(\boldsymbol{X}) = \alpha = \frac{1}{2\cos\beta}[m_{n1}z_1(1 + i_1) + m_{n2}z_3(1 + i_2)]$$

(3) 约束条件

①设计变量的上下界限。综合考虑传动平稳、轴向力不可太大、能承受短期过载、高速级与低速级大齿轮浸油深度大致相近、轴齿轮的分度圆尺寸不能太小等因素，取

$$14 \leqslant z_1 \leqslant 22$$
$$16 \leqslant z_3 \leqslant 22$$
$$2 \leqslant m_{n1} \leqslant 5$$
$$3.5 \leqslant m_{n2} \leqslant 6$$
$$5.8 \leqslant i_1 \leqslant 7$$
$$0.139\,6 \leqslant \beta \leqslant 0.261\,8 \quad (8° \leqslant \beta \leqslant 15°)$$

由此建立 12 个不等式约束条件

$$g_1(\boldsymbol{X}) = -x_1 + 2 \leqslant 0$$
$$g_2(\boldsymbol{X}) = x_1 - 5 \leqslant 0$$
$$g_3(\boldsymbol{X}) = -x_2 + 3.5 \leqslant 0$$

$$g_4(\boldsymbol{X}) = x_2 - 6 \leqslant 0$$
$$g_5(\boldsymbol{X}) = -x_3 + 14 \leqslant 0$$
$$g_6(\boldsymbol{X}) = x_3 - 22 \leqslant 0$$
$$g_7(\boldsymbol{X}) = -x_4 + 16 \leqslant 0$$
$$g_8(\boldsymbol{X}) = x_4 - 22 \leqslant 0$$
$$g_9(\boldsymbol{X}) = -x_5 + 5.8 \leqslant 0$$
$$g_{10}(\boldsymbol{X}) = x_5 - 7 \leqslant 0$$
$$g_{11}(\boldsymbol{X}) = -x_6 + 8 \leqslant 0$$
$$g_{12}(\boldsymbol{X}) = x_6 - 15 \leqslant 0$$

②齿面接触强度条件。按齿面接触强度公式

$$\sigma_{\mathrm{H}} = \frac{925}{a}\sqrt{\frac{(i+1)^3 K T_1}{bi}} \leqslant [\sigma_{\mathrm{H}}]$$

得到高速级和低速级齿面接触强度条件分别为

$$\frac{[\sigma_{\mathrm{H}}] m_{\mathrm{n1}}^3 z_1^3 i_1 \psi_{\mathrm{a}}}{8 \times 925^2 K_1 T_1} - \cos^3\beta \geqslant 0$$

$$\frac{[\sigma_{\mathrm{H}}]^2 m_{\mathrm{n2}}^3 z_3^3 i_2 \psi_{\mathrm{a}}}{8 \times 925^2 K_2 T_2} - \cos^3\beta \geqslant 0$$

式中　$[\sigma_{\mathrm{H}}]$——许用接触应力，MPa；

T_1、T_2——高速轴Ⅰ和中间轴Ⅱ的转矩，N · mm，且 $T_2 = T_1 \cdot i_1$；

K_1、K_2——高速级和低速级载荷系数。

用设计变量 $\boldsymbol{X} = [x_1 \quad x_2 \quad x_3 \quad x_4 \quad x_5 \quad x_6]^{\mathrm{T}}$ 分别代换高速级和低速级齿面接触强度条件式中的 m_{n1}、m_{n2}、z_1、z_3、i_1、β，得

$$g_{13}(\boldsymbol{X}) = -\frac{[\sigma_{\mathrm{H}}]^2 \psi_{\mathrm{a}}}{8 \times 925^2 K_1 T_1} x_1^3 x_3^3 x_5 + \cos^3 x_6 \leqslant 0$$

$$g_{14}(\boldsymbol{X}) = -\frac{[\sigma_{\mathrm{H}}]^2 \psi_{\mathrm{a}}}{8 \times 925^2 K_2 T_1} x_2^3 x_4^3 + x_5^2 \cos^3 x_6 \leqslant 0$$

③轮齿弯曲强度条件。按轮齿弯曲强度计算公式

$$\sigma_{\mathrm{F1}} = \frac{1.5 K_1 T_1}{b d_1 m_{\mathrm{n1}} Y_1} \leqslant [\sigma_{\mathrm{F}}]_1$$

$$\sigma_{\mathrm{F2}} = \sigma_{\mathrm{F1}} \frac{Y_1}{Y_2} \leqslant [\sigma_{\mathrm{F}}]_2$$

得到高速级和低速级大、小齿轮的弯曲强度条件分别为

$$\frac{[\sigma_{\mathrm{F}}]_1 \psi_{\mathrm{a}} Y_1}{3 K_1 T_1}(1 + i_1) m_{\mathrm{n1}}^3 z_1^2 - \cos^2\beta \geqslant 0$$

$$\frac{[\sigma_{\mathrm{F}}]_2 \psi_{\mathrm{a}} Y_2}{3 K_1 T_1}(1 + i_1) m_{\mathrm{n1}}^3 z_1^2 - \cos^2\beta \geqslant 0$$

和

$$\frac{[\sigma_{\mathrm{F}}]_3 \psi_{\mathrm{a}} Y_3}{3 K_2 T_2}(1 + i_2) m_{\mathrm{n2}}^3 z_3^2 - \cos^2\beta \geqslant 0$$

$$\frac{[\sigma_{\mathrm{F}}]_4 \psi_{\mathrm{a}} Y_4}{3 K_2 T_2}(1 + i_2) m_{\mathrm{n2}}^3 z_3^2 - \cos^2\beta \geqslant 0$$

式中　$[\sigma_F]_1$、$[\sigma_F]_2$、$[\sigma_F]_3$、$[\sigma_F]_4$——齿轮 1、2、3、4 的许用弯曲应力，MPa；

Y_1、Y_2、Y_3、Y_4——齿轮 1、2、3、4 的齿形系数。

对于小齿轮，其齿形系数 Y_1、Y_3 按下式计算：

$$Y_1 = 0.169 + 0.006\,666 z_1 - 0.000\,085\,4 z_1^2$$

$$Y_3 = 0.169 + 0.006\,666 z_3 - 0.000\,085\,4 z_3^2$$

对于大齿轮，其齿形系数 Y_2、Y_4 按下式计算：

$$Y_2 = 0.282\,4 + 0.000\,353\,9(i_1 z_1) - 0.000\,001\,576(i_1 z_1)^2$$

$$Y_4 = 0.282\,4 + 0.000\,353\,9(i_2 z_3)^2 - 0.000\,001\,576(i_2 z_3)^2$$

将齿轮弯曲强度条件式用设计变量代换，得

$$g_{15}(\boldsymbol{X}) = -\frac{[\sigma_F]_1 \psi_a Y_1}{3K_1 T_1}(1 + x_5) x_1^3 x_3^2 + \cos^3 x_6 \leqslant 0$$

$$g_{16}(\boldsymbol{X}) = -\frac{[\sigma_F]_2 \psi_a Y_2}{3K_1 T_1}(1 + x_5) x_1^3 x_3^2 + \cos^3 x_6 \leqslant 0$$

$$g_{17}(\boldsymbol{X}) = -\frac{[\sigma_F]_3 \psi_a Y_3}{3K_1 T_1}(i + x_5) x_2^3 x_4^2 + x_5^2 \cos^3 x_6 \leqslant 0$$

$$g_{18}(\boldsymbol{X}) = -\frac{[\sigma_F]_4 \psi_a Y_4}{3K_2 T_1}(i + x_5) x_2^3 x_4^2 + x_5^2 \cos^3 x_6 \leqslant 0$$

式中　$Y_1 = 0.169 + 0.006\,666 x_3 - 0.000\,085\,4 x_3^2$；

$Y_2 = 0.282\,4 + 0.000\,353\,9(x_3 x_5) - 0.000\,001\,576 x_3^2 x_5^2$；

$Y_3 = 0.169 + 0.006\,666 x_4 - 0.000\,085\,4 x_4^2$；

$Y_4 = 0.282\,4 + 0.000\,353\,9 i x_4 x_5^{-1} - 0.000\,001\,576 i^2 x_4^2 x_5^{-2}$。

④高速级大齿轮与低速轴不干涉条件。由 $a_2 - E - D_{e2}/2 \geqslant 0$，得

$$m_{n2} z_3 (1 + i_2) - 2[\cos\beta(E + m_{n1}) - m_{n1} z_1 i_1] \geqslant 0$$

式中　E——低速轴轴线与高速级大齿轮齿顶圆之间的距离，mm；

D_{e2}——高速级大齿轮的齿顶圆直径，mm。

将高速级大齿轮与低速轴不干涉条件式用设计变量代换，得

$$g_{19}(\boldsymbol{X}) = -x_2 x_4 (i + x_5) + 2\cos x_6 (E + x_1) x_5 + x_1 x_3 x_5^2 \leqslant 0$$

至此，完成了所有约束条件的建立，再将目标函数用设计变量代换，可形成完整的数学模型

$$\min F(\boldsymbol{X}) = \frac{1}{2\cos x_6}[x_1 x_3 (1 + x_5) + x_2 x_4 (1 + i x_5^{-1})]$$

$$\text{s.t.}\ g_j(\boldsymbol{X}) \leqslant 0, j = 1, 2, \cdots, 19$$

(4)算例

下面以具体的实例建立模型并应用 MATLAB 进行计算。

已知：高速轴输入功率 $p_1 = 6.2$ kW，高速轴转速 $n_1 = 1\,450$ r/min，总传动比 $i = 31.5$，齿轮的齿宽系数 $\psi_0 = 0.4$，大齿轮材质为 45 号钢正火，HB = 187 ~ 207；小齿轮材质为 45 号钢调质，HB = 228 ~ 255；总工作时间不少于 10 年。在上述约束条件中带入有关数据：$[\sigma_H] = 518.75$ N/mm^2，$[\sigma_F]_1 = [\sigma_F]_3 = 153.5$ N/mm^2，$[\sigma_F]_2 = [\sigma_F]_4 = 141.6$ N/mm^2，$T_1 = 41\,690$ N · mm，$T_2 = 40\,440$ N · mm，$K_1 = 1.255$，$K_2 = 1.204$，$Y_1 = 0.248$，$Y_2 = 0.302$，$Y_3 = 0.256$，$Y_4 = 0.302$，$E = 50$ mm，可得不等式约束为

$$g_{13}(\boldsymbol{X}) = -3.079\times10^{-6}x_1^3x_3^3x_5 + \cos^3 x_6 \leqslant 0$$

$$g_{14}(\boldsymbol{X}) = -1.017\times10^{-4}x_2^3x_4^3 + x_5^2\cos^3 x_6 \leqslant 0$$

$$g_{15}(\boldsymbol{X}) = -9.939\times10^{-5}(1+x_5)x_1^3x_3^2 + \cos^3 x_6 \leqslant 0$$

$$g_{16}(\boldsymbol{X}) = -1.116\times10^{-4}(1+x_5)x_1^3x_3^2 + \cos^3 x_6 \leqslant 0$$

$$g_{17}(\boldsymbol{X}) = -1.076\times10^{-4}(31.5+x_5)x_2^3x_4^2 + x_5^2\cos^3 x_6 \leqslant 0$$

$$g_{18}(\boldsymbol{X}) = -1.171\times10^{-4}(i+x_5)x_2^3x_4^2 + x_5^2\cos^3 x_6 \leqslant 0$$

$$g_{19}(\boldsymbol{X}) = -x_2x_4(31.5+x_5) + 2\cos x_6(50+x_1)x_5 + x_1x_3x_5^2 \leqslant 0$$

目标函数为

$$\min f(\boldsymbol{X}) = -\frac{1}{2\cos x_6}[x_1x_3(1+x_5) + x_2x_4(1+31.5x_5^{-1})]$$

应用 MATLAB 具体求解过程如下。

①利用 MATLAB 文件编辑器为目标函数编写 M 文件。

```
function f = myfun(x)
f = (x(1) * x(3) * (1 + x(5)) + x(2) * x(4) * (1 + 31.5 * x(5)^(-1)))/
(2 * cos(x(6) * 3.14/180))
```

②编写约束函数的 M 文件。

```
function[c,ceq] = mycon1(x)
c(1) = (cos(x(6) * 3.14/180))^3 - 3.079 * 10^(-6) * (x(1) * x(3))^3 * x(5);
c(2) = x(5)^2 * (cos(x(6) * 3.14/180))^3 - 1.017 * 10^(-4) * (x(2) * x(4))^3;
c(3) = (cos(x(6) * 3.14/180))^3 - 9.939 * 10^(-5) * (1 + x(5)) * x(1)^3 * x(3)^2;
c(4) = (cos(x(6) * 3.14/180))^3 - 1.116 * 10^(-4) * (1 + x(5)) * x(1)^3 * x(3)^2;
c(5) = x(5)^2 * (cos(x(6) * 3.14/180))^3 - 1.076 * 10^(-4) * (31.5 + x(5)) *
x(2)^3 * x(4)^2;
c(6) = x(5)^2 * (cos(x(6) * 3.14/180))^3 - 1.171 * 10^(-4) * (31.5 + x(5)) *
x(2)^3 * x(4)^2;
c(7) = x(5) * (2 * (x(1) + 50) * cos(x(6) * 3.14/180) + x(1) * x(3) * x(5)) -
x(2) * x(4) * (31.5 + x(5));
ceq = [];
```

③在 MATLAB 的命令窗口调用函数求极值。

```
x0 = [2;4;18;19;6.5;8];
lb = [2;3.5;14;16;5.8;8];
ub = [5;6;22;22;7;15];
options = optimset('largeScale','off');
[x,fval,exitflag,output,lambda] = fmincon('myfun1',x0,[],[],[],[],lb,ub,'my-
con1',options);
```

④输出并分析计算结果。

计算结果为

```
Optimization terminated successfully:
Search direction less than 2 * options. TolX and
  maximum constraint violation is less than options. TolCon
Active Constraints:
     5
    13
    14
>> f = 352.457
x =
     2.1034
     3.5998
    18.0115
    19.0248
     5.8000
     8.0000
```

根据已求得的计算结果,具体的设计参数可取为

$$m_{n1}=2\ \text{mm},m_{n2}=4\ \text{mm},z_1=18,z_2=19,i_1=5.8,\beta=8^\circ$$

3.9 现代优化算法

本章前面各节介绍了传统优化算法,其主要特点是:

①基于经典的线性、非线性数学规划理论;

②一般需要解析形式的优化模型,只能处理模型简单的优化问题;

③得到的结果一般为局部最优解。

与经典优化算法相比,现代优化算法具有如下特点:

①不需要解析形式的优化模型,可以处理模型复杂的优化问题和多目标优化问题;

②可以得到全局最优解。

现代优化算法亦称智能优化算法,主要包括遗传算法(genetic algorithms,GA)、禁忌搜索(tabu search,TS)、模拟退火(simulated annealing,SA)、蚁群算法(ant colony optimization,ACO)、粒子群算法(particle swarm optimization,PSO)和人工神经网络(artificial neural networks,ANN)等算法。这些算法的产生受人类、生物的行为或物质形态演变的启发,通过数学抽象建立算法模型,故也称启发式算法。

现代优化算法是针对组合优化(combinatorial optimization)问题提出并发展起来的,对求解函数的全局优化问题也具有很好的适应性,且具有稳健性好和不依赖梯度信息等优点。

3.9.1 遗传算法

1. 原理

遗传算法由美国密西根大学 J. Holland 于 1975 年提出,是一种借鉴生物界进化过程(适者生存、优胜劣汰)演化而来的随机化搜索方法。

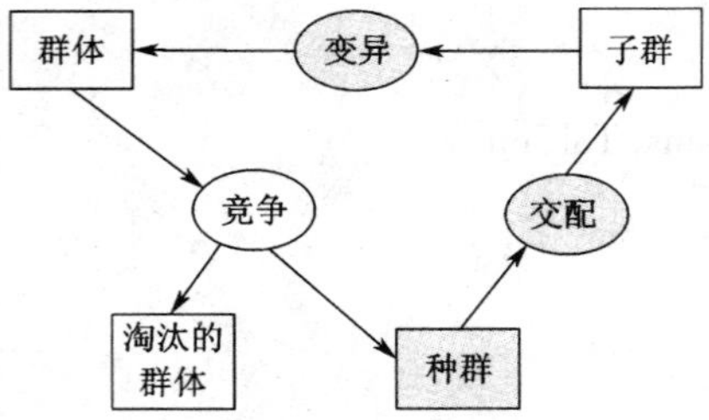

图 3-41　生物进化循环

为了理解遗传算法，有必要先了解生物进化过程。如图 3-41 所示，生物进化循环以由个体组成的群体为起点，经过竞争，一部分群体被淘汰，而另一部分适应能力强的群体成为种群；种群通过交配产生子群；在进化过程中，可能会由于基因变异，产生新的个体，子群经过变异，成为新的群体。至此完成一轮进化循环。

遗传算法是从代表问题可能潜在的解集的一个群体（population）开始的，该群体由经过基因（gene）编码的一定数目的个体（individual）组成。每个个体实际上是染色体（chromosome）带有特征的实体。染色体作为遗传物质的主要载体，即多个基因的集合，其内部表现（即基因型）是某种基因组合，它决定了个体的外在属性，如黑头发的特征是由染色体中控制这一特征的某种基因组合决定的。因此，遗传算法首先要对群体进行从表现型到基因型的映射，即编码。由于仿照基因编码很复杂，一般采用简化编码，如二进制编码。初代群体产生之后，按照适者生存和优胜劣汰的原理，逐代（generation）进化出越来越好的近似解。在每一代群体的进化过程中，根据问题域中个体的适应度（fitness）大小选择（selection）部分个体作为种群（reproduction）；利用交叉（crossover）和变异（mutation）遗传算子（genetic operators）对种群进行操作，产生出代表新的解集的群体。这个过程将使得（解）群体像生物进化那样，后代群体比前代群体更加适应于环境，末代群体中的最优个体经过解码（decoding）得到问题近似最优解。

生物进化与遗传算法的对应关系见表 3-8。

表 3-8　生物进化与遗传算法的对应关系

生物进化	遗传算法
适者生存	算法终止时，最优解被保留的可能性最大
个体	解
染色体	解的编码（二进制数、字符串、向量等）
基因	解的编码中的分量
适应性	适应度
群体	选定的一组解，解的数量为群体的规模
种群	根据适应函数值选定的一组解
交配	通过交叉产生一组新解
变异	编码的某一分量发生变化

2. 基本算法

1）选取初始解群体　给出一个有 N 个个体（染色体）的初始群体 POP(1)。

2）解的编码　选择一种解的编码，对初始解群体编码。

3）适应度评价　对第 t 代群体 POP(t) 中的每一个个体（染色体）$pop_i(t)$ 计算其适应度

$$f_i = \text{fitness}(pop_i(t)) \tag{3-168}$$

4)终止检验　若满足终止规则,解码并输出末代群体中的最优个体作为近似最优解,终止计算;否则,继续步骤5)。

5)选择　计算概率

$$p_i = \frac{f_i}{\sum_{j=1}^{n} f_j}, i = 1, 2, \cdots, N \tag{3-169}$$

并以概率分布 $p_i(i = 1, 2, \cdots, N)$ 按轮盘赌方式从 POP(t)中随机选择 N 个个体(个体可能被重复选取)构成种群

$$\text{NewPOP}(t+1) = \{\text{pop}_j | j = 1, 2, \cdots, N\} \tag{3-170}$$

6)交叉　以交叉概率 p_C 进行交叉运算,得到一个有 N 个个体(染色体)的子群 CrossPOP($t+1$)。

7)变异　使子群 CrossPOP($t+1$)的染色体的基因以一个较小的变异概率 p_M 发生变异,形成变异子群 MutPOP($t+1$);令 $t = t+1$;产生一个新的群体 POP(t) = MutPOP(t);返回步骤3)。

3. 讨论

(1)解的编码

编码是遗传算法的基础内容。0-1 二进制码是一种比较直观的编码,也称常规码。这种编码使得算法的选择、交叉、变异算子构造较简单。对一些优化问题,如 0-1 背包问题,有很好的适应性。

采用常规码可以精确地对整数编码。对于$[a, b]$区间内的所有整数的 0-1 精确编码,需编码长度 $n > \log_2(b-a)$。

连续变量也可以采用常规码编码,但需考虑编码精度。对$[a, b]$区间内的连续变量 x,采用长度为 n 的常规码编码,可表示为

$$x = a + a_1 \frac{b-a}{2} + a_2 \frac{b-a}{2^2} + \cdots + a_n \frac{b-a}{2^n}$$

其常规码 $a_1 a_2 \cdots a_n$ 的最大误差为$\frac{b-a}{2^n}$。

除常规的 0-1 二进制码外,称其他的非 0-1 码为非常规码。非常规码可较好地描述诸如旅行商等问题,但存在与非常规码对应的交叉和变异规则如何确定问题。

(2)群体规模

一般将群体规模 N 设定为个体染色体编码长度 n 的倍数,如取 $N = n \sim 2n$。

群体的规模可根据试算中解的改进情况选择。如当经过多个进化代后,解的性能没能得到有效改善,则说明现有群体规模偏小,导致早熟,应扩大群体规模;反之,若解的性能改善非常显著,则可缩小群体规模,以便提高求解效率。

(3)初始群体选取

一般认为,初始群体应随机选取。只有随机选取才能达到所有状态的遍历,而使得最优解在遗传算法的进化中最终得以生存。也有观点认为,应该用其他的一些启发式算法或经验选择一些比较好的染色体(种子)作为初始群体。由此选取的初始群体带有一定的偏见并缺乏代表性,可能导致早熟而无法求得最优解。如何选取初始群体,需根据具体问题权衡而定。

(4)终止规则

遗传算法具备全局寻优能力,但不能保证找到问题的全局最优解,而且没有判断是否达到全局最优的准则。但可以给出一些终止准则,避免算法进入死循环。常用的终止准则如下。

①最大遗传代数规则。当迭代达到预定的最大遗传代数 MaxGen 时,算法终止。

②适应度规则。在预定的代数内最适应个体的适应度无改进,则算法终止。

③组合规则。同时满足规则①、②,则算法终止。

(5)适应度函数

适应度是评价群体中个体优劣的指标。适应度数值越大,个体性能越好,二者为正相关关系。因此,适应度函数应是单值、连续的实函数;为满足选择操作的选择概率非负要求,适应度函数还应非负。适应度函数曲线在重要部位,特别在最优解附近一般不宜太陡也不宜过于平缓。

最简单的适应度评价函数是直接将目标函数作为适应度函数。对于 $\max F(\boldsymbol{X})$,若 $F(\boldsymbol{X})\geqslant 0$,则适应度函数为

$$\text{fitness}(\boldsymbol{X}) = F(\boldsymbol{X}) \tag{3-171}$$

对于 $\min F(\boldsymbol{X})$,若 $F(\boldsymbol{X})\leqslant 0$,可将其转化为 $\max(-F(\boldsymbol{X}))$,然后按式(3-171)计算适应度。

为了克服简单适应度函数式(3-171)对目标函数非负或非正要求,可构造如下的简单适应度函数:对于 $\max F(\boldsymbol{X})$,适应度函数为

$$\text{fitness}(\boldsymbol{X}) = \begin{cases} F(\boldsymbol{X}) - c_{\max}, & F(\boldsymbol{X}) > c_{\min} \\ 0, & \text{其他} \end{cases} \tag{3-172}$$

对于 $\min F(\boldsymbol{X})$,适应度函数为

$$\text{fitness}(\boldsymbol{X}) = \begin{cases} c_{\max} - F(\boldsymbol{X}), & F(\boldsymbol{X}) < c_{\max} \\ 0, & \text{其他} \end{cases} \tag{3-173}$$

式中 $c_{\max}$、$c_{\min}$ 分别为 $f(x)$ 的 最大和最小估计值。

采用上述简单适应度函数,可能使算法在迭代过程中出现收敛到一些目标函数值相近的不同染色体。其原因在于,进化到一定程度后,简单适应度函数已难以区别这些染色体。为此,可构造加速适应度函数,即变化趋势与式(3-171)、式(3-172)或式(3-173)相同,但具有更大变化率的函数。

(6)种群选择

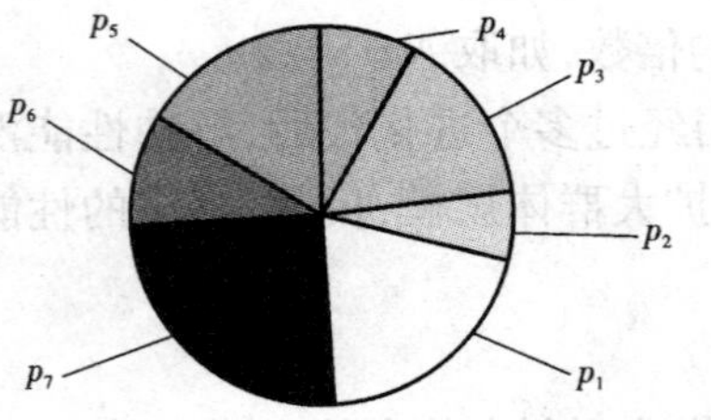

图 3-41 轮盘赌

一种较普遍的种群选择方法是种群由适应度对应的概率分布以轮盘赌方式从群体中选择产生。图 3-41 为轮盘赌示意图,图中每个扇区对应一个个体的选择概率。

轮盘赌算法如下:轮盘共转动 N 次(N 为种群规模,一般与群体规模相同),每次转轮从群体中概率选择一个个体进入种群。

令

$$P_0 = 0, P_i = \sum_{j=1}^{i} p_j, i = 1, 2, \cdots, N$$

第 i 次转轮时,生成随机数 $\zeta_i = \text{random}(0,1)$,若 $P_{i-1} \leqslant \zeta_i \leqslant P_i$,则选择群体中的个体 i 作为

种群的一个个体。

(7)交叉

交叉是将两个从种群中随机选取的父代个体的染色体的部分基因替换重组而生成新个体的操作。交叉算法可分为常规码交叉法和非常规码交叉法两大类。前者适用于0-1常规码,后者适用于非常规码。常用的常规码交叉法是双亲双子法。

双亲双子法首先从种群中随机选取两个个体作为双亲,对选择的双亲以交叉概率 p_C 决定是否发生交叉;对发生交叉的双亲,随机选择一个基因位为交叉位,交叉位之后的所有基因对换,生成两个新个体

	交叉位		交叉位
父代 A(10|0|100)		→	子代 A(10|0|010)
父代 B(01|0|010)			子代 B(01|0|100)

(8)变异

变异是对交叉后得到的子群的个体按变异概率 p_M 随机选取若干基因改变其位值。对于0-1编码,就是反转其位值

变异位

变异前(1010|1|01)

变异后(1010|0|01)

变异实际上是子代基因的小概率扰动。变异概率一般小于0.05。

例3-18 用遗产算法求 $\max f(x)=1-x^2, x\in[0,1]$。

解 (1)编码

假设解的精度要求是1/16,则可用4位二进制码对解编码

$$x\in[0,1]\leftrightarrow(abcd)\leftrightarrow\frac{a}{2}+\frac{b}{4}+\frac{c}{8}+\frac{d}{16}$$

(2)生成第1代群体POP(1)

设初群体群规模为4,生成4个[0,1]随机数作为初始群体POP(1)的个体

0001,0100,0011,1110

(3)适应度评价

取 $\text{fitness}(x)=f(x)$,计算每个个体的适应度

0.996,0.938,0.965,0.234

(4)选择种群

计算选择概率 p

0.318,0.299,0.308,0.075

以上述选择概率,按轮盘赌方法从POP(1)中随机选择4个个体构成第2代种群New-POP(2)

0001,0100,0001,0011

(5)交叉

从种群中随机选取2个个体,以交叉概率 $p_C=1.0$ 进行交叉,得到2个子代个体;交叉2次,得到有4个个体的第2代种群的子群CrossPOP(2)

0000,0101,0001,0011

(6)变异

使子群 CrossPOP(2)的染色体的基因以变异概率 $p_M = 0.02$ 发生变异,形成变异子群 MutPOP(2)(也是下一轮进化的群体 POP(2))

0000,1101,0001,0011

对应的实数值为

0,13/16,1/16,3/16

上述过程循环下去,直至达到终止条件。末代群体中的最优个体即为近似的最优解。

3.9.2 禁忌搜索算法

1. 原理

禁忌搜索算法是继遗传算法之后出现的又一种启发式优化算法。禁忌搜索算法由 Glover 于 1977 年提出。禁忌搜索算法模拟人类的记忆功能,标记已得到的局部最优解或求解的过程,即构造禁忌表;根据禁忌表,封锁刚搜索过的区域,以避免迂回搜索;同时,赦免被禁忌中的一些优良状态,从而保证探索的有效性和多样化,实现全局优化。

禁忌搜索算法是局部邻域搜索算法的扩展。局部邻域搜索算法基于贪婪思想,即持续地在当前邻域(邻域是当前解附近的可行解的集合)内搜索,直至邻域内再也没有更好的解。传统优化算法属于局部邻域搜索的范畴。局部邻域搜索的结果依赖于初始解和邻域结构,而且只能搜索到局部最优解。为了实现全局搜索,禁忌搜索通过允许接受劣解来逃离局部最优。禁忌搜索算法采用了局部搜索与广域搜索相结合的综合搜索策略,即从一点出发,在这点的邻域内搜索更好的解,达到局部最优;通过禁忌,跳出局部最优,扩散到没有搜索过的区域,从而实现全局搜索。

2. 基本算法

①初始化。选定一个初始解 $\boldsymbol{X}^{(\mathrm{now})}$,将禁忌表置空 $H=\varnothing$,并设置终止条件。

②满足终止条件时,算法停止,输出结果;否则,继续下面的步骤。

③根据特赦规则,特赦禁忌表中的特定对象;解禁禁忌长度为 0 的对象。

④在 $\boldsymbol{X}^{(\mathrm{now})}$ 邻域 $N(\boldsymbol{X}^{(\mathrm{now})})$ 中选出不受禁忌的候选集 Can_$N(\boldsymbol{X}^{(\mathrm{now})})$;在 Can_$N(\boldsymbol{X}^{(\mathrm{now})})$ 中,采用局部邻域搜索算法,找出最佳的解 $\boldsymbol{X}^{(\mathrm{best})}$;更新 $\boldsymbol{X}^{(\mathrm{now})}$ 和禁忌表 H,$\boldsymbol{X}^{(\mathrm{now})} = \boldsymbol{X}^{(\mathrm{best})}$;转步骤②。

3. 讨论

(1)初始解的获得

禁忌搜索算法可以采用随机给出的初始解,也可以采用由其他算法给出的初始解。禁忌搜索算法的初始解应是可行解。由于禁忌搜索算法主要基于邻域搜索,初始解的质量对禁忌搜索算法的效果影响较大。对于一些带有复杂约束的优化问题,随机给出的初始解可能不是可行解,甚至经过多步搜索也难以找到可行解,此时应采用其他算法,找出一个可行解作为初始解。

(2)解的编码

采用禁忌搜索算法求解优化问题前,需要选择适当的编码方式,以便对解编码。编码就是将优化问题的解用一种便于算法操作的形式描述。可以根据具体情况,灵活地选择编码方式。对于函数优化问题,一般采用实数编码。对于组合优化问题,可以采用 0-1 编码、顺序编码、自然数编码等。

(3)解的移动

“移动”是从当前解产生新解的途径,即从当前解出发,移动 $\boldsymbol{s}(\boldsymbol{X})$,产生更好的新解 $\boldsymbol{X}$。适当的移动方式,是实现高效搜索算法的关键。求解不同类型的优化问题,需要采用不同的移动方式。有些问题的移动可以较简单,如排序问题,可以采用两两交换式移动;而另外一些问题的移动可能需要定义为一系列的复杂操作。传统优化算法,如单纯形法,也可以作为禁忌搜索算法的解的移动方式。

(4)评价函数

在解的移动过程中,为能找出当前邻域内不受禁忌的最佳解,需要通过评价函数对解进行优劣评价。评价函数分直接评价函数和间接评价函数两类。

1)直接评价函数　直接以目标函数作为评价函数,或对目标函数简单变换作为评价函数,如

$$p(\boldsymbol{X}) = F(\boldsymbol{X}) \text{或} p(\boldsymbol{X}) = F(\boldsymbol{X}) - F(\boldsymbol{X}^{\text{now}})$$

2)间接评价函数　有些目标函数值的计算比较复杂或计算量较大,为此可采用基于目标函数的间接评价函数。构造间接评价函数的原则是,间接评价函数应反映原目标函数的基本特性,如间接评价函数的最优点应与原目标函数的最优点重合。

(5)禁忌表

禁忌表是禁忌算法的一个重要特征,禁忌表主要由禁忌对象和禁忌长度组成。禁忌对象是那些引起解变化的因素;禁忌长度是禁忌对象的受禁时间,即禁忌对象不允许选取的迭代次数。

禁忌对象的选取很灵活,可以是最近访问过的点、状态、状态的变化及目标值等。禁忌对象的选取方式主要有以下三种。

①以状态本身或状态的变化作为禁忌对象。状态即解;状态的变化即在邻域内由一个解出发搜索到另一个解的过程,如从当前解到新解的移动 $\boldsymbol{s}(\boldsymbol{X})$。这种禁忌的范围较小,搜索范围大,计算时间可能会增加。

②以状态的分量或状态分量的变化作为禁忌对象,禁忌的范围较大,计算所需时间较少。

③将目标函数值作为禁忌对象。这种禁忌将具有相同函数值状态视为同一种状态,禁忌的范围较大。

方式①禁忌的范围较小,计算时间较长,但搜索范围大;方式②和③禁忌的范围较大,计算时间较短,但可能引发的问题是禁忌范围过大以致陷入局部最优点。

禁忌长度影响计算时间。禁忌长度越小,计算时间越短;但禁忌长度过小,可能造成搜索的迂回循环,因此应选取合适的禁忌长度。禁忌长度对禁忌搜索算法的搜索策略也有直接影响。较大的禁忌长度有利于在较广的区域搜索,广域搜索能力较强;较小的禁忌长度使得搜索在较小的范围进行,不利于在较广的区域搜索,局部搜索能力较强。禁忌长度应依据问题的规模、邻域的大小选取,以达到局部搜索能力和广域搜索能力的均衡。

禁忌长度设定方法主要有以下两种。

①禁忌长度 t 固定不变。禁忌长度可以取与问题无关的常数,如 $t = 5, 7, 11$ 等;或根据问题的规模 n 选取,如 $t = \sqrt{n}$。

②禁忌长度 t 随迭代的进行而改变。根据迭代的具体情况,按照某种规则,禁忌长度在区间 $[t_{\min}, t_{\max}]$ 内变化。禁忌长度的变化区间可以与问题无关,如取 $[1, 10]$;或与问题的规

模有关,如$[0.9\sqrt{n}.1.1\sqrt{n}]$;区间的两个端点也可随迭代的进行而变化。

(6)特赦

在某些特定条件下,尽管某个移动被列在禁忌表中,但仍接受该移动,产生新的解,这称为特赦。例如,某个移动已在禁忌表中,如若接受该移动,可得到一个超过历史最优解的解,则应特赦该移动。特赦的目的是加速达到全局最优的进程。需要满足的这些特定条件称为特赦规则。常用的特赦规则如下。

①基于评价值的规则。如果某个候选解的评价值优于历史最优值,那么无论该候选解是否处于被禁忌状态,都接受该解。

②基于最小错误的规则。当候选解都被禁忌,且规则①也无法使算法继续下去时,从候选解中选取一个评价值最好的状态解禁。

③基于影响力的规则。有些"移动"对目标函数值影响较大,而另一些"移动"对目标函数值影响较小。为了提高搜索效率,应该关注对目标函数值影响较大的"移动"。因此,如果一个对目标函数值的影响大的"移动"被禁忌,应该对其特赦,这有利于加快找到最优解的速度。但应当注意的是,对目标函数值影响大的"移动"不一定使得目标函数值变好。

(7)终止准则

禁忌算法具备全局寻优能力,但不能保证找到问题的全局最优解,而且没有判断是否达到全局最优的准则。可以给出一些终止准则,避免算法进入死循环。常用的终止准则如下。

①给定算法的最大迭代步数。当算法的迭代步数达到设定的最大值时,算法终止。

②得到满意解。如果事先知道目标函数值的上界(望大问题)或下界(望小问题)Z_B,则可以给定允许偏差ε,当$|F(\boldsymbol{X})-Z_B|\leqslant\varepsilon$时,算法终止。

③设定对象的最大禁忌次数。当某个对象(如解、目标函数值)的禁忌次数达到了给定的阈值,或历史最优值经若干步迭代得不到改进,则算法终止。

(8)函数优化问题

对于函数优化问题,需要解决的问题有两个:邻域的表征和禁忌范围的确定。在函数优化的禁忌搜索算法中,当前解$\boldsymbol{X}^{(\mathrm{now})}$的邻域可按如下方法构造:

①以$\boldsymbol{X}^{(\mathrm{now})}$为中心、以$r=r_1,r_2,\cdots,r_k(r_1<r_2<\cdots<r_k)$为半径的$k$个超球体$\|\boldsymbol{X}-\boldsymbol{X}^{\mathrm{now}}\|\leqslant r$构成的$k$个子区域,每个子区域产生一个点(解),构成当前解的邻域;

②以$\boldsymbol{X}^{(\mathrm{now})}$为基点,以$s$为步长构造超立方体,即解分量$x_i=x_i^{(\mathrm{now})}+s$,超立方体的顶点构成当前解的邻域。

此外,对于函数优化问题,禁忌对象是在一定范围内禁忌,如禁忌对象的±0.01%。

例 3-19 用禁忌搜索算法求解7元素最优排序问题:由7种不同的绝缘材料组成一种绝缘体,如何排列使得绝缘效果最好。

本问题属组合优化中问题的排序优化问题。对于n个元素的排序最优问题,所有可行解的数目,即解空间为$\boldsymbol{P}_n^n=n!$。当n较大时,解空间大小将是一个天文数字,采用穷举搜索法不可能完成最优解的搜索。而禁忌搜索等智能优化算法是求解此类问题的有效方法。

1)解的编码　对于该问题,可以采用顺序编码,即用1~7共7个数字的排列。

2)初始解　随机选取一个初始解。

3)解的移动　互换任意两种材料即可得到一种新的绝缘体。因此,可将解的移动(更新)定义为1~7数字排列中任意两个数字位置互换。对于每一个可行解,其邻域解的数目为$C_7^2=21$。

4)禁忌表　以1~7数字排列中互换的两个数字构成的数对作为禁忌对象;禁忌长度取3,即当第4个元素进入禁忌表时,第1个元素从禁忌表中退出。

5)解的评价　以绝缘体绝缘效果作为解的评价指标,指标值越高越好。

6)特赦　如果当前解的移动得到的解优于历史最好解,则无论该移动是否在禁忌表中,都接受该解。

7)终止条件　设定最大迭代(移动)次数为算法的终止条件,取最大迭代次数为4。

以下为采用禁忌搜索算法求解7元素最优排序问题的过程。

初始状态:随机选取初始解2-5-7-3-4-6-1;对应的评价指标值为10,历史最好值也为10;禁忌表为空。表3-9为初始状态的邻域,表中只列出了5个较好的邻域解;表3-10为初始状态的禁忌表。

表3-9　初始状态的邻域

移动 $s(X)$	评价指标值的改变 $\Delta p(X)$
4, 5	6
4, 7	4
3, 6	2
2, 3	0
1, 4	-1

表3-10　初始状态的禁忌表

禁忌表	
1	∅
2	∅
3	∅

第1步:在初始状态的邻域中,评价指标值改进最大的移动是(4, 5),即材料4、5交换,可以使评价指标值增加6,该移动没有被禁忌,所以本步迭代选择该移动。解更新为2-4-7-3-5-6-1;评价指标值为16,历史最好值为16。表3-11为更新后的邻域,表中只列出了5个较好的邻域解;表3-12为更新后的禁忌表。

表3-11　第1步迭代后的邻域

移动 $s(X)$	评价指标值的改变 $\Delta p(X)$
1, 3	2
2, 3	1
3, 4	-1
1, 7	-2
1, 6	-4

表 3-12　第 1 步迭代后的禁忌表

禁忌表	
1	4, 5
2	∅
3	∅

第 2 步:第 1 步迭代后的邻域中,评价指标值改进最大的移动是(1, 3),可以使评价指标值增加 2,该移动没有被禁忌,所以本步迭代选择该移动。解更新为 2 - 4 - 7 - 1 - 5 - 6 - 3;评价指标值为 18,历史最好值为 18。表 3-13 为更新后的邻域,表中只列出了 5 个较好的邻域解;表 3-14 为更新后的禁忌表。

表 3-13　第 2 步迭代后的邻域

移动 $s(\boldsymbol{X})$	评价指标值的改变 $\Delta p(\boldsymbol{X})$
1, 3	-2
2, 4	-4
6, 7	-6
4, 5	-7
3, 5	-9

表 3-14　第 2 步迭代后的禁忌表

禁忌表	
1	1, 3
2	4, 5
3	∅

第 3 步:第 2 步迭代后的邻域中,所有的移动都不能改善当前解,当前解为局部最优解。为了跳出局部最优,应接受劣解。当前邻域中,没有进入禁忌表且评价指标值"改进"最大的移动是(2, 4),可以使评价指标值增加 -4,所以本步迭代选择该移动。解更新为 4 - 2 - 7 - 3 - 5 - 6 - 1;评价指标值为 14,历史最好值为 18。表 3-15 为更新后的邻域,表中只列出了 5 个较好的邻域解;表 3-16 为更新后的禁忌表。

表 3-15　第 3 步迭代后的邻域

移动 $s(\boldsymbol{X})$	评价指标值的改变 $\Delta p(\boldsymbol{X})$
4, 5	6
3, 5	2
1, 7	0
1, 3	-3
2, 6	-6
⋮	⋮

表 3-16　第 3 步迭代后的禁忌表

禁忌表	
1	2, 4
2	1, 3
3	4, 5

第 4 步:第 3 步迭代后的邻域中,评价指标值改进最大的移动是(4, 5),可以使评价指标值增加 6,评价指标值变为 20,优于历史最好值 18。但该移动已在禁忌表中,故应对其特赦,在本步迭代中接受该移动。解更新为 5 – 2 – 7 – 3 – 4 – 6 – 1;评价指标值为 20。达到规定的最大迭代步数,最优解为 5 – 2 – 7 – 3 – 4 – 6 – 1。

表 3-17 为更新后的邻域,表中只列出了 5 个较好的邻域解;表 3-18 为更新后的禁忌表。

表 3-17　第 4 步迭代后的邻域

移动 $s(\boldsymbol{X})$	评价指标值的改变 $\Delta p(\boldsymbol{X})$
1, 7	0
3,4	–3
3, 6	–5
4, 5	–6
2, 6	–8
⋮	⋮

表 3-18　第 4 步迭代后的禁忌表

禁忌表	
1	4, 5
2	2, 4
3	1, 3

3.9.3　模拟退火算法

1. 原理

模拟退火算法的思想由 Metropolis 于 1953 年提出,Kirkpatrick 于 1983 年将该算法成功用于组合优化问题。模拟退火算法源于固体材料的退火原理,即将固体加温至充分高,再让其徐徐冷却。加温时,固体内部原子(或分子)随温度升高变为无序状态(液态),内能增大;徐徐冷却时,原子(或分子)渐趋有序,在每个温度都达到平衡态;当系统完全被冷却时(温度降到绝对零度),达到内能最小的最稳定状态。

固体退火过程中,原子(或分子)在温度 T 时停留在状态 r 的概率服从 Boltzmann 方程

$$P\{\overline{E}=E(r)\}=\frac{1}{Z(T)}\exp\left[-\frac{E(r)}{kT}\right] \tag{3-174}$$

式中,$E(r)$为原子(或分子)在状态 r 的能量;k 为 Boltzmann 常数,$k>0$;$\overline{E}$为原子(或分子)

能量随机变量；$Z(T)$ 为 Boltzmann 概率分布的标准化因子，$Z(T)=\sum_{s\in D}\exp\left(-\frac{E(s)}{kT}\right)$，其中 $\boldsymbol{D}$ 为原子（或分子）在温度 $\boldsymbol{T}$ 的状态空间。

由 Boltzmann 方程式(3-174)，可得出如下基本结论：

①在同一温度 T，若存在两个能量状态 $E(1)<E(2)$，则 $P\{\bar{E}=E(1)\}-P\{\bar{E}=E(2)\}>0$，即原子（或分子）停留在低能量状态的概率高于停留在高能量状态的概率；

②若 $r_{\min}$ 是能量最低的状态，则 $\frac{\partial P\{\bar{E}=E(r_{\min})\}}{\partial T}<0$，即 $P\{\bar{E}=E(r_{\min})\}$ 关于温度 T 单调下降；

③当 $T\to 0$ 时，$P\{\bar{E}=E(r_{\min})\}\to 1$，即接近绝对零度时，能量最低的状态存在的概率趋向 1，而非能量最低的状态存在的概率趋向 0。

模拟退火算法的核心思想是以概率接受新状态，即 Metropolis 搜索。具体而言，在温度 T，由当前状态 i 出发，通过在其邻域 $N(i)$ 内"移动"产生新状态 j，两者的能量分别为 $E(i)$ 和 $E(j)$，若 $E(j)<E(i)$，则接受新状态 j 为当前状态；否则，以概率 $P=\exp\left[-\frac{E(j)-E(i)}{kT}\right]$ 接受状态 j（若 $P=\exp\left[-\frac{E(j)-E(i)}{kT}\right]>\text{random}(0,1)$，则接受状态 j）（注：实际计算中可以 T 取代 kT）。这一过程经过多次重复，系统将趋于低能量的平衡状态。与禁忌搜索算法类似，Metropolis 搜索算法也体现了局部搜索（接受优解）与广域搜索（概率接受劣解）相结合的综合搜索策略，从而实现全局搜索寻优。由于模拟退火算法概率接受高能量状态，使其能够从局部最优逃逸出来，故是一种全局寻优算法。

物理退火与模拟退火算法的对应关系见表 3-19。

表 3-19　物理退火与模拟退火算法的对应关系

物理退火	模拟退火算法
状态	解
能量函数	目标函数
最低能量状态	最优解
加温过程	设定初始温度
等温过程	Metropolis 搜索
冷却过程	温度参数 T 的下降

2. 算法

①选一个初始解 $\boldsymbol{X}^{(0)}$，设定初始温度 $T^{(0)}=T_{\max}$，$k=0$，$l=0$。

②若达到该温度的 Metropolis 搜索停止条件（平衡状态），转步骤③；否则，进行 Metropolis 搜索（内循环），$l=l+1$，重复步骤②。

③降温（外循环），$k=k+1$，$T^{(k)}=T^{(k-1)}-\Delta T$（或 $T^{(k)}=\alpha T^{(k-1)}$，$\alpha\in(0.95,0.99)$）；若满足终止条件，输出最优解，终止计算；否则，返回步骤②。

3. 讨论

模拟退火算法和禁忌搜索算法都是基于邻域搜索的优化算法。因此，二者在初始解的获得、解的编码、解的移动等方面基本相同，这里不再赘述。

(1)等温过程的实现——Metropolis 搜索

由于退火在冷却过程中降温速度足够慢，可以认为冷却过程中的任一瞬时都是等温过程，以保证金属时刻处于低能量的热平衡状态。模拟退火算法中，等温过程是通过 Metropolis 搜索实现的。为了实现等温过程，Metropolis 搜索(内循环)的迭代次数必须足够大。实际应用中，一般将内循环次数设定为常数。该常数值与优化问题的规模有关，可根据一些经验公式确定。也可根据当前温度 $T^{(k)}$ 设定内循环次数，当 $T^{(k)}$ 较大时，内循环次数取较少值；$T^{(k)}$ 较小时，内循环次数取较大值。

(2)升温与冷却

理论上，物理退火的加热温度应为固相线温度以下的某一较高温度，且冷却速度要足够慢，冷却温度要足够低(趋近绝对零度)。

为了模拟退火过程，模拟退火算法的初始温度 T_{max} 应设定得足够高，以保证任意状态 i、j 的概率相当接近：

$$P\{\overline{E}=E(i)\}-P\{\overline{E}=E(j)\}=\frac{1}{Z(T)}\exp\left[-\frac{E(i)}{kT}\right]\left[1-\exp\left[\frac{E(j)-E(i)}{kT}\right]\right]\approx 0$$

即 $\exp\left[\frac{E(j)-E(i)}{kT}\right]\approx 1$。如能估算出 $\Delta E=E(j)-E(i)$，可取 $\frac{\Delta E}{kT}=\frac{1}{10},\frac{1}{100},\frac{1}{1\ 000}\cdots$ 试算，选取初始温度。

冷却降温是模拟退火算法的外循环过程。模拟退火算法通过冷却降温控制算法的迭代进程，趋向优化问题的全局最优解。温度的高低决定着模拟退火算法的搜索性质。较高温度下，当前邻域中有更多的解被接受，是广域搜索；较低温度下，当前邻域中大部分解不被接受，是局部搜索。若降温过快，模拟退火算法将很快从广域搜索转变为局部搜索，过早地陷入局部最优状态。为了跳出局部最优，需增加内循环的次数，从而增加计算成本。过缓地降温，可减少内循环的次数，但同时又会增加外循环次数。因此，合理选择降温速度，对模拟退火算法的效率至关重要。

模拟退火算法常用的温度下降方式有：

①恒步长降温，$T^{(k)}=T^{(k-1)}-\Delta T$；

②比例降温，$T^{(k)}=\alpha T^{(k-1)}$，$\alpha\in(0.95,0.99)$。

(3)终止/停止准则

模拟退火算法常用的终止准则有以下几种。

1)零度准则　理论上，接近绝对零度时，能量最低的状态(最优解)存在的概率趋向 1。因此，可通过温度控制迭代的进程，即当 $T<\varepsilon$ 时，终止计算，ε 为相当小的正数。

2)循环总数准则　对于内循环，可给定每一温度下的最大迭代次数，达到最大迭代次数时，内循环停止，进入外循环。

3)不改进准则　在某一温度时，如果在给定的迭代次数内(局部最优)解没有改进，则停止内循环，进入外循环，跳出局部最优。

4)接受概率准则　该准则的出发点与准则 3)相同。给定一个相当小的正数 ξ，在某一温度时，如果除局部最优解外的其他状态的接受概率都小于 ξ，则停止内循环，进入外循环，跳出局部最优。

例 3-20　单机最小化总流水时间的排序问题。有 4 个工件需要在一台机床上加工，P_1

$=8$、$P_2=18$、$P_3=5$、$P_4=15$ 分别为这 4 个工件在该机床上的加工时间,应如何安排工件的加工顺序,使工件加工的总流水时间最少?(注:工件的流水时间是指工件在制造系统中的总逗留时间。)

解 以$[k]$表示安排在第 k 位的工件的标号。如工件 1 排在第 2 位,则$[2]=1$。假定所有工件同时到达,则各工件的流水时间为

$$F_{[1]}=P_{[1]}$$
$$F_{[2]}=P_{[1]}+P_{[2]}$$
$$F_{[3]}=P_{[1]}+P_{[2]}+P_{[3]}$$
$$F_{[4]}=P_{[1]}+P_{[2]}+P_{[3]}+P_{[4]}$$

总流水时间为

$$F=F_{[1]}+F_{[2]}+F_{[3]}+F_{[4]}=[P_{[1]} \quad P_{[2]} \quad P_{[3]} \quad P_{[4]}]\begin{bmatrix}4\\3\\2\\1\end{bmatrix}$$

对于本问题,可按最短加工时间调度规则(SPT 规则)确定最佳工件排序,为[3 1 4 2]。下面用模拟退火算法求解该问题。

(1)解的编码

采用顺序编码,即工件按加工顺序排列,如[3 1 4 2]、[1 3 4 2]等。

(2)邻域与解的移动

该问题解的邻域定义为工件顺序排列中两两换位的集合。解的移动定义为工件顺序的两两换位。例如,对当前解[2 4 1 3]中的 2 与 1 两个工件换位,则得到一个新解[1 4 2 3],这样就完成了一次解的移动。

以下为采用模拟退火算法求解单机最小化总流水时间的排序问题的过程。

初始状态:随机选取初始解 $i=[1\ 4\ 2\ 3]$,对应的总流水时间(目标函数值)为 $F(i)=118$;设初始温度 $T^{(0)}=100$;终止温度 $T_f=60$;恒步长降温步长 $\Delta T=20$;内循环最大迭代次数为 3。

初始状态下的内循环(当前温度 $T=100$):

①随机产生一个邻域解 $j=[1\ 3\ 2\ 4]$(4 与 3 换位),目标函数值 $F(j)=98$,$F(j)<F(i)$,故无条件接受该解,$i\leftarrow j$;

②随机产生一个邻域解 $j=[4\ 3\ 2\ 1]$(1 与 4 换位),$F(j)=119$,$F(j)>F(i)$,故概率接受该解 $P=\exp\left[-\dfrac{F(j)-F(i)}{T}\right]=0.810\ 6>\text{random}(0,1)=0.741\ 4$(接受),$i\leftarrow j$;

③随机产生一个邻域解 $j=[4\ 2\ 3\ 1]$(3 与 2 换位),$F(j)=132$,$F(j)>F(i)$,故概率接受该解 $P=0.878\ 1>\text{random}(0,1)=0.399\ 1$(接受),$i\leftarrow j$。

第一次降温:降温后 $T=100-20=80$。

第一次降温后的内循环(当前温度 $T=80$):

①随机产生一个邻域解 $j=[4\ 2\ 1\ 3]$(3 与 1 换位),$F(j)=135$,$F(j)>F(i)$,故概率接受该解 $P=0.963\ 2>\text{random}(0,1)=0.341\ 3$(接受),$i\leftarrow j$;

②随机产生一个邻域解 $j=[4\ 3\ 1\ 2]$(2 与 3 换位),$F(j)=109$,$F(j)<F(i)$,故无条件接受该解,$i\leftarrow j$;

③随机产生一个邻域解 $j=[4\ 3\ 2\ 1]$(1 与 2 换位),$F(j)=119$,$F(j)>F(i)$,故概率接

受该解 $P=0.8725<\mathrm{random}(0,1)=0.9286$（不接受）。

第二次降温：降温后 $T=80-20=60$。

第二次降温后的内循环（当前温度 $T=60$）：

①随机产生一个邻域解 $j=[1\ 3\ 4\ 2]$，$F(j)=95$，$F(j)<F(i)$，故无条件接受该解，$i\leftarrow j$；

②随机产生一个邻域解 $j=[3\ 1\ 4\ 2]$，$F(j)=25$，$F(j)<F(i)$，故无条件接受该解，$i\leftarrow j$；

③随机产生一个邻域解 $j=[2\ 1\ 4\ 3]$，$F(j)=131$，$F(j)>F(i)$，故概率接受该解 $P=0.5220<\mathrm{random}(0,1)=0.7105$（不接受）。

温度降低到设定温度，计算终止。终止时的最优解为[3 1 4 2]，与按 SPT 规则确定最佳工件排序相同。

由于模拟退火算法概率接受劣解，其最终解可能劣于运算过程中出现的最好解。因此，应在模拟退火算法运算过程中，记录历史最优解。算法运行终止后，输出历史最优解作为最终结果。

3.9.4 粒子群算法

1. 原理

粒子群算法分别由 James Kennedy 和 Russell Eberhart 于 1995 年提出。粒子群算法是一种基于简化社会模型的启化式优化方法。

1975 年，生物社会学家 E. O. Wilson 通过对鱼群的研究指出："至少在理论上鱼群的个体成员能够受益于群体中其他个体在寻找食物的过程中的发现和以前的经验，这种受益是明显的，它超出了个体之间的竞争所带来的利益消耗，无论任何时候，也无论食物不可预知地分散在四处。"即同种生物之间信息的社会共享能够带来好处，这是粒子群算法的基础。

基本粒子群算法可描述为：一个由 m 个粒子组成的群体在 D 维空间中以一定的速度飞行，每个粒子在搜索时，考虑自己已搜索到的历史最好点和群体内（或邻域内）其他粒子的历史最好点，在此基础上进行位置（状态或解）的改变。

令第 i 个粒子的位置为 $\boldsymbol{X}_i=[x_{i1}x_{i2}\ \cdots\ x_{id}\ \cdots\ x_{iD}]^{\mathrm{T}}$、速度 $\boldsymbol{v}_i=[v_{i1}v_{i2}\ \cdots\ v_{id}\ \cdots\ v_{iD}]^{\mathrm{T}}$、经历过的历史最好点 $\boldsymbol{p}_i=[p_{i1}\,p_{i2}\cdots\ p_{id}\cdots\ p_{iD}]^{\mathrm{T}}$。群体内（或邻域内）所有粒子经历过的最好点为 $\boldsymbol{p}_g=[p_{g1}\,p_{g2}\cdots\ p_{gd}\cdots\ p_{gD}]$。

粒子的速度和位置按式(3-175)和式(3-176)变化：

$$v_{id}^{k+1}=v_{id}^{(k)}+c_1\xi(p_{id}^{(k)}-x_{id}^{(k)})+c_2\eta(p_{gd}^{(k)}-x_{id}^{(k)}) \tag{3-175}$$

$$x_{id}^{(k+1)}=x_{id}^{(k)}+v_{id}^{(k+1)} \tag{3-176}$$

式中，c_1、c_2 称为学习因子或加速因子，一般为正常数，通常取 2。学习因子使粒子具有自我总结和向群体中优秀个体学习的能力，从而向自己的历史最优点与群体内（或邻域内）的历史最优点靠近。ξ、η 为[0, 1]内的伪随机数。粒子的速度被限制在最大速度 $v_{\max}$ 以内。

当将群体内所有粒子都作为邻域成员时，即为全局版本粒子群算法；当将群体内部分粒子组成邻域时，即为局部版本粒子群算法。

2. 算法

①在可行域内对粒子群进行随机初始化，包括位置和速度。

②计算每个粒子的适应值（目标函数值）。

③对于每个粒子，将其适应值与其历史最优值比较，如果当前位置更好，则将其作为该

粒子的个体历史最好点。

④对于每个粒子,将其历史最优适应值与群体内(或邻域内)历史最好点的适应值比较,如果该粒子的历史最好点更好,则将其作为当前的全局最好点。

⑤按式(3-175)和式(3-176)更新粒子的速度和位置。

⑥如达到终止条件,终止计算,输出结果;否则,返回步骤②。

3. 讨论

(1)标准粒子群算法

将基本粒子群算法的粒子速度式(3-175)修改为式(3-177),即为标准粒子群算法。

$$v_{id}^{(k+1)} = \omega v_{id}^{(k)} + c_1 \xi (p_{id}^{(k)} - x_{id}^{(k)}) + c_2 \eta (p_{gd}^{(k)} - x_{id}^{(k)}) \tag{3-177}$$

式中,ω 称为惯性权重,其大小决定了粒子对其当前速度继承的多少。较大的惯性权重使得粒子在其原来的运动方向上具有更大的速度,从而在原来的方向上飞得更远,具有较强的探索能力(广域搜索能力);较小的惯性权重使得粒子继承了较少的原运动方向的速度,从而在原来的方向上走得较近,具有较强的开发能力(局部搜索能力)。通过调整惯性权重的大小,能够调节粒子群的搜索能力。合适的惯性权重可使粒子群算法具有均衡的探索能力和开发能力,从而使算法具有良好的搜索性能。

(2)粒子的最大速度与初始速度

最大速度限定了粒子在一次迭代中的最大移动距离。较大的最大速度有利于提高探索能力,但易使粒子飞过最好解;较小的最大速度有利于提高开发能力,但易陷入局部最优。分析和实验表明,最大速度的效果可通过调整惯性权重实现。所以,在算法的实际运算中,可以将最大速度设定为每维变量的变化范围,并使用最大速度对粒子群速度初始化。

(3)粒子群大小

当粒子群规模很小时,算法易陷入局部最优;过大的粒子群规模虽可增强探索能力,但会导致计算量的大幅增加。合理的粒子群规模对粒子群算法的寻优效能至关重要。

(4)邻域

以整个群体作为邻域的全局版本粒子群算法,收敛速度快,但有时会陷入局部最优;以群体的部分粒子组成邻域的局部版本粒子群算法,收敛速度慢一些,但不易陷入局部最优。

(5)终止规则

一般以最大迭代次数或可以接受的满意解作为算法运算的终止规则。

从上述讨论可知,粒子群算法没有过多需要调节的参数。而在需要调节的参数中,惯性权重和邻域的选择较为重要。

3.10 多学科设计优化简介

多学科设计优化(multidisciplinary design optimization,MDO),也称为多学科优化或多学科系统优化设计,或多领域设计优化。MDO 思想由 Sobieszczanski-Sobieski 于 1982 年在一篇研究大型结构优化的论文中首次提出。Sobieszczanski-Sobieski 于 1990 年倡导的面向多学科设计的分解方法被认为是 MDO 的开创性工作。航空航天界最先认识到 MDO 研究的重要性和迫切性,1991 年美国航空航天学会(AIAA)专门成立了 MDO 技术委员会,并发表了 MDO 现状的白皮书,标志着 MDO 作为一个新的研究领域的诞生。美国航空航天局(NASA)的 Langley 研究中心将 MDO 定义为:“MDO 是一种复杂工程系统设计方法学,通过探索和利用系统中相互作用的协同机制来设计复杂工程系统及其子系统。”

MDO 针对复杂系统设计问题，采用分而治之的策略，将系统合理地分解为若干容易处理的子系统，它既可按学科划分，也可按系统的物理结构划分，各子系统往往存在耦合关系，为此需给出保证系统整体协调（又称协调一致性）的策略和方法，以实现各子系统相对独立自主和并行地分析或优化各自子系统，充分利用和发挥各子系统之间相互作用所产生的有益的协同效应，获得系统整体最优解或工程满意解。

MDO 仍在发展中，存在和需要解决的主要问题是计算的复杂性和组织管理的复杂性，目前的研究内容主要包括三方面：

①面向设计的各门学科分析方法和软件的集成；

②探索有效的 MDO 算法，实现多学科（子系统）并行设计，获得系统整体最优解；

③MDO 分布式计算机网络环境。

3.10.1 多学科设计优化基本概念

下面以图 3-42 所示的两学科非层次系统为例，介绍 MDO 常用术语及符号的含义。

1）系统（system） 一般是指 MDO 问题本身，即 MDO 问题所涉及的所有学科的总和，包括整个问题和各个学科的设计变量、状态变量、目标函数、约束条件等。

2）学科（discipline） 又称为子系统（subsystem）或子空间（subspace）。一般来说，各学科计算相对独立，但相互之间存在不同程度的耦合关系，因此在计算过程中存在数据交换。以卫星为例，可以按学科划分为动力学、结构、控制学科等；按物理结构可划分为有效载荷舱（如通信舱、遥感舱）、服务舱和推进舱；按系统可分为姿态控制系统、轨道控制系统、热控制系统和数据管理系统等。

3）设计变量（design variable） MDO 问题中要设计和求解的变量。设计变量可以分为系统设计变量（system design variable）$\boldsymbol{X}$ 和局部设计变量（local design variable）$\boldsymbol{X}_i$（图 3-42 中 $\boldsymbol{X}_1$ 和 $\boldsymbol{X}_2$）。系统设计变量 $\boldsymbol{X}$ 在整个系统范围内起作用，又称为全局设计变量和全局共享设计变量；而局部设计变量 $\boldsymbol{X}_i$ 只在某一学科范围内起作用，有时也称为学科变量（discipline variable）或子系统设计变量（subsystem design variable）。

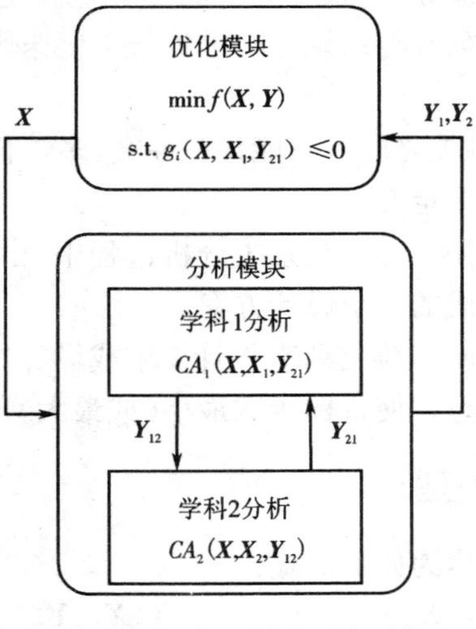

图 3-42 两学科非层次系统

4）辅助设计变量 $\boldsymbol{X}_m$ 为实现子系统间解耦，引入的与耦合状态变量相对应的辅助变量。

5）状态变量（state variable） 用于描述系统的性能或特征的一组参数。状态变量一般需要通过各种分析或计算模型得到，这些参数是设计过程中进行决策的或描述耦合效应的信息。状态变量可以分为系统状态变量（system state variable）$\boldsymbol{Y}$、学科状态变量（discipline state variable）$\boldsymbol{Y}_i$（图3-42中$\boldsymbol{Y}_1$和$\boldsymbol{Y}_2$）和耦合状态变量（coupled state variable）$\boldsymbol{Y}_{ij}$（$i \neq j$）（图3-42中$\boldsymbol{Y}_{12}$和$\boldsymbol{Y}_{21}$）。其中，系统状态变量$\boldsymbol{Y}$是表征整个系统性能或特征的参数；学科状态变量$\boldsymbol{Y}_i$是指属于某一学科的状态变量，也称为子系统状态变量（subsystem state variable）或局部状态变量（local state variable）；耦合状态变量$\boldsymbol{Y}_{ij}$（$i \neq j$）是学科i输出给学科j的状态变量，如图3-42中的$\boldsymbol{Y}_{21}$为子系统2输出给子系统1的耦合状态变量。

6）约束条件（constraints） 工程系统在设计过程中必须满足的条件，用g表示。

7）学科分析（contributing analysis，CA） 也称为子系统分析（subsystem analysis），学科i分析是指以该学科的设计变量$\boldsymbol{X}_i$和其他学科j输入给该学科的耦合状态变量$\boldsymbol{Y}_{ji}$为输入，根据该学科满足的物理规律确定其物理特性（状态变量）的过程。如图3-42所示，子系统1的分析获得$\boldsymbol{Y}_{12}$。学科分析基于相应的计算模型、分析方法及计算软件等。

学科i分析本质上是求解其状态方程

$$\boldsymbol{E}_i(\boldsymbol{X},\boldsymbol{X}_i,\boldsymbol{Y}_i,\boldsymbol{Y}_{ji}) = \boldsymbol{0} \tag{3-178}$$

得到其状态变量$\boldsymbol{Y}_i$的过程

$$\boldsymbol{Y}_i = CA_i(\boldsymbol{X},\boldsymbol{X}_i,\boldsymbol{Y}_{ji}) \tag{3-179}$$

8）系统分析（system analysis，SA） 也称为多学科分析。对于整个系统，给定一组系统设计变量$\boldsymbol{X}$，通过求解系统状态方程得到系统状态变量的过程。对于图3-42中由互为耦合的学科构成的系统，系统分析是一个迭代过程，即先给定$\boldsymbol{Y}_{12}$，进行学科2分析，得到$\boldsymbol{Y}_{21}$；之后，进行学科1分析，获得新的$\boldsymbol{Y}_{12}$；随后，再进行学科2分析，如此反复，直到收敛，完成一次系统分析。对一个由N个学科组成的系统，其系统分析过程可表示为

$$\boldsymbol{Y} = SA(\boldsymbol{X},\boldsymbol{X}_1,\boldsymbol{X}_2,\cdots,\boldsymbol{X}_N) \tag{3-180}$$

系统分析一般涉及多学科或子系统，且学科或子系统间通常存在耦合关系，因此每次系统分析都可能需要多次迭代才能完成，系统分析的计算量和复杂度将是巨大的。多学科设计优化主要从减少系统分析次数和将系统分析过程与优化迭代过程相分离两方面来降低系统优化的计算量和复杂度。

此外，由于各个学科目标性能之间有可能存在冲突，多学科设计优化解的质量也不尽相同，甚至无法求解，因此存在以下定义。

1）一致性设计（consistent design） 在系统分析过程中，由设计变量和其相应的满足系统状态方程的系统状态变量组成的一个设计方案。

2）可行设计（feasible design） 满足所有设计要求或设计约束的一致性设计。

3）最优设计（optimal design） 使目标函数最小（或最大）的可行设计。

3.10.2 多学科设计优化模型

多学科设计优化问题可表达为如下形式：

$$\left.\begin{aligned}
&\min f(f_1(\boldsymbol{X},\boldsymbol{X}_1,\boldsymbol{Y}_1),f_2(\boldsymbol{X},\boldsymbol{X}_2,\boldsymbol{Y}_2),\cdots,f_N(\boldsymbol{X},\boldsymbol{X}_N,\boldsymbol{Y}_N))\\
&\text{s. t. } \boldsymbol{g}_i(f_i(\boldsymbol{X},\boldsymbol{X}_i,\boldsymbol{Y}_i) \leqslant 0\\
&\boldsymbol{E}_i(\boldsymbol{X},\boldsymbol{X}_i,\boldsymbol{Y}_i,\boldsymbol{Y}_{1i}(\boldsymbol{X},\boldsymbol{X}_1,\boldsymbol{Y}_1),\cdots,\boldsymbol{Y}_{ji}(\boldsymbol{X},\boldsymbol{X}_j,\boldsymbol{Y}_j),\cdots,\boldsymbol{Y}_{Ni}(\boldsymbol{X},\boldsymbol{X}_N,\boldsymbol{Y}_N)) = \boldsymbol{0}\\
&(i,j = 1,2,\cdots,N_j;i\neq j)
\end{aligned}\right\} \tag{3-181}$$

式中，N 为学科或子系统数；$E_i(\cdot)$ 为系统状态方程。

3.10.3 多学科设计优化常用方法概述

多学科设计优化的代表性方法有多学科可行法（multidisciplinary feasible，MDF；也称为 all in one 法，AIO）、单学科可行法（individual discipline feasible，IDF）、协同优化法（collaborative optimization，CO）、并行子空间优化法（concurrent subspace optimization，CSSO）和二级集成系统综合法（bi-level integrated system synthesis，BLISS）等。

1. 多学科可行法（MDF）

MDF 是早期 MDO 的方法。该方法将所有学科的设计变量都作为系统设计变量 $\boldsymbol{X}$，所有学科优化目标都作为系统的优化目标。其求解原理如图 3-43 所示，系统分析模块从优化模块得到一个设计变量 $\boldsymbol{X}$，然后执行一次完整的多学科分析（multidisciplinary analysis，MDA），得到系统的状态变量 $\boldsymbol{Y}(\boldsymbol{X})$；然后，利用 $\boldsymbol{X}$ 和 $\boldsymbol{Y}(\boldsymbol{X})$ 计算目标函数 $f(\boldsymbol{X},\boldsymbol{Y}(\boldsymbol{X}))$ 和约束函数 $g(\boldsymbol{X},\boldsymbol{Y}(\boldsymbol{X}))$，采用适当的优化算法，更新设计变量，并将更新后的设计变量再次输入系统分析模块，直至满足收敛条件。

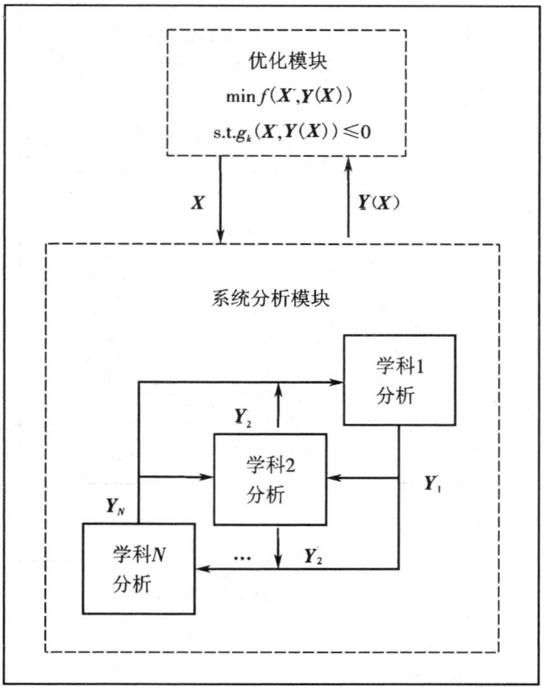

图 3-43 多学科可行法原理

MDF 方法中，优化问题可表述为

$$\left.\begin{array}{l}\min f(\boldsymbol{X},\boldsymbol{Y}(\boldsymbol{X}))\\ \text{s. t. } g_k(\boldsymbol{X},\boldsymbol{Y}(\boldsymbol{X}))\leqslant 0 \quad (k=1,2,\cdots,n)\end{array}\right\} \tag{3-182}$$

式中，n 为约束的个数。

MDF 方法中，每步优化迭代都要进行一次完整系统分析；而且，由于学科之间存在耦合，每次系统分析又是包括 N 个学科分析的迭代过程，即对于给定的输入 $\boldsymbol{X}$，需要对 N 个学科进行反复迭代分析，直至系统的状态变量 $\boldsymbol{Y}(\boldsymbol{X})=[\boldsymbol{Y}_1(\boldsymbol{X}),\boldsymbol{Y}_2(\boldsymbol{X}),\cdots,\boldsymbol{Y}_N(\boldsymbol{X})]^{\mathrm{T}}$ 收敛，以达到各学科之间相容。MDF 方法由优化和完整系统分析两个迭代过程构成，完整系统分析嵌套在优化迭代中。因此，MDF 方法求解过程特别耗时，适用于不太复杂系统的优化。

2. 单学科可行法（IDF）

如图 3-44 所示，IDF 方法基于学科之间独立求解的思想，即在某一个学科分析时，将需要的其他学科的耦合状态变量用辅助设计变量代替，添加到系统设计变量 $\boldsymbol{X}$ 中，避免了 MDF 中的完整系统分析。但学科之间的独立分析使得学科之间的耦合变量存在差异。为此，IDF 将反映学科间耦合联系的等式约束方程（形如式（3-183）中的 $C_i(\cdot)=0$）作为一致性约束，添加到原有优化模型中，通过含有该等式约束的系统级优化，协调各学科之间的关系，最终使得辅助设计变量与状态变量一致，实现各学科耦合变量相容，即满足原有的各学科的耦合关系。

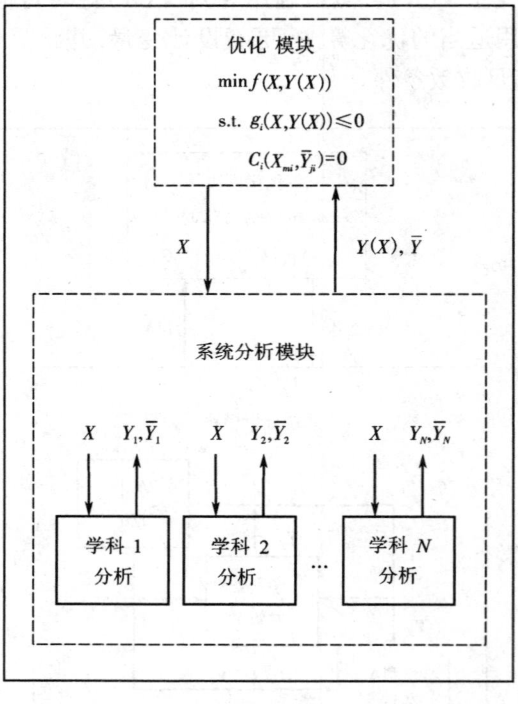

图 3-44　单学科可行法原理

IDF 方法中，优化问题可表述为

$$
\begin{aligned}
&\min f(\boldsymbol{X},\boldsymbol{Y}(\boldsymbol{X}))\\
&\text{s. t. } g_i(\boldsymbol{X},\boldsymbol{Y}(\boldsymbol{X}))\leqslant 0 \quad (i=1,2,\cdots,n)\\
&\qquad \boldsymbol{C}_i(\boldsymbol{X}_{mi},\overline{\boldsymbol{Y}}_{ji})=\boldsymbol{X}_{mi}-\overline{\boldsymbol{Y}}_{ji}=\boldsymbol{0} \quad (i,j=1,2,\cdots,N;i\neq j)
\end{aligned}
\tag{3-183}
$$

式中，n 为约束的个数；N 为学科数；$\boldsymbol{X}_m$ 为辅助设计变量，作为系统设计变量 $\boldsymbol{X}$ 的一部分，用以表示学科间的耦合关系，$\boldsymbol{X}_{mi}$ 表示学科 i 与其他学科之间的耦合辅助变量；$\overline{\boldsymbol{Y}}_j$ 表示学科 j 分析得到的与其他相关学科的状态变量值，如 $\overline{\boldsymbol{Y}}_{ji}$ 表示学科 j 分析得到的与学科 i 相关的状态变量值；$\boldsymbol{C}_i(\boldsymbol{X}_{mi},\overline{\boldsymbol{Y}}_{ji})$ 表示学科 i 获得的辅助变量值与其他学科分析得到的耦合变量值的差异。在实际应用中，常令 $J_i=[\boldsymbol{C}_i(\boldsymbol{X}_{mi},\overline{\boldsymbol{Y}}_{ji})]^2\leqslant\xi$，$\xi$ 为相当小的正数，如 0.000 1。

IDF 方法通过引入辅助设计变量 $\boldsymbol{X}_m$ 和等式约束 $\boldsymbol{C}_i(\boldsymbol{X}_{mi},\overline{\boldsymbol{Y}}_{ji})=0$，描述各子系统之间的耦合关系，使各学科分析具有相对独立性。

与 MDF 方法相比，IDF 方法的每次系统分析只需对所有学科进行一次学科分析，计算量大大减小，可用于较复杂系统的优化。

3. 并行子空间法(CSSO)

CSSO 方法是一种非分层结构的两级多学科优化方法。CSSO 方法中，将学科称为子空间。CSSO 方法由 Sobieszczanski-Sobieski 于 1988 年首先提出，后经 Bloebaum、Renaud(1993)和 Batill(1996)等改进和发展。典型的 CSSO 方法包括基于全局灵敏度方程(global sensitivity equations，GSE)与基于响应面(response surface，RS)的 CSSO 方法及其演化算法(evolutionary algorithm)。

CSSO 方法将设计变量按学科进行分配，将原优化问题分解为一个系统级优化问题和并行的多个子空间优化问题。系统和子空间的优化目标相同，但设计变量和约束不同。系统级优化为协调优化，而各子空间优化独立并行地进行。

在基于响应面的 CSSO 方法中，子空间优化和系统协调优化的模型和相关状态变量均采用响应面近似模型表达。通过响应面简化计算量，并且可以通过它来进行各子空间之间的信息交换，形成一个有关设计变量变化的信息和约束的传递纽带。每个子空间通过响应面获取其他子空间状态变量的近似值。由响应面组成的信息纽带把子空间的设计优化结果循环反馈以进一步更新响应面。随着迭代过程的进行，系统响应面的精确性会不断提高，直到系统协调优化收敛为止。

基于响应面的 CSSO 方法的原理如图 3-45 所示，图中虚线表示算法的过程流，实线表示算法的数据流。基于响应面的 CSSO 方法从设计初始点开始，是由四个主要步骤组成的循环过程。

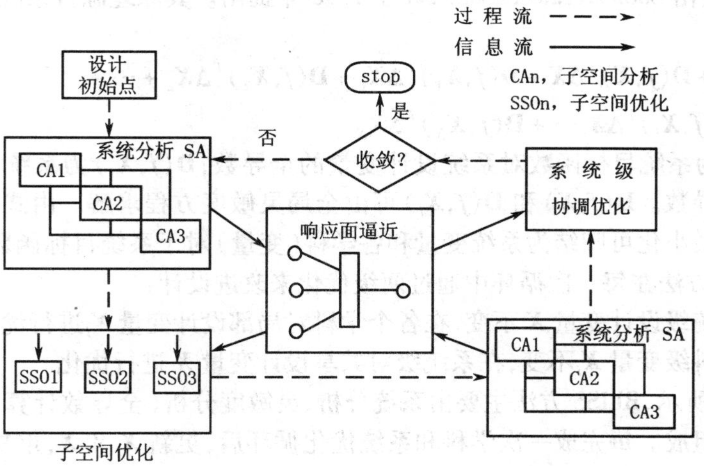

图 3-45　基于响应面的 CSSO 方法原理

1)系统分析　与 MDF 方法类似，系统分析是包括 N 个学科分析的迭代过程，以达到各学科之间状态变量相容。系统分析是 CSSO 方法中计算量最大的步骤。

2)响应面近似建模　利用系统分析的结果，建立系统与各学科状态变量的响应面近似模型。随着算法迭代过程的进行，系统分析数据不断更新，响应面的精度不断提高。本学科响应面在计算中为其他学科提供了本学科的状态变量的近似值。

3）学科（子空间）优化　子空间优化基于响应面近似模型进行。子空间优化过程中各学科间保持相对独立，不产生信息传递，所以可用并行方法来实现各自的优化计算。

4）系统级协调优化　所有设计变量都需要在此进行协调，需要用到的学科状态变量由该学科的响应面模型提供。系统层的优化是一个全部设计变量都参加的过程。由于各个状态变量值直接来自响应面模型，所以系统优化过程耗费很低。协调完成的结果是得到一组新的设计变量，通过判断其是否收敛而确定是否进行循环迭代。

CSSO 通过精确分析与近似模型相结合，使各子系统具有独立性，减少了系统分析的次数。同时，通过系统分析和协调优化，考虑了各个学科（子空间）的相互影响，保持了原系统的耦合关系。

CSSO 方法中系统层优化模型为

$$\left.\begin{aligned}&\min f(\boldsymbol{X},\tilde{\boldsymbol{Y}})\\&\text{s. t. } \boldsymbol{g}(\boldsymbol{X},\tilde{\boldsymbol{Y}})\leqslant 0\end{aligned}\right\}\tag{3-184}$$

式中，$\tilde{\boldsymbol{Y}}$为状态变量的响应面近似；$\boldsymbol{g}(\boldsymbol{X},\tilde{\boldsymbol{Y}})$为系统层约束。

学科 i 的优化模型为

$$\left.\begin{aligned}&\min f(\boldsymbol{X}_i,\tilde{\boldsymbol{Y}}_i,\tilde{\boldsymbol{Y}}_{ji})\\&\text{s. t. } \boldsymbol{g}_i(\boldsymbol{X},\tilde{\boldsymbol{Y}},\tilde{\boldsymbol{Y}}_{ji})\leqslant 0\end{aligned}\right\}\tag{3-185}$$

式中，$\tilde{\boldsymbol{Y}}_i$ 为学科 i 状态变量的响应面近似；$\tilde{\boldsymbol{Y}}_{ji}$为学科 j 输入给学科 i 的耦合状态变量的响应面近似；$\boldsymbol{g}_i(\boldsymbol{X}_i,\tilde{\boldsymbol{Y}}_i,\tilde{\boldsymbol{Y}}_{ji})$为学科约束。

4. 二级集成系统综合法（BLISS）

BLISS 方法由 Sobieszczanski-Sobieski 于 1998 年提出。其原理源自系统目标函数的一阶泰勒展开式：

$$\begin{aligned}f\approx f_0&+\mathbf{D}(f,\boldsymbol{X})^T\Delta\boldsymbol{X}+\mathbf{D}(f,\boldsymbol{X}_1)^T\Delta\boldsymbol{X}_1+\mathbf{D}(f,\boldsymbol{X}_2)^T\Delta\boldsymbol{X}_2+\cdots+\\&\mathbf{D}(f,\boldsymbol{X}_i)^T\Delta\boldsymbol{X}_i\cdots+\mathbf{D}(f,\boldsymbol{X}_N)^T\Delta\boldsymbol{X}_N\end{aligned}\tag{3-186}$$

式中，$\mathbf{D}(f,\boldsymbol{X})$为系统目标函数对系统设计变量的全导数；$\mathbf{D}(f,\boldsymbol{X}_i)$为系统目标函数对学科设计变量的全导数。$\mathbf{D}(f,\boldsymbol{X})$和 $\mathbf{D}(f,\boldsymbol{X}_i)$可由全局灵敏度方程求解。由式（3-186）可见，系统级目标函数最小化可归结为系统变量和各学科（变量）对于系统目标函数的贡献最小化。基于此，BLISS 方法在每一次循环中通过两级优化来改进设计：

①保持系统级设计变量 $\boldsymbol{X}$ 不变，在各个学科对局部设计变量 $\boldsymbol{X}_i$进行优化；

②保持学科级变量 $\boldsymbol{X}_i$不变，在系统级对共享设计变量 $\boldsymbol{X}$ 进行优化。

如图 3-46 所示，BLISS 方法主要由系统分析、灵敏度分析（全导数计算）、学科优化和系统优化等步骤组成。每完成一次学科和系统优化循环后，更新 $\boldsymbol{X}_i$和 $\boldsymbol{X}$，重复上述步骤，如此反复迭代，直到收敛。

BLISS 方法中，系统层优化定义为

$$\begin{aligned}&\text{given } \boldsymbol{X} \text{ and } f_0\\&\text{find } \Delta\boldsymbol{X}\\&\min f=f_0+\mathbf{D}(f,\boldsymbol{X})^T\Delta\boldsymbol{X}\\&\text{s. t. } \boldsymbol{X}_{\mathrm{L}}\leqslant\boldsymbol{X}_{\mathrm{U}};\Delta\boldsymbol{X}_{\mathrm{L}}\leqslant\Delta\boldsymbol{X}\leqslant\Delta\boldsymbol{X}_{\mathrm{U}}\end{aligned}\tag{3-187}$$

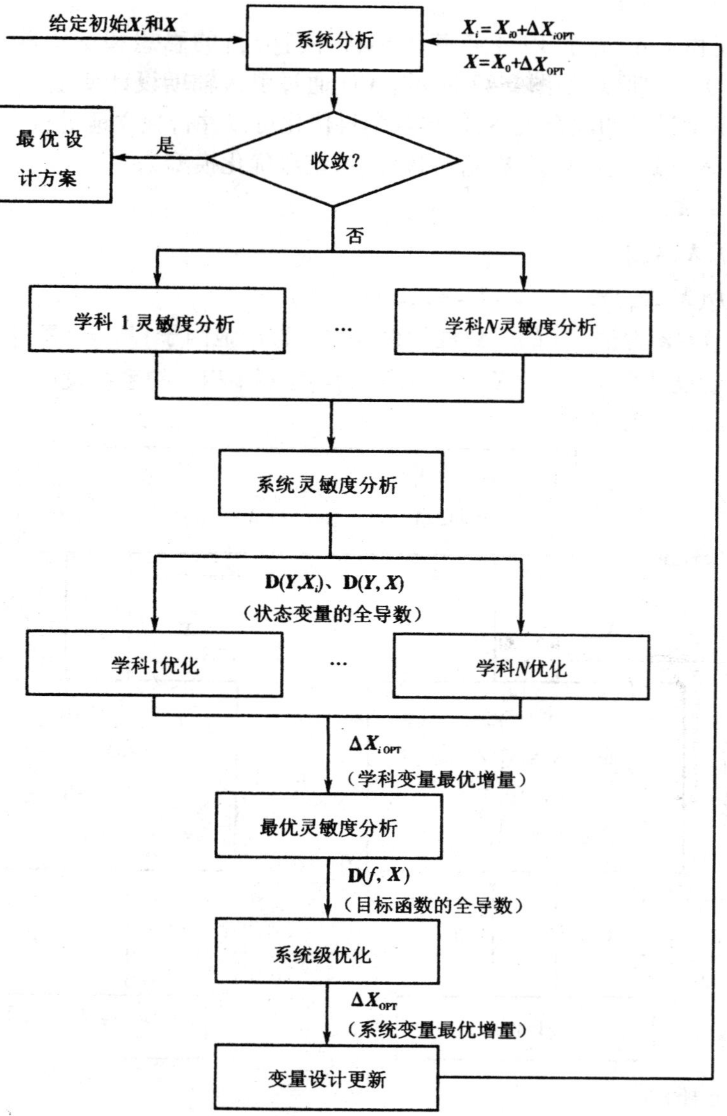

图 3-46　两级集成系统综合法流程

式中,f_0为上一次系统分析得到的系统目标函数值;X_U、X_L为系统变量的下、上限;ΔX_U、ΔX_L为 ΔX 的上、下限。系统层优化后,得 ΔX 的优化值 ΔX_{OPT}。学科 i 的优化定义为

$$\begin{aligned}&\text{given } \boldsymbol{X},\boldsymbol{X}_i \text{and} \boldsymbol{Y}\\&\text{find } \Delta\boldsymbol{X}_i\\&\min \mathbf{D}(f,\boldsymbol{X}_i)^T\Delta\boldsymbol{X}_i\\&\text{s.t. } \boldsymbol{g}_i(\boldsymbol{X}_i+\Delta\boldsymbol{X}_i,\boldsymbol{X},\boldsymbol{Y})\leqslant 0\end{aligned} \tag{3-188}$$

式中,$\boldsymbol{g}_i(\boldsymbol{X}_i+\Delta\boldsymbol{X}_i,\boldsymbol{X},\boldsymbol{Y})$为学科约束。学科优化后,得 ΔX_i的优化值 ΔX_{iOPT}。

Altus 于 2002 年用响应面模型代替灵敏度分析,从而可以消除系统级优化对灵敏度导数和拉格朗日乘子的依赖,还可以通过平滑数值噪声提高优化收敛速度,使 BLISS 方法的性能得到了较大的改善。

5. 协同优化方法(CO)

CO 方法是由 Kroo 等于 1994 年基于学科并行分析的思想和一致性约束提出的两级 MDO 方法。CO 方法原理如图 3-47 所示。CO 通过引入辅助设计变量 $\boldsymbol{X}_m$ 作为系统级设计变量,用以表示学科间的耦合关系,使得各学科优化可以并行独立地进行。系统级优化对全局设计变量 $\boldsymbol{X}$ 和辅助设计变量 $\boldsymbol{X}_m$ 进行优化,系统级优化模型为

$$\begin{aligned}&\text{find } \boldsymbol{X},\boldsymbol{X}_m\\&\min f(\boldsymbol{X},\boldsymbol{X}_m)\\&\text{s.t. } J_i(\boldsymbol{X},\boldsymbol{X}_m)\leqslant\varepsilon\quad(i\in I=\{1,2,\cdots,N\})\end{aligned}\tag{3-189}$$

式中,$J_i(\boldsymbol{X},\boldsymbol{X}_m)\leqslant\varepsilon$ 为学科 i 的一致性约束,$\varepsilon>0$ 为松弛因子;$\boldsymbol{X}_m=\{\boldsymbol{X}_{mi}\},i\in I,\boldsymbol{X}_{mi}$ 为与学科 i 相关的辅助设计变量;$\boldsymbol{X}=\{\boldsymbol{X}^i\},i\in I,\boldsymbol{X}^i$ 为与学科 i 相关的系统设计变量。

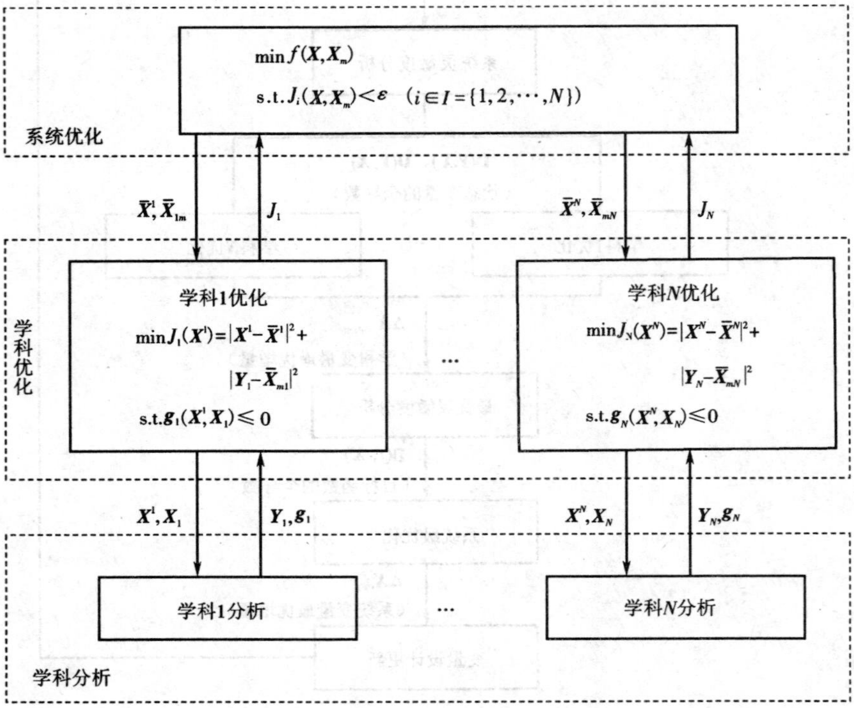

图 3-47 协同优化法原理

学科优化模型为

$$\begin{aligned}&\text{find} \boldsymbol{X}^i,\boldsymbol{X}_i\\&\min J_i(\boldsymbol{X}^i)=|\boldsymbol{X}^i-\overline{\boldsymbol{X}}^i|^2+|\boldsymbol{Y}_i-\overline{\boldsymbol{X}}_{mi}|^2\\&\text{s.t. } \boldsymbol{g}_i(\boldsymbol{X}^i,\boldsymbol{X}_i)\leqslant\boldsymbol{0}\quad(i=1,2,\cdots,N)\end{aligned}\tag{3-190}$$

式中,$\boldsymbol{X}^i$ 表示与学科 i 有关的系统设计变量;$\boldsymbol{X}_i$ 表示学科 i 的设计变量;$\boldsymbol{Y}_i$ 为学科 i 分析获得的与其他学科相关的耦合状态变量;$\overline{\boldsymbol{X}}^i$ 为系统传给学科 i 的 $\boldsymbol{X}^i$ 的目标值;$\overline{\boldsymbol{X}}_{mi}$ 为系统传给学科 i 的 $\boldsymbol{X}_{mi}$ 的目标值;N 为学科数。

系统级优化后,将与第 i 个学科相关的系统设计变量值 $\overline{\boldsymbol{X}}^i$ 和辅助设计变量值 $\overline{\boldsymbol{X}}_{mi}$ 传递到第 i 个学科。学科 i 的优化设计变量为学科变量 $\boldsymbol{X}_i$ 和对学科 i 有影响的系统设计变量 $\boldsymbol{X}^i$。

各学科在满足自身约束的条件下，使本学科的设计变量与系统级传递下来的目标值差距最小，即 $\min J_i(\boldsymbol{X}^i)$。

各学科将优化后的 $\boldsymbol{X}^i$ 和 $\boldsymbol{X}_{mi}$ 传回系统级，构成系统级优化的一致性约束，以解决各学科间耦合变量的不一致性。系统级优化根据子系统反馈的协同一致性约束不断调整系统目标值。通过系统和学科优化的多次迭代，最终得到满足学科间一致性约束的系统最优设计方案。由此可见，CO 方法中，系统优化负责优化全局设计变量和协调各学科的一致性，学科优化负责优化各学科的局部设计变量。

CO 思想适应大型工程系统分布式设计的特点，学科间具有很强的独立性，适合于处理没有耦合关系或弱耦合关系的多学科优化问题。

习　题

3.1　求 $F(\boldsymbol{X})=2x_1^2+5x_2^2+x_3^2+2x_1x_3-6x_2+3$ 的极值点及极值并判断其性质。

3.2　薄铁板宽 20 cm，把两边折成一具有梯形断面的槽，求梯形侧边多长及底角多大才会使槽的梯形断面积最大？

3.3　试证明在(1,1)点处函数 $F(\boldsymbol{X})=x_1^4-2x_1^2x_2+x_1^2+x_2^2-2x_1+5$ 具有极小值。

3.4　试判断函数 $F(\boldsymbol{X})=3x_1^2+2x_2^2-2x_1-x_2+10$ 的凸性。

3.5　试判断函数 $F(\boldsymbol{X})=2x_1^2+x_2^2-2x_1x_2+x_1+1$ 的凸性。

3.6　试用 K-T 条件检验目标函数 $F(\boldsymbol{X})=(x_1-2)^2+x_2^2$ 在不等式约束

$$g_1(\boldsymbol{X})=x_1^2+x_2-1\leqslant 0$$
$$g_2(\boldsymbol{X})=-x_2\leqslant 0$$
$$g_3(\boldsymbol{X})=-x_1\leqslant 0$$

条件下，点(1,0)是否为约束极值点。

3.7　验证约束优化问题

$$\min F(\boldsymbol{X})=(x_1-3)^2+(x_2-2)^2$$
$$\text{s.t.}\ g_1(\boldsymbol{X})=x_1^2+x_2-1\leqslant 0$$
$$g_2(\boldsymbol{X})=x_1+2x_2-4\leqslant 0$$
$$g_3(\boldsymbol{X})=-x_1\leqslant 0$$
$$g_4(\boldsymbol{X})=-x_2\leqslant 0$$

在点 $\boldsymbol{X}=[2\ \ 1]^{\mathrm{T}}$ 处 Kuhn-Tucker 条件成立。

3.8　对于约束优化问题

$$\min F(\boldsymbol{X})=4x_1+x_2^2-12$$
$$\text{s.t.}\ g_1(\boldsymbol{X})=25-x_1^2-x_2\geqslant 0$$
$$g_2(\boldsymbol{X})=10x_1-x_1^2+10x_2-x_2^2-45\geqslant 0$$
$$g_3(\boldsymbol{X})=(x_1-3)^2+(x_2-1)^2\geqslant 0$$
$$g_4(\boldsymbol{X})=x_1\geqslant 0$$
$$g_5(\boldsymbol{X})=x_2\geqslant 0$$

判断两个点 $\boldsymbol{X}^{(1)}=[3\quad 4]^{\mathrm{T}}$，$\boldsymbol{X}^{(2)}=[4\quad 3]^{\mathrm{T}}$ 哪个是最优解。

3.9　试确定函数 $f(x)=3x^3-8x+9$ 的一个搜索区间（单峰区间）。设初始点 $x_0=0$，初

始步长 $h_0=0.1$。

3.10 一块长 50 cm、宽 30 cm 的钢板，四个角剪去相等的小正方形后，做成无盖长方体铁盒。试问剪去小正方形的边长为多少时铁盒的容积最大？分别用解析法、黄金分割法、二次插值法求解。

3.11 用梯度法求目标函数 $F(\boldsymbol{X})=x_1^2+x_2^2+x_1x_2+10x_1+4x_2-60$ 的极小值。设初始点 $\boldsymbol{X}^{(0)}=[0\quad 0]^{\mathrm{T}}$，$\varepsilon=0.01$。

3.12 给定初始点 $\boldsymbol{X}^{(0)}=[0\quad 0]^{\mathrm{T}}$，用共轭梯度法求解

$$\min F(\boldsymbol{X})=x_1^2+4x_2^2$$

3.13 用阻尼牛顿法求解无约束优化问题（迭代 2 次）

$$\min F(\boldsymbol{X})=(x_1-2)^4+(x_1-2x_2)^2$$

3.14 用共轭梯度法法求解无约束优化问题（迭代 2 次）

$$\min F(\boldsymbol{X})=1.5x_1^2+0.5x_2^2-x_1x_2-2x_1$$

3.15 用鲍威尔法求解无约束优化问题（迭代 2 次）

$$\min F(\boldsymbol{X})=x_1^2+2x_2^2-2x_1x_2-4x_1$$

3.16 分析比较牛顿法、阻尼牛顿法、梯度法、共轭梯度法、鲍威尔法的特点。

3.17 论述变尺度法的基本思想及其与牛顿法的区别和联系。

3.18 论述鲍威尔法的基本思想，说明如何由鲍威尔法获得三维问题的一组共轭方向。

3.19 用复合形法求解约束优化问题（迭代 2 次）

$$\begin{aligned}&\min F(\boldsymbol{X})=4x_1-x_2^2\\&\text{s.t.}\ g_1(\boldsymbol{X})=x_1^2+x_2^2-25\leqslant 0\\&\qquad g_2(\boldsymbol{X})=-x_1\leqslant 0\\&\qquad g_3(\boldsymbol{X})=-x_2\leqslant 0\end{aligned}$$

取 $\boldsymbol{X}_1^{(0)}=[2\quad 1]^{\mathrm{T}}$，$\boldsymbol{X}_2^{(0)}=[4\quad 1]^{\mathrm{T}}$，$\boldsymbol{X}_3^{(0)}=[3\quad 3]^{\mathrm{T}}$ 为初始复合形的顶点。

3.20 用内点法求解约束优化问题（无约束优化可采用解析法求解）

$$\begin{aligned}&\min F(\boldsymbol{X})=x_1^2+x_2^2-2x_1\\&\text{s.t.}\ g_1(\boldsymbol{X})=3-x_2\leqslant 0\end{aligned}$$

3.21 用外点法求解约束优化问题（无约束优化可采用解析法求解）

$$\begin{aligned}&\min F(\boldsymbol{X})=x_1+x_2\\&\text{s.t.}\ g_1(\boldsymbol{X})=x_1^2-x_2\leqslant 0\\&\qquad g_2(\boldsymbol{X})=-x_1\leqslant 0\end{aligned}$$

3.22 用混合法求解约束优化问题（无约束优化可采用解析法求解）

$$\begin{aligned}&\min F(\boldsymbol{X})=-x_1+x_2\\&\text{s.t.}\ g_1(\boldsymbol{X})=-\ln x_1\leqslant 0\\&\qquad g_2(\boldsymbol{X})=x_1+x_2-1\leqslant 0\end{aligned}$$

3.23 用可行方向法从 $\boldsymbol{X}^{(0)}=[8\quad 8]^{\mathrm{T}}$ 对下面的问题开始一个迭代过程

$$\begin{aligned}&\min F(\boldsymbol{X})=x_1+2x_2^2\\&\text{s.t.}\ g_1(\boldsymbol{X})=-x_1-2x_2\leqslant 0\\&\qquad g_2(\boldsymbol{X})=x_1-x_2\leqslant 0\\&\qquad g_3(\boldsymbol{X})=-x_1\leqslant 0\end{aligned}$$

3.24 用单纯形法(单纯形替换法)求解线性规划问题

$$\min F(X) = -1.1x_1 + 2.2x_2 - 3.3x_3 - 4.4x_4$$

$$\text{s.t.}\ x_1 + x_2 + x_3 = 4$$

$$x_1 + 2x_2 + 2.5x_3 + 3x_4 = 5$$

$$x_j \geqslant 0, j = 1, 2, 3, 4$$

3.25 受静载荷的圆柱螺旋压缩弹簧,已知工作压力 $F = 700$ N,弹簧材料选用 50CrVA,其密度为 7.8 t/m^3,切变模量 $G = 8.1 \times 10^4$ MPa,许用剪应力 $[\tau] = 444$ MPa,设弹簧中径为 D,弹簧丝直径为 d,弹簧总圈数为 n,有效圈数为 n_1($n_1 = n - n_2$,n_2 为弹簧支承圈数),要求最大变形量 10 mm,压缩后高度不大于 50 mm,弹簧内径不小于 16 mm,以重量最轻为目标优化设计该弹簧。

3.26 试用 MATLAB 解算上述优化问题。

第 4 章　机械可靠性设计

4.1 概述

可靠性是系统、设备、元器件等在规定条件下和规定时间内完成规定功能的能力。它是衡量机电产品质量的一个重要指标。产品的可靠性主要是通过防止或降低故障(失效)的可能性和消除或降低其不良影响的设计技术而达到的。为确定和达到产品的可靠性要求而进行的一系列设计、研制、生产、试验及管理活动称为可靠性工程。可靠性设计就是事先考虑可靠性的一种设计方法。

科学技术的发展,对机电设备的性能要求越来越高,功能越来越多,结构也越来越复杂,因此可靠性研究越来越重要。特别在航空、航天、尖端武器、电子、大型机械等领域,产品的可靠性研究尤其重要。因为在这些产品中,往往是成百上千个零件组合在一起工作,例如航天器上少则有几十万个零件,多则有上百万个零件。对这些设备来说,即使单个零件的失效概率很低,但由于零件数目大,其中个别零件的失效而导致整机失效的概率势必增加,如果每个元件的可靠度达到 0. 995,当设备由 100 个这样的元件串联组成时,整个设备的可靠度下降到 0. 6 左右。如果因为某个零件的可靠性差而导致机器的功能失效,其损失是巨大和惨重的。

由于产品的可靠性差,造成的损失是惊人的。1957 年美国发射的“先锋号”卫星,由于一个 2 美元的电子元件失效而造成 220 万美元的损失。1984 年 12 月美国联合碳化物公司设在印度的一家农药厂,由于地下毒气罐阀门失灵造成 3 000 人死亡的严重事故。1979 年举世震惊的美国三里岛核电站事故起因源于核反应堆系统增压器减压阀门故障。

高可靠性可以产生巨大的经济效益。日本的汽车、工程机械、发电设备、日用家电等产品能够畅销全球,关键在于其具有较高的可靠性,日本从中获得了巨额利润。相反,产品可靠性不能满足用户的使用要求时,就会使产品的销路下降,并使产品失去信誉和竞争力。

在现今竞争激烈的社会中,产品的竞争主要是质量和价格的竞争。通过降低价格而抢占市场是有一定局限性的,高可靠性、高质量是产品生存发展的根本保证。特别是我国进入 WTO 后,只有具备高可靠性的产品,企业才能在国际市场竞争中占有一席之地。

可靠性问题的研究开始于美国,起源于军用电子设备。美国在第二次世界大战期间军用机载电子装备经过运输、存储,有 50% 不能工作,海军电子装备在规定时间内只有 30% 能正常工作。针对这一问题,美国军工部门开始研究产品可靠性,1952 年美国国防部成立了电子设备可靠性顾问委员会(AGREE),1957 年发表了“军用电子设备的可靠性”报告,成为美国可靠性工程发展的奠基性文件。可靠性研究受到各国的重视,苏联在 20 世纪 50 年代后期开始可靠性研究;日本在 1958 年成立了“可靠性研究委员会”,1973 年又成立了“电子元件可靠性中心”;法国 1962 年在国立电讯研究中心建立了可靠性中心;1965 年国际电子技术委员会 IEG 设立了“可靠性技术委员会”,协调有关可靠性的术语、定义和测量方法。

通过可靠性研究，制定了各种可靠性技术标准，并且与产品质量保证工作结合起来，取得了显著效果。据日本统计资料介绍，在1971—1981年间，电子产品可靠性水平提高了1～3个数量级，工程机械产品平均无故障工作时间提高了3倍。

我国从第一个五年计划开始，陆续出版了一些可靠性相关刊物，颁布了一些可靠性的国家标准，进行了可靠性研究与技术普及工作。但是可靠性技术在一般工业和企业中的应用还不广泛，与先进工业国家还存在着较大差距。

4.2 可靠性的定义及度量指标

4.2.1 可靠性的定义

可靠性是产品质量的重要指标，它标志着产品不会丧失工作能力的可靠程度。按我国国家标准，可靠性定义为“产品在规定条件下和规定时间内完成规定功能的能力”。这个可靠性定义包含五个要素。

①“产品”指作为单独研究和分别试验对象的任何元件、器件、设备和系统。如果对象是一个系统，则不仅包括硬件，也包括软件和人的判断及操作等因素。“可修复(产品)”的意思是产品失效时可以修复。“不可修复(产品)”的意思是当产品失效时，将不能或不值得修复。

②“规定时间”是可靠性定义中的核心。产品的可靠性只能在一定的时间范围内达到目标可靠度，不可能永远保持目标可靠度而不降低。因此，讨论产品的可靠性需要在某个规定的时间内进行。讨论产品的可靠性时，时间应该是一个广义的概念，时间既可以在区间$(0,t)$内，也可以在区间(t_1,t_2)内。时间一般是以小时、年为单位，但根据产品的不同，广义的时间还可以是车辆行驶的里程数、回转零件的转数、工作循环次数、机械装置的动作次数等。如通常滚动轴承的工作期限用小时，车辆的工作期限用行车公里数，齿轮的寿命用应力循环次数来表示等。一般说来，产品的可靠性是随着产品使用时间的延长而逐渐降低。所以，一定的可靠性是对一定时间而言的。

③“规定条件”是指产品的使用条件、维护条件、环境条件和操作条件，这些条件对产品可靠性都有直接的影响。在不同的条件下，同一产品的可靠性也不一样。所以不在规定条件下衡量可靠性就失去比较产品质量的前提。

④“规定功能”通常用产品的各种性能指标来表示，如仪器仪表的精度、分辨率、线性度、重复性、量程、动态范围等。不同的产品其功能是不同的，即使同一产品，在不同的条件下其规定功能往往也不同。产品的可靠性与规定的功能有着密切的关系，一个产品往往具有若干项功能。完成规定的功能是指完成这若干项功能的全体，而不是指其中一部分。产品达到规定的性能指标(有时使用一定时期后产品的性能指标允许比出厂时降低一些)或没有损坏就算完成规定功能。否则，称该产品丧失规定功能，一般把产品丧失规定功能的状态称为产品“失效”。对可修复产品通常也称“故障”。有时产品虽能工作，但不能完成规定功能；有时产品局部出现故障，但尚能完成规定功能。因此在具体进行可靠性工作中，合理地、明确地给出“故障判据”或“失效判据”很重要。

⑤“能力”不仅有定性的含义，在可靠性工作中还必须有定量的规定，以便说明产品可靠性的程度。这对提高产品可靠性、比较同类产品的可靠性，都是重要的依据。由于产品在

工作中发生故障带有偶然性，所以不能仅看一个产品的情况，而是应该在观察大量同类产品或根据一定数量的样品试验数据经统计处理之后，方能确定其可靠性的高低。所以在可靠性定义中的“能力”具有统计学的意义。如产品在规定的条件下和规定的时间内，失效数与产品总量之比越小，其可靠性就越高；或者产品在规定的条件下，平均无故障工作时间越长，其可靠性也就越高。

产品的可靠性由固有可靠性和使用可靠性两部分组成。固有可靠性是在产品设计制造过程中已经确定最终在产品上得到实现的可靠性。产品的固有可靠性是产品的内在性能之一，产品一旦完成设计并按要求生产出来，其固有可靠性就被完全确定。使用可靠性是产品在使用中的可靠性，它往往与产品的可靠性存在着差异。这是由于产品生产出来后要经过包装、运输、贮存、安装、使用和维修等环节，且使用中实际环境与设计所规定的条件往往不一致，使用者操作水平与维修条件也不相同。通常固有可靠性高、使用条件好的产品可靠性就高。一般可以将产品的可靠性近似看为固有可靠性和使用可靠性之乘积。国外统计资料表明，电子设备故障原因中属于产品固有可靠性部分占80%，其中设计技术占40%，器件和原材料占30%，制造技术占10%；属于产品使用可靠性部分占20%，其中现场使用占15%。因此，为提高产品可靠性，除设法提高产品的固有可靠性外，还应改善使用条件，加强使用中的保养和维修，使产品的固有可靠性在使用中得到充分发挥。

在实际工作中，往往由于各种偶然因素导致产品发生故障，如元件突然失效、应力突然改变、维护或使用不当等。由于这些原因具有偶然性，所以对于一个具体产品来说，它在规定的条件下和规定的时间内，能否完成规定的功能，是无法事先知道的，也就是说，这是一个随机事件。但是，大量的随机事件中包含着一定的规律性，偶然事件中包含着必然性。虽然不能准确地知道发生故障的时刻，但是可以估计在某时间内，产品完成规定功能的能力大小。

借助应用概率与数理统计理论，可对产品的可靠性进行定量计算，它们是可靠性理论的基础。

4.2.2 可靠性评定的数量指标

上述的可靠性定义只是一个一般的定性定义，并没有给出任何量化的表示，而可靠性在产品设计、制造、实验和管理等多个阶段中都需要“量”的概念。只有将其量化，才能对各种产品的可靠性提出明确的要求，即产品的各类可靠性指标。根据可靠性指标，就可以在产品规划、设计和制造产品时根据可靠性理论，预测和分配它们的可靠性，在产品研制出来后，才可按一定的可靠性试验方法鉴定它们的可靠性或者比较各种产品的可靠性。

度量、评定可靠性的常用指标有可靠度、累积失效概率、失效率、平均寿命、可靠寿命、维修度和有效度等。

1. 可靠度和累积失效概率

可靠度是指产品、系统在规定的条件下和规定的时间内完成规定功能的概率。可靠度愈大，说明产品或系统完成规定功能的可靠性越大，即越可靠。

可靠度是时间的函数，以 $R(t)$ 表示，称为可靠度函数。

设有 N 台相同的设备，在规定的工作条件下和规定的时间内，工作到 t 时刻有 $n(t)$ 台失效，其余 $N-n(t)$ 台仍正常工作，其可靠度的估计值为

$$\bar{R}(t)=\frac{N-n(t)}{N} \tag{4-1}$$

其中，$\bar{R}$ 也称为存活率。

当 $N\to\infty$ 时，$\lim\limits_{N\to\infty}\bar{R}(t)=R(t)$ 即为该产品的可靠度。取

$$F(t)=1-R(t) \tag{4-2}$$

式中 $F(t)$ 为累积失效概率，简称失效概率，又称不可靠度。所谓累积失效概率是指产品在规定条件下和规定时间内丧失规定功能的概率。

为了表征故障概率随着寿命变化的规律，取寿命 t 为横坐标，以失效频率除以组距的商 $\Delta n(t)/(N\cdot\Delta t)$ 为纵坐标画出失效的直方图（图 4-1）。N 为试件的总数，$\Delta n(t)$ 表示在 $[t,t+\Delta t]$ 时间内失效的总数。随着 N 的增大和组距 Δt 的减小，直方图变成一个平滑曲线，称为失效概率密度函数，用 $f(t)$ 来表示。它和失效概率的关系为

$$F(t)=\int_0^t f(t)\,\mathrm{d}t \tag{4-3}$$

或

$$f(t)=\frac{\mathrm{d}F(t)}{\mathrm{d}t}=-\frac{\mathrm{d}R(t)}{\mathrm{d}t} \tag{4-4}$$

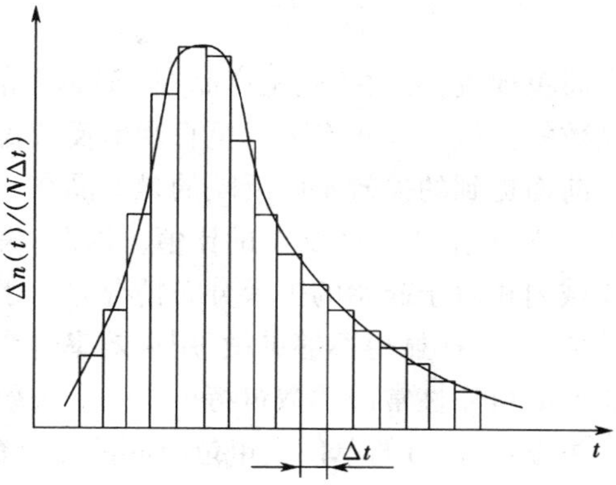

图 4-1　失效频率直方图

根据概率论可以得出以下性质：

①$R(0)=1$，表示产品在开始，即 $t=0$ 时处于良好状态；

②$R(t)$ 是时间 t 的单调递减函数，即 t 增大，$R(t)$ 减小；

③$\lim\limits_{t\to\infty}R(t)=0$，即当时间 t 充分大时可靠度的值趋于零；

④$0\leqslant R(t)\leqslant 1$，即无论任何时刻，可靠度的值永远介于 0 和 1 之间。

图 4-2 表示了 $R(t)$、$F(t)$ 和 $f(t)$ 三者之间的关系。从图中可以看出，$R(t)$ 和 $F(t)$ 分别为失效概率密度 $f(t)$ 下面的两块面积，其和等于 1。

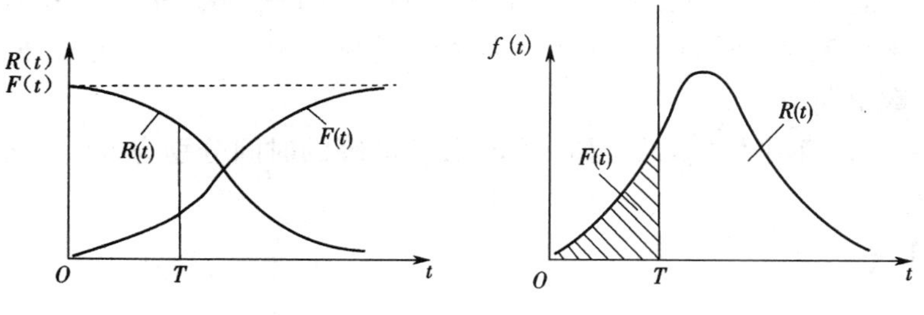

图 4-2　$R(t)$、$F(t)$ 与 $f(t)$ 的关系

2. 失效率

失效率就是工作到某个时刻尚未失效的产品，在该时刻后单位时间内失效的概率，记为 $\lambda(t)$，其数学表达式为

$$\lambda(t)=\lim_{\substack{\Delta t\to 0\\ N\to\infty}}\frac{n(t+\Delta t)-n(t)}{[N-n(t)]\Delta t}=\frac{\mathrm{d}n(t)}{[N-n(t)]\mathrm{d}t} \tag{4-5}$$

式中　N——产品总数；

$n(t)$——N 件产品中工作到 t 时刻的失效数；

$n(t+\Delta t)$——N 件产品中工作到 $t+\Delta t$ 时刻的失效数。

不难推导出

$$\lambda(t)=\frac{f(t)}{R(t)} \tag{4-6}$$

$$\lambda(t)=-\frac{\mathrm{d}R(t)}{R(t)\mathrm{d}t} \tag{4-7}$$

简单地说，失效率就是产品在 t 时刻后的一个单位时间内的失效数与在时刻 t 尚工作的产品数的比值。失效率可以更直观地反映每一时刻的失效情况。

前面提到的失效密度反映的是产品在 t 时刻附近的一个单位时间内的失效数与起始时刻 $t=0$ 的工作产品总数 N 的比值。因此，失效分布密度主要反映产品在所有可能工作的时间领域内相对于起始的失效分布情况。对于任意时刻而言，用失效密度函数来反映瞬时失效的情况，往往显得不够灵敏，用失效率这个概念正好可以克服这一缺点。因此，失效率是标志产品可靠性常用的数量特征之一。失效率愈低，则可靠性愈高。

失效率 $\lambda(t)$ 的单位用单位时间的百分数来表示，常用的单位有每小时或每千小时的百分比，如 $10^{-5}/\mathrm{h}$。

例 4-1 某批产品 120 个，工作了 80 h，还有 100 个产品仍在工作。但是到了第 81 h，失效了 1 个，第 82 h 失效了 3 个，则

$$\lambda(80)=\frac{1}{100\times 1}=1\%/\mathrm{h}$$

$$\lambda(81)=\frac{3}{(100-1)\times 1}=3.03\%/\mathrm{h}$$

3. 平均寿命

在讨论产品的可靠性时，人们总是要把它与产品的寿命联系起来。对于不能修复的产品，从开始工作到发生故障的平均时间（或工作次数）称为 *MTTF*；对于可修复的产品，寿命期内累计工作时间与故障次数之比记为 *MTBF*。所以 *MTTF* 是指平均失效前的工作时间，而 *MTBF* 是指平均无故障时间。对于上述两种情况统称为平均寿命，记为 θ。它是产品寿命随机变量的数学期望。

设有 N 件产品（不可修复）从开始工作到发生故障的时间分别为 $t_1,t_2,\cdots,t_N$，则平均寿命

$$\theta=\frac{1}{N}\sum_{i=1}^{N}t_i \tag{4-8}$$

又如，设有 N 件产品，其寿命可分为 a 组，t_i 为第 i 组中的值，第 i 组的频数为 Δn_i，则平均寿命

$$\theta=\frac{1}{N}\sum_{i=1}^{a}t_i\Delta n_i \tag{4-9}$$

已知可靠度函数 $R(t)$，根据 $f(t)$ 的定义知

$$\theta=\int_0^{\infty}tf(t)\mathrm{d}t=\int_0^{\infty}t\mathrm{d}F(t)=-\int_0^{\infty}t\mathrm{d}R(t)$$

因为 $\int u\mathrm{d}v=uv-\int v\mathrm{d}u$

所以　$\theta = -tR(t)\Big|_0^{\infty} + \int_0^{\infty} R(t)\,\mathrm{d}t$

因为　$\lim\limits_{t\to\infty} R(t) = 0$

再规定　$\lim\limits_{t\to\infty} tR(t) = 0$

则

$$\theta = \int_0^{\infty} R(t)\,\mathrm{d}t \tag{4-10}$$

式(4-10)的几何意义是:平均寿命 θ 等于可靠度函数 $R(t)$ 曲线与时间轴所夹的面积。

4. 有效寿命

在可靠性研究中把失效过程划分为早期失效期、随机失效期和损耗失效期三个阶段。早期失效期是递减型的,通常是由于设计不妥善、制造有缺陷、检验疏忽引起的,在新产品使用初期通常遇到的是早期失效。但有些产品不是由于上述原因引起早期失效,而是由于产品本身的性质决定的。例如有些半导体器件和电路芯片就属于递减失效类型。一般来说,早期失效可以通过强化实验来排除,并应找出不可靠原因。随机失效期的失效率 λ 为常数,与时间 t 无关,是产品在使用过程中的随机原因引起的偶然失效,这种失效无法用强化实验来排除,即使采用良好的维护措施也不能避免。这个时期是系统的主要工作期,时间长、失效率恒定,是设备的最佳工作状态时间,称为有效寿命。如图 4-3 所示的典型寿命曲线,在随机失效期,用 $\lambda(t) = \lambda$ 来描述是合理的。损耗失效期是由于产品老化、磨损、损耗、疲劳等原因引起的失效,特点是失效率迅速上升,这种失效都发生在产品使用寿命的后期。改善损耗失效的方法是不断提高零部件的工作寿命。对于寿命短的零部件,在整机设计时就要制定一套预防性的维修措施,在达到损耗失效期前,及时检修或更换。这样,就可以把上升的失效率拉下来,用这种方法可以延长可维修设备和系统的实际寿命。

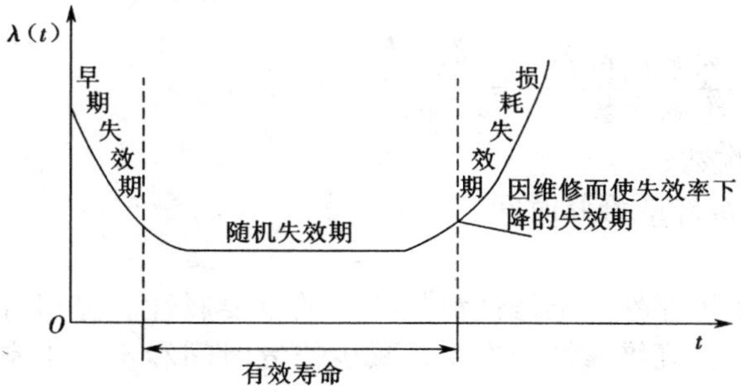

图 4-3　典型寿命曲线

5. 可靠寿命

使可靠度等于给定值 r 时的产品寿命称为可靠寿命,记为 t_r,其中 r 称为可靠水平。这时只要利用可靠度函数 $R(t_r) = r$ 反解出 t_r,得

$$t_r = R^{-1}(r) \tag{4-11}$$

式中 R^{-1} 是 R 的反函数。t_r 即称为可靠度 $R = r$ 时的可靠寿命。

例 4-2　已知某产品的寿命服从指数分布 $R(t) = \mathrm{e}^{-\lambda t}$,求 $r = 0.9$ 的寿命。

解　因为 $R(t) = \mathrm{e}^{-\lambda t}$,则

$$e^{\lambda t_r}=\frac{1}{r}$$

$$t_r=\ln(1/r)/\lambda=0.105/\lambda$$

$r=0.5$ 时的可靠寿命 $t_{0.5}$ 又称为中位寿命。当产品工作到中位寿命时，可靠度和累积概率都等于 50%，即产品为中位寿命时，正好有一半失效，中位寿命也是一个常用的寿命特征。由上例知，$t_{0.5}=\ln 2/\lambda=0.693/\lambda$。

$r=\frac{1}{e}$ 时的可靠寿命 $t_{\frac{1}{e}}$ 称为特征寿命。

6. 维修度

产品的维修性是指产品在给定的条件和时间内，按规定的方式和方法进行维修时，能使产品保持和恢复到良好状态的可能性。实践表明，设备的寿命周期总费用在很大程度上取决于维修性。度量维修性的常用指标有维修度、平均修复时间、恢复率等。

维修度是指可以维修的产品在规定的条件和时间内按规定的程序和方法进行维修时，保持或恢复到能完成规定功能状态的概率，记为 $M(t)$。

维修度是维修时间 t 的函数，可以理解为一批产品由故障状态（$t=0$）恢复到正常状态时，在维修时间 t 以前经过维修后有百分之几的产品恢复到正常工作状态，可表示为

$$M(t)=p(t\leqslant T)=\frac{n(t)}{n} \tag{4-12}$$

式中 t——修复时间；

T——规定时间；

n——需要维修的产品总数；

$n(t)$——到维修时间 t 时已修复的产品数。

系统或整机每次故障后所需维修时间的平均值称为平均修复时间，通常用 *MTTR* 表示，一般可近似估计为

$$MTTR=\frac{\text{总的维修时间(h)}}{\text{维修次数}}=\frac{\sum_{i=1}^{m}\Delta t_i}{m} \tag{4-13}$$

式中 m——修复的次数；

Δt_i——第 i 次故障的维修时间。

7. 有效度

由前面介绍可知，可靠性和维修性都是产品的重要属性。提高可靠性的作用是延长产品能正常工作的时间，提高维修性的作用是减少修复时间和不能正常工作的时间。若将两者综合起来评价产品的利用程度，可以用有效度来表示。

有效度是反映产品维修性与可靠性的综合指标，是指规定条件下，在某时刻产品处于可使用状态的概率，记作 A，其计算公式为

$$A=\frac{MTBF}{MTBF+MTTR} \tag{4-14}$$

式中 *MTBF*——平均无故障工作时间；

MTTR——平均修复时间。

4.3 可靠性工程中常用概率分布

可靠性设计的主要特征是将常规设计方法中涉及的设计变量（如材料强度、疲劳寿命、

载荷、尺寸、应力等)看成是服从某种分布的随机变量,然后根据产品的可靠性指标要求,用概率方法设计得出产品和零件的主要参数和尺寸。

在可靠性工程中,常用的分布函数有二项分布、泊松分布、正态分布、对数正态分布、指数分布、威布尔分布等。

1. 二项分布

把一试验独立地重复 n 次,而每次试验只有两种结果(如合格和不合格,成功和不成功等),在每次试验中事件 A 出现的概率为 p,不出现的概率为 $q=1-p$,则在 n 次试验中 A 出现的次数 r 是一个随机变量。

事件 A 在 n 次试验中发生 r 次的概率为

$$P(r)=C_n^r p^r q^{n-r} \tag{4-15}$$

其中

$$C_n^r=\frac{n!}{r!\ (n-r)!} \tag{4-16}$$

式中 C_n^r 正好是二项式系数,故称该随机事件发生的概率服从二项分布。

累积分布函数(在 n 次试验中发生不多于 r 次的概率)是

$$P(x\leqslant r)=\sum_{x=0}^{r} C_n^x p^x q^{n-x} \tag{4-17}$$

二项分布适用于在一次试验中只能出现两种结果的场合,故可用于可靠性试验(设计)中。可靠性试验(设计)常常是投入 n 个相同的零件进行试验(工作)T 小时,而仅仅允许 r 个($r<n$)零件失效。如令不可靠度 $F(t)=p$,可靠度 $R(t)=1-F(t)=q$,则有

$$P(x\leqslant r)=\sum_{x=0}^{r} C_n^x [F(t)]^x [R(t)]^{n-x} \tag{4-18}$$

例 4-3 经验表明,加工一种零件时有缺陷的零件的概率为 0.05。现用抽样的方法对该批零件进行验收。抽取 30 个零件进行检验,如果发现有 2 个或少于 2 个零件有缺陷,该批零件就被接受。求该批零件被接受的概率。

解 $P(x\leqslant 2)=\sum\limits_{x=0}^{2} C_{30}^x (0.05)^x (0.95)^{n-x}=0.812$

在该例中,零件被接受的概率是发现零件不合格的概率。

2. 泊松分布

使用二项分布时,如果遇到 p 较小($p\leqslant 0.1$)而 n 较大($n\geqslant 50$)的情形,按式(4-17)计算比较麻烦。这时,可以使用泊松分布来近似求解。与二项分布一样,泊松分布也是一种离散型分布。

泊松分布的表达式(n 次试验中发生 r 次事件的概率)为

$$P(x=r)=\frac{(np)^r\cdot e^{-np}}{r!}=\frac{m^r\cdot e^{-m}}{r!} \tag{4-19}$$

式中 m 为该事件发生次数的均值,$m=np$。

累积分布函数(n 次试验中发生不多于 r 次的概率)为

$$P(x\leqslant r)=\sum_{x=0}^{r}\frac{m^x\cdot e^{-m}}{x!} \tag{4-20}$$

3. 正态分布

正态分布的概率密度为

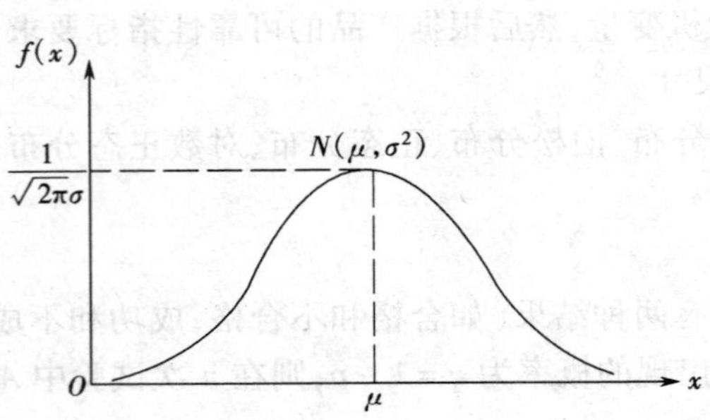

图 4-4　正态分布

$$f(x)=\frac{1}{\sqrt{2\pi}\sigma}e^{-\frac{(x-\mu)^2}{2\sigma^2}} \tag{4-21}$$

式中，μ 称为位置参数，μ 的大小决定了曲线的位置，代表分布的中心倾向；σ 称为形态参数，σ 的大小决定着正态分布的形状，表征分布的离散程度。由于它的主要参数为均值 μ 和标准差 σ（或方差 σ^2），故正态分布记为 $N(\mu,\sigma^2)$，其图形如图 4-4 所示。

累积分布函数为

$$F(x)=P(X\leqslant x)=\frac{1}{\sqrt{2\pi}\sigma}\int_{-\infty}^{x}e^{-\frac{(x-\mu)^2}{2\sigma^2}}dx \tag{4-22}$$

累积分布函数的计算比较复杂，为了计算方便，引入所谓标准正态分布。

在式(4-22)中，若 $\mu=0,\sigma=1$，则对应的正态分布称为标准正态分布，即 $N(0,1^2)$。其概率密度函数和累积分布函数分别用 $\varphi(z)$ 和 $\Phi(z)$ 表示，即

$$\varphi(z)=\frac{1}{\sqrt{2\pi}}e^{-\frac{z^2}{2}} \tag{4-23}$$

$$\Phi(z)=\int_{-\infty}^{z}\varphi(z)dz=\frac{1}{\sqrt{2\pi}}\int_{-\infty}^{z}e^{-\frac{z^2}{2}}dz \tag{4-24}$$

$\Phi(z)$ 值可查标准正态分布表获得。

当遇到一般的正态分布 $N(\mu,\sigma^2)$ 时，可将随机变量 x 作一变换，只要使标准正态变量 $z=\frac{x-\mu}{\sigma}$，任何正态分布就可以用标准正态分布来计算。

若要求 $x\leqslant b$ 范围内的概率，则有

$$P(x\leqslant b)=\Phi\left(\frac{b-\mu}{\sigma}\right)=\Phi(z) \tag{4-25}$$

同理有

$$P(a\leqslant x\leqslant b)=\Phi\left(\frac{b-\mu}{\sigma}\right)-\Phi\left(\frac{a-\mu}{\sigma}\right)=\Phi(z_2)-\Phi(z_1) \tag{4-26}$$

例 4-4　有 1 000 个零件，已知其失效为正态分布，均值为 500 h，标准差为 40 h。求 $t=400$ h 时，其可靠度、失效概率为多少？经过多少小时后，会有 20% 的零件失效？

解　零件寿命服从 $N(500,40^2)$，由 $z=\frac{t-\mu}{\sigma}$ 可得

$$\begin{aligned}R(400)&=P\left(z>\frac{t-\mu}{\sigma}\right)=P\left(z>\frac{400-500}{40}\right)\\&=P(z>-2.5)=1-P(z\leqslant-2.5)\\&=1-\Phi(-2.5)=1-0.006\,2=0.993\,8\end{aligned}$$

失效概率 $F(400)=1-R(400)=1-0.993\,8=0.006\,2$

当 $F(A)=20\%$ 时，有 $\Phi(z)=1-R(t)=F(A)=20\%$。由标准正态分布表查得，$z=-0.84$。

再由 $z=\frac{t-\mu}{\sigma}$ 可得

$$t = \mu + z\sigma = 500\ \mathrm{h} - 0.84 \times 40\ \mathrm{h} = 466.4\ \mathrm{h}$$

有的正态分布表只有 z 的正值而没有 z 的负值时，可用 $\Phi(-z) = 1 - \Phi(z)$ 求得。

正态分布是应用最广泛的一类重要分布，很多工程问题可用正态分布来描述，如各种误差、材料特征、磨损寿命、疲劳失效都可看做或近似看做正态分布。

4. 对数正态分布

有时随机变量 x 本身并不服从正态分布，而它的自然对数 $\ln x$ 服从正态分布，则随机变量 x 称为服从对数正态分布，记为 $\ln(\mu, \sigma^2)$。

对数正态分布的概率密度函数为

$$f(x) = \frac{1}{\sqrt{2\pi}\sigma} e^{\frac{-(\ln x - \mu)^2}{2\sigma^2}} \quad (x > 0) \tag{4-27}$$

式中 μ 和 σ 为对数正态分布的两个参数，它们为数据的自然对数的均值和标准差。

对数正态分布的计算方法与正态分布类似，只要将随机变量 x 变换为 $\ln x$ 即可。对数正态分布常用于描述产品寿命的分布、修复时间分布、负载的频率分布等。

5. 指数分布

指数分布是又一类重要分布，适合失效率 $\lambda(t)$ 为常数的情况，许多电器元件属于这类分布。指数分布的失效概率密度函数 $f(t)$、可靠度函数 $R(t)$、累积失效概率分布函数 $F(t)$ 分别为

$$f(t) = \frac{\mathrm{d}F(t)}{\mathrm{d}t} = \lambda e^{-\lambda t} \tag{4-28}$$

式中 λ 为失效率。

由前节知

$$\lambda(t) = \frac{f(t)}{R(t)}$$

当 $\lambda(t)$ 为常数时，则

$$\lambda = \frac{f(t)}{R(t)}$$

$$\left.\begin{aligned} R(t) &= e^{-\lambda t} \\ F(t) &= 1 - e^{-\lambda t} \end{aligned}\right. \tag{4-29}$$

$f(t)$、$R(t)$ 的图形如图 4-5 所示。

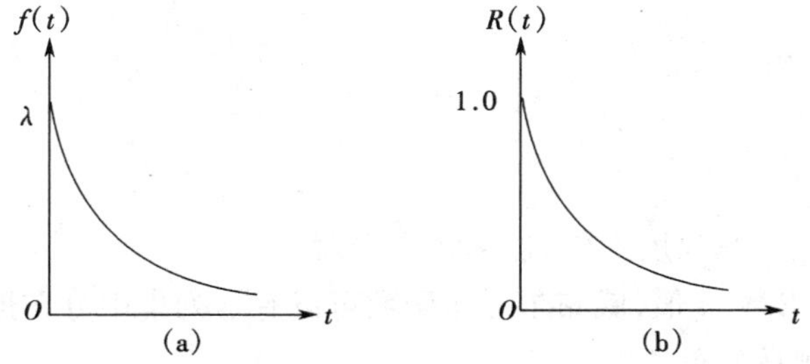

图 4-5 指数分布

(a) $f(t)$ 图；(b) $R(t)$ 图

指数分布的性质如下：

①指数分布的失效率 λ 等于常数；

②指数分布的平均寿命 θ 与失效率 λ 互为倒数，即

$$\theta=\frac{1}{\lambda}$$

③指数分布具有“无记忆性”。

无记忆性是指产品使用了 t 时间后，如仍正常，在 t 以后的剩余寿命与新寿命一样服从指数分布。

在可靠性中指数分布也是一类重要的分布，适用于失效率 $\lambda(t)$ 为常数的情况，如许多电子元器件和机电产品在偶然失效期内都属于这种情况。

6. 威布尔分布

威布尔分布是一簇分布的类型，对各类型试验数据的拟合能力强，因而得到广泛的应用。威布尔分布是由最弱环节模型或串联模型导出的，能够充分反映材料缺陷和应力集中对材料疲劳寿命的影响，所以将它作为零部件的寿命分布模型或给定寿命下的疲劳强度模型是合适的。

威布尔分布的失效概率函数和累积失效概率分布函数、可靠度函数分别为

$$f(t)=\frac{m(t-\gamma)^{m-1}}{\alpha}e^{-\frac{(t-\gamma)^m}{\alpha}}\quad(t>\lambda)$$

$$F(t)=1-e^{-\frac{(t-\gamma)^m}{\alpha}}\quad(t\geqslant 0)\tag{4-30}$$

$$R(t)=1-F(t)=e^{-\frac{(t-\gamma)^m}{\alpha}}\quad(t\geqslant 0)$$

式中 m——威布尔分布的形状参数，决定概率密度函数曲线形状；

γ——威布尔分布的位置参数，又叫起始参数，可正、可负、可为零；

α——威布尔分布的尺度参数，起缩小或放大 t 标尺的作用，但不影响分布的形状。

γ 为负时，表示在产品开始工作前，即在存储期间已失效；为正时，表示产品开始工作有一段不失效的时间；为零时，表示产品使用前都是好的，开始使用即存在失效的可能性。

由于零件一开始就存在着失效的可能，此时 $\gamma=0$，故得两参数的威布尔分布的失效概率密度函数、累积失效概率分布函数、可靠度函数、失效率函数，分别是

$$f(t)=\frac{m}{\alpha}\cdot t^{m-1}\cdot e^{-\frac{t^m}{\alpha}}$$

$$F(t)=1-e^{-\frac{t^m}{\alpha}}$$

$$R(t)=e^{-\frac{t^m}{\alpha}},R(t)=e^{-\left(\frac{t}{\eta}\right)^m}\tag{4-31}$$

$$\lambda(t)=\frac{mt^{m-1}}{\alpha}$$

设 $\eta=\alpha^{\frac{1}{m}}$，则称 η 为真尺度参数，也称特征寿命。

对于不同的形状参数 m 值，威布尔分布函数可以有下列集中分布形式：

①$m<1$ 为伽马分布；

②$m=1$ 为指数分布；

③$m=2$ 为对数分布；

④$m=3.5$ 近似为正态分布。

因此，威布尔分布函数不仅本身是一种分布，而且根据寿命数据可用来确定其他分布。

4.4 可靠性设计原理

4.4.1 概率设计的基本概念

在常规的机械设计中，通常采用安全系数法或许用应力法。其出发点是使作用在危险截面上的工作应力 s 小于等于许用应力$[s]$，而许用应力$[s]$是由极限应力 $s_{\lim}$除以大于 1 的安全系数 n 而得到的；也可以使机械零件的计算系数 n 大于预期或许用安全系数$[n]$，即

$$s \leqslant [s] = \frac{s_{\lim}}{n}$$

$$n = \frac{s_{\lim}}{[s]} \geqslant [n]$$

这种常规设计方法沿用了许多年，只要安全系数选用适当，便是一种可行的设计方法。但是，随着产品日趋复杂，对可靠性要求愈来愈高，常规方法就显得不够完善。首先，大量的实验表明，现实的设计变量（如负荷、极限应力以及材料硬度、尺寸等）大都是随机变量，都呈现或大或小的离散性，都应该依概率取值。不考虑这一点，设计出来的结果难免与实际脱节。其次，常规设计方法的关键是选取安全系数。安全系数过大，造成浪费；安全系数过小，影响正常使用。但在选取安全系数时，常常没有确切的选择尺度，其结果是使设计极易受局部经验影响。实际上，不考虑变量离散性的安全系数不能正确反映设计的安全裕度。许多时候，安全系数大，未必可靠；反之，也不一定危险。表 4-1 列出了不同情况下安全系数和可靠度的比较。表中 r 表示强度，相当于承载能力，s 表示承受的工作应力。作为随机变量的 r、s 有它本身的均值 μ_r、μ_s 和标准差 σ_r、σ_s。μ_n 表示安全系数，$\mu_n = \mu_r/\mu_s$。可靠度 R 是按正态分布计算的。

表 4-1　几种情况下 μ_n 和 R 的比较

序号	强度均值 μ_r	强度标准差 σ_r	应力均值 μ_s	应力标准差 σ_s	平均安全系数 μ_n	可靠度 R
A	300	100	200	80	1.5	0.782 3
B	300	20	200	20	1.5	0.999 8
C	300	100	100	80	3	0.940 6
D	300	20	100	20	3	1.0

注：μ_r、σ_r 和 μ_s、σ_s 的单位为 N/mm^2。

由表 4-1 可以看出，只要强度 r 和应力 s 的均值保持相同比值，平均安全系数就不会改变，但当标准差不同时，可靠度就有较大区别。表中 A 与 B 的安全系数均为 1.5，但 B 的标准差比 A 的小，可靠度由 0.782 3 提高到 0.999 8。C、D 的安全系数均达 3，但 C 的标准差大，可靠度只有 0.940 6。因为当 σ_r 较大时，选用的材料强度处于低限的机会就比较多，σ_s 较大时，所受的应力处于高限的机会也大，可靠度必然降低。

因此，为使设计更符合实际，应该在常规设计的基础上进行概率设计。

概率设计基本观点如下。

①认为材料的强度是服从于概率密度为 $f_r(r)$ 的随机变量，加在零件上的应力 s 是服从概率密度为 $f_s(s)$ 的随机变量。

②材料的强度 r 随时间推移而退化，即强度的均值随时间的推移而减小，而均方差 σ 随时间推移而增大，如图 4-6 所示。加在零件上的应力 s 对时间而言是稳态的，即其概率密度 $f_s(s)$ 不随时间推移而变化。

③当材料的强度 r 大于加在零件上的应力 s 时，零件是可靠的，其可靠度表示为

$$R(t) = P(r > s)$$

常规设计与概率设计存在以下不同。

1）设计变量的性质不同　常规设计的设计变量是确定数值的单值变量，而概率设计中所涉及的变量为具有多值的随机变量，要以统计数据为基础，它们都服从一定的概率分布。

2）设计变量运算方法不同　常规设计中变量运算为实数域的代数运算，得到的是确定的单值实数，但在可靠性设计中，随机的设计变量间的运算要用概率及其分布函数的数字特征（均值和标准差）的概率运算法则进行。

3）设计准则的含义不同　常规设计中，判断一个零件是否安全，应用安全系数来判断，在计算中未考虑影响零件应力和强度的许多非确定性因素。而在概率设计中，综合考虑了各个设计变量的统计分布特征，定量地用概率表达了所设计产品的可靠程度，因而更能反映实际情况，更科学合理。

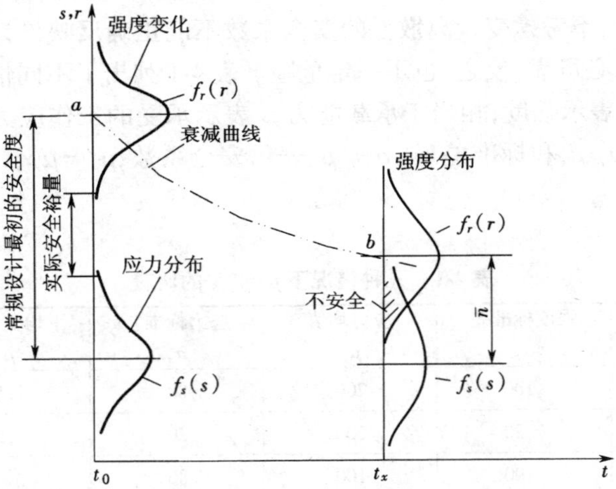

图 4-6　强度-应力关系

4.4.2　应力-强度干涉模型

概率设计所依据的模型主要是应力-强度干涉模型。当应力超过强度时就会发生失效。这里的应力和强度具有广义的概念。应力表示导致失效的任何因素，如机械应力、电压或温度引起的内应力等。强度是指阻止失效发生的任何因素，如硬度、机械强度、加工精度、电器元件的击穿电压等。

机械产品的"可靠度"实质上就是零件在给定的运行条件下抵抗失效的能力，也就是"应力"与"强度"相互作用的结果，或者说是"应力"与"强度"干涉的结果。

令应力和强度的概率密度函数分别为 $f_s(s)$ 和 $f_r(r)$。一般情况下，应力和强度是相互

独立的随机变量，且在机械设计中应力和强度具有相同的量纲，因此可以把$f_s(s)$和$f_r(r)$表示在同一坐标系中。

由统计分布函数的性质可知，机械工程中常用的分布函数的概率密度曲线都是以横坐标为渐进线的，这样绘于同一坐标系中的两条概率密度曲线$f_s(s)$和$f_r(r)$必定有相交的区域，称为干涉区，这个区域表示产品可能发生失效。图4-7为应力-强度分布的干涉模型。

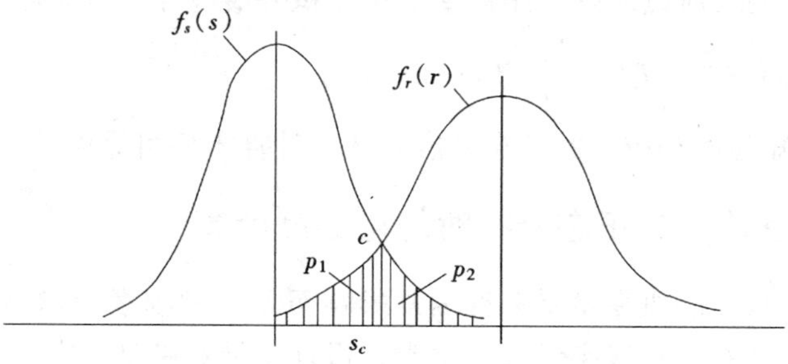

图4-7　应力-强度干涉模型

应力-强度干涉模型揭示了概率设计的本质。由干涉模型可以看到，任何一个设计都存在着失效的可能，即可靠度总是小于1。而人们能够做到的是将失效概率限制在一个可以接受的限度之内。

4.4.3　可靠度的确定方法

从干涉模型可以看到，要确定可靠度或失效概率必须研究一个随机变量超过另一个随机变量的概率，其推导过程如下。

①令E_1表示应力随机变量s落在某一假定应力s_0附近一微区间$\mathrm{d}s$内的事件，如图4-8所示，则E_1出现的概率为

$$\begin{aligned}P(E_1) &= P\left(s_0 - \frac{\mathrm{d}s}{2} \leqslant s \leqslant s_0 + \frac{\mathrm{d}s}{2}\right)\\ &= F_s\left(s_0 + \frac{\mathrm{d}s}{2}\right) - F_s\left(s_0 - \frac{\mathrm{d}s}{2}\right)\\ &= f_s(s_0)\,\mathrm{d}s\end{aligned}$$

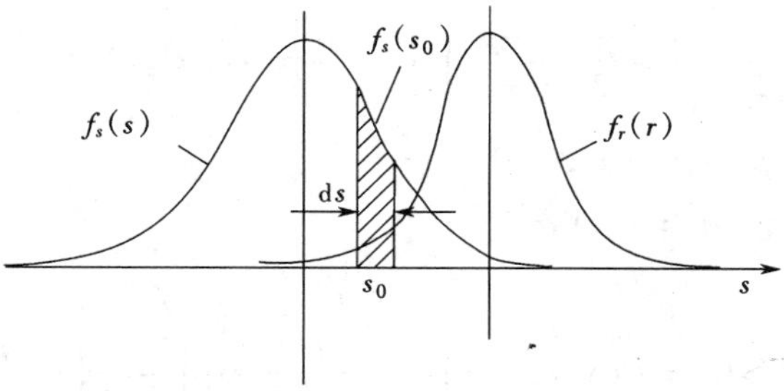

图4-8　应力-强度干涉模型的可靠度分析

②E_2表示强度随机变量r大于s_0的事件，其出现概率为

$$P(E_2) = P(r > s_0) = \int_{s_0}^{\infty} f_r(r)\,\mathrm{d}r$$

③可以认为事件 E_1、E_2是互相独立的，所以 E_1、E_2同时出现的概率为

$$P(E_1 \cap E_2) = P(E_1)P(E_2) = f_s(s_0)\,\mathrm{d}s\int_{s_0}^{\infty} f_r(r)\,\mathrm{d}r$$

至此，求得了 s 落在 s_0 区域而 r 又大于 s_0 的概率。

④考虑到某一假定应力可能为 s_i，s_i包括 s 所有可能出现的值，只要 s 落在 s_i某个区域而 r 又大于 s_i，产品就可靠，所以能够应用概率加法或积分最终导出可靠度的表达式为

$$R = P(r > s) = \int_{-\infty}^{\infty} f_s(s)\left[\int_{s}^{\infty} f_r(r)\,\mathrm{d}r\right]\mathrm{d}s \tag{4-32}$$

式(4-32)即为在已知强度和应力的分布密度函数后计算零件可靠度的一般式。

4.4.4 应力-强度均服从正态分布时的可靠度计算

通常可以认为，只要随机变量受多种因素影响而无一种因素起显著且具有决定性作用时，该变量服从正态分布。在概率设计中常常将设计变量看做是正态变量。

根据应力-强度干涉模型导出的可靠度计算公式完全可以用于正态变量，但是根据正态变量本身所具备的一些性质（如正态变量之和或差也服从正态分布），可以导出一组简单实用的概率设计公式。

假设应力与强度随机变量均服从正态分布，则它们的概率密度函数分别为

$$f_r(r) = \frac{1}{\sigma_r\sqrt{2\pi}}\exp\left[-\frac{1}{2}\left(\frac{r-\mu_r}{\sigma_r}\right)^2\right] \quad (-\infty < r < \infty)$$

$$f_s(s) = \frac{1}{\sigma_s\sqrt{2\pi}}\exp\left[-\frac{1}{2}\left(\frac{s-\mu_s}{\sigma_s}\right)^2\right] \quad (-\infty < s < \infty)$$

式中 μ_r——强度的均值；

σ_r——强度的标准差；

μ_s——应力的均值；

σ_s——应力的标准差。

引进变量 y，令

$$y = r - s \tag{4-33}$$

因为 r 和 s 均为服从正态分布的随机变量，故其差 y 也是服从正态分布的随机变量。因此

$$f_y(y) = \frac{1}{\sigma_y\sqrt{2\pi}}\exp\left[-\frac{1}{2}\left(\frac{y-\mu_y}{\sigma_y}\right)^2\right] \quad (-\infty < y < \infty) \tag{4-34}$$

式中 μ_y——y 的均值，$\mu_y = \mu_r - \mu_s$；

σ_y——y 的标准差，$\sigma_y^2 = \sigma_r^2 + \sigma_s^2$。

那么可靠度

$$R = P[(r-s) > 0] = P(y > 0) = \int_0^{\infty} \frac{1}{\sigma_y\sqrt{2\pi}}\exp\left[-\frac{1}{2}\left(\frac{y-\mu_y}{\sigma_y}\right)^2\right]\mathrm{d}y \tag{4-35}$$

如果将随机变量 y 标准化，令

$$z = \frac{y-\mu_y}{\sigma_y}$$

则有 $\sigma_y\,\mathrm{d}z = \mathrm{d}y$

相应地式(4-35)的积分下限 $y=0$ 变为

$$z=\frac{0-\mu_y}{\sigma_y}=-\frac{\mu_y}{\sigma_y} \quad \text{或} \quad z=-\frac{\mu_r-\mu_s}{\sqrt{\sigma_r^2+\sigma_s^2}}$$

代入式(4-35),得

$$R=\frac{1}{\sqrt{2\pi}}\int_{-\frac{\mu_r-\mu_s}{\sqrt{\sigma_r^2+\sigma_s^2}}}^{\infty}\exp\left(-\frac{z^2}{2}\right)\mathrm{d}z \tag{4-36}$$

由上式可以看出,可靠度 R 明显地与积分下限有关。如把积分下限的负值表示为

$$z_0=\frac{\mu_r-\mu_s}{\sqrt{\sigma_r^2+\sigma_s^2}} \tag{4-37}$$

根据正态分布的对称性,可靠度 R 的计算式可写为

$$R=\frac{1}{\sqrt{2\pi}}\int_{-z_0}^{\infty}\exp\left(-\frac{z^2}{2}\right)\mathrm{d}z=\frac{1}{\sqrt{2\pi}}\int_{-\infty}^{z_0}\exp\left(-\frac{z^2}{2}\right)\mathrm{d}z \tag{4-38}$$

式(4-38)将强度、应力和可靠度三者联系起来,故称它为“联结方程”或“耦合方程”,z_0 称为联结系数或可靠系数。

在已知 μ_r、μ_s、σ_r、σ_s 的条件下,利用联结方程可直接计算出 z_0 值,根据 z_0 值从标准正态分布表(附表)中查出可靠度 R 值,也即

$$R=P(y>0)=\phi\left[\frac{\mu_r-\mu_s}{\sqrt{\sigma_r^2+\sigma_s^2}}\right] \tag{4-39}$$

可靠度 R 与 z_0 的函数关系可用图 4-9 表示。

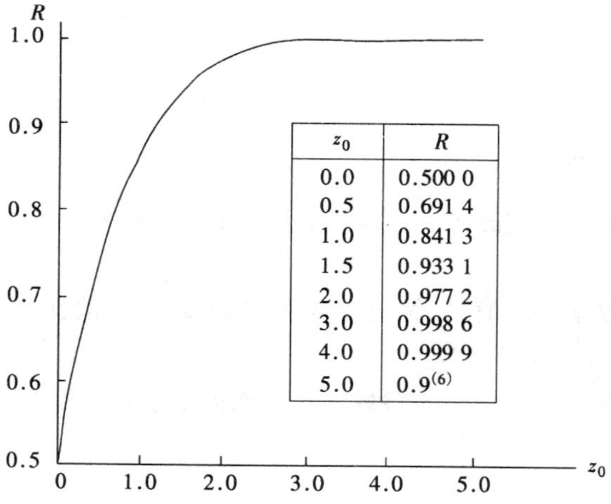

图 4-9 可靠度 R 与 z_0 的函数图

4.5 机械强度可靠度计算

进行机械强度可靠性设计,首先要搞清楚载荷(应力)及材料强度的分布规律,合理地建立应力与强度之间的数学模型。应用应力-强度干涉理论,严格控制失效概率,以满足设计要求。整个设计过程可用图 4-10 表示。

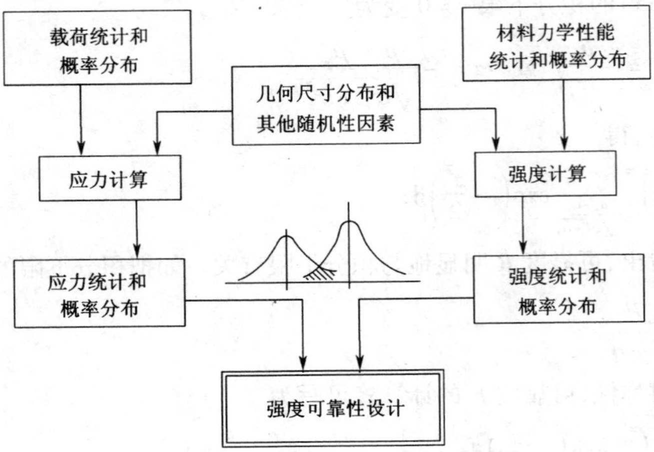

图 4-10　可靠性设计的过程

4.5.1　材料力学性能统计处理

材料力学性能项目比较多，最常用的指标有强度极限、屈服极限、疲劳极限、硬度、延伸率、断裂韧性及弹性模量等，这些变量一般符合正态分布或近似等于正态分布，目前手册中给出的性能数据，一般是给出一个确定值，或是一个范围，尺寸数据一般是给出公称尺寸或公差。在概率设计中要应用这些数据时，需要从中得出某一参数的均值和标准差。

当材料性能数据给出范围时，设 max、min 分别为某一性能数据的上下限，则均值 μ 和标准差 σ 分别可取为

$$\mu = \frac{1}{2}(\max + \min) \tag{4-40}$$

$$\sigma = \frac{1}{6}(\max - \min) \tag{4-41}$$

上述两式是在假定材料性能服从正态分布、设计可靠度为 99.7%（即 3σ 法则）前提下确定的。

当给出材料性能数据确定值时，做统计量处理，可以将此值作为该参量的均值，标准差用变异系数（亦称变差系数）来求取。

材料性能变异系数是描述该性能参量相对的离散程度，一般用 V 表示，有

$$V = \frac{\sigma}{\mu} \tag{4-42}$$

常用材料性能的变异系数 V 值见表 4-2。

由式(4-42)得

$$\sigma = V \times \mu \tag{4-43}$$

表 4-2　常用材料变异系数

性　　能	V
金属材料的屈服强度	0. 07(0. 5 ~0. 10)
金属材料的抗拉强度	0. 05(0. 05 ~0. 10)
钢的疲劳持久极限	0. 08(0. 05 ~0. 10)
钢的布氏硬度	0. 05
金属材料的断裂韧性	0. 07(0. 05 ~0. 13)
零件的疲劳强度	0. 08 ~0. 15
钢、铝的弹性模量	0. 03
铸铁的弹性模量	0. 04

例如 45 号调质钢，屈服强度 $\sigma_s = 353$ MPa，对这一数据作出统计处理时，可写为均值

$$\mu_{\sigma_s} = 353 \text{ MPa}$$

取屈服强度的 V 值为 0. 07，其标准差为

$$\sigma_{\sigma_s} = 0.07 \times 353 \text{ MPa} = 24.71 \text{ MPa}$$

4. 5. 2　工作载荷的统计分析

作用在机械或构件上的外载称为载荷，这些载荷可以是力、力矩、应力、功率、温度等，载荷有静载、动载、稳定、不稳定等多种类型。

通过实测，得到工作载荷的一系列数据，根据数据统计原理进行分析，确定其分布类型与参数，为可靠性设计提供载荷参数。

对于动载荷，目前常用的统计处理方法有功率谱法和循环计数法。功率谱法借助于富氏变换，将复杂的随机载荷分解成有限个具有各种频率的简谐变化之和，以获得功率谱密度函数。循环计数法是把载荷-时间历程离散成一系列峰谷值，然后计算其峰谷值或幅值等发生的频率，从而找出概率密度函数及参数。

4. 5. 3　几何尺寸的分布与统计偏差

由于加工误差的原因，零件几何尺寸也随机变化。加工尺寸是多个随机因素综合影响的结果，一般也符合正态分布。一般尺寸都给出规定的公差，这时可按 3σ 法则处理。对于尺寸 $D \pm T$，则有 $3\sigma = T$，所以标准差为

$$\sigma = \frac{T}{3} \tag{4-44}$$

若尺寸的极限偏差对公称尺寸不是对称的（例如单边的），则由 D_0^{+T} 可得

$$\sigma = \frac{T-0}{6} = \frac{T}{6} \tag{4-45}$$

4. 5. 4　随机变量函数的统计特征值

设随机变量函数 y 是相互独立的随机变量 $x_1, x_2, \cdots, x_n$ 的函数，即

$$y = f(x_1, x_2, \cdots, x_n)$$

已知各随机变量 $x_i (i = 1, 2, \cdots, n)$ 服从正态分布，其均值和标准差分别为 μ_i 和 $\sigma_i (i = 1, 2, \cdots, n)$，则随机变量函数 y 也服从正态分布，其均值 μ_y 和标准差 σ_y 可用下式计算：

$$\mu_y = f(\mu_1, \mu_2, \cdots, \mu_n) \tag{4-46}$$

$$\sigma_y = \left[\left(\frac{\partial y}{\partial x_1} \right)^2_{x_i=\mu_i} \sigma_1^2 + \left(\frac{\partial y}{\partial x_2} \right)^2_{x_i=\mu_i} \sigma_2^2 + \cdots + \left(\frac{\partial y}{\partial x_n} \right)^2_{x_i=\mu_i} \sigma_n^2 \right]^{1/2} \tag{4-47}$$

式中$\left(\frac{\partial y}{\partial x_j}\right)_{x_i=\mu_i}$为计算$\frac{\partial y}{\partial x_j}$后将$x_i$变成$\mu_i$后的值($i=1,2,\cdots,n$)。

例 4-5 已知$x_i(i=1,2,\cdots,n)$的统计特征值,求$y=\frac{x_1x_3}{x_2+x_3}$的均值和标准差。

解 根据式(4-46)和式(4-47),可得y的均值

$$\mu_y = \frac{\mu_1\mu_3}{\mu_2+\mu_3}$$

因为 $\frac{\partial y}{\partial x_1}=\frac{x_3}{x_2+x_3},\frac{\partial y}{\partial x_2}=-\frac{x_1x_3}{(x_2+x_3)^2},\frac{\partial y}{\partial x_3}=\frac{x_1x_2}{(x_2+x_3)^2}$

所以y的标准差

$$\begin{aligned}\sigma_y &= \left[\left(\frac{\partial y}{\partial x_1} \right)^2_{x_i=\mu_i} \sigma_1^2 + \left(\frac{\partial y}{\partial x_2} \right)^2_{x_i=\mu_i} \sigma_2^2 + \left(\frac{\partial y}{\partial x_3} \right)^2_{x_i=\mu_i} \sigma_3^2 \right]^{1/2} \\ &= \left[\frac{\mu_3^2}{(\mu_2+\mu_3)^2}\sigma_1^2 + \frac{\mu_1^2\mu_3^2}{(\mu_2+\mu_3)^4}\sigma_2^2 + \frac{\mu_1^2\mu_2^2}{(\mu_2+\mu_3)^4}\sigma_3^2 \right]^{1/2}\end{aligned}$$

4.5.5 结构强度可靠性设计

本节以实例说明机械强度的计算方法。机械强度的计算,可按照上述的概率设计法进行,但必须作如下假设:

①假设零部件的设计参量(如载荷、尺寸、温度、应力集中系数等)均为随机变量,分别服从某一概率分布,通过计算可以求得合成的应力分布;

②假设零部件的强度与材料的力学性能、尺寸因子、表面系数等因素有关,它们也分别服从某一概率分布,也可以求得合成的强度分布。

可靠性设计的基本方法在于如何把合成的应力分布和合成的强度分布在概率的意义下结合起来,变成设计计算可靠性的一种依据。

1. 拉杆的可靠性设计

例 4-6 已知一受拉圆杆承受的载荷为$P\sim N(\mu_p,\sigma_p^2)$,其中$\mu_p=60\ 000$ N,$\sigma_p=2\ 000$ N,拉杆的材料为某低合金钢,屈服强度为$\sigma_s\sim N(\mu_{\sigma_s},\sigma_{\sigma_s}^2)$,其中$\mu_{\sigma_s}=1\ 076$ MPa,$\sigma_{\sigma_s}=42.2$ MPa,要求其可靠度达到$R=0.999$,试设计此圆杆的半径。

解 载荷、材料强度和圆杆的半径r等参量均服从正态分布,解题步骤如下。

①由材料力学的知识,列出工作应力的表达式

$$s=\frac{P}{A}$$

式中A为圆杆的横截面面积,$A=\pi r^2$,面积A的标准差$\sigma_A=2\pi\mu_r\sigma_r$,设半径为

$$r=\mu_r\pm 0.015\mu_r$$

参照3σ规则,则半径r的标准差为

$$\sigma_r=\frac{1}{3}\times 0.015\mu_r=0.005\mu_r$$

故有

$$\sigma_A=2\pi\mu_r\sigma_r=0.01\pi\mu_r^2$$

$$\mu_A = \pi\mu_r^2$$

②计算工作应力。工作应力均值

$$\mu_s = \frac{\mu_p}{\mu_A} = \frac{60\ 000}{\pi\mu_r^2} = 19\ 098.5\frac{1}{\mu_r^2}$$

工作应力的标准差

$$\sigma_s = \frac{1}{(\pi\mu_r^2)^2}\sqrt{60\ 000^2 \times (0.01\pi\mu_r^2)^2 + (\pi\mu_r^2)^2 \times (2\ 000)^2} = 665.3\frac{1}{\mu_r^2}$$

③求可靠性系数 z_0。根据已知 $R = 0.999$，由标准正态分布函数（附表）查表得 $z_0 = 3.091$，再将应力和强度的相应数据代入联结方程，得

$$3.091 = \frac{\mu_\delta - \mu_s}{\sqrt{\sigma_\delta^2 + \sigma_s^2}}$$

即

$$3.091 = \frac{1\ 076 - 19\ 098.5\dfrac{1}{\mu_r^2}}{\sqrt{42.2^2 + \left(665.3\dfrac{1}{\mu_r^2}\right)^2}}$$

将上式化简为

$$\mu_r^4 - 36.028\ 5\mu_r^2 + 316.035\ 2 = 0$$

解此方程得

$$\mu_r^2 = 20.926（取正值）, \mu_r = 4.57\ \text{mm}$$

或

$$\mu_r^2 = 15.103,\ \mu_r = 3.89\ \text{mm}$$

将两个 μ_r 值代入联结方程，经验算，应舍去 $\mu_r = 3.89$ mm 的解，而取 $\mu_r = 4.57$ mm，则

$$\sigma_r = 0.005\mu_r = 0.023\ \text{mm}$$

故最后得

$$r = \mu_r \pm 0.015\mu_r = 4.57 \pm 0.069\ \text{mm}$$

因此，为保证设计的拉杆有 $R = 0.999$ 的可靠度，其半径 r 应为 4.57 ± 0.069 mm。

值得注意的是，只有在保证外载和材料强度性能稳定的情况下，即在 μ_s、σ_s、μ_{σ_s} 和 σ_{σ_s} 不变的情况下，才能放心地采用可靠性设计的结果。否则，由于材料强度性能的变化和制造工艺的不稳定都将影响零部件的可靠性指标。因此，可靠性设计的先进性是要以材料制造工艺的稳定性和对载荷测定的准确性为前提条件。

2. 梁的可靠性设计

例 4-7 图 4-11 所示矩形截面简支梁的断面宽度为 B，高 $H = 2B$，承受集中载荷 $F \sim N(\mu_F, \sigma_F^2)$，其中 $\mu_F = 30\ 000$ N，$\sigma_F = 1\ 500$ N；梁的跨度 $l \sim N(\mu_l, \sigma_l^2)$，其中 $\mu_l = 3\ 000$ mm，$\sigma_l = 1.0$ mm；集中载荷至支座 A 的距离 $a \sim N(\mu_a, \sigma_a^2)$，其中 $\mu_a = 1\ 200$ mm，$\sigma_a = 1.0$ mm；梁的材料为钼钢，其屈服强度 $\sigma_s \sim N(\mu_{\sigma_s}, \sigma_{\sigma_s}^2)$，其中 $\mu_{\sigma_s} = 935$ MPa，$\sigma_{\sigma_s} = 18.75$ MPa。现要求可靠度 $R = 0.999\ 99$，试设计梁的断面尺寸。

解 已知参数均服从正态分布。假设断面尺寸 B 和 H 也服从正态分布，且令变异系数均为 $C = 0.01$，则有 $\sigma_H = 0.01\mu_H$，$\sigma_B = 0.01\mu_B$。

①求支反力。对 A 点取矩有

$$R_2 l - Fa = 0$$

因此可求得支座 D 的反作用力

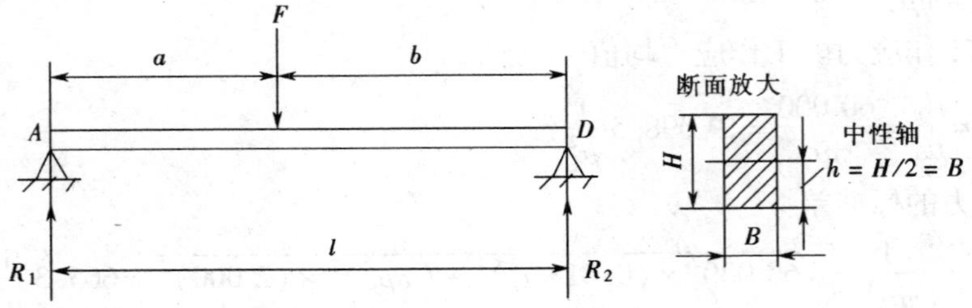

图 4-11　受集中载荷的简支梁

$$R_2=\frac{Fa}{l}$$

$$\mu_{R_2}=\frac{\mu_F\times\mu_a}{\mu_l}=\frac{30\ 000\times 1\ 200}{3\ 000}=12\ 000$$

$$\sigma_{R_2}=\left[\left(\frac{\mu_a}{\mu_l}\right)^2\sigma_F^2+\left(\frac{\mu_F}{\mu_l}\right)^2\sigma_a^2+\left(\frac{-\mu_F\mu_a}{\mu_l^2}\right)^2\sigma_l^2\right]^{\frac{1}{2}}$$

$$=\left[\left(\frac{1\ 200}{3\ 000}\right)^2\times 1\ 500^2+\left(\frac{30\ 000}{3\ 000}\right)^2\times 1^2+\left(\frac{30\ 000\times 1\ 200}{3\ 000^2}\right)^2\right]^{\frac{1}{2}}=600$$

②求最大弯曲应力。集中力作用点所在断面的弯矩 M 最大,其值为

$$M=R_2\cdot C$$

$$\mu_M=\mu_{R_2}\cdot\mu_C=\mu_{R_2}\cdot(\mu_l-\mu_a)=2.16\times 10^7$$

$$\sigma_M=\sqrt{\mu_C^2\cdot\sigma_{R_2}+\mu_{R_2}^2\cdot\sigma_C^2}=\sqrt{1\ 800^2\times 600^2+12\ 000^2(1^2+1^2)}=1.08$$

该断面上,距中性轴最远处的弯曲应力 s 最大,其值为

$$s=\frac{M}{W}$$

式中 M 为弯矩;W 为抗弯截面系数。本例中 $W=\frac{BH^2}{6}$,且 $H=2B$,故有

$$s=\frac{M}{\frac{2B^3}{3}}=\frac{3M}{2B^3}$$

s 为正态分布,则特征值

$$\mu_s=\frac{3\mu_M}{2\mu_B^3}=\frac{3\times 2.16\times 10^7}{2\times\mu_B^3}=\frac{32.4\times 10^6}{\mu_B^3}$$

$$\sigma_s=\sqrt{\left(\frac{3}{2\mu_B^3}\right)^2\sigma_M^2+\left(\frac{3\times 3}{2}\mu_B^{-4}\right)^2\sigma_B^2}=\frac{1.889\times 10^6}{\mu_B^3}$$

③代入联结方程,求梁的断面尺寸。本例要求可靠度为 $R=0.999\ 99$,由标准正态分布函数(附表)查得可靠度系数 $z_0=4.625$;已知材料强度$(\mu_{\sigma_s},\sigma_{\sigma_s})\sim N(935,18.75)$,一并代入联结方程有

$$z_0=\frac{\mu_{\sigma_s}-\mu_s}{\sqrt{\sigma_{\sigma_s}^2+\sigma_s^2}}$$

即 $$4.625=\frac{935-\dfrac{32.4\times10^5}{\mu_B^3}}{\sqrt{18.75^2+\left(\dfrac{1.889\times10^6}{\mu_B^3}\right)^2}}$$

展开上式得 $\mu_B^6-6.9815516\times10^4\mu_B^3+1.134838\times10^9=0$

解得 $\mu_B^3=44\,056.96\ \text{mm}^3$

故 $\mu_B=35.31\ \text{mm}$

因此，梁的断面尺寸为

$$B\sim N(35.31\ \text{mm},(0.3531\ \text{mm})^2)$$

4.6 系统的可靠性设计

任何一个能实现功能的产品都是由相互间具有有机联系的若干独立单元组成的系统。这里所说的独立单元可以是零件、部件或子系统等。

由于系统是由零部件组成的，因此系统的可靠性与组成系统的零部件本身的可靠性以及它们之间的组合方式有关。系统的可靠性设计主要由以下两部分内容组成。

①按已知零部件的可靠性数据计算系统的可靠性指标，这属于可靠性预测。通过对系统的可靠性预测，找出系统可靠性方面的缺陷和不足，以便采取适当措施予以排除和弥补。

②按规定的系统可靠性指标对各组成零部件进行可靠性分配，这就是可靠性分配问题。

4.6.1 系统的可靠性预测

所谓可靠性预测，就是已知组成系统的各个元件的可靠度，计算系统的可靠性指标。

1. 系统可靠性模型的分类

(1)串联系统

系统由几个零部件串联而成，系统中的零部件失效互相独立，如果其中一个零件发生故障就会引起整个系统的失效，这种系统称为串联系统。在可靠性工程中，常用逻辑图表示系统各元件之间的功能关系，逻辑图包含一系列方框，每个方框代表系统的一个元件，方框之间用直线连接起来，表示各元件功能之间的关系，所以也称为可靠性方框图。串联系统的逻辑图见图4-12。

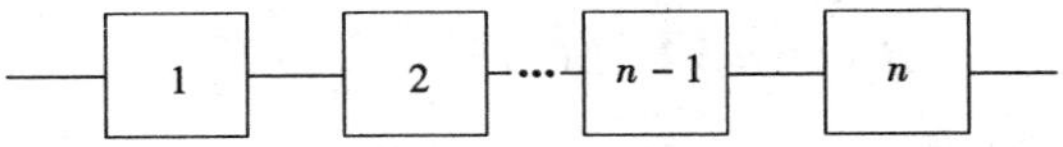

图 4-12 串联系统

在可靠性分析中所说的串联系统和实际的系统结构可能不同。例如图4-13的两个电容 C_1 和 C_2 是并联的，但在可靠性分析中若考虑短路失效(击穿)，则是“串联”系统。但要考虑开路失效时，只有两只电容都开路时才会失效，所以就是并联系统了。

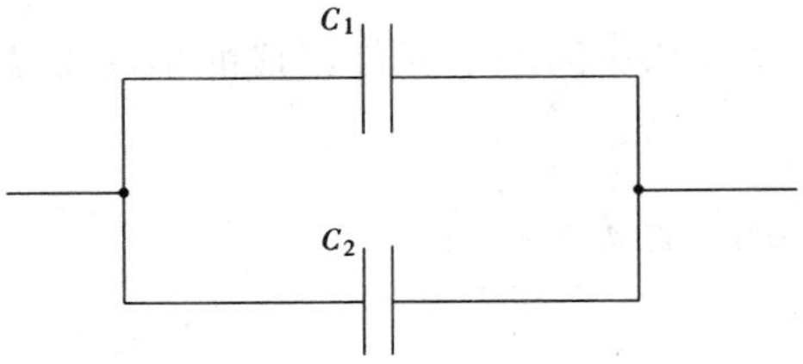

图 4-13 并联电器

例如，齿轮减速机是由齿轮、轴承、箱体等组成，从功能关系上看，它们中任何一部分失效都会造成减速机不能正常工作,因此它们的逻辑图是串联的。又比如,起重机的提升机构是由电动机、联轴器、制动器、减速器、卷筒、钢丝绳、滑轮组、钓钩装置等部件组成的,它们中的任何一部分失效都会使提升机构不能工作,因此是一个串联系统。

(2)并联系统或并联冗余系统

为了使系统更保险、更可靠,需对系统的零部件给予一定的冗余储备。并联冗余系统除了满足运行的需要外,还有一定的冗余系统。它又分为工作储备系统和非工作储备系统。

工作储备系统也称为纯并联系统,是使用多个零件(部件)来完成同一任务的系统。而其中任一个零部件能单独支持系统的运行,因此只要不是全部零件都失效,系统就能正常工作。有的工作储备系统要求构成系统的几个元件中只要任意 K 个不失效,系统就能正常工作,那么这个系统称为 n 中取 K 的表决系统(K-out-of-n),记为 K/n(G)系统。机械系统、电路系统、自动控制系统经常采用2/3 的表决系统。

非工作储备系统中,某一个或某几个零(部)件处于工作状态,其他处于"待命"状态。当前者中的某一个发生故障,则待命的部件就立即投入工作状态。例如飞机起落架的收放系统一般是由液压或气压装置和机械应急释放装置组成的非工作贮备系统。非工作储备系统有更高的可靠度,但前提是转换开关必须理想。因此在可靠性分析中,需区分"理想开关"和"非理想开关"两种情况。

串联与并联是两种基本的可靠性模型,实际系统的可靠性模型可能是由多个串联和并联系统组成的混联系统。

2. 串联系统的可靠度计算

图 4-12 为由 n 个元件组成的串联系统。假定各元件的可靠度为 $R_1, R_2, \cdots, R_n$,整个系统的可靠度为 R_s,只有全部零件正常工作时系统才能正常工作。根据相互独立的事件同时发生的概率是这些事件各自发生的概率之积,所以

$$R_s = R_1 R_2 \cdots R_n \tag{4-48}$$

或

$$R_s(t) = \prod_{i=1}^{n} R_i(t) \tag{4-49}$$

若零件的可靠度服从指数分布,在 $\lambda(t) = \lambda$ 的情况下

$$R_i(t) = \exp(-\lambda_i t)$$

因此 $$R(t) = \prod_{i=1}^{n} R_i(t) = \exp\left[\left(-\sum_{i=1}^{n} \lambda_i\right)t\right]$$

系统的失效率

$$\lambda_s = \sum_{i=1}^{n} \lambda_i = \sum_{i=1}^{n} (1/\theta_i) \tag{4-50}$$

由可靠度分别为 $R_A = 0.9, R_B = 0.8, R_C = 0.7, R_D = 0.6$ 的四个元件组成的串联系统的可靠度

$$R(t) = \prod_{i=1}^{n} R_i(t) = 0.9 \times 0.8 \times 0.7 \times 0.6 = 0.302\,4$$

3. 并联系统可靠度的计算

(1)工作储备系统

1)纯并联系统　图 4-14 为一纯并联系统,只有 n 个元件全部失效后才会使系统失效,

所以它的不可靠度是各元件不可靠度的乘积。

$$F(t)=\prod_{i=1}^{n}[1-R_i(t)] \tag{4-51}$$

因此 $R_s(t)=1-F(t)=1-\prod_{i=1}^{n}[1-R_i(t)]$

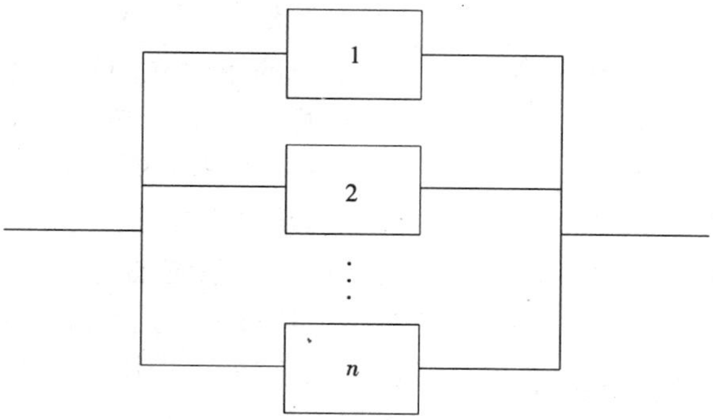

图 4-14 纯并联系统

例 4-8 设由两个子系统组成的并联系统。已知子系统可靠度 $R_1=R_2=R$，且失效率 $\lambda_1=\lambda_2=\lambda$，服从指数分布。求该系统的可靠度。

解 $R_s=1-(1-R)^2=2R-R^2$

即 $R_s(t)=e^{-\lambda t}(2-e^{-\lambda t})$

2）表决系统 设系统由 n 个部件组成，当 n 个部件中有 K 个正常工作时，系统才能正常工作。这些问题可根据概率加法定理来解决。

例 4-9 飞机引擎系统采用2/3(G)系统，即称 3 取 2 系统，如图 4-15(a)所示。图 4-15(b)为其等效逻辑图。求可靠度 R_s。

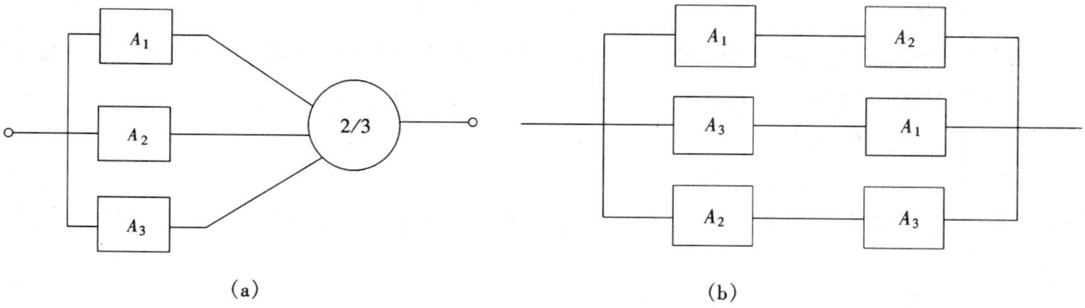

图 4-15 2/3(G)系统

(a)2/3(G)系统图；(b)等效逻辑图

解 设发动机 A_1、A_2、A_3的可靠度分别为 R_1、R_2、R_3。假设部件相互独立，该系统正常工作的条件是，只要其中两台以上的发动机正常工作，则整个系统正常工作。

因此该系统有四种情况可以使系统正常工作，即 A_1、A_2、A_3均正常工作；A_1、A_2正常，A_3失效；A_2、A_3正常，A_1失效；A_1、A_3正常，A_2失效。根据概率加法定理：互斥事件中，出现任何一方的概率等于各自发生的概率之和。由此可以算出：

$$R_s=R_1R_2R_3+R_1R_2(1-R_3)+R_2R_3(1-R_1)+R_3R_1(1-R_2)$$

当 $R_1=R_2=R_3=R$ 时，得

$$R_s=R^3+(R^2-R^3)+(R^2-R^3)+(R^2-R^3)=3R^2-2R^3 \tag{4-52}$$

其实，前面讨论的串联系统就是 $n/n(G)$ 系统，而纯并联系统就是 $1/n(G)$ 系统。

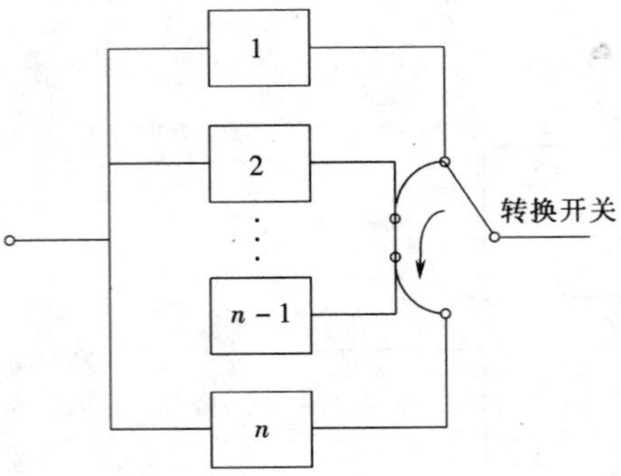

图 4-16　非工作储备系统逻辑图

3）非工作储备系统（开关系统）　当系统中只有一个单元工作时，其余单元不工作而处于"待命"状态，当工作单元出现故障后，处于"待命"状态的单元立即转入工作状态，使系统工作不至中断，这就是非工作储备系统，通常也称为冷储备。其逻辑图如图 4-16 所示。

当开关非常可靠时，非工作储备系统的寿命比工作储备系统的寿命高。这是因为工作储备系统虽然每个单元都处于不满负荷状态下运行，但它们总是在工作，设备的磨损总是存在的；非工作储备系统就不存在这个问题，当工作单元失效时，备用单元才接替工作。

由 n 个单元组成的非工作储备系统，若转换开关的可靠度为 1，且各单元的失效率都为常数 λ 时，系统的可靠度

$$R_s(t)=e^{-\lambda t}\left[1+\lambda t+\frac{(\lambda t)^2}{2!}+\cdots+\frac{(\lambda t)^{n-1}}{(n-1)!}\right]=e^{-\lambda t}\sum_{i=0}^{n-1}\frac{(\lambda t)^i}{i!} \tag{4-53}$$

如果考虑开关的可靠度 $R_k\neq 1$ 时（设开关在不使用时失效概率为零，而在需要使用时，可以认为其可靠度 R_k 为常数），两单元失效率 λ 为常数的非工作储备系统的可靠度

$$R_s(t)=e^{-\lambda t}(1+R_k\cdot\lambda t) \tag{4-54}$$

对于混联系统，其可靠度的计算可通过系统分级分解的方法计算。

4.6.2　系统可靠度的分配

可靠度的分配就是根据系统设计要求达到的可靠度，对组成系统的各个单元的可靠度进行合理分配的一种方法。其目的是合理地确定出每个单元的可靠度指标，以使整个系统的可靠度能获得确切的保证。

在做可靠性分配时，其计算方法与可靠性预测时所用的方法相同，只是可靠度分配是已知系统的可靠度指标而求各组成单元应有的可靠度。由于系统的可靠度分配原则不同，因此就有不同的分配方案和方法。

1. 等分配法

这是最简单的一种分配方法。它是对系统中全部单元分配以相等的可靠度。

（1）串联系统

如果系统中 n 个单元的复杂程度与重要性以及制造成本都比较接近，当把它们串联起来工作时，系统的可靠度为 R_s，各单元分配的可靠度为 R。已知

$$R_s=\prod_{i=1}^{n}R_i=R^n$$

所以

$$R_i=R=(R_s)^{\frac{1}{n}}\quad(i=1,2,\cdots,n) \tag{4-55}$$

(2)并联系统

当系统可靠度要求很高(如 $R_s > 0.99$),而选用现有的元件又不能满足要求时,往往选用 n 个相同元件并联的系统,这时元件可靠度可大大低于系统的可靠度 R_s,即

$$R_s = 1-(1-R)^n$$

则单元分配的可靠度

$$R = 1-(1-R_s)^{\frac{1}{n}} \quad (i=1,2,\cdots,n) \tag{4-56}$$

这种方法的不足是不能考虑单元的重要性、结构的复杂程度以及修理的难易程度。

例 4-10 在由 3 个子系统组成的系统中,设每个子系统分配的可靠度相等,系统的可靠度指标为 $R=0.84$,求每个子系统的可靠度。

解 对于串联系统且子系统的可靠度 R_i 相等时,则有

$$R = R_i^n$$

所以 $R_i = R^{1/n} = (0.84)^{1/3} = 0.943\ 6$

即 $R_1 = R_2 = R_3 = 0.943\ 6$

对于并联系统有

$$R = 1-(1-R_1)(1-R_2)(1-R_3) = 1-(1-R_i)^3$$

$$R_i = 1-(1-R)^{1/3} = 1-(1-0.84)^{1/3} = 0.457$$

2. 相对失效率法

这种方法是根据单元现有的可靠度水平,使每个单元分配到的(容许)失效率和现有失效率成正比。该方法适用于失效率为常数的串联系统。对于冗余系统,可将其化简为串联系统后,再按此法进行。

设有一串联系统,它的系统任务时间和子系统的任务时间都是 t。各子系统现有的(或预计的)失效率为 λ_i,设对整个系统的可靠度要求为 R^*,它对应的失效率为 λ_s^*。若按 λ_i 算出的系统可靠度 R 达不到 R^* 的值,则需要重新确定分配各子系统的失效率 λ_i^*。按相对失效率比分配的规则是

$$w_i = \lambda_i / \sum_{i=1}^{n} \lambda_i (i=1,2,\cdots,n) \tag{4-57}$$

$$\lambda_i^* = w_i \lambda_s^* \tag{4-58}$$

式中 λ_i——各子系统现有的(或预计的)失效率;

λ_s^*——系统要求的失效率;

w_i——单元相对失效率比值;

λ_i^*——子系统分配的失效率。

3. AGREE 分配法

AGREE 分配法是根据各单元的复杂性、重要性以及工作时间的差别,并假定各单元具有不相关的恒定的失效率来进行分配的。它是一种较为完善的可靠性分配方法,适用于各单元工作期间的失效率为常数的串联系统。这种方法是美国电子设备可靠性顾问委员会(AGREE)于 1957 年 6 月提出的。

设系统由 k 个单元组成,n_i 为第 i 个单元的组件数,则系统的总组件数

$$N = \sum_{i=1}^{k} n_i \tag{4-59}$$

第 i 个单元的复杂程度用$\frac{n_i}{N}$来表征。

这种分配法的另一个思想是考虑各单元在系统中的重要性而引进一个“重要度”因子。重要度 W_i的定义为:因单元失效而引起系统失效的概率。如系统由 k 个单元组成,其中第 i 个单元出现故障,引起整个系统出现故障的概率为 W_i,就把 W_i作为加权因子,即

$$W_i = \frac{\text{第 } i \text{ 个单元失效引起的系统故障次数}}{\text{各单元失效总次数}}$$

T 及 t_i分别为系统及系统要求第 i 个单元的工作时间,T 时间内第 i 个单元的工作时间用$\frac{t_i}{T}$来表征。

AGREE 分配法认为单元的分配失效率 λ_i应与重要度成反比,与复杂度成正比,与工作时间成反比,即

$$\lambda_i = \lambda_s \cdot \frac{1}{t_i/T} \cdot \frac{n_i/N}{W_i} = \frac{n_i(T\lambda_s)}{t_i W_i N} \tag{4-60}$$

若各子系统与系统的寿命均服从指数分布,有

$$R_i(t) = e^{-\lambda_i t_i}$$

$$R_s(T) = e^{-\lambda_s T}$$

则分配给单元 i 的失效率

$$\lambda_i = \frac{n_i[-\ln R_s(T)]}{t_i W_i N} \quad (i = 1, 2, \cdots, k) \tag{4-61}$$

$$R_i(t_i) = 1 - \frac{1 - [R_s(T)]^{n_i/N}}{W_i} \quad (i = 1, 2, \cdots, k) \tag{4-62}$$

例 4-11 某设备由 4 个单元组成可靠性串联系统,要求它连续工作 8 640 h 的可靠度为 0.85。这台设备的各单元的有关数据如下所示。试用 AGREE 法对各单元进行可靠度分配。

单元序号	单元的元件数 n_i	重要度 W_i	工作时间 t_i
1	20	1	8 640
2	30	0.95	8 240
3	100	1	8 640
4	50	0.90	7 500

解 系统的总元器件数

$$N = \sum_{i=1}^{n} n_i = 20 + 30 + 100 + 50 = 200$$

根据式(4-61)可求分配给各单元的失效率

$$\lambda_1 = \frac{20(-\ln 0.85)}{200 \times 1 \times 8\ 640} = 1.881\ 0 \times 10^{-6}\ h^{-1}$$

$$\lambda_2 = \frac{30(-\ln 0.85)}{200 \times 0.95 \times 8\ 240} = 2.958\ 5 \times 10^{-6}\ h^{-1}$$

$$\lambda_3=\frac{100(-\ln 0.85)}{200\times1\times8\ 640}=9.405\ 0\times10^{-6}\ \mathrm{h}^{-1}$$

$$\lambda_4=\frac{50(-\ln 0.85)}{200\times0.90\times7\ 500}=5.417\ 3\times10^{-6}\ \mathrm{h}^{-1}$$

还可求出分配给各单元的可靠度

$$R_1=1-\frac{1-R_s^{\frac{n_1}{N}}}{W_1}=1-\frac{1-0.85^{0.1}}{1}=0.983\ 9$$

$$R_2=1-\frac{1-R_s^{\frac{n_2}{N}}}{W_2}=1-\frac{1-0.85^{0.15}}{0.95}=0.974\ 6$$

$$R_3=1-\frac{1-R_s^{\frac{n_3}{N}}}{W_3}=1-\frac{1-0.85^{0.5}}{1}=0.922\ 0$$

$$R_4=1-\frac{1-R_s^{\frac{n_4}{N}}}{W_4}=1-\frac{1-0.85^{0.25}}{0.9}=0.955\ 8$$

根据分配单元的可靠度可求出系统的可靠度

$$R=0.983\ 9\times0.974\ 6\times0.922\ 0\times0.955\ 8=0.845\ 0$$

它略低于规定的系统可靠度(0.85)，这是由公式的近似性造成的。

4.6.3 系统冗余设计

如果系统的原有结构不能满足可靠度的要求，要考虑加储备件——设计冗余。但怎样加储备件最节省又成为一个值得研究的问题。

例 4-12 一个系统由三个部件组成，如图 4-17 所示，三者互相独立，它们的可靠度分别为 $R_1=0.7$，$R_2=0.8$，$R_3=0.9$，因某种原因不宜再提高部件本身的可靠度，为此要设计储备件。试决定一种最佳设置方案。

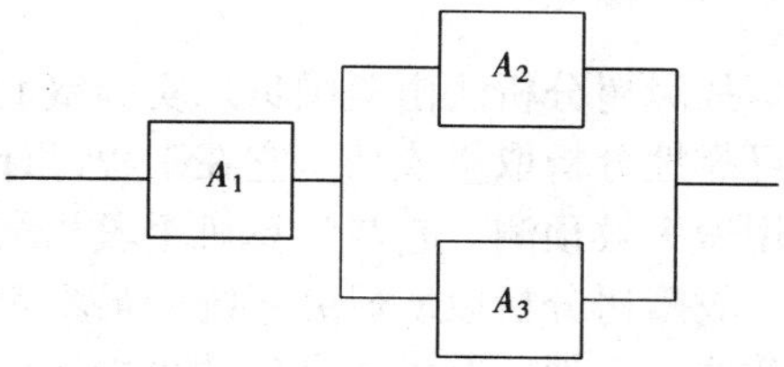

图 4-17 三个部件组成的一个系统

解 有两种设置储备件的方案。图 4-18 为把整套系统并联，图 4-19 为把每个部件并联的方案。

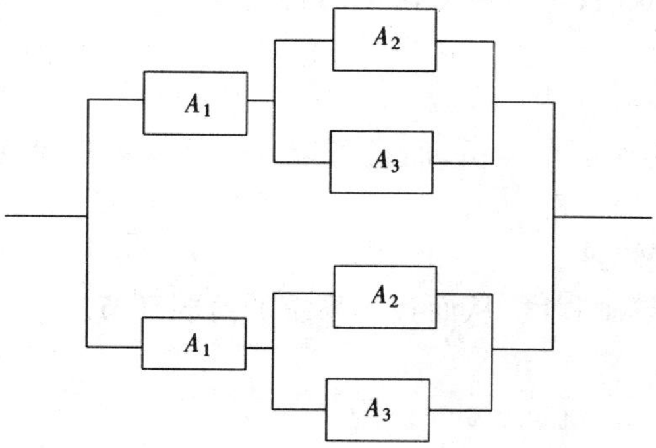

图 4-18 整套系统并联方案

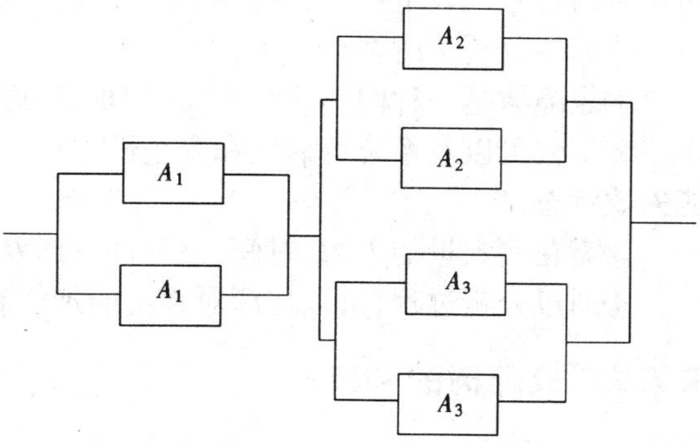

图 4-19 每个部件并联方案

原系统的可靠度

$$R_s = 0.7 \times [1-(1-0.8)(1-0.9)] = 0.686$$

把两套系统并联的可靠度

$$R_{s1} = 1-(1-0.686)^2 = 0.901\,4$$

把部件并联后组成系统的方案的可靠度

$$R_{s2} = [1-(1-0.7)^2] \times [1-(1-0.8)^2 \times (1-0.9)^2] = 0.909\,6$$

例 4-13 串联系统由 $A_1, A_2, \cdots, A_N$ 组成，可靠度的预计值分别为 $R_1, R_2, \cdots, R_n$。系统的容许可靠度为 R，问在哪个部件上增加可靠度最有效（指增加储备件）？

解 $R = R_1 R_2 \cdots R_n$

设在 A_i 处增加一个冗余件，则

$$R^* = R_1 R_2 \cdots R_{i-1}[1-(1-R_i)^2]R_{i+1} \cdots R_n = (2-R_i)R_1 R_2 \cdots R_n$$

所以 $R^* = (2-R_i)R$

则 $R^*/R = 2-R_i$

当 R_i 最小时，R^*/R 得最大值，可见在 R_i 最小的部件上加冗余件最为有效。

4.7 故障树分析

故障树分析（Fault Tree Analysis）亦称失效树分析，是一种可靠性、安全性分析和风险评价方法。它通过对可能造成系统故障的各种原因进行分析，由总体至部分按倒立树状逐级细化分析，画出逻辑框图，从而确定系统故障原因的各种可能组合方式或其发生概率。

4.7.1 概述

故障树分析法由美国贝尔实验室的 H. A. Watson 提出，1962 年用于导弹发射控制系统的可靠性分析取得成功。它在工程设计阶段可以帮助寻找潜在的事故，在系统运行阶段可以用做失效预测。它与计算机手段相结合成为大型复杂系统可靠性的有力分析工具。

故障树分析以所研究系统的最不希望发生的事件为分析目标，称为顶事件。然后寻找导致这一事件所有可能发生的直接因素或原因，再找出造成下一级事件发生的全部直接原因，直至找出那些原始的、故障机理或概率分布已知的、不需深究的因素为止。这些仅导致其他事件发生的原因事件称为底事件。介于顶事件与底事件之间的一切事件为中间事件。用相应的符号代表事件，用适当的逻辑门将事件联结，构成倒立树形图就是故障树。

故障树分析法的特点如下：

①故障树是一种图形演绎法，具有直观、形象特点；

②不仅可以对系统可靠性和安全性进行定性和定量分析，而且可以找出系统的全部可能失效状态；

③需花费大量的人力、时间，但软件方面发展迅速；

④通过分析过程，可以加深对系统的理解和熟悉程度，从而找出系统的薄弱环节。

4.7.2 故障树的构造

构造故障树需要一些逻辑关系的门符号和事件符号，借以表示事件之间的逻辑因果关系。表 4-3 列举了主要的门符号和事件符号以及它们的含义。

建立故障树是分析人员对系统设计、运行管理进行彻底熟悉的一个过程，通过系统部件功能的相互关系,寻找系统是怎样发生故障的。故障树的建立既可以人工进行,也可以利用计算机辅助进行。

表 4-3 故障树的常用符号及其含义

事件符号		门符号	
符号	名称、含义	符号	名称、含义
▭	顶事件或中间事件:与门联结,需分解	⌓	"与"门:当全部输入发生,则输出发生
○	底事件:有足够数据的基本故障事件,作为逻辑输入	⌒	"或"门:任何一个输入存在,则输出发生
◇	省略事件:系统以外,由环境或人为差错造成的意外或无法控制因素	⬡	"禁"门:在条件存在时,输入产生输出
⌂	开关事件:当给定的条件满足时,这一事件就成立,否则就除去	⌓ B₁先于B₂	"优先与"门:输入按顺序(一般从左到右)发生,则产生输出
△	事件的转移:同一故障事件在不同位置出现,用之表示从某处转入和转到某处	⌒ B₁先于B₂	"异或"门:输入中一个发生而另外一个不发生,则输出发生
		⌓ 任意m	"表决"门:n中有m个输入发生,则输出发生

建立故障树步骤如下。

①建树前的准备。首先应对所分析的系统进行深入的了解。为此,需要广泛收集有关系统的设计、运行流程图、设备技术规范等技术文件和资料,并进行仔细的分析研究。

②选择和确定顶事件。任何需要分析的系统故障都可以作为顶事件,通常是最不希望发生的事件。对于大型系统而言顶事件可能不止一个,顶事件必须有明确的定义,而且一定是可以分解的。

③自上而下建造故障树。图 4-20 是以"内燃机不能启动"为顶事件的故障树。首先分析内燃机不能启动的直接原因:燃烧室无燃料;活塞在汽缸内形成的压力低于规定值;燃烧室内无点火火花。用"或"门与顶事件联结,即形成故障树的第一级中间事件。再分别对这

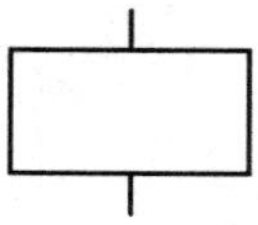

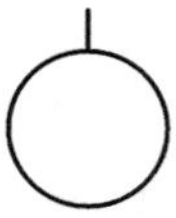

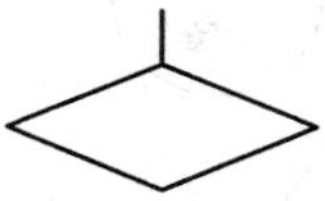

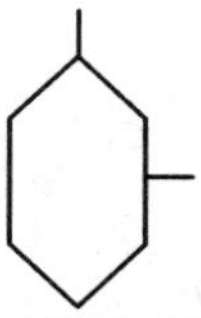

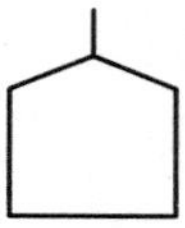

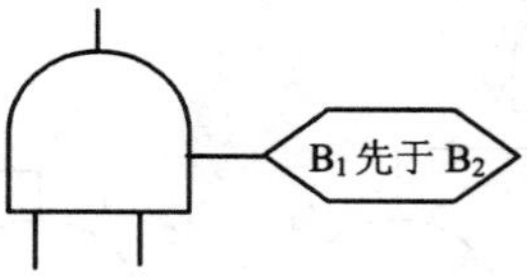

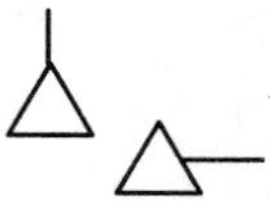

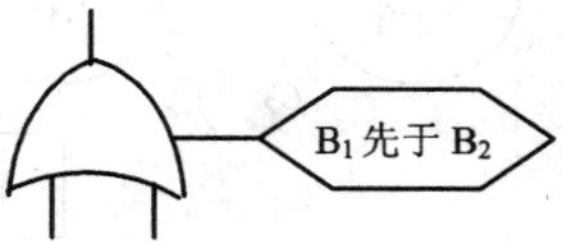

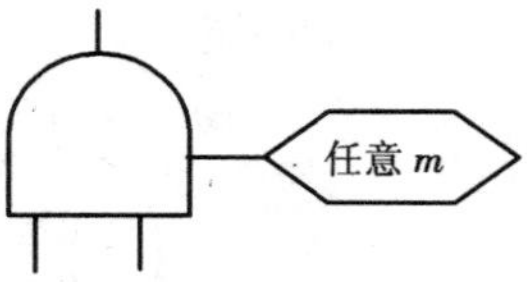

三个中间事件的发生原因进行跟踪分析，得到第二级、第三级中间事件与14个底事件，形成图4-20所示故障树。

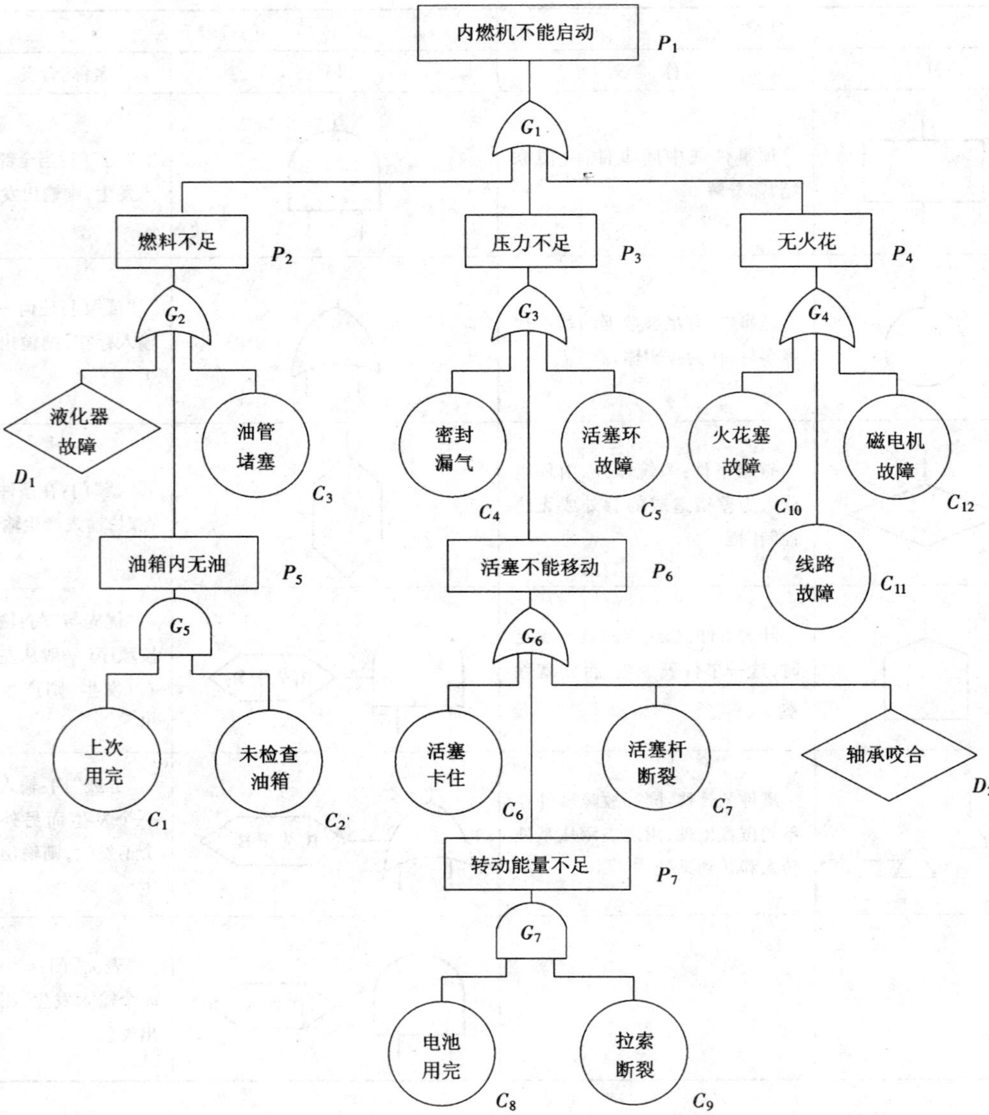

图4-20　内燃机的故障树分析

4.7.3　故障树的定性分析

故障树定性分析的主要目的是为了找出导致顶事件发生的所有可能的失效模式——失效谱，或找出使系统成功的成功谱。换句话说，就是找出故障树的全部最小割集或全部最小路集。

割集是能使顶事件（系统故障）发生的一些底事件的集合，当这些底事件同时发生时，顶事件必然发生。如果割集中的任一底事件不发生时，顶事件也不发生，这就是最小割集。一个割集代表了系统故障发生的一种可能性，即一种失效模式；一个最小割集是指包含了最少数量，而又必需的底事件的割集。由于最小割集发生时顶事件必然发生，因此一棵故障树的全部最小割集的完整集合代表了顶事件发生的所有可能性，即给定系统的全部故障。因此，最小割集的意义就在于它描绘出了处于故障状态的系统所必须要修理的基本故障，指出了系统中最薄弱的环节。

路集也是一些底事件的集合。当这些底事件同时不发生时，顶事件必然不发生（即系统成功），一个路集代表了系统成功的一种可能性。如果将路集中所含的底事件任意去掉一个就不再成为路集，这就是最小路集。

割集和路集的意义可由图 4-21 说明。这是一个由三个元件组成的串、并联系统。其逻辑图如图 4-21(a) 所示。图 4-21(b) 为该系统的故障树，它共有 x_1、x_2 和 x_3 三个底事件。它的三个割集是 $\{x_1\}$、$\{x_2, x_3\}$、$\{x_1, x_2, x_3\}$，当各割集中的底事件同时发生时，顶事件必然发生。它的两个最小割集是 $\{x_1\}$、$\{x_2, x_3\}$，因为在这两个割集中，如果任意去掉一个底事件，就不再称其为割集了。图 4-21(b) 中的三个路集是 $\{x_1, x_2\}$、$\{x_1, x_3\}$、$\{x_1, x_2, x_3\}$。当路集中底事件同时不发生时，顶事件必然不发生。它的两个最小路集是 $\{x_1, x_2\}$、$\{x_1, x_3\}$，因为在这两个路集中，如果任意去掉一个底事件，就不再称其为路集了。

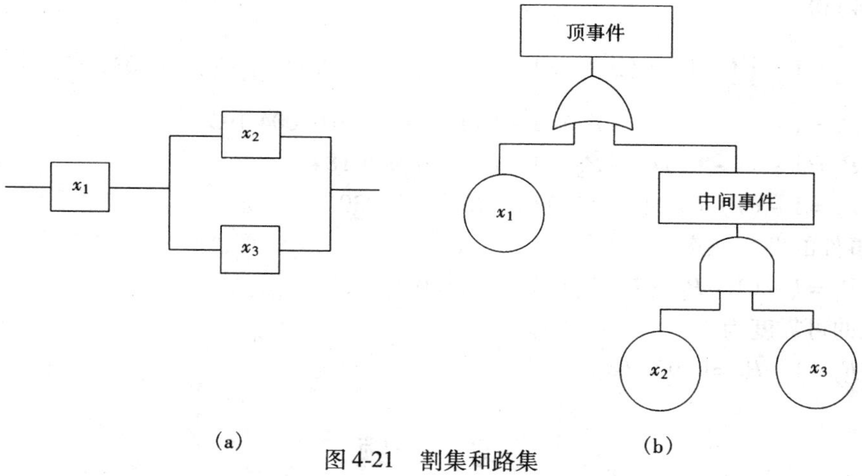

图 4-21　割集和路集

(a) 系统的逻辑图；(b) 系统的故障树

4.7.4　故障树的定量分析

故障树定量分析的任务是利用故障树这一逻辑图形作为模型，计算或估计系统顶事件发生的概率，从而对系统的可靠性、安全性及风险作出评价。

计算顶事件发生概率的方法有几种，这里只介绍最简单的结构函数法。

假设故障树由若干互相独立的底事件构成，底事件和顶事件都只有两种状态，即发生或不发生，也就是元件和系统都只有两种状态，即正常或故障。根据底事件发生的概率，按故障树的逻辑结构逐步向上运算，即可求得事件发生的概率。

1.“与”门结构的输出事件发生的概率

“与”门结构输出事件发生的概率为

$$P(X) = \bigcap_{i=1}^{n} P(x_i) = \prod_{i=1}^{n} P(x_i) \tag{4-63}$$

式中　X——输出事件；

x_i——输入事件，$i=1,2,\cdots,n$；

$P(x_i)$——输入事件发生的概率；

$\cap$——逻辑关系的"交"运算。

2."或"门结构的输出事件发生的概率

"或"门结构的输出事件发生的概率为

$$P(X)=\bigcup_{i=1}^{n}P(x_i)=1-\prod_{i=1}^{n}[1-P(x_i)] \tag{4-64}$$

式中 $\cup$——逻辑关系的"并"运算。

例4-14 图4-20内燃机的故障树分析。由统计得到各底事件发生概率如下：$C_1=0.08$，$C_2=0.02$，$C_3=0.01$，$C_4=0.001$，$C_5=0.001$，$C_6=C_7=0.001$，$C_8=0.04$，$C_9=0.03$，$C_{10}=0.02$，$C_{11}=C_{12}=0.01$，$D_1=0.02$，$D_2=0.001$，试计算内燃机的可靠度。

解 计算中间事件的发生概率。由式(4-63)得

$$P_5=C_1\times C_2=0.08\times0.02=0.0016$$

$$P_7=C_8\times C_9=0.04\times0.03=0.0012$$

由式(4-64)得

$$P_2=1-\prod_{i=1}^{n}[1-P(x_i)]=1-(1-P_5)(1-D_1)(1-C_3)=0.03135$$

$$P_6=1-(1-C_6)(1-P_7)(1-C_7)(1-D_2)=0.004193$$

$$P_3=1-(1-C_4)(1-P_6)(1-C_5)=0.006184$$

$$P_4=1-(1-C_{10})(1-C_{11})(1-C_{12})=0.0395$$

因此，顶事件的发生概率为

$$P_1=1-(1-P_2)(1-P_3)(1-P_4)=0.07537$$

故内燃机的可靠度为

$$R_s=1-P_1=0.9246$$

习　　题

4.1 何为机械产品的可靠性？研究可靠性有何意义？

4.2 何为可靠度？如何计算可靠度？

4.3 何为失效率？如何计算失效率？失效率与可靠度有何关系？

4.4 可靠性分布有哪几种常用分布函数？试写出它们的表达式。

4.5 试述浴盆曲线的失效规律和失效机理。如果产品的可靠性提高，那么浴盆曲线将有何变化？

4.6 可靠性设计与常规静强度设计有何不同？可靠性设计的出发点是什么？

4.7 为什么按静强度设计法分析为安全零件，而按可靠性分析后会出现不安全的情况？试举例说明。

4.8 已知零件受应力 $g(s)$ 作用，零件强度为 $f(r)$，如何计算该零件的强度安全可靠度。

4.9 零件的应力和强度均服从正态分布时，试用强度差推导该零件的可靠度表达式。

4.10 强度和应力均为任意分布时，如何通过编程计算可靠度？试编写程序。

4.11 机械系统的可靠性与哪些因素有关？机械系统可靠性预测的目的是什么？

4.12 机械系统的逻辑图与结构图有什么区别？零件间的逻辑关系有几种？

4.13 一个系统由五个元件组成，其联结方式和元件可靠度如题图 4.13 所示，求该系统的可靠度。

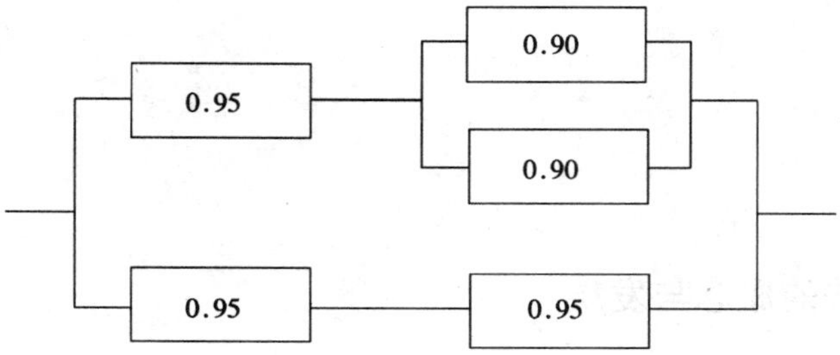

题图 4.13

4.14 某机械零件承受的应力为服从正态分布的随机变量，其均值为 196 MPa，标准差为 29.4 MPa，该零件的强度也服从正态分布，其均值为 392 MPa，标准偏差为 39.2 MPa，求该零件的可靠度。

4.15 有一方形截面的拉杆，它承受集中载荷 P 的均值为 150 kN，标准偏差为 1 kN。拉杆材料的拉伸强度的均值为 800 MPa，标准偏差为 20 MPa，试求保证可靠度为 0.999 时杆件截面的最小边长（设公差为名义尺寸的 0.015 倍）。

4.16 什么是故障树分析法？其特点是什么？

4.17 建立故障树的过程如何？建树时应注意什么问题？

4.18 试画出题图 4.18 所示结构的故障树，并求它的全部割集和最小割集，试用结构函数法求系统的可靠度。

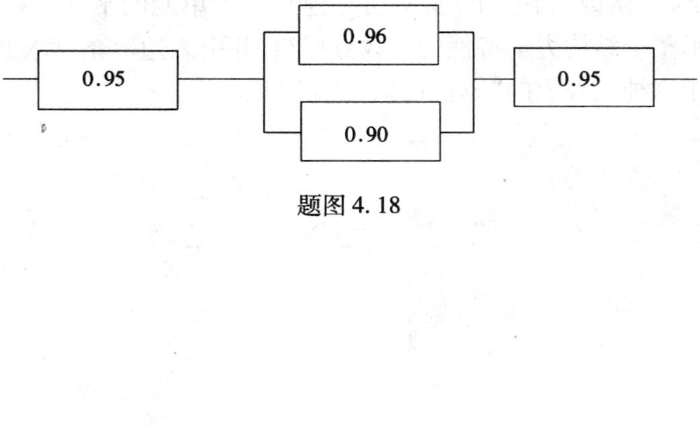

题图 4.18

第 5 章　有限元法

5.1　概述

5.1.1　有限元法的概念与发展

1. 有限元法的概念

在机械设计中,对工程结构进行强度、刚度和稳定性分析,所依据的理论主要是材料力学、结构力学和弹性力学、塑性力学等。随着生产的发展,新材料不断出现,工程结构的形状和载荷日益复杂,原有的理论体系逐渐受到挑战,传统的解析法所需条件几乎无法得到。因此在 20 世纪初,人们开始探索力学问题或场问题的近似解法。

对于通常的力学问题或场问题,一般可以建立它们所遵循的基本方程(即常微分方程或偏微分方程)和相应的边界条件。数学家从微分方程出发,建立了可直接应用于这些方程的一般方法,如有限差分近似法、各种加权残值近似法以及求适当定义的泛函的极值近似方法。当上述方法遇到几何形状复杂、边界条件复杂的定解问题时,求解会发生困难。

而工程师则采用了更直观的方法来处理连续体的力学问题,即有限元法。有限元法的基本思想是"先分后合",即将连续体或结构先人为地分割成许多单元,并认为单元与单元之间只通过节点相联结,力也只通过节点作用,如图 5-1 所示。在此基础上,根据分片近似的思想,假定单元位移函数,利用力学原理推导建立每个单元的平衡方程组;再将所有单元的方程组集成表示整个结构力学特性的代数方程组,并引入边界条件求解。"有限单元"一词的产生正是源于这种工程上的"直接模拟"的观点。

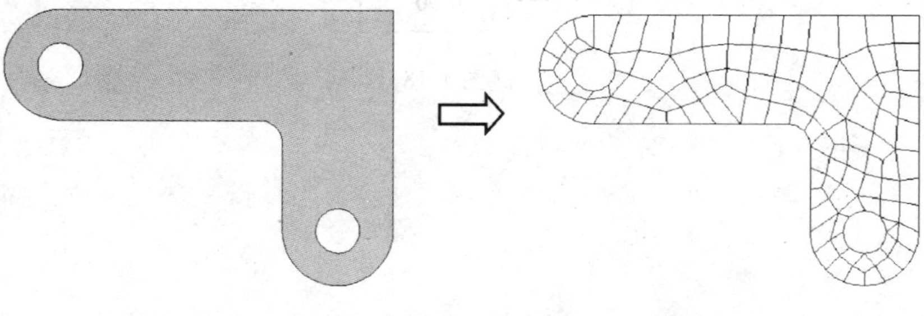

图 5-1　垫片的网格划分

有限元法是一种数学物理方程(通常是偏微分方程组)的数值求解方法。有限元法的实质是通过两次近似将具有无限多个自由度的连续体转化为只有有限个自由度的单元集合体,使描述连续体行为的偏微分方程组的求解转化为代数方程组的求解。第一次近似为单元划分,精确的边界被离散为简单的边界,连续的物体被离散为一系列只有节点相连的单元。第二次近似为真实复杂的位移分布被近似地表示为简单函数描述的位移分布。这两次近似降低了求解难度，增大了有限元法解决问题的应用范围。有限元法特别适合于计算机程序计算，随着计算机应用技术的发展，有限元法得到了飞速的发展和广泛的应用。

2. 有限元法的发展

有限元法作为一种数值计算方法，它的产生和发展却是首先在工程应用中取得突破的。固体力学中最早采用计算机进行数值计算的是杆系结构力学，以杆件为单元，称为矩阵位移法，它为有限元理论提供了思路。1954 年，联邦德国的阿吉里斯（Argris J. H.）用系统的最小势能原理得到了系统的刚度矩阵，使已经成熟的杆件矩阵位移法可以用来对连续介质进行分析。1955 年美国波音飞机制造公司的特纳（Turner M. J.）、克拉夫（Clough R. W.）等人在分析大型飞机结构时，第一次采用直接刚度法给出了用三角形单元求解平面应力问题的正确解答。1960 年克拉夫正式提出了"有限元"（Finite Element）的概念。

20 世纪六七十年代是有限元理论大发展时期，我国数学和力学专家在有限元方法的发展初期作出过首创性的贡献，如陈伯屏（结构矩阵方法）、钱令希（余能原理）、钱伟长（广义变分原理）、胡海昌（广义变分原理）和冯康（有限元理论）等。1964 年贝赛林（Besseling J. F.）等人证明有限元法实际上是基于变分原理的瑞莱-里兹法的另一种形式，从而在理论上为有限元法奠定了数学基础。

进入 20 世纪 80 年代以后，在上面理论的指导下，许多国家都编制了大型通用的有限元程序，如美国贝克莱加利福尼亚大学研制的 SAP 软件、麻省理工学院研制的 ADINA 软件、美国国家航空与宇航局研制的 NASTRAN 软件，美国 ANSYS 公司研制的大型通用有限元软件 ANSYS 等。20 世纪 90 年代以后，随着微机的普及，出现了大量微机版的有限元软件，其功能也日益完善。现在，普通设计人员在结构设计后利用有限元软件进行分析已经是一件普通而必需的工作。

5.1.2 有限元法的特点和应用领域

有限元法把原来寻求整个求解区域上满足控制方程的连续函数问题，转变为在各单元上寻找合适的近似函数使其在每个单元上满足控制方程的问题。连续体的结构和边界条件决定了它的离散单元类型，如梁单元、杆单元、壳单元、多面体单元等。构造计算简单、精度高和适应性强的单元模式是有限元法研究的主要工作。与传统解析方法相比，有限元法具有以下特点。

①不受物体几何形状的限制，可以用大小不等的多种单元进行离散，以模拟工程结构的复杂几何形状，单元之间材料性质可以有跳跃性的变化。

②可以适应不连续的边界条件和载荷条件。

③各单元的计算程式都相同，便于规范化和实现计算机程序的模块化设计。

④有限元法最后得到的大型联立方程组的系数矩阵是一个稀疏矩阵，其中所有元素都分布在矩阵的主对角线附近，且是对称的正定矩阵，方程间的联系较弱。这种方程计算量小，稳定性好，占用计算机内存少，便于求解。

有限元法的这些特点，使工程科学计算中一些复杂力学问题迎刃而解。如几何形状和边界条件复杂、本构关系复杂而不能得到解析解的问题。

有限元法的应用已由固体力学扩展到流体力学、传热学、气体动力学、电磁场等领域，由静力平衡问题扩展到稳定问题、动力问题和波动问题，从结构计算分析、校核问题扩展到结构优化设计问题。分析的对象从弹性材料扩展到塑性、黏弹性、黏塑性、热黏弹性、热黏塑性和复合材料等,从小变形的弹性问题发展到大变形(有限变形)的非线性问题。有限元法已成为应用广泛的分析工具。

弹性力学作为固体力学的一个分支,主要研究弹性体由于受外力作用或温度改变等原因而发生的应力、形变和位移。弹性力学与材料力学、结构力学之间的界线不很明显。在材料力学里,基本上只研究所谓的杆状构件;在结构力学里,主要是在材料力学的基础上研究杆状构件所组成的结构,也就是所谓杆件系统,如桁架、刚架等。而弹性力学的研究对象主要是非杆状结构,如板、壳和实体结构,并对杆件结构作更精确地分析。有限元法就是从解决结构力学和弹性力学的问题中发展起来的,弹性力学理论也成为有限元法的重要理论基础。为了学习和掌握有限元法,有必要了解弹性力学的基本理论。

5.2 弹性力学基本理论

5.2.1 弹性力学中的基本假定

在弹性力学中,为了降低所导出的力学方程的复杂性,使方程的求解成为可能,通常按照研究对象的性质和求解问题的范围,作出若干基本假定。

①假定物体是连续的(连续性假设),即假定整个物体的体积都被组成这个物体的介质所填满,不留下任何空隙。这样物体内的一些物理量(如应力、应变和位移等)才可能是连续的,因而才可能用坐标的连续函数来表示它们。

②假定物体是完全弹性的(线弹性假设),即假定物体完全服从胡克定律,也就是应变与引起该应变的应力分量成正比。由材料力学已知:脆性材料的物体,在应力未超过比例极限前,可以作为近似的完全弹性体;塑性材料的物体,在应力未达到屈服极限前,也可以作为近似的完全弹性体。

③假定物体是均匀的(均匀性假设),即整个物体是由同一材料组成的。因此可以取出该物体的任意一小部分来加以分析,然后把分析结果应用于整个物体。

④假定物体是各向同性的(各向同性假设),也就是说物体内任意一点的弹性在各个方向都是相同的。

凡是符合以上四个假定的物体,就称为理想弹性体。

⑤假设位移和形变是微小的(小变形假设),即物体在受力以后,整个物体所有各点的位移都远远小于物体原来的尺寸,因而应变和转角都远小于1。这样,在建立物体变形以后的平衡方程时,就可以用变形以前的尺寸来代替变形后的尺寸,而不致引起显著的误差。并且,在考察物体的形变和位移时,转角或应变二次项或乘积可以略去不计,这才能使得弹性力学里的代数方程和微分方程简化为线性方程。

基于上述五条基本假设的弹性力学理论称为线弹性理论。

5.2.2 弹性力学中的基本概念

1. 体力

体力是分布在物体全部体积内的力,作用在物体的每一个质点上,如重力、运动物体的惯性力和磁力等。为了表明物体内某点 P 所受体力的大小和方向,在这一点取物体的一小部分,它包含着 P 点,且体积为 ΔV。设作用在 ΔV 上的体力为 $\Delta \boldsymbol{Q}$,当 ΔV 无限减小而趋近于 P 点时,则 $\Delta \boldsymbol{Q}/\Delta V$ 将趋于一定的极限 $\boldsymbol{F}$,即

$$\lim_{\Delta V \to 0} \frac{\Delta \boldsymbol{Q}}{\Delta V} = \boldsymbol{F}$$

此极限 $\boldsymbol{F}$ 就是物体在该点所受的体力，$\boldsymbol{F}$ 是一个矢量，$\boldsymbol{F}$ 在坐标轴上的投影称为物体在 P 点的体力分量。

2. 面力

面力是分布在物体表面上的力，例如流体压力和接触力。为了表明该物体在其表面上某点 P 所受面力的大小和方向，在这一点取该物体表面的一小部分，它包含 P 点，且面积为 ΔS，作用在 ΔS 上的面力为 $\Delta \boldsymbol{Q}$，当 ΔS 无限减小而趋近于 P 点时，则 $\Delta \boldsymbol{Q}/\Delta S$ 将趋于一定的极限 $\boldsymbol{F}$，即

$$\lim_{\Delta S \to 0} \frac{\Delta \boldsymbol{Q}}{\Delta S} = \boldsymbol{F}$$

此极限 $\boldsymbol{F}$ 就是物体在该点所受的面力，$\boldsymbol{F}$ 是一个矢量，$\boldsymbol{F}$ 在坐标轴上的投影称为物体在 P 点的面力分量。

3. 应力

物体受外力作用，或由于温度改变，其内部将发生内力。为了研究物体在其内部某一点 P 处的内力，假想用经过 P 点的一个截面 mn 将该物体分为 A 和 B 两部分，A 和 B 两部分将产生一定的相互作用力，这就是内力。取这一截面的一小部分，它包含着 P 点且它的面积为 ΔA，设作用在 ΔA 上的内力为 $\Delta \boldsymbol{Q}$，在 ΔA 无限缩小趋于 P 点时，假定内力为连续分布，则比值 $\Delta \boldsymbol{Q}/\Delta A$ 将趋近于一定的极限 $\boldsymbol{s}$，即

$$\lim_{\Delta A \to 0} \frac{\Delta \boldsymbol{Q}}{\Delta A} = \boldsymbol{s}$$

这个极限矢量 $\boldsymbol{s}$ 就是物体在截面 mn 上的 P 点的应力。对于应力，除了在推导某些公式的过程外，通常都不用它沿坐标轴方向的分量，因为这些分量和物体的形变或材料强度都没有直接的关系。与物体的形变及材料强度直接相关的是应力在其作用截面的法向和切向的分量，也就是正应力 σ 和剪应力 τ。可见，在物体内的同一点 P，不同截面上的应力是不同的。为了分析这一点的应力状态，即每个截面上应力的大小和方向，在这一点从物体中取出一个微小的平行六面体，如图 5-2 所示。将每一个截面上的应力分解为一个正应力和两个剪应力，分别与三个坐标轴平行。正应力用 σ 表示，剪应力用 τ 表示，并用坐标角码表示应力作用的面和方向。如 σ_x 表示作用在垂直于 x 轴的面上，且沿 x 轴方向作用的正应力；τ_{xy} 表示作用在垂直于 x 轴的面上，且沿 y 轴方向作用的剪应力。

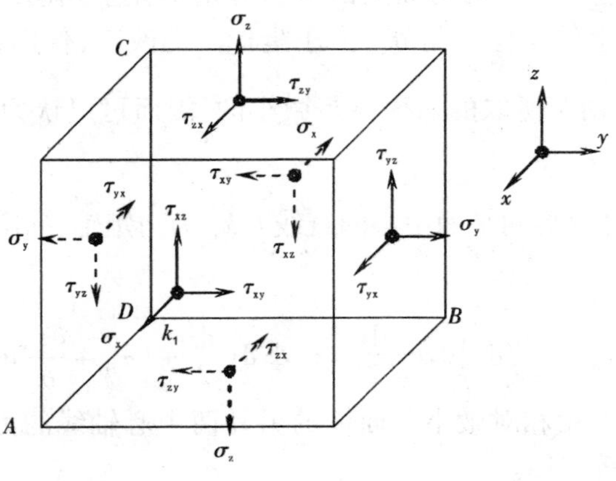

图 5-2　弹性体内部的平行六面微元体

4. 应变

物体在受到外力和温度的作用下将发生变形。为研究物体内部一点 P 的变形情况，从 P 点处取出一个平行六面微元体开始研究。由于平行六面微元体三个棱的边长为无穷小量，所以在物体变形后，仍然是直边，但是三个边的长度和边与边之间的夹角将发生变化。各边的每单位长度的伸长或缩短量称为线应变，用 ε 表示；边与边之间的直角的改变称为切应变，用 γ 表示。

5. 主应力

如果过弹性体内任一点 P 的某一截面上的切应力等于零，则该截面上的正应力称为该点的主应力，主应力作用的这一截面称为过点 P 的一个应力主平面，主平面的法线方向（即主应力的方向）称为 P 点的应力主方向。在给定外力的作用下，弹性体内任意一点都存在三个互相垂直的主平面。物体内一点主应力的大小和方向是确定的，而与坐标系的选择无关。

6. 主应变

在给定的应变状态下，弹性体内任意一点一定也存在着三个相互垂直的应变主轴，三个应变主轴之间的三个直角在变形后仍为直角（切应变为零），沿三个应变主轴有三个主应变，用 ε_1、ε_2 和 ε_3 表示。

7. 位移

在物体受力变形过程中，其内部各点发生的位置变化称为位移。一个微元体的位置变化由两部分组成，一部分是周围介质位移使它产生的刚性位移，另一部分是自身变形产生的位移。位移是一个矢量。

5.2.3 弹性力学中的基本方程

弹性力学中，将作用于弹性体的外力分为面力和体积力两大类。面力是分布在弹性体表面上的载荷，如压力、集中载荷、分布载荷等，用 $\bar{\boldsymbol{P}} = [\bar{X} \quad \bar{Y} \quad \bar{Z}]^{\mathrm{T}}$ 表示；体积力是分布于弹性体体积内的载荷，如重力、惯性力、电磁力等，用 $\boldsymbol{P}_V = [X \quad Y \quad Z]^{\mathrm{T}}$ 表示。

1. 平衡微分方程

从受力平衡的弹性体内部过 P 点取一微小的平行六面体，它的六面分别垂直于坐标轴，而棱边的长度为 $PA = \mathrm{d}x$，$PB = \mathrm{d}y$，$PC = \mathrm{d}z$，如图 5-3 所示。一般而论，应力分量是位置坐标的函数，因此作用在这六面体两对面上的应力分量不完全相同，而具有微小的差量。例如，作用在后平面 PBC 上的正应力是 σ_x，由于坐标 x 的改变，作用在前平面上的正应力为 $\sigma_x + \dfrac{\partial \sigma_x}{\partial x}\mathrm{d}x$，其余类推。由于所取的六面体是微小的，因而可以认为体积力 $\boldsymbol{P}_V = [X \ Y \ Z]^{\mathrm{T}}$ 是均匀分布的。

首先，以连接六面体前后两平面中心的直线 k_1k_1' 为力矩轴，列出力矩平衡方程。

由 $\sum M_{k_1k_1'} = 0$，有

$$\tau_{yz}\mathrm{d}x\mathrm{d}z\,\frac{\mathrm{d}y}{2} + \left(\tau_{yz} + \frac{\partial \tau_{yz}}{\partial y}\mathrm{d}y\right)\mathrm{d}x\mathrm{d}z\,\frac{\mathrm{d}y}{2} = \tau_{zy}\mathrm{d}x\mathrm{d}y\,\frac{\mathrm{d}z}{2} + \left(\tau_{zy} + \frac{\partial \tau_{zy}}{\partial z}\mathrm{d}z\right)\mathrm{d}x\mathrm{d}y\,\frac{\mathrm{d}z}{2} \tag{5-1}$$

经化简得 $\tau_{yz} = \tau_{zy}$。同理，由相对微小六面体的另外两中心轴线的力矩平衡，可得 $\tau_{zx} = \tau_{xz}$，$\tau_{xy} = \tau_{yx}$，亦即剪应力互等定律。

其次，在各个坐标轴方向上，微小六面体受力平衡，据此列出力平衡方程 $\sum F_i = 0$（$i =$

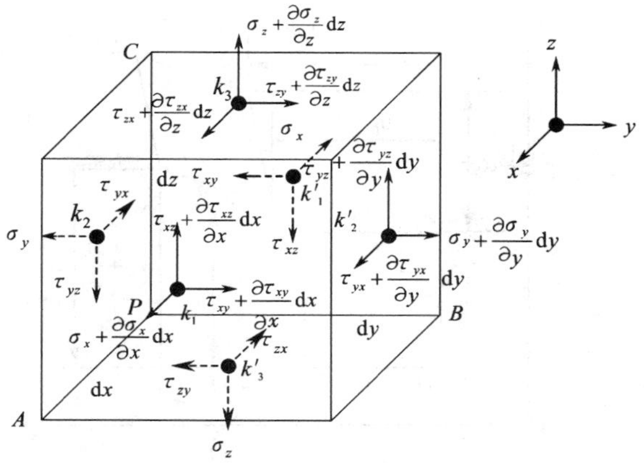

图 5-3 弹性体内部的平衡微分体

x,y,z)，其中沿 x 轴有

$$\left(\sigma_x+\frac{\partial\sigma_x}{\partial x}\mathrm{d}x\right)\mathrm{d}y\mathrm{d}z+\left(\tau_{yx}+\frac{\partial\tau_{yx}}{\partial y}\mathrm{d}y\right)\mathrm{d}x\mathrm{d}z+\left(\tau_{zx}+\frac{\partial\tau_{zx}}{\partial z}\mathrm{d}z\right)\mathrm{d}x\mathrm{d}y+X\mathrm{d}x\mathrm{d}y\mathrm{d}z-\sigma_x\mathrm{d}y\mathrm{d}z-\tau_{yx}\mathrm{d}x\mathrm{d}z-\tau_{zx}\mathrm{d}x\mathrm{d}y=0 \quad (5\text{-}2)$$

由其余两个平衡方程，$\sum F_y=0$ 和 $\sum F_z=0$，可以得出与此相似的两个方程。将这三个方程化简并应用剪应力互等定律可得

$$\left.\begin{aligned}\frac{\partial\sigma_x}{\partial x}+\frac{\partial\tau_{yx}}{\partial y}+\frac{\partial\tau_{zx}}{\partial z}+X=0\\\frac{\partial\sigma_y}{\partial y}+\frac{\partial\tau_{xy}}{\partial x}+\frac{\partial\tau_{zy}}{\partial z}+Y=0\\\frac{\partial\sigma_z}{\partial z}+\frac{\partial\tau_{yz}}{\partial y}+\frac{\partial\tau_{xz}}{\partial x}+Z=0\end{aligned}\right\} \quad (5\text{-}3)$$

式(5-3)称为平衡微分方程，它表明了微分体内(应)力与外力的关系。

类似的，对于弹性体表面可以取一微小四面体，建立其力平衡方程

$$\begin{aligned}\bar{X}&=\sigma_x\cos(n,x)+\tau_{yx}\cos(n,y)+\tau_{zx}\cos(n,z)\\\bar{Y}&=\tau_{xy}\cos(n,x)+\sigma_y\cos(n,y)+\tau_{zy}\cos(n,z)\\\bar{Z}&=\tau_{xz}\cos(n,x)+\tau_{yz}\cos(n,y)+\sigma_z\cos(n,z)\end{aligned} \quad (5\text{-}4)$$

式中 n 为法线。式(5-4)称为力的边界条件，它反映弹性体表面载荷和内(应)力的关系。

2. 几何方程

应变是描述物体变形的物理量，分为线应变和剪应变两种。线应变反映长度变化，剪应变反映角度变化。它与位移有密切的关系，为了找到这种联系，先从二维情况入手，然后将之推广到三维情况。

(1)线应变与位移

如图 5-4 所示，假设 $abcd$ 平面受力后变为 $a_1b_1c_1d_1$，a 点位移为 u_0、v_0，则 b 点的位移为 $u_0+\frac{\partial u}{\partial x}\mathrm{d}x$，$v_0+\frac{\partial v}{\partial x}\mathrm{d}x$，$ab$ 沿 x 轴的线应变为

$$\varepsilon_x=\frac{u-u_0}{\mathrm{d}x}=\frac{u_0+\left(\frac{\partial u}{\partial x}\right)\mathrm{d}x-u_0}{\mathrm{d}x}=\frac{\partial u}{\partial x} \quad (5\text{-}5)$$

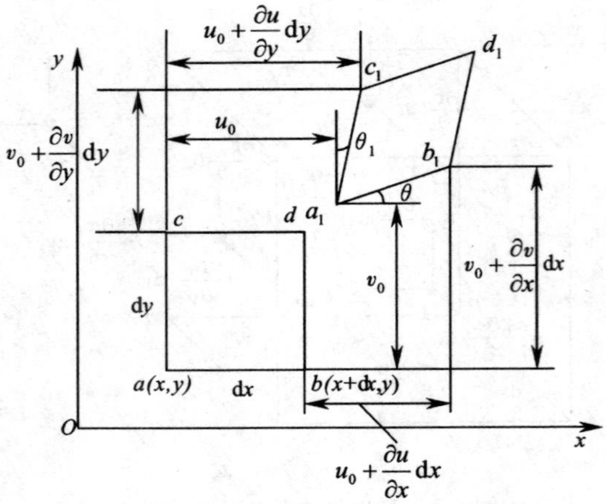

图 5-4 微分体变形

同理推广到三维情况,可得 $\varepsilon_y=\frac{\partial v}{\partial y},\varepsilon_z=\frac{\partial w}{\partial z}$。

(2)剪应变与位移

图 5-4 中 θ、θ_1 表示 ab 和 ac 转动的角度,则有

$$\tan\theta=\frac{\frac{\partial v}{\partial x}\mathrm{d}x}{\mathrm{d}x+u_0+\frac{\partial u}{\partial x}\mathrm{d}x-u_0}=\frac{\frac{\partial v}{\partial x}\mathrm{d}x}{(1+\varepsilon_x)\mathrm{d}x},\tan\theta_1=\frac{\frac{\partial u}{\partial y}\mathrm{d}y}{(1+\varepsilon_y)\mathrm{d}y}$$

在小变形条件下,ε_x 和 $\varepsilon_y \ll 1$,$\tan\theta\approx\theta$,$\tan\theta_1\approx\theta_1$,所以剪应变

$$\gamma_{xy}=\theta+\theta_1=\frac{\partial v}{\partial x}+\frac{\partial u}{\partial y} \tag{5-6}$$

同理推广到三维情况,$\gamma_{yz}=\frac{\partial w}{\partial y}+\frac{\partial v}{\partial z},\gamma_{zx}=\frac{\partial u}{\partial z}+\frac{\partial w}{\partial x}$。

将应变与位移的关系写成矩阵形式

$$\boldsymbol{\varepsilon}=\begin{bmatrix}\varepsilon_x\\ \varepsilon_y\\ \varepsilon_z\\ \gamma_{xy}\\ \gamma_{yz}\\ \gamma_{zx}\end{bmatrix}=\begin{bmatrix}\frac{\partial u}{\partial x}\\ \frac{\partial v}{\partial y}\\ \frac{\partial w}{\partial z}\\ \frac{\partial u}{\partial y}+\frac{\partial v}{\partial x}\\ \frac{\partial v}{\partial z}+\frac{\partial w}{\partial y}\\ \frac{\partial w}{\partial x}+\frac{\partial u}{\partial z}\end{bmatrix}=\begin{bmatrix}\frac{\partial}{\partial x}&0&0\\ 0&\frac{\partial}{\partial y}&0\\ 0&0&\frac{\partial}{\partial z}\\ \frac{\partial}{\partial y}&\frac{\partial}{\partial x}&0\\ 0&\frac{\partial}{\partial z}&\frac{\partial}{\partial y}\\ \frac{\partial}{\partial z}&0&\frac{\partial}{\partial x}\end{bmatrix}\begin{bmatrix}u\\ v\\ w\end{bmatrix} \tag{5-7}$$

这就是基于小变形假设的弹性体变形的六个几何方程,它反映了弹性体位移与应变的关系。此外,弹性体在变形中应保持连续,即假定弹性体由许多微小平行六面分体构成,微小平行六面分体间不应有空隙,也不应重叠,其应变满足变形协调方程。

3. 物理方程

由材料力学可知，受拉等截面直杆的应力与应变关系为

$$\varepsilon=\frac{\sigma}{E}$$

式中　E——材料的弹性模量。

由于受拉，其横截面会缩短，缩短量为

$$\varepsilon_1=-\mu\varepsilon=-\mu\frac{\sigma}{E}$$

式中　μ——泊松比。

现将拉伸推广到一般三维受力状态。设弹性体受 σ_x、σ_y、σ_z 作用，由力的叠加原理，x 方向总相对伸长为

$$\varepsilon_x=\varepsilon_{x1}+\varepsilon_{x2}+\varepsilon_{x3}=\frac{1}{E}(\sigma_x-\mu\sigma_y-\mu\sigma_z) \tag{5-8}$$

类似地，可得到 y 和 z 方向的线应变 ε_y 和 ε_z 与应力的关系。

剪应力和剪应变有如下关系

$$\gamma_{xy}=\frac{1}{G}\tau_{xy},\gamma_{yz}=\frac{1}{G}\tau_{yz},\gamma_{zx}=\frac{1}{G}\tau_{zx}$$

式中　G——切变模量。

$$G=\frac{E}{2(1+\mu)}$$

上述应力与应变关系就是弹性变形的物理方程，写成矩阵形式为

$$\boldsymbol{\varepsilon}=\begin{bmatrix}\varepsilon_x\\ \varepsilon_y\\ \varepsilon_z\\ \gamma_{xy}\\ \gamma_{yz}\\ \gamma_{zx}\end{bmatrix}=\begin{bmatrix}\frac{1}{E} & -\frac{\mu}{E} & -\frac{\mu}{E} & 0 & 0 & 0\\ -\frac{\mu}{E} & \frac{1}{E} & -\frac{\mu}{E} & 0 & 0 & 0\\ -\frac{\mu}{E} & -\frac{\mu}{E} & \frac{1}{E} & 0 & 0 & 0\\ 0 & 0 & 0 & \frac{1}{G} & 0 & 0\\ 0 & 0 & 0 & 0 & \frac{1}{G} & 0\\ 0 & 0 & 0 & 0 & 0 & \frac{1}{G}\end{bmatrix}\begin{bmatrix}\sigma_x\\ \sigma_y\\ \sigma_z\\ \tau_{xy}\\ \tau_{yz}\\ \tau_{zx}\end{bmatrix} \tag{5-9}$$

式(5-9)亦可写成用应变表示应力的形式

$$\boldsymbol{\sigma}=\begin{bmatrix}\sigma_x\\ \sigma_y\\ \sigma_z\\ \tau_{xy}\\ \tau_{yz}\\ \tau_{zx}\end{bmatrix}$$

$$= \frac{E(1-\mu)}{(1+\mu)(1-2\mu)} \cdot \begin{bmatrix} 1 & \dfrac{\mu}{1-\mu} & \dfrac{\mu}{1-\mu} & 0 & 0 & 0 \\[2mm] \dfrac{\mu}{1-\mu} & 1 & \dfrac{\mu}{1-\mu} & 0 & 0 & 0 \\[2mm] \dfrac{\mu}{1-\mu} & \dfrac{\mu}{1-\mu} & 1 & 0 & 0 & 0 \\[2mm] 0 & 0 & 0 & \dfrac{1-2\mu}{2(1-\mu)} & 0 & 0 \\[2mm] 0 & 0 & 0 & 0 & \dfrac{1-2\mu}{2(1-\mu)} & 0 \\[2mm] 0 & 0 & 0 & 0 & 0 & \dfrac{1-2\mu}{2(1-\mu)} \end{bmatrix} \cdot \begin{bmatrix} \varepsilon_x \\[1mm] \varepsilon_y \\[1mm] \varepsilon_z \\[1mm] \gamma_{xy} \\[1mm] \gamma_{yz} \\[1mm] \gamma_{zx} \end{bmatrix}$$

$$\tag{5-10}$$

简写为

$$\boldsymbol{\sigma} = \boldsymbol{D}\boldsymbol{\varepsilon} \tag{5-11}$$

式中 $\boldsymbol{D}$ 为弹性矩阵,是一个对称矩阵,只与材料有关。

4. 弹性力学问题的解法

弹性力学基本方程式(5-3)、(5-7)和(5-11)包含了 15 个未知量,即 3 个位移分量、6 个应力分量、6 个应变分量。现有 3 个平衡方程、6 个几何方程、6 个物理方程,故问题可解。但在实际计算时,往往并不需要求出所有未知数,常常先假定几个基本未知量,求出后,再求其他未知量。根据基本未知量的不同,弹性力学问题的解法大致可分为三种。

1)位移法　取位移分量 u、v、w 为基本未知量,先利用位移表示的平衡微分方程和边界条件求解位移,再利用几何方程求应变,利用物理方程求应力。有限元法主要采用这种思路,如下所示,其中 q 为节点位移向量。

$$q(u,v,w) \xrightarrow[\text{几何方程}]{} \varepsilon \xrightarrow[\text{物理方程}]{} \sigma \xrightarrow[\text{平衡微分方程}]{} F$$

(求解)

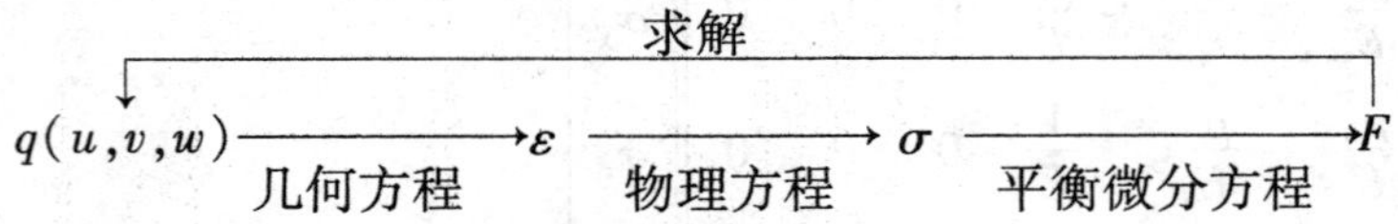

2)应力法　取应力分量为基本未知量。

3)混合法　同时取部分位移分量和应力分量作为基本未知量。

从上述求解过程中可知,弹性力学问题在数学上是由偏微分方程及其边界条件描述的,微分方程的建立和求解比较复杂,要得到满足这些方程和边界条件的精确解,只有在物体形状和受力较简单的情况下才能获得。为了避免直接求解这些微分方程的困难,提出了弹性力学微分方程的等价表达形式及其建立方法,即能量原理。

数学上,自变量为函数的函数称为泛函,求解泛函的极值问题的方法称为变分法。能量原理的数学基础是变分法,它是弹性力学的变分原理。基于能量原理,可利用变分问题的近似求解方法(如里兹法)求解弹性力学问题。变分原理已成为一种间接求解弹性力学问题的重要方法,并且基于不同的变分原理,可方便地导出具有不同属性的有限元单元格式。变分原理是有限元法的重要理论基础。

5.2.4　弹性力学中的能量原理

1. 应变能

弹性体在受到外载荷作用发生变形的过程中,将把克服内力所做的功作为应变能存储在弹性体内部，当外力去除后，应变能做功，使弹性体恢复原状。这种情况在日常生活中有很多，比如弹簧。应变能在计算时，一般按静力缓慢加载的情况来考虑。如果突然加载，在振动过程中受阻尼消耗，其最后变形情况与缓慢加载相同。即能量的计算，一般只与起始、终止位置有关，与加载过程无关。

在弹性体内部取一微小六面体，其应变能为

$$dU=\frac{1}{2}(\sigma_x\varepsilon_x+\sigma_y\varepsilon_y+\sigma_z\varepsilon_z+\tau_{xy}\gamma_{xy}+\tau_{yz}\gamma_{yz}+\tau_{zx}\gamma_{zx}) \tag{5-12}$$

整个弹性体的应变能为

$$U=\iiint_V dU=\frac{1}{2}\iiint_V \boldsymbol{\sigma}^{\mathrm{T}}\boldsymbol{\varepsilon}dV=\frac{1}{2}\iiint_V \boldsymbol{\varepsilon}^{\mathrm{T}}\boldsymbol{\sigma}dV$$

2. 虚位移原理

在理论力学中，学习过刚体的虚功原理，即在力的作用下，当处于平衡的刚体体系发生约束允许的任意微小刚体位移（虚位移）时，体系上所有主动力在虚位移上的功的和恒等于零。将之推广到弹性体上，由于外力会使弹性体变形，因此如果假定不存在热能和动能的改变，根据能量守恒定律，当处于平衡状态的弹性体发生体系所允许的任意微小位移时，外力在虚位移上所做的功 δW 等于虚位移发生时引起的弹性体的应变能增量 δU，称为虚位移原理，即

$$\delta W=\delta U \tag{5-13}$$

这里，允许是指位移满足边界约束条件和变形连续条件，任意是指位移的类型和方向不受限制，微小是指发生虚位移过程中力的作用线不变。

3. 最小势能原理

最小势能原理可方便地建立弹性体基本未知量位移与外力之间的关系。一般弹性问题的最小势能原理可表述为：在满足位移边界条件的所有可能位移中，其中真实位移使系统的势能取最小值。设 Π 为系统的总势能，U 为弹性体的应变能，W 为外力功，则最小势能原理的表达式为

$$\min_{\hat{u}_i} \Pi=\min\ (U-W)$$

其中，$\hat{u}_i$ 表示满足位移边界条件的所有可能位移场，最小势能原理是线性弹性力学中变分原理的一种，可由虚位移原理推导得到。可以证明最小势能原理与弹性力学基本方程是等价的。

4. 里兹法

1908 年，里兹提出了一种“泛函变分的近似计算法”，即里兹法。里兹法是一种基于最小势能原理的弹性力学问题的近似求解方法，其基本思想是假定位移函数为级数（富氏级数、幂级数等）的有限项形式，且满足边界条件，其中包含一些待定的参数 $a_i(i=1,2,\cdots)$。从而将系统势能泛函变为待定参数 a_i 的函数。这样，将最小势能原理的泛函极值问题转化为函数极值问题，可由极值条件式

$$\frac{\partial \Pi}{\partial a_i}=0(i=1,2,\cdots,n)$$

确定参数 a_i。里兹法在物体的边界条件复杂时难于求解；如果解的精度要求比较高，方程的阶次就会比较高，求解会有困难。但是，里兹法为有限元法提供了思路，即分片应用里兹法，

先将物体划分成小的单元，再在每个小单元上应用里兹法，这样降低了方程的阶次，也可应用于复杂边界，同时还可实现足够的求解精度。

5.2.5 两类平面问题

任何一个弹性体都是空间物体，一般的外力都是空间力系，因此任何一个实际的弹性力学问题都是空间问题。但当所研究的弹性体具有特殊的形状并承受特定的载荷时，就可以把空间问题简化为近似的平面问题。这样分析和计算的工作量将大大地减少，而所得的结果却仍然能满足工程上对精度的要求。根据弹性体内的应力状态不同，平面问题可分为平面应力问题和平面应变问题两种。在有限元方法中，利用平面应力和平面应变特性分析弹性力学的平面问题，可大大降低有限元模型的复杂度，提高求解效率。

1. 平面应力问题

若物体的某一方向的尺寸较另外两个方向的尺寸小得多，如一很薄的等厚平板，仅受平行于板面的沿厚度方向均匀分布的面力，且体力也平行于板面并且不沿厚度变化，如图 5-5 所示。此类问题可按平面应力问题考虑。

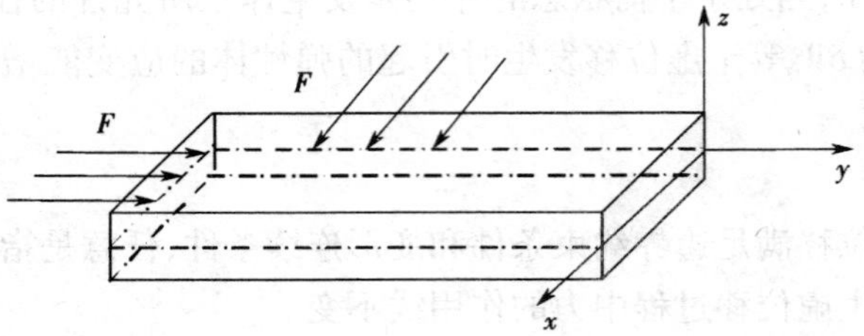

图 5-5 平面应力问题

对于平面应力问题，由于板面无外力作用，故可认为沿 z 轴方向无任何应力，在整个薄板的所有各点都有

$$\sigma_z = \tau_{zy} = \tau_{zx} = 0$$

由物理方程可知

$$\gamma_{zx} = \gamma_{zy} = 0, \varepsilon_z = -\frac{\mu}{E}(\sigma_x + \sigma_y) \tag{5-14}$$

故平面应力问题的平衡微分方程简化为

$$\begin{cases} \dfrac{\partial \sigma_x}{\partial x} + \dfrac{\partial \tau_{yx}}{\partial y} + X = 0 \\ \dfrac{\partial \sigma_y}{\partial y} + \dfrac{\partial \tau_{xy}}{\partial x} + Y = 0 \end{cases}$$

平面应力问题的几何方程简化为

$$\boldsymbol{\varepsilon} = \begin{bmatrix} \varepsilon_x \\ \varepsilon_y \\ \varepsilon_{xy} \end{bmatrix} = \begin{bmatrix} \dfrac{\partial u}{\partial x} \\ \dfrac{\partial v}{\partial y} \\ \dfrac{\partial u}{\partial y} + \dfrac{\partial v}{\partial x} \end{bmatrix}$$

平面应力问题的物理方程简化为

$$\begin{bmatrix} \sigma_x \\ \sigma_y \\ \tau_{xy} \end{bmatrix} = \boldsymbol{D}\boldsymbol{\varepsilon} = \frac{E}{1-\mu^2}\begin{bmatrix} 1 & \mu & 0 \\ \mu & 1 & 0 \\ 0 & 0 & \frac{1-\mu}{2} \end{bmatrix}\begin{bmatrix} \varepsilon_x \\ \varepsilon_y \\ \varepsilon_{xy} \end{bmatrix} \tag{5-15}$$

其中矩阵 $\boldsymbol{D}$ 称为弹性矩阵。实际工程中许多问题可以简化为平面应力问题，例如结构中的筋板、被圆孔或圆槽削弱的薄板等。在实际应用中，对于厚度变化不大的薄板、带有加强筋的薄板，只要符合前面所述的载荷特征，就可以按平面应力问题来近似计算。

2. 平面应变问题

如弹性体的长度远大于它的横向尺寸，且仅受平行于横截面、沿长度不变的外力作用，则可假定弹性体的变形只在横截面内发生，按平面应变问题处理，如图 5-6 所示。如重力坝、轧辊、机床导轨等。

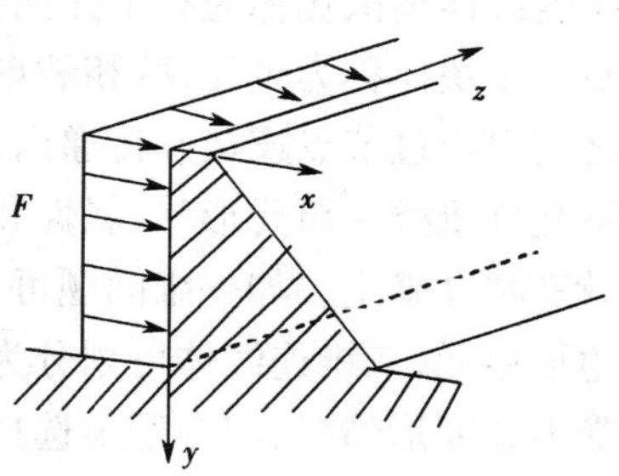

图 5-6　平面应变问题

在平面应变问题中，沿 z 轴方向的位移 $w=0$，而沿 x 和 y 方向的位移在各截面上都是相同的，任意截面上的应变分量与应力分量都只是 x 和 y 的函数，与 z 无关。故只取某一横截面进行分析，其应变

$$\varepsilon_z=\gamma_{yz}=\gamma_{xz}=0$$

由物理方程可得

$$\tau_{yz}=\tau_{zx}=0,\sigma_z=\mu(\sigma_x+\sigma_y)$$

故平面应变问题的平衡微分方程简化为

$$\begin{cases} \dfrac{\partial \sigma_x}{\partial x}+\dfrac{\partial \tau_{yx}}{\partial y}+X=0 \\ \dfrac{\partial \sigma_y}{\partial y}+\dfrac{\partial \tau_{xy}}{\partial x}+Y=0 \end{cases}$$

平面应变问题的几何方程可简化为

$$\boldsymbol{\varepsilon}=\begin{bmatrix} \varepsilon_x \\ \varepsilon_y \\ \varepsilon_{xy} \end{bmatrix}=\begin{bmatrix} \dfrac{\partial u}{\partial x} \\ \dfrac{\partial v}{\partial y} \\ \dfrac{\partial u}{\partial y}+\dfrac{\partial v}{\partial x} \end{bmatrix}$$

平面应变问题的物理方程可简化为

$$\begin{bmatrix} \sigma_x \\ \sigma_y \\ \tau_{xy} \end{bmatrix} = \boldsymbol{D}\boldsymbol{\varepsilon} = \frac{E(1-\mu)}{(1+\mu)(1-2\mu)}\begin{bmatrix} 1 & \dfrac{\mu}{1-\mu} & 0 \\ \dfrac{\mu}{1-\mu} & 1 & 0 \\ 0 & 0 & \dfrac{1-2\mu}{2(1-\mu)} \end{bmatrix}\begin{bmatrix} \varepsilon_x \\ \varepsilon_y \\ \gamma_{xy} \end{bmatrix}$$

比较平面应力问题和平面应变问题可以看出，两者的平衡微分方程和几何方程是相同的，只是物理方程不同，以后主要讨论平面应力问题。

5.3 弹性力学有限元法

5.3.1 有限元法求解问题的基本步骤

1. 问题及求解域定义

根据实际问题近似确定求解域的物理性质和几何区域。

2. 连续体离散化

连续体离散化称为有限元网格划分，即将连续体划分为有限个具有规则形状的小块体，把每个小块体称为单元，两相邻单元之间只通过若干点相互连接，这些连接点称为节点。单元之间只通过节点连接并传递内力（节点力），单元间边界位移保持一致，既不能出现裂缝，也不允许重叠。单元形状、属性和划分的疏密程度，应根据研究问题的性质、连续体的形状和计算精度确定。如一维问题可划分为杆单元和梁单元等，二维连续体可划分为三角形和四边形单元，三维连续体可划分为四面体和六面体单元。为使有限元求解符合连续体的实际受力和变形情况，应合理地选择单元类型和单元划分的疏密程度。

3. 单元分析

1）选择位移模式　在弹性力学里求解问题有三种基本方法，即按位移求解（位移法）、按应力求解（力法）和混合求解（混合法）。按位移求解时，以位移分量为基本未知函数，由一些包含位移分量的微分方程和边界条件求出位移分量以后，再用几何方程求出应变分量，进而用物理方程求出应力分量。按应力求解时，以应力分量为基本未知函数，由一些只包含应力分量的微分方程和边界条件求出应力分量以后，再由物理方程求出应变分量，进而由几何方程求出位移分量。在混合求解时，同时以某些位移分量和应力分量为基本未知函数，由一些只包含这些基本未知函数的微分方程和边界条件求出这些基本未知函数以后，再用适当的方程求出其他的未知数。与力法和混合法相比，位移法具有易于在计算机上实现的优点，因此在有限元法中，位移法应用最广。如采用位移法计算，为了能用节点位移表示单元内部点的位移、应变和应力，必须对单元中位移的分布作出一定的假设，即选择一个简单的函数来近似地表示单元内点的位移分量随坐标变化情况，这种函数称为位移模式或位移函数。

2）单元分析　选定位移模式后，根据单元形状、材料属性，由弹性力学的几何方程和物理方程建立单元应变和应力与节点位移的关系，并最终由虚功原理或最小势能原理导出单元的刚度方程（平衡方程）——单元节点力与单元节点位移间的线性方程组。

3）计算等效节点力　连续体离散化后，力是通过节点从一个单元传递到相邻单元的，故要把作用在单元边界上的表面力、体积力或集中力等外力等效地移到节点上，即用等效节点力来代替所有作用在单元上的外力。

4. 整体分析（建立整体结构的平衡方程）

由已知的单元刚度矩阵和单元等效节点力列阵组集成整体结构的刚度矩阵和整体结构节点载荷列阵，进而建立起整体结构节点载荷（已知量）与整体结构节点位移（未知量）间的线性方程组整——整体刚度方程。

5. 求解有限元方程和结果解释

得到系统的基本方程后,需要考虑位移边界条件和初始条件才能求解。引入边界条件修改平衡方程实质上是消除整体结构的刚体位移。

简言之,有限元分析可分成三个阶段,即前处理、计算和后处理。前处理是建立有限元模型,后处理则是采集处理分析结果,使用户能方便地提取信息,了解计算结果。

5.3.2 连续体离散化

用有限元法分析弹性力学问题,第一步就是把连续的弹性体离散化,即把一个连续的弹性体用有限个只在节点上彼此相连的单元的组合体来代替。为了使有限元模型能够准确地反映实际结构的特点,必须选择适当的单元类型,常用的单元类型如下。

1. 杆类单元

由于杆状结构的截面尺寸远远小于轴向尺寸,故杆状单元属于一维单元,即这类单元的位移分布规律仅是轴向坐标的函数。这类单元主要有杆单元、平面梁单元和空间梁单元,如图 5-7 所示。

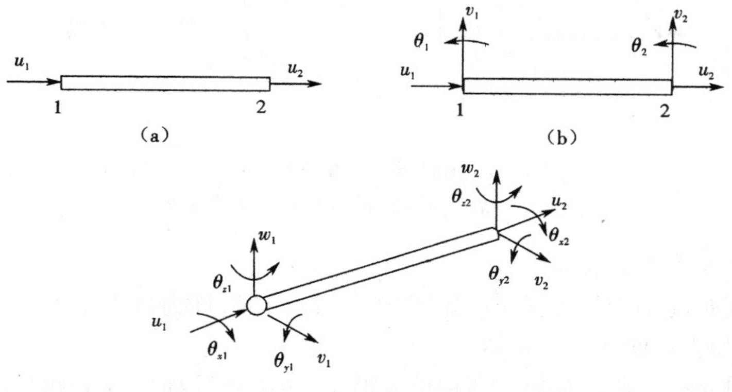

图 5-7　杆类单元

(a)杆单元;(b)平面梁单元;(c)空间梁单元

杆单元有 2 个节点,每个节点只有一个轴向自由度,故只能承受轴向的拉压载荷。这类单元适用于铰接结构的桁架分析和模拟弹性边界约束的边界单元。

平面梁单元适用于平面刚架问题,即刚架结构每个构件横截面的主惯性轴之一与刚架所受的载荷在同一平面内。平面梁单元的每个节点有 3 个自由度:一个轴向自由度、一个横向自由度(挠度)和一个旋转自由度(转角),主要承受轴向力、弯矩和切向力。机床的主轴、导轨等常用这种单元模型。

空间梁单元是平面梁单元的推广。这种单元每个节点有 6 个自由度,考虑了单元的弯曲、拉压、扭转变形。

当梁单元的横截面高度小于梁长的 1/5 时,切应变对梁受横向载荷作用产生的挠度影响很小,可忽略不计;否则应考虑切应变对挠度的影响,特别是对于薄壁截面的梁单元,切应变的影响较大,必须对单元刚度矩阵进行修正来考虑切应变。

2. 平面单元

平面单元用来分析弹性力学平面应力和平面应变问题。平面单元属于二维单元，单元内任意点的应力、应变和位移只与两个坐标变量有关，这种单元不能承受弯曲载荷。常用的平面单元有3节点三角形单元和4节点矩形单元，如图5-8所示。三角形单元采用线性位移模式，故单元内任一点的应变和应力值都为常数，因此3节点三角形单元也称为常应变（应力）单元，该类型单元计算精度较差，但灵活性较好，适用于复杂不规则形状的结构。在实际应用过程中，对于应变梯度较大的区域，单元划分应适当密集，否则将不能反映应变（应力）的真实情况，从而导致较大的误差。4节点矩形单元采用双线性位移模式，即单元的位移在 x、y 方向呈线性变化，因此单元内的应变和应力也是线性变化的。所以，其计算精度比三角形单元高，但不适应斜交边界和曲线边界。

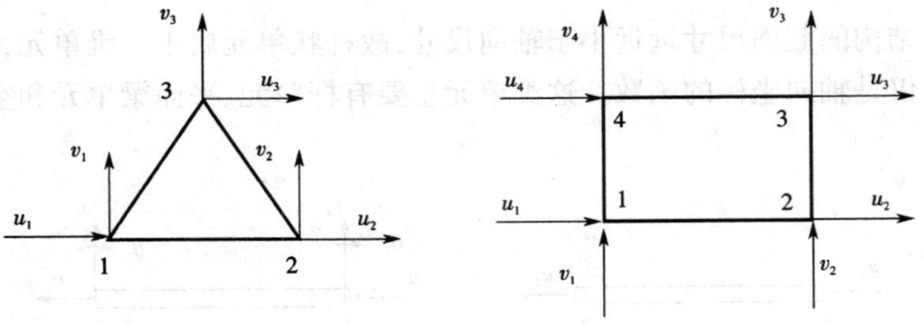

图5-8　平面单元

(a)三节点三角形单元；(b)四节点矩形单元

3. 薄板弯曲单元和薄板单元

当平板厚度 h 远小于其长度 a 与宽度 $b(h < b/5)$ 时，称为薄板。很多机械结构是平面薄板、曲面薄板和支承肋条的组合体。

薄板弯曲单元有三角形和矩形两种单元形状，主要承受横向载荷和绕两个水平轴的弯矩，图5-9(a)、(b)分别为三角形和矩形薄板弯曲单元，每个节点有3个自由度。

薄板单元相当于平面单元和薄板弯曲单元的总和，图5-9(c)、(d)分别为三角形和矩形薄板单元。单元每个节点既可以承受平面内的作用力，又可以承受横向载荷和绕 x、y 轴的弯矩，每个节点有5个自由度。

采用薄板单元模拟机械结构中的板壳结构，不仅考虑了板壳在平面内的作用力，而且考虑了板壳本身的抗弯能力，计算结果更接近实际情况。与平面单元一样，矩形薄板单元比三角形薄板单元精度更高，三角形薄板单元只推荐使用在不规则的边缘部分。

在工程中，薄板弯曲单元可以与梁单元组合成板梁组合结构，用于模拟带加强肋的机床大件和化工设备中的各种塔、罐和高压容器等。

4. 多面体单元

多面体单元属于三维单元，即单元的位移分布是空间三维坐标的函数。常用的单元类型有四面体单元、规则六面体单元、不规则六面体单元，如图5-10所示，单元的每个节点有3个平移自由度。此类单元适用于实体结构的有限元分析，如机床的工作台、动力机械的基础等较厚的弹性结构。

5. 等参数单元

对于形状比较复杂的结构，特别是在一些复杂的边界上，以上几种形状规整的单元很难

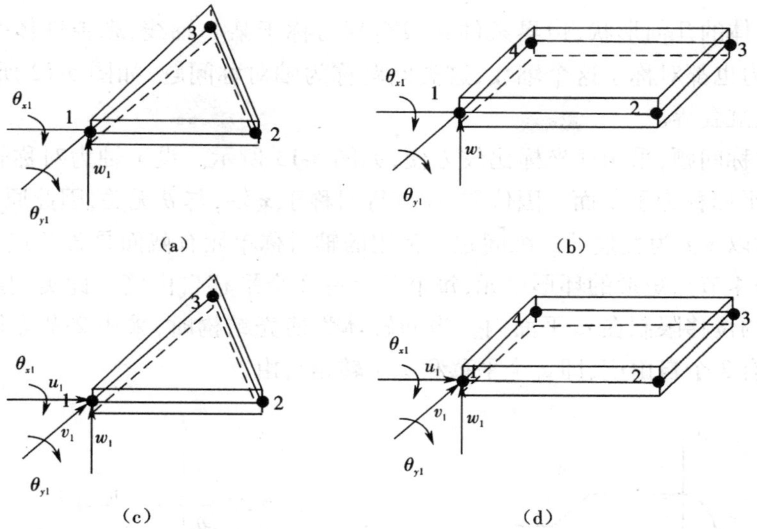

图 5-9　薄板单元

(a)三角形薄板弯曲单元;(b)矩形薄板弯曲单元;

(c)三角形薄板单元;(d)矩形薄板单元

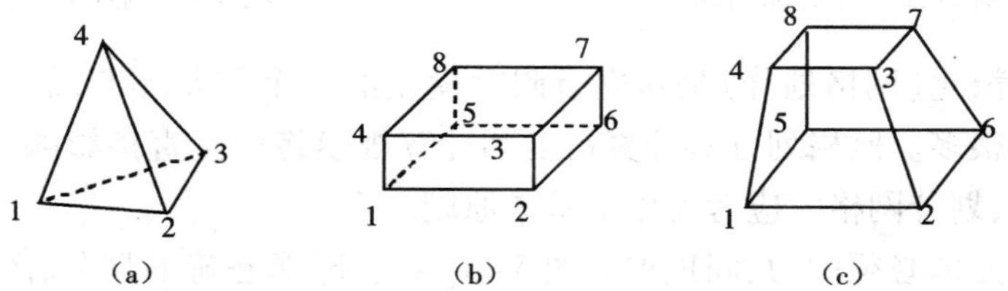

图 5-10　多面体单元

(a)四面体单元;(b)规则六面体单元;(c)不规则六面体单元

逼近实际形状,满足不了计算精度的要求,这时只能采用形状不规整的单元。但直接研究这些不规整单元比较困难,如何利用形状规整的单元(三角形单元、矩形单元、正六面体单元)的结果来推导出所对应的几何形状不规整单元的表达式,这将涉及几何形状映射、坐标变换等问题,所得到的几何形状不规整的单元被称为参数单元,等参单元是参数单元的一种。等参单元的类型很多,常用的有 4 节点平面等参元、8 节点平面等参元、8 节点空间等参元、20 节点空间等参元,如图 5-11 所示。关于等参数单元的准确定义和详细论述,参见 5.4 节。

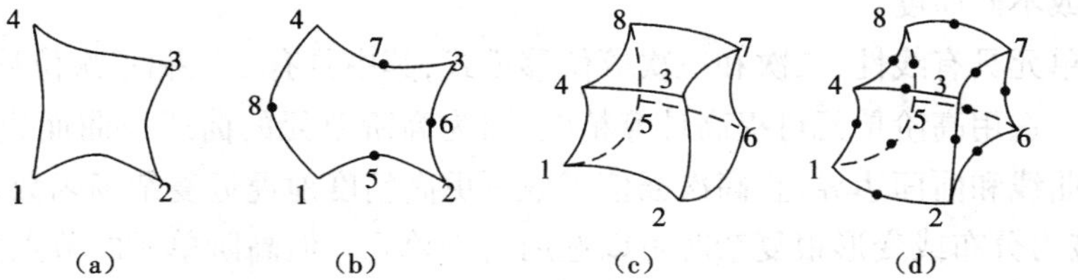

图 5-11　等参单元

(a)4 节点平面等参元;(b)8 节点平面等参元;(c)8 节点空间等参元;(d)20 节点空间等参元

6. 轴对称单元

如果弹性体的几何形状、边界条件和载荷都对称于某一轴线，则弹性体受载荷时的位移、应变和应力也都对称于这个轴线，这类问题称为轴对称问题，如图 5-12 所示。如飞轮、转轴、活塞、汽缸套等。

对于轴对称问题，采用柱坐标比较方便，如图 5-13 所示。设 x 轴为对称轴，r 为径向，θ 为周向，OAB 平面称为子午面。因位移、应变等对称于 x 轴，与 θ 无关，因此原来的三维空间问题可简化为以 x、r 为变量的二维问题。常用的轴对称单元有截面是 3 节点三角形的环形单元和截面是 4 节点矩形的环形单元，每个节点有 2 个平移自由度。此类问题可看做二维问题，回转体的位移限制在 rz 平面内。当回转体为薄壳结构时，采用 2 节点回转薄壁壳单元，每个节点有 3 个自由度，即 2 个平移和 1 个转角自由度。

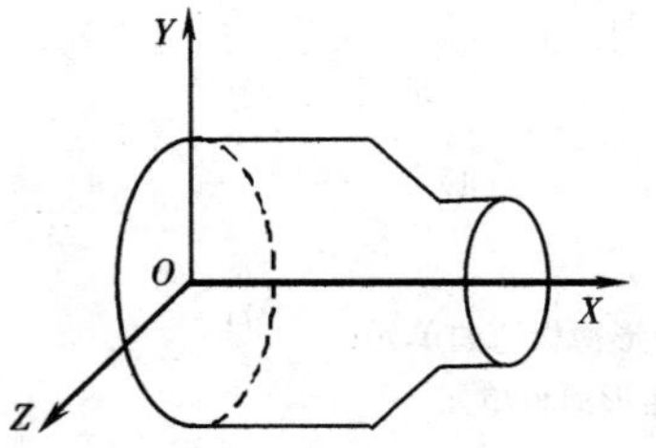

图 5-12　轴对称问题

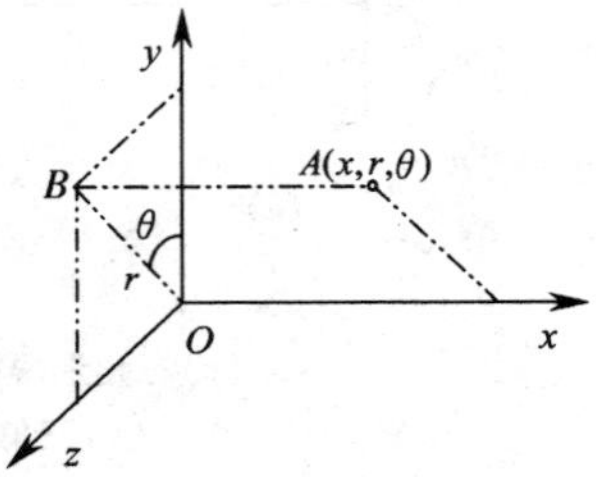

图 5-13　柱坐标系

连续体的离散化（网格划分）是建立有限元模型的一个重要环节，需要大量的工作，所要考虑的问题也很多。网格划分对计算精度和计算规模将产生直接影响。为建立正确、合理的有限元模型，划分网格时应考虑以下基本原则。

①各相邻单元体必须同边、同顶点。图 5-14（a）、（b）是正确的划分，图 5-14（c）、（d）是错误的划分方法。

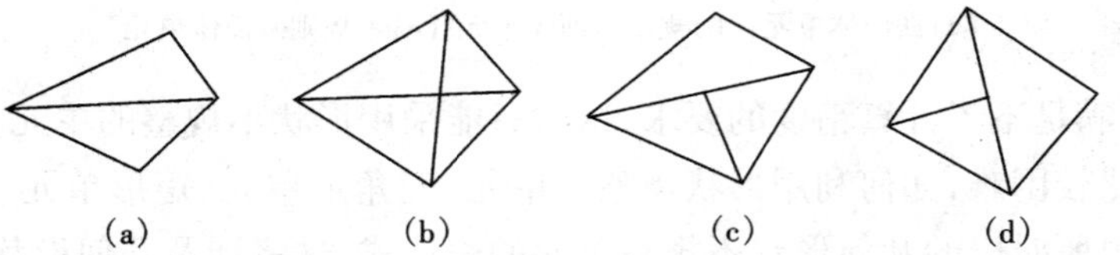

图 5-14　单元划分

（a）正确；（b）正确；（c）错误；（d）错误

②结构厚度或弹性常数突变处应作为单元间的分界线。换句话说，一个单元体内不能有两种材料或不同厚度。

③一些单元具有线性、二次和三次等位移模式，其中具有二次和三次位移模式的单元称为高阶单元。选用高阶单元可提高计算精度，因为高阶单元的曲线或曲面边界能够更好地逼近结构的曲线和曲面边界，且高次插值函数可更高精度地逼近复杂场函数，所以当结构形状不规则、应力分布或变形很复杂时可以选用高阶单元。但高阶单元的节点数较多，在单元数量相同的情况下，由高阶单元组成的有限元模型的规模要大得多，因此在使用时应权衡考虑计算精度和时间。但单元数量较少时，两种单元的有限元模型的精度相差很大，这时采用低阶单元是不合适的。当单元数量较多时，两种单元的有限元模型的精度相差并不很大，这

时采用高阶单元并不经济。

④单元数量的多少将影响计算结果的精度和计算规模的大小。一般来讲,单元数量增加,计算精度会有所提高,但同时计算规模也会增加,所以在确定单元数量时应权衡这两个因素。实际应用时可以比较两种网格划分的计算结果。如果二者计算结果相差较大,可以继续增加网格密度,直到前后两次计算结果相近为止。

⑤网格疏密是指在结构不同部位采用大小不同的网格,这是为了适应计算数据的分布特点。在计算数据变化梯度较大的部位(如应力集中处),为了较好地反映数据变化情况,需要采用比较密集的网格。而在计算数据变化梯度较小的部位,为减小有限元模型规模,则应划分相对稀疏的网格。

⑥网格质量是指网格几何形状的合理性,网格质量好坏将影响计算精度。质量太差的网格甚至会使有限元计算无法进行。直观上看,网格各边或各个内角相差不大、网格面不过分扭曲、边界节点位于边界等分点附近的网格质量较好。网格质量可用细长比、锥度比、内角、翘曲量、拉伸值、边界节点位置偏差等指标度量。划分网格时一般要求网格质量能达到某些指标要求。在重点研究的结构关键部位,应保证网格划分的高质量,即使是个别网格质量很差,也会引起很大的局部误差。而在结构次要部位,网格质量可适当降低。当模型中存在较多质量很差的网格(称为畸形网格)时,计算过程将无法进行。

⑦结构中的一些特殊界面和特殊点应处理为网格边界或节点,以便定义材料特性、物理特性、载荷和位移约束条件。应使网格形式满足边界条件特点,而不应让边界条件来适应网格。常见的特殊界面和特殊点有材料分界面、几何尺寸突变面、分布载荷分界线(点)、集中载荷作用点和位移约束作用点。

⑧当结构形状对称时,其网格也应划分为对称网格,以使模型表现出相应的对称特性。否则会引起一定误差。

弹性体划分单元后就要进行单元分析和整体分析,最后引入位移边界条件后进行求解。下面分别以弹性力学中平面问题和轴对称问题为例,对弹性力学问题的有限元分析原理进行介绍。

5.3.3 平面问题的有限元分析

1.平面单元的位移函数

有限元法采用“位移法”进行弹性体建模求解,即以节点位移作为基本未知量,单元内的位移由节点位移通过设定的插值函数(位移函数)来描述。

位移函数应为单值连续函数,在节点处等于节点位移。通常将位移函数写成以下多项式形式

$$\begin{cases} u = a_1 + a_2x + a_3y + a_4x^2 + a_5xy + a_6y^2 + \cdots \\ v = a_{m+1} + a_{m+2}x + a_{m+3}y + a_{m+4}x^2 + a_{m+5}xy + a_{m+6}y^2 + \cdots \end{cases}$$

为保证位移函数各向同性,选择多项式的阶次时可参照帕斯卡三角形,如图5-15所示。

在三角形单元中,为简化起见通常假定单元内各点的位移是坐标的线性函数,又称为线性位移模式。

任取一三角形单元,其三个节点按逆时针方向顺序排列,编号为 i、j、m,节点坐标分别为

(x_i,y_i)、(x_j,y_j)、(x_m,y_m)，各节点的位移分量分别为(u_i,v_i)、(u_j,v_j)、(u_m,v_m)，如图 5-16 所示。因而单元的节点位移列阵为

$$\boldsymbol{q}^e=[\boldsymbol{q}_i\quad \boldsymbol{q}_j\quad \boldsymbol{q}_m]^{\mathrm{T}}=[u_i\quad v_i\quad v_j\quad v_j\quad v_m\quad v_m]^{\mathrm{T}}$$

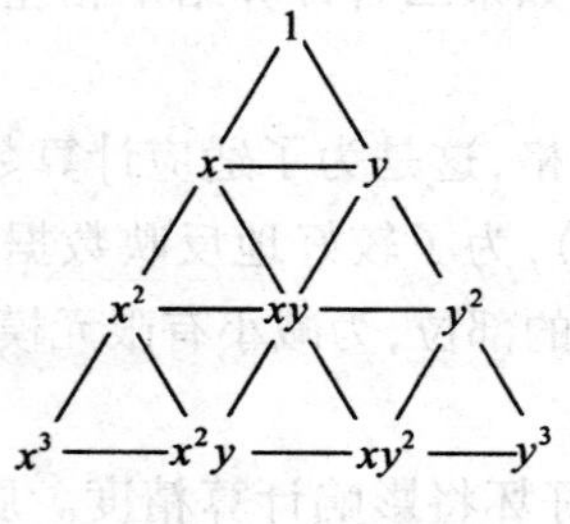

图 5-15　帕斯卡三角形

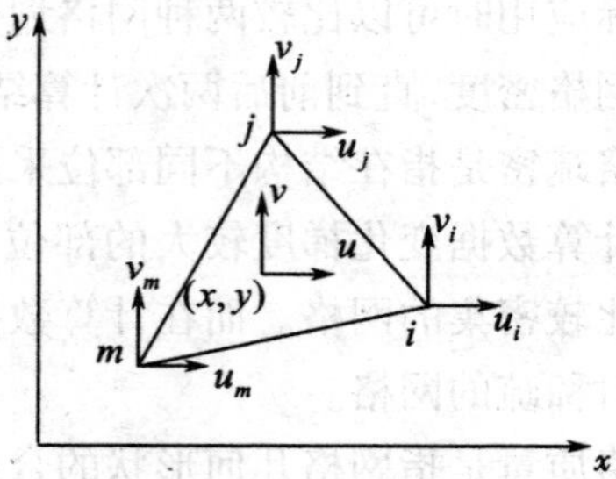

图 5-16　三角形单元

假定单元内任一点(x,y)的位移值为(u,v)，将 u、v 设为坐标的线性函数

$$\begin{aligned}u&=a_1+a_2x+a_3y\\ v&=a_4+a_5x+a_6y\end{aligned}\tag{5-16}$$

式中 a_1、a_2、a_3、a_4、a_5、a_6 为待定系数，可通过六个节点位移值求出。将节点 i、j、m 的坐标和位移代入上式，有

$$\left.\begin{aligned}u_i&=a_1+a_2x_i+a_3y_i\\ u_j&=a_1+a_2x_j+a_3y_j\\ u_m&=a_1+a_2x_m+a_3y_m\end{aligned}\right\}\quad \left.\begin{aligned}v_i&=a_4+a_5x_i+a_6y_i\\ v_j&=a_4+a_5x_j+a_6y_j\\ v_m&=a_4+a_5x_m+a_6y_m\end{aligned}\right\}\tag{5-17}$$

求解方程组(5-17)，可得

$$\left.\begin{aligned}a_1&=(a_iu_i+a_ju_j+a_mu_m)/2A\\ a_2&=(b_iu_i+b_ju_j+b_mu_m)/2A\\ a_3&=(c_iu_i+c_ju_j+c_mu_m)/2A\end{aligned}\right\}\quad \left.\begin{aligned}a_4&=(a_iv_i+a_jv_j+a_mv_m)/2A\\ a_5&=(b_iv_i+b_jv_j+b_mv_m)/2A\\ a_6&=(c_iv_i+c_jv_j+c_mv_m)/2A\end{aligned}\right\}\tag{5-18}$$

式中 A 为三角形单元的面积，且

$$\begin{cases}a_i=x_jy_m-x_my_j\\ b_i=y_j-y_m & (i、j、m\text{ 轮换})\\ c_i=-x_j+x_m\end{cases}\tag{5-19}$$

将式(5-18)代入式(5-16)，整理可得

$$\left.\begin{aligned}u&=N_iu_i+N_ju_j+N_mu_m\\ v&=N_iv_i+N_jv_j+N_mv_m\end{aligned}\right\}\tag{5-20}$$

式中　$N_i=(a_i+b_ix+c_iy)/2A$

$N_j=(a_j+b_jx+c_jy)/2A$

$N_m=(a_m+b_mx+c_my)/2A$

用矩阵表示为

$$
\boldsymbol{d}=\begin{bmatrix} u \\ v \end{bmatrix}=\boldsymbol{N}\boldsymbol{q}^{e}=\begin{bmatrix} N_i & 0 & N_j & 0 & N_m & 0 \\ 0 & N_i & 0 & N_j & 0 & N_m \end{bmatrix}\begin{bmatrix} u_i \\ v_i \\ u_j \\ v_j \\ u_m \\ v_m \end{bmatrix} \tag{5-21}
$$

由位移函数可看出：当 $u_i=1$ 时，$u_j=0$，$u_m=0$，$u=N_i$；当 $v_i=1$，$v_j=0$，$u_m=0$ 时，$v=N_i$，即函数 N_i 表示当节点 i 产生单位位移而节点 j、m 分别产生零位移时，单元产生的位移分布形态，如图 5-17 所示。N_j、N_m 与之类似，因此函数 N_i、N_j、N_m 分别表示单元变形的基本形态，它们是组成单元位移函数的基函数，通常称为形态函数，简称形函数，而矩阵 $\boldsymbol{N}$ 称为形函数矩阵。单元内任意一点的三个形函数之和恒等于 1。

理论上，位移函数要收敛于真实解，其收敛的充分条件为位移函数能反映相邻单元的位移连续性，必要条件为能反映刚体位移和常量应变。线性位移函数不仅能保证单元内各点的位移连续性，也能保证相邻单元的位移连续性。如图 5-18 所示，单元 ijm 与单元 ipj 之间有公共边界 ij，由单元位移函数可知其上的位移为线性变化的。同时，两个单元在 i 节点和 j 节点的位移又分别相等。这就必然保证了两个单元沿 ij 边的位移相等。所以，用离散的三角形单元集合代替原来的连续体后，在外力作用下，相邻单元间既不会发生裂缝，也不会相互侵入，仍然保持连续性。

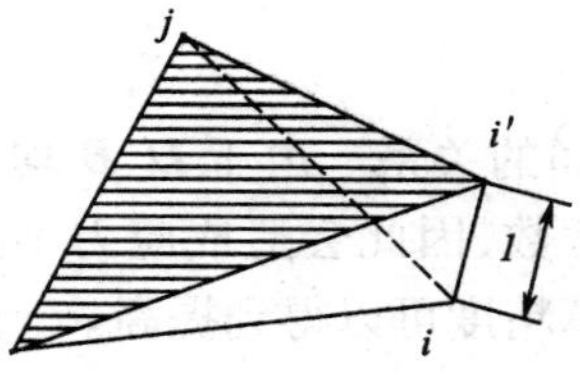

图 5-17　形函数

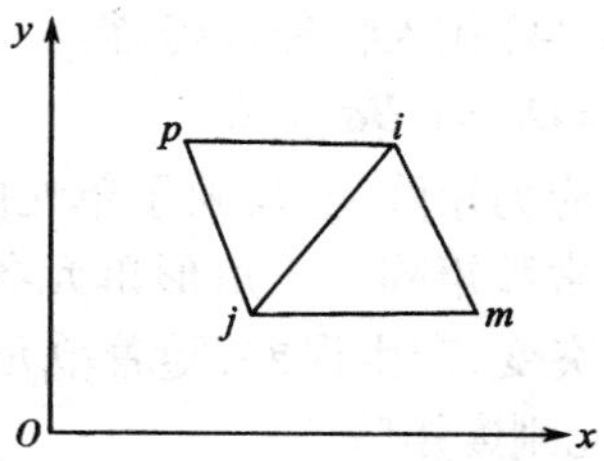

图 5-18　位移连续性

2. 平面单元的刚度矩阵

(1)应变矩阵

将位移函数式(5-20)代入几何方程，得

$$
\left.\begin{aligned}
\varepsilon_x &= \frac{1}{2A}(b_i u_i + b_j u_j + b_m u_m) \\
\varepsilon_y &= \frac{1}{2A}(c_i v_i + c_j v_j + c_m v_m) \\
\gamma_{xy} &= \frac{1}{2A}(c_i u_i + b_i v_i + c_j u_j + b_j v_j + c_m u_m + b_m v_m)
\end{aligned}\right\} \tag{5-22}
$$

写成矩阵形式为

$$\boldsymbol{\varepsilon}=\begin{bmatrix}\varepsilon_x\\ \varepsilon_y\\ \gamma_{xy}\end{bmatrix}=\frac{1}{2A}\begin{bmatrix}b_i & 0 & b_j & 0 & b_m & 0\\ 0 & c_i & 0 & c_j & 0 & c_m\\ c_i & b_i & c_j & b_j & c_m & b_m\end{bmatrix}\begin{bmatrix}u_i\\ v_i\\ u_j\\ v_j\\ u_m\\ v_m\end{bmatrix} \tag{5-23}$$

简记为

$$\boldsymbol{\varepsilon}=[\boldsymbol{B}_i \quad \boldsymbol{B}_j \quad \boldsymbol{B}_m]\begin{bmatrix}q_i\\ q_j\\ q_m\end{bmatrix}=\boldsymbol{B}\boldsymbol{q}^e \tag{5-24}$$

式中子矩阵

$$\boldsymbol{B}_k=\frac{1}{2A}\begin{bmatrix}b_k & 0\\ 0 & c_k\\ c_k & b_k\end{bmatrix} \qquad (k=i,j,m)$$

矩阵 $\boldsymbol{B}$ 称为应变矩阵。当单元位置确定后，节点坐标值为定值，因此 $\boldsymbol{B}$ 为常数矩阵，仅与单元的几何性质有关；相应地，$\boldsymbol{\varepsilon}$ 也为常数矩阵。这种单元称为常应变单元，这是采用线性位移函数的结果。

（2）应力矩阵

将式（5-24）代入物理方程，得

$$\boldsymbol{\sigma}=\boldsymbol{D}\boldsymbol{\varepsilon}=\boldsymbol{D}\boldsymbol{B}\boldsymbol{q}^e=\boldsymbol{S}\boldsymbol{q}^e \tag{5-25}$$

式中 $\boldsymbol{S}$ 称为应力矩阵，它反映了单元应力与节点位移间的关系。由于 $\boldsymbol{D}$、$\boldsymbol{B}$ 均为常数矩阵，因此 $\boldsymbol{S}$ 也是常数矩阵。三角形单元各单元内应力是常数，因此会造成应力不连续，相邻边界出现应力突变，产生误差，随着单元尺寸的减小，计算精度可以得到提高。

（3）单元刚度矩阵

对单元体应用虚功方程

$$\boldsymbol{q}^{*e\mathrm{T}}\boldsymbol{F}^e=\iiint_V \boldsymbol{\varepsilon}^{*\mathrm{T}}\boldsymbol{\sigma}\mathrm{d}V$$

式中 $\boldsymbol{q}^{*e}$ 为单元节点的虚位移，$\boldsymbol{\varepsilon}^*$ 为由此在单元内部引起的虚应变，$\boldsymbol{F}^e$ 为单元外力，它作用在单元的三个节点上。

将应力矩阵和应变矩阵代入上式，可得

$$\boldsymbol{q}^{*e\mathrm{T}}\boldsymbol{F}^e=\iiint_V \boldsymbol{q}^{*e\mathrm{T}}\boldsymbol{B}^{\mathrm{T}}\boldsymbol{D}\boldsymbol{B}\boldsymbol{q}^e\mathrm{d}V \tag{5-26}$$

$\boldsymbol{q}^{*e}$ 仅与节点坐标有关，因此可写在积分外面，即

$$\boldsymbol{q}^{*e\mathrm{T}}\boldsymbol{F}^e=\boldsymbol{q}^{*e\mathrm{T}}\left(\iiint_V \boldsymbol{B}^{\mathrm{T}}\boldsymbol{D}\boldsymbol{B}\mathrm{d}V\right)\boldsymbol{q}^e$$

由于虚位移是任意的，上式可化简为

$$\boldsymbol{F}^e=\boldsymbol{k}^e\boldsymbol{q}^e \tag{5-27}$$

这就是单元刚度方程，它反映了单元节点力与节点位移之间的关系。其中 $\boldsymbol{k}^e$ 称为单元刚度矩阵，可写为

$$\boldsymbol{k}^e = \iiint_V \boldsymbol{B}^{\mathrm{T}}\boldsymbol{D}\boldsymbol{B}\mathrm{d}V = \iint_e t\boldsymbol{B}^{\mathrm{T}}\boldsymbol{D}\boldsymbol{B}\,\mathrm{d}x\mathrm{d}y = At\boldsymbol{B}^{\mathrm{T}}\boldsymbol{D}\boldsymbol{B} = At[\boldsymbol{B}_i \quad \boldsymbol{B}_j \quad \boldsymbol{B}_m]^{\mathrm{T}}[\boldsymbol{S}_i \quad \boldsymbol{S}_j \quad \boldsymbol{S}_m]$$

$$= \begin{bmatrix} \boldsymbol{k}_{ii} & \boldsymbol{k}_{ij} & \boldsymbol{k}_{im} \\ \boldsymbol{k}_{ji} & \boldsymbol{k}_{jj} & \boldsymbol{k}_{jm} \\ \boldsymbol{k}_{mi} & \boldsymbol{k}_{mj} & \boldsymbol{k}_{mm} \end{bmatrix} \tag{5-28}$$

式中 t 为三角形单元厚度,A 为面积。任一子矩阵 $\boldsymbol{k}_{sr}$ 为

$$\boldsymbol{k}_{sr} = \frac{Et}{4(1-\mu^2)A}\begin{bmatrix} b_s b_r + \frac{1-\mu}{2}c_s c_r & \mu b_s c_r + \frac{1-\mu}{2}b_r c_s \\ \mu b_r c_s + \frac{1-\mu}{2}b_s c_r & c_s c_r + \frac{1-\mu}{2}b_s b_r \end{bmatrix} \quad (s = i,j,m; r = i,j,m)$$

把单元刚度方程写成分块矩阵的形式,有

$$\begin{bmatrix} \boldsymbol{F}_i^e \\ \boldsymbol{F}_j^e \\ \boldsymbol{F}_m^e \end{bmatrix} = \begin{bmatrix} \boldsymbol{k}_{ii} & \boldsymbol{k}_{ij} & \boldsymbol{k}_{im} \\ \boldsymbol{k}_{ji} & \boldsymbol{k}_{jj} & \boldsymbol{k}_{jm} \\ \boldsymbol{k}_{mi} & \boldsymbol{k}_{mj} & \boldsymbol{k}_{mm} \end{bmatrix}\begin{bmatrix} \boldsymbol{q}_i^e \\ \boldsymbol{q}_j^e \\ \boldsymbol{q}_m^e \end{bmatrix} \tag{5-29}$$

展开第一行,得

$$\boldsymbol{F}_i^e = \boldsymbol{k}_{ii}\boldsymbol{q}_i^e + \boldsymbol{k}_{ij}\boldsymbol{q}_j^e + \boldsymbol{k}_{im}\boldsymbol{q}_m^e$$

令 $\boldsymbol{q}_i^e = \boldsymbol{q}_m^e = 0, \boldsymbol{q}_j^e = 1$,代入上式,有

$$\boldsymbol{F}_i^e = \boldsymbol{k}_{ij}$$

上式说明,单元刚度矩阵中某一子矩阵(或元素)$\boldsymbol{k}_{ij}$的物理意义为:当 j 节点产生单位位移而其他节点被完全约束时,在 i 节点处产生的节点力。

单元刚度矩阵还有以下性质:

①单元刚度矩阵是对称矩阵;

②单元刚度矩阵是奇异矩阵;

③分块矩阵按节点组合,即每个分块矩阵的位置是与它的节点号码顺序相对应的。

3. 平面问题的总体刚度矩阵

单元刚度方程建立了单元节点力与节点位移的关系,但对于物体内部的任意单元来说,其节点力并不是已知的,需要由物体表面的单元受力求得。因此需要对所有单元集合进行整体分析,以确定外力与节点位移的关系,即整体刚度方程。整体分析时,要注意以下原则:

①载荷必须作用在节点上,因此需要对非节点载荷进行等效移置;

②节点位移连续,即围绕某节点 i 的 n 个单元,在该节点处都具有相同的位移;

③各个节点满足力平衡。

图 5-19 为由 5 个节点条件构成的 4 个单元集合,下面以此为例说明整体刚度矩阵的形成过程。

对于图 5-19 中①单元,其节点为 1、2、3,节点力与节点位移的关系可写为

$$\begin{bmatrix} \boldsymbol{F}_1^1 \\ \boldsymbol{F}_2^1 \\ \boldsymbol{F}_3^1 \end{bmatrix} = \begin{bmatrix} \boldsymbol{k}_{11}^1 & \boldsymbol{k}_{12}^1 & \boldsymbol{k}_{13}^1 \\ \boldsymbol{k}_{21}^1 & \boldsymbol{k}_{22}^1 & \boldsymbol{k}_{23}^1 \\ \boldsymbol{k}_{31}^1 & \boldsymbol{k}_{32}^1 & \boldsymbol{k}_{33}^1 \end{bmatrix}\begin{bmatrix} \boldsymbol{q}_1^1 \\ \boldsymbol{q}_2^1 \\ \boldsymbol{q}_3^1 \end{bmatrix}$$

式中上标 1 表示①单元。根据整体分析的第二原则,节点位移不需要区分它是属于哪个单元的,因此可去除式中节点位移的上标,并将上式写成用全部节点的位移来表示单元节点力的形式,如下式

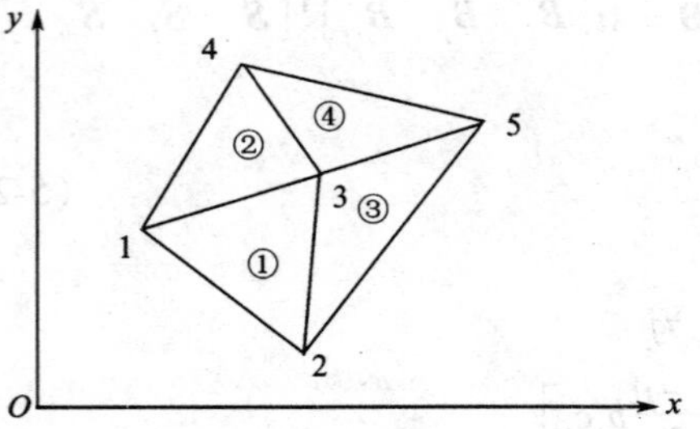

图 5-19　单元划分

$$\begin{bmatrix} \boldsymbol{F}_1^1 \\ \boldsymbol{F}_2^1 \\ \boldsymbol{F}_3^1 \\ 0 \\ 0 \end{bmatrix} = \begin{bmatrix} \boldsymbol{k}_{11}^1 & \boldsymbol{k}_{12}^1 & \boldsymbol{k}_{13}^1 & 0 & 0 \\ \boldsymbol{k}_{21}^1 & \boldsymbol{k}_{22}^1 & \boldsymbol{k}_{23}^1 & 0 & 0 \\ \boldsymbol{k}_{31}^1 & \boldsymbol{k}_{32}^1 & \boldsymbol{k}_{33}^1 & 0 & 0 \\ 0 & 0 & 0 & 0 & 0 \\ 0 & 0 & 0 & 0 & 0 \end{bmatrix} \begin{bmatrix} \boldsymbol{q}_1 \\ \boldsymbol{q}_2 \\ \boldsymbol{q}_3 \\ \boldsymbol{q}_4 \\ \boldsymbol{q}_5 \end{bmatrix}$$

对于单元②、③、④，同理可得到类似方程

单元②
$$\begin{bmatrix} \boldsymbol{F}_1^2 \\ 0 \\ \boldsymbol{F}_3^2 \\ \boldsymbol{F}_4^2 \\ 0 \end{bmatrix} = \begin{bmatrix} \boldsymbol{k}_{11}^2 & 0 & \boldsymbol{k}_{13}^2 & \boldsymbol{k}_{14}^2 & 0 \\ 0 & 0 & 0 & 0 & 0 \\ \boldsymbol{k}_{31}^2 & 0 & \boldsymbol{k}_{33}^2 & \boldsymbol{k}_{34}^2 & 0 \\ \boldsymbol{k}_{41}^2 & 0 & \boldsymbol{k}_{43}^2 & \boldsymbol{k}_{44}^2 & 0 \\ 0 & 0 & 0 & 0 & 0 \end{bmatrix} \begin{bmatrix} \boldsymbol{q}_1 \\ \boldsymbol{q}_2 \\ \boldsymbol{q}_3 \\ \boldsymbol{q}_4 \\ \boldsymbol{q}_5 \end{bmatrix}$$

单元③
$$\begin{bmatrix} 0 \\ \boldsymbol{F}_2^3 \\ \boldsymbol{F}_3^3 \\ 0 \\ \boldsymbol{F}_5^3 \end{bmatrix} = \begin{bmatrix} 0 & 0 & 0 & 0 & 0 \\ 0 & \boldsymbol{k}_{22}^3 & \boldsymbol{k}_{23}^3 & 0 & \boldsymbol{k}_{25}^3 \\ 0 & \boldsymbol{k}_{32}^3 & \boldsymbol{k}_{33}^3 & 0 & \boldsymbol{k}_{35}^3 \\ 0 & 0 & 0 & 0 & 0 \\ 0 & \boldsymbol{k}_{52}^3 & \boldsymbol{k}_{53}^3 & 0 & \boldsymbol{k}_{55}^3 \end{bmatrix} \begin{bmatrix} \boldsymbol{q}_1 \\ \boldsymbol{q}_2 \\ \boldsymbol{q}_3 \\ \boldsymbol{q}_4 \\ \boldsymbol{q}_5 \end{bmatrix}$$

单元④
$$\begin{bmatrix} 0 \\ 0 \\ \boldsymbol{F}_3^4 \\ \boldsymbol{F}_4^4 \\ \boldsymbol{F}_5^4 \end{bmatrix} = \begin{bmatrix} 0 & 0 & 0 & 0 & 0 \\ 0 & 0 & 0 & 0 & 0 \\ 0 & 0 & \boldsymbol{k}_{33}^4 & \boldsymbol{k}_{34}^4 & \boldsymbol{k}_{35}^4 \\ 0 & 0 & \boldsymbol{k}_{43}^4 & \boldsymbol{k}_{44}^4 & \boldsymbol{k}_{45}^4 \\ 0 & 0 & \boldsymbol{k}_{53}^4 & \boldsymbol{k}_{54}^4 & \boldsymbol{k}_{55}^4 \end{bmatrix} \begin{bmatrix} \boldsymbol{q}_1 \\ \boldsymbol{q}_2 \\ \boldsymbol{q}_3 \\ \boldsymbol{q}_4 \\ \boldsymbol{q}_5 \end{bmatrix}$$

令 $\boldsymbol{R}_s(s=1,2,\cdots,5)$ 表示节点力，根据节点力平衡条件，各个单元上相应的节点力叠加有

$$\boldsymbol{R}_1 = \boldsymbol{F}_1^1 + \boldsymbol{F}_1^2$$

$$\boldsymbol{R}_2 = \boldsymbol{F}_2^1 + \boldsymbol{F}_2^3$$

$$\boldsymbol{R}_3 = \boldsymbol{F}_3^1 + \boldsymbol{F}_3^2 + \boldsymbol{F}_3^3 + \boldsymbol{F}_3^4$$

$$\boldsymbol{R}_4 = \boldsymbol{F}_4^2 + \boldsymbol{F}_4^4$$

$$\boldsymbol{R}_5 = \boldsymbol{F}_5^3 + \boldsymbol{F}_5^4$$

将单元①～④的节点力与节点位移方程代入上式，即可得整体刚度方程

$$\begin{bmatrix} \boldsymbol{R}_1 \\ \boldsymbol{R}_2 \\ \boldsymbol{R}_3 \\ \boldsymbol{R}_4 \\ \boldsymbol{R}_5 \end{bmatrix} = \begin{bmatrix} \boldsymbol{k}_{11}^1 + \boldsymbol{k}_{11}^2 & \boldsymbol{k}_{12}^1 & \boldsymbol{k}_{13}^1 + \boldsymbol{k}_{13}^2 & \boldsymbol{k}_{14}^2 & 0 \\ \boldsymbol{k}_{21}^1 & \boldsymbol{k}_{22}^1 + \boldsymbol{k}_{22}^3 & \boldsymbol{k}_{23}^1 + \boldsymbol{k}_{23}^3 & 0 & \boldsymbol{k}_{25}^3 \\ \boldsymbol{k}_{31}^1 + \boldsymbol{k}_{31}^2 & \boldsymbol{k}_{32}^1 + \boldsymbol{k}_{32}^3 & \boldsymbol{k}_{33}^1 + \boldsymbol{k}_{33}^2 + \boldsymbol{k}_{33}^3 + \boldsymbol{k}_{33}^4 & \boldsymbol{k}_{34}^2 + \boldsymbol{k}_{34}^4 & \boldsymbol{k}_{35}^3 + \boldsymbol{k}_{35}^4 \\ \boldsymbol{k}_{41}^2 & 0 & \boldsymbol{k}_{43}^2 + \boldsymbol{k}_{43}^4 & \boldsymbol{k}_{44}^2 + \boldsymbol{k}_{44}^4 & \boldsymbol{k}_{45}^4 \\ 0 & \boldsymbol{k}_{52}^3 & \boldsymbol{k}_{53}^3 + \boldsymbol{k}_{53}^4 & \boldsymbol{k}_{54}^4 & \boldsymbol{k}_{55}^3 + \boldsymbol{k}_{55}^4 \end{bmatrix} \begin{bmatrix} \boldsymbol{q}_1 \\ \boldsymbol{q}_2 \\ \boldsymbol{q}_3 \\ \boldsymbol{q}_4 \\ \boldsymbol{q}_5 \end{bmatrix}$$

简记为

$$\boldsymbol{R} = \boldsymbol{K}\boldsymbol{q} \tag{5-30}$$

从以上例子看，整体刚度矩阵形成的关键在于：$\boldsymbol{K}$ 中的子块矩阵 $\boldsymbol{K}_{ij}$ 是由与 i、j 节点直接相连的各个单元刚度矩阵中相应节点的子块矩阵 $\boldsymbol{k}_{ij}^e$ 叠加而成。

整体刚度矩阵具有以下性质。

①对称性。整体刚度矩阵是对称矩阵。

②稀疏性。在整体刚度矩阵中，存在大量的零元素，这是由结构体中存在大量互不相关的节点所造成的。

③带状性。在整体刚度矩阵中，非零元素往往集中在主对角线两侧，呈带状分布。

④奇异性。整体刚度矩阵是奇异矩阵。这表明，在没有引入位移边界条件前，弹性体可以有任意的刚体位移。

4. 非节点载荷的移置

根据有限元法的原理，有限元模型中载荷必须作用于节点上，但在工程实际中，载荷是多种多样的，其作用点也不一定在节点上，例如重力、水压等。因此，必须将之以等效方式移置到节点上。对于三角形常应变单元，等效移置的原则是基于作用于单元上的力与等效节点载荷在任何可能虚位移上的虚功都相等，即静力等效。下面分别以作用于三角形内部和边界上的集中力来说明移置方法。

(1)内部集中力

如图 5-20 所示，单元内 c 点作用有集中载荷 $\boldsymbol{P}$，先求它在垂直方向上的移置载荷。假定 j、m 两个节点不动，i 节点有单位虚位移 $\boldsymbol{q}_i^* =1$，则单元形状变为图中虚线所示，力 $\boldsymbol{P}$ 的作用点由 c 点移动到 c^*，则根据虚功原理有

$$\boldsymbol{P}\,\overline{cc^*} = \boldsymbol{P}_i\boldsymbol{v}_i^* + \boldsymbol{P}_j\boldsymbol{v}_j^* + \boldsymbol{P}_m\boldsymbol{v}_m^* = \boldsymbol{P}_i$$

由三角形相似，计算可得 $\boldsymbol{P}_i = \boldsymbol{P}\,\overline{cc^*} = \boldsymbol{P}\dfrac{\overline{bc}}{\overline{bi}}$

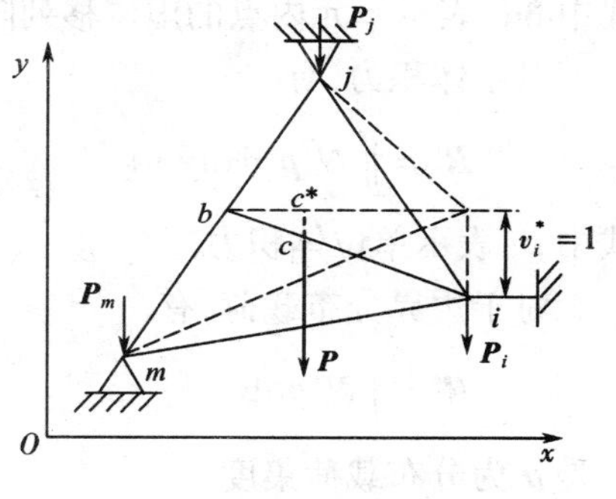

图 5-20　内部集中力的移置

同理，$\boldsymbol{P}_j$、$\boldsymbol{P}_m$ 可求。水平方向分力也可用类似方法移置。

若 c 点为三角形形心，$\boldsymbol{P}$ 为单元重力 $\boldsymbol{W}$ 时，则

$$\boldsymbol{P}_i = \boldsymbol{P}_j = \boldsymbol{P}_m = -\frac{1}{3}\boldsymbol{W}$$

写成列阵形式为

$$\boldsymbol{R}^e = [R_{ix} \quad R_{iy} \quad R_{jx} \quad R_{jy} \quad R_{mx} \quad R_{my}]^{\mathrm{T}} = -\frac{\boldsymbol{W}}{3}[0 \quad 1 \quad 0 \quad 1 \quad 0 \quad 1]^{\mathrm{T}}$$

(2)边上集中力

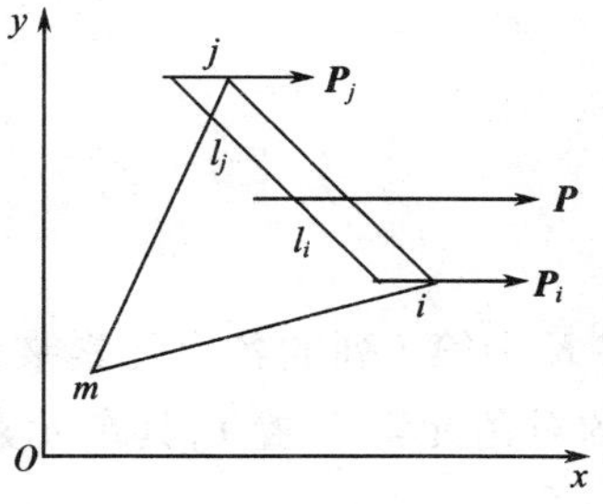

图 5-21　边上集中力的移置

如图 5-21 所示，单元在 ij 边上作用有沿 x 向的载荷 $\boldsymbol{P}$，其作用点距 i 点和 j 点的距离分别为 l_i 和 l_j，移置到 i 点和 j 点的等效力分别为 $\boldsymbol{P}_i$ 和 $\boldsymbol{P}_j$，则通过与上述类似的分析，有

$$\boldsymbol{P}_i = \frac{l_j}{l}\boldsymbol{P},\boldsymbol{P}_j = \frac{l_i}{l}\boldsymbol{P},\boldsymbol{P}_m = \boldsymbol{0}$$

载荷列阵可写为

$$\boldsymbol{R}^e = \boldsymbol{P}\left[\frac{l_j}{l} \quad 0 \quad \frac{l_i}{l} \quad 0 \quad 0 \quad 0\right]^{\mathrm{T}}$$

对于体积力和分布载荷，可先将之转化为集中力，再进行移置。

如图 5-22 所示，单元体 ij 边上作用有沿 x 方向按三角形分布的载荷，i 点的集度为 p，则

有

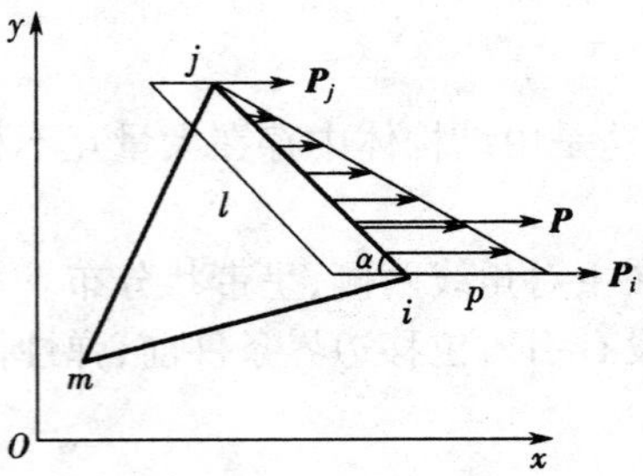

图 5-22 分布载荷的移置

$$\boldsymbol{P}=\frac{plt}{2}\sin\alpha$$

上式中,对于平面应力问题 t 为厚度,对于平面应变问题取 $t=1$。

作用点距 i 点为$\frac{l}{3}$。

节点等效载荷列阵为

$$\boldsymbol{R}^e=\frac{plt}{2}\sin\alpha\begin{bmatrix}\frac{2}{3} & 0 & \frac{1}{3} & 0 & 0 & 0\end{bmatrix}^{\mathrm{T}}$$

上面是在线性位移函数条件下的常见载荷的移置,下面推导一般公式。

节点等效载荷与原载荷应在虚位移上的虚功相等。对于集中载荷 $\boldsymbol{P}$,有

$$\delta\boldsymbol{q}^{e\mathrm{T}}\boldsymbol{R}^e=\delta\boldsymbol{d}^{e\mathrm{T}}\boldsymbol{P}=\delta\boldsymbol{q}^{e\mathrm{T}}\boldsymbol{N}^{\mathrm{T}}\boldsymbol{P}$$

即 $$\boldsymbol{R}^e=\boldsymbol{N}^{\mathrm{T}}\boldsymbol{P}$$

式中 $\delta\boldsymbol{d}^e$ 表示单元内点的虚位移列阵。

对于体积力,有

$$\boldsymbol{R}^e=\iint\boldsymbol{N}^{\mathrm{T}}\boldsymbol{p}_{\mathrm{v}}\mathrm{d}x\mathrm{d}y\cdot t$$

式中 $\boldsymbol{p}_{\mathrm{v}}$ 表示单位体积力。

对于边界分布载荷,有

$$\boldsymbol{R}^e=\int\boldsymbol{N}^{\mathrm{T}}\bar{\boldsymbol{p}}t\mathrm{d}s$$

式是 $\bar{\boldsymbol{p}}$ 为分布载荷集度。

5. 位移边界条件的引入

引入位移边界条件的目的是消除弹性体的刚体位移,使总体刚度方程有唯一解。常用的引入位移边界条件的方法有两种。

(1)对角元素置 1 法

结构的刚度矩阵方程为

$$\begin{bmatrix}k_{11} & k_{12} & \cdots & k_{1i} & \cdots & k_{1n}\\ k_{21} & l_{22} & \cdots & k_{2i} & \cdots & k_{2n}\\ \vdots & \vdots & & \vdots & & \vdots\\ k_{i1} & k_{i2} & \cdots & k_{ii} & \cdots & k_{in}\\ \vdots & \vdots & & \vdots & & \vdots\\ k_{n1} & k_{n2} & \cdots & k_{ni} & \cdots & k_{nn}\end{bmatrix}\begin{bmatrix}q_1\\ q_2\\ \vdots\\ q_i\\ \vdots\\ q_n\end{bmatrix}=\begin{bmatrix}R_1\\ R_2\\ \vdots\\ R_i\\ \vdots\\ R_n\end{bmatrix}$$

已知节点位移为 $q_i=\bar{q}$,则可对刚度矩阵做如下处理:将 $\boldsymbol{K}$ 中第 i 列的各个元素乘以 $\bar{q}$ 并移至等号右侧,在第 i 列的位置上补零;再将 $\boldsymbol{K}$ 中第 i 行的对角元素 k_{ii} 置 1,其余元素置零,并将外载荷 R_i 用 $\bar{q}$ 替代,得到

$$
\begin{bmatrix} k_{11} & k_{12} & \cdots & 0 & \cdots & k_{1n} \\ k_{21} & k_{22} & \cdots & 0 & \cdots & k_{2n} \\ \vdots & \vdots & & \vdots & & \vdots \\ 0 & 0 & \cdots & 1 & \cdots & 0 \\ \vdots & \vdots & & \vdots & & \vdots \\ k_{n1} & k_{n2} & \cdots & 0 & \cdots & k_{nn} \end{bmatrix} \begin{bmatrix} q_1 \\ q_2 \\ \vdots \\ q_i \\ \vdots \\ q_n \end{bmatrix} = \begin{bmatrix} R_1 - k_{1i}\bar{q} \\ R_2 - k_{2i}\bar{q} \\ \vdots \\ \bar{q} \\ \vdots \\ R_n - k_{ni}\bar{q} \end{bmatrix} \tag{5-31}
$$

在原方程中，R_i 是未知的，经上述处理后，已被 $\bar{q}$ 代替。只要引入足够的约束条件，经处理的 $\boldsymbol{K}$ 变为非奇异矩阵，就可解出基本未知量 $\boldsymbol{q}$。

(2)对角元素乘大数法

已知条件同上，对角乘大数法是将第 i 行的主对角元素 k_{ii} 乘以一个大数(如 10^{20})，并将对应的载荷分量 R_i 改为 $10^{20}k_{ii}\bar{q}$，其他各行各列元素保持不变。这样处理后，对于第 i 行来说，由于大数的存在，其他项均可忽略，只剩下主对角元素，满足 $q_i \approx \bar{q}$。

6. 计算结果的整理

对于平面实体问题，其计算结果主要是位移和应力两个方面。位移结果一般不需整理，可用位移变形图来形象地表示。应力结果大多需要处理，特别是三角形单元是常应变单元，在两个单元公共边界和节点上有应力突变。

节点应力可采用绕节点平均法求得，即将与该节点相邻的单元的应力求平均，用来表示该节点处应力，当相邻单元面积相差过大时，最好求平均时再对面积加权；相邻单元边界应力可采用两单元平均的方法，同样当面积相差过大时，应对面积加权。

5.3.4 轴对称问题的有限元分析

1. 轴对称问题的应力与应变

如图 5-12 和图 5-13 所示，轴对称问题中子午面上任一点变形后仍在子午面上，没有周向位移，但其径向位移会引起周向变形，产生相应的应变和应力。因此其应变为

$$
\boldsymbol{\varepsilon} = [\varepsilon_x \quad \varepsilon_r \quad \varepsilon_\theta \quad \gamma_{xr}]^{\mathrm{T}}
$$

式中周向正应变 $\varepsilon_\theta = \dfrac{2\pi(r+v) - 2\pi r}{2\pi r} = \dfrac{v}{r}$。

则应变列阵为

$$
\boldsymbol{\varepsilon} = \begin{bmatrix} \varepsilon_x \\ \varepsilon_r \\ \varepsilon_\theta \\ \gamma_{xr} \end{bmatrix} = \begin{bmatrix} \dfrac{\partial u}{\partial x} \\ \dfrac{\partial v}{\partial r} \\ \dfrac{v}{r} \\ \dfrac{\partial u}{\partial r} + \dfrac{\partial v}{\partial x} \end{bmatrix} \tag{5-32}
$$

应力与应变的关系为

$$
\begin{bmatrix} \varepsilon_x \\ \varepsilon_r \\ \varepsilon_\theta \\ \gamma_{xr} \end{bmatrix} = \begin{bmatrix} \frac{1}{E}[\sigma_x - \mu(\sigma_r + \sigma_\theta)] \\ \frac{1}{E}[\sigma_r - \mu(\sigma_x + \sigma_\theta)] \\ \frac{1}{E}[\sigma_\theta - \mu(\sigma_x + \sigma_r)] \\ \frac{2(1+\mu)\tau_{xr}}{E} \end{bmatrix}
$$

其中 σ_x 为轴向正应力，σ_r 为径向正应力，σ_θ 为周向正应力，τ_{xr} 为剪应力。

应力矩阵为

$$
\boldsymbol{\sigma} = \begin{bmatrix} \sigma_x \\ \sigma_r \\ \sigma_\theta \\ \tau_{xr} \end{bmatrix} = \frac{E}{(1+\mu)(1-2\mu)} \begin{bmatrix} 1-\mu & \mu & \mu & 0 \\ \mu & 1-\mu & \mu & 0 \\ \mu & \mu & 1-\mu & 0 \\ 0 & 0 & 0 & \frac{1-2\mu}{2} \end{bmatrix} \begin{bmatrix} \varepsilon_x \\ \varepsilon_r \\ \varepsilon_\theta \\ \gamma_{xr} \end{bmatrix} \tag{5-33}
$$

简记为

$$
\boldsymbol{\sigma} = \boldsymbol{D}\boldsymbol{\varepsilon}
$$

2. 轴对称单元的位移函数

用有限元法解轴对称问题时，采用圆环单元对其子午面求解区域进行平面网格划分。如用三角形单元，则轴对称单元为三棱环单元。

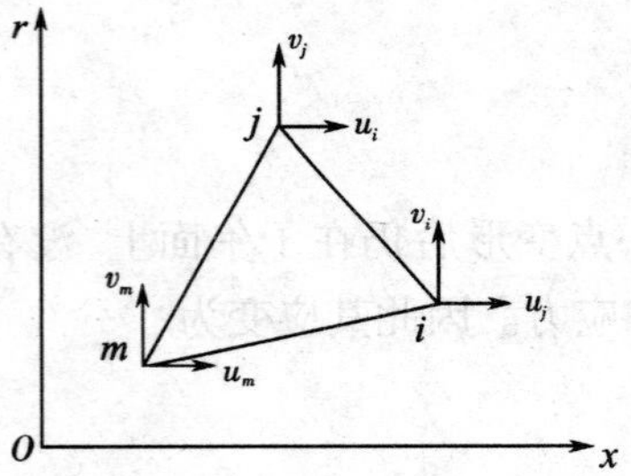

图 5-23　三棱环单元

如图 5-23 所示，设三棱环单元的横截面为 ijm，三个节点的坐标分别为 (x_i, r_i)，(x_j, r_j)，(x_m, r_m)，节点位移分别为 (u_i, v_i)，(u_j, v_j)，(u_m, v_m)。取位移函数为

$$
\begin{aligned} u &= a_1 + a_2 x + a_3 r \\ v &= a_4 + a_5 x + a_6 r \end{aligned} \tag{5-34}
$$

参照平面问题三角形单元的处理方法，可得

$$
\boldsymbol{d} = \boldsymbol{N}\boldsymbol{q} = \begin{bmatrix} N_i u_i + N_j u_j + N_m u_m \\ N_i v_i + N_j v_j + N_m v_m \end{bmatrix} \tag{5-35}
$$

其中

$$
N_i = \frac{1}{2A}(a_i + b_i x + c_i r) \qquad (i、j、m \text{ 轮换})
$$

$$
A = \frac{1}{2}(b_i c_j - b_j c_i) \qquad (\text{三角形面积})
$$

$$
\left.\begin{aligned} a_i &= x_j r_m - x_m r_j \\ b_i &= r_j - r_m \\ c_i &= x_m - x_j \end{aligned}\right\} \qquad (i、j、m \text{ 轮换})
$$

3. 轴对称问题的单元分析

将式(5-35)代入式(5-32)，得单元应变为

$$\boldsymbol{\varepsilon}=\boldsymbol{B}\boldsymbol{q}=\begin{bmatrix}\boldsymbol{B}_i & \boldsymbol{B}_j & \boldsymbol{B}_m\end{bmatrix}\begin{bmatrix}q_i\\q_j\\q_m\end{bmatrix} \tag{5-36}$$

其中子矩阵

$$\boldsymbol{B}_i=\frac{1}{2A}\begin{bmatrix}b_i & 0\\0 & c_i\\0 & f_i\\c_i & b_i\end{bmatrix}\quad (i、j、m \text{ 轮换})$$

$$f_k=(a_k+b_kx+c_kr)/r \qquad (k=i,j,m)$$

相应地，单元应力为

$$\boldsymbol{\sigma}=\boldsymbol{D}\boldsymbol{B}\boldsymbol{q}^e=\boldsymbol{S}\boldsymbol{q}^e \tag{5-37}$$

式中

$$\boldsymbol{S}=\boldsymbol{D}\begin{bmatrix}\boldsymbol{B}_i & \boldsymbol{B}_j & \boldsymbol{B}_m\end{bmatrix}=\begin{bmatrix}\boldsymbol{S}_i & \boldsymbol{S}_j & \boldsymbol{S}_m\end{bmatrix}$$

单元刚度矩阵为

$$\boldsymbol{k}^e=\iiint_v \boldsymbol{B}^{\mathrm{T}}\boldsymbol{D}\boldsymbol{B}\mathrm{d}v$$

由于被积函数均与 θ 无关，可得

$$\boldsymbol{k}^e=2\pi\iint_e \boldsymbol{B}^{\mathrm{T}}\boldsymbol{D}\boldsymbol{B}r\mathrm{d}x\mathrm{d}r$$

在该式中，由于矩阵 $\boldsymbol{B}$ 中含有子式

$$f_k=(a_k+b_kx+c_kr)/r \qquad (k=i,j,m)$$

它是坐标 x、r 的函数，积分比较复杂；此外，还要消除在对称轴上 $r=0$ 时所引起的矩阵奇异。因此，具体计算时可视具体情况采用相应的方法处理，详见有关书籍。

4. 单元集合

参照平面三角形单元的组集方法，可以得到轴对称问题的总体刚度矩阵 $\boldsymbol{K}$。从而建立弹性体载荷列阵与节点位移列阵的关系，即整体刚度方程

$$\boldsymbol{K}\boldsymbol{q}=\boldsymbol{R}$$

5. 轴对称问题的节点载荷计算

计算节点载荷列阵时，要在整个三棱环单元上积分。下面介绍常用载荷的计算。

(1) 集中力

设节点 i 所受集中力用矩阵表示为

$$\boldsymbol{p}_i=\begin{bmatrix}\boldsymbol{X}_i & \boldsymbol{R}_i\end{bmatrix}^{\mathrm{T}} \quad (i=1,2,\cdots,n)$$

则集中力列阵为

$$\boldsymbol{p}=\begin{bmatrix}X_1 & R_1 & X_2 & R_2 & \cdots & X_n & R_n\end{bmatrix}^{\mathrm{T}}$$

需要指出，轴对称问题中的集中载荷实际是线分布载荷。

(2) 重力

设单元的容重为 v，则单位重力的矩阵表达式为

$$\boldsymbol{p}_v = \begin{bmatrix} p_x \\ p_r \end{bmatrix} = \begin{bmatrix} 0 \\ -v \end{bmatrix}$$

设 r_c 为三角形形心到 x 轴的距离,取为

$$r_c = \frac{r_i + r_j + r_m}{3}$$

则单元重力载荷列阵为

$$\iint_e \boldsymbol{N}^{\mathrm{T}} \boldsymbol{p}_v r \mathrm{d}x\mathrm{d}r = r_c \iint_e \begin{bmatrix} N_i & 0 & N_j & 0 & N_m & 0 \\ 0 & N_i & 0 & N_j & 0 & N_m \end{bmatrix}^{\mathrm{T}} \begin{bmatrix} 0 \\ -v \end{bmatrix} \mathrm{d}x\mathrm{d}r$$

$$= -r_c v \iint_e [0 \quad N_i \quad 0 \quad N_j \quad 0 \quad N_m]^{\mathrm{T}} \mathrm{d}x\mathrm{d}r$$

$$= -\frac{Av(r_i + r_j + r_m)}{9} [0 \quad 1 \quad 0 \quad 1 \quad 0 \quad 1]^{\mathrm{T}}$$

(3)惯性力

设回转体转速为 n,角速度为 ω,材料密度为 ρ,则单位体积的离心力为

$$\boldsymbol{p}_v = \begin{bmatrix} p_x \\ p_r \end{bmatrix} = \begin{bmatrix} 0 \\ \rho\omega^2 r_c \end{bmatrix}$$

单元惯性力载荷列阵为

$$\iint_e \boldsymbol{N}^{\mathrm{T}} \boldsymbol{p}_v r \mathrm{d}x\mathrm{d}r = r_c \iint_e \begin{bmatrix} N_i & 0 & N_j & 0 & N_m & 0 \\ 0 & N_i & 0 & N_j & 0 & N_m \end{bmatrix}^{\mathrm{T}} \begin{bmatrix} 0 \\ \rho\omega^2 r_c \end{bmatrix} \mathrm{d}x\mathrm{d}r$$

$$= \frac{A\rho\omega^2 (r_i + r_j + r_m)^2}{27} [0 \quad 1 \quad 0 \quad 1 \quad 0 \quad 1]^{\mathrm{T}}$$

5.4 等参数单元的原理及数值积分

5.4.1 等参数单元的原理

1. 概念

等参数单元的思路是先在自然坐标系中对简单几何形状的单元按高阶插值多项式来构造形状函数,然后通过坐标变换,将该简单形状的单元在整体坐标系中映射成实际网格划分的曲边或曲面单元。一般说来,有限单元的节点既表示单元形状,又反映内部位移函数。若用于表示形状的节点与构建位移函数的节点相同,不论在单元位移函数构建中还是坐标变换中都采用相同的插值函数,则此类单元称为等参数单元。

下面通过一个任意四边形单元说明等参数单元的特点。如图 5-24 所示,取等分四边的两族直线的中心($\xi = 0, \eta = 0$)为原点,分别沿等分线方向形成 ξ 轴和 η 轴,通过坐标变换,将真实坐标系中的任意四边形单元,映射为以 ξ 轴和 η 轴构成的局部坐标系(也称自然坐标系)中的对称正方形,正方形四个顶点的坐标值为 ±1,如图 5-25 所示。

设图 5-25 中的正方形单元的位移函数为

$$u(\xi,\eta) = a_0 + a_1\xi + a_2\eta + a_3\xi\eta$$
$$v(\xi,\eta) = a_4 + a_5\xi + a_6\eta + a_7\xi\eta$$

式中 $a_0 \sim a_7$ 可由节点位移 $u_1 \sim u_4$ 和 $v_1 \sim v_4$ 求出,从而上式利用自然坐标可以写为

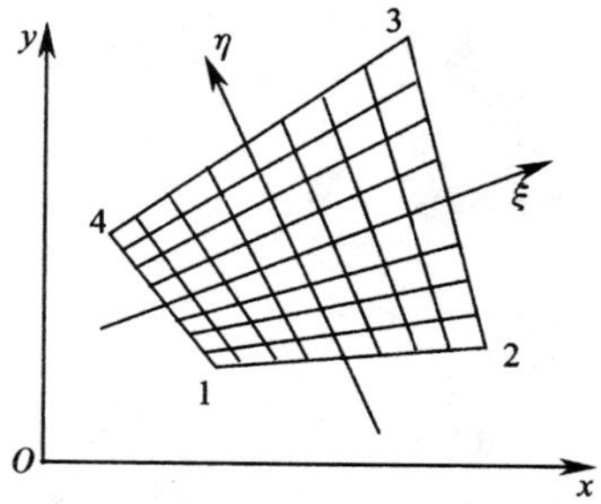

图 5-24　任意四边形单元

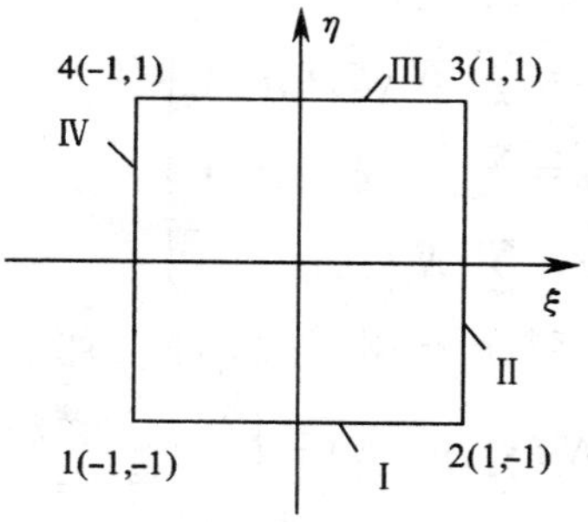

图 5-25　自然坐标系下的四边形单元

$$\left.\begin{aligned}u&=N_1u_1+N_2u_2+N_3u_3+N_4u_4\\v&=N_1v_1+N_2v_2+N_3v_3+N_4v_4\end{aligned}\right\}\tag{5-38}$$

式中 $N_1 \sim N_4$ 称为形状函数

$$\left.\begin{aligned}N_1&=\frac{1}{4}(1-\xi)(1-\eta)\\N_2&=\frac{1}{4}(1+\xi)(1-\eta)\\N_3&=\frac{1}{4}(1+\xi)(1+\eta)\\N_4&=\frac{1}{4}(1-\xi)(1+\eta)\end{aligned}\right\}\tag{5-39}$$

取节点 1,将 $\xi=-1,\eta=-1$ 代入式(5-38),可得 $u=u_1,v=v_1$,表明此式对于各个节点是正确的。而观察形状函数,可知其在单元边界上的位移是线性变化的,因此此式可保证相邻单元共同边界上位移的连续性。利用形函数式(5-39),仿照式(5-38)可得局部坐标与整体坐标之间的变换关系

$$\left.\begin{aligned}x&=N_1x_1+N_2x_2+N_3x_3+N_4x_4\\y&=N_1y_1+N_2y_2+N_3y_3+N_4y_4\end{aligned}\right\}\tag{5-40}$$

取节点 1,将 $\xi=-1,\eta=-1$ 代入式(5-40),可得 $x=x_1,y=y_1$,表明此式对于各个节点是正确的。而在单元的四个边界上,一个自然坐标值等于 ±1,另一个自然坐标值则是线性变化的,因此在相邻单元的共同边界上,对整体坐标而言也是线性变化的,即公共边界上点的坐标由边界两端的节点和该点的相对位置决定,而且是唯一的,这保证了弹性体的连续性。

从另一个角度看,式(5-38)和式(5-40)二者采用相同的形函数和插值分法分别描述单元的位移和几何属性,这是等参数单元的本质特征。

2. 等参元的位移函数

仿照任意四边形单元,将任一等参数单元的位移函数写成

$$\left.\begin{aligned}u(\xi,\eta,\zeta)&=\sum N_i(\xi,\eta,\zeta)u_i\\v(\xi,\eta,\zeta)&=\sum N_i(\xi,\eta,\zeta)v_i\\w(\xi,\eta,\zeta)&=\sum N_i(\xi,\eta,\zeta)w_i\end{aligned}\right\}\tag{5-41}$$

坐标变换式写成

$$\left.\begin{aligned} x &= \sum N_i(\xi,\eta,\zeta)x_i \\ y &= \sum N_i(\xi,\eta,\zeta)y_i \\ z &= \sum N_i(\xi,\eta,\zeta)z_i \end{aligned}\right\} \tag{5-42}$$

式中形状函数可根据下列条件式确定，即

$$N_i(\xi_k,\eta_k,\zeta_k) = \begin{cases} 0 & 当 k \neq i 时 \\ 1 & 当 k = i 时 \end{cases} \qquad (i,k = 1,2,\cdots,n) \tag{5-43}$$

其特点与拉格朗日插值基函数一致。

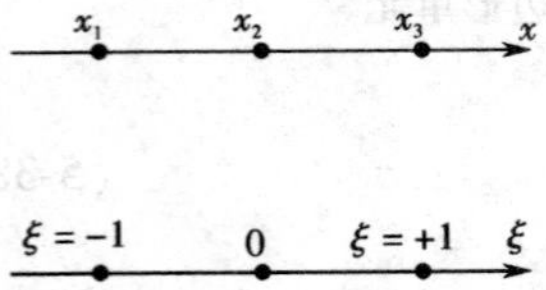

图 5-26　三节点杆件等参数单元

（1）三节点杆件等参数单元

如图 5-26 所示，杆件单元有三个节点 x_1、x_2、x_3，在自然坐标系中映射为 -1、0、1 三点，位移函数可写成

$$u(\xi) = \sum_{i=1}^{3} N_i u_i \tag{5-44}$$

根据式(5-43)可解出形状函数

$$\left.\begin{aligned} N_1 &= \frac{1}{2}\xi(\xi - 1) \\ N_2 &= 1 - \xi^2 \\ N_3 &= \frac{1}{2}\xi(\xi + 1) \end{aligned}\right\} \tag{5-45}$$

（2）四节点任意四边形单元

如图 5-24 所示的任意四边形单元是由图 5-25 所示的边长为 2 的正方形经变换而成。用自然坐标表示的位移函数为

$$\left.\begin{aligned} u(\xi,\eta) &= \sum_{i=1}^{4} N_i(\xi,\eta)u_i(\xi_i,\eta_i) \\ v(\xi,\eta) &= \sum_{i=1}^{4} N_i(\xi,\eta)v_i(\xi_i,\eta_i) \end{aligned}\right\} \tag{5-46}$$

现以 N_1 为例，分析形状函数的形成。正方形四条边线的方程为

Ⅰ：$1 + \eta = 0$

Ⅱ：$1 - \xi = 0$

Ⅲ：$1 - \eta = 0$

Ⅳ：$1 + \xi = 0$

由式(5-43)知 N_1 在 2、3、4 节点处为零，由于这三个节点在Ⅱ和Ⅲ边线上，因此可取

$$N_1(\xi,\eta) = C_1(1 - \xi)(1 - \eta)$$

仍根据式(5-43)，有 N_1 在节点 1 处的值为 1，则可得

$$C_1 = \frac{1}{(1 - \xi_1)(1 - \eta_1)} = \frac{1}{4}$$

所以

$$N_1 = \frac{1}{4}(1 - \xi)(1 - \eta)$$

同理可求得 N_2、N_3、N_4。

(3)八节点任意四边形单元

如图 5-27 所示的八节点任意四边形和曲线四边形单元都可由如图 5-28 所示的正方形变换而成,其位移函数可表示为

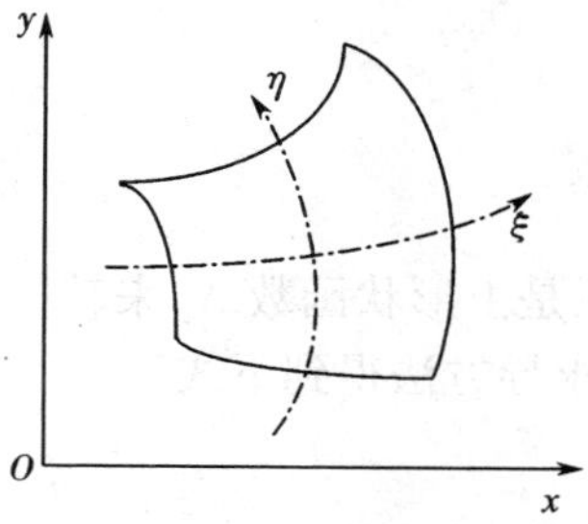

图 5-27　任意四边形单元

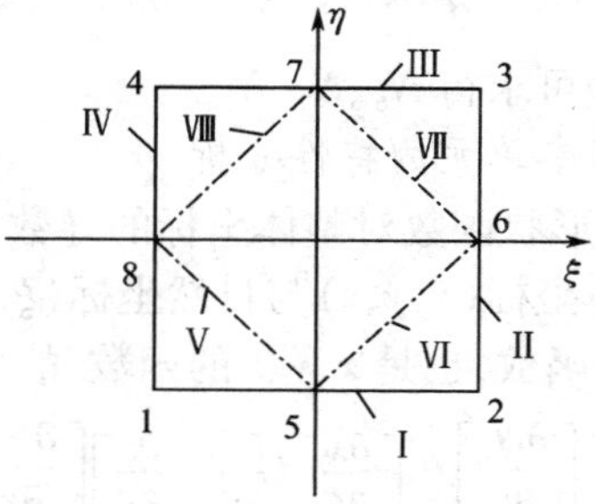

图 5-28　基本单元

$$\left.\begin{aligned} u(\xi,\eta) &= \sum_{i=1}^{8} N_i(\xi,\eta)u_i(\xi_i,\eta_i) \\ v(\xi,\eta) &= \sum_{i=1}^{8} N_i(\xi,\eta)v_i(\xi_i,\eta_i) \end{aligned}\right\} \tag{5-47}$$

式中 $N_1 \sim N_4$ 为四个角节点的形状函数,$N_5 \sim N_8$ 为中间节点的形状函数。正方形的四条边Ⅰ、Ⅱ、Ⅲ、Ⅳ的方程同前,四条边中点连线的方程为

Ⅴ:$1+\xi+\eta=0$

Ⅵ:$1-\xi+\eta=0$

Ⅶ:$1-\xi-\eta=0$

Ⅷ:$1+\xi-\eta=0$

现以 N_1 和 N_5 为例讨论形状函数的形成。N_1 在 2、3、4、5、6、7、8 节点上为零,而这些节点都在边线Ⅱ、Ⅲ、Ⅳ上,因此可设

$$N_1(\xi,\eta)=C_1(1-\xi)(1-\eta)(1+\xi+\eta) \tag{5-48}$$

又根据 N_1 在节点 1 上为 1,可得

$$C_1(1-\xi_1)(1-\eta_1)(1+\xi_1+\eta_1)=1$$

从而

$$C_1=\frac{1}{(1-\xi_1)(1-\eta_1)(1+\xi_1+\eta_1)}=-\frac{1}{4}$$

所以

$$N_1=-\frac{1}{4}(1-\xi)(1-\eta)(1+\xi+\eta)$$

同理可求得 N_2、N_3、N_4。

同样,N_5 在 1、2、3、4、6、7、8 节点上为零,而这些节点分布在边线Ⅱ、Ⅲ、Ⅳ上,故可设

$$N_5(\xi,\eta)=C_5(1-\xi)(1-\eta)(1+\xi) \tag{5-49}$$

又根据 N_5 在节点 5 上为 1,可得

$$C_5(1-\xi_5)(1-\eta_5)(1+\xi_5)=1$$

从而

$$C_5 = \frac{1}{(1-\xi_5)(1-\eta_5)(1+\xi_5)} = \frac{1}{2}$$

所以

$$N_5 = \frac{1}{2}(1-\xi)(1-\eta)(1+\xi)$$

同理可求得 N_6、N_7、N_8。

3. 等参单元的特性分析

(1)形状函数对整体坐标的导数

整体坐标(x,y,z)与自然坐标(ξ,η,ζ)之间的关系是由形状函数 N_i 来转换的。N_i 既是 ξ、η、ζ 的函数,也是 x、y、z 的函数,故可用复合函数的求导方法得到下式

$$\begin{bmatrix} \frac{\partial N_i}{\partial \xi} \\ \frac{\partial N_i}{\partial \eta} \\ \frac{\partial N_i}{\partial \zeta} \end{bmatrix} = \begin{bmatrix} \frac{\partial x}{\partial \xi} & \frac{\partial y}{\partial \xi} & \frac{\partial z}{\partial \xi} \\ \frac{\partial x}{\partial \eta} & \frac{\partial y}{\partial \eta} & \frac{\partial z}{\partial \eta} \\ \frac{\partial x}{\partial \zeta} & \frac{\partial y}{\partial \zeta} & \frac{\partial z}{\partial \zeta} \end{bmatrix} \begin{bmatrix} \frac{\partial N_i}{\partial x} \\ \frac{\partial N_i}{\partial y} \\ \frac{\partial N_i}{\partial z} \end{bmatrix} = \boldsymbol{J} \begin{bmatrix} \frac{\partial N_i}{\partial x} \\ \frac{\partial N_i}{\partial y} \\ \frac{\partial N_i}{\partial z} \end{bmatrix} \tag{5-50}$$

式中 $\boldsymbol{J}$ 为雅可比矩阵,它表示局部自然坐标与整体直角坐标的变换关系,根据式(5-42)用整体坐标表示为

$$\boldsymbol{J} = \begin{bmatrix} \frac{\partial N_1}{\partial \xi} & \frac{\partial N_2}{\partial \xi} & \cdots & \frac{\partial N_n}{\partial \xi} \\ \frac{\partial N_1}{\partial \eta} & \frac{\partial N_2}{\partial \eta} & \cdots & \frac{\partial N_n}{\partial \eta} \\ \frac{\partial N_1}{\partial \zeta} & \frac{\partial N_2}{\partial \zeta} & \cdots & \frac{\partial N_n}{\partial \zeta} \end{bmatrix} \begin{bmatrix} x_1 & y_1 & z_1 \\ x_2 & y_2 & z_2 \\ \vdots & \vdots & \vdots \\ x_n & y_n & z_n \end{bmatrix} \tag{5-51}$$

(2)等参数单元的刚度矩阵

等参数单元的节点位移列阵为

$$\boldsymbol{q}^e = [u_1 \quad v_1 \quad w_1 \quad u_2 \quad v_2 \quad w_2 \quad \cdots \quad u_n \quad v_n \quad w_n]^{\mathrm{T}}$$

则单元的应变表达式可写成

$$\boldsymbol{\varepsilon} = \boldsymbol{B}\boldsymbol{q}^e = [\boldsymbol{B}_1 \quad \boldsymbol{B}_2 \quad \cdots \quad \boldsymbol{B}_n]\boldsymbol{q}^e$$

其中

$$\boldsymbol{B}_i = \begin{bmatrix} \frac{\partial N_i}{\partial x} & 0 & 0 \\ 0 & \frac{\partial N_i}{\partial y} & 0 \\ 0 & 0 & \frac{\partial N_i}{\partial z} \\ \frac{\partial N_i}{\partial y} & \frac{\partial N_i}{\partial x} & 0 \\ 0 & \frac{\partial N_i}{\partial z} & \frac{\partial N_i}{\partial y} \\ \frac{\partial N_i}{\partial z} & 0 & \frac{\partial N_i}{\partial x} \end{bmatrix} \quad (i=1,2,\cdots,n)$$

单元的应力表达式为

$$\boldsymbol{\sigma} = \boldsymbol{DBq}^e = \boldsymbol{Sq}^e$$

仿照平面三角形单元可求出单元刚度矩阵为

$$\boldsymbol{k}^e = \iiint \boldsymbol{B}^{\mathrm{T}}\boldsymbol{DB}\mathrm{d}v = \int_{-1}^{1}\int_{-1}^{1}\int_{-1}^{1}\boldsymbol{B}^{\mathrm{T}}\boldsymbol{DB}\,|\boldsymbol{J}|\,\mathrm{d}\xi\mathrm{d}\eta\mathrm{d}\zeta \tag{5-52}$$

写成分块矩阵形式为

$$\boldsymbol{k}^e = \begin{bmatrix} k_{11} & k_{12} & \cdots & k_{1n} \\ k_{21} & k_{22} & \cdots & k_{2n} \\ \vdots & \vdots & & \vdots \\ k_{n1} & k_{n2} & \cdots & k_{nn} \end{bmatrix}$$

式中各分块子矩阵为

$$\boldsymbol{k}_{rs} = \int_{-1}^{1}\int_{-1}^{1}\int_{-1}^{1}\boldsymbol{B}_r^{\mathrm{T}}\boldsymbol{DB}_s\,|\boldsymbol{J}|\,\mathrm{d}\xi\mathrm{d}\eta\mathrm{d}\zeta \qquad (r,s=1,2,\cdots,n) \tag{5-53}$$

由于单元刚度矩阵的被积函数比较复杂，因此应采用数值积分方法计算。

(3)等参数单元的载荷列阵

对于集中载荷 $\boldsymbol{P} = [\boldsymbol{P}_x \quad \boldsymbol{P}_y \quad \boldsymbol{P}_z]^{\mathrm{T}}$，有

$$\boldsymbol{R}^e = \boldsymbol{N}^{\mathrm{T}}\boldsymbol{P} = [N_1\boldsymbol{P}_x \quad N_1\boldsymbol{P}_y \quad N_1\boldsymbol{P}_z \quad N_2\boldsymbol{P}_x \quad N_2\boldsymbol{P}_y \quad N_2\boldsymbol{P}_z \quad \cdots \quad N_n\boldsymbol{P}_x \quad N_n\boldsymbol{P}_y \quad N_n\boldsymbol{P}_z]^{\mathrm{T}}$$

对于体积力 $\boldsymbol{p}_v = [X \quad Y \quad Z]^{\mathrm{T}}$，有

$$\boldsymbol{R}^e = \iiint \boldsymbol{N}^{\mathrm{T}}\boldsymbol{p}_v\mathrm{d}v = \int_{-1}^{1}\int_{-1}^{1}\int_{-1}^{1}\boldsymbol{N}^{\mathrm{T}}\boldsymbol{p}_v\,|\boldsymbol{J}|\,\mathrm{d}\xi\mathrm{d}\eta\mathrm{d}\zeta$$

载荷列阵的计算也比较复杂，需用数值积分求解。

5.4.2 数值积分

当积分式中的被积函数比较复杂时，很难进行求解，这时可以采用数值积分来代替函数积分。具体步骤为：在单元内选择某些点作为积分点，并算出被积函数在该点的函数值，然后将函数值乘以加权系数求和，得到近似的积分值。数值积分方法有多种，其中高斯积分法对积分点和加权系数法都进行了优化，计算精度比较高，编程也比较简单。

1. 一维高斯积分公式

$$I = \int_{-1}^{1} f(\xi)\mathrm{d}\xi = \sum_{i=1}^{n} H_i f(\xi_i) \tag{5-54}$$

式中 $f(\xi_i)$ 为被积函数在积分点 ξ_i 的函数值；H_i 为加权系数；n 为积分点的数目。

如果有 n 个积分点，就可选择 n 个 ξ_i 和 n 个 H_i，共有 $2n$ 个未知量。根据积分性质，当 $f(\xi)$ 为 ξ 的 $(2n-1)$ 次多项式时，就能给出完全精确的积分值。下面以两个积分点为例，说明 ξ_i 和 H_i 的求法。

当取两个积分点时，$n=2$，则

$$I = \int_{-1}^{1} f(\xi)\mathrm{d}\xi = H_1 f(\xi_1) + H_2 f(\xi_2) \tag{5-55}$$

可将被积函数 $f(\xi)$ 设为三次式

$$f(\xi) = C_0 + C_1\xi + C_2\xi^2 + C_3\xi^3 \tag{5-56}$$

其精确积分值为

$$I=\int_{-1}^{1}(C_0+C_1\xi+C_2\xi^2+C_3\xi^3)\mathrm{d}\xi=2C_0+\frac{2}{3}C_2 \tag{5-57}$$

由式(5-55)和式(5-57)建立恒等式,得

$$H_1(C_0+C_1\xi_1+C_2\xi_1^2+C_3\xi_1^3)+H_2(C_0+C_1\xi_2+C_2\xi_2^2+C_3\xi_2^3)\equiv 2C_0+\frac{2}{3}C_2$$

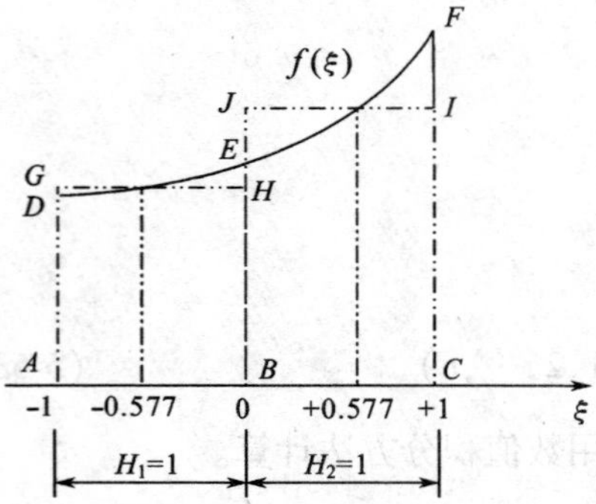

图 5-29 两个积分点的一维高斯积分

利用上式可列出 4 个方程,解得

$$\xi_1=-\xi_2=-\frac{1}{\sqrt{3}}=-0.577\ 35$$

$$H_1=H_2=1.000\ 0$$

两积分点高斯积分公式的几何意义如图 5-29 所示,它是以两个虚线的矩形 *ABHG* 和 *BCIJ* 来代替两块曲边形 *ABED* 和 *BCFE*。

对于 n 为 2 ~ 6 个积分点,高斯积分公式中的积分点坐标 ξ_i 和加权系数 H_i 的数值列于表 5-1,可直接引用。

表 5-1 积分点坐标 ξ_i 和加权系数 H_i

	$\pm\xi_i$	H_i
$n=2$	0. 577 350 269 189 626	1. 000 000 000 000 000
$n=3$	0. 774 596 669 241 483 0. 000 000 000 000 000	0. 555 555 555 555 555 0. 888 888 888 888 888
$n=4$	0. 861 136 311 594 053 0. 339 981 043 584 856	0. 347 854 845 137 454 0. 652 145 154 862 546
$n=5$	0. 906 179 845 938 664 0. 538 469 310 105 683 0. 000 000 000 000 000	0. 236 926 885 056 189 0. 478 628 670 499 366 0. 568 888 888 888 88
$n=6$	0. 932 469 514 203 152 0. 661 209 386 466 265 0. 238 619 186 083 197	0. 171 324 492 379 170 0. 360 761 573 048 139 0. 467 913 934 572 691

2. 二维高斯积分公式

二维高斯积分公式可在一维公式的基础上推导求得。当求重积分 $\int_{-1}^{1}\int_{-1}^{1}f(\xi,\eta)\mathrm{d}\xi\mathrm{d}\eta$ 的数值时,可先对 ξ 进行数值积分,而把 η 当做常量,得

$$\int_{-1}^{1}f(\xi,\eta)\mathrm{d}\xi=\sum_{i=1}^{n}H_if(\xi_i,\eta)=\phi(\eta)$$

然后,再对 η 进行数值积分,得

$$\int_{-1}^{1}\int_{-1}^{1}f(\xi,\eta)\mathrm{d}\xi\mathrm{d}\eta=\int_{-1}^{1}\phi(\eta)\mathrm{d}\eta$$

$$=\sum_{j=1}^{n}H_j\phi(\eta_j)=\sum_{i=1}^{n}\sum_{j=1}^{n}H_iH_jf(\xi_i,\eta_j)$$

式中,n 为一维高斯积分点的数目;ξ_i 为沿 ξ 方向编号为 i 的积分点坐标,H_i 为加权系数;j

编号为另一方向的积分点。当 $n=3$ 时,共有 9 个积分点,如图 5-30 所示。如对 9 个积分点进行统一编号,则可写成

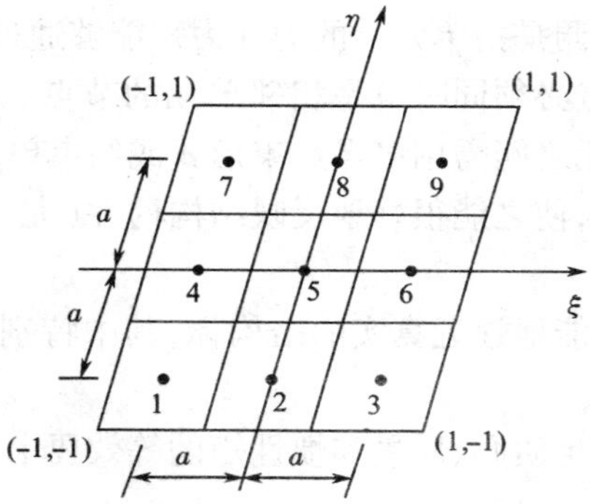

图 5-30　9 个积分点的二维高斯积分

$$\sum_{i=1}^{3}\sum_{j=1}^{3} H_i H_j f(\xi_i,\eta_j) = \sum_{g=1}^{9} H_g f_g$$

式中,$H_g = H_i H_j$,$f_g = f(\xi_i,\eta_j)$,为积分点 g 的函数值。

表 5-2 是 $g=1\sim9$ 各积分点相应坐标和加权系数,可直接引用。

三维高斯积分公式与之类似,不再赘述。

表 5-2　各积分点相应坐标和加权系数

g	i	j	ξ_i	η_i	H_i	H_j	H_g	说明
1	1	1	$-a$	$-a$	H	H	H^2	$a=0.774\ 596\ 669\ 2$
2	2	1	0	$-a$	J	H	JH	$H=0.555\ 555\ 556$
3	3	1	a	$-a$	H	H	H^2	$J=0.88$
4	1	2	$-a$	0	H	J	JH	
5	2	2	0	0	J	J	J^2	
6	3	2	a	0	H	J	JH	
7	1	3	$-a$	a	H	H	H^2	
8	2	3	0	a	J	H	JH	
9	3	3	a	a	H	H	H^2	

5.5　有限元分析中的若干处理方法

在应用有限元法解决实际问题时,由于结构件的几何形状、边界条件和外载荷一般比较复杂,为建立合理的有限元模型和尽可能地减小计算规模,一般需要对实际问题进行合理的简化或处理。本节将对有关问题进行讨论。

5.5.1　建立合理的有限元模型

1. 有限元模型的建立准则

有限元模型是原连续体的离散化模型,为了使分析结果更接近问题的实际情况,所建立的有限元模型必须在能量上与原连续系统等价。具体应满足下述准则。

①模型的合理简化。鉴于实际问题的复杂性,在有限元建模中,根据研究目的,常对实

际结构进行一些相应的简化,如忽略一些不必要的细节(如倒角、凸台、凹槽)等。但模型简化必须尽可能反映实际情况,如有限元模型的抗弯、抗扭和抗剪刚度应尽可能与实际系统等价。并且,简化后的有限元模型须是静定结构或是超静定结构。

②位移协调性。位移协调是指单元上的力和力矩能够通过节点传递给相邻单元。为保证位移协调,一个单元的节点必须同时也是相邻单元的节点。相邻单元的共有节点具有相同的自由度性质。否则,单元之间需用多点约束形式或约束单元进行约束处理。

③合理地选取单元类别,使之能很好地反映结构构件(尤其是主要受力构件)的传力特点。

④在几何形状上要尽可能地逼近真实的结构体,其中特别要注意曲线与曲面的逼近问题。

⑤质量的等效处理应满足质心、质量和惯性矩的等效要求。

2. 边界条件处理

在结构的边界上必须严格满足已知的位移约束条件。例如,某些边界上的位移、转角等于零或已知值。

当边界与另一个弹性体紧密相连,构成弹性边界条件时,可分两种情况来处理。当弹性体边界点的支撑刚度已知时,则可将它的作用简化为弹簧,在此节点上加一边界弹簧元,如图 5-31(a)所示;当边界节点的支撑刚度不清楚时,则可将此弹性体的部分区域与原结构一起进行有限元分析,所划分区域的大小视其影响情况而定,如图 5-31(b)所示。

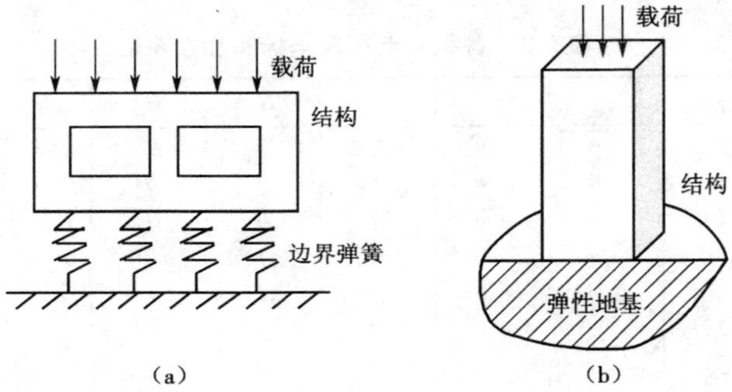

图 5-31　两种弹性边界条件

(a)支撑刚度已知时;(b)支撑刚度不清楚时

当整个结构存在刚体运动的可能性和局部几何可变机构时,就无法进行静力、动力分析。为此,必须根据结构的实际边界位移约束情况,对模型的某些节点施加约束,消除刚体运动和局部几何可变机构的可能性。平面问题中应消去两个刚体平移运动和一个刚体转动;在三维问题中需消去三个刚体平移运动和三个刚体转动。

如果添加不合理的消除模型刚体位移的约束,则在约束处会出现不正常的支反力,造成结构原来的受力状态和边界条件改变,导致错误的分析结果。如图 5-32(a)所示的轴对称受力模型,必须在 A 点(或 B 点)加一个约束支座以消除刚体位移,如图 5-32(b)所示。但不能同时在 A 点和 B 点施加约束支座,如图 5-32(c)所示,否则将出现多余的约束。

3. 连接条件的处理

一个复杂的结构件常常是由杆、梁、板、壳及三维实体等多种形式的构件组成。由于梁、板、壳及三维实体单元节点之间的自由度不匹配,因此在梁和二维体,板壳与三维实体的交

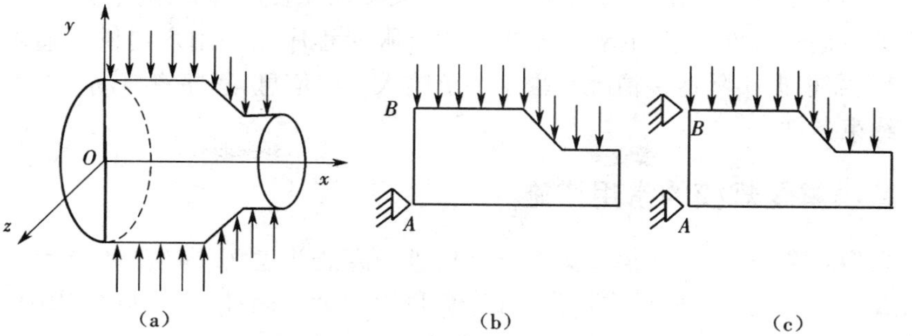

图 5-32　轴对称受力模型

(a)轴对称受力模型;(b)轴对称简化模型;(c)多余约束

接处必须妥善加以处理,否则模型会失真,得不到正确的计算结果。

例如,平面梁单元的每个节点有 u、v、θ 三个自由度,而平面膜单元只有 $\bar{u}$、$\bar{v}$ 两个自由度,当这两种构件连接在一起时,连接节点 i 处的自由度不匹配。可以采用两种办法来处理。一种是人为地将梁往平面中延伸一段,使在 m、i 两点处梁和平面的位移一致,从而满足两种构件的连接条件,如图 5-33(a)所示。另一种是在连接处使梁与平面的变形之间满足如下约束关系,即

$$u_i = \bar{u}_i, v_i = \bar{v}_i, \theta_i = \frac{\bar{u}_j - \bar{u}_k}{2l}$$

式中,u_i、v_i、θ_i 是梁上 i 点的位移和转角;$\bar{u}_i$、$\bar{v}_i$、$\bar{u}_j$、$\bar{u}_k$ 是平面上 i、j、k 点的位移,如图 5-33(b)所示。

图 5-33　平面膜与梁连接的两种处理方法

(a)延伸连接法;(b)变形约束法

在复杂结构中,常常还遇到其他一些连接关系。如两根梁在某点用铰链连接在一起形成交叉梁,如图 5-34(a)所示,两根梁的转角在铰链处可以不一样。此外,若是梁和板连接在一起(图 5-34(b)),而梁的节点 i 与板的节点 j 之间有一段距离,这时可以把节点 i、j 之间看成存在刚体连接关系。

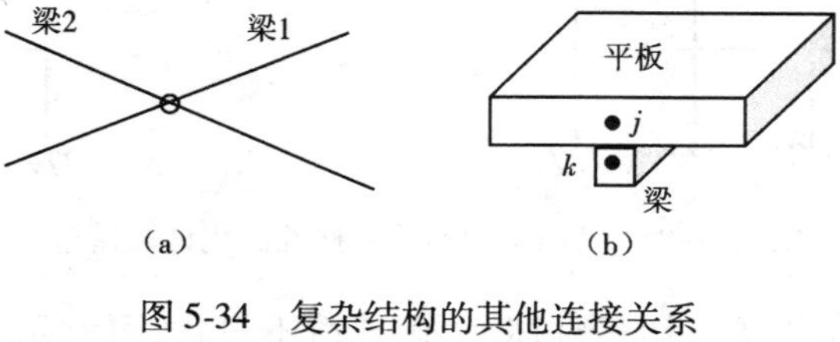

图 5-34　复杂结构的其他连接关系

(a)交叉法;(b)梁和板连接

将构件间复杂的连接条件用相应的位移约束关系式表达,称为约束方程,在计算中应使程序严格满足这些条件。应当指出,不少商用有限元程序已为用户提供了输入连接条件的接口,用户只需根据实际连接情况和程序要求输入一些信息,程序将自动生成节点自由度之间的位移约束条件。

5.5.2 减小解题规模的常用措施

对于大型复杂的结构,如果直接对全结构进行离散并建立求解方程,无疑方程的规模会很大。造成对计算机存储的要求过高,且计算量也很大。因此,在实际应用中,如何在不影响分析精度的前提下减小有限元解题规模很重要。

1. 对称性和反对称性

对称性和反对称性常用来缩减有限元分析的工作量。所谓对称性,是指几何形状、物理性质、载荷与位移边界条件、初始条件都满足对称性。反对称性是指几何形状、物理性质、位移边界条件、初始条件都满足对称性,而载荷分布满足反对称性。如果问题对一个平面对称或反对称,则只需对原模型的1/2进行分析即可;如果问题同时对两个平面对称或反对称,则只需对原模型的1/4进行分析即可;如果分析某问题同时对三个平面对称或反对称,则只需对原模型的1/8进行分析即可。

为使局部模型的分析结果符合实际情况,应在对称面上附加相应的对称性或反对称性约束条件。

①对称性约束条件。在对称面上,垂直于对称面的位移分量为零,切应力为零。对于刚架结构,对称面上的剪力为零,垂直于对称面的平动位移和转角为零。如图5-35中的平面刚架问题,利用对称性条件,可简化为原问题的1/2,但必须加上相应的位移对称约束条件。

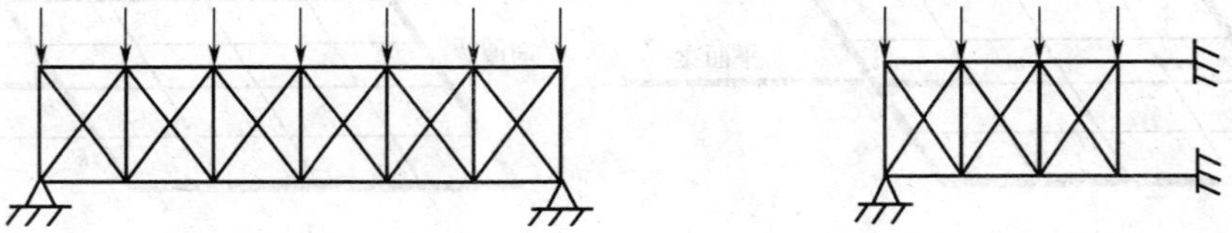

图5-35 利用结构的对称性简化计算模型

②反对称性约束条件。在对称面上,平行于对称面的位移分量为零,正应力为零。对于刚架结构,对称面上的弯矩为零,平行于对称面的位移为零。如图5-36中的平面问题,利用反对称性条件,可简化为原问题的1/2,同样必须加上相应的位移对称约束条件。

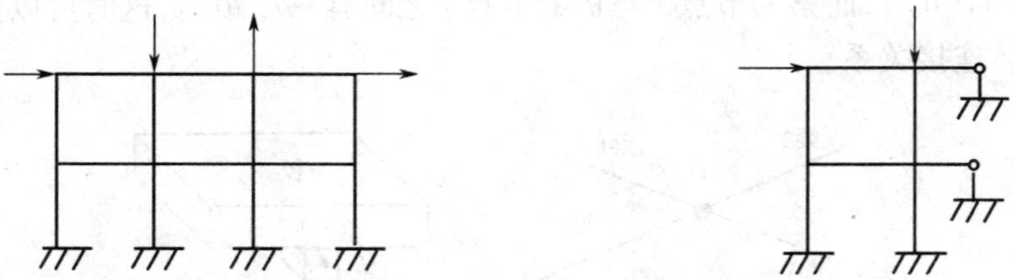

图5-36 利用结构的反对称性简化计算模型

③如果一个结构在几何上具有对称性,仅载荷不对称,可利用对称性将问题的规模缩小,即可以将载荷分解成对称与反对称两部分之和,于是原问题化为求解一个对称问题和反

对称问题。

2. 周期性条件

机械上有许多旋转零部件(像发电机转子、空气压缩机叶轮、飞轮等)的结构形式和所受的载荷呈现周期性变化的特点。对这种结构如果按整体进行分析,计算工作量较大;如果利用这些结构上的特点,只切出其中一个周期来分析,计算工作量就减为原来的 $1/n$(n 为周期数)。为了反映切取部分对余下部分结构的影响,在切开处必须使它满足周期性约束条件,也就是说,在切开处对应位置的相应量相等。

3. 降维处理和几何简化

对于一个复杂结构或待分析的工程构件,可根据它们在几何上、力学上、传热学上的特点进行降维处理,即一个三维物体,如果可以忽略某些几何上的细节或次要因素,能近似为二维问题,就按照二维问题处理。一个二维问题若能近似地看成一维问题,就尽可能地按照一维问题进行计算。维数降低一维,计算量为原来的几分之一、几十分之一,甚至更少。如连杆、球轴承、飞轮等机械零件都可近似当成平面问题来处理。

在复杂结构的计算中,应尽可能减少其按三维问题处理的部分。事实上,现代机械设计中进行工程计算的真正目的是求出结构最大承载能力和最薄弱的区域,这种简化处理虽然会带来误差,但一般都能满足工程上的设计要求,而计算成本却能大大降低。如果对个别细节部分分析结果不满意,则可将这部分分割出来,作为三维问题来处理。

许多机械零件上经常设计有一些小圆孔、圆角、倒角、凸台、退刀槽等几何细节,只要这些几何细节不是位于应力峰值区域分析的要害部位,根据 Saint-Venant 原理,在分析时可以将其忽略。

4. 子结构技术

对于大型结构,特别是带有多个相同部件的大型结构,目前广泛采用多重静力子结构和多重动力子结构的求解技术,以降低求解规模。

子结构技术是将一个大型复杂结构看成是由许多一级子结构(超单元)和一些单元拼装而成的,而这些一级子结构又是由许多二级子结构和一些单元拼成的,二级子结构又是由三级子结构和单元拼成……这样一直分下去,分成若干级,最高级子结构则完全由单元组成。

每一级子结构设置出口节点(边界节点),子结构的拼装就是通过各出口节点连接完成的。子结构内部节点的自由度由出口节点自由度和子结构内部所受的载荷确定。通过子结构内部刚度矩阵的集合,建立出口节点自由度和节点反力之间的关系(子结构刚度矩阵)。

求解从高级子结构开始,并且不分析重复的子结构,然后逐级把贡献提供给低一级子结构,最后到主结构求解。解出主结构的未知量后,再逐级解高一级子结构的未知量。在每一级求解中,由于只包含本级所用到的单元的节点和高一级子结构的边界节点(内部点已消去,其影响已转化到这些边界点上),所以求解的规模都不大。

这种方法实质上是对一个大型结构利用在构造和几何上的特点,将它分解为若干子结构,先在子结构的基础上进行离散和自由度缩减,然后再集成结构总体的求解方程,大大减少该求解方程的自由度,且在有相同形状子结构的情况下还可以进一步省去形成相同形状子结构矩阵的计算工作量。

5. 线性近似化

工程上对于一些呈微弱非线性的问题常作为线性问题处理,所得到的结果既能满足要求，成本又不高。例如，许多混凝土结构（水坝、高层建筑、冷却塔、桥梁等）实际上都是非线性结构，其非线性现象较弱，初步分析时可以将其看做线性结构处理。只有当分析其破坏形态时，才按非线性考虑。

6. 节点编号的优化

有限元刚度方程的系数矩阵具有稀疏性和带状分布的性质。在系数矩阵中第一个非零元素到主对角元素的长度称为半带宽。有限元法中乘法运算的次数与未知数个数 n 以及半带宽的平方的乘积成正比。而节点编号影响结构总刚度矩阵的带宽，因而影响计算时间和存储容量的大小，所以合理的编号有利于提高计算效率。目前许多有限元分析软件自带优化器，网格划分后可进行节点编号及带宽优化。

5.6 有限元分析软件

5.6.1 通用有限元分析软件

有限元分析的过程工作量大，公式推导和编程求解难度较大。鉴于有限元分析中各单元的计算程式都相同，便于在计算机上编程实现，采用模块式结构，易实现通用化，因此陆续出现了许多著名的大型商用有限元分析软件。

由于实际工程结构庞大，计算模型复杂，因而大型商用有限元的分析软件一般均由前、后处理模块和求解器组成，并在各模块之间常设有功能强大的软件接口，在各模块保持独立的同时，也为有限元软件与其他相关软件的数据通信提供了方便。

前处理模块的主要功能是形成有限元模型数据文件，主要包括结构几何模型的建立和显示、自动网格划分、施加边界条件和载荷，数据文件的输入/输出。

求解器的主要功能是对有限元模型进行分析和计算，包括带宽优化、求解方法的选取、确定收敛判据等。因此，它是有限元的理论方法、计算方法和软件分析方法的集成。

后处理模块的主要功能是处理求解器分析后的结果，并以图形、动画、曲线、表格和文字形式输出分析结果。

软件接口的主要功能是读写由其他 CAD/CAE 软件的各种输出/输入文件，实现与其他 CAD/CAE 软件间的数据转换功能，使得几何建模可以由第三方 CAD/CAE 软件来提供，增强软件本身的通用性。

目前，常用的商用有限元分析软件有：ADINA、ANSYS、NASTRAN/PATRAN、MSC/MARC 等。

下面仅对国内应用较广的 ANSYS 软件进行介绍。

5.6.2 ANSYS 有限元分析软件介绍

ANSYS 有限元软件是美国 ANSYS 公司研制的大型通用有限元分析软件。作为一种通用有限元分析软件，ANSYS 软件包括多种模块，广泛应用于各个工程领域，如结构力学和传热学问题、流体力学问题、电磁学问题和应力/温度/流体/电磁场等多场耦合问题。此外，还具有与多个 CAD/CAE 软件的接口，如 CATIA、IDEAS、SolidWK、PROE、UG 等三维造型和分析软件。

以机械（结构和热）力学为核心的 MCAE（Mechauical Computer-Aided Engineering）体系

包括 Mechanical 模块、LS-DYNA 模块、Motion 模块和 Fe-safe 模块。Mechanical 模块具有一般结构静力学、动力学和非线性分析功能与稳态、瞬态、相变等热分析功能，以及声学分析、压电分析、热/结构耦合分析和热/电耦合分析等耦合场分析的功能；LS-DYNA 模块是通用的显式非线性有限元分析程序，适合求解各种二维、三维非线性结构的碰撞、金属成形等非线性动力问题，也可以求解传热、流体及流固耦合问题；Motion 模块主要进行机构运动学分析；Fe-safe 模块则主要用于疲劳分析。

以计算流体力学为核心的 CFD(Computational Fluid Dynamics)体系包括 CFX 模块和 CART3D 模块。CFX 模块具有先进的流体算法，还可以和 ANSYS Structure 及 ANSYS Emag 等软件配合，实现流体与结构分析、电磁分析等的耦合。CART3D 模块主要用于飞行器的气动分析，并且分析速度较 CFX 模块提高了至少 10 倍以上。

以计算电磁学为核心的 CEM(Computational Electro-Magnetics)体系包括 EMAG 模块，主要用于电磁场分析。多场耦合体系包括 Multiphysics 模块和 AUTODYN 模块。Multiphysics 模块基于隐式算法，能够在同一仿真环境中进行结构、流体、热、电磁场单场分析和多场耦合分析。AUTODYN 模块是基于显式算法的多场耦合模块，该软件为非线性显式有限元分析程序，主要模拟流体、气体及固体在高速冲击或极限载荷条件下的响应及耦合分析，广泛应用于弹道学、冲击、穿甲、爆轰等问题的分析研究。

此外，ANSYS 公司还推出了一种协同仿真平台，即 AWE(ANSYS Workbench Environment)。在这个平台可整合世界主流 CAE 软件，为各种 CAE 软件提供协同仿真环境。在本环境中，工作人员始终面对同一个界面，无须在各种软件界面之间频繁切换，仿真软件只是这个环境的后台工具，各类研发数据在此平台上交换与共享，如图 5-37 所示。

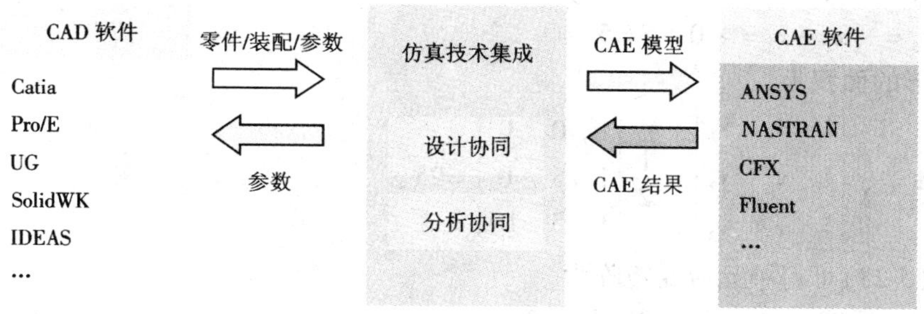

图 5-37　Workbench 建立统一仿真环境

5.7　有限元法应用实例

本节举例说明利用有限元法进行结构分析的一般步骤以及在商用有限元分析软件 ANSYS 中进行有限元分析的过程。在有限元分析中，特别需要注意的是物理量单位的协调性，推荐采用 ton-mm-s-N-MPa-t/mm^3 单位系统。

图 5-38 所示薄板，在右上角处受集中载荷作用，底边受到约束。材料的弹性模量为 $E=3.0\times10^5$ MPa，泊松比 $\mu=0.3$，厚度 $t=1$ mm。试分析平板的应力分布。该问题可视为弹性力学平面应力问题。

1. 有限元法解析分析过程

利用三角形平面单元进行分析，将该平板划分为 8 个单元和 9 个节点，单元和节点编号如图 5-39 所示，建立图示的平面直角坐标系 Oxy。

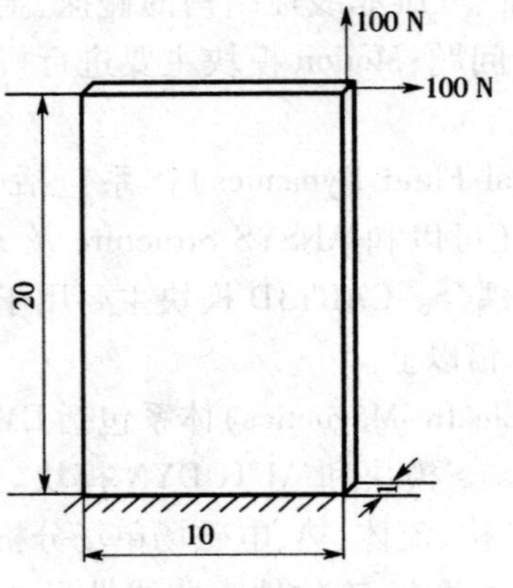

图 5-38　薄板计算实例

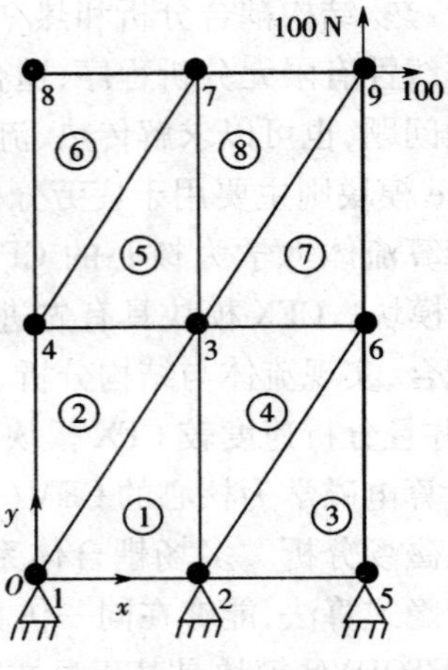

图 5-39　薄板单元划分及单元节点编号

计算各单元的单元刚度矩阵并进行扩展。对于单元 1，由式(5-19)可求得

$$b_1 = y_2 - y_3 = 0 - 10 = -10$$
$$b_2 = y_3 - y_1 = 10 - 0 = 10$$
$$b_3 = y_1 - y_2 = 0 - 0 = 0$$
$$c_4 = -x_2 + x_3 = -5 + 5 = 0$$
$$c_5 = -x_3 + x_1 = -5 + 0 = -5$$
$$c_6 = -x_1 + x_2 = -0 + 5 = 5$$

三角形的面积为

$$A = \frac{1}{2}\begin{vmatrix} 1 & x_1 & y_1 \\ 1 & x_2 & y_2 \\ 1 & x_3 & y_3 \end{vmatrix} = \frac{1}{2}\begin{vmatrix} 1 & 0 & 0 \\ 1 & 5 & 0 \\ 1 & 5 & 10 \end{vmatrix} = 25$$

由式(5-23)可得单元应变矩阵为

$$\boldsymbol{B} = \frac{1}{2A}\begin{bmatrix} b_1 & 0 & b_2 & 0 & b_3 & 0 \\ 0 & c_1 & 0 & c_2 & 0 & c_3 \\ c_1 & b_1 & c_2 & b_2 & c_3 & b_3 \end{bmatrix} = \frac{1}{50}\begin{bmatrix} -10 & 0 & 10 & 0 & 0 & 0 \\ 0 & 0 & 0 & -5 & 0 & 5 \\ 0 & -10 & -5 & 10 & 5 & 0 \end{bmatrix}$$

由式(5-15)可知，弹性力学平面应力问题的弹性矩阵为

$$\boldsymbol{D} = \frac{E}{1-\mu^2}\begin{bmatrix} 1 & \mu & 0 \\ \mu & 1 & 0 \\ 0 & 0 & \frac{1-\mu}{2} \end{bmatrix} = \frac{3.0 \times 10^{11}}{1-0.3^2}\begin{bmatrix} 1 & 0.3 & 0 \\ 0.3 & 1 & 0 \\ 0 & 0 & \frac{1-0.3}{2} \end{bmatrix}$$

则由式(5-28)可得单元 1 的刚度矩阵为

$$
\boldsymbol{k}^1 = At\boldsymbol{B}^{\mathrm{T}}\boldsymbol{D}\boldsymbol{B} = \begin{bmatrix}
3.2967 & 0 & -3.2967 & 0.4945 & 0 & -0.4945 \\
 & 1.1538 & 0.5769 & -1.1538 & -0.5769 & 0 \\
 & & 3.5852 & -1.0714 & -0.2885 & 0.4945 \\
 & & & 1.9780 & 0.5769 & -0.8242 \\
 & \text{对称} & & & 0.2885 & 0 \\
 & & & & & 0.8242
\end{bmatrix} \times 10^{11}
$$

将单元 1 的单元刚度矩阵进行扩展，得到一个 18×18 阶的方阵 $\boldsymbol{k}_{\mathrm{ext}}^1$。$\boldsymbol{k}_{\mathrm{ext}}^1$ 只在 1、2、3 点处对应的元素上有值，其他元素上均为零。

$$
\boldsymbol{k}_{\mathrm{ext}}^1 = \left[\begin{array}{cccccccccccccccccc}
3.2967 & 0 & -3.2967 & 0.4945 & 0 & -0.4945 & 0 & 0 & 0 & 0 & 0 & 0 & 0 & 0 & 0 & 0 & 0 & 0 \\
 & 1.1538 & 0.5769 & -1.1538 & -0.5769 & 0 & 0 & 0 & 0 & 0 & 0 & 0 & 0 & 0 & 0 & 0 & 0 & 0 \\
 & & 3.5852 & -1.0704 & -0.2885 & 0.4945 & 0 & 0 & 0 & 0 & 0 & 0 & 0 & 0 & 0 & 0 & 0 & 0 \\
 & & & 1.9780 & 0.5769 & -0.8242 & 0 & 0 & 0 & 0 & 0 & 0 & 0 & 0 & 0 & 0 & 0 & 0 \\
 & & & & 0.2885 & 0 & 0 & 0 & 0 & 0 & 0 & 0 & 0 & 0 & 0 & 0 & 0 & 0 \\
 & & & & & 0.8242 & 0 & 0 & 0 & 0 & 0 & 0 & 0 & 0 & 0 & 0 & 0 & 0 \\
 & & & & & & 0 & 0 & 0 & 0 & 0 & 0 & 0 & 0 & 0 & 0 & 0 & 0 \\
 & & & & & & & 0 & 0 & 0 & 0 & 0 & 0 & 0 & 0 & 0 & 0 & 0 \\
 & & & & & & & & 0 & 0 & 0 & 0 & 0 & 0 & 0 & 0 & 0 & 0 \\
 & & & & & & & & & 0 & 0 & 0 & 0 & 0 & 0 & 0 & 0 & 0 \\
 & & & \text{对称} & & & & & & & 0 & 0 & 0 & 0 & 0 & 0 & 0 & 0 \\
 & & & & & & & & & & & 0 & 0 & 0 & 0 & 0 & 0 & 0 \\
 & & & & & & & & & & & & 0 & 0 & 0 & 0 & 0 & 0 \\
 & & & & & & & & & & & & & 0 & 0 & 0 & 0 & 0 \\
 & & & & & & & & & & & & & & 0 & 0 & 0 & 0 \\
 & & & & & & & & & & & & & & & 0 & 0 & 0 \\
 & & & & & & & & & & & & & & & & 0 & 0 \\
 & & & & & & & & & & & & & & & & & 0
\end{array}\right] \times 10^{11}
$$

所有单元均按上述同样的过程进行计算，分别得出 8 个单元的扩展矩阵。

对 8 个单元的扩展刚度矩阵进行叠加，得到该薄板的整体刚度矩阵为

$$
\boldsymbol{K} = \sum_{e=1}^{8} \boldsymbol{k}_{\mathrm{ext}}^e
$$

在考虑位移约束条件的情况下写出结构节点位移列阵。在本例中，节点 1、2、5 处为全约束，即这三个节点的各方向的位移分量为零，则该结构的节点位移列阵为

$$
\boldsymbol{q}_{18\times1} = \begin{bmatrix} q_1 \\ q_2 \\ \vdots \\ q_9 \end{bmatrix} = [\,u_1\ v_1\ u_2\ v_2\ u_3\ v_3\ u_4\ v_4\ u_5\ v_5 \cdots\ u_9\ v_9\,]^{\mathrm{T}}
$$

$$
= [\,0\ 0\ 0\ 0\ u_3\ v_3\ u_4\ v_4\ 0\ 0\ \cdots\ u_9\ v_9\,]^{\mathrm{T}}
$$

考虑结构的外载荷构造结构载荷列阵。本例只在节点 9 处作用 x、y 方向的垂直载荷，因此可以得到结构的载荷列阵为

$$F_{18\times1}=\begin{bmatrix}F_1\\F_2\\\vdots\\F_9\end{bmatrix}=[F_{x1}\quad F_{y1}\quad F_{x2}\quad F_{y2}\quad F_{x3}\quad F_{y3}\quad F_{x4}\quad F_{y4}\quad F_{x5}\quad F_{y5}\cdots F_{x9}\quad F_{y9}]^{\mathrm{T}}$$

$$=[0\;0\;0\;0\;0\;0\;0\;0\;0\;0\;0\;\cdots\;100\;100]^{\mathrm{T}}$$

引入边界条件，即根据结构约束情况修正总体平衡方程，以消除整体刚度矩阵的奇异性，得到可解的总体平衡方程。本例采用将结构刚度矩阵对角置1法引入约束条件，参见式(5-31)。因为在本例中节点1、2、5处为全约束，位移分量为零，因此将整体刚度矩阵的第1、2、3、4、9、10行和列的对角元素置1，其余元素置0，并且将载荷列阵的第1、2、3、4、9、10行元素置0，这样就完成了总体平衡方程的修正。

利用线性方程组的数值解法对得到的总体平衡方程进行求解，可得到各节点的位移分量。最后根据弹性力学平面应力问题的应变矩阵 $\boldsymbol{B}$ 和弹性矩阵 $\boldsymbol{D}$ 求得各单元的正应力 σ_x、σ_y 和剪应力 τ_{xy} 以及正应变 ε_x、ε_y 和剪应变 γ_{xy}。而 z 向的正应变 ε_z 可由式(5-14)求得。利用 MATLAB 软件编制该薄板问题的有限元分析程序如下。

```
clear all
%基本数据
noden =9; %节点总数
elementn =8;%单元总数
nodec =[0,0;5,0;5,10;0,10;10,0;10,10;5,20;0,20;10,20];%节点坐标
ecode =[1,2,3;1,3,4;2,5,6;2,6,3;4,3,7;4,7,8;3,6,9;3,9,7]; %单元对应的节点编号

%材料参数
E =3.0E11;
poisson =0.3;
t =1;

%计算单元刚度矩阵
D =E/(1 - poisson^2). *[1,poisson,0;poisson,1,0;0,0,(1 - poisson)/2]; %弹性矩阵
kzt =zeros(2 * noden,2 * noden);%整体刚度矩阵的定义

for en =1:elementn
    i =ecode(en,1);
    j =ecode(en,2);
    m =ecode(en,3);
    x1 =nodec(i,1);
    x2 =nodec(j,1);
    x3 =nodec(m,1);
    y1 =nodec(i,2);
    y2 =nodec(j,2);
    y3 =nodec(m,2);
```

```
area =0.5 * det([1,x1,y1;1,x2,y2;1,x3,y3]);
b1 =y2 - y3;
b2 =y3 - y1;
b3 =y1 - y2;
c1 = - x2 + x3;
c2 = - x3 + x1;
c3 = - x1 + x2;

B =[b1,0,b2,0,b3,0;0,c1,0,c2,0,c3;c1,b1,c2,b2,c3,b3]/(2 * area);%应变矩阵
ke =t * area * B' * D * B; %单元刚度矩阵

%单元刚度矩阵的扩展
kzt(2 * i - 1:2 * i,2 * i - 1:2 * i) =kzt(2 * i - 1:2 * i,2 * i - 1:2 * i) + ke(1:2,1:2);
kzt(2 * i - 1:2 * i,2 * j - 1:2 * j) = kzt(2 * i - 1:2 * i,2 * j - 1:2 * j) + ke(1:2,3:4);
kzt(2 * i - 1:2 * i,2 * m - 1:2 * m) = kzt(2 * i - 1:2 * i,2 * m - 1:2 * m) + ke(1:2,5:6);
%*************************************
kzt(2 * j - 1:2 * j,2 * i - 1:2 * i) =kzt(2 * j - 1:2 * j,2 * i - 1:2 * i) + ke(3:4,1:2);
kzt(2 * j - 1:2 * j,2 * j - 1:2 * j) =kzt(2 * j - 1:2 * j,2 * j - 1:2 * j) + ke(3:4,3:4);
kzt(2 * j - 1:2 * j,2 * m - 1:2 * m) =kzt(2 * j - 1:2 * j,2 * m - 1:2 * m) + ke(3:4,5:6);
%*************************************
kzt(2 * m - 1:2 * m,2 * i - 1:2 * i) =kzt(2 * m - 1:2 * m,2 * i - 1:2 * i) + ke(5:6,1:2);
kzt(2 * m - 1:2 * m,2 * j - 1:2 * j) =kzt(2 * m - 1:2 * m,2 * j - 1:2 * j) + ke(5:6,3:4);
kzt(2 * m - 1:2 * m,2 * m - 1:2 * m) =kzt(2 * m - 1:2 * m,2 * m - 1:2 * m) + ke(5:6,5:6);
end

kzt%整体刚度矩阵

%载荷列阵
F =zeros(2 * noden,1);
F(17) =100;
F(18) =100;
```

```
%%引入边界约束条件
%引入边界约束条件后整体刚度矩阵的修正
kzt(1,:)=0;
kzt(:,1)=0;
kzt(1,1)=1;
kzt(2,:)=0;
kzt(:,2)=0;
kzt(2,2)=1;

kzt(3,:)=0;
kzt(:,3)=0;
kzt(3,3)=1;
kzt(4,:)=0;
kzt(:,4)=0;
kzt(4,4)=1;

kzt(9,:)=0;
kzt(:,9)=0;
kzt(9,9)=1;
kzt(10,:)=0;
kzt(:,10)=0;
kzt(10,10)=1;

kzt%修正后的整体刚度矩阵

%引入边界约束条件后载荷列阵的修正
F(1)=0;
F(2)=0;
F(3)=0;
F(4)=0;
F(9)=0;
F(10)=0;

F%修正后的载荷列阵

%求解节点位移
q=inv(kzt)*F;

%%计算单元应变、应力
strain=[ ];
```

```
stress = [ ];
for en = 1:elementn
    i = ecode(en,1);
    j = ecode(en,2);
    m = ecode(en,3);
    x1 = nodec(i,1);
    x2 = nodec(j,1);
    x3 = nodec(m,1);
    y1 = nodec(i,2);
    y2 = nodec(j,2);
    y3 = nodec(m,2);

    area = 0.5 * det([1,x1,y1;1,x2,y2;1,x3,y3]);
    b1 = y2 - y3;
    b2 = y3 - y1;
    b3 = y1 - y2;
    c1 = - x2 + x3;
    c2 = - x3 + x1;
    c3 = - x1 + x2;

    B = [b1,0,b2,0,b3,0;0,c1,0,c2,0,c3;c1,b1,c2,b2,c3,b3]/(2 * area);

    %把当前单元的节点位移从总体位移列阵中提取出来
    qe = [q(2 * i - 1),q(2 * i),q(2 * j - 1),q(2 * j),q(2 * m - 1),q(2 * m)]';
    strain_e = B * qe;
    stress_e = D * strain_e;
    strain = [strain strain_e];
    stress = [stress,stress_e];
end

stress   %sx   sy   Txy   输出单元应力

%计算 z 向正应变
strainz = (stress(1,:) + stress(2,:)) * - poisson/E
strian = [strain;strainz]; %输出单元应变
```

计算结果如下：

节点位移 $\boldsymbol{q}_{18\times1} = [u_1\ v_1\ u_2\ v_2\ u_3\ v_3\ u_4\ v_4\ u_5\ v_5 \cdots\ u_9\ v_9]^{\mathrm{T}}$

q = {0　0　0　0　0.161 1　0.033 1　0.172 1　0.108 5　0　0　0.153 3　−0.042 0　0.389 5　0.056 1　0.390 4　0.141 8　0.407 3　0.001 1}$^{\mathrm{T}}\times10^{-8}$

单元应力见表5-3,单元应变见表5-4。

表5-3　单元应力　(MPa)

单元	1	2	3	4	5	6	7	8
σ_x	3.270 9	3.489 4	-4.153 9	-1.922 4	-4.964 4	2.701 7	-0.926 5	14.006 6
σ_y	10.903 0	33.598 1	-13.846 2	9.345 0	5.418 5	10.806 7	12.664 9	11.109 9
τ_{xy}	18.593 3	2.453 3	17.684 5	1.268 9	8.942 4	5.403 4	11.986 7	13.667 5

表5-4　单元应变

$(\times 10^{-9})$

单元	1	2	3	4	5	6	7	8
ε_x	0	-0.022 0	0	-0.015 8	-0.022 0	-0.001 8	-0.015 8	0.035 6
ε_y	0.033 1	0.108 5	-0.042 0	0.033 1	0.023 0	0.033 3	0.043 1	0.023 0
γ_{xy}	0.161 1	0.021 3	0.153 3	0.011 0	0.077 5	0.046 8	0.103 9	0.118 5
ε_z	-0.014 2	-0.037 1	0.018 0	-0.007 4	-0.000 5	-0.013 5	-0.011 7	-0.025 1

2. 利用有限元分析软件ANSYS 10.0的分析过程

利用ANSYS软件分析有两种方式,即利用ANSYS软件的APDL语言编写命令流的方式和GUI(图形用户界面)操作方式。利用GUI操作方式的分析过程如下。

①在ANSYS软件界面中定义工作目录和文件名。如图5-40所示进入ANSYS软件主界面,依次单击Utility Menu→File→Change Directory,在弹出的对话框中选择工作目录G:\example,单击确定,如图5-41所示;再依次单击Utility Menu→File→Change Jobname,在弹出的对话框中输入plane,再选中“New log and error files?”复选框,使其处于Yes状态,单击“OK”按钮,如图5-42所示。

②定义单元类型。依次单击Main Menu→Preprocessor→Element Type→Add/Edit/Delete,弹出一个对话框,单击“Add”,又出现一个“Library of Element Types”对话框,如图5-43所示,在“Library of Element Types”右面的列表栏中选择“Solid”,在其右面的列表栏中选择“Quad 4node　42”,单击“OK”按钮,返回Element Type对话框,如图5-44所示,单击“Options”按钮,弹出单元设置对话框,如图5-45所示,将“K3”选项设置为Plane strs w/thk,即在平面应力单元中设置厚度参数,单击“OK”按钮,再单击“Close”,完成单元的设置。

③设置实常数。依次单击Main Menu→Preprocessor→Real Constants→Add/Edit/Delete,弹出一个“Real Constants”对话框,单击“Add”,又弹出“Element Type for Real Constants”对话框,单击“OK”按钮,又弹出如图5-46所示的“Real Constant Set Number 1,for PLANE42”对话框,在“Thickness”后的输入框中输入平板的厚度1,单击“OK”按钮,关闭对话框,再单击“Close”,完成实常数设置。

④设置材料属性。依次单击Main Menu→Preprocessor→Material Props→Material models,出现“Define Material Model Behavior”对话框,如图5-47所示。在“Material Models Available”对话框中双击打开“Structural→Linear→Elastic→Isotropic”,又出现一个如图5-48所示的对话框,输入弹性模量EX = 3e11(3×10^{11} MPa),泊松比PRXY = 0.3,单击“OK”按钮,再单

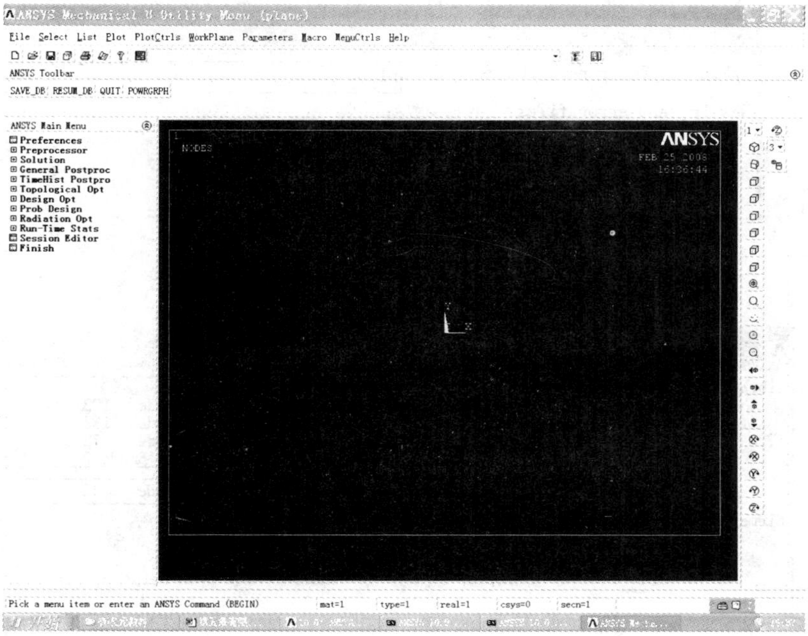

图 5-40　ANSYS 软件主界面

图 5-41　定义工作目录对话框

击“Material→Exit”，完成材料属性的设置。

⑤建立几何模型。依次单击 Main Menu→Preprocessor→Modeling→Create→Keypoints→In Active CS，即在当前的坐标系下建立关键点。在弹出的对话框中，依次输入关键点的编号 1，关键点坐标为 $x=0, y=0$，如图 5-49 所示。然后单击“Apply”按钮，重复以上过程，输入其他关键点编号和坐标；关键点 2 的坐标为 $x=5, y=0$；关键点 3 的坐标为 $x=10, y=0$；关键点 4 的坐标为 $x=0, y=10$；关键点 5 的坐标为 $x=5, y=10$；关键点 6 的坐标为 $x=10, y=10$；关键点 7 的坐标为 $x=0, y=20$；关键点 8 的坐标为 $x=5, y=20$；关键点 9 的坐标为

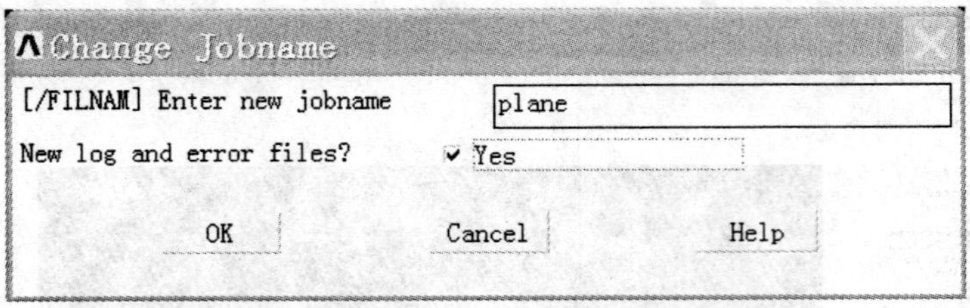

图 5-42　定义工作文件名对话框

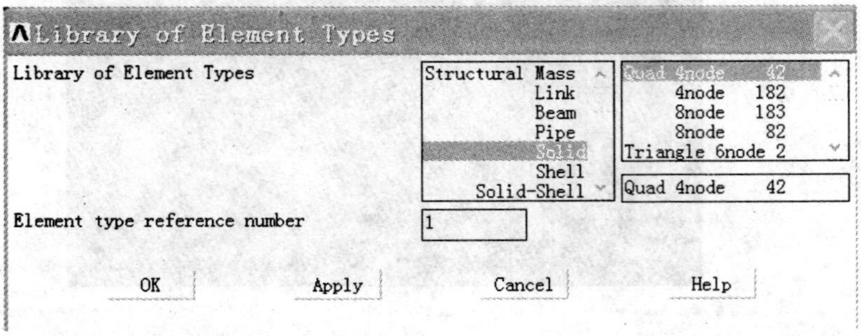

图 5-43　单元定义对话框

图 5-44　单元类型定义对话框

$x=10, y=20$。完成 9 个关键点的编号和坐标设置后，单击“OK”按钮，创建的关键点如图 5-50 所示。

⑥创建面。依次单击 Main Menu→Preprocessor→Modeling→Create→Areas→Arbitrary→Through KPs，弹出关键点选择拾取框，用鼠标在图形窗口上依次选择关键点 1、2 和 5，然后单击“Apply”按钮，图形窗口上显示出一个新创建的面。重复以上过程，依次选择关键点 1、5 和 4，2、3 和 6，2、6 和 5，4、5 和 8，4、8 和 7，5、6 和 9，5、9 和 8 创建其他面，单击“OK”按钮，完成面的创建，创建好的面如图 5-51 所示。

⑦划分网格。首先确定单元的尺寸，依次单击 Main Menu→Preprocessor→Meshing→Size Cntrls→Manual Sizes→Lines→All Lines，弹出如图 5-52 所示的对话框，在“No. of element divisions”后的输入框中输入选择线的划分数目 1，单击“OK”按钮，完成单元尺寸控制设置。然后划分单元，依次单击 Main Menu→Preprocessor→Meshing→mesh→Areas→Free，弹出面选

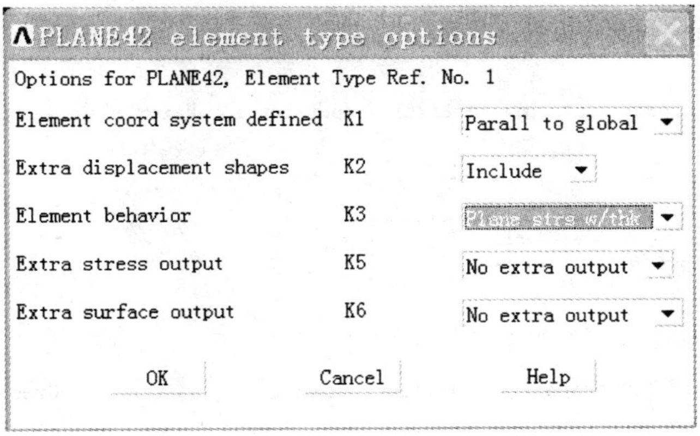

图 5-45　单元选项设置对话框

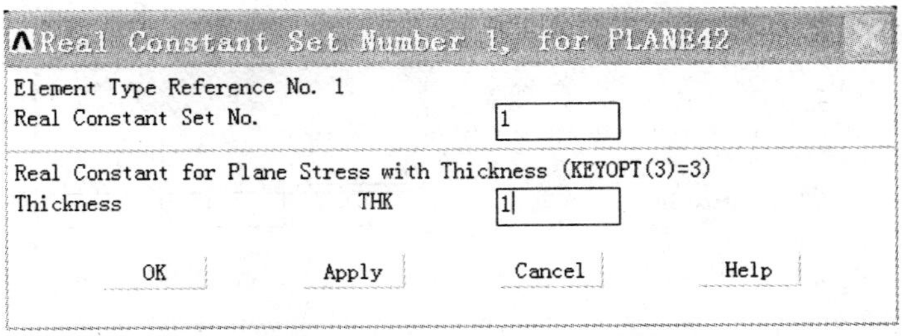

图 5-46　设置单元 Plane42 的实常数的对话框

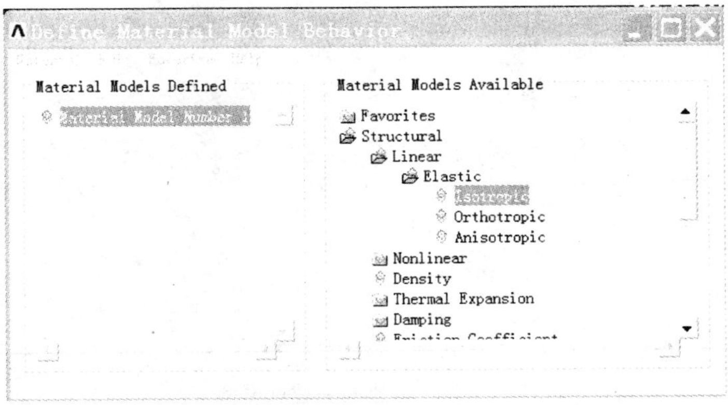

图 5-47　定义材料属性对话框

择对话框，如图 5-53 所示，单击“Pick All”按钮，完成所有面的网格划分，如图 5-54 所示。

⑧施加载荷。依次单击 Main Menu→Preprocessor→Loads→Define loads→Apply→Structural→Force/Moment→On nodes，会出现节点选择框，如图 5-55 所示。在图形屏幕上拾取节点编号是 9 的节点，单击“OK”按钮，又弹出如图 5-56 所示的“Apply F/M on Nodes”对话框，在“Direction of force/mom”后选择“FX”，在“Force/moment value”输入力的数值 100，单击“Apply”按钮。重复以上过程，在“Direction of force/mom”后选择“FY”，在“Force/moment value”输入力的数值 100，单击“OK”按钮，完成载荷的施加，如图 5-57 所示。

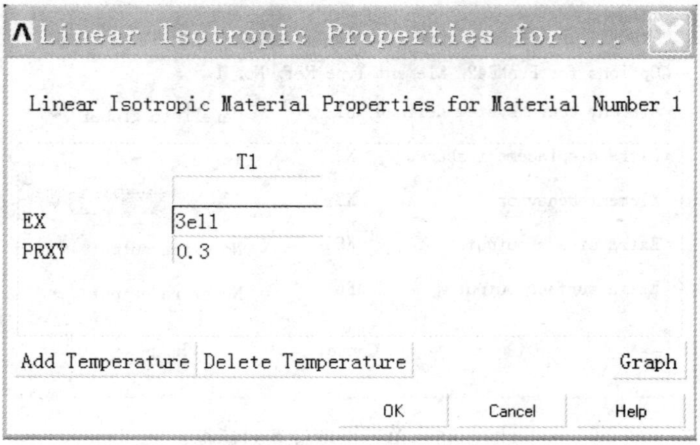

图 5-48　设置平板的材料属性

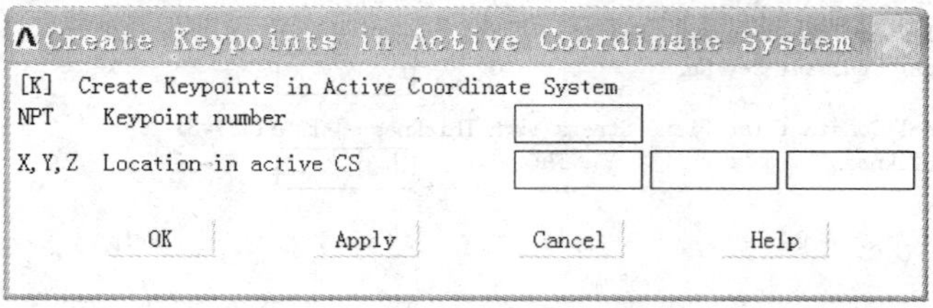

图 5-49　创建的关键点对话框

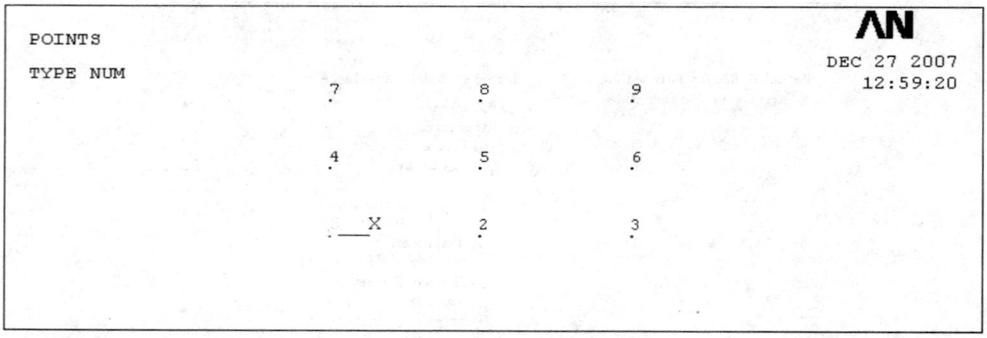

图 5-50　创建的关键点模型

⑨施加约束。依次单击 Main Menu→Preprocessor→Loads→Define loads→Apply→Structural→Displacement→On nodes，会出现节点选择框，在图形屏幕上拾取节点编号是 1、2 和 5 的节点，单击“OK”按钮，弹出如图 5-58 所示的“Apply U，ROT on Nodes”对话框，在“DOFs to be constrained”后选择“All DOF”，在“Displacement value”后输入数值“0”，单击“OK”按钮，完成约束的施加。

⑩求解。首先依次单击 Main Menu→Preprocessor→Solution→Analysis Type→New Analysis，会出现如图 5-59 所示的分析问题类型选择框，选择 Static（静态分析），单击“OK”按钮，完成选择。再单击 Sol'n Controls，会出现求解控制对话框，如图 5-60 所示，单击“OK”按钮。

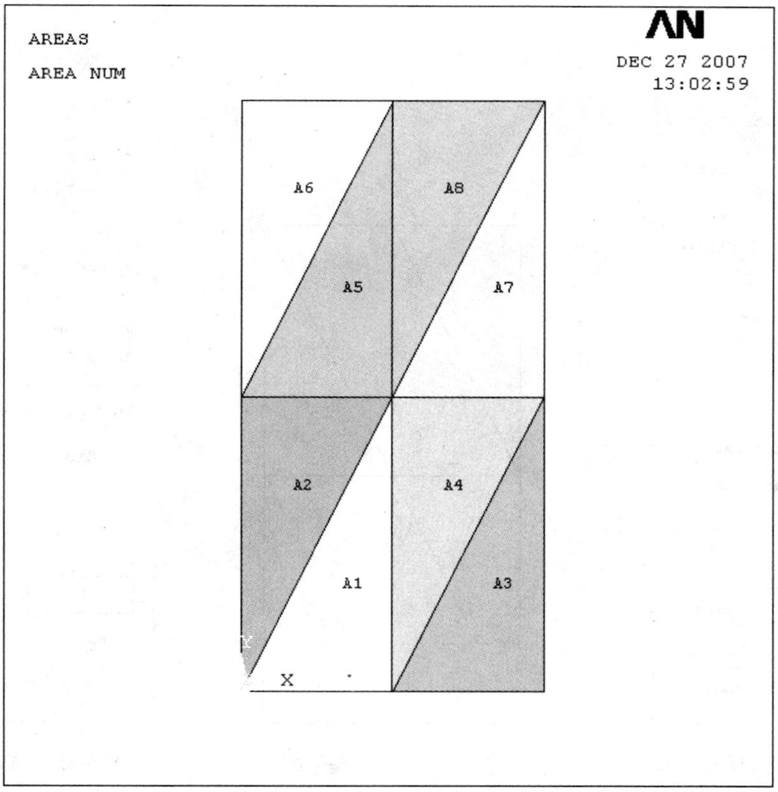

图 5-51　创建的几何面模型

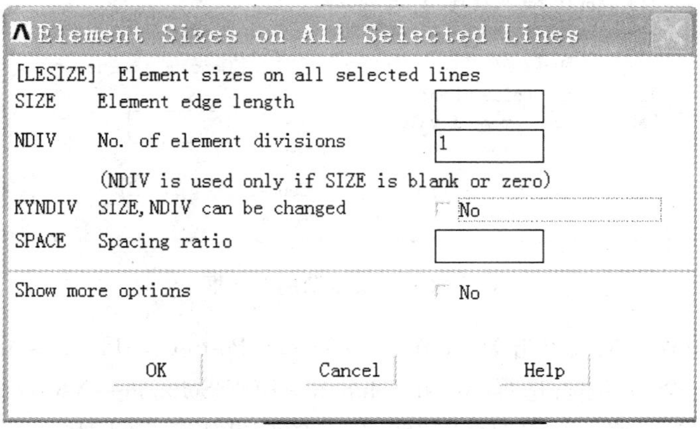

图 5-52　设置单元尺寸对话框

然后单击 Solve→Current LS（当前载荷下的求解），出现一个信息提示窗口和求解对话框，如图 5-61 和图 5-62 所示。首先要浏览信息提示窗口上的内容，确认无误后，单击"File→Close"，关闭信息提示窗口。然后单击求解对话框上的"OK"按钮，求解运算开始，直到屏幕上出现"Solution is done！"信息窗口，如图 5-63 所示。这时表示计算结束，单击"Close"按钮，关闭提示框。

⑪浏览运算结果。步骤如下。

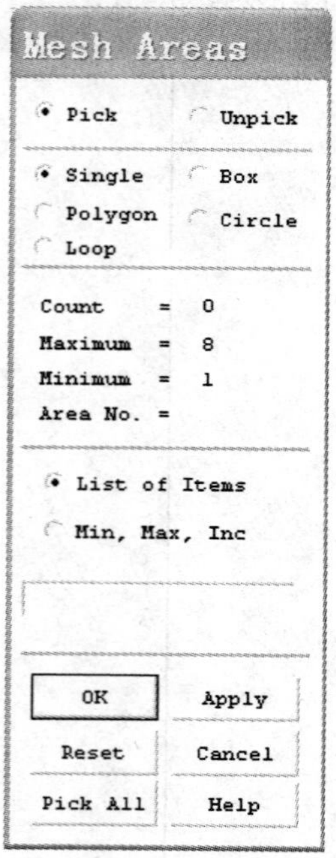

图 5-53　面选择对话框

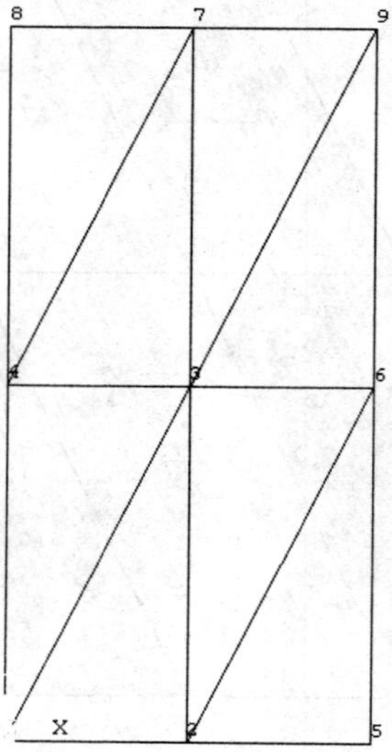

图 5-54　节点编号图

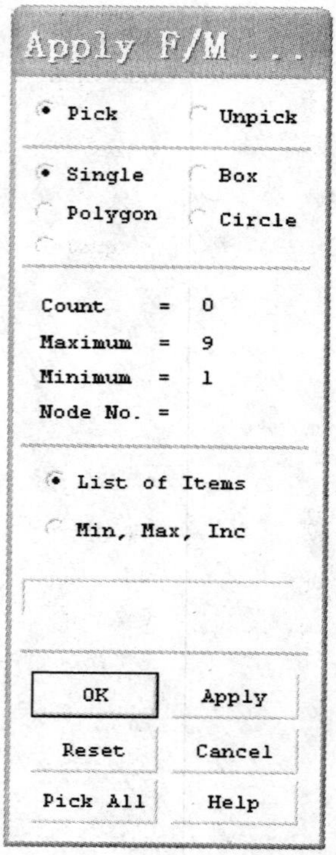

图 5-55　节点选择框

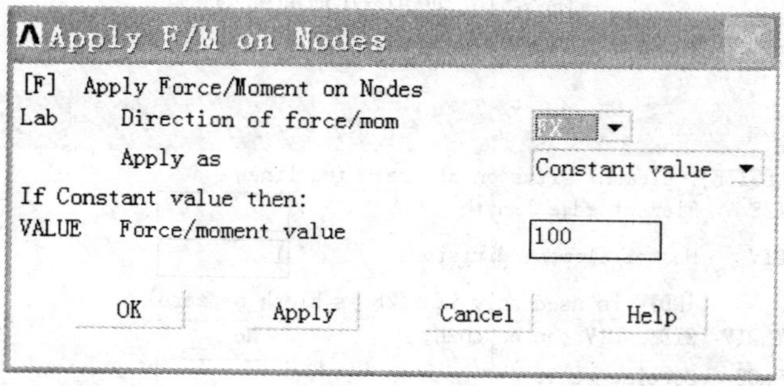

图 5-56　定义载荷的对话框

a. 查看节点位移。依次单击 Main Menu→General Postproc→Plot Results→Contour Plot→Nodal Solu，出现一个对话框，选择 Nodal Solution→DOF Solution→X-Component of displacement（节点的 X 方向位移），单击“OK”按钮，生成的结果如图 5-64 所示。重复同样的过程，可画出节点的 Y 方向位移图，如图 5-65 所示。因为该平板受力问题被视为平面应力问题，因此 Z 方向的位移为零值。再依次单击 Main Menu→General Postproc→List Results→Nodal Solu，出现一个对话框，依次选择 Nodal Solution→DOF Solution→Displacement of vector sum（节点的位移矢量），单击“OK”按钮，列出节点位移，结果如表 5-5 所示。

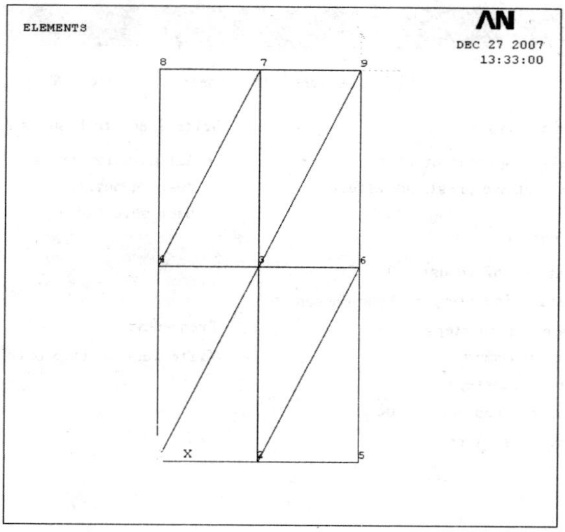

图 5-57　定义载荷后的模型

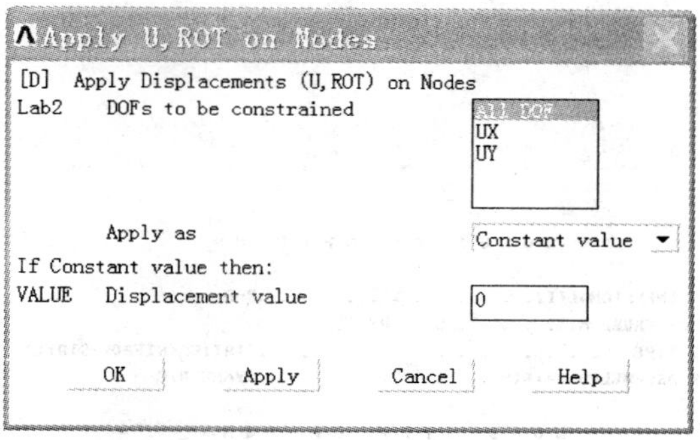

图 5-58　施加约束的对话框

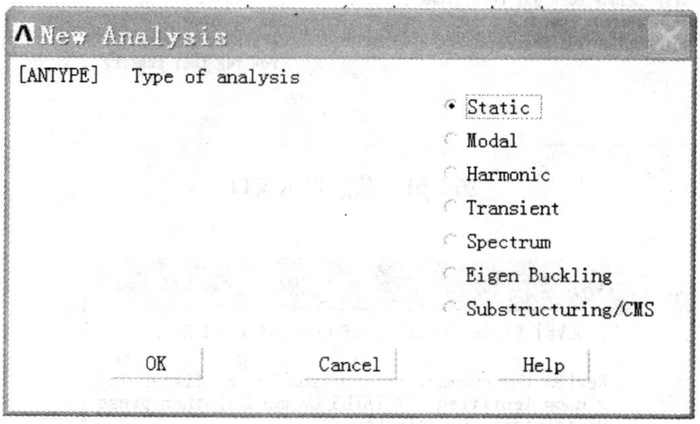

图 5-59　分析问题类型选择对话框

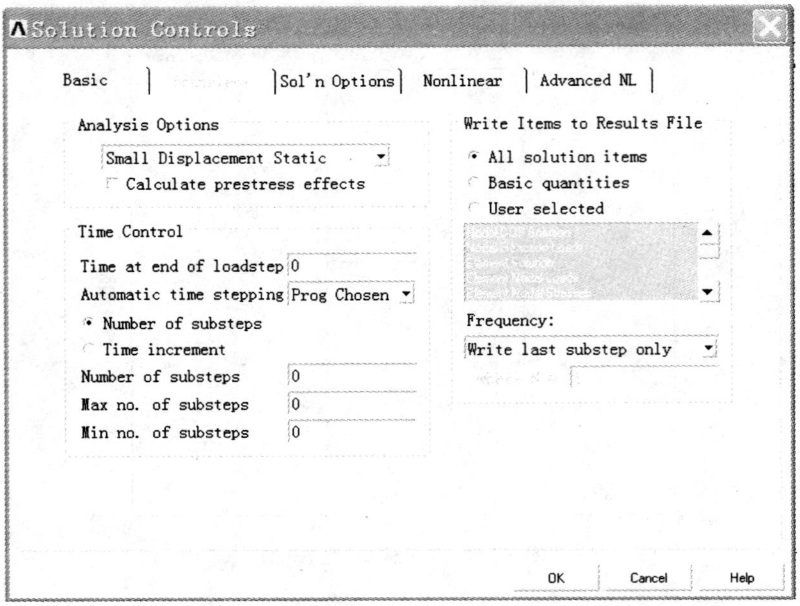

图 5-60　求解控制对话框

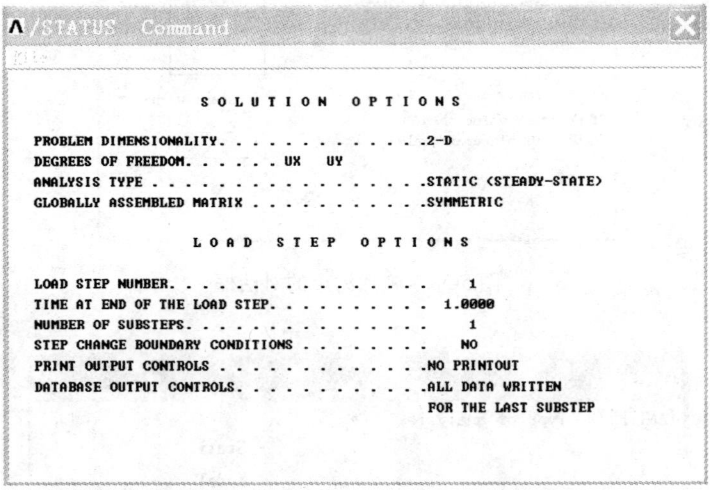

图 5-61　信息提示窗口

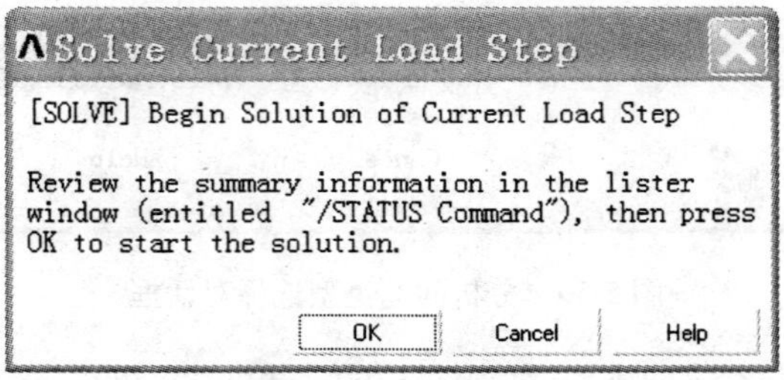

图 5-62　求解对话框

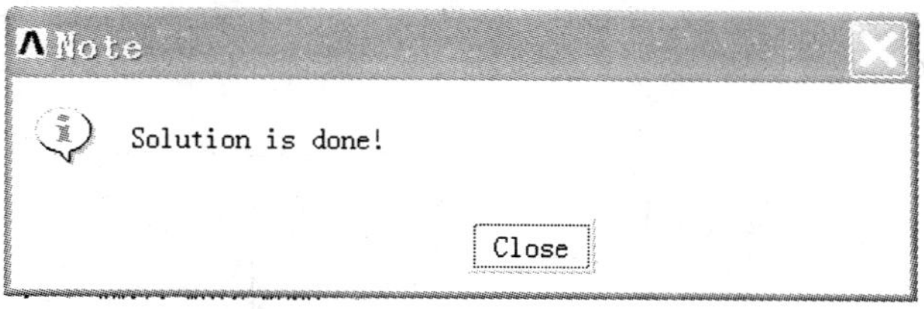

图 5-63　求解完成信息框

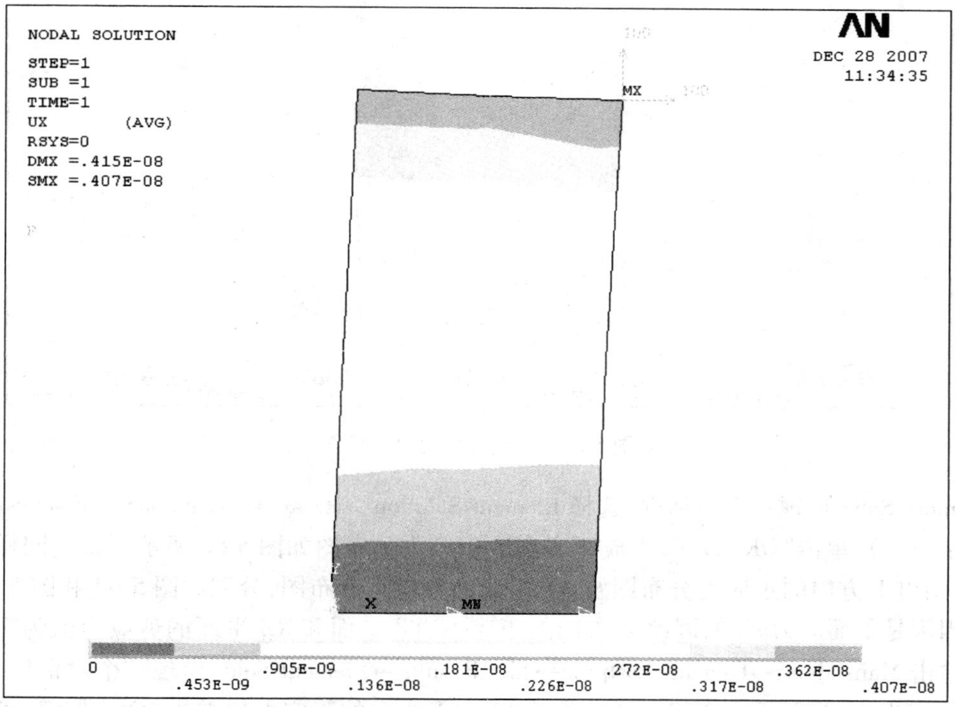

图 5-64　节点位移图(*X* 方向)

表 5-5　平板的节点位移　(mm)

节点	*u*	*v*	*w*	总位移
1	0. 000 0	0. 000 0	0. 000 0	0. 000 0
2	0. 000 0	0. 000 0	0. 000 0	0. 000 0
3	$0.161\,14\times10^{-8}$	$0.330\,73\times10^{-9}$	0. 000 0	$0.164\,50\times10^{-8}$
4	$0.172\,13\times10^{-8}$	$0.108\,50\times10^{-8}$	0. 000 0	$0.203\,47\times10^{-8}$
5	0. 000 0	0. 000 0	0. 000 0	0. 000 0
6	$0.153\,27\times10^{-8}$	$-0.420\,00\times10^{-9}$	0. 0000	$0.158\,92\times10^{-8}$
7	$0.389\,51\times10^{-8}$	$0.560\,99\times10^{-8}$	0. 000 0	$0.393\,53\times10^{-8}$
8	$0.390\,41\times10^{-8}$	$0.141\,82\times10^{-8}$	0. 000 0	$0.415\,37\times10^{-8}$
9	$0.407\,30\times10^{-8}$	$0.114\,27\times10^{-10}$	0. 000 0	$0.407\,30\times10^{-8}$

b. 板的单元应力图。依次单击 Main Menu→General Postproc→Plot Results→Contour Plot

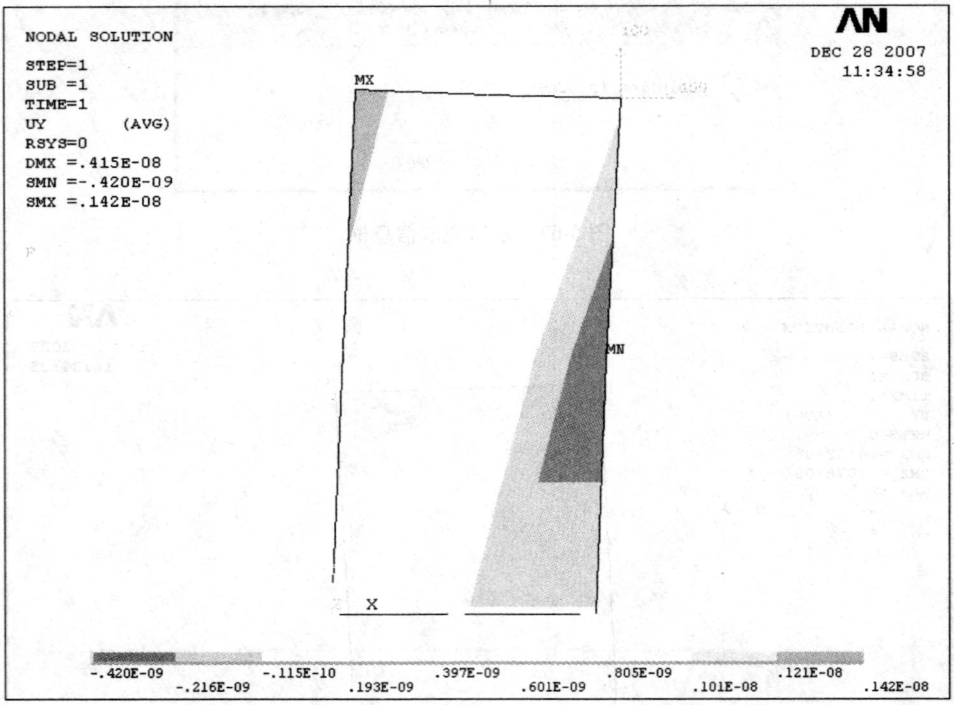

图 5-65　节点位移图（*Y* 方向）

→Element Solu，出现一个对话框，选择 Element Solution→Stress→X-Component of stress（*X* 方向的正应力），单击"OK"按钮，生成 *X* 方向的正应力分布图如图 5-66 所示。重复同样的过程，可画出 *Y* 方向的正应力分布图及 *XY* 平面的剪应力分布图，分别如图 5-67 和图 5-68 所示。因为是平面应力问题，因此 *Z* 方向的正应力、*YZ* 平面和 *XZ* 平面的剪应力值为零。再依次单击 Main Menu→General Postproc→List Results→Element Solu，出现一个对话框，选择 Element Solution→Stress→X-Component of stress（*X* 方向的正应力），单击"OK"按钮，可列出单元应力，结果如表 5-6 所示。由于选用的三角形平面单元为常应力和常应变单元，故各单元节点的应力相同。

表 5-6　平板的单元应力　（MPa）

单元	1	2	3	4	5	6	7	8
σ_x	3.270 9	3.489 4	-4.153 9	-1.922 4	-4.964 4	2.701 7	-0.926 47	14.007
σ_y	10.903	33.598	-13.846	9.345 0	5.418 5	10.807	12.665	11.110
τ_{xy}	18.593	2.453 3	17.684	1.268 9	8.942 4	5.403 4	11.987	13.668

c. 板的单元应变图。依次单击 Main Menu→General Postproc→Plot Results→Contour Plot→Element Solu，出现一个对话框，选择 Element Solution→Total Strain→X-Component of total strain（*X* 方向的正应变），单击"OK"按钮，生成 *X* 方向的正应变图如图 5-69 所示。重复同样的过程，可画出 *Y* 和 *Z* 方向的应变分布图及 *XY* 平面的剪应变分布图，分别如图 5-70、图 5-71 和图 5-72 所示。因为是平面应力问题，因此 *YZ* 平面和 *XZ* 平面的剪应变值为零。再

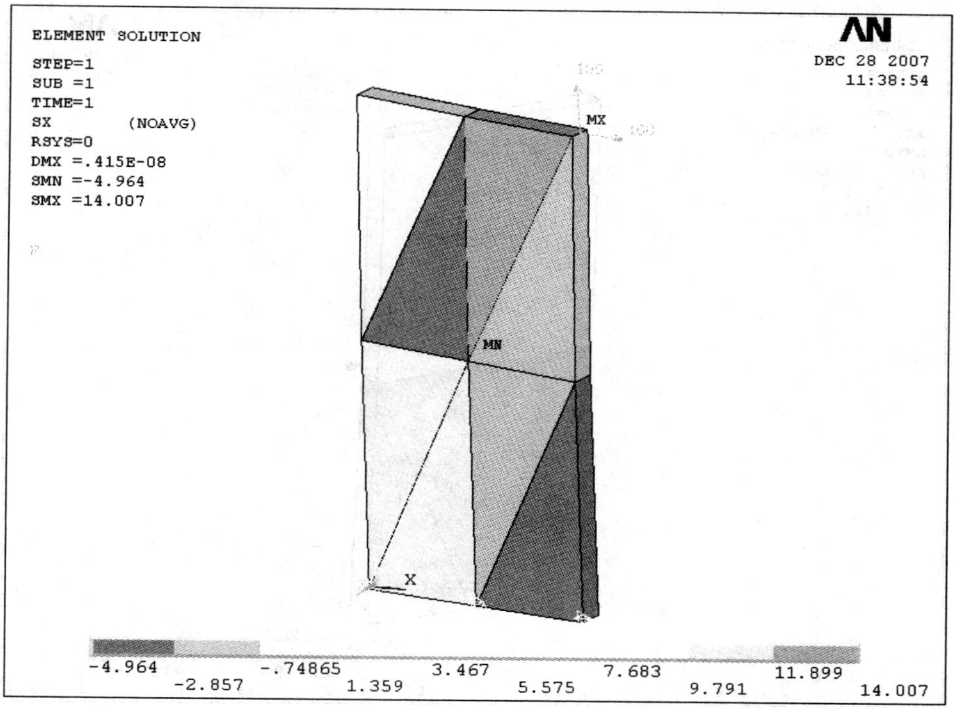

图 5-66 *X* 方向的正应力分布图

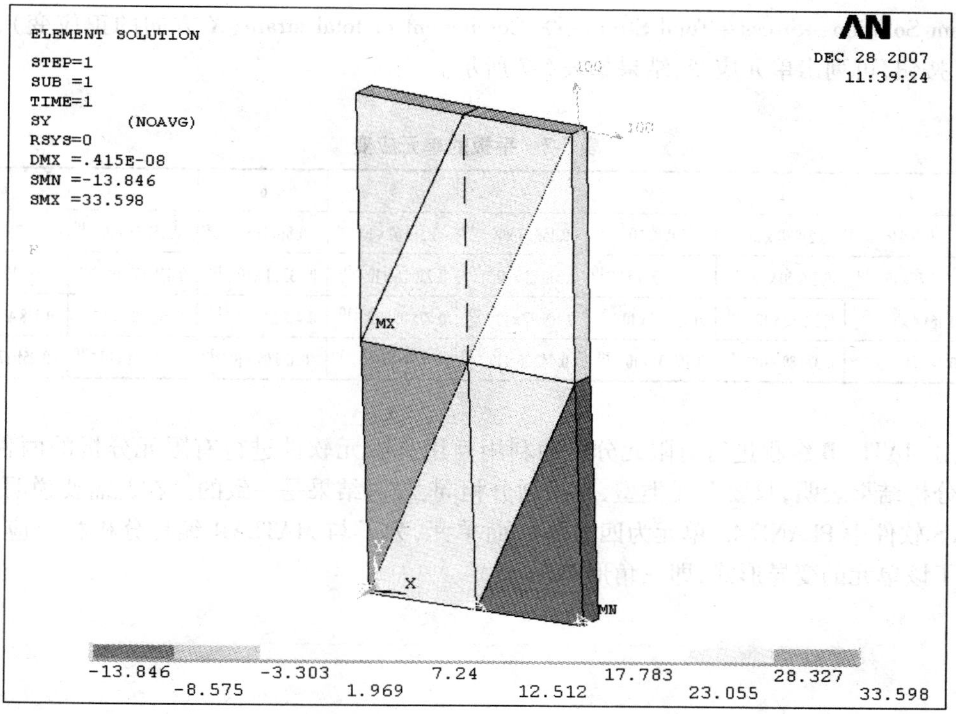

图 5-67 *Y* 方向的正应力分布图

依次单击 Main Menu→General Postproc→List Results→Element Solu，出现一个对话框，选择

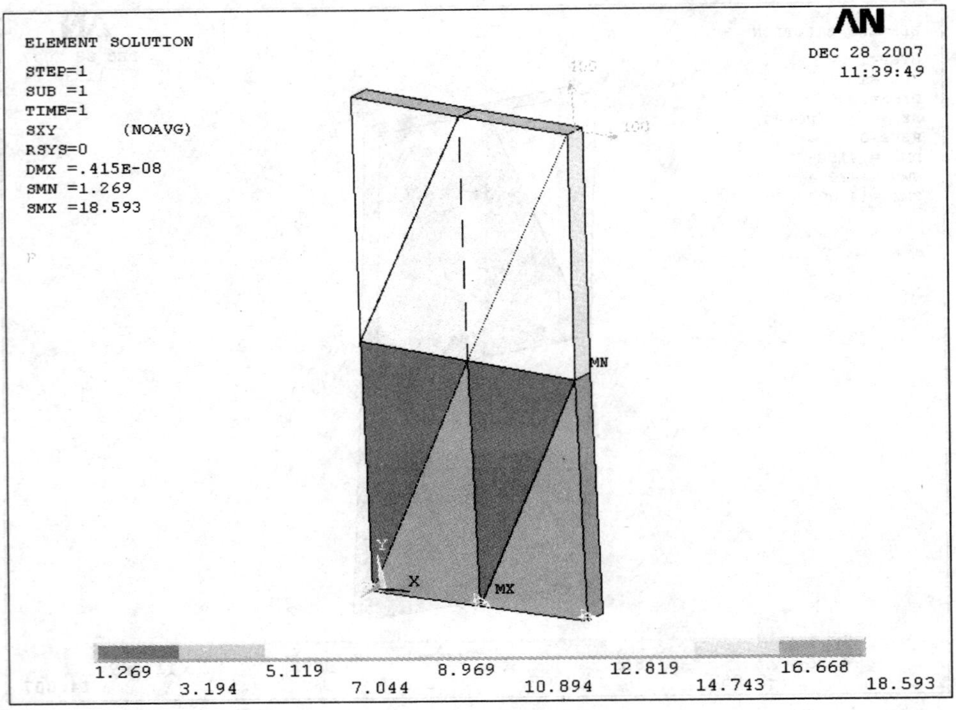

图 5-68　*XY* 平面的剪应力分布图

Element Solution→Stress→Total Strain→X-Component of total strain（*X* 方向的正应变），单击“OK”按钮，可列出单元应变，结果如表 5-7 所示。

表 5-7　平板的单元应变

单元	1	2	3	4	5	6	7	8
ε_x	0.000 0	$-0.219\,67\times10^{-10}$	0.000 0	$-0.157\,53\times10^{-10}$	$-0.219\,67\times10^{-10}$	$-0.810\,11\times10^{-9}$	$-0.157\,53\times10^{-10}$	$0.355\,710\times10^{-10}$
ε_y	$0.330\,73\times10^{-10}$	$0.108\,50\times10^{-9}$	$-0.420\,00\times10^{-10}$	$0.330\,73\times10^{-10}$	$0.230\,26\times10^{-10}$	$0.333\,21\times10^{-10}$	$0.431\,43\times10^{-10}$	$0.230\,26\times10^{-10}$
γ_{xy}	$0.164\,4\times10^{-9}$	$0.212\,62\times10^{-10}$	$0.153\,27\times10^{-9}$	$0.109\,97\times10^{-10}$	$0.775\,01\times10^{-10}$	$0.468\,29\times10^{-10}$	$0.103\,58\times10^{-9}$	$0.118\,45\times10^{-9}$
ε_z	$-0.141\,74\times10^{-10}$	$0.370\,88\times10^{-10}$	$0.180\,00\times10^{-10}$	$-0.742\,26\times10^{-10}$	$-0.454\,08\times10^{-10}$	$-0.135\,08\times10^{-10}$	$-0.117\,88\times10^{-10}$	$-0.251\,17\times10^{-10}$

由 MATLAB 编程进行有限元分析和利用商用有限元软件进行有限元分析的两种方式得到分析结果表明，只要单元类型、网格划分相同，二者结果是一致的。在此需要说明的是，ANSYS 软件中 PLANE 42 单元为四边形平面单元，为了与 MATLAB 编程分析相对应，这里利用了该单元的变异形式，即三角形单元。

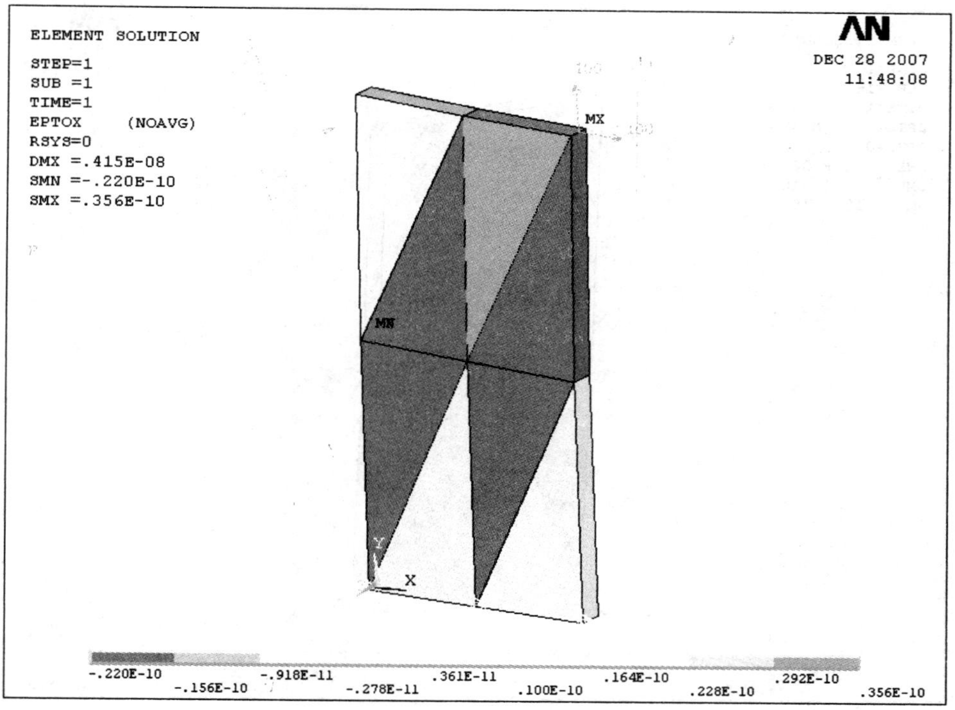

图 5-69 单元正应变图(*X* 方向)

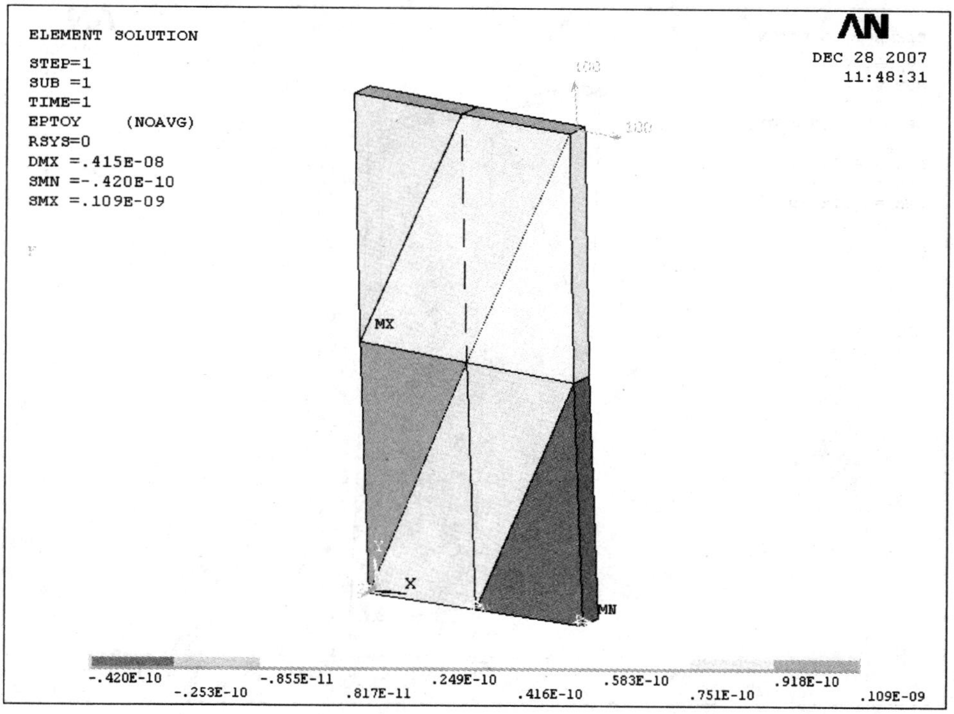

图 5-70 单元正应变图(*Y* 方向)

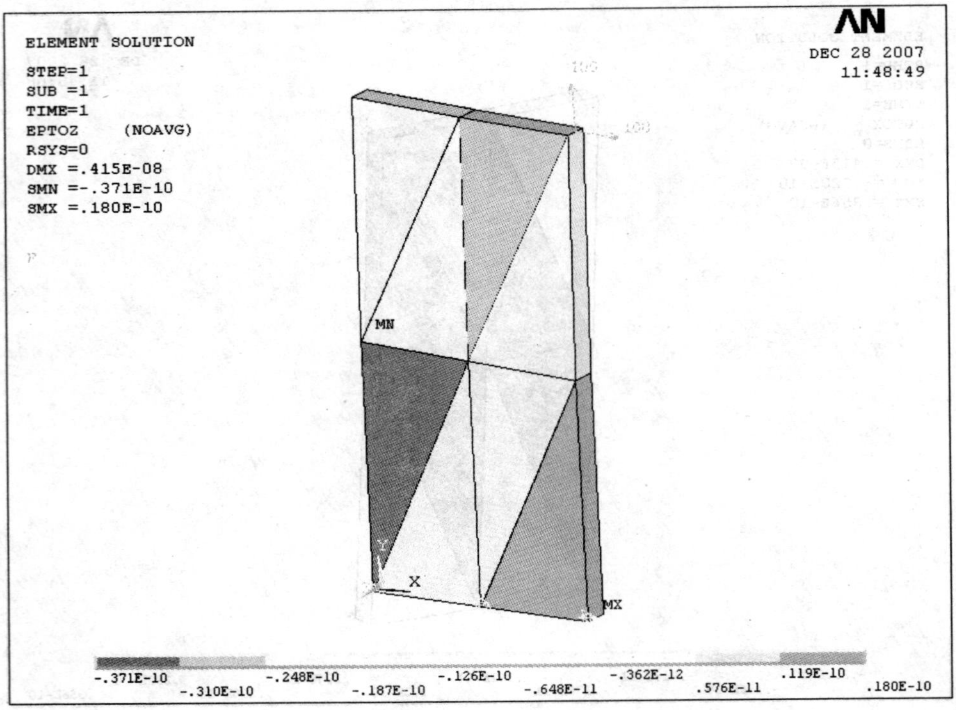

图 5-71　单元正应变图(*Z* 方向)

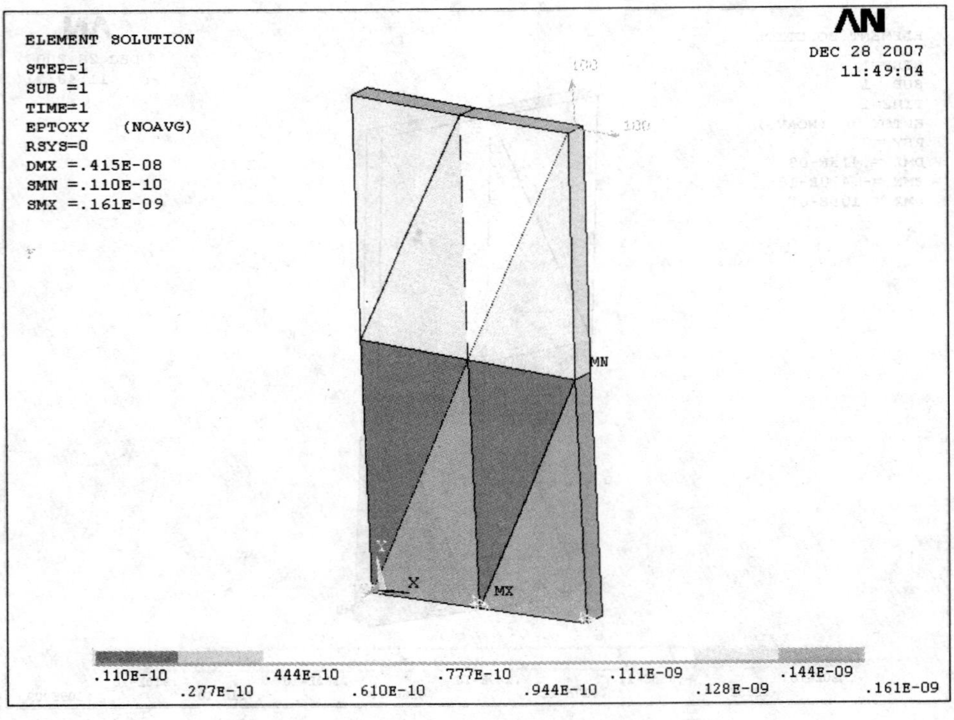

图 5-72　单元剪应变图(*XY* 平面)

习　题

5.1　试简要阐述有限元分析的基本步骤。

5.2　有限元网格划分的基本原则是什么?

5.3　什么是平面应力问题?什么是平面应变问题?举例说明。

5.4　单元刚度系数的物理意义是什么?单元刚度矩阵有哪些特点?

5.5　设位移为线性变化,试将题图5.5中单元边上的载荷等效移置到相应的节点上。

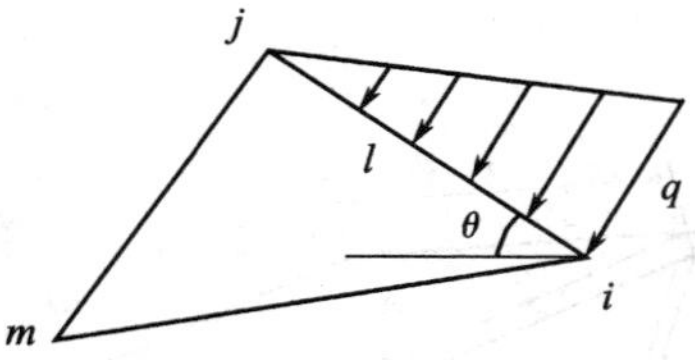

题图5.5　等效载荷移置

5.6　轴对称问题与平面问题在位移和应力、应变上有什么不同?

5.7　简述等参数单元的思路。

5.8　试推导8节点任意四边形单元的形状函数方程。

5.9　题图5.9所示的钢架结构。其长度 AC 为 l,弹性模量为 E,抗弯二次矩为 I,截面积为 A。在其中点 B 处作用一个垂直向下的力 F。求其中点的位移分量。

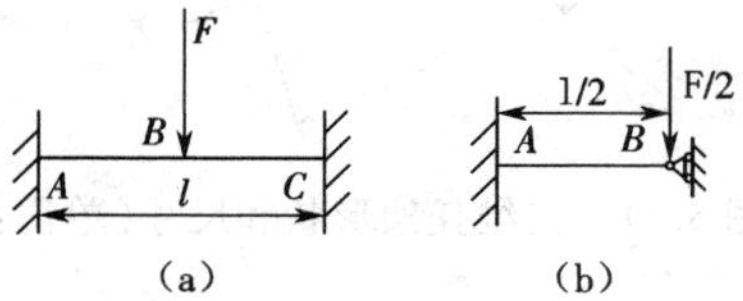

题图5.9　固定梁刚度分析

5.10　已知题图5.10结构中两个三角形单元在局部坐标系中的单元刚度矩阵为

$$\boldsymbol{k}^{(1)}=\boldsymbol{k}^{(2)}=\frac{E}{2}\begin{bmatrix} 2 & 0 & 0 & 0 & -2 & 0 \\ & 1 & 1 & 0 & -1 & -1 \\ & & 1 & 0 & -1 & -1 \\ \text{对} & & & 2 & 0 & -2 \\ & \text{称} & & & 3 & 1 \\ & & & & & 3 \end{bmatrix}$$

在边2,4的中点上作用一个力 $F=100$ N。

(1)求出总体刚度矩阵;

(2)计算等效载荷;

(3)引入支承条件写出总体平衡方程。

5.11　如题图5.11所示,托架顶面(A面)承受50 Pa的均布载荷。托架通过有孔的表面固定在墙上。托架的弹性模量是 2.9×10^{5} MPa,泊松比是0.3。计算托架受力后的变形和应力分布。要求:应用ANSYS软件,选用SOLID92单元,用智能网格划分,精度为6级。

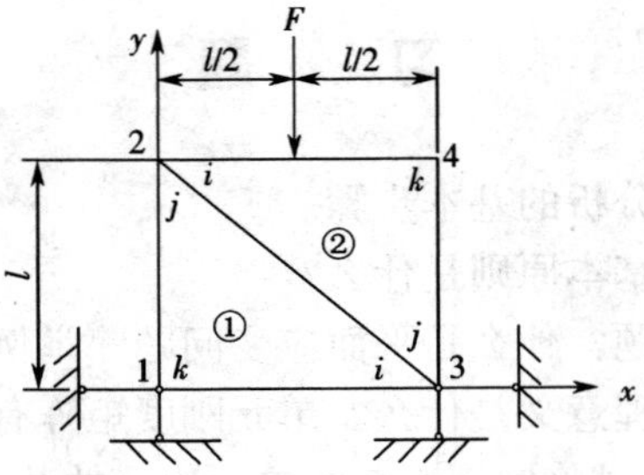

题图 5.10　正方形平板的受力分析

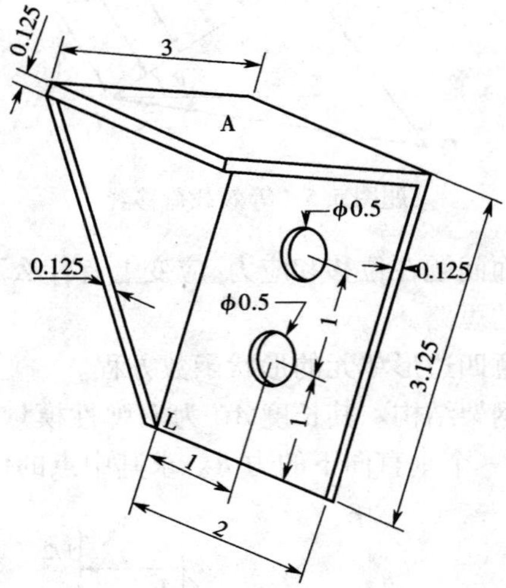

题图 5.11　三维托架形状和尺寸(单位:m)

第 6 章　制造装备设计专题

制造装备(机床)是典型的机械系统。本章将通过制造装备专题阐述机械系统设计的基本思想与方法。本章选择了弧齿锥齿轮铣齿机/磨齿机主动精度设计和液压机机架结构设计两个专题。铣齿机/磨齿机主动精度设计提供了一种从加工对象精度需求出发,设计切削机床末端执行机构运动精度的方法;液压机机架结构设计则提供了从压制件成形精度需求出发,设计成形设备结构的方法。两个案例的基本思想都是面向加工对象的精度需求进行制造装备的精度或结构设计。希望本专题在设计思想与设计方法方面对读者有所裨益。

6.1　弧齿锥齿轮铣齿机/磨齿机主动精度设计

作为加工母机的制造装备(机床)的精度直接影响零件的制造精度。精度设计是提高制造装备系统精度的重要手段。合理的精度设计是决定产品性价比和设计成功的关键。传统的精度设计主要是根据给定的机床末端执行机构精度求解传动链中各零部件的精度,是面向"装备"的精度设计,但不能很好地适应复杂加工对象的精度要求。所谓主动精度设计,系指从工件的加工精度要求和加工原理出发,求解机床末端执行机构的运动精度。主动精度设计的基本理念是,通过分析制造装备的结构及其加工原理,建立机床运动误差与工件加工误差之间的映射关系——加工误差模型;基于加工误差模型,建立机床的加工精度模型;进而依据加工精度模型,将工件加工精度要求分配为机床各数控轴的运动精度指标。

完整的主动精度设计应包括机床几何精度、运动精度、结构变形(刚度)与热变形等,但为了简化问题,本节讨论的主动精度设计仅涉及机床数控轴的重复定位精度。

机床主动精度设计的流程如图 6-1 所示,主要包括以下内容与步骤。

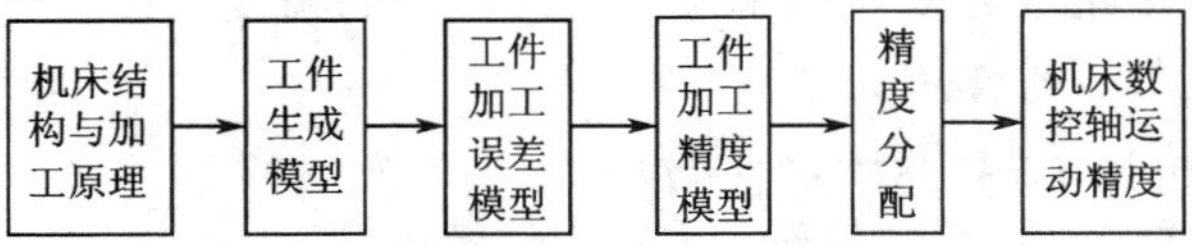

图 6-1　机床主动精度设计流程

①分析机床的结构、加工原理和运动关系。

②建立工件(加工对象)表面的生成模型。工件表面是由工件与工具相对运动产生的。基于这一事实,工件表面可表示为机床运动 $\boldsymbol{x}_m = [x_{m1}\ x_{m2} \cdots x_{mn}]^T$($n$ 为机床数控轴数)的函数

$$\boldsymbol{r}_w = \boldsymbol{r}_w(\boldsymbol{x}_m) \tag{6-1a}$$

于是,某个表征工件精度的尺寸(d_w)也是由机床运动决定的,即

$$d_w = d_w(\boldsymbol{x}_m) \tag{6-1b}$$

③分析工件表面加工误差与机床末端执行机构运动误差之间的映射关系,建立工件表

面加工误差模型。在工件表面生成模型式(6-1a)中引入机床数控轴运动误差 $\Delta\boldsymbol{x}_m = [\Delta x_{m1}\ \Delta x_{m2} \cdots \Delta x_{mn}]^T$,可得工件误差表面

$$\boldsymbol{r}'_w = \boldsymbol{r}_w(\boldsymbol{x}_m + \Delta\boldsymbol{x}_m) \tag{6-2a}$$

与 d_w 对应的误差尺寸 $d'_w = d_w(\boldsymbol{x}_m + \Delta\boldsymbol{x}_m)$ (2-2b)

工件加工误差为

$$\Delta d_w = d_w(\boldsymbol{x}_m + \Delta\boldsymbol{x}_m) - d_w(\boldsymbol{x}_m) = \frac{\partial d_w}{\partial \boldsymbol{x}_m}\Delta\boldsymbol{x}_m = \boldsymbol{K}_m \cdot \Delta\boldsymbol{x}_m \tag{6-3}$$

式中,$\boldsymbol{K}_m$ 为工件加工误差对数控轴运动误差的灵敏度向量,其向量分量为 $K_{mi}(i=1,2,\cdots,n)$。

通常,机床数控轴的运动误差 $\Delta\boldsymbol{x}_m$ 的分量 $\Delta x_{mi}(i=1,2,\cdots,n)$ 相互独立且服从正态分布。依据误差合成理论,由式(6-3)可得工件加工误差的方差为

$$\sigma_w^2 = \sum_{i=1}^{n} K_{mi}^2 \sigma_i^2 \tag{6-4}$$

式中,σ_i 为数控轴 i 的运动误差 Δx_{mi} 的标准差。

④基于工件表面加工误差模型,建立工件表面加工精度模型。对于给定的工序能力指数 C_p,工件加工精度即公差

$$T_w = C_p \times 6\sigma_w \text{ 或 } \sigma_w = \frac{T_w}{6C_p} \tag{6-5}$$

依据 GB/T 17421.2—2000"机床检验通则 第 2 部分 数控轴的定位精度和重复定位精度的确定",数控轴重复定位精度 R_i 与数控轴位置偏差标准差 σ_i 的关系为(假定数控轴的系统误差已经过补偿被完全消除)

$$R_i = 2 \times 2\sigma_i \text{ 或 } \sigma_i = \frac{R_i}{4}\ (i=1,2,\cdots,n) \tag{6-6}$$

将式(6-5)和式(6-6)代入式(6-4),得工件加工精度 T_w 与机床数控轴重复定位精度 R_i 的关系

$$T_w^2 = \left(\frac{3C_p}{2}\right)^2 \sum_{i=1}^{n} K_{mi}^2 R_i^2 \tag{6-7}$$

⑤将工件表面加工精度分配为机床末端执行机构的精度。参照等作用原理,假定机床数控轴运动精度满足如下等作用关系

$$K_{mi}^2 R_i^2 = K_{mj}^2 R_j^2\ (i,j=1,2,\cdots,n; i \neq j) \tag{6-8}$$

将式(6-8)代入式(6-7),得数控轴 i 重复定位精度

$$R_i = \frac{2}{3C_p} \cdot \frac{T_w}{\sqrt{n}\,|K_{mi}|} \tag{6-9}$$

由式(6-9),对于给定的工件加工精度 T_w 和工序能力指数 C_p,如能得到工件加工误差对数控轴运动误差的灵敏度 K_{mi},即可确定数控轴重复定位精度 R_i。

由于上述确定的机床数控轴运动精度没有考虑机床几何精度、结构变形与热变形等,应用于机床精度设计时,应根据实际情况,对式(6-9)给出的结果给予适当的安全裕度。

6.1.1 弧齿锥齿轮加工原理与铣齿机/磨齿机结构

1. 弧齿锥齿轮及其加工原理

通常把齿面节线为曲线的锥齿轮叫做螺旋锥齿轮,也叫螺旋伞齿轮。螺旋锥齿轮按照

齿面节线的曲线形式可以分为圆弧齿锥齿轮（格里森制）、延伸外摆线齿锥齿轮（奥利康制）和准渐开线齿锥齿轮（克林根贝格制）；按照轴线相互位置可以分为两轴线垂直相交的锥齿轮、两轴线相交但不垂直的锥齿轮和两轴线偏置的锥齿轮；按照齿高可以分为等高齿锥齿轮、渐缩齿锥齿轮、双重收缩齿锥齿轮。

习惯上把两轴线垂直但有一定偏置距的格里森制螺旋锥齿轮叫做准双曲面齿轮。两轴线垂直相交的格里森制螺旋锥齿轮是准双曲面齿轮的一个特例，也称弧齿锥齿轮，广泛应用于直升机、卡车和减速器中，主要用来传递两相交轴间的转矩。准双曲面齿轮如图 6-2（a）所示，弧齿锥齿轮如图 6-2（b）所示。

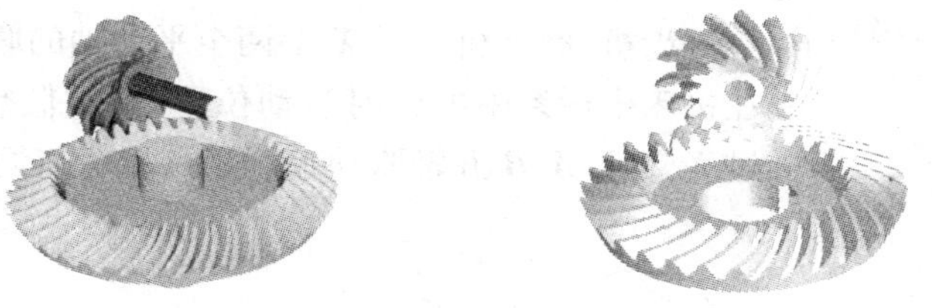

（a）　　　　（b）

图 6-2　格里森制螺旋锥齿轮

（a）准双曲面齿轮；（b）弧齿锥齿轮

准双曲面齿轮和弧齿锥齿轮通常按照假想齿轮原理进行展成加工。在传统机械式螺旋锥齿轮加工机床中，假想齿轮与机床摇台同心，切齿刀盘偏心地安装在机床摇台上并随摇台一起摆动，切齿刀盘的切削面形成假想齿轮（产形轮）与工件齿轮相啮合的一个“齿”。切齿过程中，产形轮与工件齿轮毛坯按照一定的滚比对滚，做无隙啮合，刀盘切削刃就会在工件齿轮毛坯上切出齿槽。

常用的产形轮分为平顶产形轮和平面产形轮，如图 6-3 所示。平顶产形轮的齿顶锥面为平面，刀盘轴线与摇台轴线平行，面锥角为 90°；平面产形轮的节锥面为平面，刀盘轴线与摇台轴线不平行，面锥角大于 90°。

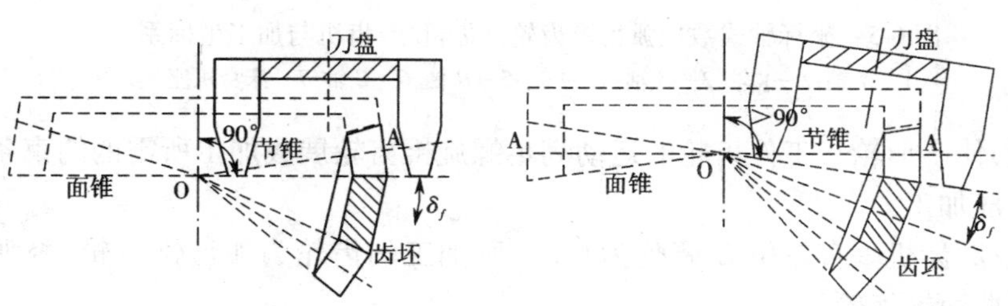

（a）　　　　（b）

图 6-3　产形轮示意图

（a）平顶产形轮；（b）平面产形轮

格里森制螺旋锥齿轮副大轮展成法加工和小轮变性法加工基于“假想平顶齿轮”（平顶产形轮）原理。切齿过程中，假想平顶齿轮与工件齿轮毛坯按照一定的滚比绕各自轴线转动，做无隙啮合，刀盘切削刃在工件齿轮毛坯上逐渐切出齿形。摇台摆动一次，切齿刀盘在工件齿轮毛坯上切出一个齿槽，然后摇台反转到初始位置，同时工作台后退，工件齿轮毛坯转过分齿角度，完成一个切齿循环。重复上述运动切出下一个齿槽，反复进行即可切出整个

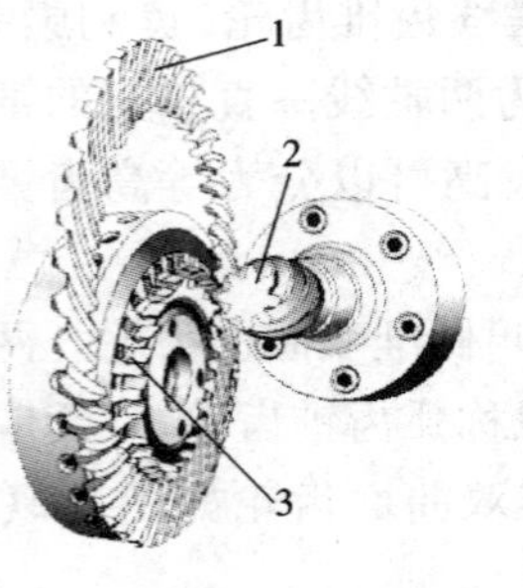

图 6-4　假想平顶齿轮加工弧齿锥齿轮切齿原理示意图
1—铲形轮;2—工件;3—刀盘

齿轮。图 6-4 为假想平顶齿轮加工弧齿锥齿轮的切齿原理示意图。

2. 弧齿锥齿轮铣齿机/磨齿机

坐标轴式数控弧齿锥齿轮铣齿机/磨齿机结构如图 6-5 所示,为了实现基于"假想平顶齿轮"(平顶产形轮)原理的螺旋锥齿轮展成加工,铣齿机/磨齿机需具有六个运动轴,即三个转动轴(工件齿轮回转轴 A、工件箱回转轴 B、刀盘/砂轮旋转轴 C)和三个平动轴(水平方向运动 X 轴、垂直方向运动 Y 轴和工作台进给运动 Z 轴)。

铣齿机/磨齿机通过 X、Y 两个平动轴的联动控制切齿刀盘中心在机床坐标系中的瞬时运动位置,模拟假想平顶齿轮的转动,通过 X、Y、Z、A、B 五轴联动控制工件齿轮与切齿刀盘在机床中的

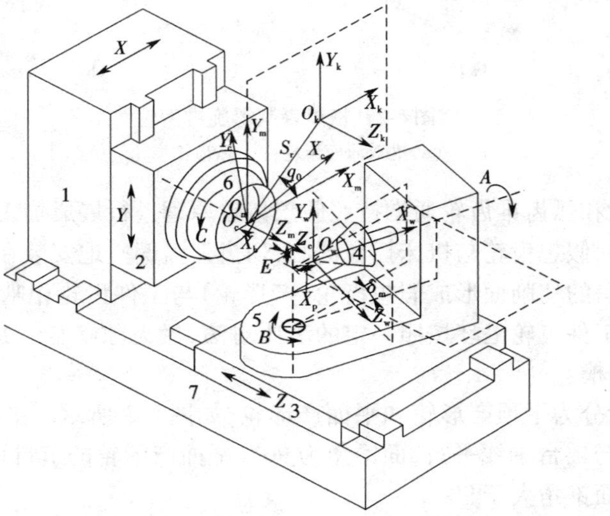

图 6-5　坐标轴式数控弧齿锥齿轮铣齿机/磨齿机与加工坐标系
1—X 轴;2—Y 轴;3—Z 轴;4—A 轴;5—B 轴;6—C 轴;7—床身机座

瞬时相对位置,使产形轮与工件齿轮的运动满足螺旋锥齿轮展成加工所需的约束条件,实现螺旋锥齿轮展成加工。

当铣齿机/磨齿机垂直轮位 E 调整为 0 时,所加工的齿轮为弧齿锥齿轮;否则,所加工的齿轮为准双曲面锥齿轮。

坐标轴式数控弧齿锥齿轮铣齿机/磨齿机加工螺旋锥齿轮的相关坐标系如图 6-5 所示。图中,O_m——机床床身坐标系原点(机床中心点),与刀尖平面和产形轮轴线的交点重合;

O_c——产形轮坐标系原点,与机床中心点 O_m 重合;

O_k——刀盘坐标系原点,位于刀尖平面上的刀盘圆心;

O_w——工件齿轮坐标系原点,位于工件齿轮的设计交叉点;

Σ_m——机床床身坐标系 $O_mX_mY_mZ_m$,与机床床身固连;

Σ_c——产形轮坐标系 $O_cX_cY_cZ_c$,与产形轮固连;

Σ_k——刀盘坐标系 $O_kX_kY_kZ_k$,与刀盘固连;

Σ_w——工件齿轮坐标系 $O_wX_wY_wZ_w$，与工件齿轮固连；

q_0——角向刀位，产形轮坐标系原点、刀盘坐标系原点连线与床身坐标系 X_m 轴之间的夹角；

S_r——径向刀位，产形轮坐标系原点与刀盘坐标系原点之间的距离；

δ_m——工件齿轮安装角；

E——垂直轮位，工件轴与产形轮轴之间的距离；

X_b——床位，工件箱相对标准位置沿产形轮中心线方向前进或后退的距离；

X_p——轴向轮位，沿工件齿轮轴线由工件齿轮设计交叉点到过产形轮中心线竖直平面的距离。

6.1.2 螺旋锥齿轮展成法大轮齿面模型

弧齿锥齿轮铣齿机/磨齿机的精度设计或检验一般将以标准渐缩齿弧齿锥齿轮大轮作为基准齿轮。为此，需建立标准渐缩齿弧齿锥齿轮大轮齿面方程。

1. 假想平顶齿轮（产形轮）的齿面方程

图6-6为展成法加工螺旋锥齿轮大轮的切齿加工示意简图，M 为刀盘切削刃面上任一点，M_0 为$\overrightarrow{MO_k}$截面上切削刃刀尖顶点，r_{0n}为切削刃刀尖顶点半径（下标 n = a 表示外切削刃；n = i 表示内切削刃）。切削刃刀尖顶点 M_0 在床身坐标系 Σ_m 中的位置矢量为

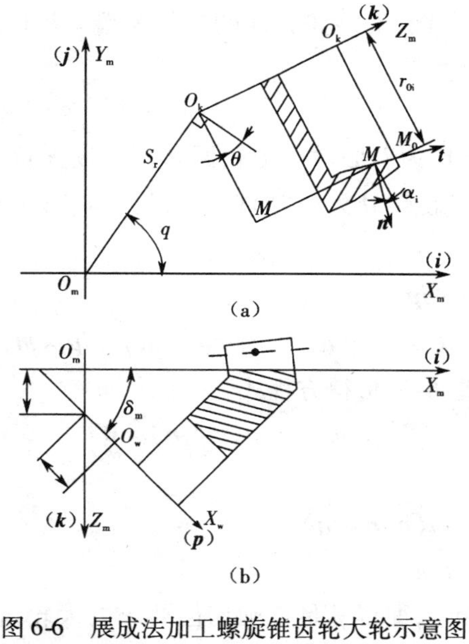

图6-6 展成法加工螺旋锥齿轮大轮示意图

(a)主视图（含刀盘半剖视图）；(b)俯视图（含工件齿轮半剖视图）

注：q 为刀位角（对应于摇台式铣齿机/磨齿机的摇台角），θ 为 M 点的相位角

$$\boldsymbol{r}_{M_0}=\overrightarrow{O_mM_0}=[S_r\cos q+r_{0n}\sin(q-\theta)]\boldsymbol{i}+[S_r\sin q-r_{0n}\cos(q-\theta)]\boldsymbol{j} \tag{6-10}$$

刀盘切削刃锥面上 M 点的单位法矢 $\boldsymbol{n}$ 在床身坐标系 Σ_m 中可表示为

$$\boldsymbol{n}=\pm\sin\alpha_n\cdot\sin(q-\theta)\boldsymbol{i}\pm\cos\alpha_n\cdot\cos(q-\theta)\boldsymbol{j}-\sin\alpha_n\boldsymbol{k} \tag{6-11}$$

（n = a 时取“+”，n = i 时取“-”）

过 M 点沿切削锥面母线方向的切向单位矢量 $\boldsymbol{t}$ 在床身坐标系 Σ_m 中可表示为

$$\boldsymbol{t} = \pm\sin\alpha_n\cdot\sin(q-\theta)\boldsymbol{i}\pm\cos\alpha_n\cdot\cos(q-\theta)\boldsymbol{j}+\sin\alpha_n\boldsymbol{k} \tag{6-12}$$

（n = a 时取“+”，n = i 时取“-”）

令 $|MM_0| = \mu$，则刀盘切削刃面上 M 点在机床坐标系中的位置矢量，即假想平顶齿轮（产形轮）的齿面方程可表示为

$$\boldsymbol{r}_c = \overrightarrow{O_m M} = \boldsymbol{r}_{M_0} - \mu\boldsymbol{t} \tag{6-13}$$

产形轮齿面的法矢由式(6-11)给出。

2. 展成法大轮齿面方程

展成法加工的螺旋锥齿轮大轮齿面与产形轮齿面共轭，其齿面可按共轭齿面求解方法求得。令 $\boldsymbol{m}_2 = \overrightarrow{O_w O_m}$，则

$$\boldsymbol{m}_2 = -X_p\boldsymbol{p} - E\boldsymbol{j} - X_b\boldsymbol{k} \tag{6-14}$$

设点 M 为产形轮齿面与大轮齿面的共轭接触点，由图6-6、图6-5，点 M 相对于大轮设计交叉点 O_w 的位置矢量，即大轮齿面方程为

$$\boldsymbol{r}_2 = \overrightarrow{O_w M} = \boldsymbol{r}_c + \overrightarrow{O_w O_m} = \boldsymbol{r}_{M_0} - \mu\boldsymbol{t} + \boldsymbol{m}_2 \tag{6-15}$$

为了正确切齿，式(6-15)需满足共轭条件，即在共轭接触点 M 处，产形轮齿面与大轮齿面的相对速度 $\boldsymbol{v}^{(cw)}$ 与公法线 $\boldsymbol{n}$ 垂直

$$\boldsymbol{v}^{(cw)}\cdot\boldsymbol{n} = 0 \tag{6-16}$$

图6-6中，沿机床坐标系 X_m、Z_m 轴正方向的单位矢量 $\boldsymbol{i}$、$\boldsymbol{k}$ 和沿工件齿轮坐标系 X_w 轴正方向的单位矢量 $\boldsymbol{p}$ 之间满足关系

$$\boldsymbol{p} = \boldsymbol{i}\cos\delta_m + \boldsymbol{k}\sin\delta_m \tag{6-17}$$

令产形轮和工件齿轮之间滚比为 i，假设产形轮回转角速度矢量 $\boldsymbol{\omega}_c = \boldsymbol{k}$，则工件齿轮回转角速度矢量 $\boldsymbol{\omega}_w = i\boldsymbol{p}$。在共轭接触点 M 处，产形轮与大轮的相对角速度 $\boldsymbol{\omega}^{(cw)}$ 和相对速度 $\boldsymbol{v}^{(cw)}$ 分别为

$$\boldsymbol{\omega}^{(cw)} = \boldsymbol{\omega}_c - \boldsymbol{\omega}_w = \boldsymbol{k} - i\boldsymbol{p} \tag{6-18}$$

$$\boldsymbol{v}^{(cw)} = \boldsymbol{\omega}^{(cw)}\times\boldsymbol{r}_c - \boldsymbol{\omega}_w\times\boldsymbol{m}_2 = \boldsymbol{\omega}^{(cw)}\times(\boldsymbol{r}_{M_0} - \mu\boldsymbol{t}) - i\boldsymbol{p}\times\boldsymbol{m}_2 \tag{6-19}$$

将式(6-19)代入共轭条件式(6-16)，得方程式

$$(\boldsymbol{\omega}^{(cw)},\boldsymbol{r}_{M_0},\boldsymbol{n}) - \mu(\boldsymbol{\omega}^{(cw)},\boldsymbol{t},\boldsymbol{n}) - i(\boldsymbol{p},\boldsymbol{m}_2,\boldsymbol{n}) = \boldsymbol{0}$$

由上式可解出

$$\mu = \frac{(\boldsymbol{\omega}^{(cw)},\boldsymbol{r}_{M_0},\boldsymbol{n}) - i(\boldsymbol{p},\boldsymbol{m}_2,\boldsymbol{n})}{(\boldsymbol{\omega}^{(cw)},\boldsymbol{t},\boldsymbol{n})} \tag{6-20}$$

将式(6-20)代入式(6-16)，即得满足正确切齿要求的大轮齿面方程。该方程是大轮齿面在机床坐标系中的表达式，可通过齐次坐标变换，将其转换到工件坐标系。

对于坐标轴式弧齿锥齿轮铣齿机/磨齿机，刀盘中心位置由铣齿机/磨齿机 X 和 Y 轴坐标决定

$$\begin{aligned} S_r &= \sqrt{X^2+Y^2} \\ q &= \arcsin\frac{Y}{S} \end{aligned} \tag{6-21}$$

由式(6-21)和齿面方程式(6-15)可知，螺旋锥齿轮大轮理论齿面点由该点对应的刀盘

中心 X、Y 坐标和刀盘相位角 θ 及工件齿轮安装角 δ_m、切削滚比 i_c、刀尖半径 r_{0n}、角向刀位 q_0、刀刃压力角 α、垂直轮位 E、床位 X_b、轴向轮位 X_p 等加工调整参数确定。

对于标准渐缩齿弧齿锥齿轮大轮，大轮的设计交叉点与机床坐标系原点重合，将 $\boldsymbol{m}_2=\mathbf{0}$ 代入式(6-20)和式(6-15)，即可得标准渐缩齿弧齿锥齿轮大轮方程。

6.1.3 弧齿锥齿轮齿面加工误差模型及精度模型

1. 齿面加工误差模型

齿距 f_{pt} 为中点分度圆上同侧相邻齿面点间的圆弧长度。根据齿面方程和齿距的定义，齿距 f_{pt} 可表示为 X、Y、Z、A、B 五个数控轴运动参数的函数

$$f_{pt}=F(X,Y,Z,A,B) \tag{6-22}$$

依据“锥齿轮和准双曲面齿轮精度(GB 11365—89)”，选取齿距偏差 Δf_{pt}(中点分度圆上，实际齿距与公称齿距之差)作为弧齿锥齿轮的齿面加工误差评价指标。齿距偏差相当于单个齿面点的误差。图 6-7 为某标准渐缩齿弧齿锥齿轮大轮齿距偏差随各数控轴运动误差变化的关系。图中的齿距偏差的求解采用摄动法，即分别对 X、Y、Z、A、B 五个数控轴运动参数给以误差量，得到误差齿面，计算误差齿面齿距与公称齿距的偏差。由图 6-7 可见，齿距偏差与单轴运动误差间呈线性关系，且关于(0,0)点中心对称。

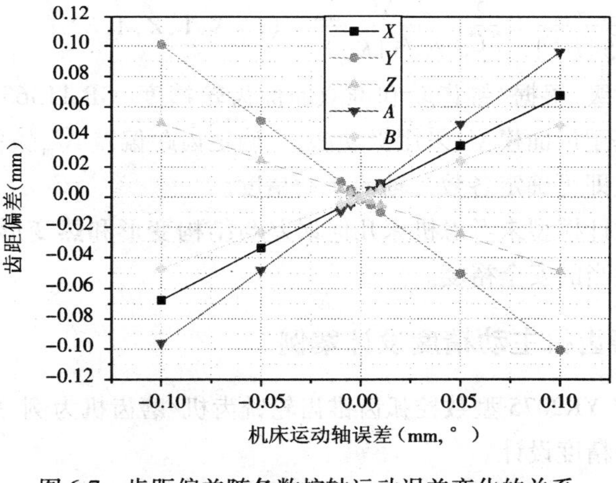

图 6-7 齿距偏差随各数控轴运动误差变化的关系

由式(6-22)可见，可得齿距偏差与各单轴运动误差的关系

$$\begin{aligned}\Delta f_{pt}&=\frac{\partial F}{\partial X}\Delta X+\frac{\partial F}{\partial Y}\Delta Y+\frac{\partial F}{\partial Z}\Delta Z+\frac{\partial F}{\partial A}\Delta A+\frac{\partial F}{\partial B}\Delta B\\&=K_{mX}\Delta X+K_{mY}\Delta Y+K_{mZ}\Delta Z+K_{mA}\Delta A+K_{mB}\Delta B\end{aligned} \tag{6-23}$$

式中，ΔX、ΔY、ΔZ、ΔA、ΔB 分别为 X、Y、Z、A、B 五个数控轴的随机运动误差，ΔX、ΔY、ΔZ、ΔA、ΔB 相互独立；K_{mi}($i=X,Y,Z,A,B$)为齿距偏差 Δf_{pt} 随单轴运动误差变化的斜率(图 6-7)。

根据随机误差合成原理，有

$$\sigma_{f_{pt}}^2=K_{mX}^2\sigma_X^2+K_{mY}^2\sigma_Y^2+K_{mZ}^2\sigma_Z^2+K_{mA}^2\sigma_A^2+K_{mB}^2\sigma_B^2 \tag{6-24}$$

式中，σ_X，σ_Y，σ_Z，σ_A，σ_B 分别为 X、Y、Z、A、B 五个数控轴运动误差的标准差。

式(6-24)即为弧齿锥齿轮齿面加工误差模型,它给出了坐标轴式数控弧齿锥齿轮铣齿机/磨齿机各轴单轴随机运动误差与弧齿锥齿轮齿距偏差之间的映射关系。为了得到特定规格铣齿机/磨齿机的齿面加工误差模型,应基于弧齿锥齿轮铣齿机/磨齿机精度设计的基准齿轮,构造齿距偏差与单轴运动误差间关系(图6-7),确定式(6-24)中 K_{mi} 的具体值。

2. 齿面加工精度模型

由式(6-5)至式(6-7)和式(6-24),弧齿锥齿轮加工精度(齿距公差)$T_{wf_{pt}}$ 为

$$T_{wf_{pt}}^2 = \left(\frac{3C_p}{2}\right)^2 (K_{mX}^2 R_X^2 + K_{mY}^2 R_Y^2 + K_{mZ}^2 R_Z^2 + K_{mA}^2 R_A^2 + K_{mB}^2 R_B^2) \tag{6-25}$$

式中,$R_i(i = X, Y, Z, A, B)$ 为铣齿机/磨齿机数控轴重复定位精度。

式(6-25)即为弧齿锥齿轮齿面加工精度模型。已知各轴运动精度,可由式(6-25)预测齿轮加工精度。

6.1.4 弧齿锥齿轮铣齿机/磨齿机精度分配

主动精度设计的目标是,根据加工对象的加工精度要求,确定工作母机各数控轴的运动精度。该目标可在加工精度模型基础上,通过合理的精度分配实现。

由式(6-5)至式(6-7)和式(6-25),得铣齿机/磨齿机各数控轴重复定位精度

$$R_i = \frac{2}{3C_p} \cdot \frac{T_{wf_{pt}}}{\sqrt{5}\,|K_{mi}|} = \frac{2}{3C_p} \cdot \frac{2\,|\Delta f_{pt}|_{max}}{\sqrt{5}\,|K_{mi}|} \quad (i = X, Y, Z, A, B) \tag{6-26}$$

由齿轮的精度等级,根据“锥齿轮和准双曲面齿轮精度(GB 11365—89)”,可确定齿距极限偏差 $|\Delta f_{pt}|_{max}$;基于齿面模型,采用摄动法,可确定齿距偏差 Δf_{pt} 随单轴运动误差变化的斜率 K_{mi},由式(6-26)即可确定各数控轴的运动精度。

上述运动精度设计模型未考虑机床几何误差与结构变形和热变形以及工件安装误差,实际应用中应给予适当的安全裕度。

6.1.5 铣齿机/磨齿机主动精度设计案例

本节以 YK2275/ YK2075 型数控弧齿锥齿轮铣齿机/磨齿机为例,采用前述主动精度设计方法进行机床运动精度设计。

YK2275/YK2075 型数控弧齿锥齿轮铣齿机/磨齿机结构形式如图 6-5 所示,可实现螺旋锥齿轮的六轴五联动数控加工,最大加工直径为 762 mm,铣齿机加工精度 6 级,磨齿机加工精度 4 级,C_p 值设定为 2.0。为满足各种规格齿轮的加工精度要求,选取节圆直径在 100 ~ 750 mm 范围内 9 种基准齿轮进行铣齿机/磨齿机运动精度设计计算。9 种基准齿轮的尺寸参数见表 6-1。按 6.1.3 节给出的方法,求得不同规格基准齿轮齿距偏差随单轴运动误差变化的斜率,见表 6-2;由“锥齿轮和准双曲面齿轮精度(GB 11365—89)”,可得基准齿轮的齿距极限偏差(表 6-3);将上述数据代入式(6-26),即得 YK2275 型数控弧齿锥齿轮铣齿机运动精度计算结果,见表 6-3;选取表 6-3 中每列的最小值作为对应轴的定位精度初步设计结果,同时考虑 X、Y 轴共同作用控制刀盘中心模拟刀盘随摇台一起做圆周运动的复合运动,X、Y 轴应取相同定位精度(取精度高者),则该铣齿机运动精度设计结果见表 6-4。YK2075 型数控弧齿锥齿轮磨齿机运动精度计算结果见表 6-5,运动精度设计结果见表 6-6。

由于计算中未考虑机床几何误差与结构变形以及工件安装误差，实际应用中应对设计结果（表6-4和表6-6）给予适当的安全裕度。这样，就实现了由齿轮加工精度要求出发，设计弧齿锥齿轮铣齿机/磨齿机运动精度。本节确定的铣齿机/磨齿机运动精度可作为铣齿机/磨齿机设计的参考依据。

表6-1 基准齿轮基本参数（长度单位：mm，角度单位：°）

NO.	节圆直径	齿数	模数	螺旋角	旋向	压力角	节锥角	根锥角	齿面宽	齿顶高	齿根高
gear 1	128	32	4	35	右旋	20	63.433	59.483	20	2.40	4.96
gear 2	225	25	9	35	右旋	20	66.250	60.580	41	4.78	12.21
gear 3	248	32	7.75	35	右旋	20	63.433	59.183	40	4.32	10.31
gear 4	320	32	10	35	右旋	20	63.433	59.483	50	6	12.4
gear 5	400	40	10	60	右旋	20	63.433	59.483	60	6	12.4
gear 6	500	50	10	60	右旋	20	63.433	61.017	60	6.6	11.8
gear 7	600	60	10	70	右旋	20	63.433	61.450	70	6.8	11.6
gear 8	700	56	12.5	80	右旋	20	63.433	61.333	80	8.625	14.375
gear 9	750	50	15	90	右旋	20	63.433	61.017	90	9.9	17.7

表6-2 齿距偏差随单轴运动误差变化的斜率

NO.	K_{mX}	K_{mY}	K_{mZ}	K_{mA}	K_{mB}
gear 1	0.676 4	-1.008 8	-0.488 6	0.960 9	0.473 7
gear 2	0.595 5	-1.018 9	-0.453 0	1.636 0	0.700 7
gear 3	0.658 2	-1.010 3	-0.468 9	1.852 0	0.867 3
gear 4	0.685 2	-1.008 8	-0.490 7	2.402 3	1.188 0
gear 5	0.681 1	-1.008 8	-0.489 7	3.022 3	1.492 5
gear 6	0.724 2	-1.003 5	-0.481 2	3.895 0	1.961 0
gear 7	0.688 9	-1.002 3	-0.466 9	4.689 6	2.321 4
gear 8	0.705 1	-1.002 6	-0.472 6	5.484 2	2.737 2
gear 9	0.740 5	-1.003 5	-0.485 0	5.842 5	2.961 3

表6-3 YK2275铣齿机重复定位精度计算值（加工精度6级）

NO.	齿距极限偏差（μm）	重复定位精度				
		*X*轴（μm）	*Y*轴（μm）	*Z*轴（μm）	*A*轴（$\times10^{-3}$）（°）	*B*轴（$\times10^{-3}$）（°）
gear 1	10	4.4	3.0	6.1	3.1	6.3
gear 2	16	8.0	4.7	10.5	2.9	6.8
gear 3	16	7.2	4.7	10.2	2.6	5.5
gear 4	16	7.0	4.7	9.7	2.0	4.0
gear 5	16	7.0	4.7	9.7	1.6	3.2
gear 6	18	7.4	5.3	11.2	1.4	2.7
gear 7	18	7.8	5.4	11.5	1.2	2.3
gear 8	20	8.5	5.9	12.6	1.1	2.2
gear 9	20	8.1	5.9	12.3	1.0	2.0

表 6-4　YK2275 铣齿机重复定位精度设计结果(加工精度 6 级)

X 轴	Y 轴	Z 轴	A 轴	B 轴
3.0 μm	3.0 μm	6.1 μm	3.7″	7.2″

表 6-5　YK2075 磨齿机重复定位精度计算值(加工精度 4 级)

NO.	齿距极限偏差(μm)	重复定位精度				
		X 轴(μm)	Y 轴(μm)	Z 轴(μm)	A 轴($\times10^{-3}$)(°)	B 轴($\times10^{-3}$)(°)
gear 1	4	1.8	1.2	2.4	1.2	2.5
gear 2	6	3.0	1.8	3.9	1.1	2.6
gear 3	6	2.7	1.8	3.8	1.0	2.1
gear 4	6	2.6	1.8	3.6	0.7	1.5
gear 5	6	2.6	1.8	3.7	0.6	1.2
gear 6	7	2.9	2.1	4.3	0.5	1.0
gear 7	7	3.0	2.1	4.5	0.4	0.9

表 6-6　YK2075 磨齿机重复定位精度设计结果(加工精度 4 级)

X 轴	Y 轴	Z 轴	A 轴	B 轴
1.2 μm	1.2 μm	2.4 μm	1.6″	3.2″

6.2　液压机机架结构设计

制造装备的关键性能或主要性能应包括三方面:精度、效率与质量(重量)。制造装备的精度决定着工件的加工精度。制造装备的精度是其加工、装配等制造精度与结构刚度的综合效果。制造装备的效率(或速率)决定着工件的加工效率和制造系统的生产效率。结构动刚度是制约制造装备效率的重要因素。制造装备整机和运动零部件的质量(重量)不仅影响制造装备的成本,更重要的是,过大的运动零部件质量将影响制造装备的动态特性,进而影响制造装备的精度和效率;同时,驱动大质量的运动零部件需要消耗更多的能源。

由上述分析可知,制造装备的精度、效率和质量等关键性能均与静动刚度和质量等结构性能相关。轻量化和高刚度应是制造装备结构设计追求的目标。

优化设计是实现制造装备结构的轻量化和高刚度设计的有效手段。但由于制造装备结构的复杂性(相对于梁、杆等简单结构),难以建立精确的解析力学模型及优化模型,一般以有限元方法建立结构的数值力学模型,以响应面法(response surface method,RSM)建立结构的近似优化模型。由此建立的优化模型仅在一定的结构参数范围内有效。这种基于数值力学模型与近似优化模型的结构优化方法对初始解(初始结构设计)具有较强的依赖性,只有从合理的初始结构设计出发,才能求得结构的最优设计。如何得到合理的初始结构设计,是制造装备结构优化的关键之一。经验设计可以给出初始结构设计方案,但难以保证合理性。合理的初始结构设计必须依据一定的设计模型,并以结构性能需求为约束。结构设计模型可以基于简化力学模型(如材料力学模型)构建。制造装备结构优化模型中,一般将轻量化和高刚度作为优化目标。而轻量化和高刚度是一对矛盾,提高刚度一定是通过强化结构的薄弱环节实现的,即增加材料或质量。因此,对于高刚度应有一定的限制,以满足结构性能需求为宜。如何合理地设定制造装备的结构刚度,是制造装备结构优化的又一个关键。

刚度、质量属于结构性能。结构性能是制造装备关键性能在结构域中的映射;而精度、效率与质量等关键性能是加工精度、加工工艺和生产率等制造属性向装备属性的映射。

如图6-8所示,制造装备结构设计过程可以描述为:将加工精度、加工工艺和生产率等制造属性映射为精度、效率与质量等制造装备关键性能,进而将制造装备关键性能映射为刚度、质量等结构性能;以结构刚度性能需求为约束,基于结构设计模型,得到结构概念原型及结构原型;以结构原型作为优化设计的初始点,将结构性能需求作为优化目标或约束,应用有限元分析(finite element analysis,FEA)、灵敏度分析(sensitivity analysis,SA)、试验设计(design of experiments,DOE)、响应面近似建模及优化算法等优化设计使能技术,建立并求解结构优化模型,得到最优结构设计。

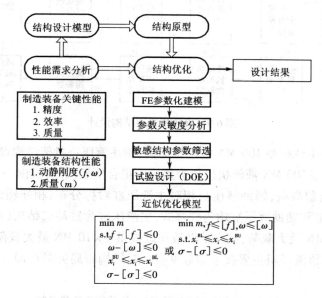

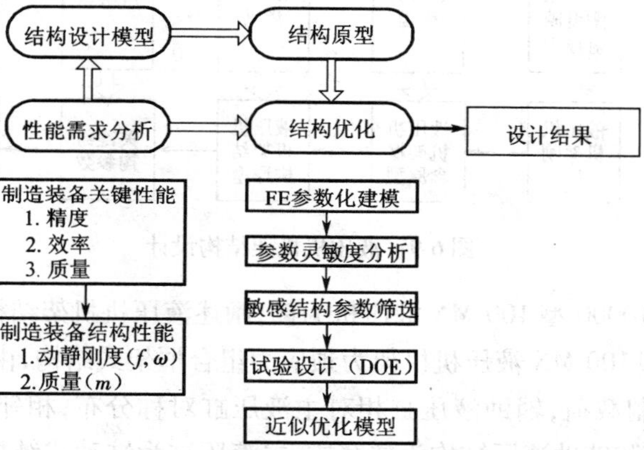

$\min m$ s.t. $f-[f]\leqslant 0$ $\omega-[\omega]\leqslant 0$ $x_i^{BU}\leqslant x_i\leqslant x_i^{BL}$ $\sigma-[\sigma]\leqslant 0$	或 $\min m, f\leqslant[f], \omega\leqslant[\omega]$ s.t. $x_i^{BL}\leqslant x_i\leqslant x_i^{BU}$ $\sigma-[\sigma]\leqslant 0$

图6-8 制造装备结构设计

液压机作为压制成形加工的工作母机,是一类重要的基础制造装备。液压机机架刚度对压制件的精度具有显著影响。对于航空发动机钛合金叶片、蜗轮盘等精密近净成形锻件,除了在成形工艺、模具方面采取必要的技术措施外,成形设备也必须具有足够的刚度。在传统的液压机设计中,机架刚度指标的制定依据主要源自经验类比,缺乏压制件精度方面的考虑,可能导致所设计的液压机刚度不足,不能满足压制件的成形精度要求;或导致刚度储备过大,降低产品的性价比。为此,提出了压制件精度的液压机机架结构的设计方法。如图6-9所示,该方法的基本思想是:

①通过分析液压机机架刚度对压制件成形精度的效果,建立压制件成形精度与液压机机架刚度的映射关系模型,将压制件成形精度映射为液压机机架部件刚度性能要求;

②对液压机机架结构进行力学分析,建立液压机机架部件简化力学模型及概念设计模型。依据各部件刚度性能要求和液压机规格参数(公称载荷、工作空间尺寸),求解液压机

机架各部件概念设计模型，获得液压机机架部件概念原型；

③基于概念原型，设计液压机机架结构原型；

④基于结构原型，进行机架结构性能灵敏度分析，得到影响结构性能的关键结构参数；

⑤以关键结构参数作为设计变量进行结构轻量化优化，从而获得液压机机架结构优化设计方案。

该方法包括精度-刚度映射、概念原型设计、结构原型设计、结构性能灵敏度分析及结构优化，是一套系统的液压机机架结构设计方法，为液压机机架结构设计提供了有效的技术手段。该设计方法的理念和原理也适用于其他成形制造装备或承载装备的结构设计。

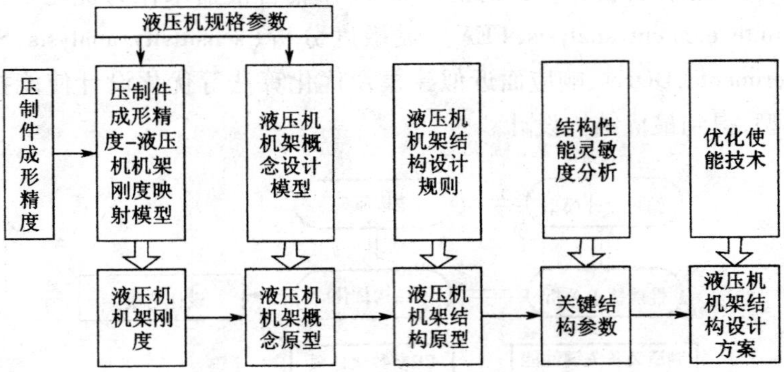

图 6-9　液压机机架结构设计

本节以 THP10-10000 型 100 MN 液压机为例，阐述液压机机架结构设计方法。

THP10-10000 型 100 MN 液压机机架为预应力组合框架式结构，由一个主液压缸和四个辅助液压缸提供压制载荷，辅助液压缸相对主液压缸对称分布，相邻辅助液压缸中心距为 2 300 mm，主液压缸和辅助液压缸均为柱塞式，主液压缸为缸动式结构（液压缸安装在活动横梁上），提供 60 MN 最大载荷，四个辅助液压缸提供 4 × 10 MN 最大载荷，活动横梁回程由回程液压缸驱动。该液压机主要技术参数见表 6-7，结构布局见图 6-10。

表 6-7　THP10-10000 型 100 MN 液压机规格参数

序号	项目	单位	数值
1	公称力（油压 31.5 MPa）	MN	100
2	主液压缸最大负荷	MN	60
3	辅助液压缸最大负荷	MN	4 × 10
4	滑块（活动横梁）行程	mm	1 600
5	最大净空距	mm	3 000
6	宽边立柱中心距	mm	4 450
7	窄边立柱中心距	mm	1 980
8	辅助液压缸宽边中心距	mm	2 300
9	上、下横梁水平轮廓尺寸	mm	5 480 × 3 360

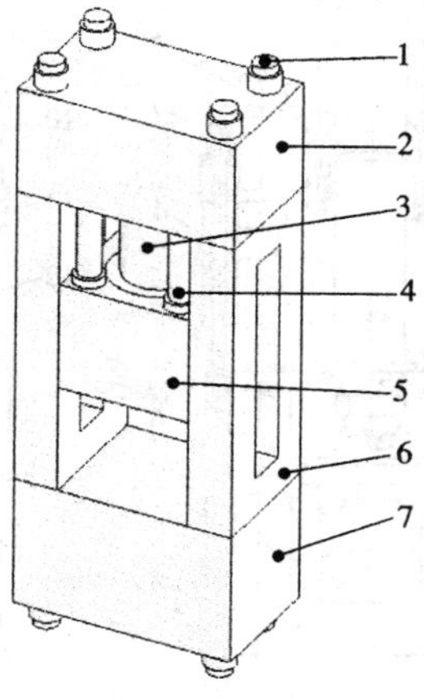

图 6-10 THP10-10000 型 100 MN 液压机结构布局

1—拉杆;2—上横梁;3—主液压缸;4—辅助液压缸;

5—活动横梁;6—支柱;7—下横梁

6.2.1 液压机原理与典型结构

1. 液压机工作原理

液压机是一种以液体为工作介质对工件施加作用力,进行成形加工的制造装备。液压机的工作原理如图 6-11 所示,两个充满工作液体的具有柱塞或活塞的容腔由管道相连接,当小柱塞上作用力为 F_1 时,根据帕斯卡原理,将在大柱塞 2 上产生比例放大的工作载荷 F_2。

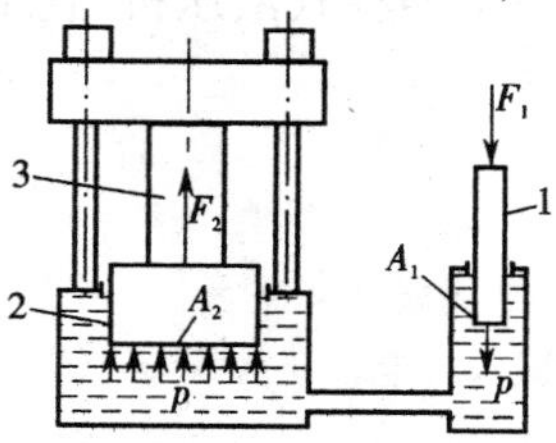

图 6-11 液压机工作原理

1—小柱塞;2—大柱塞;3—制件

$$\frac{F_2}{A_2}=\frac{F_1}{A_1}=p \tag{6-27}$$

式中,A_1、A_2 分别为小柱塞 1 和大柱塞 2 的工作面积;p 为容腔与管道内的压力(压强)。只要液压机工作压力或大柱塞的工作面积足够大,就可以产生相当大的工作载荷,以满足各种成形加工工艺要求。

2. 液压机结构

三梁四柱式和组合框架式是两种最常见液压机结构形式。

图 6-12 为三梁四柱式上传动液压机。它由上横梁、下横梁、4 根立柱和 16 个内外螺母组成一个封闭框架,以承受全部工作载荷。工作缸固定在上横梁上,工作缸内装配工作柱塞,工作柱塞与活动横梁连接。活动横梁以 4 根立柱为导向,在上、下横梁间往复。活动横梁与下横梁之间为工作空间,活动横梁和下横梁上分别安装上、下模具。工作行程时,当高压液体(液压油)进入工作缸,液体压力推动工作柱塞、活动横梁向下运动,通过上、下模具对工件施加工作载荷使之成形,此时回程缸为低压并排出工作液体。回程缸固定在上横梁上,回程柱塞通过拉杆与活动横梁连接。回程时,工作缸为低压并排出工作液体,高压液体进入回程缸,回程柱塞通过拉杆带动活动横梁向上运动。

图 6-13 为组合框架式液压机。它通过拉杆施加的预紧力,由上横梁、下横梁与其间的

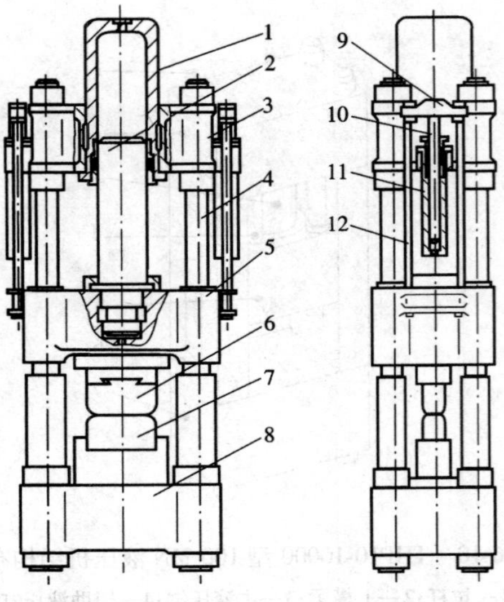

图 6-12　三梁四柱式上传动液压机

1—油缸；2—柱塞；3—上横梁；4—立柱；5—活力横梁；
6—上砧；7—下砧；8—下横梁；9—小横梁；10—程柱塞；
11—回程缸；12—柱杆

支柱预紧成一体，构成封闭承载框架。由于采用了预紧结构，组合框架式液压机机架刚度优于三梁四柱式液压机，且组成立柱的拉杆与支柱仅承受单向拉、压载荷，抗疲劳性能好。

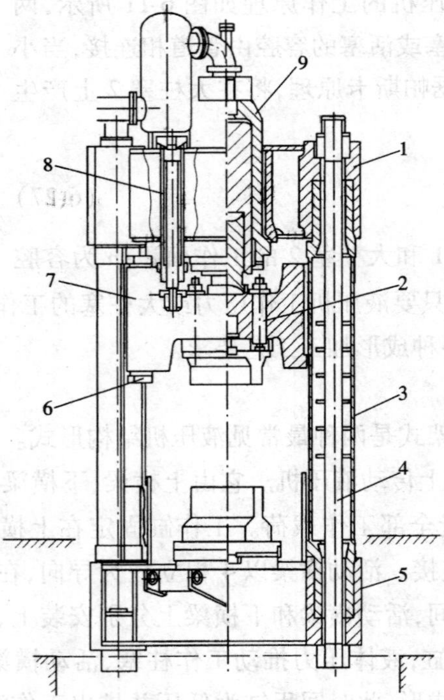

图 6-13　组合框架式液压机

1—上横梁；2—上砧夹紧装置；3—支柱；4—拉杆；5—下横梁；
6—导向调节装置；7—活动横梁；8—回程缸；9—工作缸

3. 液压机的特点

液压机最显著的特点是具有结构弹性变形自适应与自补偿功能。作为以施加载荷为主要功能的机械系统,结构弹性变形不可避免。如果将结构弹性变形分为(立柱)伸长和(横梁)弯曲两种,则(立柱)均匀伸长可由液压缸活塞或柱塞的额外伸出量补偿,从而保证合模和压制量以及压制方向上的压制件成形尺寸的精度。

6.2.2 压制件成形精度-液压机机架刚度映射

1. 压制件成形精度影响因素

为了压制出满足精度要求的压制件,必须分析影响压制件成形精度的因素,进而对影响因素进行控制,以达到精度要求。下面仅以模锻件为例分析成形精度的影响因素。

影响压制件精度的因素包括工艺、模具和成形设备三个方面(图 6-14):坯料体积的偏差、型腔的尺寸精度和磨损、模具和压制件温度的波动、模具和压制件的弹性变形、压制件的形状与尺寸以及成形设备精度与刚度等。采用弹塑性与热力耦合有限元技术,可以建立工艺-模具-设备系统模型,分析工艺、模具和成形设备之间的交互作用,从而制定满足制件成形要求的合理工艺,设计满足工艺要求的模具与成形设备。

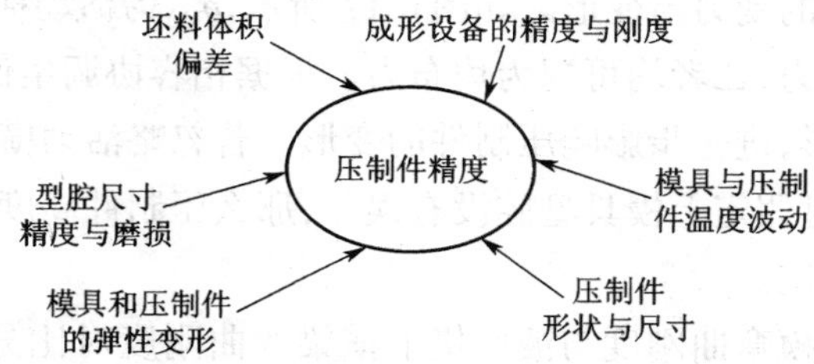

图 6-14 影响成形设备成形精度的因素

在保证工艺条件、模具和成形设备制造精度的前提下,模具和成形设备的结构刚度成为影响压制件成形精度的主要因素。

2. 液压机机架和模具刚度对压制件成形精度的影响

液压机机架-模具-压制件系统示意图如图 6-15 所示。图中,q_{sb}为液压缸柱塞或活塞作用于活动横梁的分布力,通过活动横梁-上模与下模-下横梁作用于压制件使之成形。成形过程中,成形模具直接作用于压制件。排除工艺条件、模具和成形设备制造精度、磨损等,模具弹性变形和分模面错移是导致成形误差的直接因素。分模面错移产生的原因是成形制件的几何非对称及变形非对称导致的错移力,可通过在模具结构中设置合理的平衡装

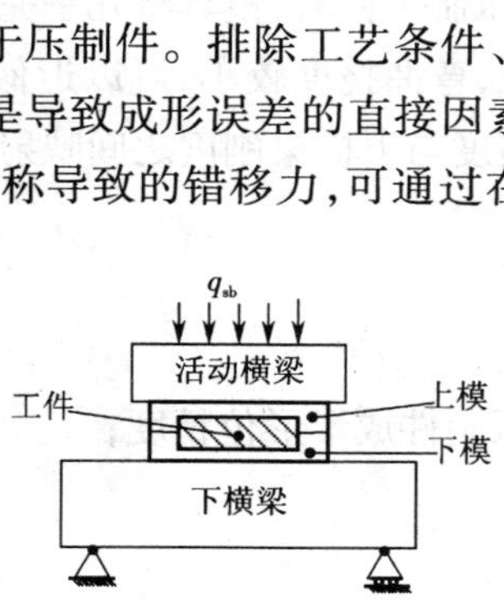

图 6-15 液压机机架-模具-压制件系统示意图

置消除。如此，导致成形误差的直接因素只有模具弹性变形。在压制载荷作用下，模具、活动横梁和下横梁均产生弹性变形，且上模与活动横梁、下模与下横梁的弹性变形需满足相容协调条件，即上模与活动横梁、下模与下横梁之间保持连续性。

分析活动横梁的受力与变形。如图 6-16 所示，对于大吨位锻造液压机，液压缸分布较密集，液压缸柱塞或活塞施加在活动横梁上的作用力可视为均布载荷 q_{sb}，模具对活动横梁的反作用力可视为均布载荷 q_{sbu}。在 q_{sb} 和 q_{sbu} 挤压作用下，活动横梁的弹性变形主要为压缩，弯曲变形很小。根据相容协调条件，上模必与活动横梁紧密贴合，其弯曲变形也很小。所以可以忽略活动横梁和上模的弯曲变形及其对压制件成形精度的影响。

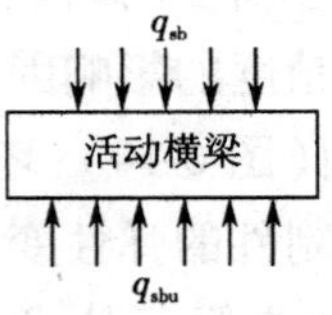

图 6-16 活动横梁受力与变形

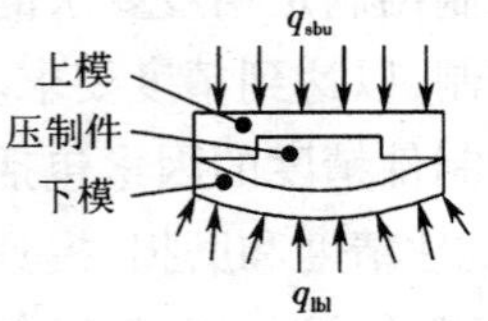

图 6-17 模具和压制件受力与变形

分析模具和压制件的受力与变形。如图 6-17 所示，q_{sbu} 为活动横梁对上模的作用力，q_{lbl} 为下横梁对下模的作用力，二者均可视为均布力。根据相容协调条件，下模必与下横梁紧密贴合，随下横梁弯曲变形，进一步影响压制件的变形。若忽略活动横梁和上模弯曲变形对压制件成形精度的影响，且假定上模具型腔没有误差，那么压制件高度方向的精度完全由下横梁和下模的弯曲变形决定。

根据对典型模具下模弯曲刚度与液压机下横梁弯曲刚度对比分析，下模弯曲刚度约为液压机下横梁弯曲刚度的 1/20，模具刚度远小于液压机下横梁刚度。可以认为，相对于液压机下横梁，模具近似纯柔性。

3. 压制件成形精度与下横梁刚度映射关系

考虑到液压机能够自动补偿立柱伸长变形，在载荷能力范围内，能够保证终锻时上、下模的分模面贴合，液压机机架刚度对压制件尺寸精度基本没有影响，主要影响与压制方向相关的压制件形位成形精度，如盘类压制件的平面度、叶片精锻件的扭曲度等。

基于模具近似纯柔性结论，压制工件时，模具将几乎完全复制横梁变形。考虑到活动横梁的受力与变形主要特征为挤压，弯曲挠度较小，可以近似认为，压制件成形精度完全由下横梁刚度决定。得压制件成形精度与下横梁刚度之间映射关系为

$$\frac{f_{md}}{B_{md}}=\frac{f_{lb}}{B} \tag{6-28}$$

式中 B_{md}——压制件长度；

f_{md}——压制方向相关的压制件成形形位精度；

B——立柱宽边中心距；

f_{lb}——下横梁挠度。

给定压制件成形精度，由式(6-28)可以得出液压机下横梁的刚度性能要求。这样，就解决了液压机的结构刚度定制问题。

例如：在立柱宽边中心距为 4 450 mm 的 THP10-10000 型 100 MN 等温锻造液压机上锻压 ϕ1 000 mm、平面度 0.23 mm 的圆盘件，则根据式(6-28)得该压制件对液压机(下横梁)的刚度性能要求为 f_{lb} = 1.02 mm。

6.2.3 液压机机架概念原型设计

液压机机架主要由三梁四柱等部件组成，本节将给出预应力组合框架式液压机立柱、上横梁、下横梁与活动横梁的概念原型设计的模型化方法。所谓概念原型是指为便于设计计算而设定的结构原型的一种等效简化形式。

1. 立柱

预应力组合框架式液压机立柱由支柱和拉杆组成。为了保证液压机的正常工作，必须使液压机在工作状态下，支柱和上、下横梁接合面不产生间隙，接触面间存在残余预紧力。

假设上、下横梁为刚体，液压机主机预紧及工作过程如图 6-18 所示。拉杆的刚度为 k_1，支柱的刚度为 k_z，$C = k_1/k_z$ 为刚度系数。在预紧力 P_y 作用下，拉杆产生伸长变形 λ_{y1}，支柱产生压缩变形 λ_{yz}。压力机受公称压力 P 作用时，拉杆和支柱承受的拉、压载荷分别为

$$P_{wl} = P_y + \frac{C}{1+C}P = \left(\eta + \frac{C}{1+C}\right)P \tag{6-29}$$

$$P_{wz} = P_y - \frac{1}{1+C}P = \left(\eta - \frac{C}{1+C}\right)P > 0 \tag{6-30}$$

式中，$\eta = 1.2 \sim 1.7 > \frac{1}{1+C}$为预紧系数。

压力机受公称压力 P 作用时，拉杆的拉应力为

$$\sigma_1 = \frac{P_{wl}}{m_1 A_1} = \left(\eta + \frac{C}{1+C}\right)\frac{P}{m_1 A_1} \tag{6-31}$$

式中 A_1——拉杆横截面积；

m_1——拉杆数目，通常 $m_1 = 4$。

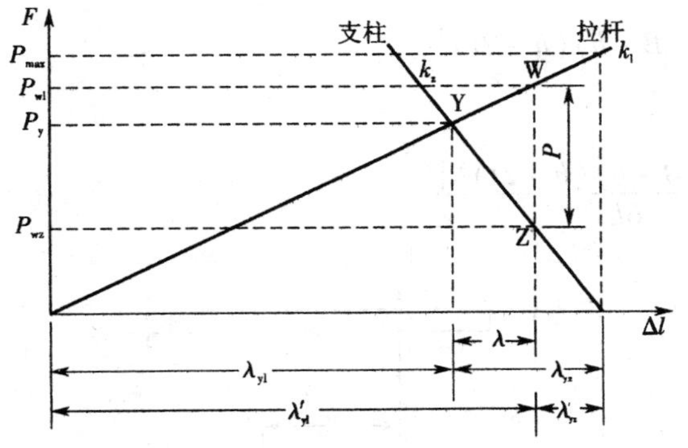

图 6-18 支柱和拉杆受力与变形

由图 6-18 可见，较大的支柱刚度有利于降低拉杆循环拉应力波动范围，进而有利于拉杆抗疲劳；但是较大的支柱刚度也意味着较大的支柱横截面积，不利于结构轻量化。综合上述两方面因素，并考虑到拉杆材质优于支柱(如拉杆采用 45 钢，屈服强度为 355 MPa；支柱

采用 Q235，屈服强度为 235 MPa），基于强度等失效原则，取刚度系数 $C=k_1/k_z=m_1A_1/m_zA_z \leqslant 0.5$。

由式(6-31)，得拉杆截面积

$$A_1=\left(\eta+\frac{C}{1+C}\right)\frac{P}{m_1[\sigma_1]_{-1}} \tag{6-32}$$

式中，$[\sigma_1]_{-1}$ 为拉杆的疲劳许用应力。支柱截面积

$$A_z=\frac{1}{C}\frac{m_1A_1}{m_z} \tag{6-33}$$

式中，m_z 为支柱数量，通常 $m_z=2$ 或 4。

以 THP10-10000 型 100 MN 等温锻造液压机为例（规格参数见表 6-7），取预紧系数 $\eta=1.3$，刚度系数 $C=0.5$，拉杆材料为 45 钢，$[\sigma_1]_{-1}=180$ MPa，拉杆数 $m_1=4$。由式(6-32)，得拉杆半径 $r=270$ mm。取支柱数 $m_z=2$，由式(6-33)，得一个支柱截面积为 $A_z=916\ 000\ \text{mm}^2$。拉杆和支柱长度需完成上、下与活动横梁概念原型设计后，依据上、下与活动横梁高度和液压机最大净空距（下横梁上表面与活动横梁下表面间的最大距离）确定。

2. 上、下横梁

考虑到上、下横梁弯曲刚度远大于立柱，可将上、下横梁视为跨度为液压机宽边中心距的简支梁。

上横梁承受工作液压缸的反力，可将每个液压缸的反力简化为作用于液压缸轴线上的集中载荷。下横梁承受经由模具传递的压制件成形载荷，该载荷可简化为作用在模具与下横梁接触面（承压面）上的均布载荷，通常承压面尺寸为立柱中心距的 2/3。如此，可建立上、下横梁简化力学模型，如表 6-8 所示。

强度、刚度是液压机上、下横梁的核心性能指标。上、下横梁概念原型的设计通过建立、求解以结构轻量化为目标，以满足刚度、强度性能要求的优化模型实现。

液压机横梁一般为内部有筋板的箱式结构，为此将液压机上、下横梁概念原型定义为等截面工字梁，如图 6-19 所示。上、下横梁概念原型的截面惯性矩为

$$I=\frac{1}{12}[Bh^3-(B-b)(h-2t)^3] \tag{6-34}$$

弯曲截面系数为

$$W=\frac{[Bh^3-(B-b)(h-2t)^3]}{6h} \tag{6-35}$$

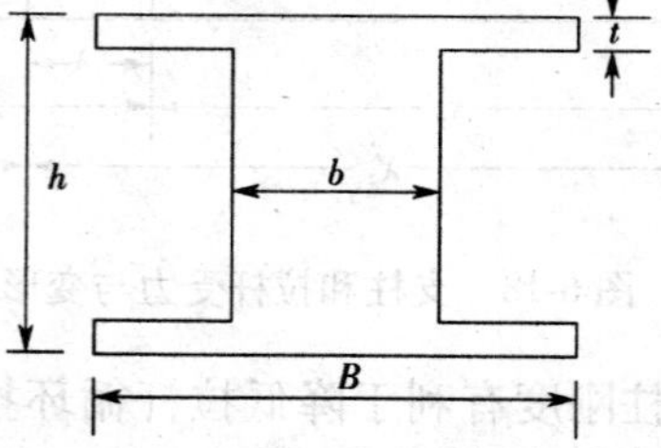

图 6-19　上、下横梁概念原型的截面

表 6-8　液压机横梁力学模型

	力学模型	最大挠度 f_{max}（位于梁的中间处）	最大应力
上横梁	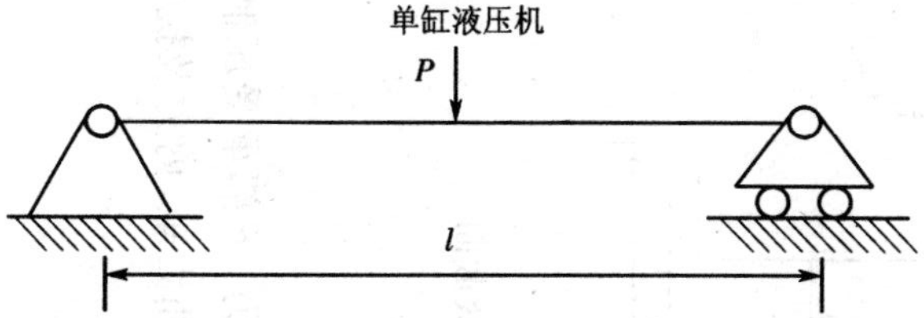	$\frac{Pl^2}{48EI}+\frac{\left(\frac{Bh^2}{8}-\frac{B(h-2t)^2}{8}+\frac{b(h-2t)^2}{8}\right)}{Glb}\frac{P}{2}\cdot\frac{l}{2}$	$\sigma_{max}=\frac{Pl}{4}\frac{1}{W}$ $\tau_{max}=\frac{P}{2}\cdot\frac{1}{Ib}\left(\frac{Bh^2}{8}-\frac{B(h-2t)^2}{8}+\frac{b(h-2t)^2}{8}\right)$
	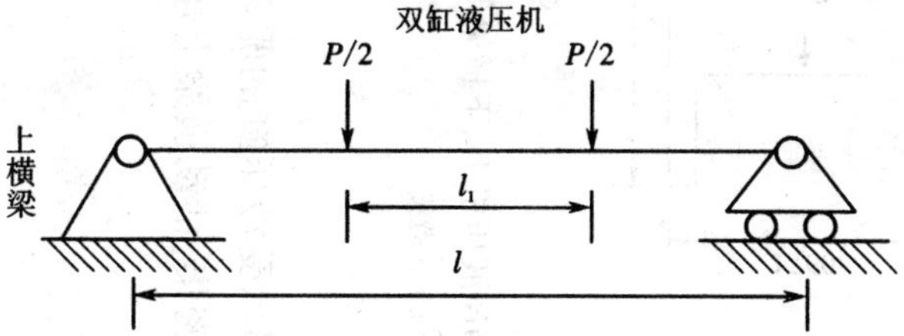	$\frac{P(l-l_1)}{96EI}(2l^2+2ll_1-l_1^2)+\frac{\left(\frac{Bh^2}{8}-\frac{B(h-2t)^2}{8}+\frac{b(h-2t)^2}{8}\right)}{Glb}\frac{P}{2}\cdot\frac{l-l_1}{2}$	$\sigma_{max}=\frac{P(l-l_1)}{4}\cdot\frac{1}{W}$ $\tau_{max}=\frac{P}{2}\cdot\frac{1}{Ib}\left(\frac{Bh^2}{8}-\frac{B(h-2t)^2}{8}+\frac{b(h-2t)^2}{8}\right)$
	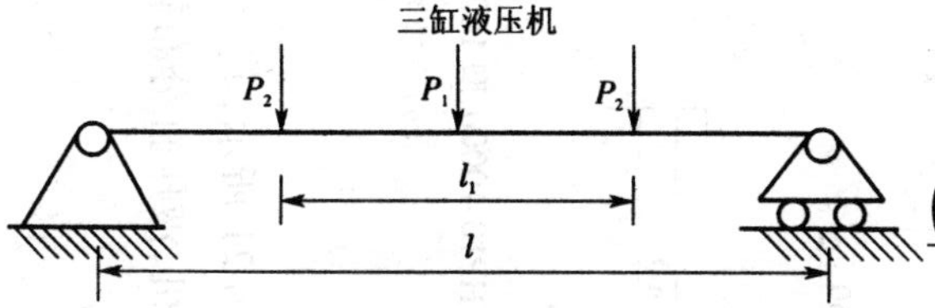	$\frac{P_1l^3+P_2(l-l_1)(2l^2+2ll_1-k_1^2)}{48EI}+\frac{\left(\frac{Bh^2}{8}-\frac{B(h-2t)^2}{8}+\frac{b(h-2t)^2}{8}\right)}{Glb}\left[\left(\frac{P_1}{2}+P_2\right)\frac{l-l_1}{2}+\frac{P_1}{2}\cdot\frac{l_1}{2}\right]$	$\sigma_{max}=\left(\left(\frac{P_1}{2}+P_2\right)\frac{l}{2}-\frac{P_2l_1}{2}\right)\frac{1}{W}$ $\tau_{max}=\left(\frac{P_1}{2}+P_2\right)\frac{1}{Ib}\left(\frac{Bh^2}{8}-\frac{B(h-2t)^2}{8}+\frac{b(h-2t)^2}{8}\right)$
下横梁	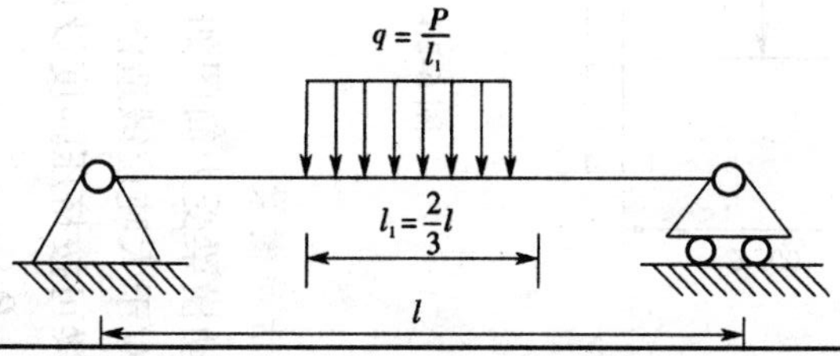	$\frac{P}{6EI}\left[\frac{l}{8}\left(l^2-\frac{l_1^2}{2}\right)+\frac{l_1^3}{64}\right]$ $\frac{\left(\frac{Bh^2}{8}-\frac{B(h-2t)^2}{8}+\frac{b(h-2t)^2}{8}\right)}{Glb}\left[\frac{P}{2}\cdot\frac{(l-l_1)}{2}+\frac{Pl_1}{8}\right]$	$\sigma_{max}=\left(\frac{Pl}{4}-\frac{Pl_1}{8}\right)\frac{1}{W}$ $\tau_{max}=\frac{P}{2}\cdot\frac{1}{Ib}\left(\frac{Bh^2}{8}-\frac{B(h-2t)^2}{8}+\frac{b(h-2t)^2}{8}\right)$

注：E——弹性模量，G——剪切模量，I——截面惯性矩，W——梁的弯曲截面系数，l_1——双缸液压机液压缸中心距、三缸液压机侧液压缸中心距或下横梁承压面长度，l——液压机宽边立柱中心距，B、b、h、t——液压机横梁概念原型截面尺寸，σ_{max}——最大弯曲应力，τ_{max}——最大剪切应力。

上、下横梁的设计，应考虑液压机整机轻量化，即考虑穿过横梁的部分拉杆的体积或质量。为此，上、下横梁概念原型设计可由优化模型式(6-36)获得。

$$
\begin{aligned}
&\text{find} \quad X=[t,b,h] \\
&\min \quad V(X)=V_{\text{beam}}+V_{\text{rod\_in\_beam}}=[2Bt+b(h-2t)]l+4\pi r^2 h \\
&\text{s.t} \quad f_{\max}\leqslant[f] \\
&\qquad \sigma_{\max}\leqslant[\sigma] \\
&\qquad \tau_{\max}\leqslant[\tau] \\
&\qquad 2t-h\leqslant 0 \\
&\qquad h^{\text{LB}}\leqslant h\leqslant h^{\text{UB}},t^{\text{LB}}\leqslant t\leqslant t^{\text{UB}},b^{\text{LB}}\leqslant b\leqslant b^{\text{UB}}
\end{aligned}
\tag{6-36}
$$

式中，$V(X)$——梁的体积 V_{beam} 与穿过横梁的部分拉杆的体积 $V_{\text{rod\_in\_beam}}$ 之和；

UB、LB——设计变量的上、下限标识；

$[f]$——许用挠度；

$[\sigma]$——许用弯曲应力；

$[\tau]$——许用剪切应力。

以 THP10-10000 型 100 MN 等温锻造液压机为例（规格参数见表 6-7），上、下横梁采用箱式焊接结构，材料 Q235，$[\sigma]=175$ NPa，$[\tau]=100$ MPa，$E=210$ GPa，$G=78.9$ GPa；宽边中心距 $l=4\ 450$ mm。上横梁采用表 6-8 中的三缸力学模型，辅缸中心距 $l_1=2\ 300$ mm，主缸载荷 $P_1=60$ MN，辅缸载荷 $P_2=20$ MN；上横梁许用挠度 $[f_{\text{UB}}]=\dfrac{l}{K}=1.39$ mm，下横梁许用挠度 $[f_{\text{LB}}]=\min\left\{\dfrac{l}{K},f_{\text{lb}}\right\}=1.02$ mm（注：液压机制造企业通常按 $\dfrac{l}{K}$ 规定横梁的许用挠度，$K=2\ 500\sim5\ 000$，这里取 $K=3\ 200$）。求解优化问题式(6-36)，得上、下横梁概念原型，如图 6-20 所示。

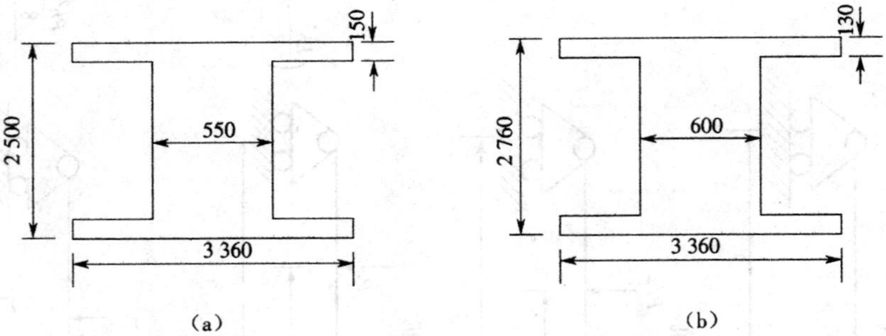

图 6-20　THP10-10000 型 100 MN 液压机上、下横梁等效截面

(a)上横梁；(b)下横梁

3. 活动横梁

活动横梁受力简图如图 6-21 所示，其上部承受液压缸的驱动力，下部承受压制件成形反力。对于大吨位锻造液压机，液压缸分布较密集，活动横梁上弯曲力矩、剪力及挠度较小，活动横梁可按挤压强度设计。

$$\frac{P_i}{A_i}\leqslant[\sigma_y],A_i\geqslant\frac{P_i}{[\sigma_y]} \tag{6-37}$$

式中　P_i, A_i——局部载荷与承压面积；

$[\sigma_y]$——许用挤压强度。

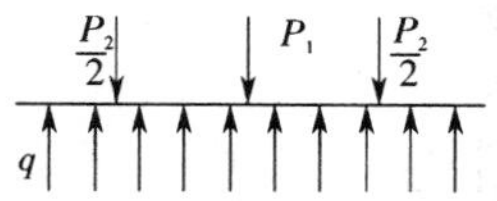

图 6-21　三缸液压机活动横梁受力

6.2.4　液压机机架结构原型设计

结构原型设计基于概念原型，同时考虑加工与制造工艺性、材料成本等因素。为将概念原型转化结构原型，须补充必要的附加几何信息，如纵横筋板之间的距离、拉杆孔处筋板尺寸等。将概念原型转换（设计）为结构原型需要综合考虑制造工艺、成本等约束，同时很大程度上有赖于设计经验。

以 THP10-10000 型 100 MN 预应力组合框架式液压机为例，设计上横梁结构原型时，考虑液压缸占据了上横梁部分截面，设计上横梁水平截面时，需对此补偿；同时，考虑到与拉杆锁紧螺母、辅缸接触部位的局部挤压强度，在这些部位设置了局部加强（斜）筋。设计下横梁结构原型时，针对下横梁的载荷特点，将梁的纵截面设计成阶梯形。依据概念原型，并参照该液压机样机，设计上、下横梁结构原型如图 6-22（a）、（b）所示。

THP10-10000 型 100 MN 液压机活动横梁为带缸滑块结构，辅缸柱塞直径 $d = 635$ mm。4 个斜筋板各承受一个辅缸作用力 10 MN。活动横梁为箱式焊接结构，材料为 Q235，许用挤压强度 $[\sigma_y]$ = 175 MPa。假定辅缸作用力由斜筋板承受，且斜筋板承受辅缸作用力部分的长度等于辅缸活塞直径，则由式（6-37）可求出斜筋板厚度 $t = 90$ mm。参照该液压机样机，设计活动横梁结构原型如图 6-22（c）所示。

预应力组合框架式机架通常在窄边布置立柱。一个支柱与两个拉杆组成一个立柱。依据 THP10-10000 型 100 MN 液压机支柱概念设计得到的支柱有效截面积 $A_z = 916\ 000$ mm^2 以及液压机窄边中心距与上、下横梁的水平轮廓尺寸，可得支柱截面尺寸。支柱长度根据液压机最大净空距和活动横梁高度确定，拉杆长度应大于支柱长度、上、下横梁高度与锁紧螺

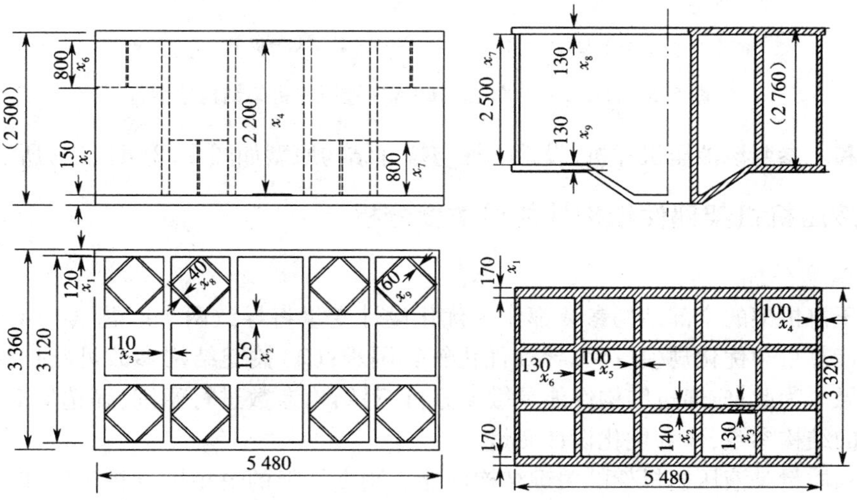

（a）上横梁　　　（b）下横梁

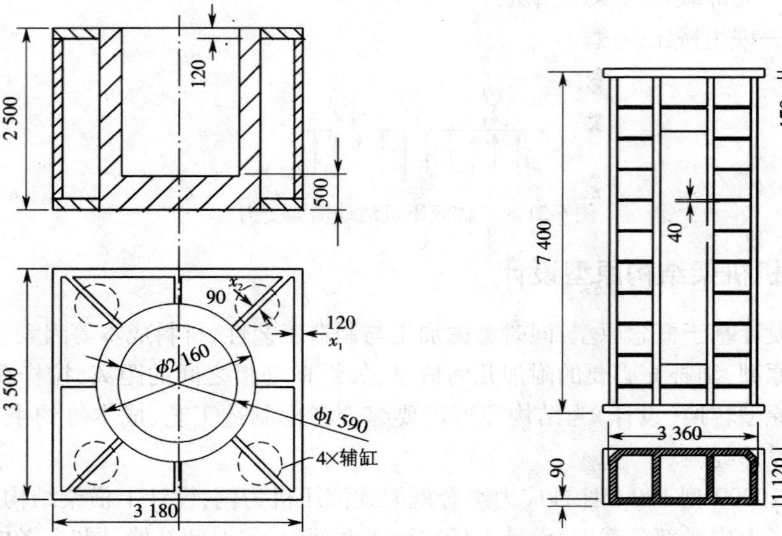

（c）活动横梁　　　　（d）支柱

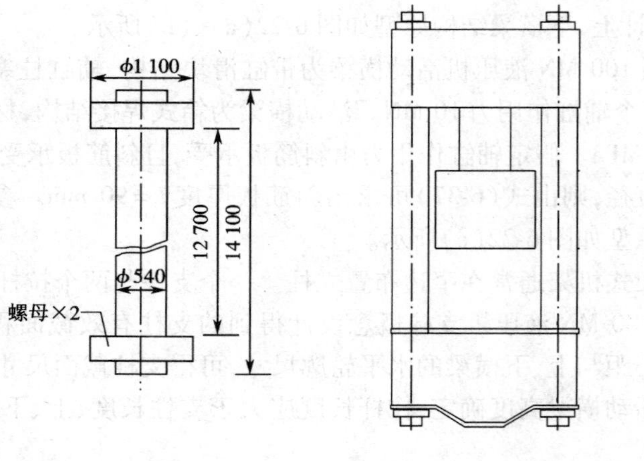

（e）拉杆　　　　（f）机架

图 6-22　THP10-10000 型 100 MN 液压机机架结构原型

母厚度之和。参照该液压机样机，设计支柱与拉杆结构原型如图 6-22(d)、(e)所示。

6.2.5　液压机机架部件结构性能灵敏度分析

1. 灵敏度分析

将液压机机架的全部结构参数都作为优化设计变量将导致两个问题：(1)有限元结构仿真试验计算量和优化规模过大，导致优化解算困难；(2)关键结构参数可能被湮没，得到伪优化结果。为此，应通过结构性能灵敏度分析，对结构参数进行甄别，筛选出对结构性能效果显著的结构参数，作为优化设计变量。

刚度和质量是液压机机架的关键结构性能。刚度性能的灵敏度分析步骤如下：首先建立各部件的参数化有限元分析模型；而后以结构原型的参数为基准对部件的各主要可变结

构参数逐一施加相对增量，计算该结构参数相对增量引起的结构变形增量。则刚度性能对结构参数的灵敏度为

$$S_{ij}=\left(\left|\frac{\Delta f_i}{\Delta \xi_j}\right| \Big/ \sum^{j}\left|\frac{\Delta f_i}{\Delta \xi_j}\right|\right)\times 100\% \tag{6-38}$$

式中　$\Delta\xi_j$——结构参数相对增量，$\Delta\xi_j=\Delta x_j/x_j$；

　　Δf_i——性能增量。

对于液压机机架诸部件质量性能灵敏度分析，可根据液压机部件结构参数建立质量模型（函数），参照式(6-38)计算灵敏度。

综合考虑变量对刚度和质量的灵敏度，选取关键结构参数，作为液压机机架结构优化的设计变量。

THP10—10000 型 100 MN 液压机的主要优化对象是上、下横梁和活动横梁。如图 6-22(a)、(b)所示，根据上、下横梁和活动横梁结构特点，上、下横梁各选取 9 个可变结构参数进行灵敏度分析。灵敏度分析中，诸可变结构参数取相同的相对增量 $\Delta\xi_j=10\%$ ($j=1,2,\cdots,9$)。表 6-9 和表 6-10 分别为上、下横梁性能灵敏度分析结果，其中综合灵敏度指数为刚度灵敏度与质量灵敏度之和。

表 6-9　上横梁性能灵敏度

尺寸变量	刚度灵敏度(%)	质量灵敏度(%)	综合灵敏度指数(%)
上、下面板厚度 x_5	36.419 4	26.013	62.432
侧板高度 x_4	24.884 1	34.062 0	58.946
中间横板厚度 x_2	24.079 1	15.753	39.832
中间纵板厚度 x_3	8.391 7	9.012	17.403
上横梁外围板厚度 x_1	3.035 2	9.584	12.619
中间斜筋板高度 x_7	2.043 0	1.187 78	3.230 78
两侧斜筋板高度 x_6	0.420 0	1.598 8	2.018 8
两侧斜筋板厚度 x_9	0.318 0	1.598 8	1.916 8
中间斜筋板厚度 x_8	0.410 0	1.187 78	1.597 7

表 6-10　下横梁性能灵敏度

尺寸变量	刚度灵敏度(%)	质量灵敏度(%)	综合灵敏度(%)
侧板高度 x_7	29.475 3	36.735 9	66.211 2
上面板厚度 x_8	20.744 8	8.114 4	28.859 2
下横梁前、后面板厚度 x_1	8.810 5	16.333 5	25.144
中间横板厚度 x_2	13.776 5	8.493 1	22.269 6
两侧横板厚度 x_3	9.331 1	4.585 8	13.916 9
两侧纵板厚度 x_6	6.367 6	6.413 7	12.781 3
下面板厚度 x_9	3.684 4	8.329 4	12.013 8
中间纵板厚度 x_5	4.765 7	6.065 1	10.830 8
左、右外侧板厚度 x_4	3.043 6	4.930 2	7.973 8

2. 优化设计变量选取

针对 THP10-10000 型 100 MN 液压机机架结构优化，选取设计变量如下：对于上、下横梁，选取综合灵敏度指数大于 20 的结构参数作为优化设计变量；对于活动横梁，由于其可变结构参数较少，仅为侧板和立筋板厚度（图 6-22(c)），故直接将其作为优化设计变量。

THP10-10000 型 100 MN 液压机机架结构优化设计变量见表 6-11。

表 6-11　机架优化设计变量

尺寸变量		变量代号
上横梁	侧板高度	y_1
	上、下面板厚度	y_2
	中间横板厚度	y_3
下横梁	侧板高度	y_4
	前、后面板厚度	y_5
	中间横板厚度	y_6
	上面板厚度	y_7
活动横梁	侧板厚度	y_8
	立筋板厚度	y_9

6.2.6　液压机机架结构优化

1. 优化模型

液压机机架结构优化可采用两种策略：以机架结构轻量化为目标，以刚度、强度条件为约束；以机架结构轻量化和上、下横梁挠度最小为目标，以刚度、强度条件为约束。前者为单目标优化，后者为多目标优化，其 Pareto 优化解集可提供多种优化方案。液压机机架结构单目标优化模型为

$$\begin{aligned}&\text{find}\quad y_i\\&\text{minimize}\ m\\&\text{subject to}\ f_{UB}-[f_{UB}]\leqslant 0\\&\qquad f_{LB}-[f_{LB}]\leqslant 0\\&\qquad y_i^{LB}\leqslant y_i\leqslant y_i^{LB}\quad (i=1,2,\cdots,I)\end{aligned}\tag{6-39}$$

多目标优化模型为

$$\begin{aligned}&\text{find}\quad y_i\\&\text{minimize}\ m,f_{UB},f_{LB}\\&\text{subject to}\ f_{UB}-[f_{UB}]\leqslant 0\\&\qquad f_{LB}-[f_{LB}]\leqslant 0\\&\qquad y_i^{LB}\leqslant y_i\leqslant y_i^{LB}\quad (i=1,2,\cdots,I)\end{aligned}\tag{6-40}$$

式中　y_i——液压机机架结构优化设计变量（关键结构参数）；

m——液压机（机架）质量；

f_{UB}、f_{LB}——液压机上、下横梁最大挠度；

$[f_{UB}]$、$[f_{LB}]$——液压机上、下横梁挠度允许值；

UB、LB——设计变量上、下限；

I——设计变量数量。

参照图 6-8 和图 6-9，液压机机架结构优化设计步骤如下：

①以液压机机架结构原型为设计初始点，基于该设计初始点，建立液压机机架结构参数化有限元模型；

②以设计初始点为基点，以关键结构参数作为设计变量，设定变量取值范围，进行试验设计，构造试验样本；

③依次对试验样本进行有限元数值试验，并提取液压机上、下横梁的挠度数据；

④根据数值模拟试验结果，采用响应面方法建立液压机机架结构优化近似模型；

⑤求解优化模型，获得液压机机架结构轻量化优化设计方案；

⑥对优化方案进行有限元分析及强度、刚度校验，并进行必要的修改，以保证液压机机架满足强度、刚度要求。

2. 实例

针对 THP10-10000 型 100 MN 液压机机架结构优化，基于液压机机架结构原型，建立液压机机架结构参数化有限元模型，如图 6-23 所示。以液压机机架结构原型为基点，针对表 6-11 中的设计变量，为每个设计变量确定 3 个水平（基点，基点 ± 基点 ×（5% ~10%）），见

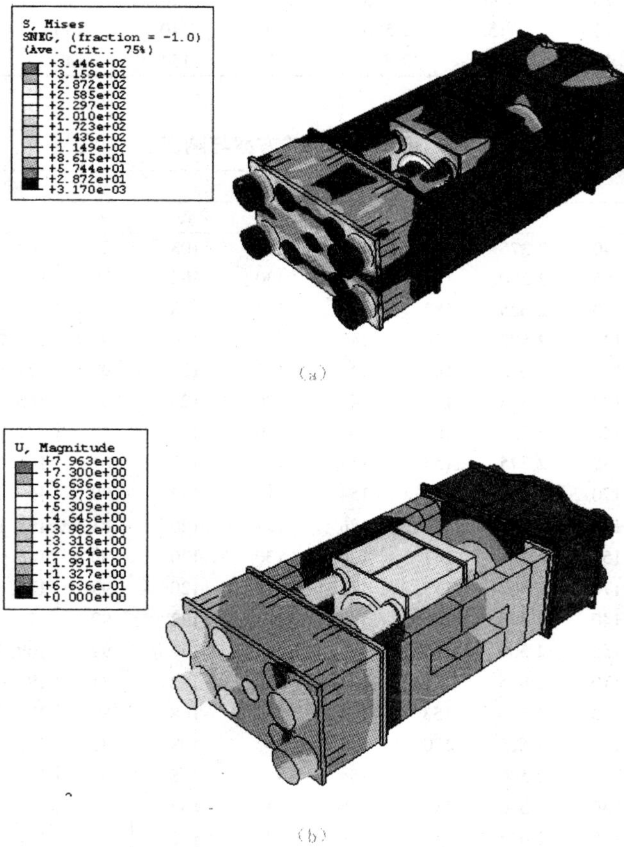

图 6-23　THP10-10000 型 100 MN 液压机机架结构参数化有限元模型

(a) Mises 应力分布；(b) 位移分布

表 6-12。根据设计变量和水平数，选定 $L_{27}(3^{10})$ 正交设计试验方案，见表 6-13。按照表 6-13 列出的试验方案，进行液压机机架结构有限元仿真分析，并提取液压机上横梁、下横梁、活动横梁的挠度 f_{UB}、f_{LB} 与液压机主机质量 m（表 6-13），并构造相应的响应面模型如下：

$$m = 77.17 + 1.41\times10^{-2}y_1 + 5.10\times10^{-2}y_2 + 4.96\times10^{-2}y_3 +$$
$$2.01\times10^{-3}y_4 + 5.84\times10^{-2}y_5 + 4.96\times10^{-2}y_6 +$$

$$7.16\times10^{-2}y_7-1.53\times10^{-3}y_8+1.76\times10^{-1}y_9$$

$$f_{UB}=4.99-7.78\times10^{-4}y_1-4.35\times10^{-3}y_2-3.87\times10^{-3}y_3-1.30\times10^{-4}y_4-1.10\times10^{-4}y_5+3.83\times10^{-4}y_6-2.83\times10^{-4}y_7+2.03\times10^{-4}y_8-3.70\times10^{-4}y_9$$

$$f_{LB}=1.70-3.53\times10^{-6}y_1-9.37\times10^{-6}y_2+2.94\times10^{-5}y_3+1.67\times10^{-5}y_4-5.07\times10^{-4}y_5-2.00\times10^{-3}y_6-1.70\times10^{-3}y_7+7.00\times10^{-5}y_8-1.48\times10^{-3}y_9$$

表 6-12　正交试验因素水平

水平	设计变量(mm)								
	y_1	y_2	y_3	y_4	y_5	y_6	y_7	y_8	y_9
1	2 090	135	140	2 375	153	126	117	108	81
2	2 200	150	155	2 500	170	140	130	120	90
3	2 310	165	170	2 625	187	154	143	132	99

表 6-13　正交设计试验方案与响应

试验编号	设计变量(mm)									响应(t,mm)		
	y_1	y_2	y_3	y_4	y_5	y_6	y_7	y_8	y_9	m	f_{UB}	f_{LB}
1	2 090	135	140	2 375	153	126	117	108	81	162.26	1.91	1.10
2	2 090	150	155	2 500	170	126	130	108	90	168.11	1.74	1.05
3	2 090	165	170	2 625	187	126	143	108	99	174.12	1.61	1.01
4	2 090	150	140	2 500	170	140	143	120	90	168.28	1.81	1.00
5	2 090	165	155	2 625	187	140	117	120	99	171.60	1.66	1.03
6	2 090	135	170	2 375	153	140	130	120	81	166.83	1.77	1.04
7	2 090	165	140	2 626	187	154	130	132	99	171.84	1.73	0.98
8	2 090	135	155	2 375	153	154	143	132	81	166.92	1.84	1.00
9	2 090	150	170	2 500	170	154	117	132	90	169.48	1.74	1.02
10	2 200	165	140	2 625	170	126	117	120	81	168.14	1.64	1.09
11	2 200	135	155	2 375	187	126	130	120	90	168.96	1.74	1.04
12	2 200	150	170	2 500	153	126	143	120	99	171.89	1.59	1.03
13	2 200	135	140	2 375	187	140	143	132	90	171.21	1.81	0.99
14	2 200	150	155	2 500	153	140	117	132	99	169.33	1.65	1.04
15	2 200	165	170	2 625	170	140	130	132	81	170.65	1.53	1.04
16	2 200	150	140	2 500	153	154	130	108	99	171.65	1.72	0.99
17	2 200	165	155	2 625	170	154	143	108	81	170.70	1.58	0.99
18	2 200	135	170	2 500	187	154	117	108	90	171.14	1.68	1.01
19	2 310	150	140	2 500	187	126	117	132	81	168.90	1.64	1.08
20	2 310	165	155	2 625	153	126	130	132	90	171.89	1.51	1.063
21	2 310	135	170	2 375	170	126	143	132	99	172.83	1.60	1.02
22	2 310	165	140	2 625	153	140	143	108	90	171.97	1.57	1.01
23	2 310	135	155	2 375	170	140	117	108	99	172.19	1.66	1.03
24	2 310	150	170	2 500	187	140	130	108	81	171.49	1.52	1.03
25	2 310	135	140	2 375	170	154	130	120	99	172.52	1.73	0.98
26	2 310	150	155	2 500	187	154	143	120	81	173.62	1.58	0.98
27	2 310	165	170	2 625	153	154	117	120	90	171.99	1.46	1.03

求解基于液压机主机质量与上、下横梁刚度响应面模型的优化问题式(6-39),得优化设

计结果，如表6-14。为便于比较设计效果，表中同时列出了样机和结构原型的结构参数与性能分析结果。从表6-14可看出，采用本节给出的设计方法，在满足刚度与强度要求的前提下，所设计的液压机结构原型和优化方案均优于样机。

表6-14　THP10-10000型100 MN液压机样机、结构原型与优化设计的结构关键参数和性能对比(单位:尺寸/mm,质量/t,应力/MPa)

项目		样机	结构原型	优化设计
上横梁	侧板高度	2 240	2 200	2 310
	上、下面板厚度	160	150	175
	中间横板厚度	155	155	180
	最大等效应力	170	172	165
	最大挠度	1.81	1.67	1.39
下横梁	侧板高度	2 280	2 500	2 517
	前、后面板厚度	150	170	143
	中间横板厚度	140	140	164
	上面板厚度	130	130	129
	最大等效应力	164	157	152
	最大挠度	1.12	1.02	1.02
活动横梁	侧板厚度	110	120	98
	立筋板厚度	80	90	71
	最大等效应力	118	117	126
支柱最大等效应力		119	124	127
拉杆最大等效应力		163	185	182
主机质量		177.28	170.38	170.68

附　　表

附表 1　标准正态分布表

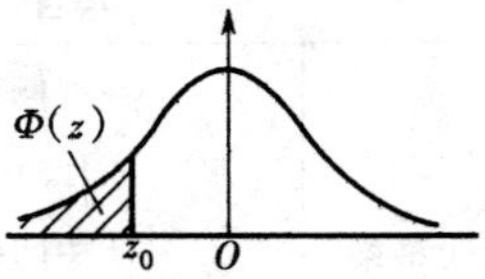

$$\Phi(z)=\int_{-\infty}^{z_0}\frac{1}{\sqrt{2\pi}}\mathrm{e}^{-z^2/2}\mathrm{d}z=P\{z\leqslant z_0\}$$

z	0.00	0.01	0.02	0.03	0.04	0.05	0.06	0.07	0.08	0.09	z
−0.0	0.500 0	0.496 0	0.492 0	0.488 0	0.484 0	0.480 1	0.476 1	0.472 1	0.468 1	0.464 1	−0.0
−0.1	0.460 2	0.456 2	0.452 2	0.448 3	0.444 3	0.440 4	0.436 4	0.432 5	0.428 6	0.424 7	−0.1
−0.2	0.420 7	0.416 8	0.412 9	0.409 0	0.405 2	0.401 3	0.397 4	0.393 6	0.389 7	0.385 9	−0.2
−0.3	0.382 1	0.378 3	0.374 5	0.370 7	0.366 9	0.363 2	0.359 4	0.355 7	0.352 0	0.348 3	−0.3
−0.4	0.344 6	0.340 9	0.337 2	0.333 6	0.330 0	0.326 4	0.322 8	0.319 2	0.315 6	0.312 1	−0.4
−0.5	0.308 5	0.305 0	0.301 5	0.298 1	0.294 6	0.291 2	0.287 7	0.284 3	0.281 0	0.277 6	−0.5
−0.6	0.274 3	0.270 9	0.267 6	0.264 3	0.261 1	0.257 8	0.254 6	0.251 4	0.248 3	0.245 1	−0.6
−0.7	0.242 0	0.238 9	0.235 8	0.232 7	0.229 7	0.226 6	0.223 6	0.220 6	0.217 7	0.214 8	−0.7
−0.8	0.211 9	0.209 0	0.206 1	0.203 3	0.200 5	0.197 7	0.194 9	0.192 2	0.189 4	0.186 7	−0.8
−0.9	0.184 1	0.181 4	0.178 8	0.176 2	0.173 6	0.171 1	0.168 5	0.166 0	0.163 5	0.161 1	−0.9
−1.0	0.158 7	0.156 2	0.153 9	0.151 5	0.149 2	0.146 9	0.144 6	0.142 3	0.140 1	0.137 9	−1.0
−1.1	0.135 7	0.133 5	0.131 4	0.129 2	0.127 1	0.125 1	0.123 0	0.121 0	0.119 0	0.117 0	−1.1
−1.2	0.115 1	0.113 1	0.111 2	0.109 3	0.107 5	0.105 6	0.103 8	0.102 0	0.100 3	0.098 53	−1.2
−1.3	0.096 80	0.095 10	0.093 42	0.091 76	0.090 12	0.038 51	0.086 91	0.085 34	0.083 79	0.082 26	−1.3
−1.4	0.080 76	0.079 27	0.077 80	0.076 36	0.074 93	0.073 53	0.072 15	0.070 78	0.069 44	0.068 11	−1.4
−1.5	0.066 81	0.065 52	0.064 26	0.063 01	0.061 78	0.060 57	0.059 38	0.058 21	0.057 05	0.055 92	−1.5
−1.6	0.054 80	0.053 70	0.052 62	0.051 55	0.050 50	0.049 47	0.048 46	0.047 46	0.046 48	0.045 51	−1.66
−1.7	0.044 57	0.043 63	0.042 72	0.041 82	0.040 93	0.040 06	0.039 20	0.038 36	0.037 54	0.036 73	−1.7
−1.8	0.035 93	0.035 15	0.034 38	0.033 62	0.032 88	0.032 16	0.031 44	0.030 74	0.030 05	0.029 38	−1.8
−1.9	0.028 72	0.028 07	0.027 43	0.026 80	0.026 19	0.025 59	0.025 00	0.024 42	0.023 85	0.023 30	−1.9
−2.0	0.022 75	0.022 22	0.021 69	0.021 18	0.020 68	0.020 18	0.019 70	0.019 23	0.018 76	0.018 31	−2.0
−2.1	0.017 86	0.017 43	0.017 00	0.016 59	0.016 18	0.015 78	0.015 39	0.015 00	0.014 63	0.014 26	−2.1
−2.2	0.013 90	0.013 55	0.013 21	0.012 87	0.012 55	0.012 22	0.011 91	0.011 60	0.011 30	0.011 01	−2.2
−2.3	0.010 72	0.010 44	0.010 17	$0.0^{2}9903$	$0.0^{2}9642$	$0.0^{2}9387$	$0.0^{2}9137$	$0.0^{2}8894$	$0.0^{2}8656$	$0.0^{2}8424$	−2.3
−2.4	$0.0^{2}8198$	$0.0^{2}7976$	$0.0^{2}7760$	$0.0^{2}6549$	$0.0^{2}7344$	$0.0^{2}7143$	$0.0^{2}6947$	$0.0^{2}6756$	$0.0^{2}6569$	$0.0^{2}6387$	−2.4
−2.5	$0.0^{2}6210$	$0.0^{2}6037$	$0.0^{2}5868$	$0.0^{2}5703$	$0.0^{2}5543$	$0.0^{2}5386$	$0.0^{2}5234$	$0.0^{2}5085$	$0.0^{2}4940$	$0.0^{2}4799$	−2.5

续表

z	0.00	0.01	0.02	0.03	0.04	0.05	0.06	0.07	0.08	0.09	z
−2.6	$0.0^{2}4661$	$0.0^{2}4527$	$0.0^{2}4396$	$0.0^{2}4269$	$0.0^{2}4145$	$0.0^{2}4025$	$0.0^{2}3907$	$0.0^{2}3793$	$0.0^{2}3681$	$0.0^{2}3573$	−2.6
−2.7	$0.0^{2}3467$	$0.0^{2}3364$	$0.0^{2}3264$	$0.0^{2}3167$	$0.0^{2}3072$	$0.0^{2}2930$	$0.0^{2}2890$	$0.0^{2}2803$	$0.0^{2}2718$	$0.0^{2}2635$	−2.7
−2.8	$0.0^{2}2555$	$0.0^{2}2477$	$0.0^{2}2401$	$0.0^{2}2327$	$0.0^{2}2256$	$0.0^{2}2186$	$0.0^{2}2118$	$0.0^{2}2052$	$0.0^{2}1938$	$0.0^{2}1926$	−2.8
−2.9	$0.0^{2}1866$	$0.0^{2}1807$	$0.0^{2}1750$	$0.0^{2}1695$	$0.0^{2}1641$	$0.0^{2}1589$	$0.0^{2}1538$	$0.0^{2}1489$	$0.0^{2}1441$	$0.0^{2}1395$	−2.9
−3.0	$0.0^{2}1350$	$0.0^{2}1306$	$0.0^{2}1264$	$0.0^{2}1223$	$0.0^{2}1183$	$0.0^{2}1144$	$0.0^{2}1107$	$0.0^{2}1070$	$0.0^{2}1035$	$0.0^{2}1001$	−3.0
−3.1	$0.0^{3}9676$	$0.0^{3}9354$	$0.0^{3}9043$	$0.0^{3}8740$	$0.0^{3}8447$	$0.0^{3}8164$	$0.0^{3}7888$	$0.0^{3}7622$	$0.0^{3}7364$	$0.0^{3}7114$	−3.1
−3.2	$0.0^{3}6871$	$0.0^{3}6637$	$0.0^{3}6410$	$0.0^{3}6190$	$0.0^{3}5976$	$0.0^{3}5770$	$0.0^{3}5571$	$0.0^{3}5377$	$0.0^{3}5190$	$0.0^{3}5009$	−3.2
−3.3	$0.0^{3}4834$	$0.0^{3}4665$	$0.0^{3}4501$	$0.0^{3}4342$	$0.0^{3}4189$	$0.0^{3}4041$	$0.0^{3}3897$	$0.0^{3}3758$	$0.0^{3}3624$	$0.0^{3}3495$	−3.3
−3.4	$0.0^{3}3369$	$0.0^{3}3248$	$0.0^{3}3131$	$0.0^{3}3018$	$0.0^{3}2909$	$0.0^{3}2803$	$0.0^{3}2701$	$0.0^{3}2602$	$0.0^{3}2507$	$0.0^{3}2415$	−3.4
−3.5	$0.0^{3}2326$	$0.0^{3}2241$	$0.0^{3}2158$	$0.0^{3}2078$	$0.0^{3}2001$	$0.0^{3}1926$	$0.0^{3}1854$	$0.0^{3}1785$	$0.0^{3}1718$	$0.0^{3}1653$	−3.5
−3.6	$0.0^{3}1591$	$0.0^{3}1513$	$0.0^{3}1473$	$0.0^{3}1417$	$0.0^{3}1363$	$0.0^{3}1311$	$0.0^{3}1261$	$0.0^{3}1213$	$0.0^{3}1166$	$0.0^{3}1121$	−3.6
−3.7	$0.0^{3}1078$	$0.0^{3}1036$	$0.0^{4}9961$	$0.0^{4}9574$	$0.0^{4}9201$	$0.0^{4}3842$	$0.0^{4}8496$	$0.0^{4}8162$	$0.0^{4}7841$	$0.0^{4}7532$	−3.7
−3.8	$0.0^{4}7235$	$0.0^{4}6948$	$0.0^{4}6673$	$0.0^{4}6407$	$0.0^{4}6152$	$0.0^{4}5906$	$0.0^{4}5669$	$0.0^{4}5442$	$0.0^{4}5223$	$0.0^{4}5012$	−3.8
−3.9	$0.0^{4}4810$	$0.0^{4}4615$	$0.0^{4}4427$	$0.0^{4}4247$	$0.0^{4}4074$	$0.0^{4}3908$	$0.0^{4}3747$	$0.0^{4}3594$	$0.0^{4}3446$	$0.0^{4}3304$	−3.9
−4.0	$0.0^{4}3167$	$0.0^{4}3036$	$0.0^{4}2910$	$0.0^{4}2789$	$0.0^{4}2673$	$0.0^{4}2561$	$0.0^{4}2454$	$0.0^{4}2351$	$0.0^{4}2252$	$0.0^{4}2157$	−4.0
−4.1	$0.0^{4}2066$	$0.0^{4}1978$	$0.0^{4}1894$	$0.0^{4}1814$	$0.0^{4}1737$	$0.0^{4}1662$	$0.0^{4}1591$	$0.0^{4}1523$	$0.0^{4}1458$	$0.0^{4}1395$	−4.1
−4.2	$0.0^{4}1335$	$0.0^{4}1277$	$0.0^{4}1222$	$0.0^{4}1168$	$0.0^{4}1118$	$0.0^{4}1069$	$0.0^{4}1022$	$0.0^{5}9774$	$0.0^{5}9345$	$0.0^{5}8934$	−4.2
−4.3	$0.0^{5}8540$	$0.0^{5}8163$	$0.0^{5}7801$	$0.0^{5}7455$	$0.0^{5}7124$	$0.0^{5}6807$	$0.0^{5}6503$	$0.0^{5}6212$	$0.0^{5}5934$	$0.0^{5}5668$	−4.3
−4.4	$0.0^{5}5413$	$0.0^{5}5169$	$0.0^{5}4935$	$0.0^{5}4712$	$0.0^{5}4498$	$0.0^{5}4294$	$0.0^{5}4098$	$0.0^{5}3911$	$0.0^{5}3732$	$0.0^{5}3561$	−4.4
−4.5	$0.0^{5}3398$	$0.0^{5}3241$	$0.0^{5}3092$	$0.0^{5}2949$	$0.0^{5}2813$	$0.0^{5}2682$	$0.0^{5}2558$	$0.0^{5}2439$	$0.0^{5}2325$	$0.0^{5}2216$	−4.5
−4.6	2112	$0.0^{5}2013$	$0.0^{5}1919$	$0.0^{5}1828$	$0.0^{5}1742$	$0.0^{5}1660$	$0.0^{5}1581$	$0.0^{5}1506$	$0.0^{5}1434$	$0.0^{5}1366$	−4.6
−4.7	$0.0^{6}1301$	$0.0^{6}1239$	$0.0^{6}1179$	$0.0^{6}1123$	$0.0^{6}1069$	$0.0^{6}1017$	$0.0^{6}9680$	$0.0^{6}9211$	$0.0^{6}8765$	$0.0^{6}8339$	−4.7
−4.8	7933	$0.0^{6}7547$	$0.0^{6}7178$	$0.0^{6}6827$	$0.0^{6}6492$	$0.0^{6}6173$	$0.0^{6}5869$	$0.0^{6}5580$	$0.0^{6}5304$	$0.0^{6}5042$	−4.8
−4.9	$0.0^{6}4792$	$0.0^{6}4554$	$0.0^{6}4327$	$0.0^{6}4111$	$0.0^{6}3906$	$0.0^{6}3711$	$0.0^{6}3525$	$0.0^{6}3348$	$0.0^{6}3179$	$0.0^{6}3019$	−4.9
0.0	0.500 0	0.504 0	0.508 0	0.512 0	0.516 0	0.519 9	0.523 9	0.527 9	0.531 9	0.535 9	0.0
0.1	0.539 8	0.543 8	0.547 8	0.551 7	0.555 7	0.559 6	0.563 6	0.567 5	0.571 4	0.575 3	0.1
0.2	0.579 3	0.583 2	0.587 1	0.591 0	0.594 8	0.598 7	0.602 6	0.606 4	0.610 3	0.614 1	0.2
0.3	0.617 9	0.621 7	0.625 5	0.629 3	0.633 1	0.636 8	0.640 6	0.644 3	0.648 0	0.651 7	0.3
0.4	0.655 4	0.659 1	0.662 8	0.666 4	0.670 0	0.673 6	0.677 2	0.680 8	0.684 4	0.687 9	0.4
0.5	0.691 5	0.695 0	0.698 5	0.701 9	0.705 4	0.708 8	0.712 3	0.175 7	0.719 0	0.722 4	0.5
0.6	0.725 7	0.729 1	0.732 4	0.735 7	0.738 9	0.742 2	0.745 4	0.748 6	0.751 7	0.754 9	0.6
0.7	0.758 0	0.761 1	0.764 2	0.766 3	0.770 3	0.773 4	0.776 4	0.779 4	0.782 3	0.785 2	0.7
0.8	0.788 1	0.791 0	0.793 9	0.796 7	0.799 5	0.802 3	0.805 1	0.807 8	0.810 6	0.813 3	0.8
0.9	0.815 9	0.818 6	0.821 2	0.823 8	0.826 4	0.828 9	0.831 5	0.834 0	0.836 5	0.838 9	0.9
1.0	0.841 3	0.843 8	0.846 1	0.848 5	0.850 8	0.853 1	0.855 4	0.857 7	0.859 9	0.862 1	1.0
1.1	0.864 3	0.866 5	0.868 6	0.870 8	0.872 9	0.874 9	0.877 0	00.879 0	0.881 0	0.883 0	1.1
1.2	0.884 9	0.886 9	0.888 8	0.890 7	0.892 5	0.894 4	0.896 2	0.898 0	0.899 7	0.901 47	1.2

续表

z	0. 00	0. 01	0. 02	0. 03	0. 04	0. 05	0. 06	0. 07	0. 08	0. 09	z
1. 3	0. 9032 0	0. 904 90	0. 906 58	0. 908 24	0. 909 88	0. 911 49	0. 913 09	0. 914 66	0. 916 21	0. 917 74	1. 3
1. 4	0. 919 24	0. 920 73	0. 922 20	0. 923 64	0. 925 07	0. 926 47	0. 927 85	0. 929 22	0. 930 56	0. 931 89	1. 4
1. 5	0. 933 19	0. 934 48	0. 935 74	0. 936 99	0. 938 22	0. 939 43	0. 940 62	0. 941 79	0. 942 95	0. 944 08	1. 5
1. 6	0. 945 20	0. 946 30	0. 947 38	0. 948 45	0. 949 50	0. 950 53	0. 951 54	0. 952 54	0. 953 52	0. 954 49	1. 6
1. 7	0. 964 07	0. 956 37	0. 957 28	0. 958 18	0. 959 07	0. 959 94	0. 960 80	0. 961 64	0. 962 46	0. 963 27	1. 7
1. 8	0. 964 07	0. 964 85	0. 965 62	0. 966 38	0. 967 12	0. 967 84	0. 968 56	0. 969 26	0. 969 95	0. 970 62	1. 8
1. 9	0. 971 28	0. 971 93	0. 972 57	0. 973 20	0. 973 81	0. 974 41	0. 975 00	0. 975 58	0. 976 15	0. 976 70	1. 9
2. 0	0. 977 25	0. 977 78	0. 978 31	0. 978 82	0. 979 32	0. 979 82	0. 980 30	0. 980 77	0. 981 24	0. 981 69	2. 0
2. 1	0. 982 14	0. 982 57	0. 983 00	0. 983 41	0. 983 82	0. 984 22	0. 984 61	0. 985 00	0. 985 37	0. 985 74	2. 1
2. 2	0. 986 10	0. 986 45	0. 986 79	0. 987 13	0. 987 45	0. 987 78	0. 988 09	0. 988 40	0. 988 70	0. 988 99	2. 2
2. 3	0. 989 28	0. 989 56	0. 989 83	$0.9^{2}0097$	$0.9^{2}0358$	$0.9^{2}0613$	$0.9^{2}0863$	$0.9^{2}1106$	$0.9^{2}1344$	$0.9^{2}1576$	2. 3
2. 4	$0.9^{2}1802$	$0.9^{2}2024$	$0.9^{2}2240$	$0.9^{2}2451$	$0.9^{2}2656$	$0.9^{2}2857$	$0.9^{2}3053$	$0.9^{2}3244$	$0.9^{2}3431$	$0.9^{2}3613$	2. 4
2. 5	$0.9^{2}3790$	$0.9^{2}3963$	$0.9^{2}4132$	$0.9^{2}4297$	$0.9^{2}4457$	$0.9^{2}4614$	$0.9^{2}4766$	$0.9^{2}4915$	$0.9^{2}5060$	$0.9^{2}5201$	2. 5
2. 6	$0.9^{2}5339$	$0.9^{2}5473$	$0.9^{2}5604$	$0.9^{2}5731$	$0.9^{2}5855$	$0.9^{2}5975$	$0.9^{2}6093$	$0.9^{2}6207$	$0.9^{2}6319$	$0.9^{2}6427$	2. 6
2. 7	$0.9^{2}6533$	$0.9^{2}6636$	$0.9^{2}6736$	$0.9^{2}6833$	$0.9^{2}6928$	$0.9^{2}7020$	$0.9^{2}7110$	$0.9^{2}7197$	$0.9^{2}7282$	$0.9^{2}7365$	2. 7
2. 8	$0.9^{2}7445$	$0.9^{2}7523$	$0.9^{2}7599$	$0.9^{2}7673$	$0.9^{2}7744$	$0.9^{2}7814$	$0.9^{2}7882$	$0.9^{2}7948$	$0.9^{2}8012$	$0.9^{2}8074$	2. 8
2. 9	$0.9^{2}8134$	$0.9^{2}8193$	$0.9^{2}8250$	$0.9^{2}8305$	$0.9^{2}8359$	$0.9^{2}8411$	$0.9^{2}8462$	$0.9^{2}8511$	$0.9^{2}8559$	$0.9^{2}8605$	2. 9
3. 0	$0.9^{2}8650$	$0.9^{2}8694$	$0.9^{2}8736$	$0.9^{2}8777$	$0.9^{2}8817$	$0.9^{2}8856$	$0.9^{2}8893$	$0.9^{2}8930$	$0.9^{2}8965$	$0.9^{2}8999$	3. 0
3. 1	$0.9^{2}0324$	$0.9^{2}0646$	$0.9^{2}0957$	$0.9^{2}1260$	$0.9^{2}1553$	$0.9^{2}1836$	$0.9^{2}2112$	$0.9^{2}2378$	$0.9^{2}2636$	$0.9^{2}2886$	3. 1
3. 2	$0.9^{2}3129$	$0.9^{2}3363$	$0.9^{2}3590$	$0.9^{2}3810$	$0.9^{2}4024$	$0.9^{2}4230$	$0.9^{2}4429$	$0.9^{2}4623$	$0.9^{2}4810$	$0.9^{2}4991$	3. 2
3. 3	$0.9^{2}5166$	$0.9^{2}5335$	$0.9^{2}5499$	$0.9^{2}5658$	$0.9^{2}5811$	$0.9^{2}5959$	$0.9^{2}6103$	$0.9^{2}6242$	$0.9^{2}6376$	$0.9^{2}6505$	3. 3
3. 4	$0.9^{2}6631$	$0.9^{2}6752$	$0.9^{2}6869$	$0.9^{2}6982$	$0.9^{2}7091$	$0.9^{2}7197$	$0.9^{2}7299$	$0.9^{2}7398$	$0.9^{2}7493$	$0.9^{2}7585$	3. 4
3. 5	$0.9^{3}7674$	$0.9^{3}7759$	$0.9^{3}7842$	$0.9^{3}7922$	$0.9^{3}7999$	$0.9^{3}8074$	$0.9^{3}8146$	$0.9^{3}8215$	$0.9^{3}8282$	$0.9^{3}8347$	3. 5
3. 6	$0.9^{3}8409$	$0.9^{3}8469$	$0.9^{3}8527$	$0.9^{3}8583$	$0.9^{3}8637$	$0.9^{3}8689$	$0.9^{3}8739$	$0.9^{3}8787$	$0.9^{3}8834$	$0.9^{3}8879$	3. 6
3. 7	$0.9^{4}8922$	$0.9^{3}8964$	$0.9^{4}0039$	$0.9^{4}0426$	$0.9^{4}0799$	$0.9^{4}1158$	$0.9^{4}1504$	$0.9^{4}1838$	$0.9^{4}2159$	$0.9^{4}2468$	3. 7
3. 8	$0.9^{4}2765$	$0.9^{4}3052$	$0.9^{4}3327$	$0.9^{4}3593$	$0.9^{4}3848$	$0.9^{4}4094$	$0.9^{4}4331$	$0.9^{4}4558$	$0.9^{4}4777$	$0.9^{4}4988$	3. 8
3. 9	$0.9^{4}5190$	$0.9^{4}5385$	$0.9^{4}5573$	$0.9^{4}5753$	$0.9^{4}5926$	$0.9^{4}6092$	$0.9^{4}6253$	$0.9^{4}6406$	$0.9^{4}6554$	$0.9^{4}6696$	3. 9
4. 0	$0.9^{4}6833$	$0.9^{4}6964$	$0.9^{4}7090$	$0.9^{4}7211$	$0.9^{4}7327$	$0.9^{4}7439$	$0.9^{4}7546$	$0.9^{4}7649$	$0.9^{4}7748$	$0.9^{4}7843$	4. 0
4. 1	$0.9^{4}7934$	$0.9^{4}8022$	$0.9^{4}8106$	$0.9^{4}8186$	$0.9^{4}8263$	$0.9^{4}8338$	$0.9^{4}8409$	$0.9^{4}8477$	$0.9^{4}8542$	$0.9^{4}8605$	4. 1
4. 2	$0.9^{4}8665$	$0.9^{4}8723$	$0.9^{4}8778$	$0.9^{4}8832$	$0.9^{4}8882$	$0.9^{4}8931$	$0.9^{4}8978$	$0.9^{5}0226$	$0.9^{5}0655$	$0.9^{5}1066$	4. 2
4. 3	$0.9^{5}1460$	$0.9^{5}1837$	$0.9^{5}2199$	$0.9^{5}2545$	$0.9^{5}2876$	$0.9^{5}3193$	$0.9^{5}3497$	$0.9^{5}3788$	$0.9^{5}4066$	$0.9^{5}4332$	4. 3
4. 4	$0.9^{5}4587$	$0.9^{5}4831$	$0.9^{5}5065$	$0.9^{5}5288$	$0.9^{5}5502$	$0.9^{5}5706$	$0.9^{5}5902$	$0.9^{5}6089$	$0.9^{5}6268$	$0.9^{5}6439$	4. 4
4. 5	$0.9^{5}6602$	$0.9^{5}6759$	$0.9^{5}6908$	$0.9^{5}7051$	$0.9^{5}7187$	$0.9^{5}7318$	$0.9^{5}7442$	$0.9^{5}7561$	$0.9^{5}7675$	$0.9^{5}7784$	4. 5
4. 6	$0.9^{5}7888$	$0.9^{5}7987$	$0.9^{5}8081$	$0.9^{5}8172$	$0.9^{5}8258$	$0.9^{5}8340$	$0.9^{5}8419$	$0.9^{5}8494$	$0.9^{5}8566$	$0.9^{5}8634$	4. 6
4. 7	$0.9^{5}8699$	$0.9^{5}8761$	$0.9^{5}8821$	$0.9^{5}8877$	$0.9^{5}8931$	$0.9^{5}8983$	$0.9^{6}0320$	$0.9^{6}6789$	$0.9^{6}1235$	$0.9^{6}1661$	4. 7
4. 8	$0.9^{6}2067$	$0.9^{6}2453$	$0.9^{6}2822$	$0.9^{6}3173$	$0.9^{6}3508$	$0.9^{6}3827$	$0.9^{6}4131$	$0.9^{6}4420$	$0.9^{6}4696$	$0.9^{6}4958$	4. 8
4. 9	$0.9^{6}5208$	$0.9^{6}5446$	$0.9^{6}5673$	$0.9^{6}5889$	$0.9^{6}6094$	$0.9^{6}6289$	$0.9^{6}6475$	$0.9^{6}6652$	$0.9^{6}6821$	$0.9^{6}6981$	4. 9

附表2　TRIZ冲突解决原理矩阵

恶化参数	改善参数							
	1	2	3	4	5	6	7	8
1		—	15,8,29,34	—	29,17,38,34	—	29,2,40,28	—
2	—		—	10,1,29,35	—	35,30,13,2	—	5,35,14,2
3	8,15,29,34	—		—	15,17,4	—	7,1,7,4,35	—
4	—	35,28,40,29	—		—	17,7,10,40		35,8,2,14
5	2,17,29,4	—	14,15,18,4	—		—	7,14,17,4	—
6	—	30,2,14,18	—	26,7,9,39	—		—	—
7	2,26,29,40	—	1,7,4,35	—	1,7,4,17	—		—
8	—	35,10,19,14	19,14	35,8,2,14	—	—	—	
9	2,28,13,38	—	13,14,8	—	29,30,34	—	7,29,34	—
10	8,1,37,18	18,13,1,28	17,19,9,36	28,10	19,10,15	1,18,36,37	15,9,12,37	2,36,18,37
11	10,36,37,40	13,29,10,18	35,10,36	35,1,14,16	10,15,36,28	10,15,36,37	635,10	35,24
12	8,10,29,40	15,10,26,3	29,34,5,4	13,14,10,7	5,34,4,10	—	14,4,15,22	7,2,35
13	21,35,2,39	26,39,1,40	13,15,1,28	37	2,11,13	39	28,10,19,39	34,28,35,40
14	1,8,40,15	40,26,27,1	1,15,8,35	15,14,28,26	3,34,40,29	9,40,28	10,15,14,7	9,14,17,15
15	9,5,34,31	—	2,19,9	—	3,17,19	—	10,2,19,30	—
16	—	6,27,19,16	—	1,40,35	—	—	—	35,34,38
17	36,22,6,38	22,35,32	15,19,9	15,19,9	3,35,39,18	35,38	34,39,40,18	35,6,4
18	19,1,32	2,35,32	19,32,16	—	19,32,26	—	2,13,10	—
19	12,18,28,31	—	12,28	—	15,19,25	—	35,13,18	—
20	—	19,9,6,27	—	—	—	—	—	—
21	8,36,38,31	19,26,17,27	1,10,35,37	—	19,38	17,32,13,38	35,6,38	30,6,25
22	15,6,19,28	19,6,18,9	7,2,6,13	6,38,7	15,26,17,30	17,7,30,18	7,18,23	7
23	35,6,23,40	35,6,22,32	14,29,10,39	10,18,24	35,2,10,31	10,18,39,31	1,29,30,36	3,39,18,31
24	10,24,35	10,35,5	1,26	26	30,26	30,16	—	2,22
25	10,20,37,35	10,20,26,5	15,2,29	30,24,14,5	26,4,5,16	10,35,17,4	2,5,34,10	35,16,32,18
26	35,6,18,31	27,26,18,35	29,14,35,18	—	15,14,29	2,18,40,4	15,20,29	—
27	3,8,10,40	3,10,8,28	15,9,14,4	15,9,28,11	17,10,14,16	32,35,40,4	3,10,14,24	2,35,24
28	32,35,26,28	28,35。25,26	28,26,5,16	32,28,3,16	26,28,32,3	26,28,32,3	32,13,6	—
29	28,32,13,8	28,35,27,9	10,28,29,37	2,32,10	28,33,29,32	2,29,18,36	32,28,2	25,10,35
30	22,21,27,39	2,22,13,24	17,1,39,4	1,18	22,1,33,28	27,2,39,35	22,23,37,35	34,39,19,27
31	19,22,15,39	35,22,1,39	17,15,16,22	—	17,2,18,39	22,1,40	17,2,40	30,18,35,4
32	28,29,15,16	1,27,36,13	1,29,13,17	15,17,27	13,1,26,12	16,40	13,29,1,40	35
33	25,2,13,15	6,13,1,25	1,17,13,12	—	1,17,13,16	18,16,15,39	1,16,35,15	4,18,39,31
34	2,27,35,11	2,27,35,11	1,28,10,25	3,18,31	15,13,32	16,25	25,2,35,11	1
35	1,6,15,8	19,15,29,16	35,1,29,2	1,35,16	35,30,29,7	15,16	15,35,29	—
36	26,30,34,36	2,26,35,39	1,19,26,24	26	14,1,13,16	6,36	34,26,6	1,16
37	27,26,28,13	6,13,28,1	16,17,26,24	26	2,13,18,17	2,39,30,16	29,1,4,16	2,18,26,31
38	28,26,18,35	28,26,35,10	14,13,17,28	23	17,14,13	—	35,13,16	—
39	35,26,24,37	28,27,15,3	18,4,28,38	30,7,14,26	10,26,34,31	10,35,17,7	2,6,34,10	35,37,10,2

续表

恶化参数	改善参数							
	9	10	11	12	13	14	15	16
1	2,8,15,38	8,10,18,37	10,36,37,40	10,14,35,40	1,35,19,39	28,27,18,40	5,34,31,35	—
2	—	8,10,19,35	13,29,10,18	13,10,29,14	26,39,1,40	28,2,10,27	—	2,27,19,6
3	13,4,8	17,10,4	1,8,35	1,8,10,29	1,8,15,34	8,35,29,34	19	—
4	—	28,10	1,14,35	13,14,15,7	39,37,35	15,14,28,26		1,40,35
5	29,30,4,34	19,30,35,2	10,15,36,28	5,34,29,4	11,2,13,39	3,15,40,14	6,3	—
6	—	1,18,35,36	10,15,36,37	—	2,38	40	—	2,10,19,30
7	29,4,38,34	15,35,36,37	6,35,36,37	1,15,29,4	28,10,1,39	9,14,15,7	6,35,4	—
8	—	2,18,37	24,35	7,2,35	34,28,35,40	9,14,17,15	—	35,34,38
9		13,28,15,19	6,18,38,40	35,15,18,34	28,33,1,18	8,3,26,14	3,19,35,5	—
10	13,28,15,12		18,21,11	10,35,40,34	35,10,21	35,10,14,27	19,2	—
11	6,35,36	36,35,1		35,4,15,10	35,33,2,40	9,18,3,40	19,3,27	—
12	35,15,34,18	35,10,37,40	34,15,10,14		33,1,18,4	30,14,10,40	14,26,9,25	—
13	33,15,28,18	10,35,21,16	2,35,40	22,1,18,4		17,9,15	13,27,10,35	39,3,35,23
14	8,13,26,14	10,18,3,14	10,3,18,40	10,30,35,40	13,17,35		27,3,26	—
15	3,35	19,2,16	19,3,27	14,26,28,25	13,3,35	27,3,10		—
16	—	—	—	—	39,3,35,23	—	—	
17	2,28,36,30	35,10,3,21	35,39,19,2	14,22,19,32	1,35,32	10,30,22,40	19,13,39	19,18,36,40
18	10,13,19	26,19,6	—	32,30	32,3,27	35,19	2,19,6	—
19	8,35	16,26,21,2	23,14,25	12,2,29	19,13,17,24	5,19,9,35	28,35,6,18	—
20	—	36,37	—	—	27,4,29,18	35	—	—
21	15,35,9	26,2,36,35	22,10,35	29,14,2,40	35,32,15,31	26,10,28	19,35,10,38	16
22	16,35,38	36,38	—	—	14,2,39,6	26	—	—
23	10,13,28,38	14,15,18,40	3,36,37,10	29,35,3,5	2,14,30,40	35,28,31,40	28,27,3,18	27,16,18,38
24	26,32	—	—	—	—	—	10	10
25	—	10,37,36,5	37,36,4	4,10,34,17	35,3,22,5	29,3,28,18	20,10,28,18	28,20,10,16
26	35,29,34,28	35,14,3	10,36,14,3	35,14	15,2,17,40	14,35,34,10	3,35,10,40	3,35,31
27	21,35,11,28	8,28,10,3	10,24,35,19	35,1,16,11		11,28	2,35,3,25	34,27,6,40
28	28,13,32,24	32,2	6,28,32	6,28,32	32,35,13	28,6,32	28,6,32	10,26,24
29	10,28,32	28,19,34,36	3,35	32,30,40	30,18	3,27	3,27,40	—
30	21,22,35,28	13,35,39,18	22,2,37	22,1,3,35	35,24,30,18	18,35,37,1	22,15,33,28	17,1,40,33
31	35,28,3,23	35,28,1,40	2,33,27,18	35,1	35,40,27,39	15,35,22,2	15,22,33,31	21,39,16,22
32	35,13,8,1	35,12	35,19,1,37	1,28,13,27	11,13,1	1,3,10,32	27,1,4	35,16
33	18,13,34	28,13,35	2,32,12	15,34,29,28	32,35,30	32,40,3,28	29,3,8,25	1,16,25
34	34,9	1,11,10	13	1,13,2,4	2,35	11,1,2,9	11,29,28,27	1
35	35,10,14	15,17,20	35,16	15,37,1,8	35,30,14	35,2,32,6	13,1,35	2,16
36	34,10,28	26,16	19,1,35	29,13,28,15	2,22,17,19	2,13,28	10,4,28,15	—
37	3,4,16,35	36,28,40,19	35,36,37,32	27,13,1,39	11,22,39,30	27,3,15,28	19,29,39,25	25,34,6,35
38	28,10	2,35	13,35	15,32,1,13	18,1	25,13	6,9	—
39	—	28,15,10,36	10,37,14	14,10,34,40	35,3,22,39	29,28,10,18	35,10,2,18	20,10,16,38

续表

恶化参数	改善参数							
	17	18	19	20	21	22	23	24
1	6,9,4,38	19,1,32	35,12,34,31	—	12,36,18,31	6,2,34,19	5,35,3,31	10,24,35
2	28,19,32,22	19,32,35	—	18,19,28,1	15,19,18,22	18,19,28,15	5,8,13,30	10,15,35
3	10,15,19	32	8,35,24	—	1,35	7,2,35,39	4,29,23,10	1,24
4	3,35,38,18	3,25	—	—	12,8	6,28	10,28,24,35	24,26
5	2,15,16	15,32,19,13	19,32	—	19,10,32,18	15,17,30,26	10,35,2,39	30,26
6	35,39,38	—	—	—	17,32	17,7,30	10,14,18,39	30,16
7	34,39,10,18	2,13,10	35	—	35,6,13,18	7,15,13,16	36,39,34,10	2,22
8	35,6,4	—	—	—	30,6	—	10,39,35,34	—
9	28,30,36,2	10,13,19	8,15,35,38	—	19,35,38,2	14,20,19,35	10,13,28,38	13,26
10	35,10,21	—	19,17,10	1,16,36,37	19,35,38,2	14,15	8,35,40,5	
11	35,39,19,2	—	14,24,10,37	—	10,35,14	2,36,25	10,36,3,37	—
12	22,14,19,32	13,15,32	2,6,34,14	—	4,6,2	14	35,28,3,5	—
13	35,1,32	32,3,27,15	13,19	27,4,29,18	32,35,27,31	14,2,39,6	2,14,30,40	—
14	30,10,40	35,19	19,35,10	35	10,26,35,28	35	35,28,31,40	—
15	19,35,39	2,19,4,35	28,6,35,18	—	19,10,35,38	—	28,27,3,18	10
16	19,18,36,40	—	—	—	16	—	27,16,18,38	10
17		32,30,21,16	19,15,3,17	—	2,14,17,25	21,17,35,38	21,36,29,31	—
18	32,35,19		32,1,19	32,35,1,15	32	13,16,1,6	13,1	1,6
19	19,24,3,14	2,15,19		—	6,19,37,18	12,22,15,24	35,24,18,5	—
20	—	19,2,35,32	—		—	—	28,27,18,31	—
21	2,14,17,25	16,6,19	16,6,19,37	—		10,35,38	28,27,18,38	10,19
22	19,38,7	1,13,32,15	—	—	3,38		35,27,2,37	19,10
23	21,36,39,31	1,6,13	35,18,24,5	28,27,12,31	28,27,18,38	35,27,2,31		—
24	—	19	—	—	10,19	19,10	—	
25	35,29,21,18	1,19,26,17	35,38,19,18	1	35,20,10,6	10,5,18,32	35,18,10,39	24,26,28,32
26	3,17,39	—	34,29,16,18	3,35,31	35	7,18,25	6,3,10,24	24,28,35
27	3,35,10	11,32,13	21,11,27,19	36,23	21,11,26,31	10,11,35	10,35,29,39	10,28
28	6,19,28,24	6,1,32	3,6,32	—	3,6,32	26,32,27	10,16,31,28	—
29	19,26	3,32	32,2	—	32,2	13,32,7	35,31,10,24	—
30	22,33,35,2	1,19,32,13	1,24,6,27	10,2,22,37	19,22,31,2	21,22,35,2	33,22,19,40	22,10,2
31	22,35,2,24	19,24,39,32	2,35,6	19,22,18	2,35,18	21,35,2,22	10,1,34	10,21,29
32	27,26,18	28,24,27,1	28,26,27,1	1,4	27,1,12,24	19,35	15,34,33	32,24,18,16
33	26,27,13	13,17,1,24	1,13,24	—	35,34,2,10	2,19,13	28,32,2,24	4,10,27,22
34	4,10	15,1,13	15,1,28,16	—	15,10,32,2	15,1,32,19	2,35,34,27	—
35	27,2,3,35	6,22,26,1	19,35,29,13	—	19,1,29	18,15,1	15,10,2,13	—
36	2,17,13	24,17,13	27,2,29,28	—	20,19,30,34	10,35,13,2	35,10,28,29	—
37	3,27,35,16	2,24,26	35,38	19,35,16	19,1,16,10	35,3,15,19	1,18,10,24	35,33,27,22
38	26,2,19	8,32,19	2,32,13	—	28,2,27	23,28	35,10,18,5	35,33
39	35,21,28,10	26,17,19,1	35,10,38,19	1	35,20,10	28,10,29,35	28,10,35,23	13,15,23

恶化参数	改善参数							
	25	26	27	28	39	30	31	32
1	10,35,20,28	3,26,18,31	3,11,1,27	28,27,35,26	28,35,26,18	22,21,18,27	22,35,31,39	27,28,1,36
2	10,20,35,26	19,6,18,26	10,28,8,3	18,26,28	10,1,35,17	2,19,22,37	35,22,1,39	28,1,9
3	15,2,29	29,35	10,14,29,40	28,32,4	10,28,29,37	1,15,17,24	17,15	1,29,17
4	30,29,14	—	15,29,28	32,28,3	2,32,10	1,18	—	15,17,27
5	26,4	29,30,6,13	29,9	26,28,32,3	2,32	22,33,28,1	17,2,18,39	13,1,26,24
6	10,35,4,18	2,18,40,4	32,35,40,4	26,28,32,3	2,29,18,36	27,2,39,35	22,1,40	40,16
7	2,6,34,10	29,30,7	14,1,40,11	26,28	25,28,2,16	22,21,27,35	17,2,40,1	29,1,40
8	35,16,32,18	35,3	2,35,16	—	35,10,25	34,39,19,27	30,18,35,4	35
9	—	10,19,29,38	11,35,27,28	28,32,1,24	10,28,32,25	1,28,35,23	2,24,35,21	35,13,8,1
10	10,37,36	14,29,18,36	3,35,13,21	35,10,23,24	28,29,37,36	1,35,40,18	13,3,36,24	15,37,18,1
11	37,36,4	10,14,36	10,13,19,35	6,28,25	3,35	22,2,37	2,33,27,18	1,35,16
12	14,10,34,17	36,22	10,40,16	28,32,1	32,30,40	22,1,2,35	35,1	1,32,17,28
13	35,27	15,32,35	—	13	18	35,24,30,18	35,40,27,39	35,19
14	29,3,28,10	29,10,27	11,3	3,27,16	3,27	18,35,37,1	15,35,22,2	11,3,10,32
15	20,10,28,18	3,35,10,40	11,2,13	3	3,27,16,40	22,15,33,28	21,39,16,22	27,1,4
16	28,20,10,16	3,35,31	34,27,6,40	10,26,24	—	17,1,40,33	22	35,10
17	35,28,21,18	3,17,30,39	19,35,3,10	32,19,24	24	22,33,35,2	22,35,2,24	26,27
18	19,1,26,17	1,19	—	11,15,32	3,32	15,19	35,19,32,39	19,35,28,26
19	35,38,19,18	34,23,16,18	19,21,11,27	3,1,32	—	1,35,6,27	2,35,6	28,26,30
20	—	3,35,31	10,36,23	—	—	10,2,22,37	19,22,18	1,4
21	35,20,10,6	4,34,19	19,24,26,31	32,15,2	32,2	19,22,31,2	2,35,18	26,10,34
22	10,18,32,7	7,18,25	11,10,35	32	—	21,22,35,2	21,35,2,22	—
23	15,18,35,10	6,3,10,24	10,29,39,35	16,34,31,28	35,10,24,31	33,22,30,40	10,1,34,29	15,34,33
24	24,26,28,32	24,28,35	10,28,23	—	—	22,10,1	10,21,22	32
25		35,38,18,16	10,30,4	24,34,28,32	24,26,28,18	35,18,34	35,22,18,39	35,28,34,4
26	35,38,18,16		18,3,28,40	3,2,28	33,30	35,33,29,31	3,35,40,39	29,1,35,27
27	10,30,4	21,28,40,3		32,3,11,23	11,32,1	27,35,2,40	35,2,40,26	—
28	24,34,28,32	2,6,32	5,11,1,23		—	28,24,22,26	3,33,39,10	6,35,25,18
29	32,26,28,18	32,30	11,32,1	—		26,28,10,36	4,17,34,26	—
30	—	—	—	28,33,23,26	26,28,10,18		—	24,35,7
31	1,22	3,24,39,1	24,2,40,39	3,33,26	4,17,34,26	—		—
32	35,28,34,4	35,23,1,24	—	12,18,1,35	—	24,2	—	
33	4,28,10,34	12,35	17,27,8,40	25,13,2,34	1,32,35,23	2,25,28,39	—	2,5,12
34	32,1,10,25	2,28,10,25	11,10,1,16	10,2,13	25,10	35,10,2,16	—	1,35,11,10
35	35,28	3,35,15	35,13,8,24	35,5,1,10	—	35,11,32,31	—	1,13,31
36	6,29	13,3,27,10	13,35,1	2,26,10,34	26,24,32	22,19,29,40	19,1	27,26,1,13
37	18,28,32,9	3,27,29,18	27,40,28,8	26,24,32,28	—	22,19,29,28	2,21	5,28,11,29
38	24,28,35,30	35,13	11,27,32	28,26,10,34	28,26,18,23	2,33	2	1,26,13
39	—	35,38	1,35,10,38	1,10,34,28	18,10,32,1	22,35,13,24	35,22,18,39	35,28,2,24

续表

恶化参数	改善参数						
	33	34	35	36	37	38	39
1	35,3,2,24	2,27,28,11	29,5,15,8	26,3,36,34	28,29,26,32	26,35,18,19	35,3,24,37
2	6,13,1,32	2,27,28,11	19,15,29	1,10,26,39	25,28,17,15	2,26,35	1,28,15,35
3	15,29,35,4	1,28,10	14,15,1,16	1,19,26,24	35,1,26,24	17,24,26,16	14,4,28,29
4	2,25	3	1,35	1,26	26	—	30,14,7,26
5	15,17,13,16	15,13,10,1	15,30	14,1,13	2,36,26,18	14,30,28,23	10,26,34,2
6	16,4	16	15,16	1,18,36	2,35,30,18	23	10,15,17,7
7	15,13,30,12	10	15,29	26,1	29,26,4	35,34,16,24	10,6,2,34
8	—	1	—	1,31	2,17,26	—	35,37,10,2
9	32,28,13,12	34,2,28,27	15,10,26	10,28,4,34	3,34,27,16	10,18	—
10	1,28,3,25	15,1,11	15,17,18,20	26,35,10,18	36,37,10,19	2,35	3,28,35,37
11	11	2	35	19,1,35	2,36,37	35,24	10,14,35,37
12	32,15,26	2,13,1	1,15,29	16,29,1,28	15,13,39	15,1,32	17,26,34,10
13	32,35,30	2,35,10,16	35,20,34,2	2,35,22,26	35,22,39,23	1,8,35	23,35,40,3
14	32,40,28,2	27,11,3	15,3,32	2,13,28	27,3,15,40	15	29,35,10,14
15	12,27	29,10,27	1,35,13	10,4,29,15	19,29,39,35	6,10	35,17,14,19
16	1	1	2	—	25,34,6,35	1	20,10,16,38
17	26,27	4,10,16	2,18,27	2,17,16	3,27,35,31	26,2,19,16	15,28,35
18	28,26,19	15,17,13,16	15,1,29	6,32,13	32,15	2,26,10	2,25,16
19	19,35	1,15,17,28	15,17,13,16	2,29,27,28	35,98	32,2	12,28,35
20	—	—	—	—	19,35,16,25	—	1,6
21	26,35,10	35,2,10,34	19,17,34	20,19,30,34	19,35,16	28,2,17	28,35,34
22	35,32,1	2,19	—	7,23	35,3,15,23	2	28,10,29,35
23	32,28,2,24	2,35,34,27	15,10,2	35,10,28,24	35,18,10,13	35,10,18	28,35,10,23
24	27.22	—	—	—	35,33	35	13,23,15
25	4,28,10,34	32,1,10	35,28	6,29	18,28,32,10	24,28,35,30	—
26	35,29,25,10	2,32,10,25	15,3,29	3,13,27,10	3,27,29,18	8,35	13,29,3,27
27	27,17,40	1,11	13,35,8,24	13,35,1	27,40,28	11,13,27	1,35,29,38
28	1,13,17,34	1,32,13,11	13,35	27,35,10,34	26,24,32,28	28,2,10,34	10,34,28,32
29	1,32,35,23	25,10	—	26,2,18	—	26,28,18,23	10,18,32,39
30	2,25,28,39	35,10,9	35,11,22,31	22,19,9,40	22,19,29,40	33,3,34	22,35,13,24
31	—	—	—	19,1,31	2,21,27,1	2	22,35,18,39
32	2,5,13,16	35,1,11,9	2,13,15	27,26,1	6,28,11,1	8,28,1	35,1,10,28
33		12,26,1,32	15,34,1,16	32,26,12,17	—	1,34,12,3	15,1,28
34	1,12,26,15		7,1,4,16	35,1,13,11	—	34,35,7,13	1,32,10
35	15,34,1,16	1,16,7,4		15,29,7,28	1	27,34,35	35,28,6,37
36	27,9,26,24	1,13	29,15,28,37		15,10,37,28	15,1,24	12,17,28
37	2,5	12,26	1,15	15,10,37,28		34,21	35,18
38	1,12,34,3	1,35,13	27,4,1,35	15,24,10	34,27,25		5,12,35,26
39	1,28,7,19	1,32,10,25	1,35,28,37	12,17,28,24	35,18,27,2	5,12,35,26	

参考文献

[1] 孙新民. 现代设计方法实用教程[M]. 北京:人民邮电出版社,1999.
[2] 廖林清. 现代设计方法[M]. 重庆:重庆大学出版社,2000.
[3] 居滋培. 可靠性工程[M]. 北京:原子能出版社,2000.
[4] 孟宪铎. 机械可靠性设计[M]. 北京:冶金工业出版社,1992.
[5] 张鄂. 现代设计方法[M]. 西安:西安交通大学出版社,1999.
[6] 万耀青,阮宝湘. 机电工程现代设计方法[M]. 北京:北京理工大学出版社,1994.
[7] 黄纯颖. 设计方法学[M]. 北京:机械工业出版社,1992.
[8] 赵松年. 现代设计方法[M]. 北京:机械工业出版社,1996.
[9] 林志航. 产品设计与制造质量工程[M]. 北京:机械工业出版社,2005.
[10] 黄靖远. 优势设计[M]. 北京:机械工业出版社,1999.
[11] 刘惟信. 机械最优化设计[M]. 2 版. 北京:清华大学出版社,1994.
[12] 孙靖民. 机械优化设计[M]. 3 版. 北京:机械工业出版社,2005.
[13] 孙国正. 优化设计及应用(机械类专业用)[M]. 北京:人民交通出版社,2000.
[14] 高健. 机械优化设计基础[M]. 北京:科学出版社,2000.
[15] 王安麟. 机械工程现代最优化设计方法与应用[M]. 上海:上海交通大学出版社,2000.
[16] 粟塔山,彭维杰,周作益,等. 最优化计算原理与算法程序设计[M]. 长沙:国防科技大学出版社,2001.
[17] 胡良剑. MATLAB 数学实验[M]. 北京:高等教育出版社,2006.
[18] 刘力. 机电产品开发设计与制造技术标准使用手册[M]. 北京:世图音像电子出版社,2002.
[19] 张国瑞. 有限元法[M]. 北京:机械工业出版社,1991.
[20] 王生洪,吴家麟. 有限元基础及应用[M]. 长沙:国防科技大学出版社,1990.
[21] 库克 R D. 有限元分析的概念和应用[M]. 北京:科学出版社,1991.
[22] 陈继平,李元科. 现代设计方法[M]. 武汉:华中理工大学出版社,1997.
[23] 宋保维. 系统可靠性设计与分析[M]. 西安:西北工业大学出版社,2000.
[24] 张文志,韩清凯,刘亚忠,等. 机械结构有限元分析[M]. 哈尔滨:哈尔滨工业大学出版社,2006.
[25] 曾攀. 有限元分析及应用[M]. 北京:清华大学出版社,2004.
[26] 王勖成. 有限单元法基本原理与数值方法[M]. 北京:清华大学出版社,1988.
[27] 王生楠. 有限元素法中的变分原理基础[M]. 西安:西北工业大学出版社,2005.
[28] 谢里阳. 现代机械设计方法[M]. 北京:机械工业出版社,2005.
[29] 徐芝纶. 弹性力学[M]. 北京:高等教育出版社,2006.
[30] 应锦春. 现代设计方法[M]. 北京:机械工业出版社,2000.
[31] 王国强,常绿,赵凯军,等. 现代设计技术[M]. 北京:化学工业出版社,2006.
[32] 陈屹,谢华. 现代设计方法及其应用[M]. 北京:国防工业出版社,2004.

[33] 牛占文,徐燕申,林岳,等.基于CAI的产品创新关键技术及应用研究[J].天津大学学报,2003,36(6):663--667.
[34] 檀润华.创新设计——TRIZ:发明问题解决理论[M].北京:机械工业出版社,2002.
[35] 张美麟.机械创新设计[M].北京:化学工业出版社,2005.
[36] 王隆太.先进制造技术[M].北京:机械工业出版社,2005.
[37] Jonathan Cagan, Cvaing M. Vogel.创造突破性产品——从产品策略到项目定案的创新[M].辛向阳,潘龙,译.北京:机械工业出版社,2004.
[38] 邢文训,谢金星.现代优化计算方法[M].北京:清华大学出版社,2005.
[39] 汪定伟,王俊伟,王洪峰,等.智能优化方法[M].北京:高等教育出版社,2007.
[40] 谭建荣,谢友柏,陈定方,等.机电产品现代设计:理论、方法与技术[M].北京:高等教育出版社,2009.
[41] 曾韬.螺旋锥齿轮设计与加工[M].哈尔滨:哈尔滨工业大学出版社,1998.
[42] 俞新陆.液压机的设计与应用[M].北京:机械工业出版社,2006.
[43] 徐彦伟.弧齿锥齿轮铣齿机主动精度设计方法研究[D].天津:天津大学研究生院,2010.
[44] 李艳聪.计及压制件成形精度的液压机主机结构设计方法研究[D].天津:天津大学研究生院,2010.